▲绪图1　Charles Darwin (1809—1882年)

▲绪图2　C. Linnaeus (1707—1778年)

▲绪图3　G.J.Mendel (1822—1884年)

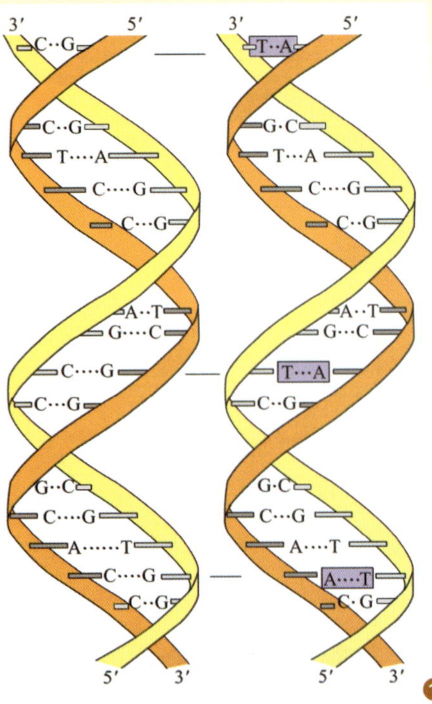

❶

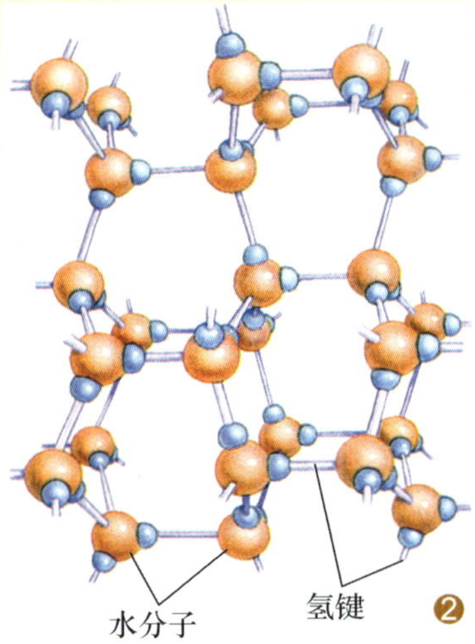

❷

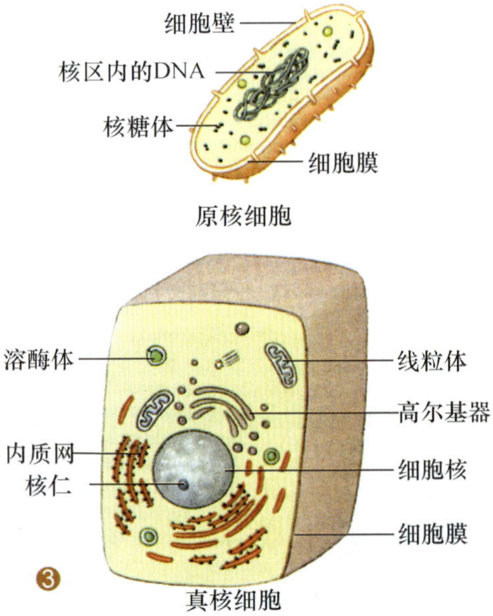

❸

❶ 彩图1-1 DNA双螺旋模型
(引自 Hickman)

❷ 彩图1-2 水分子模式图
(引自 Hickman)

❸ 彩图2-1 原核细胞与真核细胞
(引自 Hickman)

❹ 彩图2-2 细胞膜结构图
(引自 Hickman)

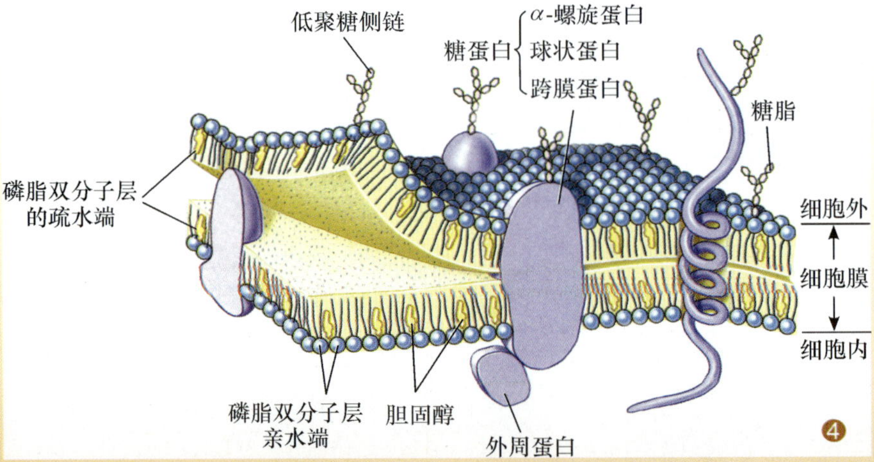

❹

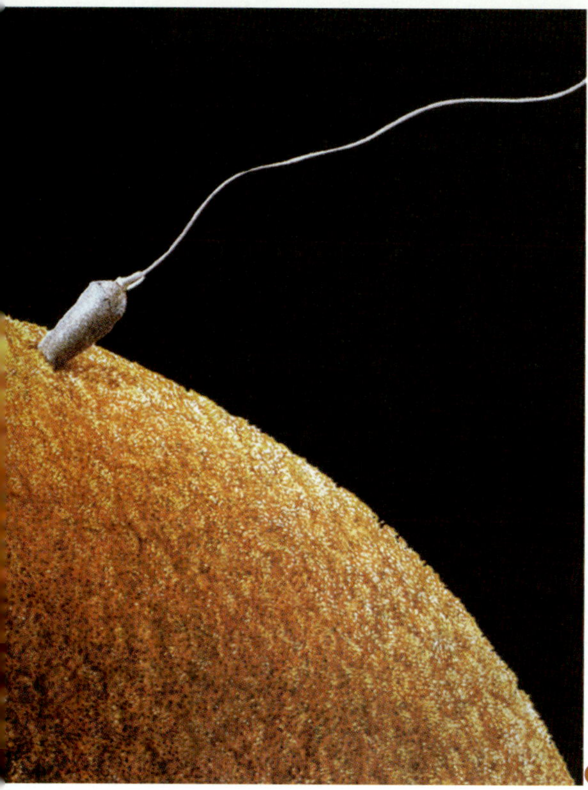

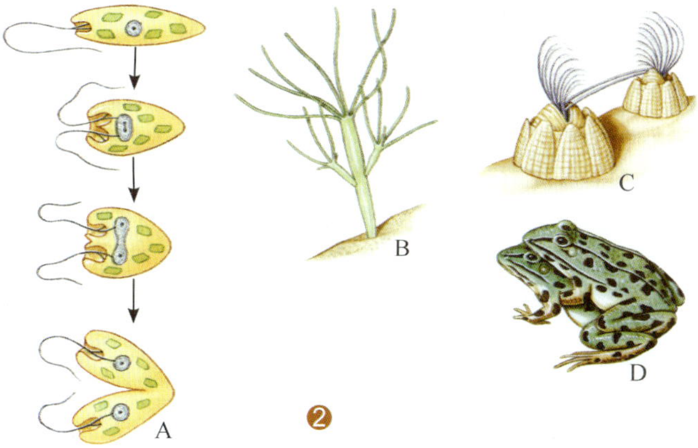

A.眼虫纵裂无性生殖
B.水螅无性出芽生殖
C.藤壶有性生殖(雌雄同体但异体受精)
D.蛙有性生殖(雌雄异体)

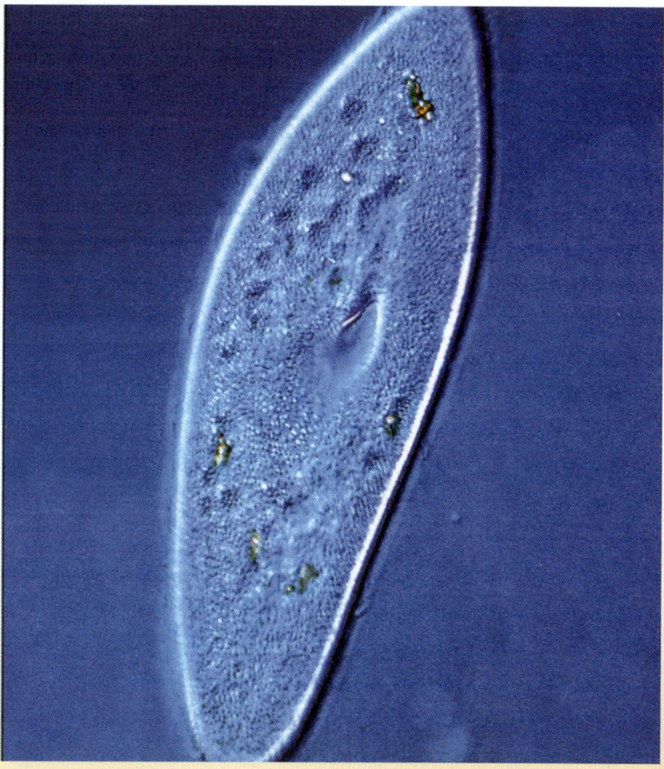

❶ 彩图3-1 受精 (引自 Hickman)
❷ 彩图3-2 生殖类型 (引自 Hickman)
❸ 彩图4-1 草履虫 (引自 Hickman)

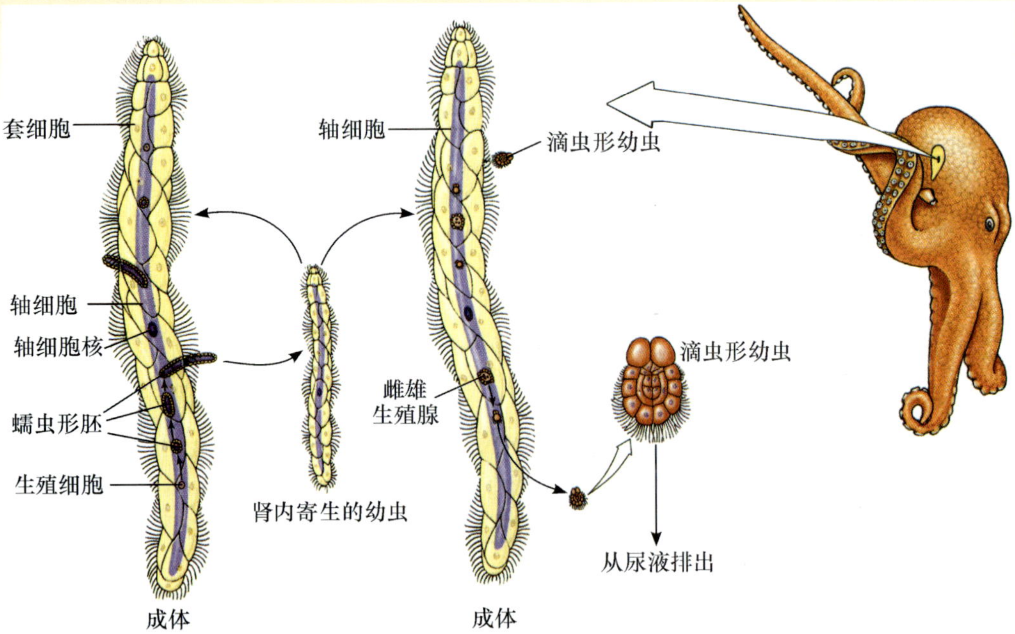

▲彩图5-1　中生动物（引自 Hickman）

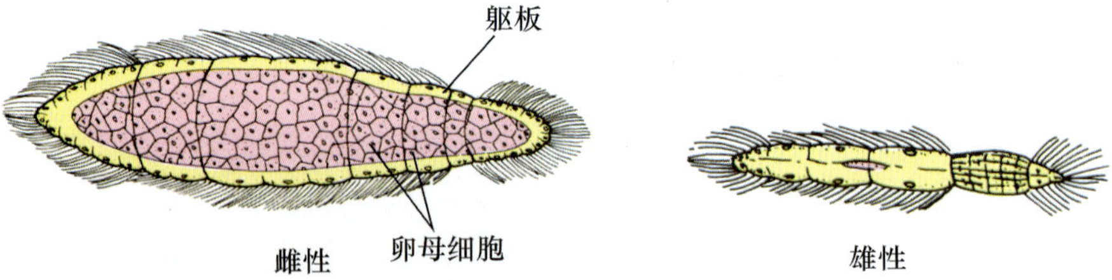

▲彩图5-2　直泳虫纲（引自 Hickman）

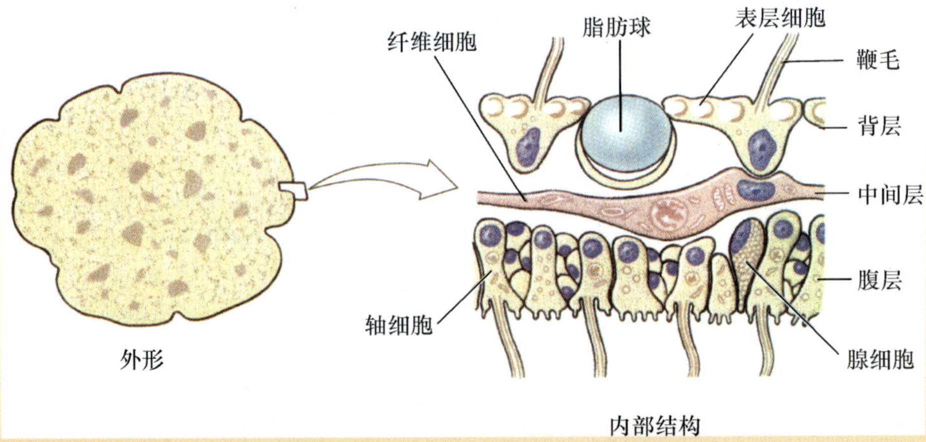

▲彩图5-3　丝盘虫（引自 Hickman）

▲彩图6-1　多孔动物 (引自 Miller)

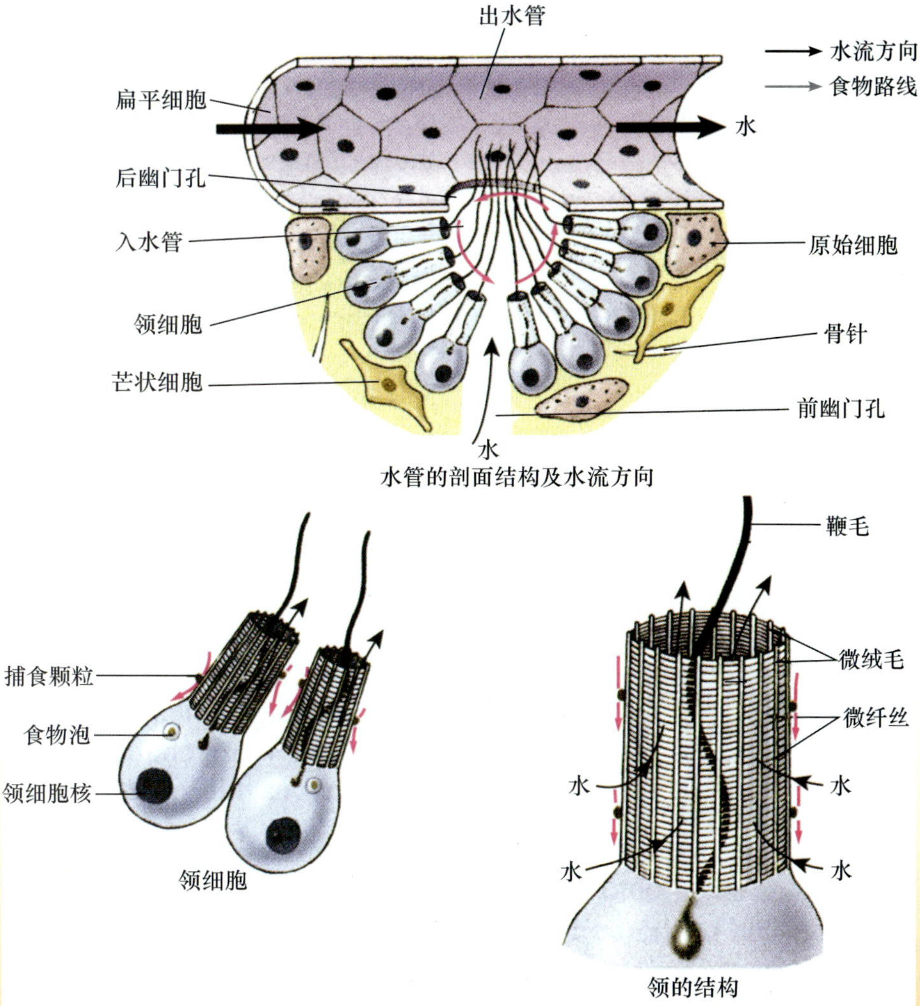

▲彩图6-2　海绵动物体壁 (引自 Hickman)

▲彩图7-1　腔肠动物（海葵）（引自 Miller）

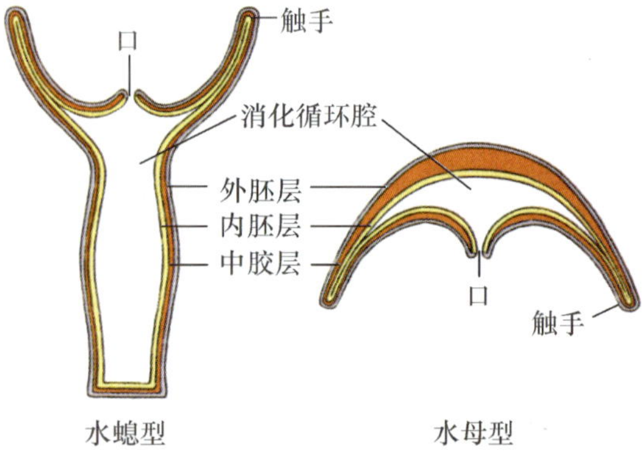

▲彩图7-2　腔肠动物的基本体形（引自 Hickman）

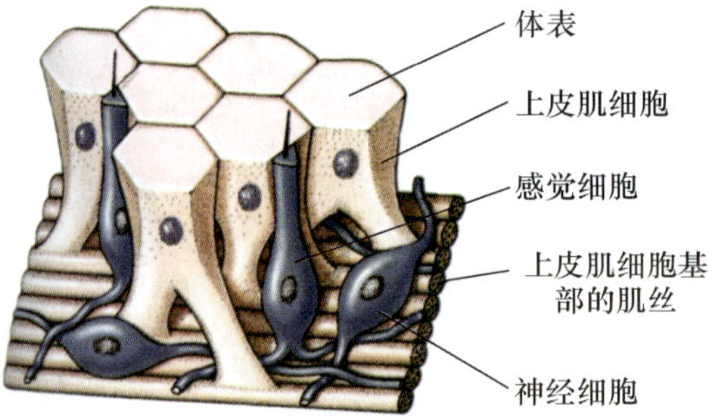

▲彩图7-3　上皮肌细胞与神经网（引自 Hickma

▲彩图8-1　扁形动物（引自 Miller）

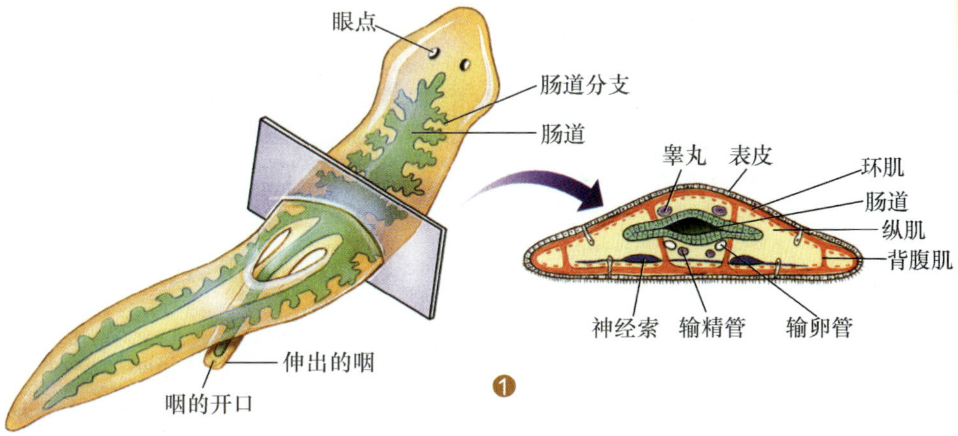

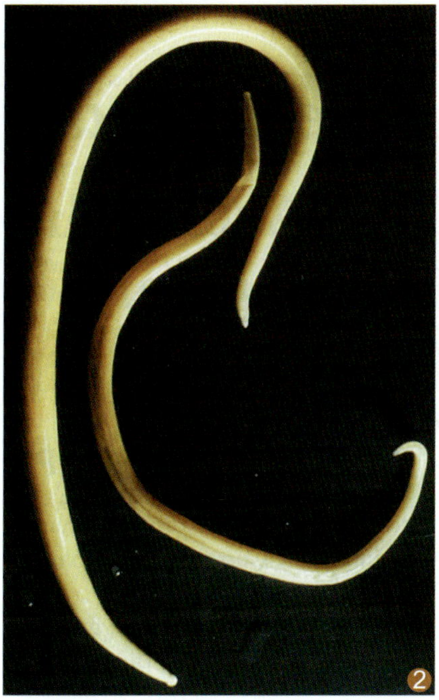

❶ 彩图8-2
涡虫及其横切面 (引自 Miller)

❷ 彩图9-1
原体腔动物 (蛔虫) (引自 Miller)

❸ 彩图10-1
软体动物 (蜗牛) (引自 Miller)

彩图10-2
壳与外套膜结构图
(引自 Hickman)

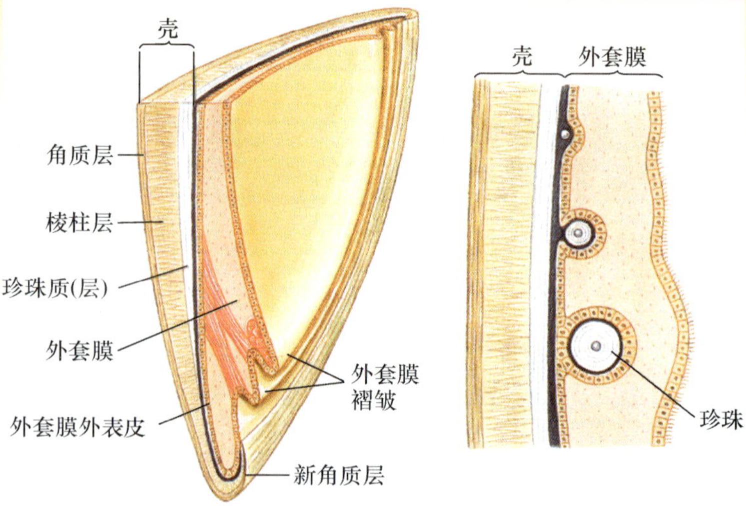

彩图10-3
软体动物模式图
(引自 Hickman)

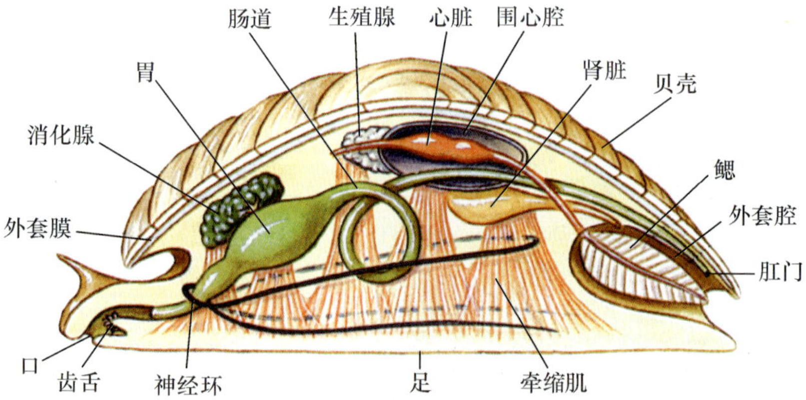

彩图11-1
环节动物
(引自 Miller)

▲彩图12-1　节肢动物(虾)(引自 Miller)

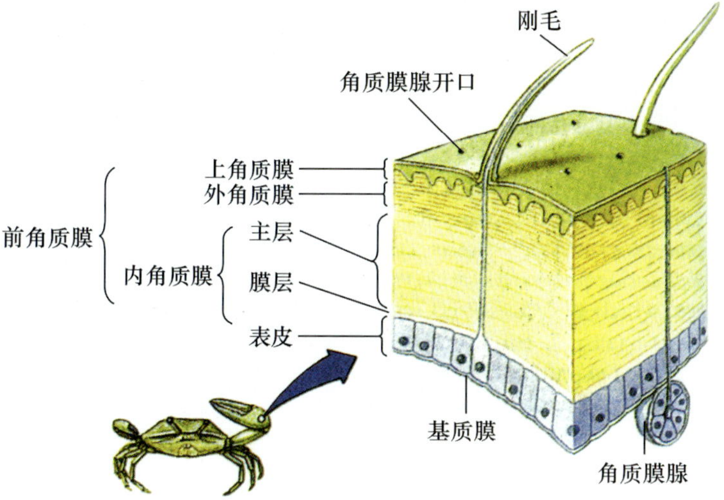

◀彩图12-2
角质膜结构(引自 Hickman)

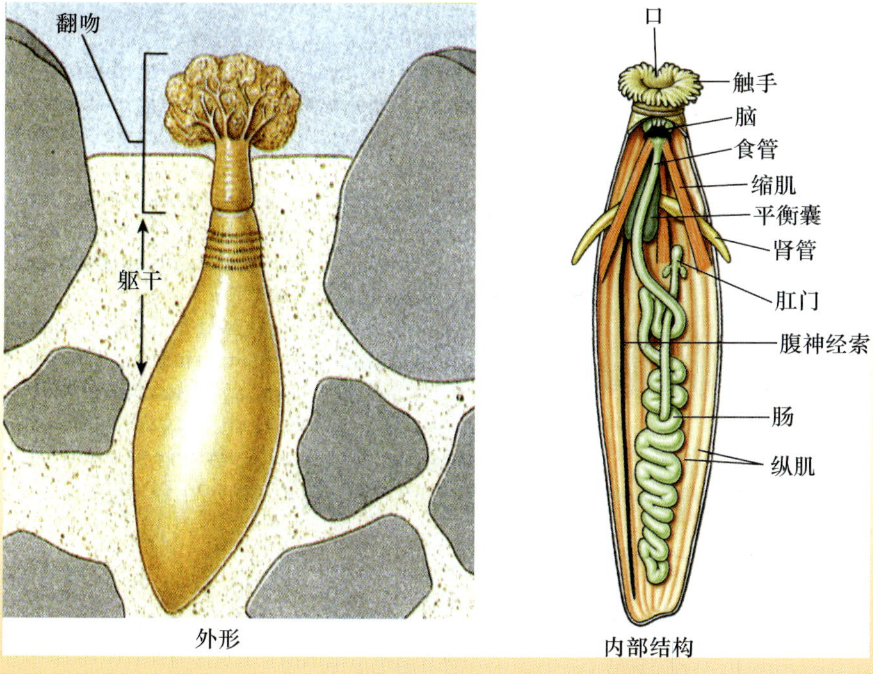

◀彩图13-1
星虫(引自 Hickman)

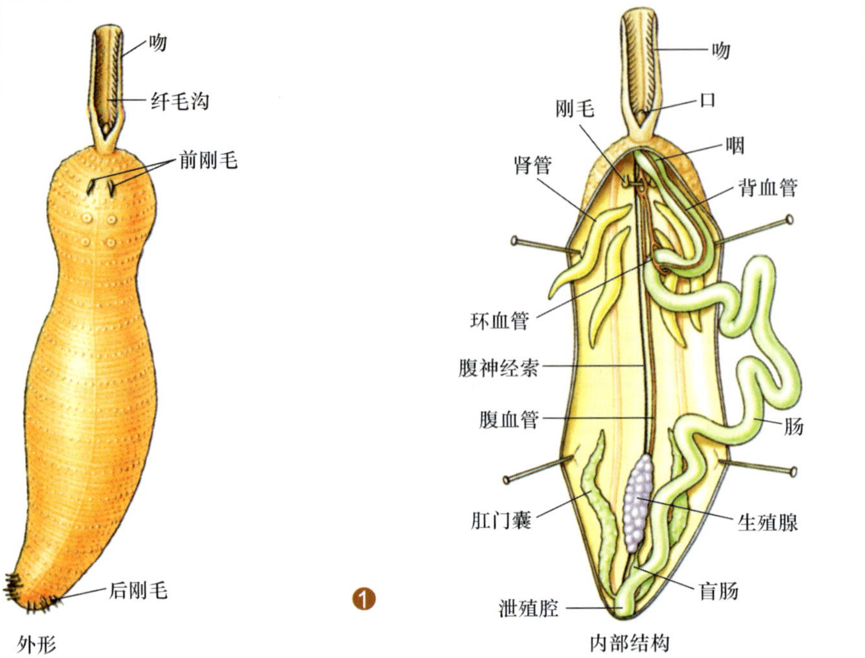

❶ 彩图13-2　螠虫
(引自 Hickman)

❷ 彩图14-1　棘皮动物 (海星)
(引自 Miller)

❸ 彩图14-2　海百合纲的代表动物
(引自 Hickman)

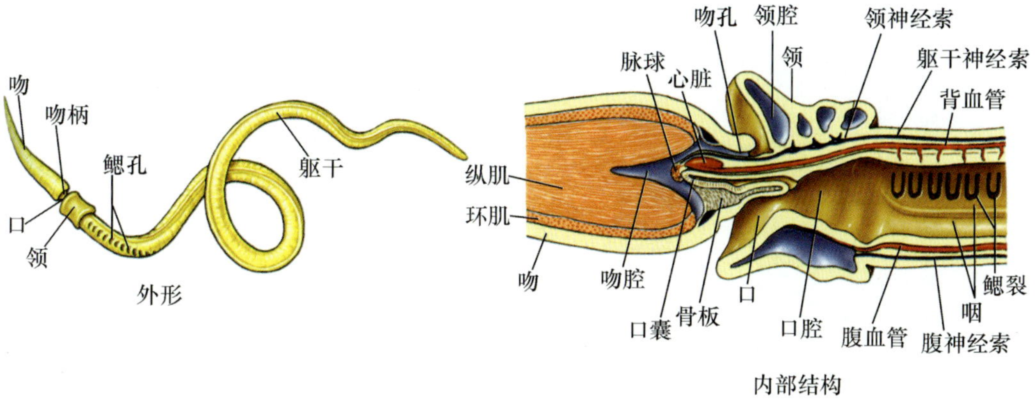

▲彩图15-1　柱头虫 (引自 Hickman)

▲彩图16-1　脊索动物 (文昌鱼)

▲彩图16-3　漂浮型海鞘 (引自 Miller)

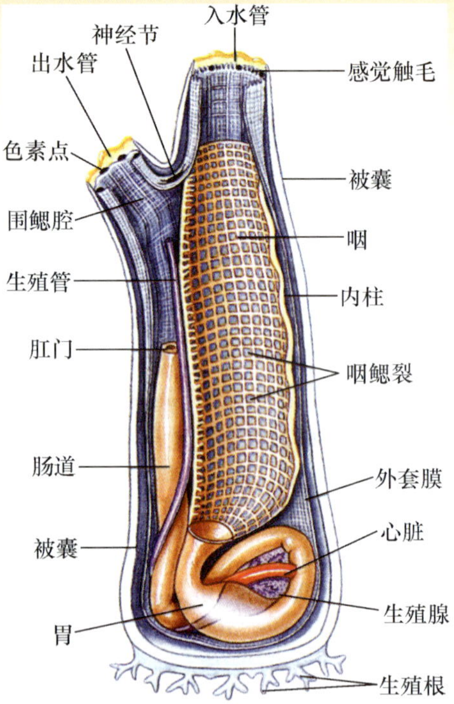

彩图16-4　海鞘的身体结构(引自 Hickman)

彩图17-1　脊椎动物(蛙)(引自 Miller)

彩图17-2　鳄鱼幼体(引自 Miller)

❶

❶ 彩图17-3　水生脊椎动物与陆生脊椎动物的比较 (引自 Hickman)

❷ 彩图18-1　七鳃鳗的口吸盘及角质齿 (引自 Miller)

❸ 彩图18-2　七鳃鳗捕食 (引自 Hickman)

❷

❸

❶ 彩图19-1 灰笛鲷
(引自 Hickman)

❷ 彩图19-2 鱼(黄鲈)的外形
与内部结构 (引自 Hickman)

❸ 彩图20-1 两栖纲动物(蛙幼体)
(引自 Hickman)

❹ 彩图20-2 蛙皮肤切面
(引自 Hickman)

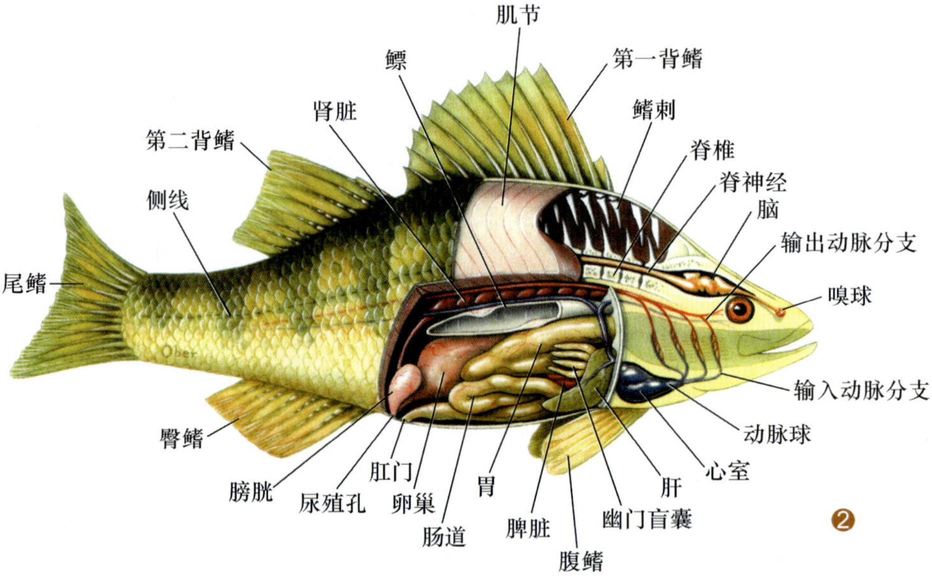

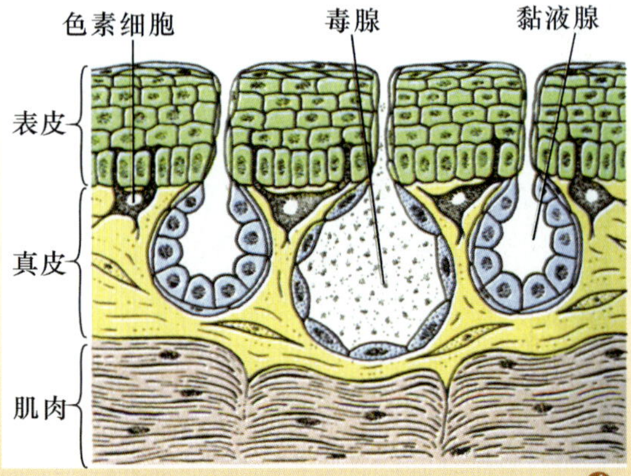

1

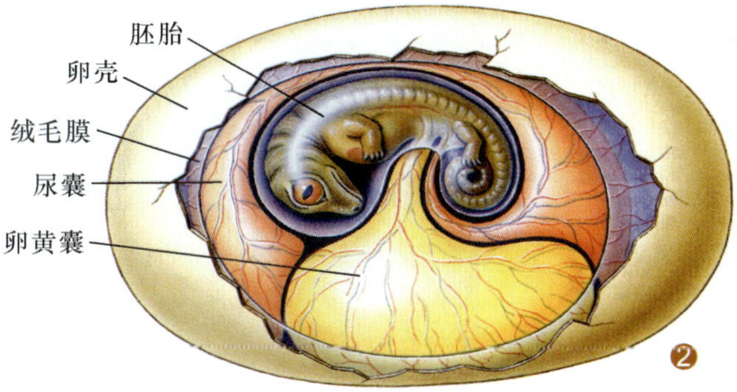

2

❶ 彩图21-1
爬行纲羊膜卵
(引自 Hickman)

❷ 彩图21-2
羊膜卵的结构
(引自 Hickman)

❸ 彩图22-1
仓鸮
(引自 Miller)

❹ 彩图23-1
大猩猩
(引自 Miller)

3

4

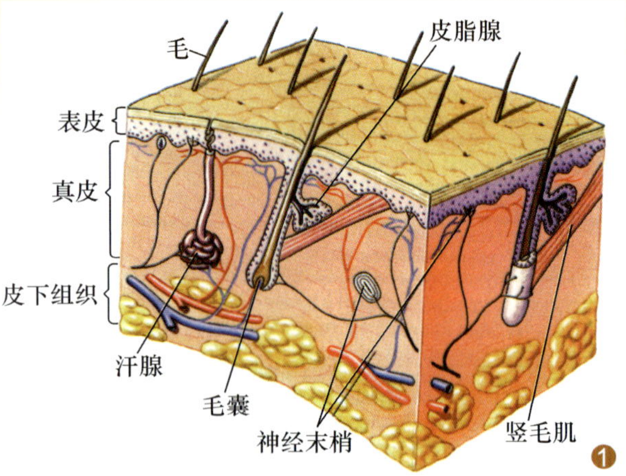

❶

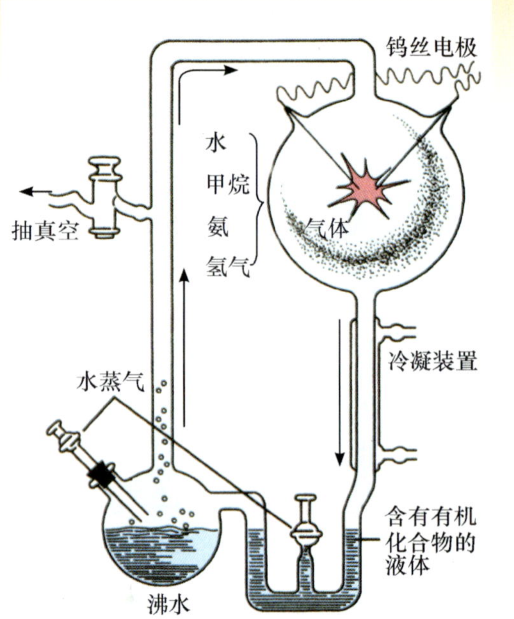

❸

❷
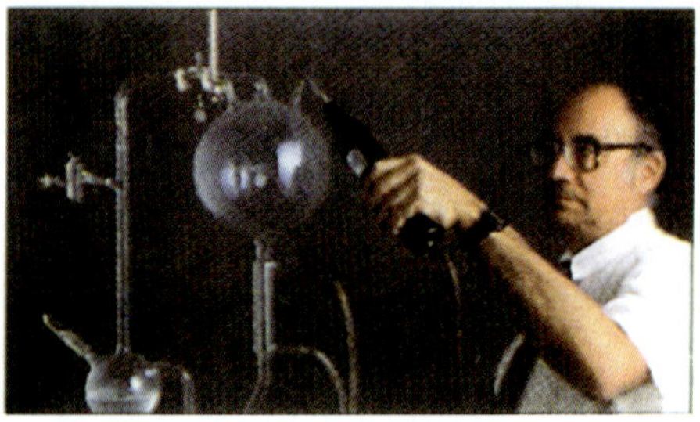

❶ 彩图23-3 哺乳类的皮肤 (引自 Hickman)

❷ 彩图24-2 Miller实验 (引自 Hickman)

❸ 彩图26-1 地球水圈 (引自 Hickman)

❹ 彩图27-1 吉林大布苏保护区 (引自 陈克林)

❹

DONG WUXUE

动物学

（第2版）

主　编　王宝青

副主编　李承龄　王绍卿

中国农业大学出版社
China Agricultural University Press

参 编 人 员

主　编　王宝青(中国农业大学)

副主编　李承龄(华南农业大学)

　　　　　王绍卿(云南农业大学)

参　编　符信贤(中国农业大学)

　　　　　周　波(中国农业大学)

　　　　　王　娜(中国农业大学)

第2版前言

《动物学》自1999年出版以来，得到了广大同行以及读者的厚爱。几年来，得到了一些院校的鼓励与肯定，同时对书中存在的问题也提出了批评指正，我们深受鼓舞。此次再版，我们争取在力所能及的范围内，尽力予以修改和补充，增加了一些小的门类，努力反映动物学方面的最新成果，建立以自然进化为主线，由个体发育到系统发育，由低等到高等，由简单到复杂以及动物各类群的形态结构与功能，生存与环境关系的知识体系。并在书后附有各章中部分图的彩色图片，以供参考。

本书第2版绪论、第一章、第二章、第四～六章、第七章、第八章、第十章、第十二～十五章、第二十章、第二十四章和第二十六章由王宝青编写，第十六～十九章和第二十二章由李承龄编写，第九章、第十一章、第二十一章由王绍卿编写，第三章、第二十三章由符信贤编写，第二十五章由周波编写，第二十七章由王娜编写。本次修订还参照了第1版王惠老师的部分章节，在此表示感谢！

最后，诚恳地希望各位专家、读者予以指正，使之更适合于现代动物学的教学。

编　者

2009年3月

第1版前言

本书是为高等农业院校而编写的一本综合性动物学基础课教材，并结合各专业的要求，为读者提供必要的基础理论知识。全书力求叙述简明，并附有多幅清晰插图，尽量避免与其他课程不必要的重复，同时努力反映动物学的最新进展。

本书以动物进化为主线，介绍了动物各主要类群的特征、代表动物的形态、解剖、结构机能、分类及动物与环境等。

本书在出版过程中，得到了中国农业大学出版社、华南农业大学朱伟义老师的热情帮助，在此谨致谢意！

由于参加编写的人员较多，因此，在内容的繁简和取舍方面肯定会有不当之处，同时限于我们的业务水平，对于书中存在的缺点和错误诚恳地希望广大读者提出批评、指正。

编者

1999.7月于北京

目　　录

绪　论

地球上的各种物质，虽然形态各异，但概括起来可分为生物和非生物。生物包括植物、动物、微生物，这些都是具有生命的物质。对生物的研究，就是探讨生命活动的客观规律和生命本质。

一、动物学的分科

动物学和其他自然科学一样，是随着人类社会生产活动的进行逐渐发展起来的，由于不断地深入研究，渐渐地建立起了若干相对独立的学科。

形态学：研究动物形态结构的科学，它又可分为解剖学、组织学和细胞学。

生理学：研究动物生命活动的生理功能，包括动物的行为。

分类学：对动物分门别类，阐明动物界的自然分类系统。

胚胎学：研究动物体从受精卵开始发育到成体的过程。

生态学：研究动物与环境之间的相互关系。

古生物学：研究不同地质时期，地层沉积岩中保存下来的生物化石，并对其进行分类。

进化论：研究生物的起源及其演化发展规律。

遗传学：研究动物的遗传与变异。

生物化学：研究动物体内化学反应的过程。

生物物理学：研究动物和物理间关系的一门边缘学科。

绪图 1　Charles Darwin(1809—1882 年)

二、动物学发展简史

当人类处于早期发展阶段，往往通过渔猎方式来鉴别哪些动物可以食用。随着生产力的发展，建立了原始的畜牧业，如我国殷商时期(公元前 1600—公元前 1046 年)，从所发现的 4 500 个甲骨文单字中就有了"猪"字，可见那时我们的祖先就已经饲养家畜了。

有关动物学方面的著作，应首推公元前 4 世纪古希腊哲学家亚里士多德(Aristotle，公元前 384—公元前 322 年)所著的《动物学史》和《动物的分解》。在我国秦汉时期(公元前 221—公元 220 年)有《尔雅》一书，内有释虫、释鱼、释鸟、释兽等，叙述了动物的名称和类别。

动物学和其他自然科学主要是从 16 世纪发展起来的，在 16～18 世纪时，只是处于初期发

绪图2 C. Linnaeus(1707—1778年)
(引自 Hickman)

展阶段,偏重于材料的搜集和描述,而且仅凭眼睛进行观察。如我国明朝李时珍(1518—1593年)是我国历史上有名的科学家,他从医学角度所著的《本草纲目》就是修订总结我国前人几千年来在医学上应用动、植物和矿物质的种类,共计1 892种,并附有图谱,其中记述了400多种动物,分隶于虫、介、鳞、禽和兽5类。这部巨著从1552年开始进行编著,到1578年完成,前后经历了27年,于1596年正式刻印出版(李时珍逝世后3年)。这部著作在我国医学史上,起了重大的作用,近代已译成多种文字发表,在国际上享有很高的声誉。

瑞典学者林奈(C. Linnaeus,1707—1778年,绪图2),根据他搜集到的动、植物资料,并加以系统整理,创立了分类学,并提出将"物种"这一名称作为基本分类单位,这对生物学的贡献很大,但由于他受到当时"神创论"和"物种不变论"的思想禁锢,对生物的认识,不免陷于唯心主义的观念之中。

从18世纪末到19世纪的上半叶,由于当时在形态学和生理学等方面积累了相当多的资料,因而有可能运用比较的方法对生物进行研究,导致了比较解剖学、比较胚胎学等学科的产生。这一时期由于光学显微镜被广泛应用,看到了生物的微小结构,而因创立了细胞学说,阐明了一切生物在结构上的统一性,为生物学的研究开辟了一个新的领域,推动了生物学的发展。

19世纪初叶和中叶,法国学者拉马克(J. B. Lamarck,1744—1829年)和英国学者达尔文(C. Darwin,1809—1882年,绪图1)相继提出了进化学说,有力地批判了"物种不变论",特别是达尔文所著《物种起源》的发表,把对生物的认识,牢固地建立在唯物主义的基础之上。使生物科学由以林奈为代表的搜集、描述阶段,进入到以达尔文为代表的比较、探讨和总结规律的阶段,并以进化的观点研究生物。

绪图3 G. J. Mendel(1822—1884年)
(引自 Hickman)

到19世纪末至20世纪初,奥地利僧人孟德尔(绪图3)提出了遗传因子学说,美国的实验胚胎学家摩尔根(T. H. Morgan,1886—1945年)又提出了染色体基因论,他们2人奠定了"孟德尔—摩尔根”经典遗传学派的理论基础。此后经过将近百年的逐渐发展，才建立起比较完整的生物科学体系。

20世纪以来，由于化学、物理学、数学等不断向生物科学领域渗透，电子显微镜、电子计算机、X光衍射、色层分析、光谱分析等新技术被广泛应用，使生物科学的发展更加迅速，出现了生物化学、生物物理学等许多边缘学科，而且导致了分子生物学的诞生。分子生物学主要研究生物大分子的结构与功能，从分子水平上研究生命，使人们对生命本质的认识更深入了一步，并且在此基础上产生了许多新的学科。而分子遗传学又是分子生物学的中心学科。当前分子生物学已深入到生物学的各个领域，成为生物学发展的一个重要方面，毫无疑问，它必将有力地推动整个生物科学的发展。

生物科学在向微观领域不断深入的同时，在宏观方面，由于近代工业、近代农业和近代科学的发展，人们认识生物与环境的关系愈来愈深化，因此，对于生态学的研究，也日益引起各方面的注意和重视。当前不仅着眼于个体、种群和群落的研究，而且特别着重于生态系统的研究。可以想象，这将为环境保护和工农业生产带来不可估量的影响。

展望生物科学的发展，可以设想它将出现许多更新的成就，有可能成为领先的一门科学，由探讨、总结生物规律的阶段发展到控制、改造和利用生物的阶段，使人们驾驭自然的能力大为增强，这不仅会大大促进农牧、渔业和医学的发展，而且也会推动工业、国防和科学的前进。

三、学习动物学的目的

动物学是农牧业、渔业和医学的基础。动物学的新理论、新概念，对农牧业的生产和人、畜的医疗保健事业，必然具有促进作用。因此，学习动物学的目的，就在于揭示和掌握动物生命活动的客观规律，为进一步利用、控制和改造动物的遗传性状，使之有可能形成合乎人类需要的新品种。细胞免疫学和分子免疫学的进展，提高了异体器官移植的成功率。家畜受精卵的移植成功，扩大了家畜优良品种的利用。

学习动物学，可使学生具备一定的动物学基本知识，为进一步学习专业有关课程奠定必要的基础。

四、动物学的研究方法

自然科学研究的最终目标，就是把自然界的各种错综复杂的现象，综合成比较简单的基本概念和基本原理，再应用于生产实践，因此，要有研究方法，但这些方法必须是科学的，就动物学方面而言，概括起来主要有：观察、比较、实验和对比实验。

观察法：把动物看成是一个完整的有机体，通过观察其外部形态、剖析内部结构、动物的个体发生、生活史、生活习性以及对环境的适应，进一步分析、描述、记录，最后综合出研究的成果。

比较法：这种方法在科研中，是找出规律性的重要方法，如古典比较解剖学、比较胚胎学，以及近代比较生理学、比较生物化学、分子生物学，通过对动物的各个种群之间进行比较，找出不同动物之间进化的内在联系（参看后面的动物进化部分）。

实验法：要研究动物的生命活动规律，只通过剖析、观察是不够的，必须进行科学实验，提出实验课题，寻求科学的解答。如把动物置于特定的环境中，按照人工设计的方案，待得出结果后，再进行分析并做出结论。得出的结果是否准确，可以进行重复实验。

对比实验法:通过对比实验说明因果关系。如利用同一窝仔猪,分成2组,置于相同的环境中,饲喂不同的饲料,观察对比它们的生长情况。

五、动物的分类知识

(一)分类的目的与任务

地球上现存的形形色色动物种类,已描述的大约有174万种,这么多的动物种类,若没有科学的分类工作,对整个动物界的认识将陷入千丝万缕、杂乱无章的境地,也无从着手进行调查研究来充分利用动物界的资源和对有害动物进行防除与控制。因此,将动物分门别类,从事物种的鉴定和记载工作开始加以系统整理,是分类学的目的与任务。

(二)分类学的原理

分类的理论基础是进化理论,因为各种物种都具有共同的起源,在漫长的进化过程中,通过遗传、变异、分化发展而来,由此它们之间都存在着或远或近的亲缘关系。所以,分类与生命起源和种族的系统发生有密切的联系。因此,分类学又称为系统分类学。

(三)分类的依据

传统的系统分类是建立在物种之间形态上的相似性与差异性总合为基础的,即物种间形态上愈相似,亲缘关系也愈近;反之,则亲缘关系愈远。随着近代动物学的发展,依据形态学的分类标准,已不再是唯一的方法,而从生理、生化、细胞、遗传、血清学、分子生物学的角度进行分类,也许能更准确地反映物种之间的亲缘关系。

(四)物种的概念

物种又简称种,是分类的基本单位。分类学就是在研究物种基础上进行的。用什么标准衡量一个物种,要想给物种一个明确的概念或下一个确切的定义,这需要先了解物种在进化中的形成过程。从进化的观点看,世界上没有固定不变的物种。一个物种通过世世代代的遗传变异,会逐渐演变成一个新的物种,或分化出几个新的物种而延续下去,这样原来的物种就消失(间断)了。由此看来,任何一个物种都不会永远固定不变地延续下来,而是在漫长的进化长河中,终将走上灭绝的道路。有人估计,过去灭绝的物种要比现存的数量多得多。

综上所述,物种是进化、发展、连续与间断的统一形式,各种动物以物种的形式作为发展的一定阶段,并通过有性生殖,呈现出统一的繁殖群体,占有一定的空间,种与种之间存在着生殖隔离。

(五)亚种、变种的概念

如果一个种群长期被分割在不同的地区生活,它们之间断绝了交流,并各自演变出了一些独特的形态特征,称为亚种。如分布在我国华北地区的白胸野猪和华南地区的华南野猪,就是2个亚种。久而久之,2亚种之间的差异越来越显著,以至于再次将他们混在一起,也不会发生基因交流,这就导致了2个新的物种的产生。在一个地区内不会存在2个亚种。

如果一个种群内,有少数成员又出现了一些新的特征,与该种群内其他成员的共同特征存在着差异,称为变种。

家畜、家禽和其他家养动物，通过杂交，选育出具有优良性能的群体，称为品种。品种不属于分类范畴。

（六）物种命名法

由于各国文字上的差异，各种动物的名称（俗名），只能在各自的国家内应用。国际上为了进行学术交流，制定了通用的双名法，称为学名，这是由林奈首创的。双名法规定：每种动物都应有 1 个学名。这个学名由 2 个并列的拉丁字或拉丁化的文字组成，前一个字是属名，是名词，第一个字母要大写；后一个字是种名，是形容词，第一个字母要小写。如家犬的学名是 *Canis familiaris*，在学名之后还可以写上定名人的姓名，如 *Canis familiaris* Linne'。最后一个字是林奈的名字，也可以缩写成 L.。如果一种动物的种名还没有定名，可以在属名之后加上 sp.，如 *Canis* sp.。

三名法是在种名之后加上亚种的名称，如猪的学名是 *Sus scorfa*.，在我国分布有 3 个亚种，即华北白胸野猪（*S. scorfa leucomystax*）、华南野猪（*S. scorfa chirodonta*）和家猪亚种（*S. scorfa domestica*）。如果亚种还没有人定名，可写成 ssp. 或 subsp.，如果是变种可加上 var.。

学名通常在出版物上应用斜体字排印。

（七）分类阶元或等级

根据各种动物形态上的差异，以及亲缘关系的远近，可以分成若干阶元或等级。通常采用的等级是界（Kingdom），界以下分若干门（Phylum），门以下是纲（Class），纲以下是目（Order），目以下是科（Family），科以下是属（*Genus*），属以下是种（*Species*）。

上述分类阶元，种是最基本的分类阶元。其他属、科和目等，这些阶元虽有助于说明物种之间的亲缘关系，但并无绝对的固定分类标准。只有种是客观存在的唯一标准。

属的概念是由相关的种群汇集成一个阶元，从系统发生上推断，它们具有共同的起源，它们之间具有近的血缘关系。故在形态上保留了共同的特征——属的特征。它们在生殖上是隔离的。

同样由属到科，由科到目，而依次向上类推，一直到界。如猪所隶属的分类阶元：

界Kingdom　动物界 Animal
门Phylum　脊索动物门 Chordata
纲Class　哺乳纲 Mammalia
目Order　偶蹄目 Artiodectyla
科Family　猪科 Suidae
属*Genus*　猪属 *Sus*
种 *Species*　猪种 *Sus scrofa*

为了更精确地表示一个物种在系统分类上的地位，可以在上述阶元之间插入“总”和“亚”级名称。

界 Kingdom
门 Phylum
亚门 Subphylum

总纲 Superclass
纲 Class
亚纲 Subclass
总目 Superorder
目 Order
亚目 Suborder
总科 Superfamily
科 Family
亚科 Subfamily
属 *Genus*
亚属 *Subgenus*
种 *Species*
亚种 *Subspecies*

上述的双名法和分类阶元,类似于档案资料上的索引编码,对一种动物查找起来非常方便,使分类的全部文献有规律而不混乱,这无论在理论上和实践应用上都具有重要的意义。

(八)动物界的分门

动物界的分门,由于从事分类学工作的学者观点不同,分类的依据也各有不同,本书共介绍 34 门。

原生动物门、中生动物门、扁盘动物门、多孔动物门、腔肠动物门、栉水母动物门、扁形动物门、纽形动物门、颚胃动物门、线虫动物门、腹毛动物门、轮虫动物门、棘头动物门、线形动物门、内肛动物门、动吻动物门、铠甲动物门、鳃曳动物门、软体动物门、环节动物门、节肢动物门、原口动物小门类(星虫动物门、螠虫动物门、须腕动物门、帚虫动物门、外肛动物门、腕足动物门、舌形动物门、有爪动物门、缓步动物门、毛颚动物门)、棘皮动物门、半索动物门、脊索动物门。

第一章　生命的基本概念

第一节　生命的基本特征

各种生物体都有自己的形态结构特征，这就构成了生物界的多样性。但它们又都具有一个共同的特征，即由细胞组成。所有生物体还表现出各种生命现象，这就是新陈代谢、生长、发育、繁殖、遗传与变异和创伤的修补，动物还表现出明显的应激性和运动，以及对环境的适应等。

新陈代谢（metabolism），指生物在一生中，需要不断地与周围环境进行物质和能量交换，也就是说生物要不断地从周围环境中摄取各种营养物质和能量，并同时把体内无用或多余的物质和能量排出体外。

生物为什么要不断地从周围环境中摄取各种营养物质呢？这是因为生物在生存过程中，必须不断地建造自身，其目的是为了满足自身的生长和繁殖后代的需要，即使不再生长和繁殖的生物，也要不断地建造自身，其原因是，生物体内原有的物质经过一段时间就被分解、遭到破坏。由此可见，在任何时候，生物都要由环境中摄取所需的营养物质，用以转化成自身所特有的物质。

构成生物体的物质很多，而且一般都是大分子，其中包括糖类、脂类、蛋白质和核酸等（图 1-1）。这些物质构成了细胞的结构物质、活性物质和信息物质等，从而形成了具有生命的细胞。但生物由外界摄入的物质是种类很少的小分子物质。因此，新陈代谢的第一个目的就是将摄入种类较少的小分子物质，合成种类繁多且为该生物所特有的大分子物质，可以设想，这个过程包括了成千上万个不同的化学反应。

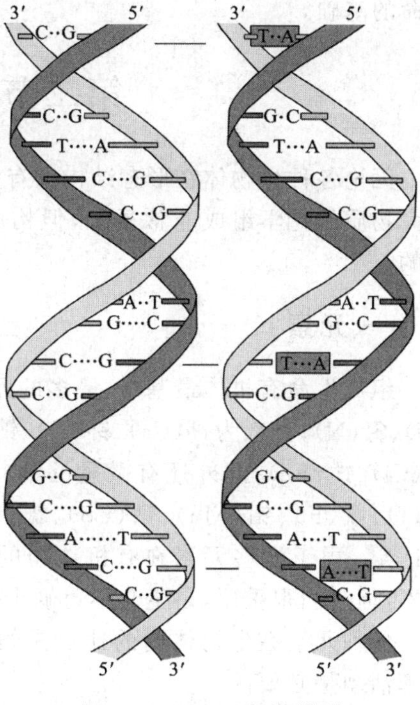

图 1-1　DNA 双螺旋模型

（引自 Hickman）

生物为什么要不断地由外界环境获取能量呢？这是因为生物的各种生命活动都需要耗能。因此，新陈代谢的第二个目的就是获取能量。

生物获能的主要途径有：绿色植物可直接从周围环境摄入 CO_2 和 H_2O 及其他无机物，在叶绿素的参与下，利用太阳光能，将 CO_2 和 H_2O 合成葡萄糖，同时还可将光能以化学能的形式，贮存在葡萄糖分子的化学键中。葡萄糖在植物细胞内还可以转变成淀粉及各种糖类，进而再合成脂类、蛋白质和核酸等物质。

动物获取能量与植物不同，它们直接或间接地（如肉食动物）摄入绿色植物，经过消化吸收,在体内将其转变为含化学能较低的物质而获取能量,但动物仍不能直接利用这些降解反应所释放的能量,而是必须首先将这些能量转变为三磷酸腺苷(ATP)中高能键的化学能,并以ATP的形式贮存起来。需要时,直接利用ATP降解所释放出的能量,以完成各种生命活动,如合成自身的结构物质、活性物质和信息物质以及神经细胞信息的传递、肌肉收缩、肾脏泌尿渗透等功能。

在动物体内,能量的转换和物质的转变是相互依存的,动物只有通过降解某些物质,才能推动物质的合成。能量的转换和物质的转变都不是单独进行的,无论是原有的构成有机体的物质,还是经过降解生成的废物,或供能物质降解释能后生成的废物都要排出体外。同时,动物在其做功的过程中所需的能量,最终以热的形式向外界散发,所以动物在做功过程中,必定产生热,这些热动物是无法利用的。由此可见,动物的新陈代谢活动,从形式上看是不断地和周围环境进行物质交换,而实质上是在不断地进行自我更新。因此,可以将生物体看成一个以新陈代谢为基础的开放体系,没有新陈代谢,也就没有各种生命现象的表现,所以新陈代谢是生命的基础。

第二节　生命的物质基础

无论各种生物体在形态结构上有多大的差异,它们的基本化学组成却是很相似的。尽管生命物质的化学组成非常复杂,但构成这些物质的基本元素与构成非生命物质的元素是相同的。

一、元素

组成生命有机体最基本、最多的元素有碳(C)、氢(H)、氧(O)、氮(N);其次为钙(Ca)、钾(K)、钠(Na)、镁(Mg)、硫(S)、氯(Cl)、铁(Fe);此外还有微量的铜(Cu)、锰(Mn)、锌(Zn)、碘(I)、氟(F)、钼(Mo)、钴(Co)、锶(Sr)、钡(Ba)、硼(B)、硅(Si)等。由于这些元素在有机体内的含量稀少,故称为微量元素,但它们很重要,是生命不可缺少的元素。

各种元素在生物体内的比例是恒定的,这对维持正常的生理活动是必要的。

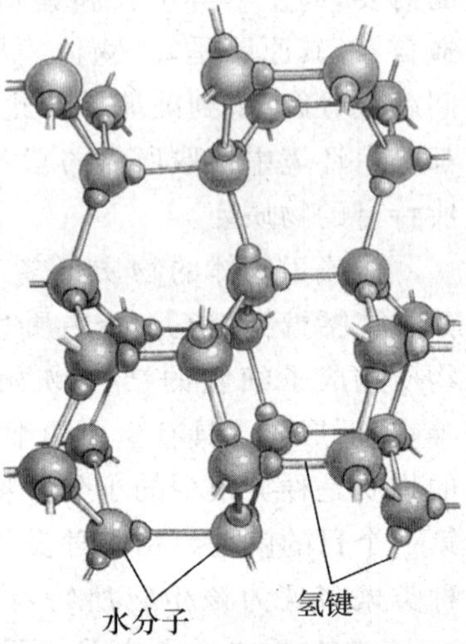

图 1-2　水分子模式图
(引自 Hickman)

二、组成生命物质的分子

非生物界的分子比较简单,如水(H_2O,图 1-2)、碳酸钙($CaCO_3$)等,构成生物体的分子则很复杂。在生活物质中最具特色的是碳元素。碳原子能够彼此连接形成长键,并且还可以形成双键。由碳形成的化合物(少数无机物如一氧化碳、二氧化碳、各种无机碳酸盐等除外)称为有机物,这种有机物种类极多,是生物复杂的结构基础。

生物有机体主要由糖类、脂类、蛋白质、核酸、维生素、激素、矿物质(无机盐)和水组成,其中矿物质和水是无机物,其余都是有机物。

(一)糖类

糖类(carbohydrate)是由碳、氢、氧3种元素组成的,其中氢和氧的原子比例数大都是2∶1,与水的分子中氢和氧的比例相同,故习惯上称糖类为碳水化合物。糖类是生物的主要能源,又是所有植物和某些动物有机体的主要结构物质。

许多糖类的分子很大,相对分子质量达到500 000或更多,但这些大分子都是由简单的重复单位组成的,这种单位称为单糖。

1.糖

糖的种类很多,通常可分为单糖、双糖和多糖。最重要的单糖是核糖、脱氧核糖和葡萄糖。核糖和脱氧核糖是组成核酸的主要成分,葡萄糖是生物体的重要能源物质。

葡萄糖的分子式为$C_6H_{12}O_6$。由于有些单糖与葡萄糖的分子式完全相同,形成同分异构体,所以,仅用分子式不足以说明葡萄糖的结构和性质,因此通常用结构式表示。葡萄糖除部分具链状构型外,主要由6个碳原子中的5个碳原子组成环状结构。

葡萄糖对生命具有重要的作用,是生物体内最基本的、可以运输的能源物质,溶于水,很容易在体液中运输。葡萄糖是细胞呼吸的原料,而细胞呼吸则是大多数生命活动所需能量的主要来源。动物血液中的葡萄糖称为血糖,血糖的浓度必须保持在一个很小的范围内,否则会引起疾病。

2.双糖

双糖由2个单糖分子连在一起,脱掉1分子水缩合而成,最重要的双糖有麦芽糖和蔗糖。

麦芽糖是由2个葡萄糖分子缩合,以1,4-糖苷键连接起来形成的,分子式为$C_{12}H_{12}O_6$。淀粉被消化时就可以生成麦芽糖。

蔗糖也是一种双糖,由1个α-葡萄糖和1个β-果糖缩合而成。蔗糖来源于甘蔗和甜菜,它溶于水,便于运输,高等植物体内的糖类多以蔗糖的形式转运。

3.多糖

淀粉是由许多α-葡萄糖单位组成的长链结构,这种长链分子称为聚合物。大多数的天然淀粉可分为2类。

①直链淀粉:由数百个葡萄糖单位组成。

②支链淀粉:由上千个葡萄糖单位组成的链状结构,但这条链上有长、短不一的分支,分支上还可以再分支。

在2个分支之间以1,6-糖苷键连接起来。每个分支一般有20～30个葡萄糖分子。所以,支链淀粉可含1 000～3 000个葡萄糖单位。

葡萄糖可以转变成淀粉。淀粉不溶于水,易于贮存,是葡萄糖贮存的形式。植物光合作用所合成的葡萄糖,就是以淀粉的形式贮存起来以供应用的。

人和动物的糖类,其主要来源是植物淀粉。水稻、小麦、玉米等淀粉是人类所必需的,而且也是重要的能源物质,但必须先经过消化,才能被吸收。淀粉是在淀粉酶的参与下,将长链水解为麦芽糖,再在麦芽糖酶的作用下,水解成2分子葡萄糖。

当动物摄入的葡萄糖超过需要时,便把多余的葡萄糖转变为淀粉。这种淀粉在性质上与植物淀粉不同,称为糖原。糖原分子中没有像直链淀粉那样的长链。

哺乳动物的糖原贮存于肌肉和肝脏中,能迅速裂解为葡萄糖,后者经过分解提供能量。糖原不是一切动物贮存能量的主要形式,动物贮存能量的另一种形式是沉积脂肪,但也有些动物几乎完全以糖原形式贮存能量，如在河、湖营底栖生活的蚌类，由于经常处于缺氧状态，当缺氧时，能很快分解糖原，进行无氧酵解。

4. 纤维素

纤维素也是一种多糖，广泛分布于植物界。植物的细胞壁主要由纤维素组成，所以，纤维素是自然界最多的有机物质。纤维素是由许多β-葡萄糖组成的长链高分子聚合物，1个纤维素分子，可含3 000个以上葡萄糖单位。在2个相邻的葡萄糖之间以1,4-糖苷键相连形成直的长链结构，因此，它们的排列方向与淀粉中的α-葡萄糖单位的同向排列不同，是呈交替状态的。

纤维素不能被淀粉酶水解，因此，不能被绝大多数动物利用，只有少数动物如蜗牛、某些昆虫，由于体内含有纤维素酶，因而可以消化纤维素。马、牛、羊等草食动物，依靠它们胃、肠中的细菌和纤毛虫作用来利用纤维素。

人类虽然不能消化纤维素，但纤维素能促进肠胃的蠕动，有益于消化。

(二)脂类

脂类(lipid)包括脂肪和类脂。动物体内的类脂主要为磷脂和甾醇类等。

1. 脂肪

脂肪由碳、氢、氧元素构成，但与糖类不同，脂肪所含氢原子的比例要高得多，如一个三硬脂酸甘油酯的分子式是$C_{57}H_{110}O_6$，表明它们的氧化程度比糖类低，还表明脂肪所贮存的能量比同等重量的糖类要多，通常可高达2倍多。脂肪分子由1分子甘油和3分子脂肪酸组成。甘油分子中有3个羟基(—OH)。每个羟基与脂肪酸分子中的羧基 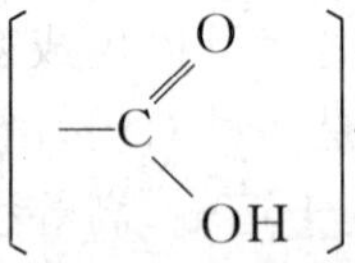 作用，脱去1分子的水，使甘油和脂肪酸连接。每个脂肪分子中的3个脂肪酸，可以完全相同，也可以不同。它们所含的碳原子数目，少则4个，多至24个，最常见的是16个和18个。在自然界的脂肪酸里，碳的数目都是偶数。

脂肪能水解成甘油和脂肪酸。催化脂肪水解的酶叫做脂肪酶，脂肪的水解是消化过程的一个重要步骤。

某些脂肪酸分子含有1个或多个双链，由这些分子组成的脂肪称为不饱和脂肪，它们在室温下为液态，故称为油，如棉籽油、花生油。一般说来，动物脂肪饱和程度较高，植物脂肪饱和程度较低。

脂肪不溶于水，在被血液运输之前，需先要变成能与水混合的形式，其方式之一就是将3个脂肪酸中的1个，用含磷的分子取代。这种磷脂可与水混合，在体内水的循环中运输。

2. 磷脂

在脂肪分子中，有1个脂肪酸被1个磷酸和碱基结合起来的基因取代，称为磷脂。由于碱基不同，磷脂可有多种。动物体内最重要的磷脂有卵磷脂、脑磷脂等。

磷脂的主要功能是构成细胞膜和各种细胞器膜。

3. 甾醇类

甾醇类又称为固醇类，在动物体内主要有胆固醇、某些激素和维生素D等。

（三）蛋白质

蛋白质(protein)是构成生命物质的主要成分，也是有机体最复杂的一类化合物，含有碳、氢、氧和氮元素，通常也含硫元素，有些还含有磷及某些微量元素，如铜、铁等。

大多数蛋白质都是大分子，有较多重要的蛋白质分子的结构至今还没有弄清楚。

蛋白质分子虽大，却都是有规律的结构，是由结构简单的氨基酸单位连接而成的长链。蛋白质中常见的氨基酸有20种。氨基酸结构的通式中都有1个碳原子，称为α碳原子，因此又称α氨基酸。通过α碳原子的4个共价键，将下列基团附上：1个氨基($-NH_2$)、1个羧基($-COOH$)、1个氢原子和1个R基团。所有氨基酸的R基团都比较简单，但各种氨基酸的R基团是不相同的。

由于氨基酸的R基团不同，各种氨基酸也不一样，有亲水的，有疏水的等，但它们也有共性，即都是两性化合物，它们既有碱性的氨基($-NH_2$)，又有酸性的羧基($-COOH$)，因此，对于酸它是碱性物质，对于碱它是酸性物质，这种特性使许多氨基酸可以相互聚合成巨大的蛋白质分子。

氨基酸相互结合(成肽反应)，一个氨基酸的羧基和另一个氨基酸的氨基在适宜的条件下可以发生缩合脱水反应，以肽键连接起来，这样2个氨基酸生成的化合物，称二肽。在二肽上游离的羧基和氨基继续同其他氨基酸发生脱水反应，并通过肽键连接，称三肽、四肽以至多肽。

蛋白质少则含有几十个氨基酸，多可达数千个，20种氨基酸的排列组合，组成了千差万别的蛋白质，再加上蛋白质的构象变化，因而要了解它们的结构是非常困难的。Sahger用了10年(1944—1954年)的时间，才确定了第一个蛋白质——胰岛素分子的排列顺序。自那以后已有许多蛋白质分子的氨基酸排列顺序被确定下来，而且花的时间也逐渐缩短。

有了关于氨基酸在蛋白质中排列顺序的知识以后，就引起了人工合成蛋白质的试验，我国科学工作者合成了胰岛素。

胰岛素是哺乳动物的一种激素，分子较小，其分子式为$C_{254}H_{377}O_{65}S_6$，是由51个氨基酸(16种)按一定顺序排列构成2条链，再由2个二硫键连接起来形成的。

蛋白质的构象，就是蛋白质的立体结构，这与蛋白质的功能密切相关。

一级结构：就是各种氨基酸的排列顺序，胰岛素就是一级结构。

二级结构：在一级结构的基础上、沿着一定方向盘旋成螺旋状，螺旋之间以氢键连接，保持立体结构。

三级结构：在二级结构上进一步折叠、盘旋，其间以氢键、二硫键连接。

四级结构：在三级结构基础上形成立体空间结构。

如果蛋白质的立体结构遭到破坏，那么，蛋白质也就失去了它原有的功能，如煮熟的蛋清。

蛋白质具有复杂性和多样性，因此，每一个物种都有自己的特异性蛋白质，甚至同一品种家畜的不同个体，有些蛋白质也不完全相同。但在同卵双胞胎之间蛋白质完全相同的现象，也许是例外的事。

蛋白质也可以作为有机体的能源，如果摄入的蛋白质超过有机体的需要，多余的部分可以分解，提供能量，蛋白质水解成氨基酸。氨基酸进一步使含氮的氨基被脱去，此过程称为脱氨作用。哺乳动物此过程在肝内进行，不含氨的部分像糖类、脂肪一样被氧化掉。

完全由氨基酸组成的蛋白质，称单纯蛋白，如清蛋白、球蛋白等。由单纯蛋白和非蛋白物质组成的蛋白质称为结合蛋白。它的非蛋白部分称为辅基。按辅基的不同，又可分为核蛋白

(如染色体蛋白)、糖蛋白(如黏蛋白)、脂蛋白(如低密度脂蛋白)、磷蛋白(如卵黄磷蛋白)、色蛋白(如血红蛋白)、金属蛋白(如铁蛋白),它们的辅基分别是核酸、糖、脂类、磷酸、色素、金属离子。

酶:有机体内的代谢反应绝大多数是由酶催化进行的。所有的酶都是蛋白质,这是有机体特有的催化剂。酶在催化反应时,底物(被酶催化的反应物)首先结合在酶的活性部位上进行反应,最后将底物释放出来,而酶本身并不发生变化,因此酶可以重复使用。

代谢反应由酶催化的优点是:效率高,比无机催化剂效率高千百万倍。酶具有特异性或专一性,即每一种酶只能催化一定的底物发生反应,如脂肪酶只能催化脂肪分解成甘油和脂肪酸;淀粉酶只能分解淀粉,不能分解纤维素;而分解纤维素的纤维素酶,又不能分解淀粉。酶具有专一性,保证了成千上万个代谢过程有条不紊地朝一个方向进行下去,否则动物有机体就不能生存。

酶的名称:一般根据它们催化的底物命名。

(四)核酸

核酸(nucleic acid)是生命物质极其重要的成分,它是控制细胞的活动中心,也是传递遗传信息的载体。核酸和蛋白质一样,也是大分子聚合物。

组成核酸分子的单位是核苷酸,每个核苷酸又可分为3个亚单位:1个戊糖(五碳糖)、1个含氮的碱基和1个磷酸,前两者合成核苷,核苷与磷酸结合称为核苷酸。

构成核苷酸的戊糖有2种:一种是由5个碳原子中的4个和1个氧原子组成环状结构,称为核糖,分子式 $C_5H_{10}O_5$;另一种与之相似,只是少了1个氧原子,称为脱氧核糖,分子式是 $C_5H_{10}O_4$。

由于核苷酸的戊糖有2种,因此,核酸也分为2种:含有核糖的称为核糖核酸,简称RNA;含有脱氧核糖的称为脱氧核糖核酸,简称DNA。2种核酸都各自有4种碱基:DNA含腺嘌呤(用A表示)、鸟嘌呤(用G表示)、胞嘧啶(用C表示)和胸腺嘧啶(用T表示);RNA的4种碱基与DNA不同之处是没有胸腺嘧啶(T),而是尿嘧啶(用U表示)。

这些嘌呤与嘧啶都是含氮原子的杂环化合物。2种嘌呤都是双环结构,3种嘧啶都是单环结构。

DNA分子是由2股多个脱氧核苷酸组成的长链。2股链沿着中心长轴向前或向上盘旋形成螺旋状的空间结构,这就是由Waston和Crick提出的DNA双螺旋模型(图1-1)。

DNA每一股上的脱氧核糖,分别与2种嘌呤、2种嘧啶缩合成4种脱氧核糖核苷(即脱氧腺苷、脱氧鸟苷、脱氧胞苷、脱氧胸苷)。它们按一定的顺序、借磷酸酯键分别与前、后2个脱氧核糖的3′,5′碳原子形成一股长链,这就是DNA的一级结构。

DNA的二级结构:2股脱氧核苷酸的每一嘌呤与嘧啶之间,相互对应地形成特定的配对,并在两者之间借氢键连接在一起。但2股链的走向恰好相反,即一条链中的磷酸二酯键为3′-5′走向;另一条链是5′-3′走向,结果2股平行盘旋成双螺旋空间结构。

在DNA的2股链中的碱基相互配对有一定规律,即腺嘌呤(A)必须与胸腺嘧啶(T)配对;鸟嘌呤(G)必须与胞嘧啶(C)配对。这样,DNA分子的2股链是互补的,如果知道了一股链的碱基顺序,则另一股的也就知道了。这2股的互补配对之间由氢键连接起来。在A与T之间只限定2个氢键。G与C之间只限定3个氢键,否则不能配对。

由于 DNA 是大分子，由许多脱氧核苷酸组成，碱基对的排列顺序，也就有类似蛋白质那么多，因此不同的生物，DNA 分子的大小和碱基按特定的顺序排列也是不同的。而同一种生物的细胞中 DNA 分子的大小和碱基序列则完全相同。

RNA 的结构：它是由 4 种核糖核苷酸（AMP，GMP，CMP，UMP）聚合成的单链结构，在每个核糖核苷酸的磷酸上，由 3′-5′碳原子借磷酸二酯键连接起来。

RNA 有 3 种：即信使 RNA（mRNA）、运转 RNA（tRNA）和核糖体 RNA（rRNA）。上述每种 RNA 分子可含有几十个，甚至数千个这样的核苷酸。这些 RNA 在自然界虽然以单链多核苷酸的形式存在，但有的 RNA 也可以折叠起来形成空间结构，并在嘌呤与嘧啶之间（A 与 U 或 G 与 C）借氢键连接起来。

（五）维生素

维生素（vitamin）是生物体内含量较少的有机物。而且都是小分子。它们既不是生物体的能源物质，也不是组成细胞的结构物质。但它对调节有机体代谢起着非常重要的作用。研究表明，有许多维生素是酶的辅基成分。

维生素种类很多。分子结构的差异也很大，按分子结构分类比较困难，通常按溶解性不同分类，一般分为脂溶性和水溶性两大类。脂溶性维生素有维生素 A、维生素 D、维生素 E、维生素 K 等，它们只溶于脂肪和脂溶剂（如乙醚等）。水溶性维生素有 B 族维生素和维生素 C。B 族维生素包括维生素 B_1（硫胺素）、维生素 B_2（核黄素）、维生素 B_3（有烟酸和烟酰胺 2 种）、维生素 B_6（吡哆素等）、维生素 B_{11}（叶酸）、维生素 B_{12}（钴胺素）等。

维生素是有机体不可缺少的物质，但动物本身不能合成，必须从食物中摄取，若摄入不足，则会导致维生素缺乏症。如人们的膳食太精细，会缺乏维生素 B_1，易患脚气病。若营养不良，会缺乏维生素 A，易患夜盲症和上皮干燥等疾病。如人类和动物缺乏维生素 B_2 则患毛发脱落等症状。

（六）无机盐

生物体内的无机盐（inorganic salt）是以离子的形式存在的，一般含有 Na^+、K^+、Ca^{2+}、Mg^{2+}、Fe^{3+} 和 Cl^-、SO_4^{2-}、PO_4^{3-}、HCO_3^- 等。无机物的各种离子必须保持一定的比例，才能维持有机体的内环境恒定。各种离子对生物有机体都具有重要的生理作用。如维持体液的正常渗透压、酸碱度以及维持神经、肌肉的正常兴奋性等。

此外，在无机物中，有一些呈不溶解状态，它们可以形成固体的沉积物，许多生物利用这些物质作为支持和保护性的结构，如碳酸钙是软体动物贝壳的主要成分。脊椎动物的骨骼含有磷酸钙和碳酸钙以及镁、氟等离子。所有这些对有机体的柔软组织起着支持和保护作用。

（七）水

水（water）是生物体内含量最多的物质，通常占体重的 60％～90％。不同种类、不同年龄的动物含水量相差很大，如水母含水量可占体重的 95％。成年人含水量占体重的 65％左右。

水在生物体内以 2 种形式存在：即游离水和结合水。游离水在动物体内以自然状态的形式存在，常温下呈液态，是许多有机物和无机物良好的溶剂，便于体内运输，成为这些物质良好的运输介质。如动物血液中含有 90％的水，使得血液在整个动物体内起着十分重要的作用。

水不仅是理想的运输介质，还可参与动物体内许多的化学反应。结合水往往借水的氢原子形成的氢键，附在蛋白质分子上，它与游离水可以置换。

同时水的另一个重要特性，就是比热很大，当外界环境发生突然变化时，由于有机体内有较多的水分，因而可以使温度的变化较慢。

另外，水分可以从动物的体表蒸发，如哺乳动物出汗，可使体内代谢产生的热量散发到体外。由此可见，水对体温的调节也是很重要的。

以上组成生物有机体各种主要的化学物质并不是简单地堆积，而是有规律地、高度地结合起来形成原生质，才表现出生命特征。

第二章　动物有机体的基本结构与功能

第一节　细　　胞

动物虽然种类繁多，且身体结构也千差万别，但是有一点是相同的，即构成身体的基本单位是细胞。

300多年前，英国科学家罗伯特·霍克(Robert Hooke)通过一架简易的自制显微镜，观察到软木塞薄片和植物叶片是由一个个"小室"组成的，他称之为"小室"或"细胞"。1838年，德国植物学家施莱登(M. J. Schleiden)宣布，所有植物组织均由细胞构成。1年以后，他的同胞——德国动物学家施旺(M. J. Schwann)描述了动物组织同样由细胞构成，两位学者共同提出了细胞学说，即：一切动、植物都是由细胞构成的，细胞是一切动、植物体的基本单位。以后随着显微镜的迅速发展，给细胞领域的研究带来了更加丰硕的成果。

细胞是生物体基本的结构和功能单位。除病毒外的所有生物，都由细胞构成。即使是最原始的细胞，其结构也异常复杂。自然界中既有单细胞生物，也有多细胞生物。一个成年人大约有60万亿个细胞，每个细胞都执行着各自的功能。没有细胞就没有生命。

细胞是由膜包围着含有细胞核(或拟核)的原生质组成的，是生命活动的基本单位，是生物体个体发育和系统发育的基础。细胞可以是独立的作为生命单位，也可以是多个细胞组成细胞群体，还可以构成组织、器官、系统从而构成一生命有机体。细胞有原核细胞与真核细胞(图2-1)。原核细胞主要特征是没有明显可见的细胞核，同时也没有核膜和核仁，只有拟核。原核细胞遗传信息量小，仅由1个环状DNA构成，细胞内尚未分化出以膜为基础的细胞器、细胞核。由原核细胞构成的生命体为原核生物。真核细胞有核膜和核仁，由真核细胞构成的生命体为真核生物。

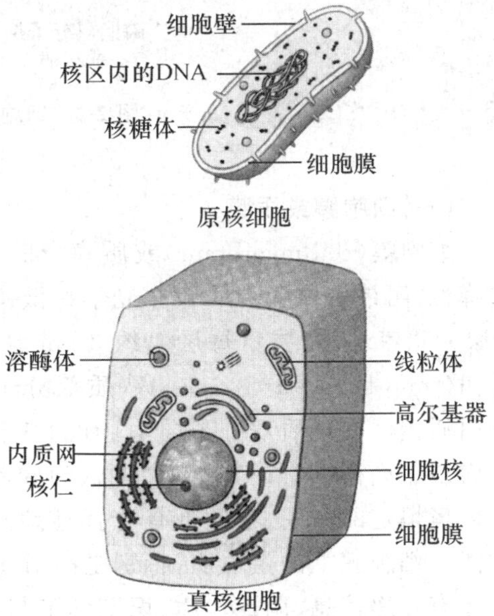

图2-1　原核细胞与真核细胞

(引自Hickman)

一、真核细胞的一般特征

真核细胞一般都很小，需借助显微镜才能看得到，其大小通常以微米(μm，1 $\mu m = 10^{-6}$ m)表示。但也有少数例外，如鸟卵细胞(不包括蛋清部分)，直径可达几个厘米。尽管真核细胞形形色色，在形态结构与功能上也是多种多样的，但又有共同的特征。

在结构方面的共同特征：都具有细胞膜、细胞质(包括各种细胞器)和细胞核。在功能方面的共同特征：细胞是进行新陈代谢的中心，它不断地与周围环境(细胞外液)进行物质交换，在细胞内部进行有机物的合成与分解；具有自我复制——分裂繁殖的能力，可将细胞的特性遗传给下一代的子细胞。

二、真核细胞的结构

真核细胞是一团原生质，由它分化出细胞膜、细胞核、细胞质及各种细胞器等(图2-2)。

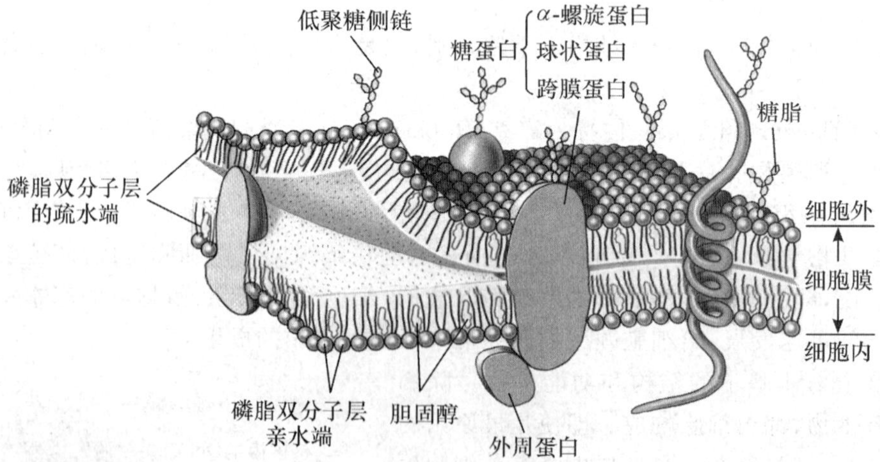

图2-2 细胞膜结构图(引自Hickman)

(一)细胞膜或质膜

细胞膜(cell membrane)或质膜(plasma membrane)是包围在细胞表面的一层极薄的具选择性、可渗透的膜。一般在光学显微镜下看不见。用电镜观察，细胞膜可分为3层，内外2层为暗带(蛋白质)，每层大约3 nm厚，中间为明带(磷质双层分子)，细胞膜的总厚度为8～10 nm($1\ nm=10^{-9}\ m$)。磷质双分子层呈反向排列，即亲水端朝外，疏水端伸向内部。蛋白质镶嵌在磷质双分子层中，有的甚至穿越磷质双分子层。这种膜的结构就是“蛋白质和磷质镶嵌模型学说”。该学说认为膜不是静止的，而是呈液态可流动的。细胞膜有维持内环境恒定的作用，它还具有选择性地从周围环境吸收养分，并将代谢产物排出细胞外的功能。细胞膜上的蛋白质，特别是酶对多种物质进出细胞起着关键性的作用。同时，细胞膜还有传递信息、调控代谢、识别细胞与免疫等作用。

(二)细胞质

细胞质(cytoplasm)位于细胞膜与细胞核之间。细胞质又分化出多种具有特定形态结构和功能的“细胞器官”——细胞器。

1. 内质网

内质网(endoplasmic reticulum)是由膜形成的一些小管、小囊构成的膜腔系统。普遍存在于动物细胞中(哺乳动物血红细胞的内质网已消失)。根据形态与功能的不同，可将其分为粗糙型内质网(颗粒型内质网)与滑面型内质网(无颗粒型内质网)2种(图2-3)。

粗糙型内质网的外表面有许多核糖体颗粒附着。核糖体或称核蛋白体的成分是核糖核酸

(rRNA)和蛋白质。它是蛋白质合成的主要场所。

滑面型内质网膜上无核糖体,它参与脂类的合成以及糖原和其他糖类的合成与分解,同时参与物质的运输。粗糙型内质网与滑面型内质网是彼此相连的,可认为是一个系统。它们与细胞膜及核模是相通的。因此,内质网提供了大量的膜表面,有利于酶的分布和细胞的生命活动。

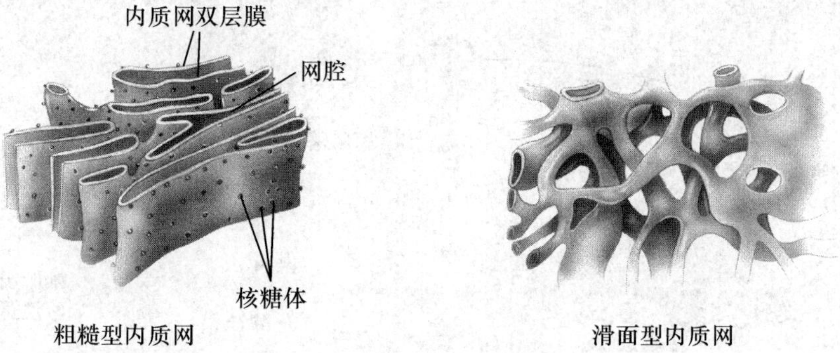

图 2-3　内质网(引自 Miller)

2. 高尔基器

高尔基器(Golgi apparatus)也是一种膜腔结构,由几个表面光滑、重叠在一起的大扁囊和它周围的大小泡囊组成(图 2-4)。它与内质网相连。由内质网合成的蛋白质都要运送到这里进行加工、分类、包装,再加上高尔基体合成的糖类形成糖蛋白,转运出细胞,供细胞外使用。

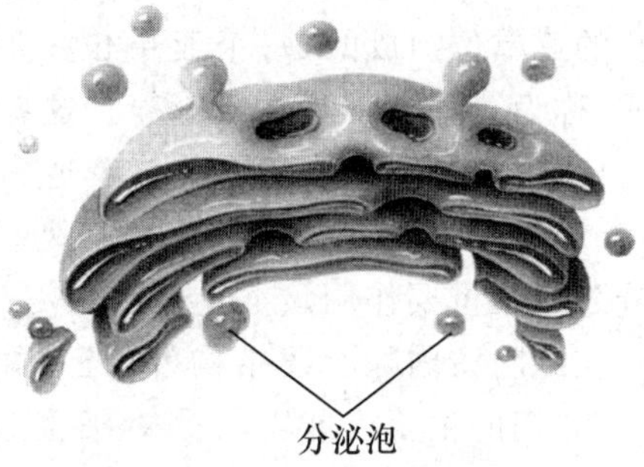

图 2-4　高尔基器(引自 Hickman)

3. 溶酶体

溶酶体(lysosome)是一些颗粒状结构,表面围有一层膜(单位膜),已知内部含有 40 多种酸性水解酶。这些酶具有溶解和消化的作用,与食物泡融合,能将蛋白质、脂类、多糖、核酸等大分子降解成小分子,供细胞内的物质合成或线粒体的氧化需要,残渣通过外排作用排出细胞;另外在细胞分化过程中,可将有机体内衰老和死亡的细胞自溶、调节细胞增长及细胞膨压、清除入侵的异物、保护有机体以及在胚胎形成和发育等方面都具有重要作用。对于具有细胞内消化机能的动物,如单细胞动物,溶酶体的溶解和消化作用尤为重要(图 2-5)。

4. 线粒体

线粒体(mitochondrium)为一动态细胞器,具有多形性、易变性、运动性和适应性等特点,形态上以线状、粒状居多。表面由双层膜构成,内膜向内突起形成一些嵴,称为线粒体嵴。线粒体内有丰富的酶系统。线粒体也是细胞呼吸的中心,它是生物有机体借氧化作用产生能量的一个主要机构,是物质最终彻底氧化分解的场所,它可将营养物质(葡萄糖、脂肪酸、氨基酸等)氧化产生能量,储存在 ATP(三磷酸腺苷)的高能磷酸键上,供给细胞生理活动的需要,因此,有人说线粒体是细胞的"动力工厂"。线粒体中还含有自身的 DNA,它和细胞核内的 DNA 一起控制着线粒体的复制活动(图 2-6)。

5. 中心粒

中心粒(centriole)这种细胞器具有极性,它的位置是固定的。中心粒是一个柱状体,长度

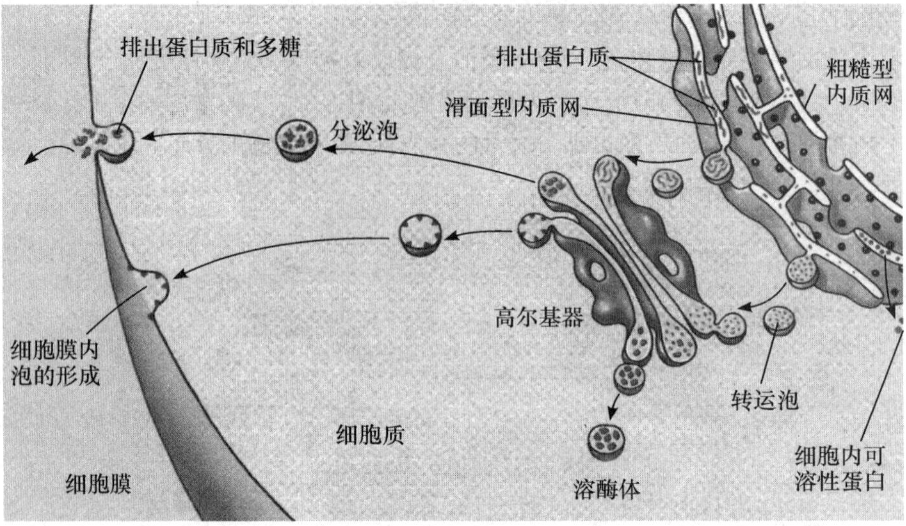

图 2-5 真核细胞内蛋白质合成、分解系统(引自 Hickman)

为 0.3～0.5 μm,直径约为 0.15 μm,它是由 9 组小管状的亚单位组成的,每个亚单位一般由 3 个微管构成,称为三联体微管(图 2-7)。这些管的排列方向与柱状体的纵轴平行。中心粒通常是成对存在的,2 个中心粒的位置常成直角排列。中心粒在有丝分裂时起重要作用。

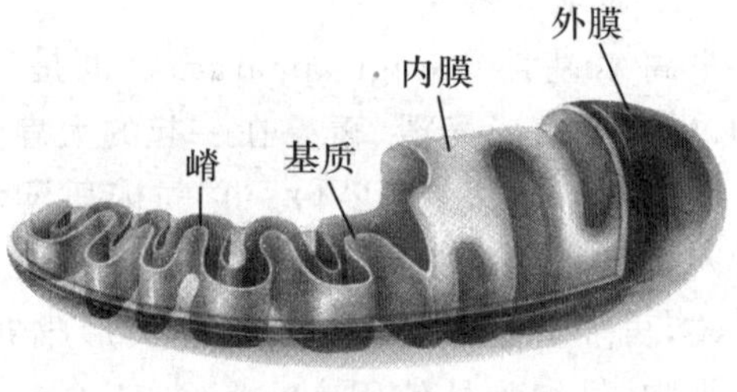

图 2-6 线粒体的结构(引自 Hickman)

在细胞质内除上述结构外,还有微丝和微管等结构,它们的主要机能不仅是对细胞起骨架支持作用,还可以维持细胞的形状。有的也参与细胞的运动,如有丝分裂的纺锤丝以及纤毛、鞭毛的微管。此外,细胞质内还有各种内含物,如糖原、脂类、结晶、色素等(图 2-7)。

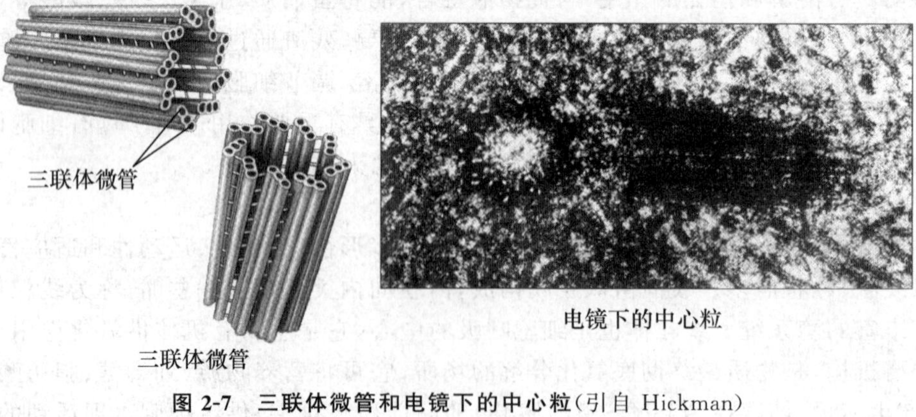

图 2-7 三联体微管和电镜下的中心粒(引自 Hickman)

(三)细胞核

细胞核(nucleus)是真核细胞内最大、最重要的细胞器,形状多种多样,有圆形、椭圆形等。通常每 1 个细胞有 1 个核,也有双核或多核的(但哺乳动物成熟的红细胞无核)。核外包围着核膜，核内有染色质、核仁及核基质。

1. 核膜

核膜(nuclear membrane)是由内、外 2 层平行但不连续的单位膜构成。2 层膜的厚度相同，为 7.5 nm，膜间透明空隙的厚度为 20～40 nm。外膜常附有核糖体颗粒并与粗糙型内质网相连。内膜表面光滑，无核糖体附着。核膜上有许多核孔，是由内外层的单位膜融合而成的，孔内还有丝状的微细结构。核膜对控制核内外物质的出入、维持核内物质的恒定有重要作用。

2. 核仁

核仁(nucleolus)由核仁丝、颗粒和基质构成。核仁丝与颗粒由核糖核酸和蛋白质结合而成，基质主要由蛋白质组成。核仁外无界膜。核仁的主要机能是合成核糖体(核蛋白体)RNA(rRNA)，并能组合成核糖体亚单位的前体颗粒。为在核基质中进行很多的代谢过程提供戊糖、能量和酶等。

3. 染色质

染色质(chromatin)是一种嗜碱性的物质，能用碱性染料染色，因而得名。染色质是主要由 DNA 和组蛋白结合而成的丝状结构，光学显微镜下看不见。只有在细胞分裂时，由于染色质丝螺旋化，盘绕折叠，才形成明显可见的染色体。染色体内不仅有 DNA 和组蛋白，还有大量的非组蛋白和少量的 RNA。染色体上具有大量控制遗传性状的基因。

细胞核的机能是保存遗传物质，控制生化合成和细胞代谢，决定细胞或机体的性状表现，把遗传物质从细胞(或个体)一代一代传下去。细胞核控制细胞质，细胞质对细胞的分化、发育和遗传有重要的作用(图 2-8)。

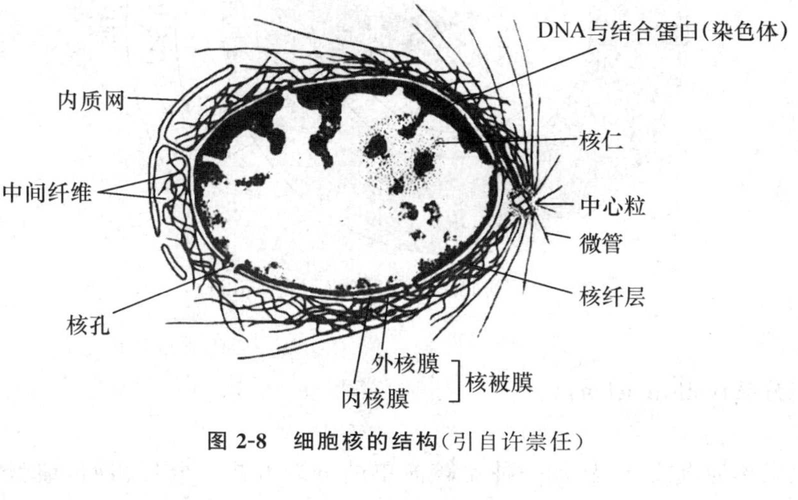

图 2-8　细胞核的结构(引自许崇任)

三、细胞增殖

细胞增殖(cell proliferation)是细胞生命活动的重要特征，单细胞动物依靠细胞增殖来增加群体数量，多细胞动物通过细胞增殖与分化，由 1 个受精卵发育为 1 个成体。即使是成年的动物同样离不开细胞增殖，如弥补代谢过程中细胞的丢失、机体创伤愈合、组织再生等。动物的生长与繁殖是通过细胞的分裂与分化来实现的。一个单细胞动物分裂成 2 个子细胞，就是繁殖。多细胞动物的有性生殖，通常是由 2 种成熟的性细胞，通过受精，由受精卵按细胞分裂和分化的规律，逐渐成长起来的，细胞分裂具有周期性。

(一)细胞周期

细胞的生长和分裂是有周期性的,细胞周期(cell cycle)是指细胞从前一次分裂结束起到下一次分裂结束为止的活动过程,可分为分裂间期与分裂期2个阶段。一般分裂间期占细胞周期的90%～95%,分裂期占细胞周期5%～10%。

(1)分裂间期(interphase) 指细胞从一次分裂结束之后到下一次分裂之前。根据DNA的合成复制,间期又可分为3个阶段。

①G_1期(presynthetic phase):又称为合成前期,开始合成细胞生长所需的各种蛋白质、糖类、脂质等,但不合成DNA。

②S期(synthesis):又称为合成期,是DNA复制合成期。

③G_2期(postsynthetic phase):又称为合成后期,此时,细胞核内的DNA含量已经增加了1倍,在此期内要检查DNA是否完成复制,环境因素是否适合细胞分裂的需要,当所有条件满足后,才会进入分裂期。

(2)分裂期(M phase) 真核细胞的分裂主要包括无丝分裂(amitosis)、有丝分裂(mitosis)和减数分裂(meiosis)(图2-9)。

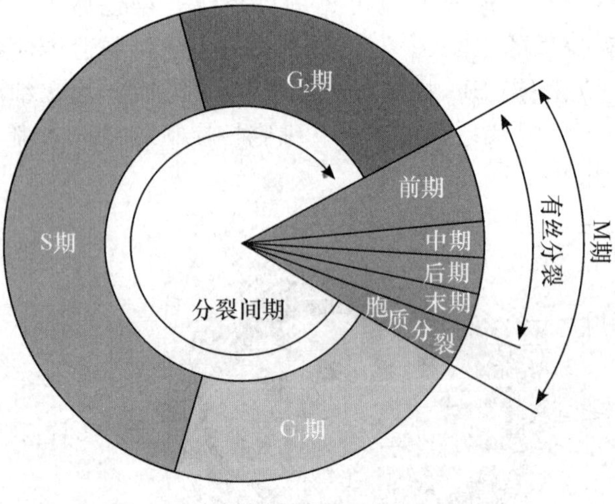

图2-9 细胞周期示意图(引自Miller)

(二)细胞分裂(cell division)

1.无丝分裂

无丝分裂又称为直接分裂,是一种比较简单的分裂方式。分裂初始,细胞核及核仁都伸长,然后进一步形成哑铃形,中央部分狭细,最后,细胞核分裂,此时细胞质也随着分裂,并且在滑面型内质网的参与下形成细胞膜。无丝分裂中,核膜和核仁都不消失,没有染色体和纺锤丝的出现,但这并不说明染色质没有发生深刻的变化。当细胞核体积增大1倍时,细胞核就发生分裂,核中的遗传物质就分配到子细胞中去。至于核中的DNA是如何分配的,仍有待进一步的研究,无丝分裂不能保证母细胞的遗传物质平均地分配到2个子细胞中去。

2.有丝分裂

有丝分裂时,细胞核和染色体在形态上有明显的变化。整个有丝分裂过程是连续的,一般把它分为前期、中期、后期、末期和胞质分裂(图2-10)。

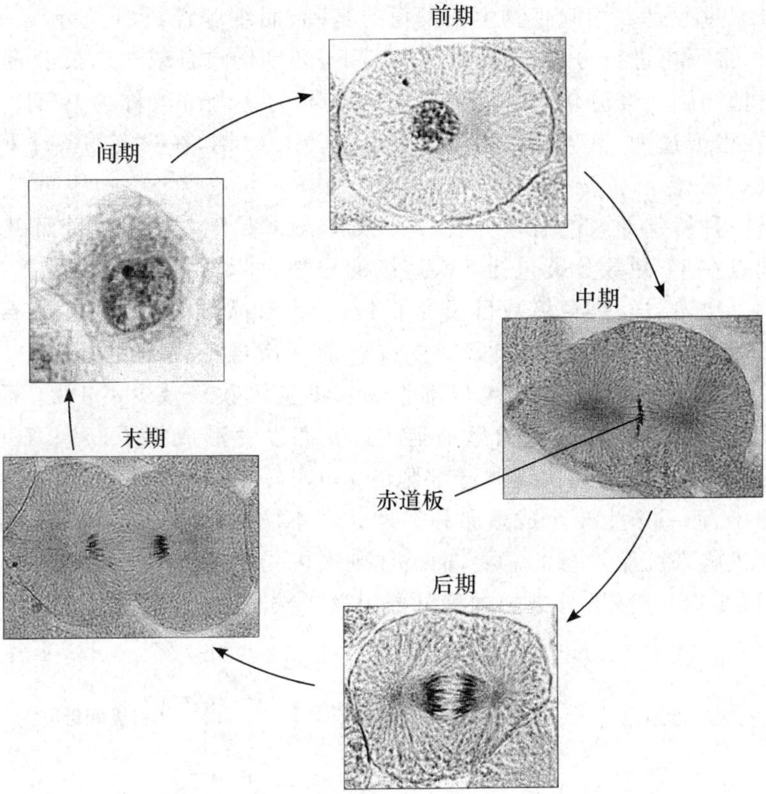

图 2-10　有丝分裂过程(引自 Hickman)

①前期(prophase):细胞核中的染色质开始浓缩经过螺旋化、折叠和包装,逐渐变短变粗。中心体周围,微管开始大量组装,并以中心体为核心向周围辐射,中心体与周围的微管一起被称为星体。随后 2 中心体开始向细胞的两极移动。同时在两星体之间出现一些呈纺锤状排列的细丝称为纺锤体,每条细丝称为纺锤丝(纺锤丝是由微管蛋白形成的微管构成的)。核膜、核仁逐渐崩解、消失,染色体逐渐向细胞的中央移动,直到排列到细胞的赤道面上,这时进入中期。

②中期(metaphase):是从染色体达到了细胞的赤道面,停止移动时开始的。动物细胞的染色体在赤道面上一般呈辐射状排列。在中期纺锤体已达到最完善的程度。一些纺锤丝从纺锤体的两极分别与染色体的着丝点相连;另一些纺锤丝不与染色体相连,而是直接连接两极的中心体。中期时染色体高度螺旋化,呈浓缩状,因此,中期是观察染色体形态、计算染色体数目最合适的时期。当染色体的着丝点分裂,2 个染色单体分开时,便开始进入后期。

③后期(anaphase):从每个染色体的 2 个染色单体分开向两极移动开始,分开的染色体称为子染色体,子染色体向两极移动的整个过程都属于后期。

④末期(telophase):2 组子染色体已移至细胞的两极,染色体移动停止,染色单体开始去浓缩,核仁开始重新组装,RNA 合成功能逐渐恢复。核膜、核仁重新出现。

⑤胞质分裂(cytokinesis):始于细胞分裂后期,止于细胞分裂末期,胞质开始分裂时,赤道板周围细胞表面下陷,形成环形缢缩,即分裂沟,随着细胞分裂由后期向末期过渡,分裂沟逐渐加深,直至 2 个子代细胞完全分开。

上述有丝分裂过程是多细胞生物生长发育的基础,而细胞经过有丝分裂一旦走上分化执行特殊的机能时,常不再进行分裂,但在某些刺激下,如创伤愈合或对生长素的反应中,又重新开始生长分裂。把细胞已经分化但不处于生长分裂期的这个阶段称为 G 期。癌细胞虽不属于分化细胞,但在密度过大、营养缺乏的条件下也可转入 G 期,在一定的条件下又开始增殖。

3. 减数分裂

减数分裂是一种特殊形式的有丝分裂,这种分裂形式是随着配子生殖而出现的,它与正常有丝分裂的不同点在于,减数分裂包括 2 次连续的分裂过程,结果 1 个细胞产生 4 个细胞,其中染色体只复制 1 次,这样,染色体数目减少了 1/2。由于减数分裂是发生在配子形成过程中成熟期的 2 次分裂,结果形成精子和卵。在成熟期 2 次连续的细胞分裂中,初级精母细胞($2n$),经过第一次减数分裂形成次级精母细胞(n),染色体数目减少了 1/2。后者再进行第二次分裂产生 4 个精母细胞(n),这些精母细胞经过变态发育形成精子(n)。在雌体中,这些相应的阶段是初级卵母细胞($2n$)、次级卵母细胞(n)和卵(n)。所不同的是,每个初级卵母细胞并非产生 4 个卵子,而只产生 1 个成熟卵和另外 3 个不孕的极体。这种不平均的分裂使卵细胞有足够的营养供将来胚胎发育的需要,而极体则失去受精发育能力而逐渐消失,所以卵的数量不如精子多(图 2-11)。减数分裂的过程可分为第一次减数分裂、第二次减数分裂。

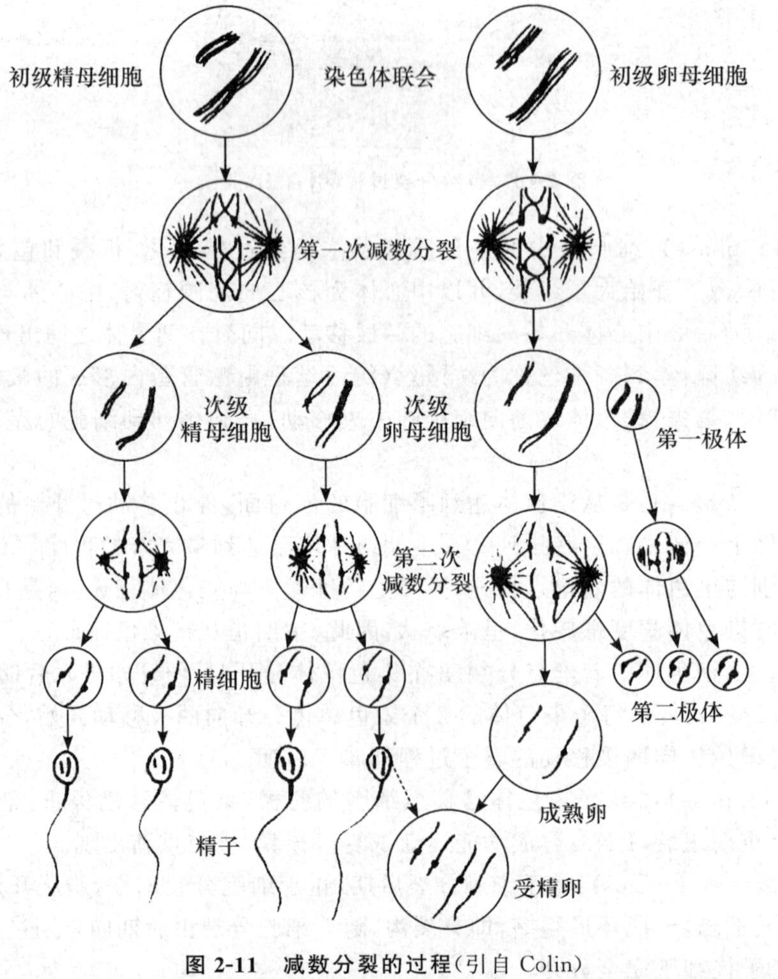

图 2-11 减数分裂的过程(引自 Colin)

(1)第一次减数分裂　又分为以下几个阶段。

①前期Ⅰ:第一次减数分裂前期分裂时间较长,根据染色体形态变化分为细线期、偶线期、粗线期、双线期、浓缩期。细线期:染色体细长,每1条染色体含2条染色单体,并由1个着丝点将二者连在一起。

偶线期:同源染色体开始配对。所谓同源染色体就是2条相同的染色体,分别来自父母各1条。

粗线期:配对后并列在一起,好像染色体变粗了,实际上是每1对同源染色体共含有4条染色单体。

双线期:2条同源染色体分离,但只有各自的一条染色单体交叉相连,经过互换,使2条同源染色体上都有从对方换来的染色体,互换使染色体重组,这在遗传上有重要意义。

浓缩期:也称为终变期,染色体进一步螺旋化,使之变粗变短,核膜开始消失。同源染色体开始向赤道板上移动,进入中期。

②中期Ⅰ:同源染色体排列在赤道板上,在纺锤体微管的作用下,每对同源染色体分别向两极移动。

③后期Ⅰ:同源染色体分别移向两极,此时每条染色体仍含2条染色单体,由1个着丝点连接在一起,进入末期Ⅰ。

④末期Ⅰ:分裂成2个细胞,每个细胞内部的每条染色体仍有2条染色单体,而染色体的数目只是原来双倍体($2n$)的$1/2(n)$。

⑤间期:时间很短,有些甚至无间期,直接进入第二次减数分裂(间期无染色体的复制)。

(2)第二次减数分裂　与有丝分裂过程非常相似。可分前期Ⅱ、中期Ⅱ、后期Ⅱ、末期Ⅱ和胞质分裂Ⅱ。只是在后期Ⅱ排列在赤道板上的染色体,着丝点一分为二,使2条染色单体分开,各自移向一极。到末期Ⅱ最后分成2个子细胞,所以,第二次不是减数而是等数分裂,分裂成的子细胞,经过发育才能成为成熟的配子。

减数分裂对维持物种的染色体数目的恒定性,对遗传物质的分配、重组等都具有重要意义,这对生物的进化发展是极为重要的。

第二节　动物的组织、器官和系统

多细胞动物的体细胞,已经失去了像单细胞动物那样独立生活的能力。如果从动物体上分离出一个细胞,不能正常生存。因此,这些已分化的细胞必须有规律地组织起来,形成具有一定形态的组织、器官和系统,组成一个动物整体,共同进行动物体的生命活动。

一、组织

(一)组织的定义

形态相同或相似、在动物体内执行相似功能或相互联系功能的细胞集团,称为组织(tissue)。

各类动物的组织、器官、系统是随动物的发展史(系统发育)而发展起来的。在低等多细胞动物,如多孔动物(海绵动物),只有3或4种分化了的体细胞,组成了最简单的组织。而高等动物,体细胞的分化愈复杂,种类也愈多。如高等哺乳动物约有100种体细胞,并组成各种不同的组织、器官和系统。

(二)组织间质

有些组织除了细胞外,还有该组织细胞分泌的非细胞结构物质,填充在细胞与细胞之间,把细胞分隔开来,称为间质,或称为基质。间质对动物的生命活动起着重要的作用。

(三)组织的类型

动物组织可归纳为四大类:上皮组织、结缔组织、肌肉组织和神经组织。

1. 上皮组织

上皮组织(epithelial tissue)的特点是,细胞与细胞之间排列得非常紧密、间质很少,具有保护、分泌、排泄和吸收等功能。由内胚层、中胚层和外胚层分化而来。根据其形态,又可分为扁平上皮组织、柱状上皮组织等。根据细胞排列的层次,可分为单层上皮组织和复层上皮组织(图2-12)。根据功能可分为被覆上皮组织、腺上皮组织、感觉上皮组织等。这类组织分布在动物身体的外表面以及体腔和体壁的外表面,衬贴在动物的口腔、管(气管)、腔(肠、胃)等内脏器官的内、外表面。它们与所在的器官功能紧密地联系在一起。现列举几种上皮组织的功能简述如下。

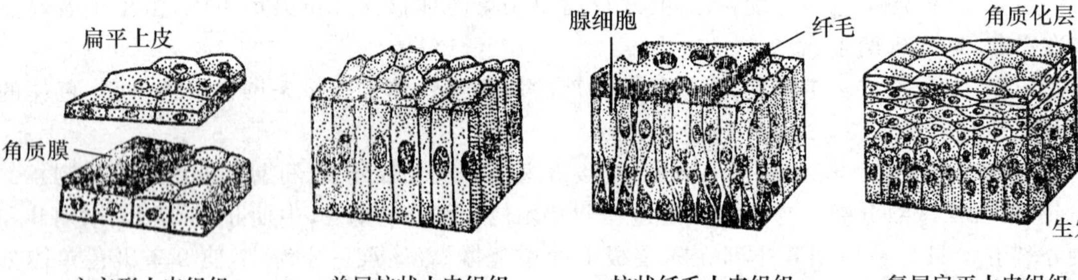

图2-12 上皮组织的类型(引自江静波)

(1)皮肤上皮组织 属于保护性的覆盖上皮,保护下面的组织,免受微生物的侵袭和机械损伤以及其他功能。

(2)感觉上皮组织 是接受外界刺激的细胞集团,上皮组织的基部与神经末梢相连,这种上皮组织有鼻腔的嗅上皮,眼睛的视网膜等。

(3)小肠上皮组织 具有吸收营养物质的功能。

(4)肺泡上皮组织 具有交换气体的功能。

(5)肾上皮组织 具有过滤含氮废物的功能。

(6)腺上皮组织 是一类特化为具有分泌功能的细胞集团。其产生的分泌物,需经导管(或输出管)排出的腺体,统称外分泌腺。如分泌胃液的胃腺,分泌肠液的肠腺等。它们产生的分泌物(酶)具有消化食物的功能。

此外,还有哺乳动物的汗腺、乳腺等。没有导管的腺上皮组织称为内分泌腺,如肾上腺、性腺等。它们的分泌物(激素)要随血液循环运到动物身体各部位,用来调节体内各器官的生理功能(图2-13)。

上皮组织在多细胞动物的系统发生上是最古老的组织,它们在低等多细胞动物(双胚层动物)中占有优势。因为在这些类群动物中,别的组织有的完全没有发生(如多孔动物),有的仅有少数几种其他组织(如腔肠动物)。

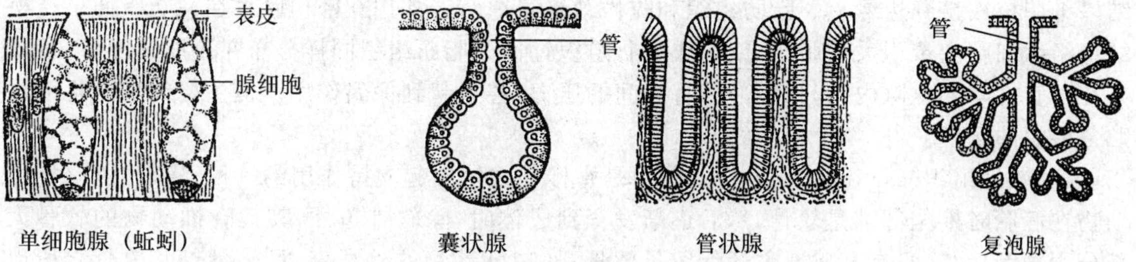

图 2-13　腺体的类型（引自江静波）

2. 结缔组织

结缔组织(connective tissue)的主要特点是细胞分泌大量的间质。这类组织的种类很多，其功能主要有填充、联系、支持和保护等。现将几种结缔组织简述如下。

(1)疏松结缔组织(loose connective tissue)　是一种没有一定形态的组织，包括多种形态的细胞，分散在胶状的间质内。其中一种是成纤维细胞，能产生胶原纤维和弹性纤维，胶原纤维伸缩性很大，具有很强的牵引力；弹性纤维有很大的弹性，具有强的收缩力。这 2 种纤维在间质内往往交织成网状，所以，该组织柔软、疏松而有弹性。此外，该组织内还有一种形状不规则的细胞，叫做巨噬细胞，它能吞噬侵入体内的有害细菌，起到保卫作用。疏松结缔组织大部分分布在皮肤下面、器官间隙，起填充、支持和联系等作用(图 2-14)。

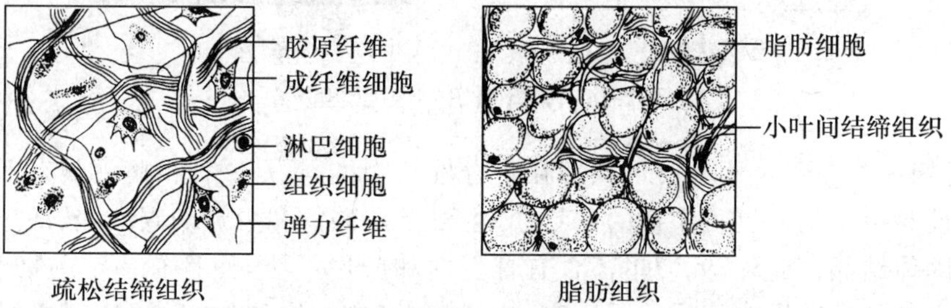

图 2-14　疏松结缔组织、脂肪组织（引自刘凌云）

(2)致密结缔组织(dense connective tissue)　由大量的胶原纤维和弹性纤维组成，基质和细胞较少。如肌腱、韧带等(图 2-15)。

(3)脂肪组织(adipose tissue)　由圆形或卵圆形细胞组成，细胞内部沉积大量的脂肪滴，

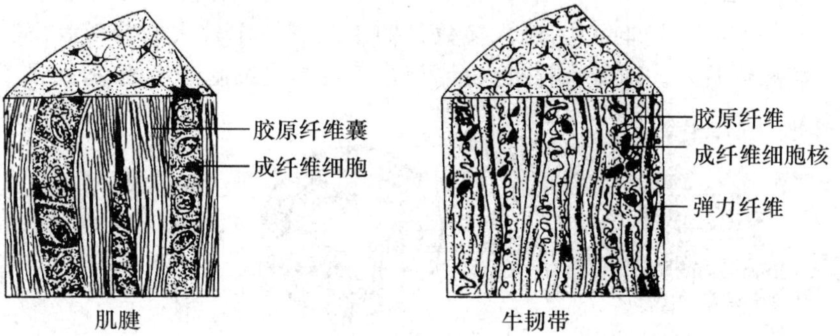

图 2-15　致密结缔组织（引自刘凌云）

结果细胞核被挤到边缘上。脂肪组织和疏松结缔组织两者常相互密切联系在一起。如果疏松结缔组织细胞内聚积大量脂肪,就形成脂肪组织,所以,脂肪组织同样分布在皮肤下面,以及填充在器官之间的空隙内,起到缓冲器官之间的压力,甚至起到保温作用。但主要的功能是动物贮备能源的场所。

(4)软骨组织(cartilagenous tissue) 是脊椎动物体内起支持作用的一种组织。所有脊椎动物在胚胎时期全部都是软骨,然后逐渐发育到成体时,除软骨鱼外,其他脊椎动物的软骨大部分由硬骨代替,只有某些地方还保留了软骨,如哺乳动物的外耳壳、鼻软骨等。软骨之所以具有弹性及起支持作用,主要是软骨细胞分泌的大量间质所致。间质是由黏多糖及胶原纤维和弹性纤维组成。软骨细胞分散,镶嵌在间质中的软骨囊内,并且常常是1或2个、甚至3或4个软骨细胞聚集在一起(图2-16)。

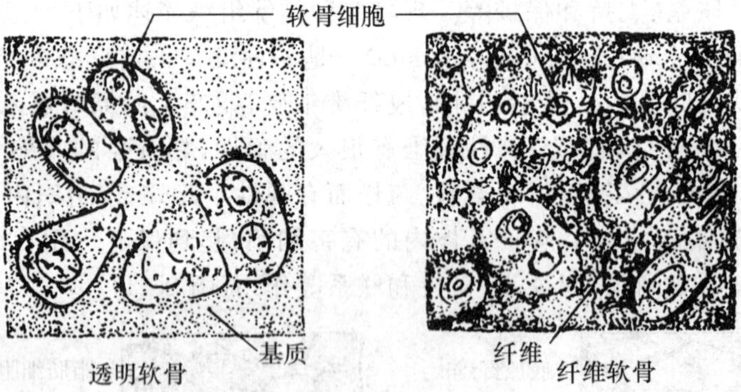

图2-16 软骨组织(引自江静波)

(5)硬骨组织(osseous tissue) 只存在于脊椎动物体内,是一种很坚硬具有活性的结缔组织。这种特性是由于间质沉积大量的矿物盐,主要是磷酸盐和少量的碳酸盐、镁、氟离子等,形成了坚硬的固体结晶。此外,间质里还含有骨蛋白和胶原纤维,使骨有一定的韧性,防止骨易碎。骨细胞则分散地镶嵌在间质的骨小窝内。骨细胞的细胞体伸出许多突起,到骨小窝上面的骨小管内。相邻骨小窝上的骨小管是相通的,结果使骨细胞彼此之间可以连接起来。此外,在间质里还有许多相互沟通的细小管道,叫做哈氏管,管内有血管和神经纤维通过。从骨的横切面上可以看到骨细胞围绕哈氏管呈同心圆排列。这样,哈氏管与相邻骨窝上的骨小管也是相通的。结果,所有骨窝上的骨小管间接或直接地与哈氏管构成相互沟通的管道系统,并成为骨细胞进行代谢的通路。所以,在动物的生命活动中,骨组织始终保持着活性。

一块骨并不是实心的固体结构,绝大多数骨的中央有一个较大的骨髓腔。腔内含有2种骨髓——黄骨髓和红骨髓。前者贮存有大量脂肪,后者是血细胞产生的场所(图2-17)。

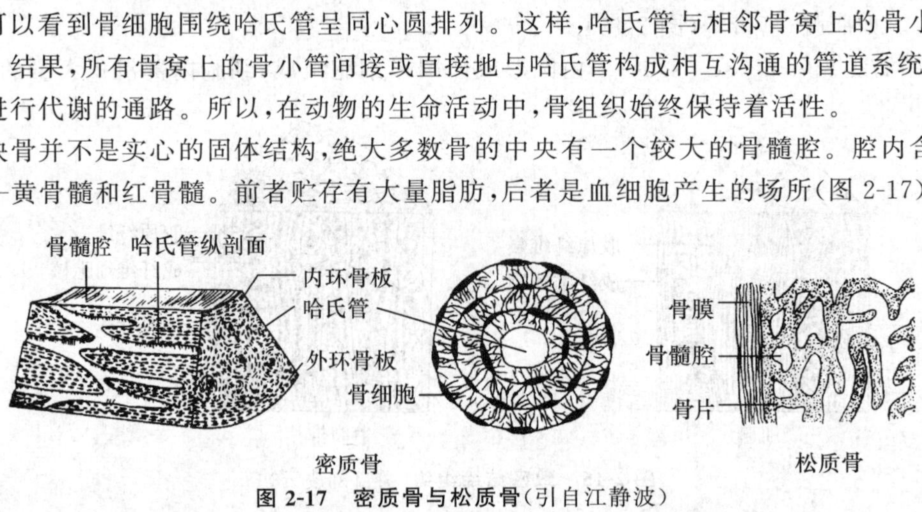

图2-17 密质骨与松质骨(引自江静波)

(6)血液(blood)　是结缔组织的一种，由各种血细胞和血浆组成。血浆即为液体的细胞间质，血清相当于结缔组织基质。血细胞包括红细胞、多种白细胞和血小板等。在脊椎动物的血液里，悬浮着血细胞和血小板。血液的功能，主要是在动物体内进行物质代谢的过程中起着运输各种物质的作用，而且被运输的物质主要溶解在血浆里。

①红细胞：哺乳动物的红细胞呈双凹扁平圆盘状。成熟后核即消失(骆驼除外)。其他动物的红细胞多呈圆形，有核。脊椎动物的红细胞含有血红蛋白，它是由球蛋白和血红素(内含金属元素 Fe)结合而成的，所以表现出红颜色。红细胞的血红蛋白与 O_2 能做可逆性的结合，故可携带 O_2 供需氧的各个组织进行呼吸，同时把 CO_2 携带出体外。

②白细胞：在哺乳动物中有：嗜中性白细胞、嗜酸性白细胞和嗜碱性白细胞、淋巴细胞、单核细胞 5 种白细胞。它们在活动时很容易改变形态。白细胞能够穿过微血管进入组织，吞噬外界进入体内的细菌或产生抗体。所以，白细胞组成动物体内的重要防御系统。

③血小板：它是一种无核、不完整的小细胞，没有一定的形状。当动物受到创伤血液外流时，小细胞破裂成碎片，放出一种凝血酶，把血液凝固起来，阻止流血(图 2-18)。

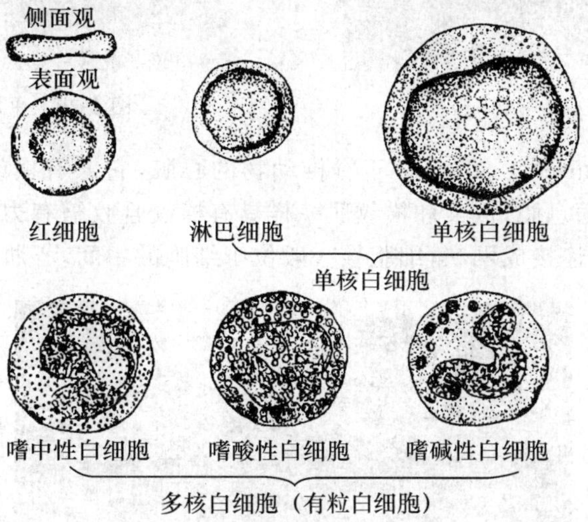

图 2-18　人的血细胞(引自刘凌云)

3. 肌肉组织

肌肉组织(muscular tissue)具有收缩与舒张而产生运动的能力。肌细胞一般都有一定的长度，所以肌细胞又称肌纤维。在肌细胞内部的肌浆里，有丝状结构的纤维，叫做肌原纤维，它与肌肉的伸缩运动有关。肌肉组织可分为横纹肌、平滑肌和心肌。

(1)横纹肌(striated muscle)就是附在动物骨骼上的肌肉，故又称骨骼肌。横纹肌的肌细胞一般呈圆柱状，长度很长，往往与一束肌肉的长度相等。一个肌细胞的细胞核可多达上百个，而且分布在细胞膜的边缘。此外，在光学显微镜下，可以观察到一个肌细胞上面有明(明带)与暗(暗带)交替排列的横纹，因此称为横纹肌。在电子显微镜下观察，横纹是和 2 种粗、细不同的纤维排列有关。细的是肌动蛋白丝，粗的是肌球蛋白丝。这 2 种纤维丝与肌细胞的长轴平行，间隔交替排列，而且有一部分发生重叠(图 2-19)。这就分别形成了明带与暗带。肌细胞的收缩就是靠 2 种纤维平行滑动进行的。值得注意的是，当滑动时，2 种纤维的长度并不发生改变，只靠 2 种纤维重叠部分的增加与减少。肌肉运动产生的力，就是在重叠部分发生的。横纹肌收缩力强,但易疲劳,受意识支配,因此又称为随意肌。

(2)平滑肌(smooth muscle) 肌细胞一般呈长梭形,只有一个核位于细胞中央,同横纹肌一样含有肌球蛋白和肌动蛋白这两种肌原纤维。与横纹肌有所不同的是肌球蛋白纤维含量少,只占肌动蛋白的1/10。这两种肌原纤维虽然也和细胞体的长轴平行排列,但没有横纹肌那样整齐,在滑动时也不发生重叠现象。平滑肌在脊椎动物一般分布在内脏器官,如消化道、血管、子宫等处。平滑肌的伸缩力较弱,但能持久工作,不易疲劳。由于它的伸缩运动不受意识的支配,因此又称不随意肌。平滑肌也分布在某些无脊椎动物的体壁上(图2-20)。

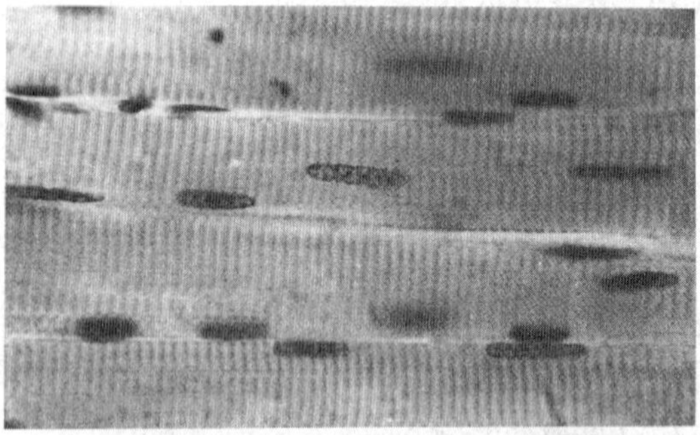

图 2-19 横纹肌(引自 Miller)

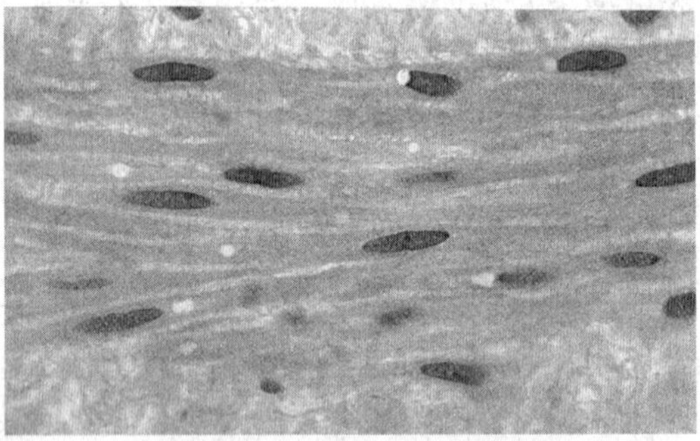

图 2-20 平滑肌(引自 Miller)

(3)心肌(cardiac muscle) 只存在于脊椎动物的心脏,它兼有横纹肌和平滑肌的一般特点,与平滑肌一样是不随意肌,但又和横纹肌一样具有横纹且收缩有力。此外心肌的肌细胞较短,是分支状的,并相互连接成网状,细胞核一般位于细胞的中间,心肌细胞有润盘(图2-21)。

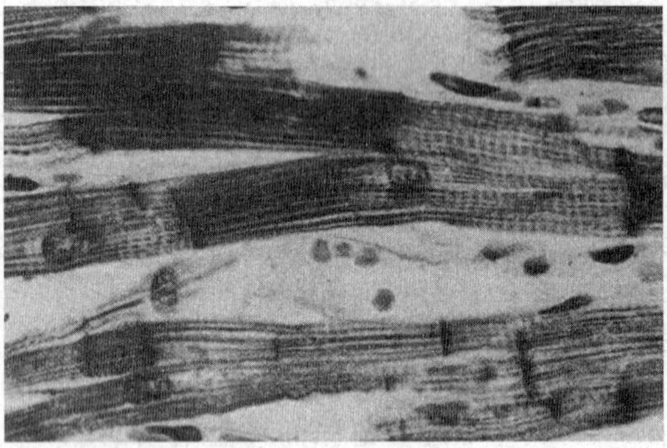

图 2-21 心肌(引自 Miller)

4. 神经组织

神经组织(nervous tissue)是由神经细胞和神经胶质细胞组成。神经胶质细胞是为神经细胞提供营养的细胞,神经细胞又称神经元。神经元是特化成传递信息或传递电化学冲动的一种细胞。一个典型的神经元由1个大的细胞体(内有1个大核)和由细胞体延伸出许多长短不同的突起组成。这些微细的突起又称为神经纤维。突起分为2种(图2-22):一种数目较多且较短,呈树枝状,故称为树突;另一种是比较长的轴突,每个神经元只有1根轴突,如马的轴突可达几尺长,但直径只有几微米。树突和轴突末端有细小的分枝,称为神经末梢。此外,有的轴突外表被一层分节的髓磷脂鞘包围着,称为有髓神经纤维。髓磷脂鞘是一种白色发亮的脂类，具有绝缘的作用。平时在解剖动物时所看到的白色细长的神经，就是有髓神经纤维。没有髓的称为无髓神经纤维。有髓神经纤维比无髓神经纤维传递信息的速度快。

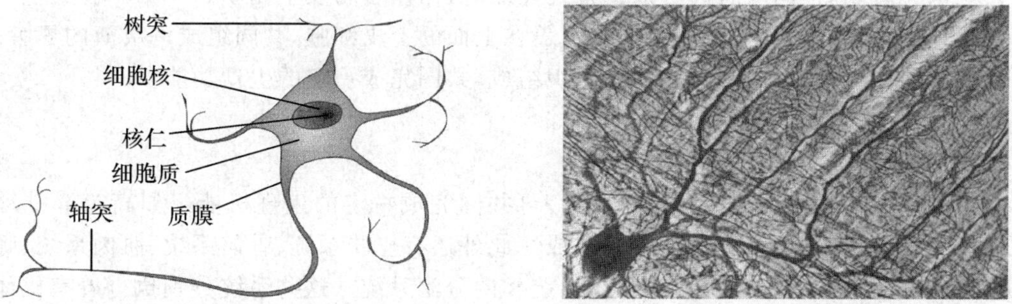

图 2-22　神经组织(引自 Miller)

神经元传递信息有一定的通路。开始信号先由树突传向细胞体，再由细胞体通过轴突传递给另一个神经元的树突，如此依次传递下去，最后传至肌肉或腺体，使该组织做出反应性的回答。一个神经元的树突与另一个神经元的轴突之间，并不直接发生连接，但两者非常接近，此处叫突触，通过突触内的一种化学物质(神经递质)的传递来实现神经元之间的联系。

(四)细胞连接

有的组织细胞，如上皮组织、平滑肌、心肌等，细胞间质很少，细胞之间彼此非常接近，在相邻细胞之间只有狭窄的空隙，其中有一定的结构将它们连接起来，称为细胞连接或细胞间连接。但这里所指的连接，专指相邻细胞之间靠近细胞膜上的特化部分而言。如小肠上皮细胞的外表面下方(游离肠腔部分)，在相邻细胞之间，有一个被封闭的狭长空隙，叫做封闭带，带内 2 个相邻细胞的质膜上，有些点相融合。这种连接结构，可能是细胞膜上镶嵌蛋白连成的网状结构。其功能可能是把封闭带的空隙封闭起来，防止其他物质落入空隙，避免与体液相混合。又如心肌的肌细胞的连接，在相邻细胞之间有较多的呈颗粒状的结构。在电镜下面观察，这些颗粒中心都有微孔穿过，一般认为是细胞膜上的镶嵌蛋白组成的穿膜孔道，并且相邻细胞膜上的穿膜孔道相互对应地连接起来，其功能可能用于细胞间的通信。如心肌细胞的同步伸缩，就是通过穿膜孔道传递信息物质(无机盐离子或代谢物质)来实现的。

除上述细胞连接外，还有其他类型的细胞连接，因篇幅所限，故从略。

二、器官和系统

(一)器官

构成高等动物的器官(organ)是多种多样的。每一个器官都是由上述 4 类基本组织组成的。如脊椎动物的小肠是消化和吸收食物的器官，从组织学的角度剖析，呈管状的小肠壁可分为 4 层。

①靠近肠腔的一层是柱状上皮组织，在表面形成了许多小的突起，类似绒毛，从而扩大了吸收的表面积。在柱状上皮细胞之间还有大量能分泌黏液的单细胞腺体，分泌的黏液具有保护肠壁的作用。此外，有些部分的上皮在绒毛之间下陷，分化成肠腺，分泌多种酶帮助消化食物。

②下面一层是起支持和联系作用的结缔组织，其中含有丰富的血管和神经纤维。

③再下面是肌肉层，包括2层平滑肌。内层肌细胞呈环形排列(环肌)，外层是纵行排列的纵肌。当消化食物时，两层肌肉可以交替地伸缩，从而使小肠发生蠕动。

④最外层是很薄的疏松结缔组织和覆盖在上面的上皮细胞，共同组成一层薄的界膜。

综上所述，一个器官由几种不同的组织组成，共同完成一定的生理功能。

(二)系统

系统(system)是由很多的器官组成的，可共同完成一定的生理机能。如高等脊椎动物的消化系统由口腔、食道、胃、肠、肝、胰脏组成。此外还有皮肤系统、骨骼系统、肌肉系统、呼吸系统、循环系统、排泄系统、生殖系统、神经系统和内分泌系统。这些系统分别执行着有机体的各种不同的机能。如皮肤系统经常与外界接触，主要起保护作用。骨骼系统除支持身体、保护内脏器官外，还供肌肉附着共同完成动物运动的功能。消化系统、呼吸系统、循环系统和排泄系统基本上和动物的物质代谢发生直接的联系。生殖系统繁殖后代以保证生命的延续。神经系统和内分泌系统的功能是协调动物体内各器官系统的活动平衡，并使之与外界不断变化的环境因素相适应。总之，上述的10个系统之间相互协调、相互制约以适应动物体内、外环境的变化，从而保持动物生命活动的整体性。

第三章　动物的繁殖与发育

生命有机体都有一个从诞生到成熟、而后成熟个体繁殖产生新一代、直至衰老、死亡的过程，这就是所谓的生命周期（life cycle）。比如青蛙的生命周期，大体包括了成年亲体交配产卵、配子结合（受精，图 3-1）形成受精卵、受精卵孵化形成蝌蚪、蝌蚪形幼体经过一系列变态发育、达到性成熟后又生殖新一代个体等循环过程。由于成体终将衰老死亡，因此要维持生命周期的循环不断，也就是所谓的生生不息，成功的繁殖是最为关键的环节。而一系列的发育过程，则是动物有机体获得存活与繁殖能力的必由之路。可见，在动物有机体的生命周期中，发育和繁殖都是最基本、最重要的生命活动过程之一。

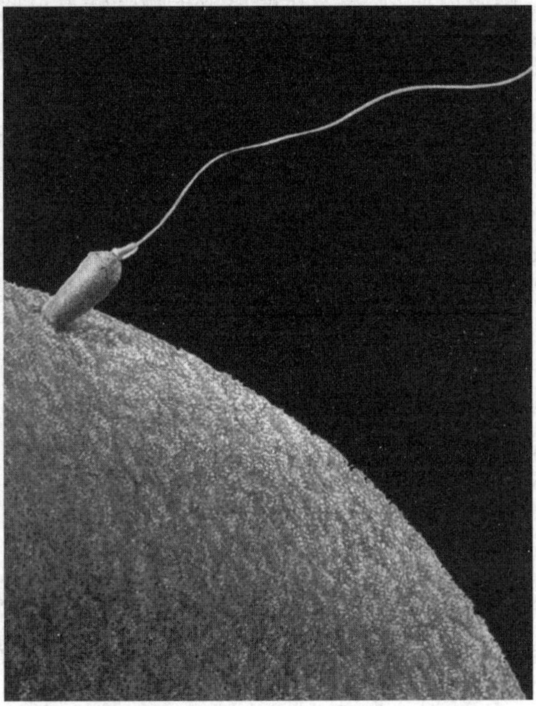

图 3-1　受精（引自 Hickman）

第一节　动物的繁殖

繁殖是动物有机体产生新一代生命的过程，是动物维系种族延续的唯一手段。

繁殖虽然直接表现为一种个体行为，但往往体现出群体的特征。因为在自然界中，并非每一个动物个体都有能力或有机会繁殖出自己的后代，但众多种族成员当中总有相当数量的个体，能够成功完成繁殖过程，从而使种族得以发展、繁荣。

动物界的多样性决定了动物繁殖后代的过程和方式是多种多样的。尽管不同进化水平、生活环境的动物,甚至同一个体在不同的时段、不同的环境条件下,其繁殖后代的过程和方式都各不相同,但总可归结为两大类型:无性生殖和有性生殖。

无性生殖和有性生殖的界定在不同学者的著述里常有不同的说法,但如果从遗传学和繁殖生物学的角度进行考量,这样的分歧也就不难统一了。

一、无性生殖

(一)无性生殖的概念

凡生殖过程没有遗传物质的交换重组,亲代和后代具有相同的基因组合的生殖方式都属于无性生殖(asexual reproduction)。

无性生殖的遗传学特点是,无性生殖不论进行多少世代,所有个体的基因型都是一样的。这种特点对于保持种族固有的遗传稳定性非常重要,但却具有明显的缺陷——由于后代都具有相同的基因型,因此对于剧烈的环境变化也就缺乏选择的余地。

无性生殖通常还具有繁殖周期短、速率快的繁殖生物学特点。此外,由于快速繁殖需要大量的物质消耗,所以无性生殖通常也要求较为优越的环境条件,比如丰富的食物,适宜的温度、湿度等。

一般情况下,动物进行无性生殖的意义在于既能够快速、大量地提升种群数量,又可以保持种族的遗传稳定。

(二)无性生殖的类型

在动物界,无性生殖的形式多种多样,常见的类型主要有以下几种(图3-2)。

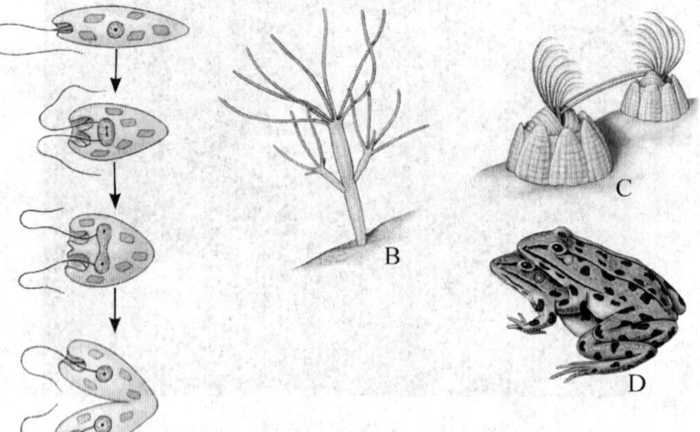

图3-2 生殖类型(引自 Hickman)

A.眼虫纵裂无性生殖 B.水螅无性出芽生殖

C.藤壶有性生殖(雌雄同体但异体受精) D.蛙有性生殖(雌雄异体)

(1)分裂生殖(fissiparism) 见于单细胞原生动物。是动物体(细胞)本身通过细胞质和细胞核的分裂直接形成子代个体的繁殖方式。大体可分为二分体分裂生殖(如眼虫、变形虫和草履虫的分裂生殖)和多分体分裂生殖(如孢子虫的裂体生殖、多核纤毛虫的质裂等)。

(2)出芽生殖(gemmation) 多见于腔肠动物、海绵动物等低等动物类群。通常是自母体的某些部位长出芽体,然后芽体发育形成子代个体。这些子代个体或脱离母体独立生活,或留在母体上形成新的群体。

(3)横裂生殖(strobilation)　见于某些无脊椎动物,如腔肠动物的海蜇、寡毛纲环节动物的某些种类等,是动物以横分裂产生多个子代个体的无性繁殖方式。

(4)幼体生殖(pedogenesis)　为某些寄生吸虫和昆虫(如瘿蝇类)在幼体阶段出现的无性生殖现象。这些动物在幼虫期便开始分化产生生殖细胞(也称为胚细胞),胚细胞可像单性生殖动物的卵细胞一样,一旦条件具备(如吸虫幼虫进入中间寄主体内,获得营养来源),即可启动发育进程,并摄取亲体组织作为发育的营养,直接发育成为新一代幼虫。类似的繁殖过程常可重复几个周期。

二、有性生殖

(一)有性生殖的概念

凡生殖过程涉及到遗传物质的交换重组的生殖方式都属于有性生殖(sexual reproduction)。

有性生殖的遗传学特点是,亲代和子代具有不同的基因组合。而且子代的基因型数量,是由亲代基因经过排列组合的方式产生,理论上近乎无穷无尽。因此,在面临各种各样的环境变化的筛选时,总有一些具有较强适应性的子代个体能够存活下来,从而确保种族生命的延续。

从生殖生物学的角度上看,有性生殖除了繁衍功能外,还扮演着维持种族遗传活力的不可替代的角色。另外,由于有性生殖周期间隔长,也不像大多数的无性生殖那样需要快速且大量的物质消耗,所以在生活史中同时具备有性生殖和无性生殖 2 种生殖方式的动物种类,通常都在环境优越时进行无性生殖,而在环境条件下降后转为有性生殖。

(二)有性生殖的类型

1.典型的有性生殖

典型的有性生殖有配子生殖和接合生殖 2 种类型。

(1)配子生殖(gametogony)　普遍存在于所有的动物种类。是由亲代产生生殖细胞,或称雌配子、雄配子,然后雌、雄配子相互结合(受精)后产生新一代个体的生殖方式。

(2)接合生殖(conjugation)　仅见于纤毛纲原生动物。通常由 2 个纤毛虫相互贴合在一起,在交换核物质后分开,再各自进行分裂繁殖(详见第四章原生动物门)。

在这些生殖过程中,子代个体都是由两个亲代个体(或细胞)通过核物质的交换、重组后产生的。

2.特殊的繁殖类型

在动物界,还有一些较为特殊的繁殖类型,如孢子生殖和孤雌生殖,界定模糊,多有分歧。

(1)孢子生殖(sporogony)　见于原生动物孢子纲。基本过程是合子发育形成的孢子母细胞($2n$)经过减数分裂渐次形成孢子、子孢子(n)。在此过程中,虽然没有配子形成,子代个体只由单一个亲代细胞产生,但却伴随着基因的交换、重组,因此应该是一种偏于有性的生殖方式。

(2)孤雌生殖(parthenogenesis)　广泛存在于诸多原口动物类群及脊椎动物某些种类的一种繁殖方式。这些动物在特定的条件下,雌性成体产下的卵,不经过受精即可直接发育成为子代个体。包括二倍体孤雌生殖和单倍体孤雌生殖2种类型。

①二倍体孤雌生殖(diploid parthenogenesis):也称雌裔单性生殖,是孤雌生殖的一种形式。在特定条件下,雌性产生二倍体卵($2n$),不经过受精就直接发育成新个体,子代全为雌性。二倍体孤雌生殖的情形复杂多样。

轮虫、蚜虫等在良好的环境下,雌性通过有丝分裂产下大量的二倍体卵,卵不经受精就直接发育成新的雌性个体。这些子代雌性个体通常还可继续进行孤雌生殖,不断循环多个周期,从而使种群数量大幅、快速提升。由于繁殖过程没有基因的交换重组,亲代和子代个体基因型完全相同,因此不论从遗传学还是繁殖生物学的角度,都应归入无性生殖的范畴。

而像某些果蝇,进行二倍体孤雌生殖时,二倍体卵是卵母细胞第二次减数分裂完成后,单倍体卵核与一个极核融合"受精"形成的;某些蜥蜴进行二倍体孤雌生殖时,则是卵原细胞染色体先复制形成四倍体,然后再进行减数分裂产生二倍体卵。在以上2种情况下,由于二倍体卵的产生过程都发生了基因的交换重组,因此,又是一类偏于有性的生殖方式。

②单倍体孤雌生殖(haploid parthenogenesis):也称雄裔单性生殖,是孤雌生殖的另一种形式。如轮虫、蚜虫、蚂蚁、蜜蜂和一些两栖动物、爬行动物等种类雄性个体的诞生方式。雌性产下的单倍体卵,不经受精即可发育成新个体,子代全为雄性。由于卵是由减数分裂形成的,必然有遗传物质的交换重组,所以是一种偏于有性的生殖方式。

第二节 动物的发育

一、发育的概念

生物学上广义的发育(development)是指生命有机体(也包括由其构成的功能单位,如种群、群落、生态系统等)结构与功能的成熟化过程。而狭义的发育概念通常指有机体的个体发育(ontogeny),也就是生物躯体结构与功能的成熟化过程。

与发育过程形影相随的一个生物学现象就是生长(growth),生长是有机体细胞数目增多、体积重量增加的过程。发育与生长常相互伴随,但发育是有机体形态结构与功能的变化过程,是质的改变;而生长只注重于量的增加。

二、多细胞动物的个体发育

单细胞动物、无性生殖个体的发育相对简单,所以动物个体发育更多的是探讨有性生殖的多细胞动物,从有机体的发生直至性成熟(甚至衰老、死亡)的发育全过程。

虽然动物个体诞生的标志是受精卵的形成,但由于受精卵的形成与生殖细胞即精子(或雄配子)和卵子(或雌配子)密切相关,而且生殖细胞的发生过程也较为独特,因此,习惯上把多细胞动物的个体发育划分为生殖细胞的发生(胚前期发育)、胚胎期发育和胚后期发育3个阶段。

(一)生殖细胞的发生

高等动物类群如线虫、昆虫、脊椎动物等,一般在胚胎期已经有生殖细胞和体细胞的分化;

低等动物如腔肠动物、扁形动物和少数类群(如海鞘类)体细胞与生殖细胞的分化并不确定,生殖细胞是成体以后体细胞在一定的条件下转化而成的。

1. 原始生殖细胞的迁移

原始生殖细胞(primordial germ cells,简称 PGCs)是生殖细胞的前身,多数动物原始生殖细胞与其性腺有不同的起源。三胚层动物的生殖腺原基(genital anlage,将来发育形成生殖腺上皮)起源于中胚层,而原始生殖细胞起源多样,如两栖类的 PGCs 来源于内胚层,爬行类、鸟类则来源于外胚层。这些原始生殖细胞需要迁移进入发育中的生殖腺原基,一同形成生殖腺,然后才分化为精原细胞或卵原细胞。

2. 精子和卵子的发生

不同类群动物生殖细胞发生的具体情况或有差异,但不论是精子还是卵子,其发生的基本过程都很相似,都要经过增殖期、生长期和成熟期 3 个阶段的发育(图 3-3)。

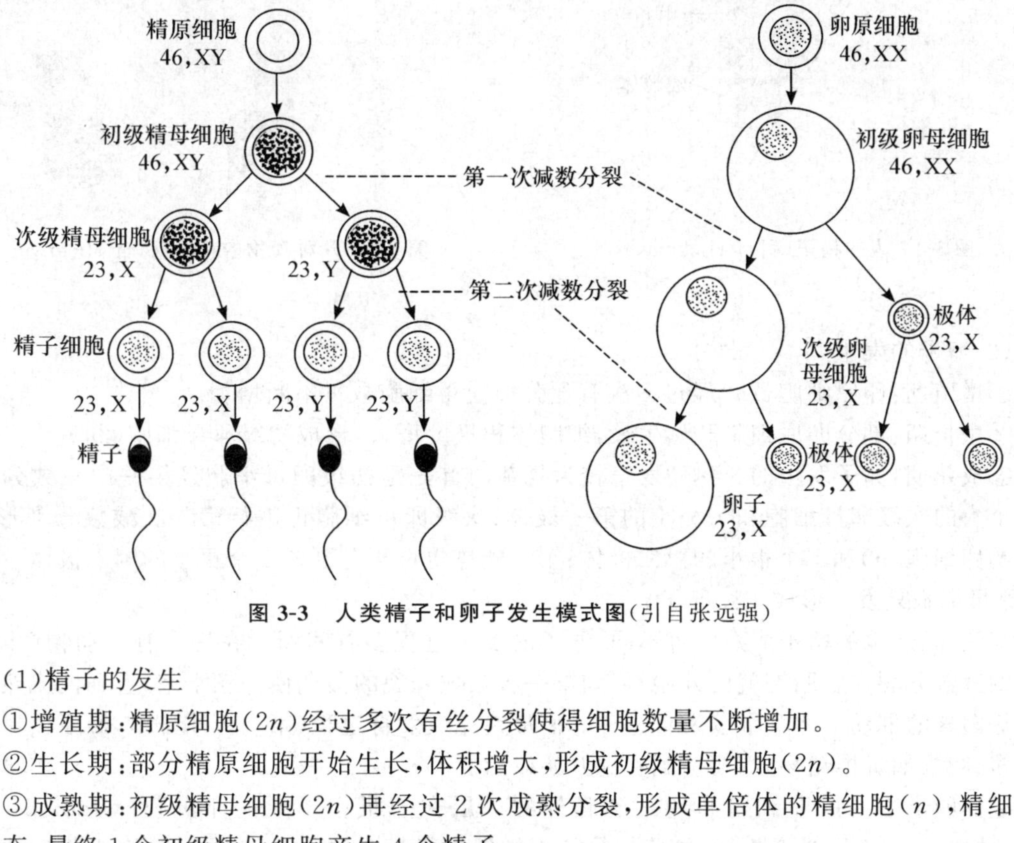

图 3-3　人类精子和卵子发生模式图(引自张远强)

(1)精子的发生

①增殖期:精原细胞($2n$)经过多次有丝分裂使得细胞数量不断增加。

②生长期:部分精原细胞开始生长,体积增大,形成初级精母细胞($2n$)。

③成熟期:初级精母细胞($2n$)再经过 2 次成熟分裂,形成单倍体的精细胞(n),精细胞经过变态,最终 1 个初级精母细胞产生 4 个精子。

在此过程中,初级精母细胞经第一次减数分裂形成 2 个次级精母细胞,次级精母细胞再进行第二次减数分裂各形成 2 个大小相似的精细胞。然后精细胞经过变态,成为具有活动能力的精子。精子极小,形态多样(图 3-4),典型的精子为蝌蚪状,分头、尾 2 部分。头部前端具顶体(acrosome),内含多种水解酶,可溶解卵膜,便于精子进入卵内。尾部鞭毛状,其中心含一条贯穿全尾的轴丝(类似鞭毛),尾部中段含有螺旋状排列的线粒体,主要为精子运动提供能量。尾部的主要功能是精子前向运动及入卵受精的推进器(图 3-5)。

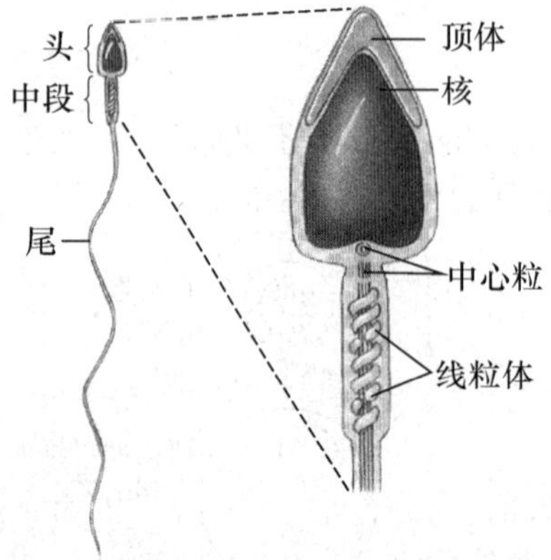

图 3-4 人的精子(引自 Hickman)

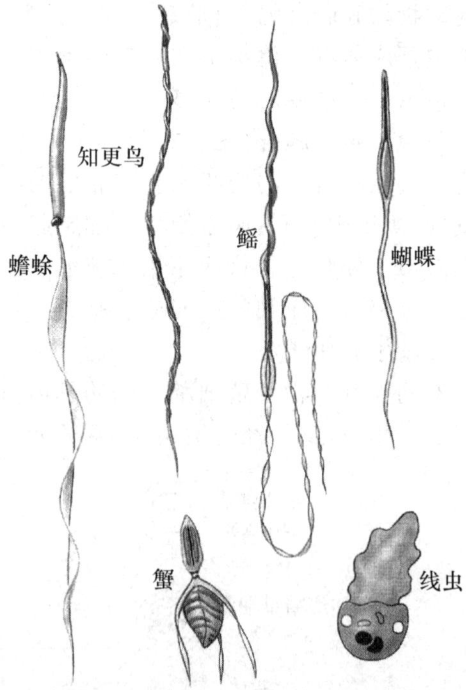

图 3-5 几种动物的精子(引自 Hickman)

(2)卵子的发生

①增殖期:卵原细胞($2n$)经过多次有丝分裂使得细胞数量不断增加。

②生长期:部分卵原细胞开始生长,细胞体积极度增大,形成初级卵母细胞($2n$)。

③成熟期:卵子发生的成熟期发育较为复杂。首先是初级卵母细胞经第一次减数分裂形成1个大的次级卵母细胞和1个小的第一极体;次级卵母细胞再进行第二次减数分裂形成1个大的卵细胞(n)和1个很小的第二极体;第一极体也可再分裂成2个更小的第二极体。最终1个卵母细胞只发育形成1个卵子。

与快速、连贯的精子成熟发育不同,卵子的发生过程多有间断。在许多脊椎动物中,卵母细胞的减数分裂在胚胎期就已开始,但到第一次减数分裂的前期便停顿下来,直到性成熟后在激素等因素的催动下才又继续发育进程。而最终完成发育过程(第二极体排出,雌原核形成),在许多种类(如脊椎动物)则要等到受精开始以后。

成熟卵子主要由卵细胞和卵细胞膜外的一层在卵巢中形成的卵黄膜(vitelline membrane)构成。卵细胞具有极性,细胞质分布不均匀。卵黄多的一端称为植物极,卵黄少的一端称为动物极。根据卵细胞内卵黄的多寡和分布情况,将卵分为以下几种类型。

A. 少黄卵:卵子卵黄含量少。其中,如文昌鱼、海胆、海鞘和高等哺乳类的卵,卵黄均匀分布于整个卵中,称为均黄卵;而两栖类的卵虽然卵黄少,但分布偏于植物极。

B. 多黄卵:卵黄含量多,包括端黄卵和中黄卵。

端黄卵:卵黄含量极多,且大多集中在植物极。如硬骨鱼、爬行类和鸟类的卵。

中黄卵:卵黄含量多,分布于卵的中央,非卵黄细胞质球形分布在卵黄的外围。如昆虫的卵。

(二)早期胚胎发育的重要阶段

不同动物类群胚胎发育过程各不相同,但早期胚胎发育历程却都很类似。一般都经过受精卵形成、卵裂、囊胚、原肠胚、中胚层(体腔)发生、胚层分化及器官构建等几个阶段。

1.受精与受精卵

受精(fertilization)是指精子(雄配子)与卵子(雌配子)结合形成受精卵(或合子)的过程(图 3-6)。动物雌雄配子表面存在有某些结构互补的特异分子,使得彼此能够相互识别。而当精子靠近卵子时,受精的液体环境中固有的彼此相互吸引的化学信号,促使精子趋向卵子游进,并以前端的顶体与卵膜接触,进而诱发顶体反应。顶体反应的基本过程包括:精子头部质膜和位于质膜内侧的顶体外膜接触、融合;精子头部的顶体小泡开放并释放出多种酶类,水解卵膜的胶状层和卵黄膜,形成入卵通道。顶体反应是精子入卵的先决步骤。然后,精子穿过通道,精卵质膜发生融合,精子细胞核进入卵内,成为雄原核(male pronucleus),线粒体和中心粒也一同进入卵细胞内。

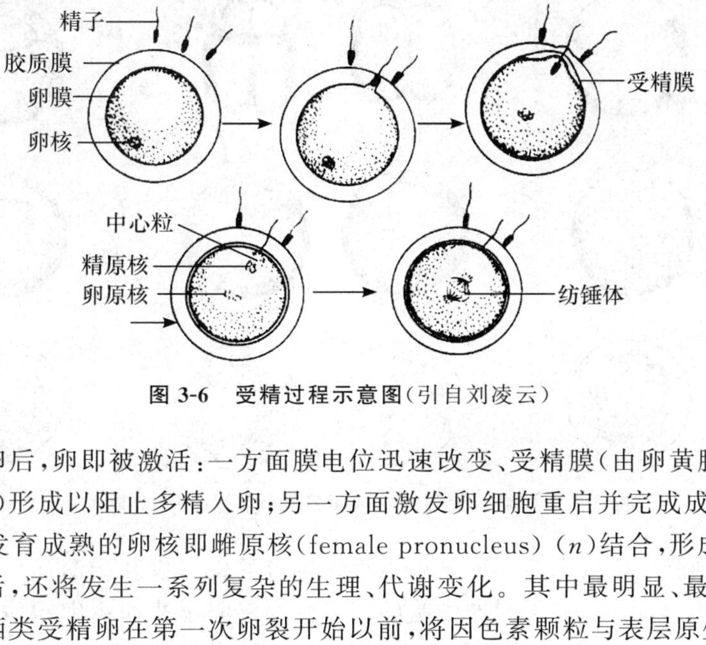

图 3-6　受精过程示意图(引自刘凌云)

精子核进入卵后,卵即被激活:一方面膜电位迅速改变、受精膜(由卵黄膜、卵细胞胞吐颗粒镶嵌、膨胀而成)形成以阻止多精入卵;另一方面激发卵细胞重启并完成成熟发育过程。最终,雄原核(n)与发育成熟的卵核即雌原核(female pronucleus) (n)结合,形成受精卵($2n$)。

受精卵形成后,还将发生一系列复杂的生理、代谢变化。其中最明显、最重要的就是卵质重排。如多数两栖类受精卵在第一次卵裂开始以前,将因色素颗粒与表层原生质的流动,在植物极与赤道之间,以子午线为中心,出现一左右对称的灰色新月状区域,称"灰色新月区"。这是两栖类将来胚胎器官构建的组织中心的预定分化区。

动物受精的方式,根据划分的依据不同,类型也不相同。

(1)根据受精环境划分　有体外受精和体内受精 2 种。

①体外受精:雌雄两性个体分别把卵子和精子排出体外,并在水中受精。如大多数水生无脊椎动物、绝大多数的硬骨鱼类和两栖类等。

②体内受精:通过交配,然后在雌性生殖道内受精。是所有陆生动物和部分水生种类如无脊椎动物中的蟹类,次生性水生爬行类、哺乳类的受精方式。

(2)根据精子和卵子是否来自同一个体　还可区分为异体受精和自体受精。

①异体受精:形成受精卵的精子和卵子来自不同个体。是绝大多数动物的受精方式。

②自体受精:形成受精卵的精子和卵子来自同一个体的精巢和卵巢。较为少见,主要见于一些寄生种类,如某些绦虫、吸虫、线虫。通常自体受精的种类都有异体受精的能力,之所以进行自体受精,是迫不得已的选择(比如无法寻得配偶)。

2. 卵裂

受精卵细胞经过多次重复分裂,渐次形成具有2,4,8,16,32……个细胞的胚胎的过程,称为卵裂(cleavage)。这些处于卵裂期的细胞就叫卵裂球或分裂球(blastomere)。在整个卵裂过程中,胚胎体积基本不变,而卵裂球则随着分裂次数的增多、体积愈来愈小(图3-7)。

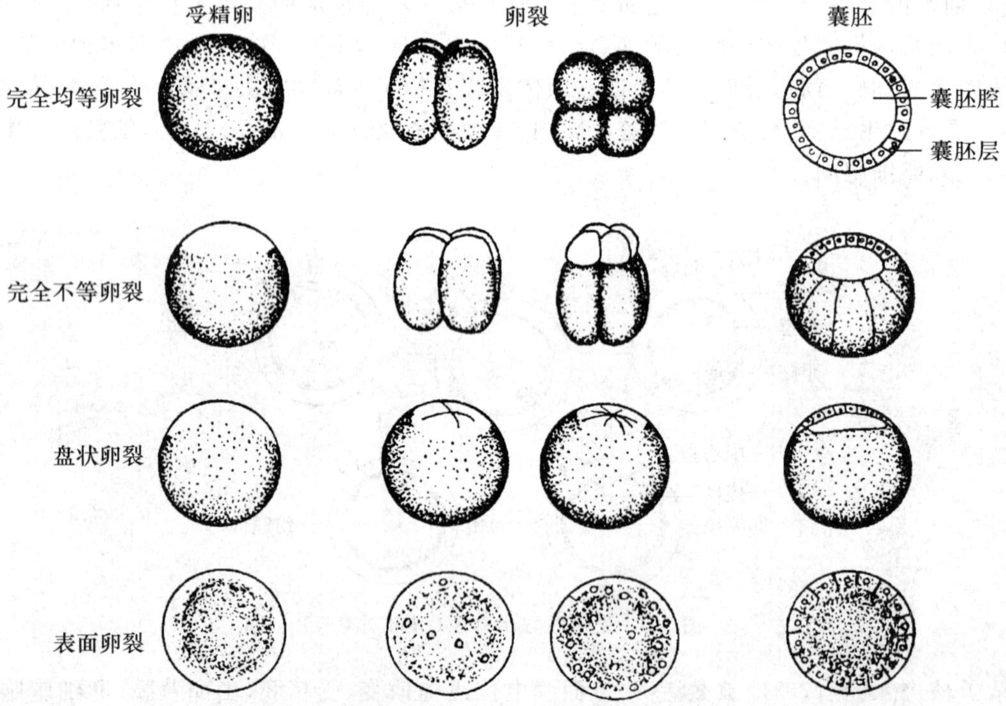

图3-7 卵裂和囊胚的形成示意图(仿 Meglitsch 修改)

由于受精卵细胞质中的卵黄主要是作为将来发育的营养供胚胎消耗利用,并不直接参与器官组织的分化构建,所以,卵裂时卵细胞的分割主要局限于非卵黄细胞质部分,卵黄物质多是被动分割。这样一来,卵黄的多寡和分布情况,就成了决定卵裂方式的主要因素。

(1)不完全卵裂(partial cleavage) 卵裂分割只局限于在不含卵黄的部位进行。见于多黄卵。其中,乌贼、硬骨鱼、爬行类和鸟类等种类的黄卵,卵裂分割只限于动物极胚盘上,称为盘状卵裂(discal cleavage);昆虫的卵为中黄卵,卵裂分割只限于卵细胞的球形表层,称为表面卵裂(superficial cleavage)。

(2)完全卵裂(total cleavage) 受精卵细胞整体全部参与卵裂分割,是少黄卵的卵裂方式。其中,产均黄卵的种类,如海胆、海鞘和文昌鱼等,每次卵裂分割后卵裂球形状大小相同,称为均等卵裂(equal cleavage);卵黄少但分布不均的种类,如多孔动物、蛙类等,卵裂过程中因为卵黄少的动物极部分分裂快,形成的卵裂球就小,卵黄多的植物极部分分裂慢,卵裂球较大,多次分裂后的卵裂球就有大小之分,称为不等卵裂(unequal cleavage)。

此外,根据卵裂过程的动态特征,完全卵裂有2种主要模式,即辐射卵裂和螺旋卵裂(图3-8)。

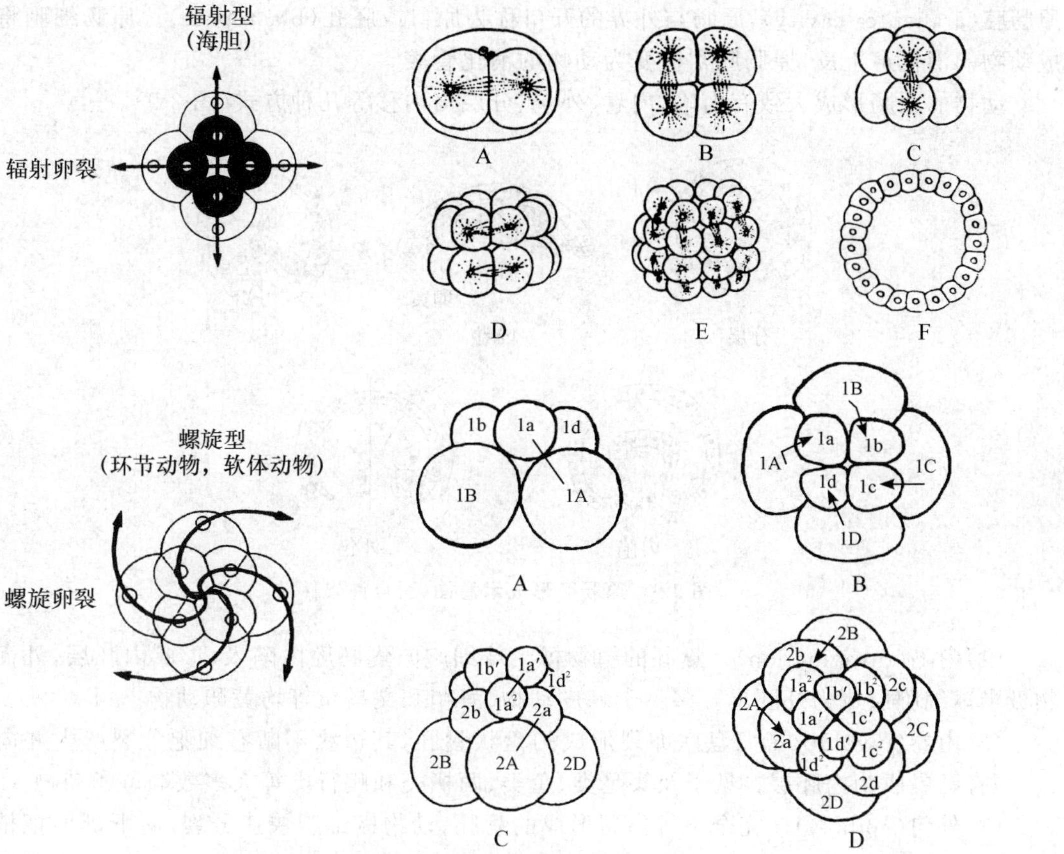

图 3-8 辐射卵裂和螺旋卵裂(引自许崇任)

①辐射卵裂(radial cleavage):辐射卵裂的特点是卵裂过程中分裂轴(即纺锤体轴线)总是与卵轴(即动、植物极中点连线)垂直(经裂)或平行(纬裂),各时期胚体卵裂球始终呈辐射状对称排列在卵轴四周。是腔肠动物和后口动物类群的卵裂方式。

②螺旋卵裂(spiral cleavage):螺旋卵裂的特点是从第三次分裂(4 细胞期→8 细胞期)开始,分裂轴与卵轴之间形成大约 45°的倾角,整个卵裂过程分裂轴呈现为围绕卵轴的螺旋连线,卵裂球的排布也呈现出围绕卵轴螺旋状罗列的态势。是涡虫、纽虫、线虫、螺类、蚌类和多毛类环节动物等大多数原口动物类群的卵裂方式。

3. 囊胚的形成

卵裂完成后(通常在 128 细胞的胚胎时期),卵裂球一般呈球面排列,形成一个中空囊状的球状胚,称囊胚(blastula)。囊胚外围的细胞层称为囊胚层(blastoderm),里面的腔称为囊胚腔(blastocoel)(图 3-7)。

此外,螺旋卵裂动物形成的囊胚没有囊胚腔,称为实囊胚(stereoblastula);盘状卵裂动物则形成盘状囊胚(discoblastula)。

4. 原肠胚的形成

囊胚继续发育将形成具有内、外 2 个细胞层的胚胎,即原肠胚(gastrula),这一过程称为原肠作用(gastrulation)。包围在胚体外层的细胞称为外胚层(ectoderm),内层的细胞称为内胚层(endoderm),内胚层围成的渐呈“U”管状的结构称为原肠(archenteron),所包围的腔称为原肠腔(archenter cavity),原肠与外界的开口称为原口或胚孔(blastopore)。原肠细胞将来形成动物的消化道上皮,原肠腔则衍变为动物的消化管腔。

动物的原肠形成大致有内陷、内卷、外包、分层与内移等几种方式(图 3-9)。

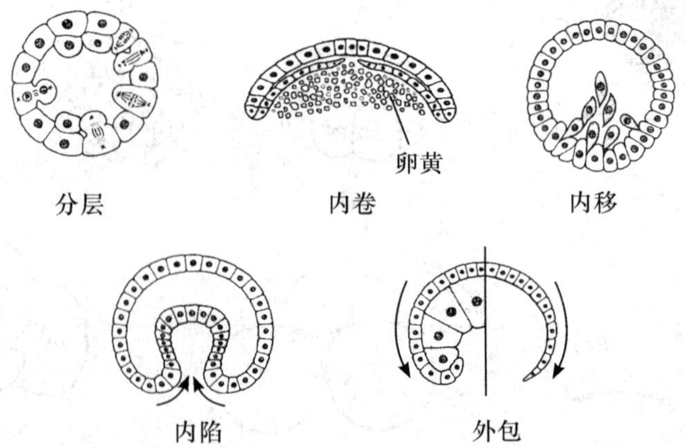

图 3-9 原肠胚形成示意图(引自许崇任)

(1)内陷(invagination) 囊胚的植物极半球细胞向囊胚腔内陷入,形成内胚层,外面的动物极半球细胞层成为外胚层。多见于棘皮动物、海鞘和文昌鱼等均黄卵动物。

(2)内卷(involution) 盘状卵裂形成的盘状囊胚,其边缘不断有细胞分裂产生并向内卷入,一直延展成为内胚层。见于及头足类、鱼类、两栖类和爬行类等大多数端黄卵动物。

(3)外包(epiboly) 完全不等卵裂形成的囊胚,动物极细胞快速分裂,向下延伸把植物极细胞包在里面,结果,包围在胚体外层的动物极细胞形成外胚层,里面的植物极细胞则形成内胚层。见于一些软体动物和两栖类。

(4)内移(ingression) 首先是囊胚层上的一些细胞移入囊胚腔内形成不规则的细胞团,然后这些细胞团不断扩展并规则排布形成内胚层,包围在外面的囊胚层细胞形成外胚层。内移法形成的原肠胚起初没有原口,后来才在胚体的一端开孔,形成原口。主要见于水母、水螅等某些腔肠动物。

(5)分层(delamination) 有 2 种情况,一种是每个囊胚层细胞向囊胚腔内分裂形成一个细胞层,成为内胚层。如某些钵水母。另一种是实囊胚向外分出一层细胞,成为外胚层。如某些水螅水母类。

原肠作用是动物胚胎发育过程一个很关键的阶段,其过程也很复杂。实际上,许多动物的原肠形成并非以单一形式完成,而常常是 2 种或 2 种以上形式同时进行,最常见的是内陷与外包、分层与内移的配合进行。

5. 中胚层及体腔的发生

三胚层动物在原肠胚形成后,继续发育将是在内、外胚层之间逐步形成一个新的胚层,即中胚层(mesoderm)。其中大多数类群还将在中胚层组织之间形成腔隙,称为体腔(coelom)或真体腔(true coelom)。在动物胚胎发育过程中,中胚层和体腔的发生密切相关。动物界两大自然进化类群——原口动物和后口动物,它们在中胚层和体腔的发生上有很大的差别(图 3-10)。

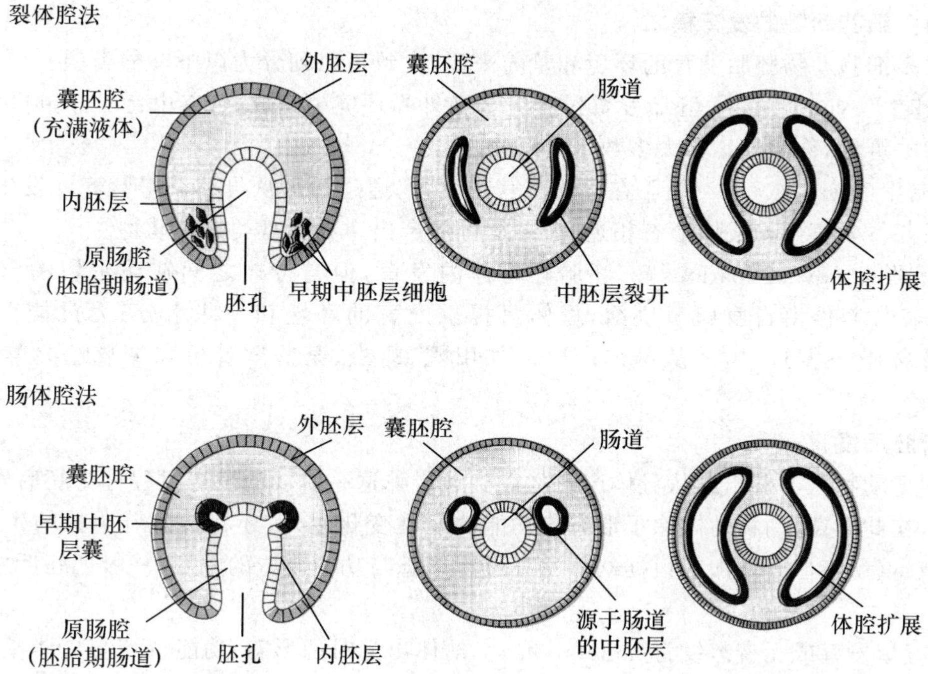

图 3-10　中胚层、体腔发生图解（引自 Hickman）

(1)原口动物—端细胞法(telocells method)　原口动物原肠形成后，在胚孔两侧的内外胚层交界处各有一个原始中胚层细胞（端细胞），由其分裂增殖形成 2 个细胞索，称为中胚层带，中胚层带在内、外胚层之间不断扩展最终形成完整的中胚层。

具有体腔的类群，在中胚层发生的同时，中胚层细胞之间开裂形成腔隙——体腔囊，体腔囊进一步发育扩大即成为体腔。因为这种体腔是中胚层组织开裂形成的，故也称为裂体腔(schizocoel)，体腔形成的方式即称为裂体腔法(schizocoelous method)。

(2)后口动物—体腔囊法(coelesac method)　后口动物发育到原肠胚后期，在原肠背部两侧，内胚层向外突出形成成对的囊状突起——体腔囊(coelom sac)。随后，体腔囊与内胚层原肠脱离，并在内、外胚层之间扩展成为独立的中胚层，中胚层所包围的腔即为体腔。由于这种体腔来源于原肠，故称肠体腔(enterocoel)，体腔形成的方式也称为肠体腔法(enterocoelous method)。

6. 胚层分化与组织器官构建

中胚层形成后，胚胎就具备了完整的 3 个胚层，动物组织器官的发生得以全面展开。动物躯体组织、器官就是在胚层形成的基础上，由单一胚层或多个胚层协同分化产生的。高等动物 3 个胚层的分化走向大体如下。

(1)外胚层　分化形成神经系统、感觉器官的感觉上皮、消化管的两端上皮、皮肤表皮及其衍生物等。

(2)中胚层　分化形成所有的肌肉，结缔组织；脊索、真皮、循环系统以及排泄、生殖系统的大部分。

(3)内胚层　分化形成呼吸道上皮和肺，消化管中段上皮和肝、胰脏等消化腺；尿道和附属腺体的上皮，膀胱的大部分；除了脑垂体、性腺以外的大多数内分泌腺体（如甲状腺、胸腺等）。

(三)多细胞动物的发育模式

依据多细胞动物胚胎发育的环境和营养来源,大致可以划分为以下3种类型。

(1)卵生(oviparious) 胚胎发育过程完全在外界环境中完成,营养由自身卵黄供给,幼体直接从卵中孵出,称卵生。如大多数水生动物。

(2)胎生(viviparious) 胚胎在母体子宫内发育,通过胎盘从母体获得营养并发生密切的代谢联系。待发育到与成体形态相近时,才从母体产出。如胎盘类哺乳动物。

(3)卵胎生(ovoviviparious) 胚胎在母体内发育,但与母体之间缺乏密切的营养代谢联系,所需营养仍由自身卵黄供给,母体只提供发育的环境和一些水分、无机盐等。待发育到与成体形态相近时,才从母体产出。如田螺、蚜虫、某些软骨鱼和少数蛇类等。

(四)胚后发育

通常把动物从卵孵出或从母体产出之后到性成熟这一阶段的发育过程称为胚后发育或幼体发育。在此时期,动物幼体除了形态与功能的发展变化以外,还将伴随着明显的生长过程,躯体体积、重量将显著增加。根据幼体发育过程形态与功能改造的幅度,一般把胚后发育分两大类型。

(1)直接发育或无变态发育(ametabola) 幼体出生时的形态、功能特点与成体基本相似,幼体发育过程无需特别的形态功能改造,直接成长过渡为成体。如鸟类、哺乳类等。

(2)间接发育或变态发育(metabola) 幼体出生时形态结构与功能、甚至生活方式与成体差异显著,幼体发育过程必须经过一系列重大的改造,即变态(metamorphosis),才发育为成体。如蛙类和大多数昆虫等。

三、个体发育与系统发育的关系

(一)系统发育的概念

所谓系统发育(phylogeny)就是指生物类群(可以是界、门、纲、目、科、属、种等任意阶元水平)发生及进化发展的历史。比如蛙的系统发育,就是两栖动物的演化历史,它包括了单细胞、单细胞群体、腔肠动物、原始三胚层动物、低等脊椎动物、鱼类到两栖类的基本过程。从进化角度看,任何生物都有其种族发生和发展的历史过程,因此,系统发育的概念实际就是进化论概念的延展。

(二)个体发育与系统发育的关系

19世纪中叶,德国生物学家赫克尔(E. Haeckel,1834—1919年),在对多种动物的胚胎发育研究观察时发现:不同类群脊椎动物早期胚胎发育几个阶段的胚胎形态都很相似,都按一定的顺序渐进出现,而这种相似性正好与动物界系统发育(即种族的发展进化历程)的渐进顺序性相吻合。受此启发及当时进化思想的影响,他在1866年出版的《普通形态学》一书中提出了一个大胆的观点:"生物发展史可分为2个相互紧密联系的部分,即个体发育和系统发育,也就是个体发育史是系统发展史简短而迅速的重演。"创立了一个在生物学上具有深远影响的理论——生物发生律(biogenetic law)。这一理论指出,生物的个体发育是其种族进化发展简单、快速的重演,故也称重演律(recapitulation law)。

生物发生律揭示了生物个体发育与种族进化发展的特殊对应关系。以两栖类的蛙为例,其个体发育由受精卵开始，历经囊胚、原肠胚、三胚层胚、鱼形蝌蚪、有腿有尾蝌蚪等阶段，最后才变态成无尾蛙形。这就表明其系统发育相对应地经历了单细胞动物、单细胞群体、两胚层动物、三胚层动物、鱼类、有尾两栖类等不同阶段的演化过程。又如陆生脊椎动物用肺呼吸，而它们的胚胎期都出现鳃裂，鳃裂和鳃是鱼类的呼吸器官，那就意味着陆生脊椎动物都有共同的水生的祖先。

生物发生规律为了解动物各类群之间的亲缘关系及其发生、演化轨迹提供了理论依据。因此，当某种动物的分类地位难于从形成结构上确定时，常可通过发育过程的研究观察得以解决。但应当注意的是，"重演"不等于重复，个体发育是不断变化中的事件，而系统发育是凝固的历史，个体发育对系统发育的重演，绝不可能出现机械式的模仿，而只能是一种粗线条的、蒙太奇式的对应。

进入20世纪后，赫克尔的重演律遭到了多方面的质疑。原因是生物学家发现赫克尔手绘的几个动物类群早期发育阶段图谱与实际情况有一定的差异(图3-11)，而且分子遗传学理论也难以解释胚胎发育为什么会重演进化历史。但是，不同类群脊椎动物早期胚胎发育阶段的相似性不容置疑，个体发育过程重演种族的基本发展历程也是不可辩驳的事实，而且近年来发育生物学研究的结果也都表明，几乎所有动物的发育过程都由相同的遗传机制控制，这又为赫克尔的重演律提供了有力的佐证。因此，客观地说，赫克尔的生物发生律仍然是生物学上的重大发现。

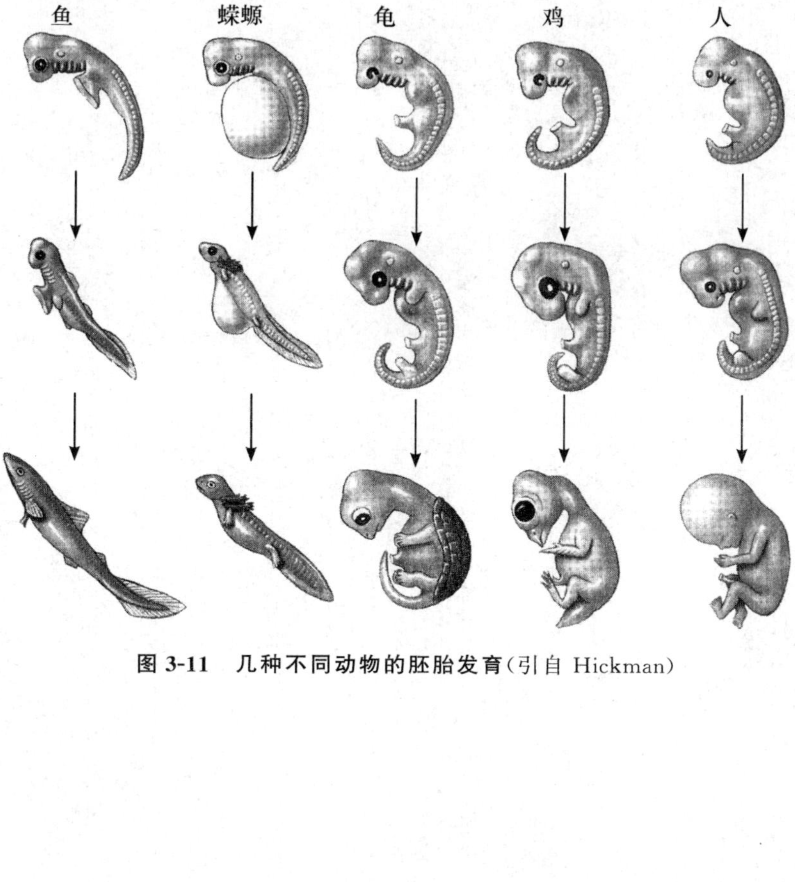

图3-11　几种不同动物的胚胎发育(引自 Hickman)

第四章　原生动物门

进化地位:原生动物(Protozoa)在动物演化史上是最原始、最低等的一个类群,属真核生物,据现有的资料推断,大约已有 20 亿年的历史。它们的身体仅由 1 个细胞组成,所有的生命活动均在细胞膜内进行,因此,又称为单细胞动物(图 4-1)。也有少数种类是单个细胞聚集在一起营群体生活。

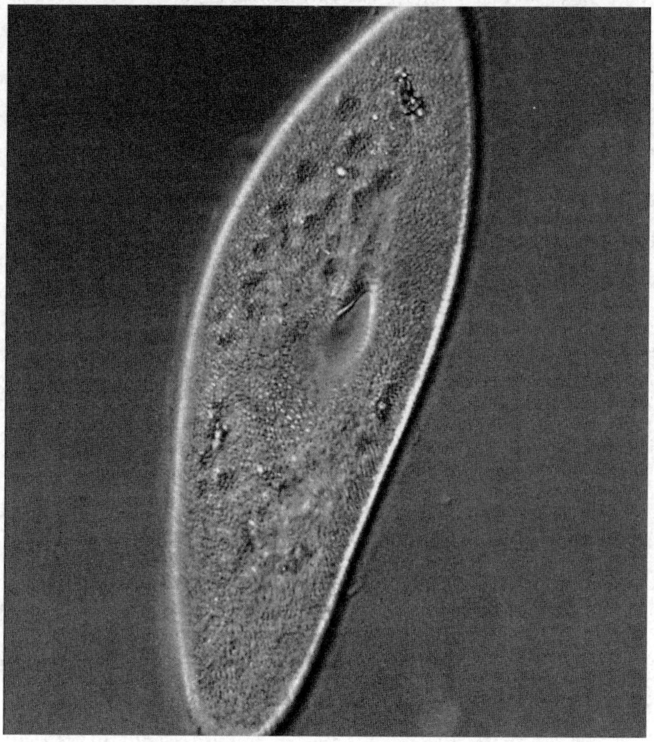

图 4-1　草履虫(引自 Hickman)

第一节　原生动物的主要特征

原生动物身体微小,体长大多为 200～300 μm,广泛分布于海水、淡水、潮湿的土壤里,营自由生活。也有的在动物体内营寄生生活以及互惠共生。

原生动物为了适应生活环境,它们的细胞质分化出类似多细胞动物的器官,称细胞器,如执行运动的细胞器(鞭毛等)、摄食细胞器(胞口、胞咽)等。

尽管原生动物仅由一个细胞组成,但它们却都具备了多细胞动物必须具备的生命现象,这就是营养代谢、呼吸与排泄、应激性与运动、生殖以及对环境的适应等。

1. 营养

原生动物有3种营养(nutrition)方式。

①植物性营养,又称自养(autotrophy):与植物一样,能利用光能将二氧化碳和水合成糖类。

②动物性营养,又称异养(heterotrophy):通过胞口吞食其他生物或有机碎屑为食。

③腐生性营养,又称渗透营养(osmotrophy):通过体表渗透作用,摄取溶于水中的有机物。

然而,有些种类尤其是自养生物,并非仅靠光合作用获取能量,还能以吞噬、渗透的营养方式获取能量。如长期置于黑暗环境下的自养个体,就会失去色素体,转而以渗透方式进行营养。异养的种类可以靠吞噬或渗透方式获取能量。

2. 呼吸

通过虫体质膜扩散进行气体交换称为呼吸(respiration)。但体内寄生生活的种类,由于宿主体内无游离的氧,只能靠虫体内贮存的能源物质进行无氧酵解取得能量。

3. 排泄

原生动物代谢所产生的含氮废物可通过质膜扩散到体外称为排泄(excretion)。尤其是淡水生的原生动物(包括某些寄生种类),都有一种排水的泡器,即伸缩泡(contractile vacuole)。这是一种由质膜组成的泡状结构,它可依靠与内质网相通且多分支的收集管收集体内多余的水分以及溶解于水中的含氮废物,再经过体表的微孔排出体外。

4. 应激性与运动

当虫体受到外界刺激时,都能做出应答性的反应,这就是应激性(excitability)。如绿色鞭毛虫能感知光源,草履虫向前运动时,遇到障碍会立刻避开等。原生动物的运动(movement)方式有鞭毛运动(鞭毛结构见图4-2)、纤毛运动和变形运动。

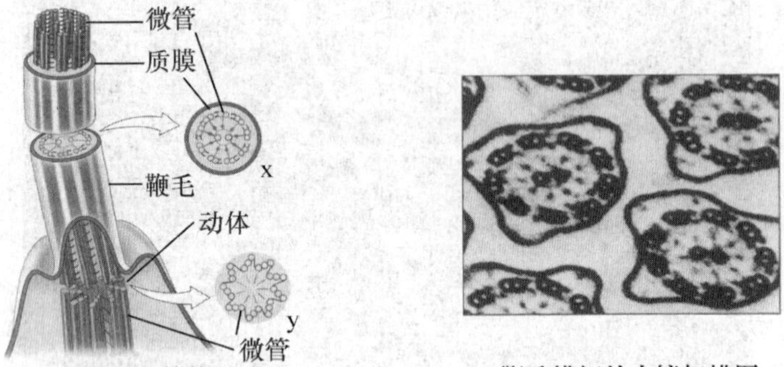

鞭毛的结构　　鞭毛横切的电镜扫描图

图4-2　鞭毛

5. 生殖

原生动物的生殖(reproduction)有无性生殖和有性生殖。无性生殖包括二体分裂(如眼虫)、出芽生殖(夜光虫)、多体分裂或孢子生殖(疟原虫)。有性生殖包括配子生殖和接合生殖(草履虫)2种。配子生殖有:同配生殖,形状、大小相同的配子结合(有孔虫);异配生殖,形状、大小不相同的配子结合(团藻)。

原生动物对不良生活环境都有一定的适应性。特别是生活在池塘、稻田等间歇水域的虫体,在受到化学污染、食物匮乏以及水分蒸发至干枯等不利因素时,可分泌一种胶状物质,形成具保护性的外壳,即包囊。它可在恶劣的环境下生存数月甚至更久。此外,包囊在干燥的情况下，还可随风飘落到遥远的地方，当遇到适宜的环境时，便会从包囊中破裂溢出，又恢复到原来的形态生活。

在动物体内营寄生生活的种类，当被排到体外时，也可形成包囊或孢子，一旦遇到新的宿主，就会再次侵入动物体内。总之，包囊是原生动物对不良环境赖以延续生命的一种适应。

第二节 原生动物门的分类

现记载的原生动物已有 64 000 种，其中 1/2 以上为化石种类。大多营自由生活，还有 100 种是寄生种类。原生动物不仅种类繁多，种群的数量也极大，浩瀚的海洋足以证明其数量是惊人的。

原生动物的分类：根据 1980 年国际原生动物协会新修订的分类系统，应将原生动物划为原生生物界，原生动物亚界，下设 7 个门。不过最重要的仍是鞭毛虫、肉足虫、孢子虫和纤毛虫。为了简便起见，我们这里仍将原生动物门分为 4 个纲：鞭毛虫纲、肉足虫纲、孢子虫纲和纤毛虫纲。

一、鞭毛虫纲

鞭毛虫纲(Mastigophora)动物的运动细胞器，通常是 1、2 根或多根细长(一般为 60 μm 左右，因种而异)呈鞭状的鞭毛。

鞭毛的超显微结构，从横断面观察，外面一层为质膜，中间有 1 鞘，鞘内包含着 2 根蛋白质微管，鞘的外围有 9 组由蛋白质组成的双联体微管，鞭毛运动就是双联体微管彼此相对滑动的结果(图 4-2)。

鞭毛基部是动胞器——基体，或称为动体(basal body)。其结构与细胞内的中心粒相似，鞭毛即由此产生出来，基体是控制鞭毛运动的中心。鞭毛纲动物种类繁多，根据其营养方式，可分为植鞭亚纲和动鞭亚纲。

(一)植鞭亚纲

绝大多数植鞭亚纲(Phytomastigina)种类是自养有机体，由于体内含有叶绿素，身体常呈绿色，故称绿色鞭毛虫。

这类虫体靠光合作用合成自身的营养物质，还可将多余的营养物质以副淀粉粒的形式作为能源物质贮存起来。副淀粉粒是一种水溶性多糖，具有强折光性。在每一个颗粒内都有一蛋白质核，是副淀粉粒的核心。副淀粉粒遇碘液不呈紫色。

现以淡水生的绿眼虫为例对本亚纲加以说明。

绿眼虫(*Euglena viridis*)，生活在有机质丰富的池沼或缓流中，环境适宜时可大量繁殖，常使水呈绿色。它们身体多呈纺锤形，眼虫表膜上通常有很多排列有序的螺旋线纹，这是表膜发生折叠后形成的嵴和沟。虫体长 60 μm 左右，前端是胞口，稍后是胞咽和一个大的储蓄泡。储蓄泡的侧面有一个与其相通的伸缩泡，它可收集虫体内多余的水分及代谢产物，经储蓄泡、胞咽，最后由胞口排出体外。胞口没有摄食作用。储蓄泡的基部有 2 个基体，由此产生出 2 根鞭毛，然后愈合成 1 根并伸出体外。眼虫的运动正是靠这根鞭毛做高速螺旋运动完成的(图 4-3)。基体上还有 1 根细丝，一直向后延伸并与核附近的中心粒相连。由此推断，基体可能在系统发生上是由中心粒产生的。因此,可以把基体看成是变性的中心粒。在眼虫进行2体分裂时,它起到中心粒的作用。眼虫前端有1红色眼点(内含胡萝卜素或红色素),浅杯状,杯口朝向体外。在杯底后的两根鞭毛汇集处,有一个透明的突起——光感受器,光源可从眼点的杯口透视到后面的光感受器上,方可感知光源。

近年来,有人提出眼点是阻断光源,遮盖其后面光感受器的屏障。其解释为:眼点遮光与虫体的运动有关,当虫体呈螺旋状向前运动时,若光源来自于虫体的侧方,每旋转1周,光感受器被眼点遮住1次。当虫体欲趋向光源时,它就会改变运动方向,使光感受器不被眼点遮住。相反,虫体欲避开强光时,就必须调整运动方向,使眼点遮住光感受器。眼虫就是这样避开过强、过弱的光,从而趋向更适宜的光线。眼虫体内还有许多卵圆形的叶绿体,靠光合作用获取营养。若将眼虫长期置于黑暗且富含有机质的环境中,则叶绿体消失,眼点褪色,此时靠体壁渗透获取周围营养。一旦有光后,它仍可恢复叶绿体和眼点。所以,眼虫的营养方式有2种,自养和腐生性营养(图4-4)。

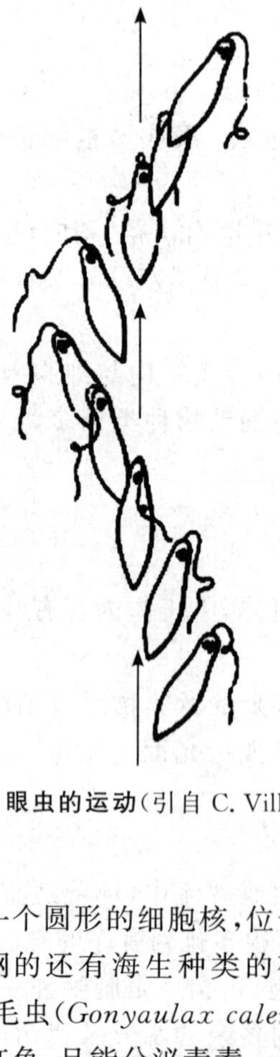

图 4-3 眼虫的运动(引自 C. Villee)

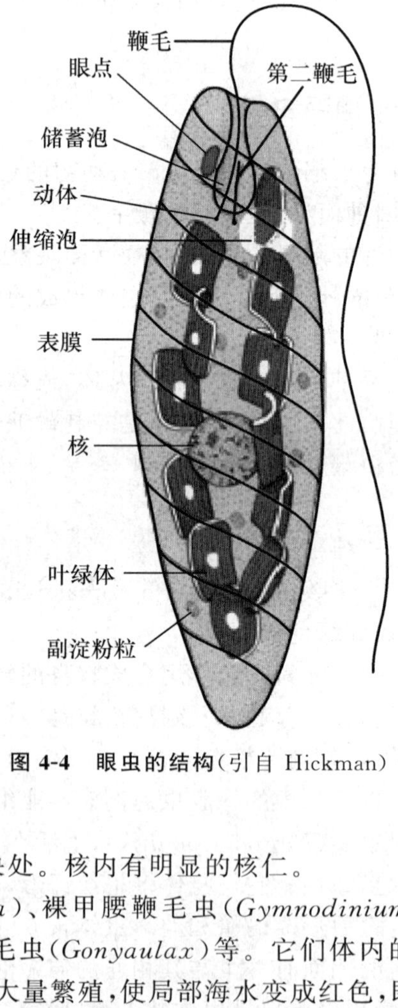

图 4-4 眼虫的结构(引自 Hickman)

眼虫只有一个圆形的细胞核,位于身体偏后的中央处。核内有明显的核仁。

同属本亚纲的还有海生种类的夜光虫(*Noctiluca*)、裸甲腰鞭毛虫(*Gymnodinium*)(图4-5)、小丽腰鞭毛虫(*Gonyaulax calenella*)、多甲腰鞭毛虫(*Gonyaulax*)等。它们体内的色素体呈金黄色或红色,且能分泌毒素。当环境适宜时,可大量繁殖,使局部海水变成红色,即所谓"赤潮区"。这个区域的鱼虾等动物,很快会被毒死。死鱼腐烂分解,使虫体获取更丰富的营养,繁殖更快,只有当暴风雨降临时,才能使赤潮区消失。

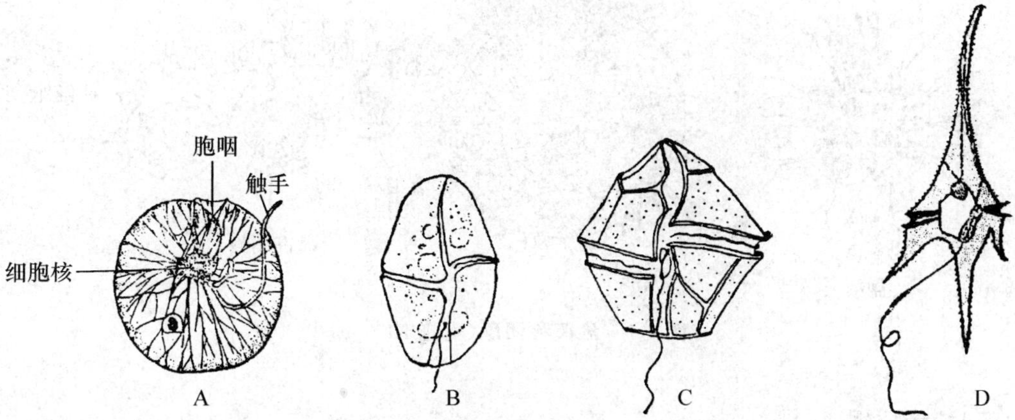

图 4-5　几种腰鞭毛虫(引自刘凌云)

A. 夜光虫　B. 裸甲腰鞭虫　C. 沟腰鞭虫　D. 角鞭虫

此外,还有一些更像植物的种类,它们多数种类具 2 根等长的鞭毛,都有由纤维素构成的细胞壁和红色眼点,完全自养。如衣藻(*Chalamydomonas*),生活在池塘、稻田、沟渠等水城中。虫体呈梨形(图 4-6),其体内有折光性的淀粉粒(1 个特殊蛋白质核,外包 1 层淀粉)和一些食物颗粒及少量的脂肪滴。

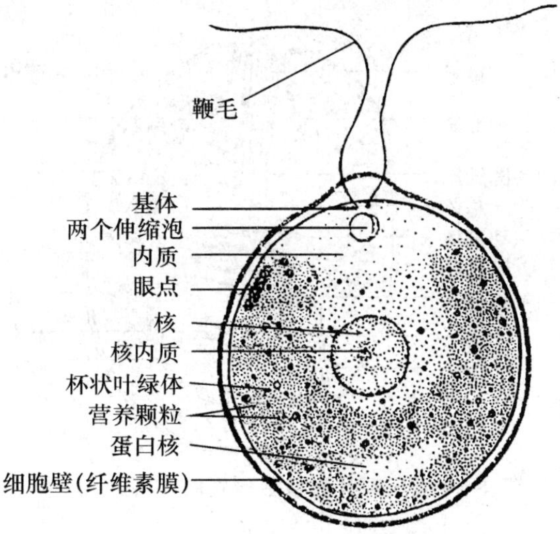

图 4-6　衣澡(引自 W. S. Bullough)

群体鞭毛虫——团藻(*Volvox*),由成千上万个类似于衣藻的细胞组成 1 个中空的球状体,细胞有序地镶嵌在球体周边,细胞间借原生质桥连接,以便于虫体向同一个方向运动。球体内部被这些细胞分泌的胶状物质填充。每个细胞上有 2 根鞭毛伸出球体表面,营群体生活,但每一个细胞都独立地进行自养,成熟的团藻还会分化出少数具有繁殖能力的细胞,它们可形成精子、卵子。两者结合后,分泌囊壁保护,次年春季,形成新的群体。同属此类的还有盘藻、实球藻等(图 4-7)。

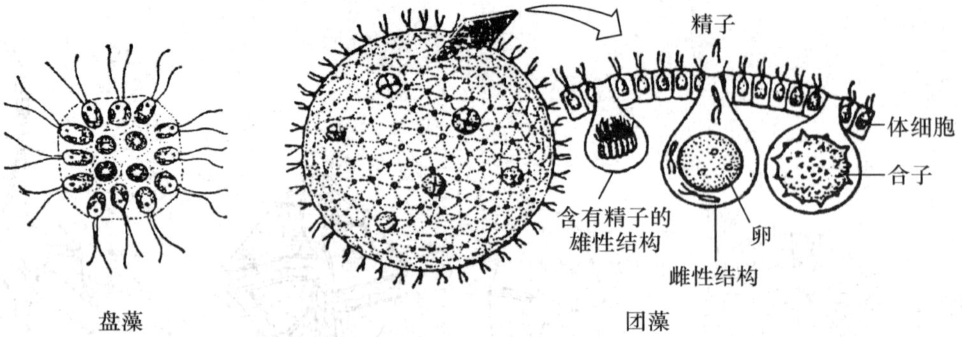

图 4-7　盘藻和团藻(引自 Keeton)

(二)动鞭亚纲

动鞭亚纲(Zoomastigina)动物均为异养有机体,多为寄生,也有营共生和自由生活的种类。

1. 利什曼原虫

利什曼原虫(*Leishmania*),通常具有1根鞭毛,鞭毛的基部有1个基体,再向下是1个动基体,这实际上是1个大的线粒体,内含DNA(图4-8)。寄生在人体内的利什曼原虫,共有3种。我国只有杜氏利什曼原虫,寄生在肝、脾等内脏器官的巨噬细胞内,可以引起人体发热,在皮肤上还有黑色素沉积,故又称黑热病。此病是通过一种吸血昆虫——白蛉子传染的,其生活史分为2个阶段。

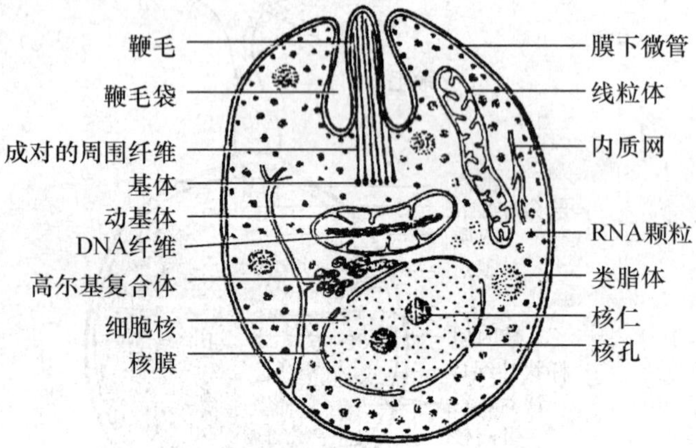

图 4-8　杜氏利什曼原虫模式图(引自徐秉琨)

在白蛉子消化道内:体呈梭形,体长15～20 μm,具1根鞭毛。

在人体内:当携带原虫的雌性白蛉子叮咬人体时,随白蛉子唾液进入人皮下组织的巨噬细胞内。此时,原虫失去鞭毛变圆,只有3～5 μm。在那里原虫吸取营养(致使巨噬细胞变空)并分裂繁殖,生成子体。空胞破裂后,子体再侵入其他巨噬细胞内,周而复始,使人病情严重。

当雌性白蛉子叮咬患者时,病原虫进入白蛉子的消化道,又可感染他人。

2. 锥虫

锥虫(*Trypanosoma*),多寄生于脊椎动物血液中。寄生于人体内的锥虫可侵入脑脊髓系统,使人出现昏睡症。

3. 单领虫

单领虫(*Monosiga*),身体一端有一细长的柄,用于固着(图 4-9)。

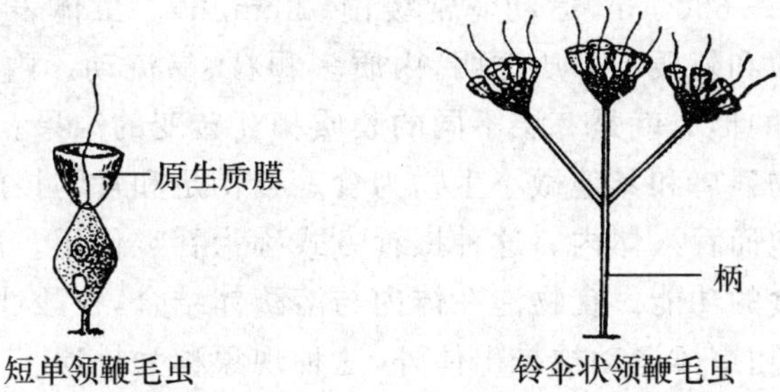

图 4-9　领鞭毛虫(引自 Borradaile)

4. 披发虫

披发虫(*Trichonympha*,图 4-10),生活于白蚁肠道内,成为共生关系。白蚁以木质纤维为食物,而消化纤维素则要靠披发虫完成,若在 40℃条件下处理白蚁,其肠内纤毛虫就会死亡,白蚁虽然暂时活着,还会吃木材,但无法消化纤维素,最终也会饿死。

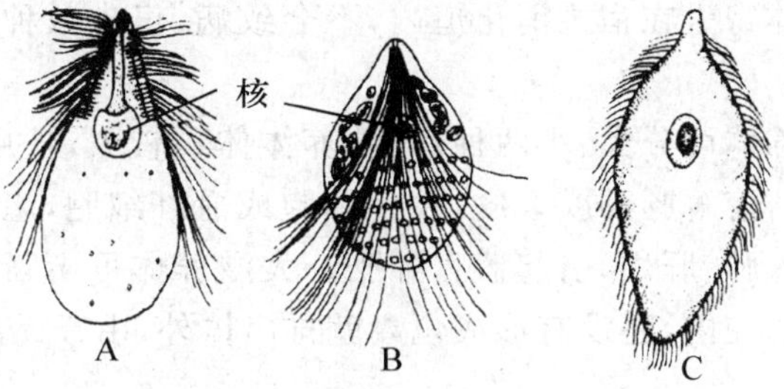

图 4-10　生活在白蚁肠道的鞭毛虫(引自刘凌云)

A. 披发虫　B. 裸冠鞭毛虫　C. 脊披发虫

二、肉足虫纲

肉足虫纲(Sarcodina)动物身体大多无一定形状,可随时改变,即虫体表面的任何一个部位都可以形成临时的、半永久性的、永久性的凸起,称为伪足,这种靠伪足运动的方式称为变形运动。运动时,虫体内的细胞器同样处于动态中(图 4-11)。

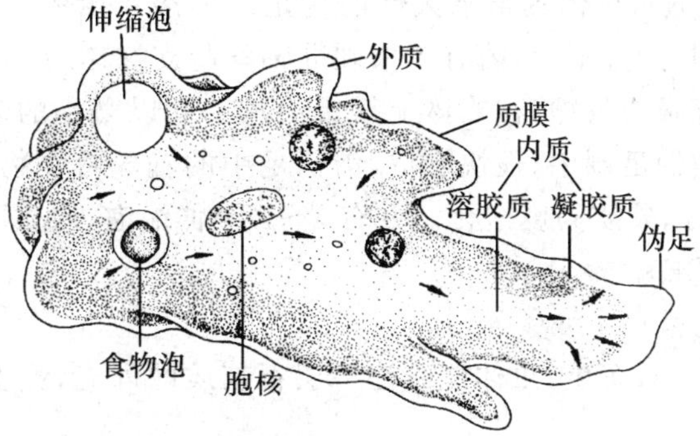

图 4-11　变形虫的结构(引自刘凌云)

1. 变形虫

变形虫(*Amoeba*)生活在池塘、稻田等缓流水域,常附着在水草或其他物体上生活。大变形虫是最大的一种,200～600 μm,运动非常缓慢(2 cm/h)。虫体表面为一层薄而柔软的质膜,细胞质明显分为内质和外质。外质透明,内质多颗粒、易流动。内质又可分外层(凝胶区)和内层(溶胶区)。伪足的形成就是2层不同的胶质相互转变的结果。

变形虫以细菌、植物残屑和其他微小生物为食。当伪足和食物接触时,该部位的质膜可将食物围起来,形成食物泡而吞入体内。这种摄食方式称为吞噬作用。由此可见,伪足不仅是其运动的细胞器,还有摄食的功能。食物泡在体内与溶酶体结合,在酸性水解酶的作用下被消化吸收,未被消化的残渣,随虫体运动被排出体外,这种现象称为排遗。

变形虫还可以通过表膜吸收水中的有机质。甚至有时还可以使表膜内陷形成一微小的管道,摄取液体食物,这种现象与饮水相似,故称为胞饮。

变形虫的繁殖为典型的二体分裂。分裂后的2个子体,一个保留原来的伸缩泡,另一个则再生成一个新的。变形虫不存在有性生殖。

内变形虫,寄生于人、猪、犬等的一些脊椎动物消化道内,其生活史可分为滋养体和包囊2个阶段。滋养体专指原生动物寄生在宿主体内并获取营养的这一阶段。它的体积小,无伸缩泡。大部分种类的滋养体寄生在宿主消化道内,不会致病,仅少数种类可危害宿主,如痢疾内变形虫。

痢疾内变形虫的滋养体可分大、小两种,大滋养体体积较大,外质明显,运动活泼,常附在肠壁上,可分泌胃蛋白酶,溶解肠黏膜上皮,吞食细胞或血红细胞,患者表现为下痢、便血。有时候大滋养体还可以侵入肺、肝内,引起器官肿胀。大滋养体可不断地分裂繁殖,其中有些个体随着坏死的组织落入肠腔内,还没有形成包囊就排出体外,由于无法抵御外界的不良环境而死亡,因此它不具感染力。

小滋养体体积较小,外质不明显,运动缓慢,寄生在肠腔内,以细菌为食。由于不断地分裂繁殖,一些个体随肠内容物下移,逐渐形成包囊,包囊刚形成时为单核,在囊内经2次分裂,形成4个小核的成熟包囊,最后随粪便排出体外,成为具感染能力的病原体。

当粪便内含有成熟的包囊时,通过苍蝇等的传播,污染食物,人误食后,在碱性小肠液的作用下,包囊壳变薄、破裂,小滋养体溢出,进入结肠,并不断地分裂繁殖。其中一部分成长为大滋养体而侵入肠壁组织,危害人体健康。

2. 太阳虫

太阳虫(*Actinophrys*),虫体具半永久性的伪足。如淡水生的太阳虫,身体球状,伪足似针,在体表呈放射状排列,挺直不弯,内有1根硬的轴丝起支撑作用,形成半永久性的伪足。常附于水草上,借伪足的舒张与收缩,在物体上缓慢滚动。它以微小的动、植物为食,如变形虫、轮虫、硅藻等食物一旦被伪足刺中,很快麻痹,借伪足中的轴丝将食物吸入体内,形成食物泡,太阳虫也有内、外质之分,外质高度泡化。并有1～2个伸缩泡,内质颗粒较多,有1个细胞核及数个食物泡等(图4-12E)。

3. 有孔虫

有孔虫(*Foraminifer*),海生,虫体能分泌一层石灰质的外壳,壳上有许多小孔,伪足由小孔伸出。

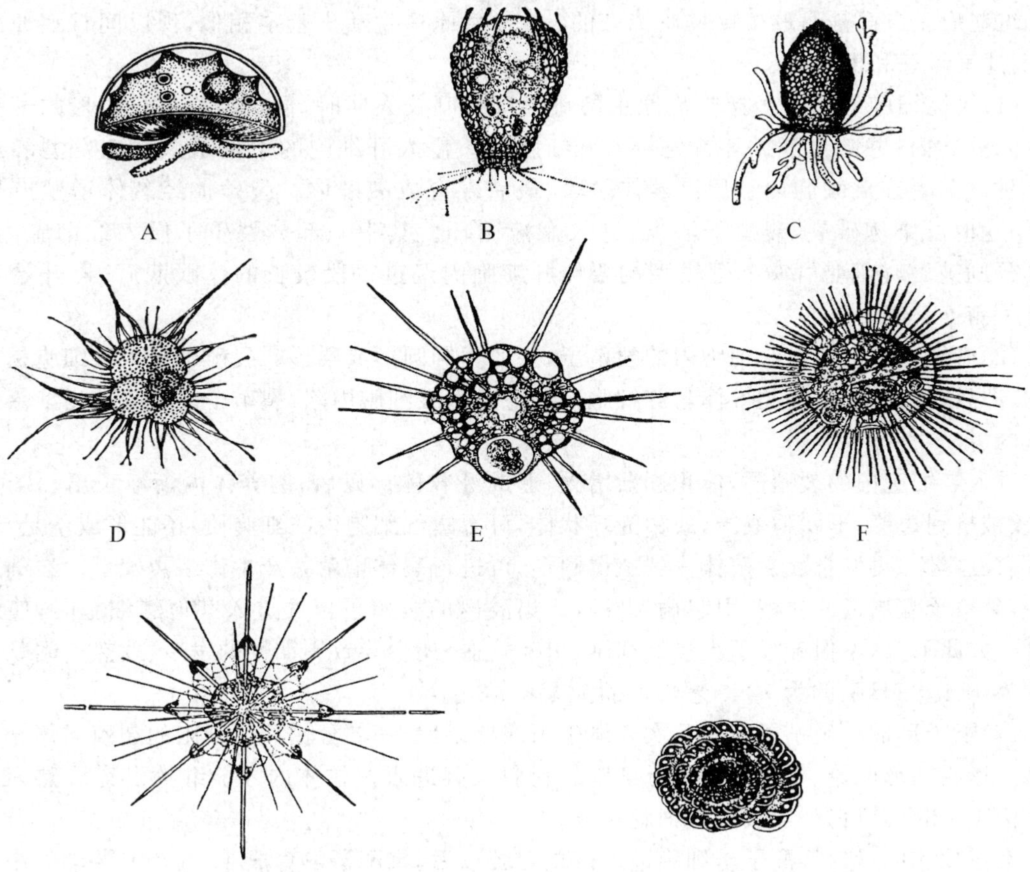

图 4-12　肉足虫纲的代表(引自许崇任)

A. 表壳虫　B. 鳞壳虫　C. 沙壳虫　D. 球房虫　E. 太阳虫　F. 辐球虫　G. 等棘骨虫　H. 环骨虫

有孔虫还有一个特点:随虫体的生长,可不断增加新的壳室来扩充其住所,结果形成多室的外壳,有孔虫多在浅水营底栖生活。有孔虫的种类繁多,种群数量庞大。海底的软泥大约有35%是有孔虫死亡后遗留下的外壳形成的。

有孔虫是一类古老的原生动物,在地质年代早期的寒武纪,距今约 5 亿年前,即发现有孔虫的遗迹。到石炭纪,仅灭绝的 Fuslinidae 这一科就有数千种,总之,在不同的年代,均能发现不同种类的有孔虫化石。这对人类确定地质年代、勘探石油均有重要的指导作用。

三、孢子虫纲

孢子虫纲(Sporozoa)全部营寄生生活。广泛地寄生在人、无脊椎动物和脊椎动物体内。虫体缺乏明显的运动细胞器,只是在其生活史的某一阶段具有鞭毛或伪足。

生活史复杂,一般经历无性和有性 2 个世代。现以疟原虫和球虫为例,简述如下。

1. 疟原虫

疟原虫(*Plasmodium*),有 2 个宿主,其中滋养体和无性裂体增殖时期在人或脊椎动物的血红细胞内,而有性生殖阶段则是在一些吸血的无脊椎动物体内。主要寄生在哺乳动物(包括人)和鸟类的体内。寄生在人体内的有 4 种:间日疟原虫、三日疟原虫、恶性疟原虫和卵形疟原虫。这些疟原虫都是通过按蚊吸血传染的。4种疟原虫生活史基本相似,现以间日疟原虫为例,简述其形态和生活史。

(1)血红细胞外期　当携带疟原虫的雌性按蚊叮咬人体时,便会将许多长梭形的子孢子虫注入人体内,并随血液循环首先侵入肝细胞内。侵入肝细胞的子孢子虫有速发型和迟发型2种。前者在肝细胞内经历滋养体阶段,最后发育成裂殖体。裂殖体经裂体增殖产生裂殖子,这时肝细胞破裂,裂殖子溢出,进入血液循环。其中一部分裂殖子侵入红细胞内,另一部分则被吞噬细胞吞噬。迟发型的要在肝细胞内经过一段较长的休眠期后,再开始进行裂体生殖。

(2)血红细胞内期　红细胞内的裂殖子,一般呈椭圆形或梨形。裂殖子侵入红细胞是有极性的,即只能由它顶部的类椎体与红细胞接触,然后,红细胞内陷,裂殖子被包围并逐渐落入红细胞内。

进入红细胞内的裂殖子,体积逐渐增大,形成滋养体。以后,滋养体内渐渐长出一个大空泡,核被挤到边缘,形状似戒指,故称为环状体,可吞噬红细胞内的细胞质,还能形成伪足,随后长成大滋养体,再发育成裂殖体。裂殖体圆形,可进行裂体增殖并产生许多裂殖子。红细胞破裂后,裂殖子溢出进入血浆,引起病人发冷。当溢出的裂殖子再次进入其他红细胞时,使病人高烧。如此下去,不但破坏了大量红细胞,引起贫血,还会导致周期性的发冷、发热。间日疟的周期为48 h,三日疟的为72 h,恶性疟的为32～48 h。

(3)配子形成　裂殖子经过几次裂体生殖周期以后,一部分侵入红细胞的裂殖子停止裂体生殖。形成圆形的雌、雄2种配子母细胞。它们只有进入按蚊体内才能继续发育成熟,否则,仅生活1～2个月后,就会被吞噬细胞吞噬。

在按蚊体内,雌、雄配子母细胞进入按蚊胃腔以后,雄配子发育成4～8个能游动的小配子体。雌配子只发育成一个圆形、不能游动的大配子体。大、小配子融合后,发育成能活动的合子(受精卵),并进入胃壁,停留在上皮组织基底膜与上皮细胞之间。这时合子变圆并分泌一层包膜(卵囊),经多次分裂,形成成千上万的子孢子,待其成熟后,包囊破裂,子孢子溢出进入组织,最终到达唾液腺内。当按蚊叮咬人体时,就可把子孢子虫注入到人体内(图4-13)。

2. 巴贝斯焦虫

巴贝斯焦虫(*Babesia*),主要寄生在哺乳动物尤其是牛、羊等家畜的红细胞内,给畜牧业带来了相当大的危害。最严重的当属牛巴贝斯焦虫,它的生活史与疟原虫的基本相似。滋养体和无性裂体增殖阶段是在牛红细胞内进行的,其传染媒介是节肢动物的蜱类,如金沟蜱(*Ixodes*)、方头蜱(*Boophilus*)等。在这些蜱类体内完成有性世代和孢子生殖阶段。

3. 穿孔艾美耳球虫

穿孔艾美耳球虫(*Eimeria perforans*),虫体只有1个宿主。其生活史和疟原虫的基本相似,滋养体时期通常寄生在脊椎动物消化道的上皮细胞内,其生活史分为4个阶段。

(1)滋养体阶段　子孢子虫包囊被家兔吞食以后,进入消化道内,从囊内溢出,侵入消化道上皮组织细胞内,在那里获得营养,最后发育为成熟的裂殖体。

(2)裂殖体阶段　裂殖体呈球状,经分裂生殖产生裂殖子,再侵入新的上皮细胞。周而复始,以至于大量的肠上皮细胞遭到破坏,引起球虫病,使家兔尤其是幼兔和青年兔死亡。

(3)有性配子形成和生殖阶段　经过上述几个周期以后,一些裂殖子分别发育成雌、雄2种配子母细胞,两性细胞融合后,形成受精卵,并在外面形成一层包囊,随粪便排出体外。

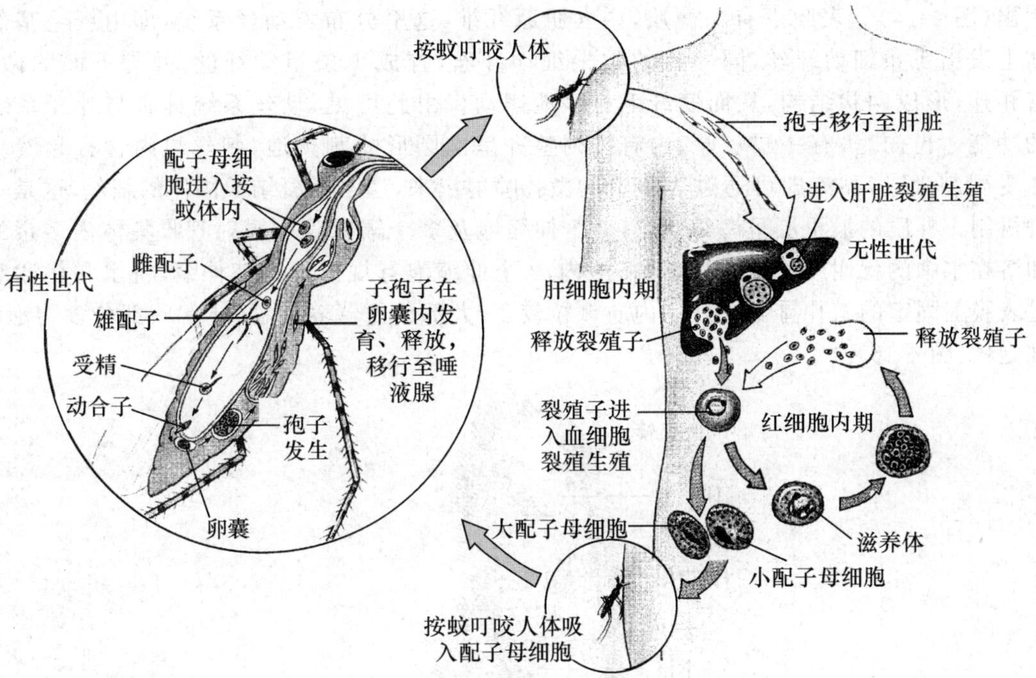

图 4-13　疟原虫的生活史(引自 Hickman)

(4)孢子生殖阶段　包囊内的受精卵，在有氧和温度适宜时，首先分裂成 4 个带包囊的子孢子母细胞，每一个子孢子母细胞又分裂为 2 个有包囊的子孢子虫，此时，才具有感染能力。所以，每个受精卵就可分裂成 8 个子孢子虫，家兔吞食后，便会受到感染。

四、纤毛虫纲

虫体表面全部或局部分布着许多纤毛，它是运动和摄食的细胞器，结构与鞭毛的相同。不同的是纤毛细而短，运动时靠动丝系统协调。在原生动物中，纤毛虫是身体结构最复杂的一类。

胞口和口前庭：只有少数原始种类的胞口直接裸露在体表，而大部分种类的胞口前面都有口前庭。前庭壁上分布着纤毛，胞口位于前庭的底部。

细胞核：少数种类有 2 个或多个同型的细胞核，如生活在蛙肠内的多核蛋白虫等。大多数种类都具有大、小 2 种异型核，并显示出二元性，即大核为多倍体，负责虫体的营养代谢，分裂生殖时属无丝分裂；小核为二倍体，负责虫体的遗传，分裂生殖时为有丝分裂，但无着丝点。

纤毛虫广泛分布于淡水、海水中，还有的营寄生或共生生活。现将主要类群及其代表动物简述如下。

1. 草履虫

草履虫(*Paramoecium caudatum*)，通常生活在池塘、污水沟、稻田等水域中，形状像一只草鞋，虫体前端有一斜沟，至虫体中部，称为口沟，沟内生有较长的纤毛。运动时，全身纤毛摆动有序，使虫体快速旋转前进。

从切面看，虫体可分外质和内质。外质有 4 层。外表面为一层薄而坚韧的表膜，膜上有斜向排列的螺旋线。在电子显微镜下，这些螺旋线是一排排凹陷于膜内的沟，纤毛即由沟内生出(图4-14)。表膜下有一薄层,内含肌原纤维,这里分布着动丝系统,即由纤毛基部的基体上发出1条细动纤丝,同一行的数根细动纤丝,拧成1条粗动纤丝,并与下面的微丝、微管相连,形成网状结构,从而使纤毛有序地摆动。由此可见,动丝系统具有与神经系统类似的功能。再向里,有一层较厚、内有排列整齐呈椭圆形的刺丝泡,刺丝泡内含有黏液。当虫体受到刺激时,黏液即可通过表膜上的微孔喷射出来,遇水后凝结成固体的细丝,这是一种防御机制。外质的最里层呈海绵状,有2个伸缩泡及多个辐射管。辐射管收集体内多余的水分和溶在水中的代谢废物,并送入伸缩泡内,2个伸缩泡有规律地交替伸缩,将水和代谢废物通过表膜上固定的微孔排出体外。内质颗粒较多,大部分为营养颗粒,还有一部分食物泡和2个细胞核(图4-15)。

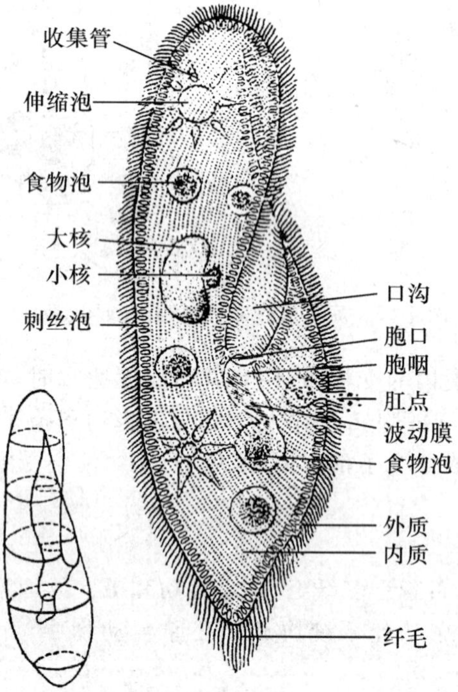

图4-14　草履虫(引自江静波)

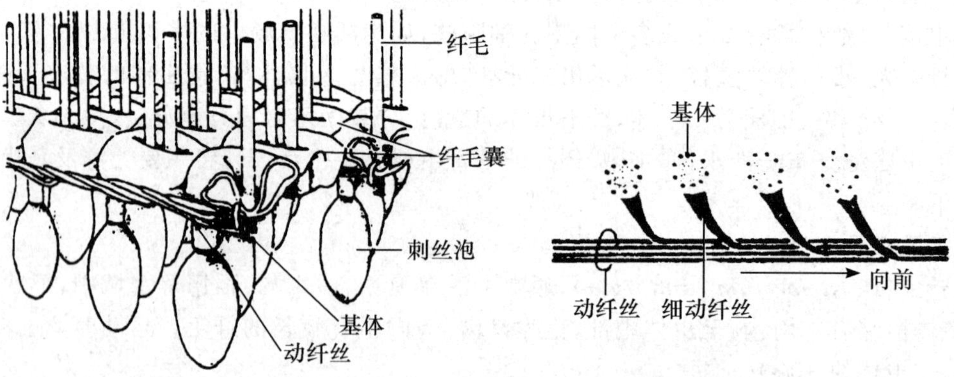

图4-15　纤毛虫动丝系统和细动纤丝拧成动纤丝(引自 Hickman)

草履虫主要以细菌和其他微小生物为食。借助口沟内纤毛击起的水流，将食物送入前庭腔，通过前庭腔壁上的纤毛摆动，使食物到达胞口，并于胞咽的底部形成食物泡落入内质与溶酶体融合，在体内环流、消化。无法消化的残渣，经后部一侧表膜上固定的胞肛，排出体外。

草履虫的细胞核位于虫体的中部，共 2 个。大核似肾形，小核呈球状且位于大核的陷窝内。

草履虫的生殖有无性生殖和有性生殖 2 种。

有性生殖是一种特殊的接合生殖。其过程比较复杂。首先是 2 个虫体的口沟部位相接合，接合部的表膜融化，两者细胞质相通，然后 2 个小核各自离开大核，同时大核逐渐溶解消失。每个小核经过 2 次分裂，形成 4 个小核，其中有 3 个解体消失，只有 1 个小核再经过 1 次分裂形成一大一小 2 个核。此时，双方互换小核，与对方较大的核融合，这一过程相当于受精，随后 2 虫体分开。融合后的核经过 3 次分裂，形成 8 个核，其中 4 个形成大核；另外 4 个有 3 个解体，1 个形成小核，小核再经 2 次分裂，形成了 4 个小核。与此同时，虫体也分裂 2 次。其结果是，2 个履虫经过生殖以后，可形成 8 个新个体(图 4-16)。

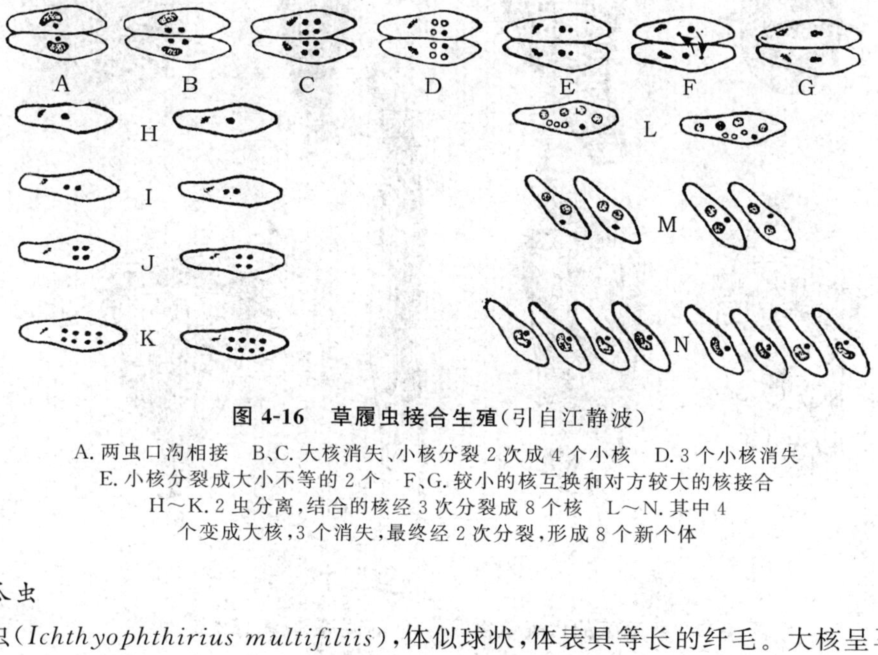

图 4-16　草履虫接合生殖(引自江静波)

A. 两虫口沟相接　B、C. 大核消失、小核分裂 2 次成 4 个小核　D. 3 个小核消失　E. 小核分裂成大小不等的 2 个　F、G. 较小的核互换和对方较大的核接合　H～K. 2 虫分离，结合的核经 3 次分裂成 8 个核　L～N. 其中 4 个变成大核，3 个消失，最终经 2 次分裂，形成 8 个新个体

2. 小瓜虫

小瓜虫(*Ichthyophthirius multifiliis*)，体似球状，体表具等长的纤毛。大核呈马蹄状，小核为圆形。虫体寄生在鱼的皮下组织、鳃、鳍等处，形成一些白色小点，故称为鱼斑病。此病往往引起鱼的死亡，对池塘养鱼危害比较严重。

3. 钟形虫

钟形虫(*Vorticella*)，体形似倒钟。钟口的周缘有纤毛愈合成的 2 或 3 层的口缘膜(通常做逆时针旋转)。虫体另一端有 1 个细长的小柄(柄内有纤维蛋白丝)，起固着作用。小柄可自由伸缩，断裂后具有较强的再生能力。

4. 喇叭虫

喇叭虫(*Stentor*)，体形似喇叭，是原生动物中最大型的种类，可自由生活，也可固着生活，多见于污水池塘中(图 4-17G、H)。

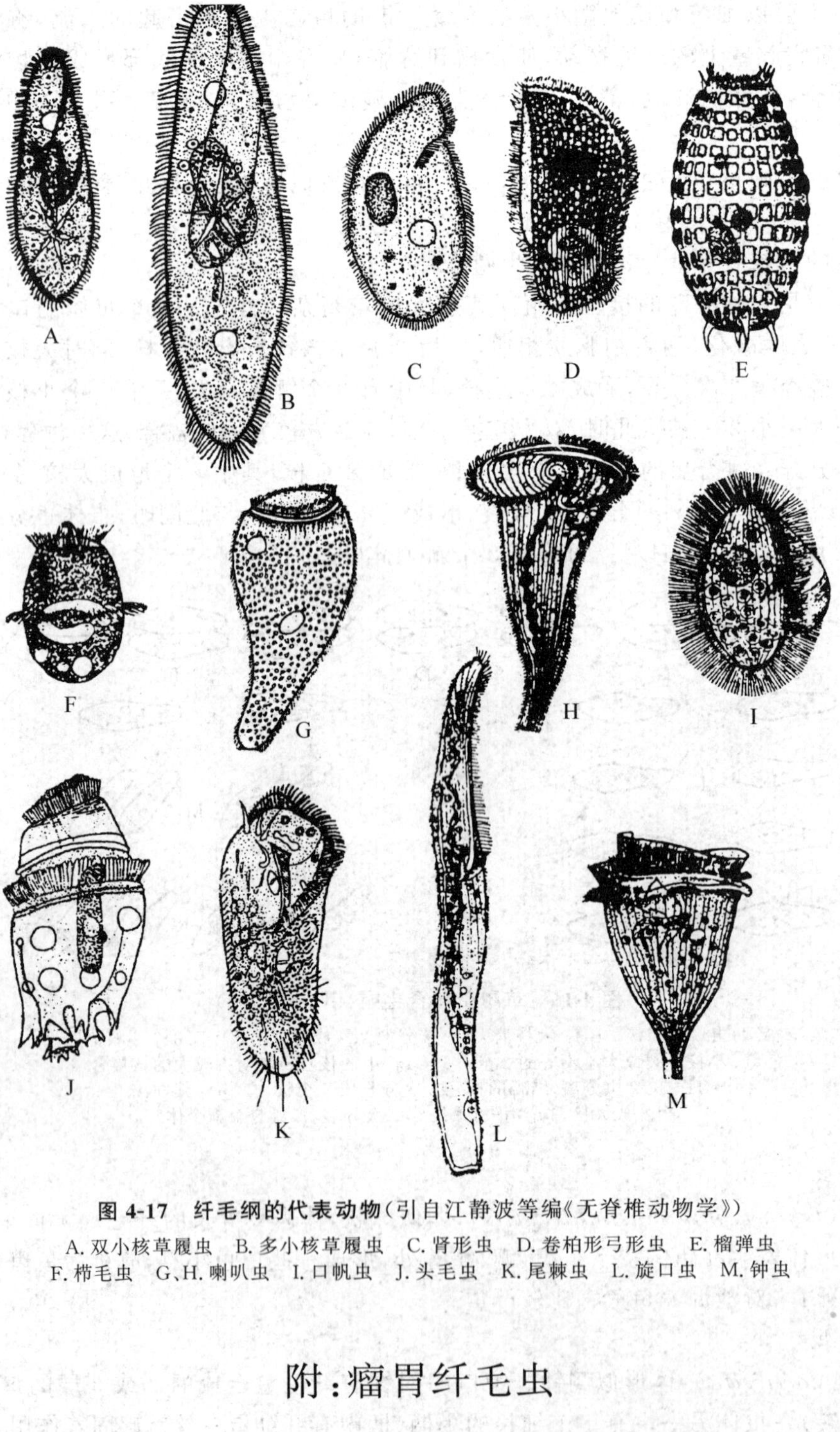

图4-17 纤毛纲的代表动物(引自江静波等编《无脊椎动物学》)

A.双小核草履虫 B.多小核草履虫 C.肾形虫 D.卷柏形弓形虫 E.榴弹虫
F.栉毛虫 G、H.喇叭虫 I.口帆虫 J.头毛虫 K.尾棘虫 L.旋口虫 M.钟虫

附:瘤胃纤毛虫

瘤胃纤毛虫(*Rumen ciliata*)主要生活在牛、羊等反刍动物的瘤胃内。也有的生活在马、兔等草食动物的盲肠内。由于最早是在牛的瘤胃中被发现的(Gruby 和 Delford,1843),故统称为瘤胃纤毛虫。

瘤胃纤毛虫有圆形、椭圆形和梨形等。大小为 40～200 μm。在一个健康的牛瘤胃内,每毫升胃液中可含有10^5～10^6个纤毛虫。此外，还有数量更多的瘤胃细菌(10^{10}～10^{12}个/mL)及少量的鞭毛虫、真菌和噬体。它们的存在对宿主是有益的。到目前为止，已发现的瘤胃纤毛虫有100多种，可分为3个目。

一、小布契利虫

小布契利虫(*Buestschtis parva*)生活在水牛瘤胃内，比较原始，身体呈卵圆形，无口前庭。胞口位于顶端，直接裸露在体表。胞口下面是漏斗状的胞咽。胞口边缘有较长的纤毛，其余体表各部均被有等长的纤毛。体内具1个大核、1个小核，还有1个收集泡和1个结石泡(内含钙质的结晶颗粒)(图4-18)。

二、肠等毛瘤胃纤毛虫

肠等毛瘤胃纤毛虫(*Isotricha intestindlis*)栖息在各种反刍动物的瘤胃内。体呈椭圆形，体表被等长的纤毛，且与身体长轴呈螺旋状排列。具口前庭，在前庭腔和口部均有纤毛分布。体内具1大1小2个核，有收集泡，但无结石泡(图4-19)。

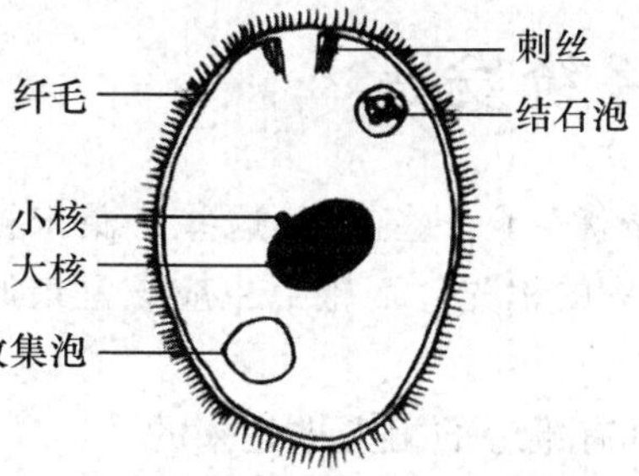

图4-18　小布契利虫(引自Imais)

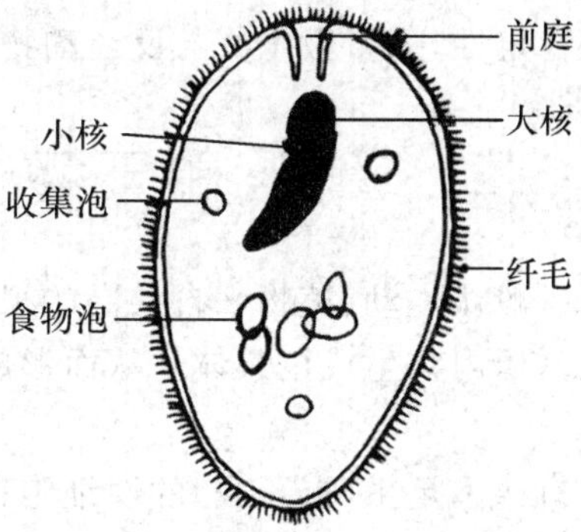

图4-19　肠等毛瘤胃纤毛虫(引自Imais)

三、双内毛纤毛虫

双内毛纤毛虫(*Diplodinium*)的种类多，结构也比较复杂，其数量往往占瘤胃内纤毛虫总量的90%以上。虫体呈侧扁的卵圆或侧扁的椭圆形，除前端保留部分纤毛外，其余均已退化消失。只有口缘纤毛，位于口盘边缘和外唇之间的沟槽内。当虫体受到刺激时，口盘内缩，外唇关闭，形成“内毛”。细胞质同样分为外质和内质。在内、外质之间有一层薄膜。外质内有大、小细胞核，收集泡(1个或多个)和其他细胞器。内质相当于后生动物的胃、肠、肛门。这样有利于它们吞食颗粒比较大的食物或植物碎屑(图4-20)。

有的种类如单甲纤毛虫、双甲纤毛虫，在它们的外质中还有1或2块骨板(一种由多糖组成的网状结构)，其功能是支撑身体。

反刍动物瘤胃内的生理生化条件为各种瘤胃微生物提供了良好的栖息和繁殖环境。反刍动物日粮中大部分是难以消化的植物纤维素，正是因为有了瘤胃纤毛虫和瘤胃细菌，才使得反刍动物具有消化纤维素的能力。植物纤维素在瘤胃微生物的作用下，终产物是挥发性脂肪酸，而这恰恰是反刍动物易于消化的主要物质。瘤胃微生物在稳定的生态条件下，进行2体分裂，

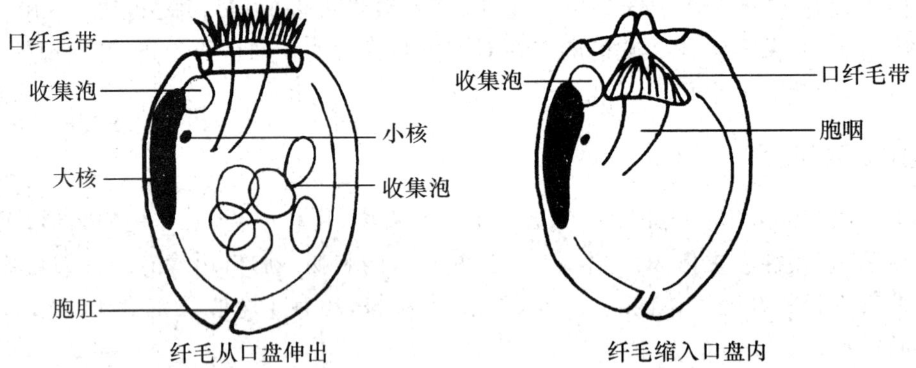

图 4-20 内毛属瘤胃纤毛虫(引自 Imais)

繁殖速度很快,几乎每天增加原有数量的1～2倍,同时一部分微生物随食物一起,流到后面的皱胃和小肠内,作为蛋白质被吸收。故瘤胃内的微生物总量总是处在稳定的水平上,呈一种动态平衡状态。

总之,瘤胃纤毛虫、瘤胃细菌和瘤胃噬菌体等共同构成了瘤胃微生物区系,并能够维持相对的稳定性,瘤胃微生物与反刍动物之间是一种互惠共生的关系。

第三节 原生动物的系统发展

一般认为动、植物来自共同的祖先,原始的鞭毛虫"俘获"了一些蓝藻,这些蓝藻未被消化而在其体内共生成色素体。从而形成了单细胞动物和植物的祖先。而鞭毛虫应该是最原始的类群。

有些肉足虫(有孔虫)的性细胞存在鞭毛,说明是由具有鞭毛的祖先进化来的。

孢子虫在生活史的某一阶段具有鞭毛或伪足,说明它们有的是从鞭毛虫进化来的,也有的是从肉足虫进化来的。

纤毛虫应是从鞭毛虫进化来的,因为鞭毛和纤毛的超显微结构是一样的,它是原生动物门里身体结构最复杂、进化地位最高等的一个纲。

第五章　中生动物门

进化地位：中生动物门（Phylum mesozoa）最原始的多细胞动物（图 5-1）。多细胞动物有 3 个分支：中生动物（1 个门）、侧生动物（海绵动物门、扁盘动物门）和真后生动物（腔肠动物以后各门）。

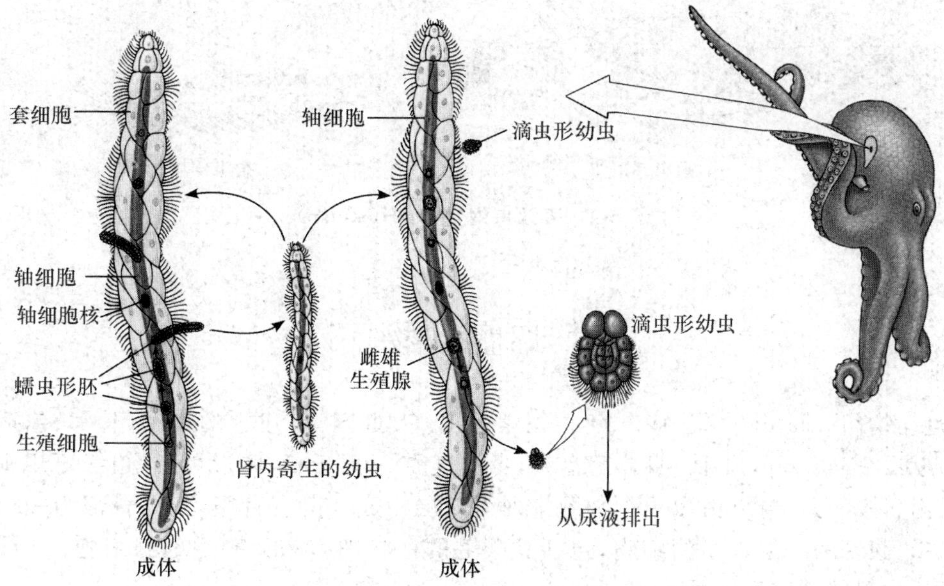

图 5-1　中生动物（引自 Hickman）

中生动物这一概念是由早期的学者（van Beneden，1876）提出来的。他认为在原生动物与后生动物之间有个缺失，而这些个体微小、体被纤毛、蠕虫状、身体处于及其简单的组织水平的动物则是这一类群的代表。大多数的中生动物体长在 0.5～7 mm，身体由 2 层细胞（20～30 个细胞）构成，这与高等的后生动物的胚层不同源。身体中央有一细长的轴细胞（axial cell），内含生殖细胞。体内细胞数目及排列方式在每个种内是恒定的。中生动物全部寄生于海生无脊椎动物体内，本门动物可分为菱形虫纲和直泳虫纲 2 纲。

一、菱形虫纲

菱形虫纲（Rhombozoa）寄生于头足纲动物的肾脏内，成体称为蠕虫，身体细长（图 5-1）。生殖时，体内的生殖细胞直接产生蠕虫状幼体，逐渐发育成熟。当它们的个体数量足够大时，一些成体的生殖细胞进一步发育成类似生殖腺的结构，由此产生出雌雄配子，受精后，胚胎逐步发育成带有纤毛且与成体截然不同的幼体（0.04 mm）——滴虫形幼虫。这些幼体会随着寄主的尿液被排出至海水中，由于这些幼体并不立即寄生到其他动物体内，故其生命周期的另一段时间还不为人们所知。

二、直泳虫纲

直泳虫纲(Orthonecta)寄生于多种无脊椎动物如海星、软体动物的双壳纲、环节动物的多毛纲、纽形动物等的体内。

它们的生活周期包括无性世代和有性世代2个阶段,其中无性世代为一个多核的合胞体结构,由此形成雌性和雄性个体。雌性个体较雄性个体大(图5-2)。近年来生化分析表明,中生动物细胞核DNA中鸟嘌呤和胞嘧啶的含量(23%)与原生动物纤毛类含量相近,而明显低于扁形动物(35%~50%)及其他多细胞动物的含量。因此,从现有的资料分析,中生动物可能是最原始的多细胞动物。

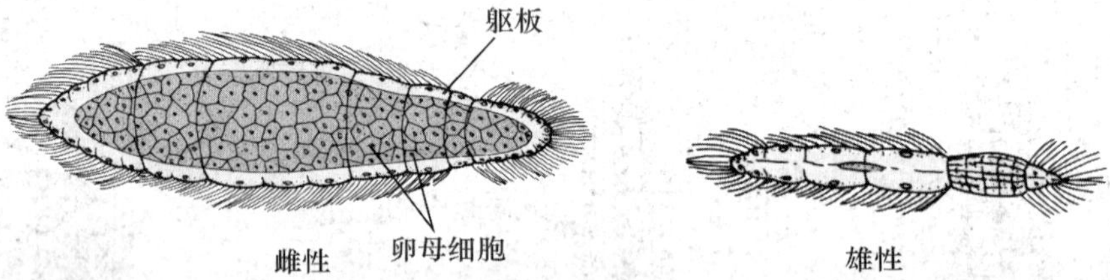

图 5-2 直泳虫纲(引自 Hickman)

附:扁盘动物门

扁盘动物门(Placozoa)是1971年德国学者K. G. Grell新建立的一个门。只包括丝盘虫(*Trichoplax adhaerens*)1种,身体扁盘状,身体直径2~3 mm,体形可变,边缘不规则。没有器官、肌肉、神经等。身体由数千个细胞排列为双层构成。但有背腹之分,背部为一层扁平细胞,有光泽,腹部为一层较厚的细胞,包括具鞭毛的柱状细胞和无鞭毛的腺细胞。2层细胞间是间质层,由星状细胞和胶质构成。

扁盘动物以微小的原生生物为食,腺细胞可分泌酶帮助消化(图5-3)。

由于对该类动物了解得不多,因此,本门在动物界的位置还有待进一步研究。

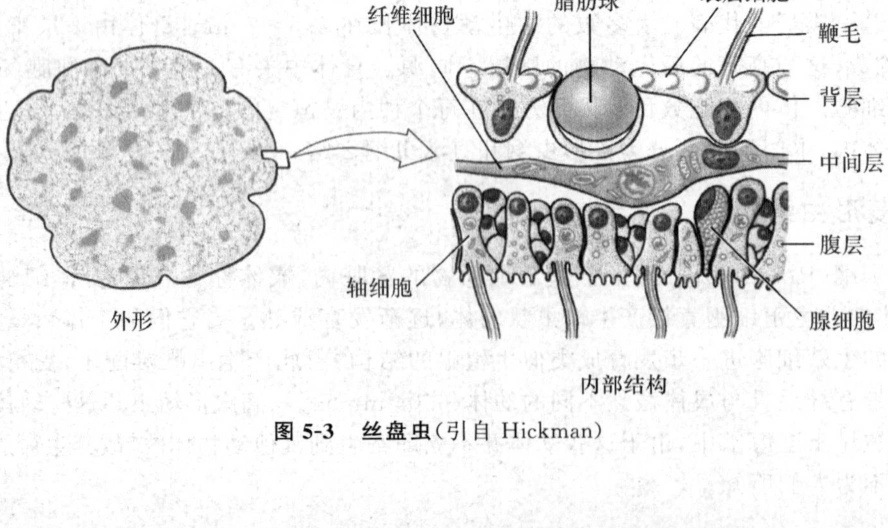

图 5-3 丝盘虫(引自 Hickman)

第六章　多孔动物门

进化地位：多孔动物(Porifera)是一古老的类群，是原始而低等的多细胞动物，它们尚未出现组织的分化，也无器官系统的形成，在动物演化史上是一个侧支，又名侧生动物。多孔动物也称为海绵动物(Spongia)。

第一节　多孔动物的主要特征

多孔动物绝大多数海生，少数种类淡水生，常附着于岩石、贝壳、水草等物体上营固着生活，身体从几毫米到 2 m 不等(图 6-1)。

图 6-1　多孔动物(引自 Miller)

一、多孔动物的形态结构与功能

多孔动物的细胞分化比其他多细胞动物简单得多，尚未分化出真正的组织，也无器官系统的形成。细胞彼此间只是松散地结合在一起。

(一)体壁结构

多孔动物由内、外 2 层细胞及中间的中胶层组成，外层为扁平细胞，细胞内含有肌丝，可进行缓慢的伸缩。中胶层为蛋白类的胶状物质，内有游离的变形细胞。内层主要是领细胞(choanocytes)。领细胞类似于羽毛球的形态，一圈透明的领围住一根鞭毛，电子显微镜下显示，透明的领由细胞质的突起构成，领上有很多微丝连在一起(图 6-2)。

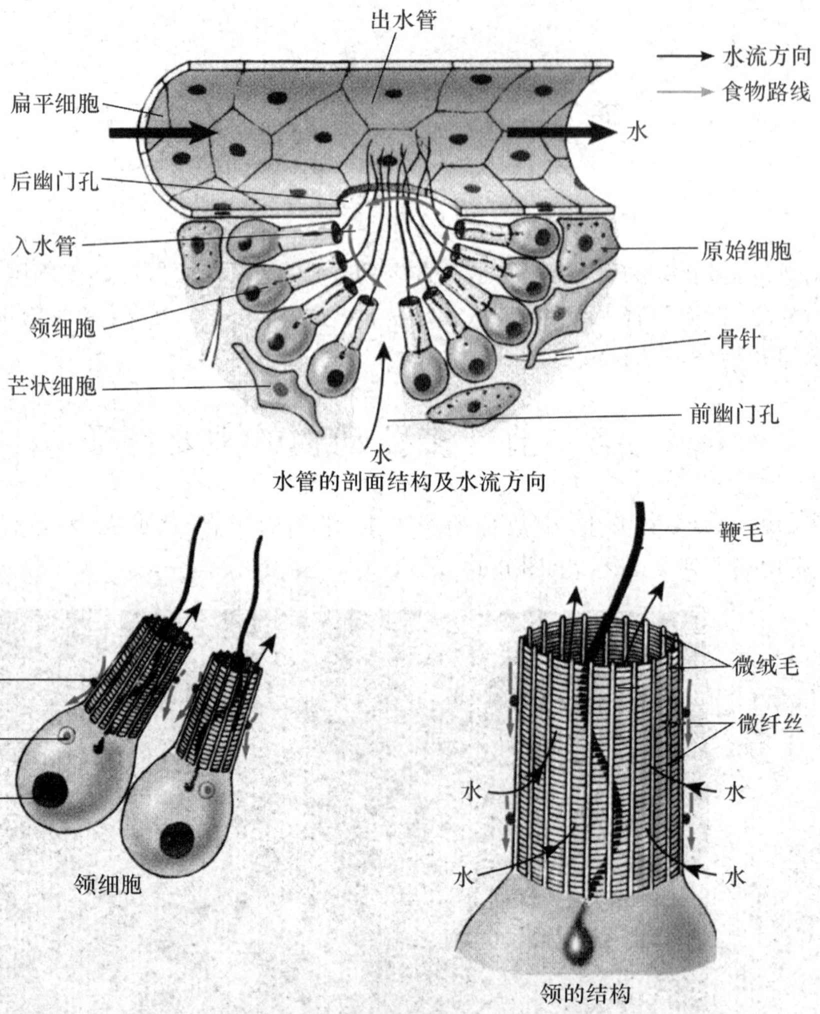

图 6-2 海绵动物体壁(引自 Hickman)

多孔动物身体形态辐射对称或不规则,由体表至体内有众多的孔,这些孔借水沟系统连在一起,也有一些与具有鞭毛的领细胞连在一起,借助领细胞内的鞭毛摆动,使水流通过水沟系。领细胞不仅是水流经水沟系的动力,还具有捕获和吞噬水流中食物的功能。海绵动物的活动能力很弱,因此,神经、感觉等均不发达。

(二)独特的水沟系统

水沟系统(canal system)为多孔动物所特有,是多孔动物重要的生理代谢场所。每天流经多孔动物体内的水流量可达其体重的上万倍。如此大量的水流不仅给动物体带来了氧气,也带来了食物。不同的种类水沟系统差异很大,根据水沟系统的复杂程度,一般可分为 3 种类型(图 6-3)。

1. 单沟型

单沟型(ascon type)是最简单的水沟系统,中央腔的壁是领细胞,水流在鞭毛的摆动下,从体外经过进水孔直接流入中央腔,再由出水孔流出。

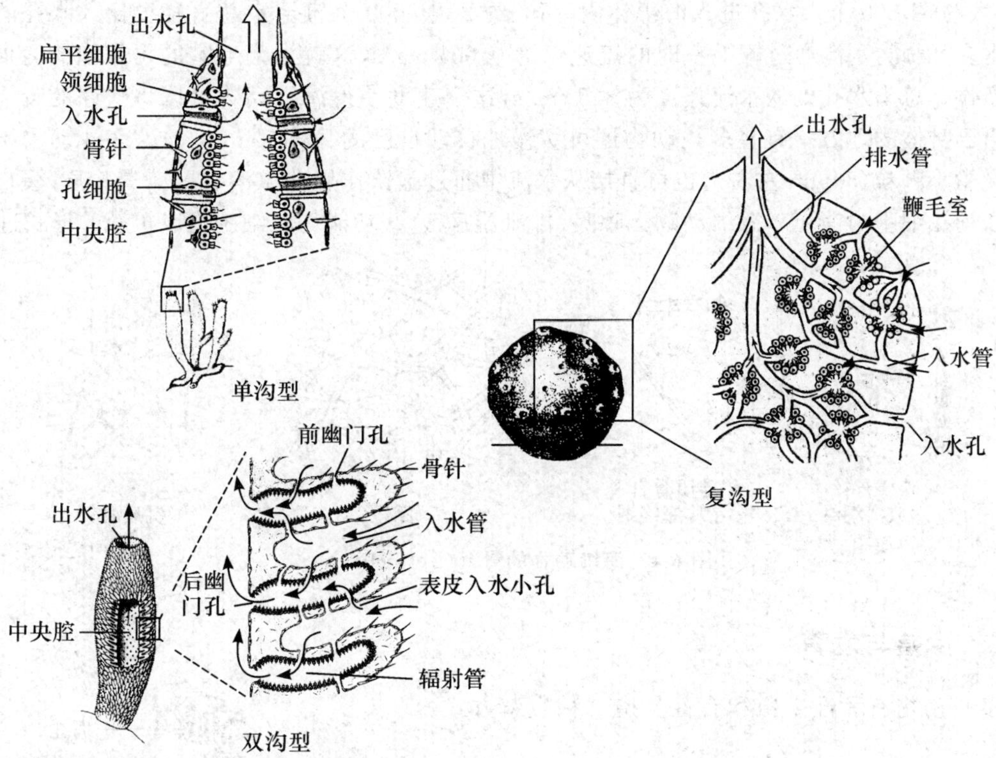

图 6-3　海绵动物的 3 种水沟系统(引自 Hickman)

2. 双沟型

双沟型(sycon type)类似于单沟型的体壁凹凸折叠而成,比起单沟型的种类,它们的体壁更厚、更复杂。领细胞在辐射管的管壁上,水流自入水孔→入水管→前幽门孔→辐射管→后幽门孔→中央腔→出水孔→外界。

3. 复沟型

复沟型(leucon type)的结构最复杂,管道多分支,在中胶层内有很多具领细胞的鞭毛室,鞭毛室借入水管与外界相通,借流出管与中央腔相通,水流路线为:外界→入水孔→入水管→前幽门孔→鞭毛室→后幽门孔→出水管→中央腔→出水孔→外界。

根据以上的水沟系统类型,可以看出,多孔动物的进化过程也是由简单到复杂。水沟系越复杂,动物对水中的溶解氧和食物颗粒利用的越充分。

(三)骨骼

多孔动物的骨骼对支撑身体、保持水沟系统和鞭毛室一定的形态起着重要作用。中胶层内的变形细胞可形成造骨细胞,再由造骨细胞分泌钙质或硅质的骨针以及角质的海绵丝,从而形成了多孔动物的骨骼。骨针的形状和成分是多孔动物重要的分类依据。几种常见的骨针见图 6-4。

(四)多孔动物生理

多孔动物的所有生理活动都是通过流经体内的水流实现的。每天都会有大量的水流经海绵动物的身体,有资料显示,一个直径 1 cm、高 10 cm 的 *leuconia* 海绵,大量的海水以 0.1 cm/s 的速度,从大约81 000个入水孔进入海绵体内,而大约2 000 000个鞭毛室总直径要比入水孔的总直径大得多,因此,水流通过鞭毛室时的流速仅为0.001 cm/s,这就为鞭毛室的领细胞捕捉食物提供了条件。总出水孔处的水流速度为8.5 cm/s,这个速度使得海绵动物可以将代谢的废物排至远离自己身体的地方。有些多孔动物还可缓慢地移动自己的身体(4 mm/d)。多孔动物不仅可以吞噬微小颗粒(50 μm左右),也可直接从水流中通过胞饮作用获取溶解的营养物质(蛋白质分子等),均在细胞内消化。海绵动物无呼吸、排泄器官,这些功能均在细胞内以扩散的形式进行。

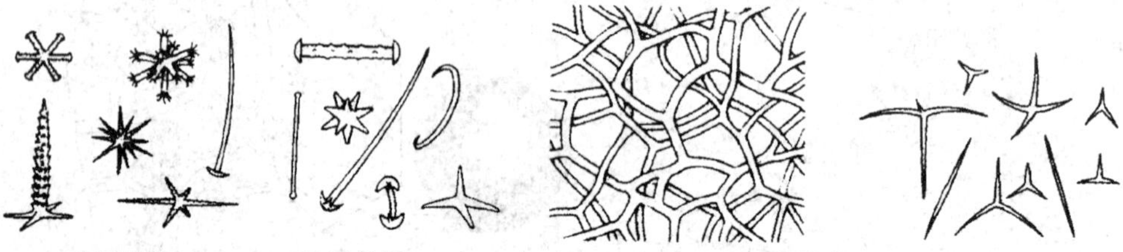

图6-4 海绵动物的骨针(引自Hickman)

二、生殖与发育

多孔动物有无性生殖和有性生殖2种生殖方式。

(一)无性生殖

无性生殖包括出芽生殖和芽球生殖。

(1)出芽生殖　母体一部分向外突出形成芽体,长大后脱离母体形成新个体,或与母体连在一起形成群体。

(2)芽球生殖　见于淡水海绵及部分海生种类。当环境不适宜时(严寒或干旱等),中胶层内的一些原细胞聚集成堆,外包以坚韧的海绵丝及骨针,形成芽球,当母体死亡后,无数的芽球依然存活,待条件适宜时,芽球内的细胞从芽球的小孔出来形成新的个体(图6-5)。

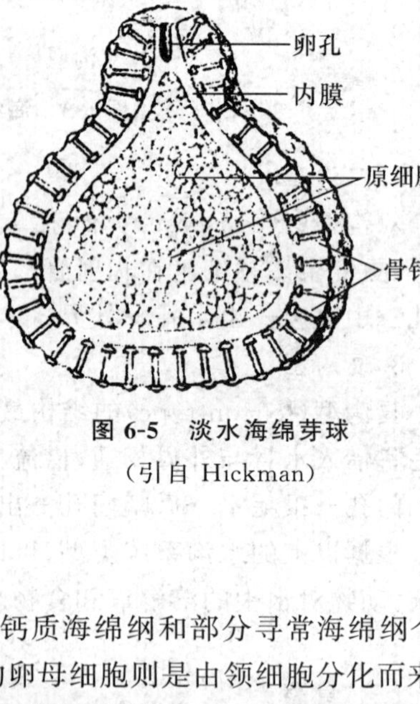

图6-5 淡水海绵芽球
(引自Hickman)

(二)有性生殖

有性生殖:多孔动物大多雌雄同体,精子由领细胞产生,钙质海绵纲和部分寻常海绵纲个体的卵母细胞也由领细胞产生。另一部分的寻常海绵纲个体的卵母细胞则是由领细胞分化而来。

大多数的海绵都是胎生的,卵子受精后继续在母体内获取营养,当发育到纤毛幼体时,才会离开母体。这些种类的海绵往往将精子产到水中,再通过水流进入到其他个体的体内,被领细胞吞噬,此时的领细胞变成载体细胞,一同进入卵母细胞。

也有的海绵是卵生的,它们往往将精子和卵子排到水中,受精卵在水中发育为一个实心胚的纤毛幼体。幼体固着下来后,带有纤毛的细胞移入到体内形成鞭毛室的领细胞(图6-6)。

钙质海绵纲及寻常海绵纲少数种类,胚胎发育与其他多细胞动物不同,在原肠形成过程中,发生了逆转。受精卵经过卵裂发育成一个具有囊胚腔的囊胚。动物极的小分裂球向囊胚腔内生出鞭毛，另一端植物极的大分裂球中心形成一个开口，原肠期开始，有鞭毛的小分裂球细胞从开口处向外翻出来，形成带鞭毛的两囊幼虫。这时，幼虫随水流离开母体，自由泳一段时期，直到原肠形成时，动物极带有鞭毛的小细胞内陷，变成了内层。植物极的大细胞向下包，形成外层，这样就形成了原肠胚。由于原肠胚的形成方式与其他多细胞动物内、外胚层的发生正好相反，因而称之为胚层逆转，这也是多孔动物不同于其他多细胞动物而被称为侧生动物的原因。多孔动物的 2 层细胞即称外层（皮层）和内层（胃层），通常不称为外胚层和内胚层，它们还没有组织的分化。此时，原肠胚原口的一端固着在其他物体上，继续发育成新个体（图 6-7）。

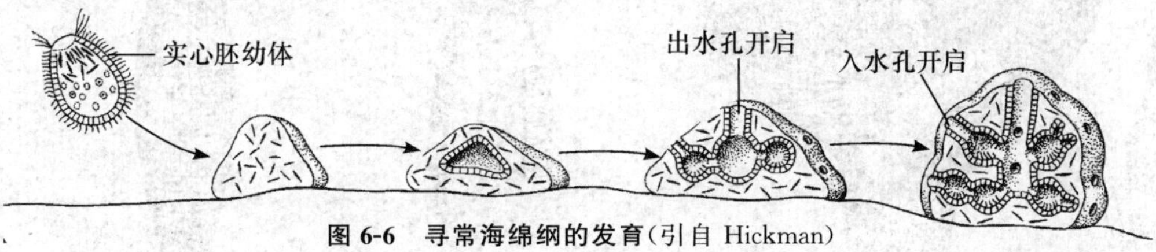

图 6-6　寻常海绵纲的发育（引自 Hickman）

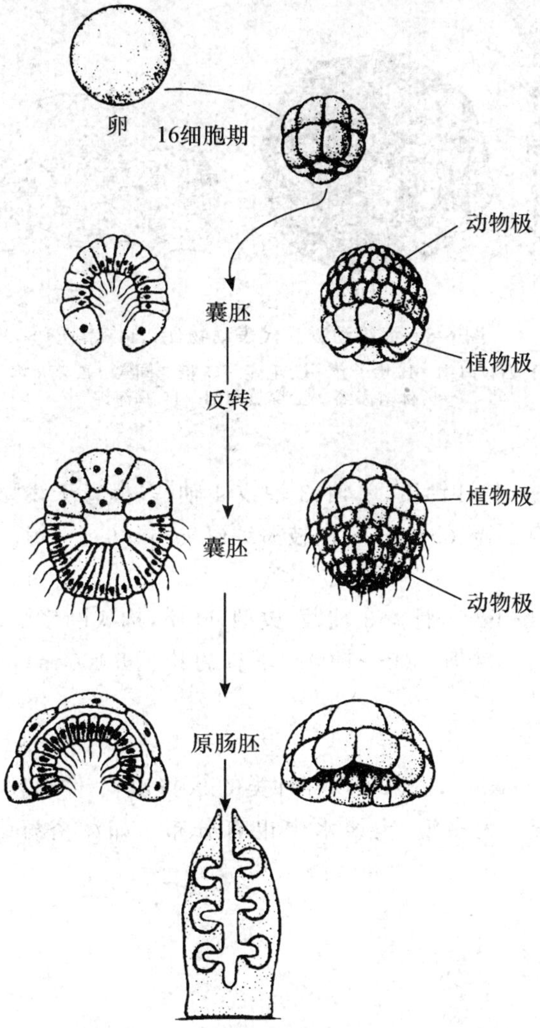

图 6-7　樽海绵的发育（引自 Hickman）

多孔动物的再生能力很强，如把它们切成小块，每块都能独立生活，且继续长大。

第二节　多孔动物门的分类

多孔动物有 5 000 余种，根据其骨骼特点，可分 3 个纲(图 6-8)。

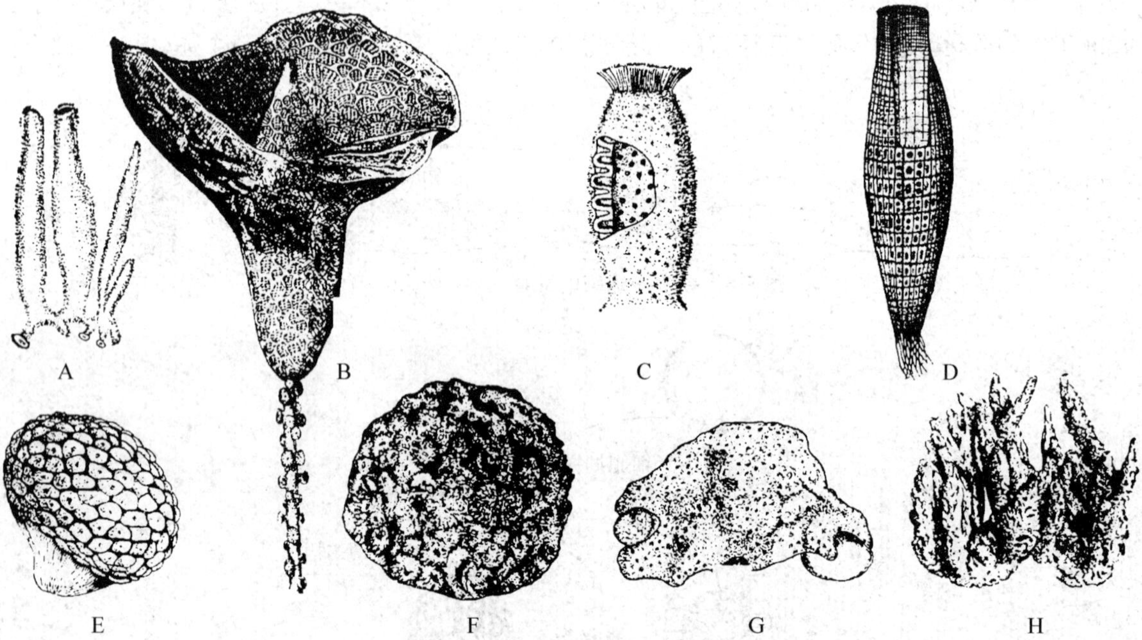

图 6-8　海绵动物门代表动物(引自许崇任)

A. 白枝海绵　B. 佛子介　C. 毛壶　D. 偕老同穴　E. 南瓜海绵　F. 沐浴海绵　G. 穿贝海绵　H. 马海绵

1. 钙质海绵纲

钙质海绵纲(Calcarer)，骨针钙质，单轴、3 轴或 4 轴，多栖息于浅海。个体较小，大多体高在 10 cm 以内，常见的种类有毛壶(*Grantia*)、白枝海绵(*Leuco solenia*)等。

2. 六放海绵纲

六放海绵纲(Hexactinellida)，骨针 3 轴，六放型，硅质，构成网格状。常被称为玻璃海绵。体长 7.5 cm～1.3 m，多栖息于深海(500～1 000 m，有的甚至 5 000 m)，常见种类有佛子介(*Hyalonema*)等。

3. 寻常海绵纲

寻常海绵纲(Demospongiae)，占据了现存种类的 90%以上，体形较大，不规则。骨针硅质，单轴或 4 轴型，具复沟系统。大多海产，淡水中也有分布。如沐浴海绵(*Euspongia*)、穿贝海绵(*Clione*)等。

第七章　腔肠动物门

进化地位：腔肠动物门(Colenterata)是真正后生动物的开始，身体辐射对称或两辐对称，2胚层。尽管所有的器官系统尚未健全，但有机体已经建立在组织水平上。因本门动物的体壁上具特有的刺细胞，故又称为刺胞动物(Canidaria)。

第一节　腔肠动物的主要特征

腔肠动物被认为是与7亿年前的中生动物的祖先有着紧密的亲缘关系，它们大部分海生，少数淡水生(图7-1)。

图7-1　腔肠动物(海葵)(引自Miller)

一、身体辐射对称

自本门开始，动物有了比较固定的体型。身体辐射对称，即沿着身体的中央纵轴，做任意纵向切面，得到的均为对称面。这种体制只有上下之分，没有前后左右之分，这是对水中固着或漂浮生活的一种适应。它们可以在生活中多方位地感受刺激，以便被动地获取身体周围更多的食物。对漂浮生活的种类可更有效地掌握身体的平衡(图7-1)。

二、身体结构与功能

(一)体形

腔肠动物有2种基本体型，即水螅型和水母型(图7-2)。

1. 水螅型

身体呈圆筒状，上面的游离端为口面，下面的固着端为反口面，适于固着生活，如水螅、珊瑚、海葵等。

2. 水母型

身体伞状或圆盘状，凸面向上，为反口面，凹面向下，为口面，适于漂浮生活，如水母等。

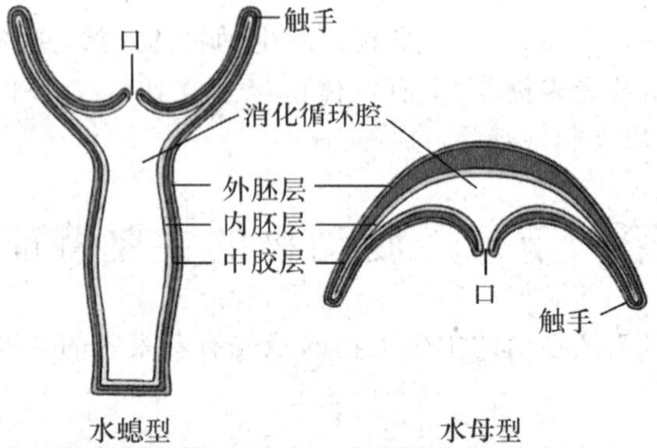

图 7-2 腔肠动物的基本体形(引自 Hickman)

(二)体壁结构

体壁由外胚层、内胚层及中胶层构成。水螅型的中胶层较薄，而水母型的中胶层则较厚。腔肠动物已经开始由内、外2个胚层分化出简单的组织。

1. 外胚层

外胚层包括上皮肌细胞、刺细胞、间细胞和腺细胞。

①上皮肌细胞(epithelio-muscular cell)：上皮细胞内含有肌原纤维，故称为上皮肌细胞，因此同时具有保护和运动的功能。不难看出上皮细胞和肌肉细胞还没有完全分化，也说明了腔肠动物组织分化的原始性(图 7-3)。

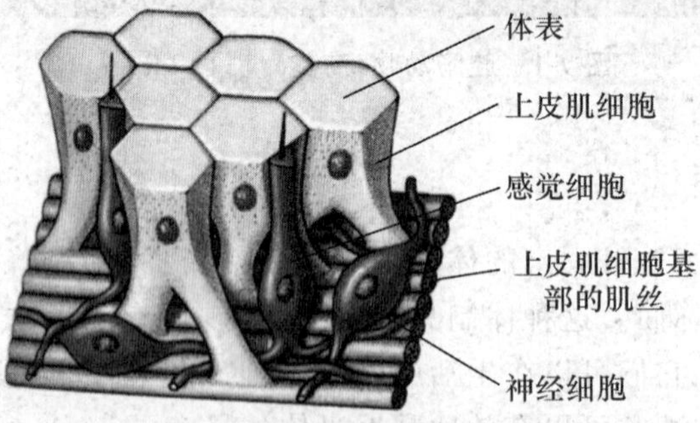

图 7-3 上皮肌细胞与神经网(引自 Hickman)

②刺细胞(cnidoblast)：腔肠动物所特有，尤以触手部最多。已记载的刺细胞有20余种。刺细胞内含有1个细胞核和1个质地类似于几丁质的刺丝囊，囊的一端有1个小的囊盖，囊内有一缠绕的刺丝，当刺细胞受到触觉刺激时，有的种类将刺丝伸出并可将毒液注入到猎物体内将其麻醉、杀死，有的种类不注射毒素，刺丝伸出后可缠绕猎物。刺丝囊喷射出毒液或刺丝后，囊壁会被身体吸收，再长出一个全新的刺细胞。

③间细胞(interstitial cell):一般较小,往往分布在靠近中胶层的一侧,是未分化的细胞,它们可以分化成上皮肌细胞、刺细胞、性细胞等其他细胞。

④腺细胞(gland cell):可分泌黏液,有利于身体的附着。

2. 内胚层

①上皮肌细胞,细胞较长,它的收缩可改变身体的直径,也可吞噬食物颗粒,进行细胞内消化。

②腺细胞,可分泌消化酶帮助细胞外消化。

3. 中胶层

由内、外胚层共同分泌的胶状物质(主要为胶原蛋白)构成,与中胚层不同源(图 7-4)。

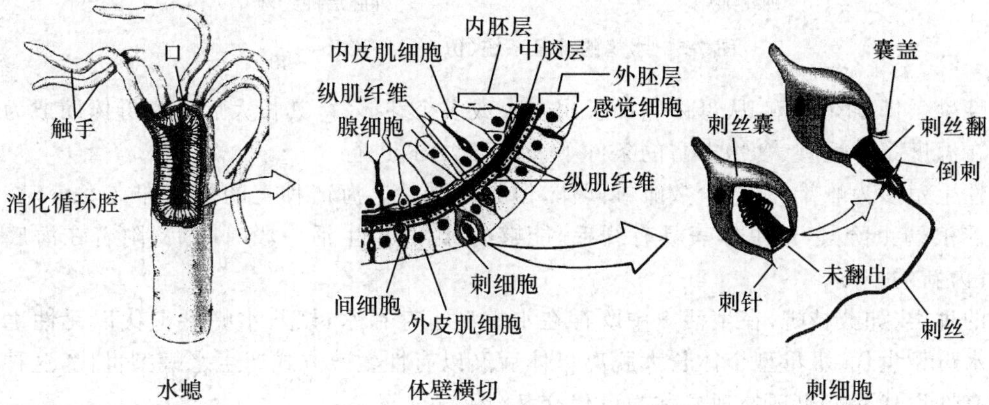

图 7-4 水螅(引自 Hickman)

(三) 消化循环腔

由体壁围成的空腔,此腔只有 1 个开口(胚胎时期的原口)与外界相通,兼具口和肛门的功能。由于口和肛门为同一个口,新鲜食物与消化后的残渣会有不同程度的混合,故消化的效率仍处于相当低的水平。但动物从本门开始具有细胞外消化及细胞内消化,可见这个腔既有消化功能,又可将消化好的营养物质输送至身体各部位,因此,称此腔为消化循环腔。同时不难看出消化循环的原始性。

(四)神经网

腔肠动物的神经系统呈网状,位于外皮肌细胞基部与内胚层基部,构成了 2 个紧密联系的神经网。神经细胞轴突末端与感觉细胞或效应器联系在一起,其间存在着突触传递,神经冲动由突触一侧的突触小泡释放神经递质,从而将神经冲动从一个细胞传给下一个细胞。而腔肠动物的神经网存在着许多双向突触,因而它们的传导是双向的。另一个特殊的地方就是神经细胞轴突无髓鞘,使得传导的速度慢,由此构成了腔肠动物的弥散神经系统。即给予身体任何部位刺激都会引起全身性的收缩(图 7-5)。

(五)生殖与发育

包括无性生殖和有性生殖。

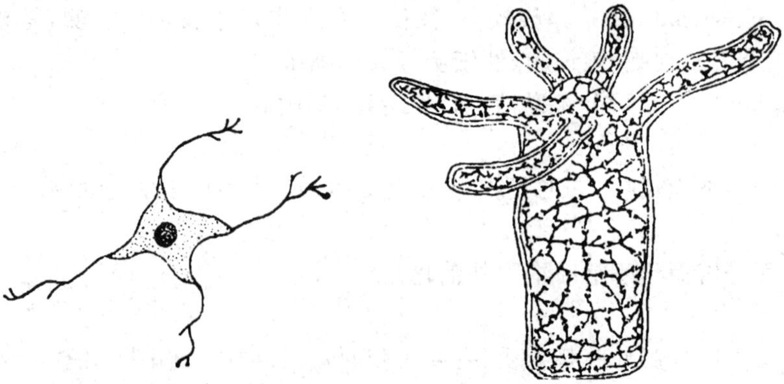

图 7-5　水螅的神经系统(仿 Vines 和 Rees)

无性生殖即出芽生殖，从母体侧面长出一个或多个芽体，待其长大后脱离母体而成为新的个体。在温度条件适宜、食物丰富的条件下，常以此方式进行。

有性生殖多为雌雄异体，少数雌雄同体，但异体受精。海产种类的受精卵在发育时，要经历一个浮浪幼虫阶段，幼虫体表具有纤毛，能够游泳，自由生活一段时间后，附着在海底物体上，发育为新的个体。

有的种类(如薮枝螅)在生活史中既存在水螅型也存在水母型，水螅型世代以无性生殖方式产生水母型世代，水母型个体长大脱离母体后又以有性生殖方式产生水螅型世代，这种无性世代和有性世代交替出现的现象称为世代交替(图 7-6)。

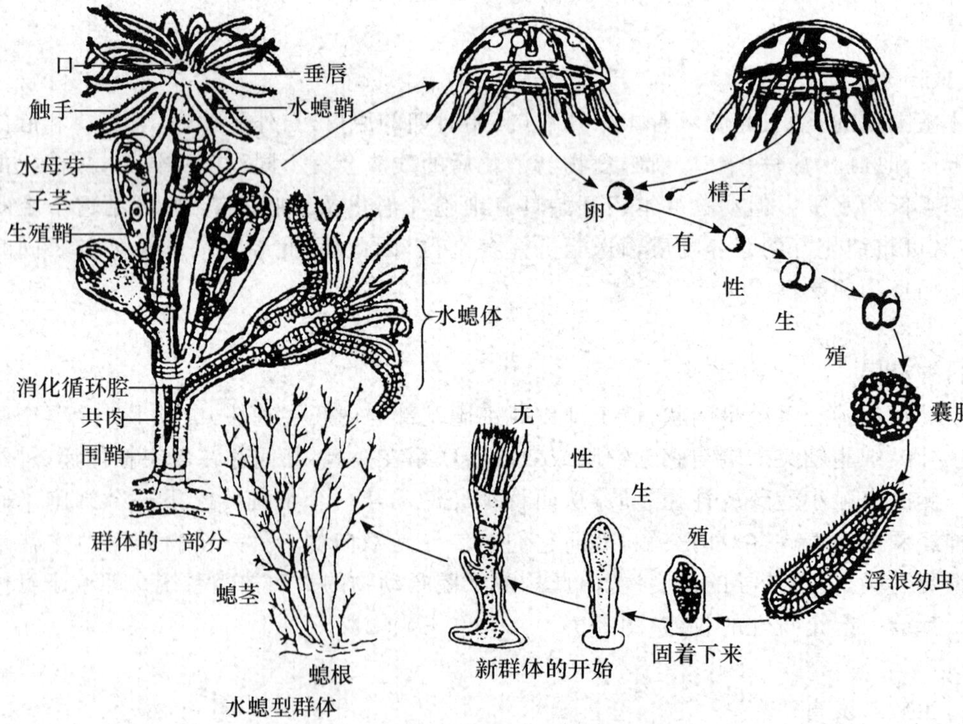

图 7-6　薮枝螅生活史(引自江静波)

第二节　腔肠动物门的分类

腔肠动物约有 10 000 种，分属 3 个纲：水螅纲、钵水母纲和珊瑚纲。

一、水螅纲

水螅纲(Hydrozoa)约有 3 700 种，大部分海产，少数生于淡水。

水螅纲一般为小型的水螅型或小型的水母型个体。生活史中大多数有世代交替现象，但少数种类水螅型发达，无水母型(水螅)或水母型不发达(筒螅)；也有的水母型发达，水螅型不发达或不存在，如桃花水母(*Craspedacusta*)；有些种类表现群体多态，如薮枝螅(*Obelia*)、僧帽水母(*Physalia*)等。

1. 水螅

水螅(*Hydra* sp.)是常见的小型腔肠动物，身体呈筒状，长 1 cm 左右，固着生活于池塘、溪流的水草等物体上。以触手猎食小型甲壳类及浮游生物等。饥饿时，其伸长的触手可超过体长的 1 倍或 1.5 倍。水螅的基盘部有许多腺细胞，可分泌黏液，水螅可靠基盘的缓慢滑动和翻筋斗进行运动。腺细胞还可分泌气体，由黏液包裹成气泡，使水螅由水底上升至水面。

水螅在环境适宜时，行无性出芽生殖，芽体成熟后，基部收缩脱离母体，成为一个新个体。有性生殖在秋季进行，此时，由外胚层的间细胞产生生殖细胞，并形成锥状的精巢(位于体侧触手近端)和圆形的卵巢(靠近基盘)。卵巢内往往只有 1 个卵子发育成熟，精巢内精子较多。虽然水螅为雌、雄同体，但由于精子、卵子不同时成熟而行异体受精。受精卵经多次卵裂形成 1 个实心的原肠胚，外胚层分泌一层角质的保护壳，此时发育暂停，胚胎脱离母体掉落水底，度过一段不活动期(休眠状态)，当环境适宜时，胚胎破壳而出，继续发育成新个体。

水螅的再生能力很强，如果将它们切成几段，在良好的条件下，每段都能发育成一个完整的个体。

2. 薮枝螅

薮枝螅是分布于浅海的小型树枝状群体。固着生活在海藻或岩石上。其基部生出螅根，在螅根上生出螅茎，螅茎外被有围鞘，内部是共肉部分。螅上又分出许多分支，每支顶端生出一螅状体(营养体)或生殖体。螅状体的结构与水螅相似。上端有口、垂唇、触手。每个螅状体都可进行营养代谢。生殖体无口和触手。中央有一柄状物，称为子茎，与共肉相通。子茎上的细胞以出芽方式产生出许多水母芽，成熟后经生殖体顶端的开口游出，发育成一个个小型的水母。

水母雌、雄异体。精、卵成熟后落入水中受精，经浮浪幼虫阶段，在水中游泳一个时期后，就附着下来，经过变态发育成一个水螅体，再以出芽法形成水螅型群体。水母体的生活期短，产生性细胞后即死亡。

僧帽水母:生活于暖海中,是自由游泳的群体。因具一个僧帽状的浮囊而得名。

桃花水母:淡水生。生殖腺呈红色,在水中酷似桃花而得名(图7-7C)。

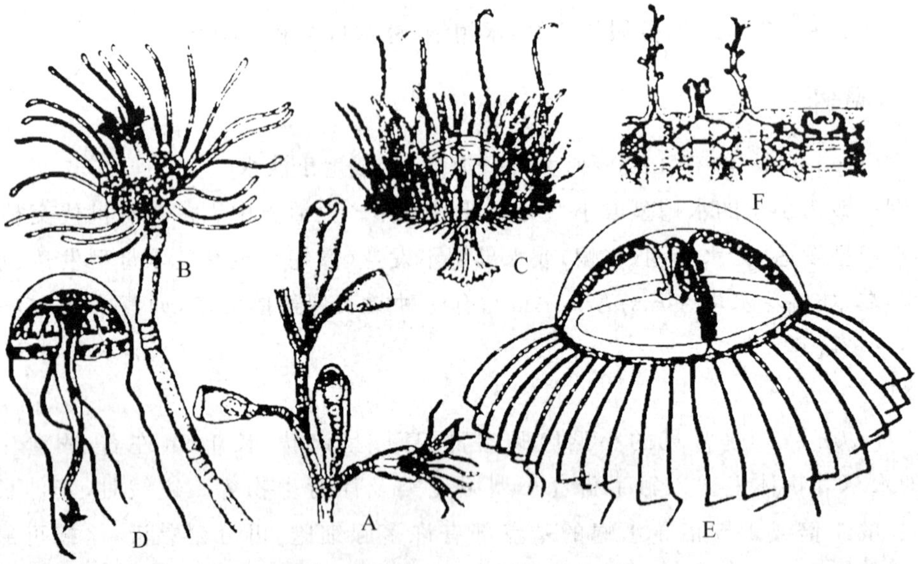

图 7-7 水螅纲的代表动物(引自江静波)

A. 履状钟螅 B. 海筒螅 C. 桃花水母 D. 小舌水母 E. 钩手水母 F. 多孔螅

二、钵水母纲

钵水母纲(Scyphozoa)全部海产,多为大型水母。最大的霞水母(*Cyanea*)伞面直径可达2 m,触手长达30 m。常见种类有海月水母、海蜇等。

本纲动物在生活史中,一般都有世代交替的现象,但水螅型不发育或退化,水母型在生活史中是主要时期。

1. 海月水母

海月水母(*Aurelia* sp.)分布于大西洋和太平洋水域,体呈圆盘状,在口面中央有一口,口的四角有四条口腕,伞的边缘有许多短而细的触手,并有8个缺刻,缺刻内是感觉器官(触手囊),能感知引力、光和水中的化学物质,若触手囊遭破坏,水母则停止活动。消化系统比较复杂,口后依次为短的食道、胃腔、4个胃囊。由胃囊分出众多的辐管,与伞缘上的环消化管相连。

生殖腺在胃囊内,产生的配子首先落入胃囊内,后由口排出。受精卵经过浮浪幼虫阶段发育成螅状幼体,再以横裂方式,形成由多盘状个体相叠起来的横裂体,进而发育为蝶状体,在水中漂浮一个时期后,最终发育为大型水母(图7-8)。

2. 海蜇

海蜇(*Phopilema*),伞呈淡蓝色半球体,中胶层很厚,游泳能力强。伞边缘无触手,只有8个缺刻,内有触手囊。幼体时期有口,成体时期口消失(图7-8)。

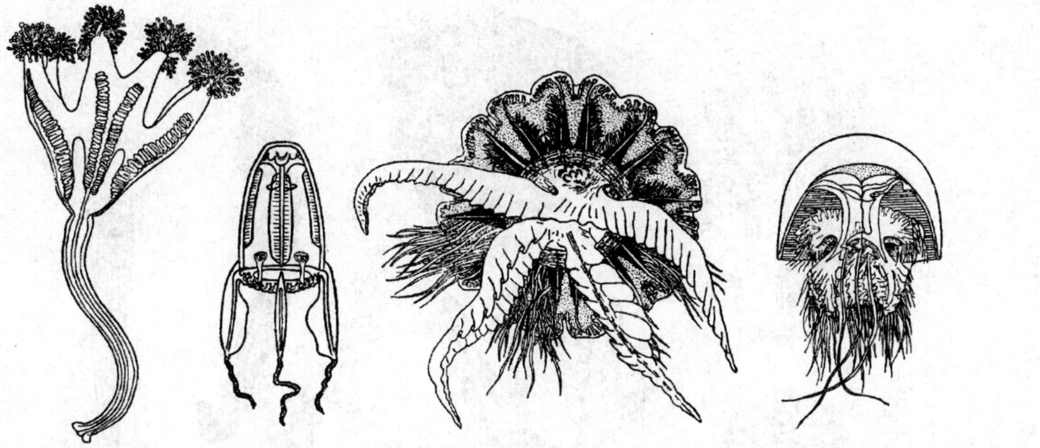

图 7-8　钵水母纲的代表动物(引自许崇任)

海蜇的口腕基部愈合,未愈合的下端分枝成根状,并在边缘形成许多吸口。吸口周围有许多触手,可猎取小型浮游生物。海蜇富含蛋白质、维生素及多种无机盐,可供食用。在我国青岛海域均有分布,每年 7～8 月份是捕捞旺季。它的伞部可加工成海蜇皮,口腕部加工成海蜇头。

三、珊瑚纲

珊瑚纲(Anthozoa)种类较多,约 6 000 种以上,全部海产,多固着生活于暖海、浅海海底,有单体也有群体。生活史中无世代交替,仅具水螅型。它们的身体构造要比水螅纲的水螅复杂,具有外胚层下陷形成的侧扁的口道,口道两侧各有一口道沟(纤毛沟)。在消化循环腔的内壁,生出了垂直的隔膜,将消化腔分隔成许多小室,增加了消化吸收的面积,如海葵能消化小蟹或小鱼等动物。

3. 海葵

海葵(*Actiniaria*),单体,固着生活在潮间带的岩石上或穴居在沙石中,无外骨骼。体呈长筒状,皮肌细胞发达,当触手伸展时,很像盛开的菊花,故又名"花虫"。

4. 珊瑚虫

珊瑚虫,种类多,都能分泌石灰质或角质的外骨骼,由于不断地进行出芽生殖,往往形成由许许多多的个体组成的群体。个体死亡后,留下大量的骨骼,形成珊瑚礁或暗礁,生活在礁石最上面的是一小部分活的珊瑚虫。常见种类有海鸡冠(*Alcyonium*)、海鳃(*Pennatula*)、红珊瑚(*Corallium*)、鹿角珊瑚(*Madrepora*)、角珊瑚(*Anti patharia*)、石芝(*Fungia*)、菊珊瑚(*Meandrina*)等(图 7-9)。

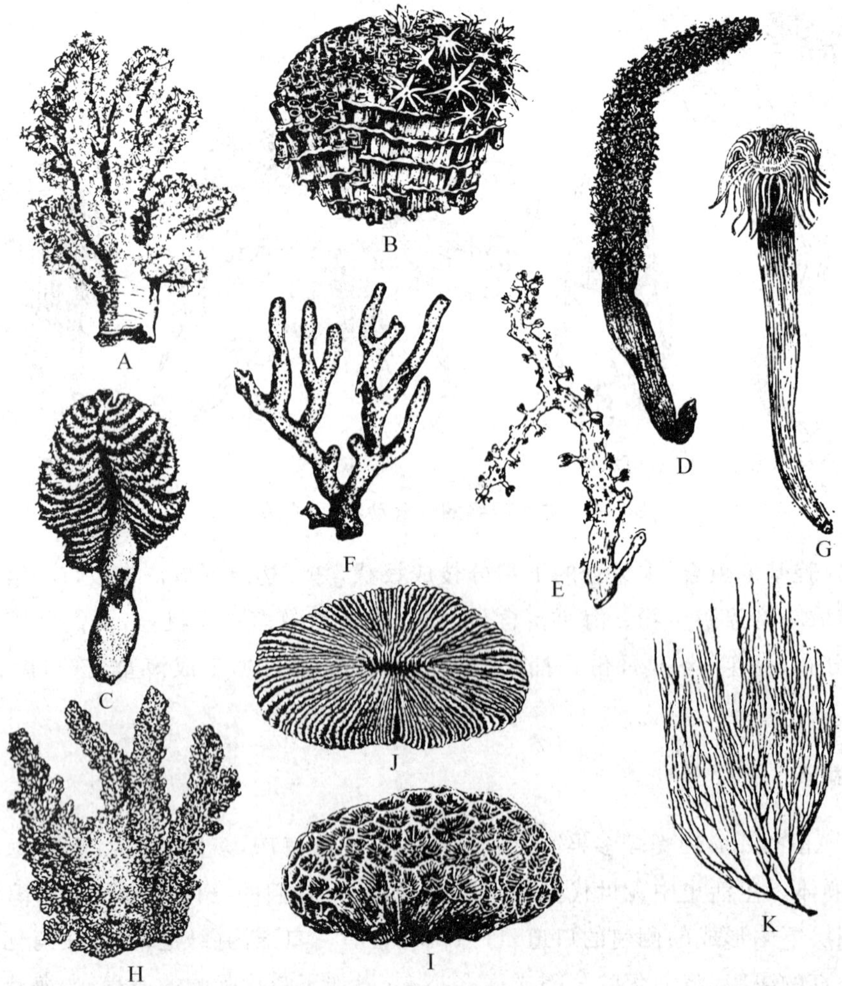

图7-9 珊瑚纲各目的代表

(A. 仿 Hegner;B. 仿 Matbeob;E. 仿 Wolcott;F. 仿 Кпкеитнал;G. 仿 Hyman;K. 仿 Silsorfeld)

A. 海鸡冠 B. 笙珊瑚 C. 海鳃 D. 海仙人掌 E. 红珊瑚 F. 黑珊瑚 G. 角海葵 H. 鹿角珊瑚 I. 菊珊瑚 J. 石芝 K. 角珊瑚

第三节 腔肠动物的系统发展

自腔肠动物开始,动物有了比较固定的体形,这种辐射对称的体制无论是固着生活还是漂浮生活,都会使其接受周边环境更多的刺激,有利于捕食。胚层分化的结果使动物有机体开始建立在组织的水平上。现存种类中,水螅纲身体结构最简单,其生殖腺来自外胚层,应是本门中最为原始的类群。钵水母纲是水母型的进一步复杂化,中胶层加厚适应漂浮生活的结果。珊瑚纲和钵水母纲身体结构都比较复杂,且生殖腺均来自内胚层,一般认为这2纲都起源于水螅纲,只是沿着不同的方向发展所致。

附：栉水母动物门

栉水母动物门(Ctenophora)约有110种，全部海生，且多生活在暖海海域，营漂浮或水底爬行生活。身体两幅对称明显，体壁结构与钵水母的相似，然而栉水母还有自己的特征。

①体表具8列纵行的栉板(comb plate)作为其运动器官，栉板下面具肌纤维，其收缩可导致栉板运动。

②身体无刺细胞(目前仅发现Euchlora rubra一种例外)，但黏细胞(colloblast)数量众多，其分泌的黏液可帮助捕食。

③触手1对，柔软且细长。体壁结构与腔肠动物相似，但无刺细胞，而具黏细胞。

④中胶层内有肌纤维和变形细胞，并由中胶层演化出肌纤维。

⑤消化道由口、咽、胃和多分支的肠道组成。肠道可分支到栉板、触手等多部位，有2条盲管止于口的附近(拟消化腔)。

⑥反口面有一管，在平衡囊附近分支成2个细的肛管，用以排遗。

⑦神经系统与腔肠动物类似，每块栉板下有愈合的神经节。感觉器官为反口面的平衡囊。纤毛丛支持着一个在囊中的石灰质小球，可感受压力的变化。身体表皮内含有大量的感觉细胞，以感知化学及其他刺激，栉板对触觉尤其敏感。

⑧雌雄同体，生殖腺位于栉板下的消化道附近，受精卵通过表皮排至水中。卵裂为定型卵裂，即在胚胎发育早期就已经确定哪些卵裂球分化哪些部位，如果其中哪一个卵裂球出现问题，就会影响相应的部位。幼虫是能自由泳的双触肢幼虫。

栉水母以浮游生物为食，也食牡蛎等幼虫，对养殖业具有一定的影响。栉水母的分类地位略高于腔肠动物，一般认为它是进化上的一个盲支(图7-10)。

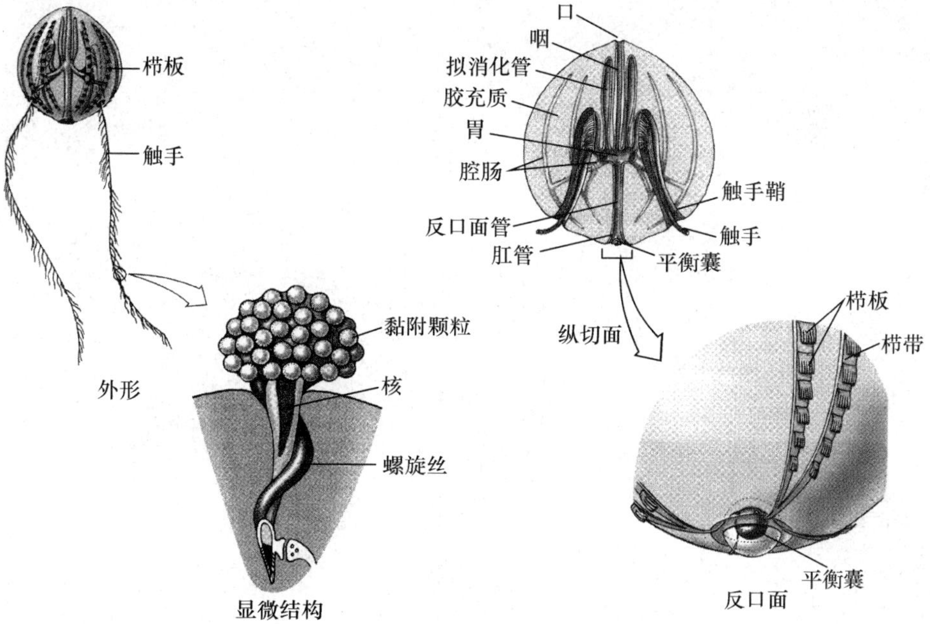

图7-10　栉水母动物(侧腕水母)(引自Hickman)

第八章　扁形动物门

进化地位：扁形动物(Platyelminthes)背腹扁平，又称为扁虫，身体蠕虫状，螺旋式卵裂。是最原始的两侧对称动物(图 8-1)。本门动物首次出现了第三个胚层——中胚层(裂体腔法形成)，但体腔尚未出现，故属于三胚层无体腔动物。与辐射对称体制的腔肠动物相比，扁形动物分化出了更多的器官系统。因此，自本门动物开始，动物个体已经达到了器官系统的水平，也是原口动物的开始。

图 8-1　扁形动物(引自 Miller)

第一节　扁形动物的主要特征

一、两侧对称

从扁形动物门开始，动物的身体获得了两侧对称的体形，即沿着动物身体中央纵轴做纵切，只有一个纵向的切面可将身体从中央切成两半，这两半相等且互为镜像。两侧对称使动物有了明显的背、腹、前、后、左、右之分。各部分功能也有所侧重，背面起保护作用，腹面负责运动和摄食。由于身体有了前后之分，运动也由不定向变为定向，定向的运动使神经系统和感觉器官也逐渐向前集中，左右对称体制使动物既适于水中游泳，又适于水底爬行，从而为过渡到陆地上爬行打下了基础。由于这些高度的分化，使得动物能够主动寻找食物和逃避敌害，对外界环境的反应也更迅速、准确。

二、中胚层产生

在胚胎发育过程中，自扁形动物开始，于内、外胚层之间，又增添一个新的胚层——中胚层。它与腔肠动物的中胶层有着本质上的区别。中胚层的产生，极大地减轻了内、外胚层的负担，为各器官的复杂化打下了基础。尤其是分化出了肌肉组织，使得动物的运动能力得到了极大的提高，运动能力的提高，扩大了运动的范围，同时提高了动物主动摄食和适应性环境的能力，新陈代谢的能力也强化了，带动了其他各器官系统的复杂化。神经系统，感觉器官更趋发达而向前集中。中胚层所形成的实质组织，可储存大量养料和水分，这对动物适应恶劣环境(抵御干旱)无疑具有重要的作用，同时也为动物由水生向陆生发展提供了可能。

三、皮肤肌肉囊

由中胚层分化出的肌肉，与外胚层分化的表皮细胞相互紧贴构成的体壁，称皮肤肌肉囊。由于体腔尚未出现，体壁内侧被大量的实质组织填充。肌肉系统比较复杂，根据肌纤维在体内的走向，一般可将肌肉分为环肌、纵肌、斜肌(背腹肌)(图8-2)。

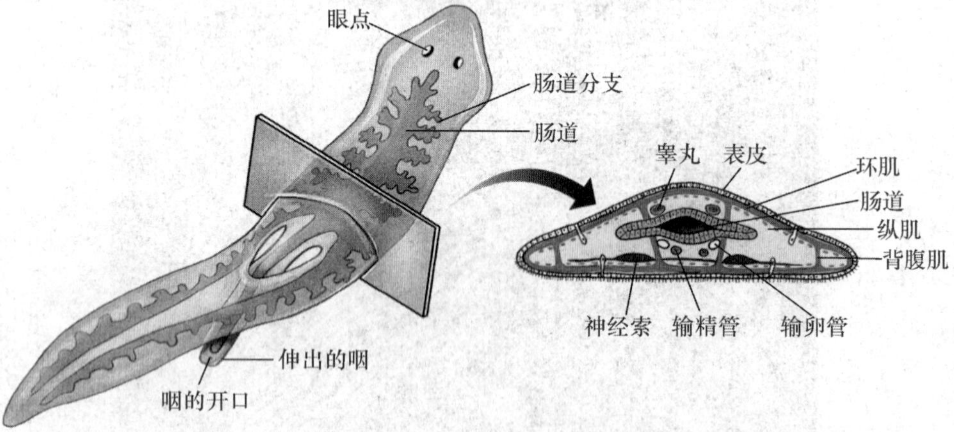

图8-2 涡虫及其横切面(引自Miller)

四、消化系统

与腔肠动物类似，肛门与口同为一个口，通于体外，为不完善的消化系统。体内的空腔均为消化道的分支(图8-3)。

五、呼吸与排泄系统

自由生活种类借体表的渗透作用进行呼吸，寄生种类则行厌氧呼吸。首次出现了原肾管形式的排泄系统，原肾管是由外胚层内陷形成的，分布于身体的两侧，排泄管反复分支，末端为焰细胞，这是一中空的细胞，内有一束纤毛，不断地摆动，似火焰一般，故称为焰细胞。通过细胞膜渗透进来的水分和含氮的废物等，被排到分支小管，后汇集于体内两侧的排泄总管，最终经背部的排泄孔排出体外。

六、神经系统与感觉器官

梯状的神经系统，比腔肠动物的网状神经系统有了明显的进步。体现在神经细胞逐渐向身体前部集中，形成了脑的雏形。

感觉器官包括眼点(感光)、耳突(感受化学刺激)、纤毛窝(嗅觉)、平衡器(平衡)等(图8-4)。

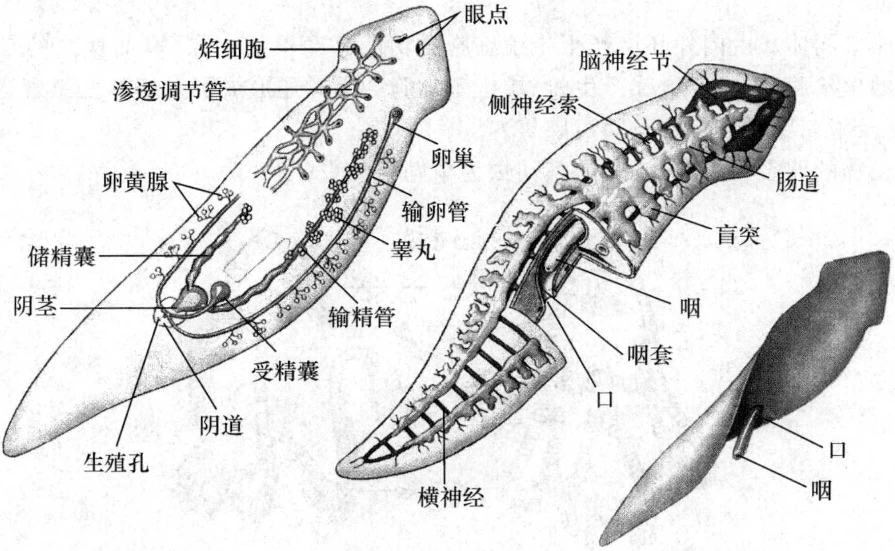

涡虫的内部结构　　涡虫的消化道　　涡虫的外形

图 8-3　涡虫（引自 Hickman）

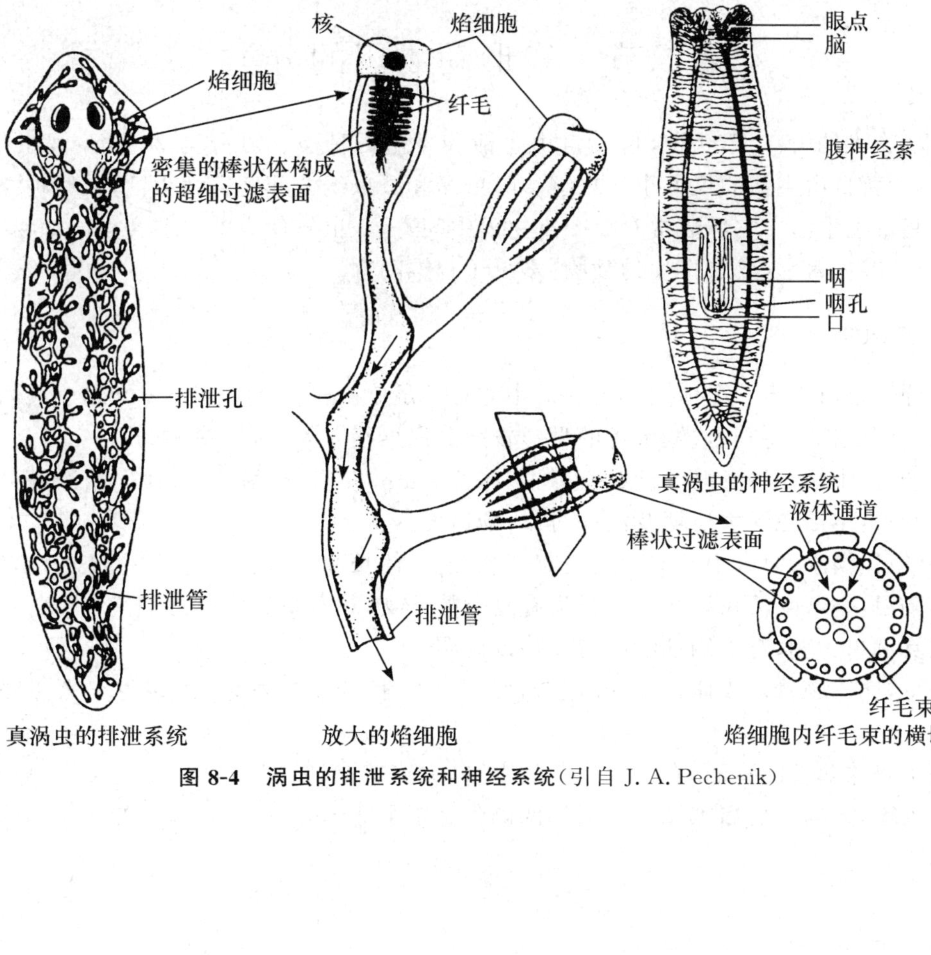

真涡虫的排泄系统　　放大的焰细胞　　焰细胞内纤毛束的横切面

图 8-4　涡虫的排泄系统和神经系统（引自 J. A. Pechenik）

七、生殖与发育

大多雌雄同体。由内外胚层产生生殖细胞的功能已经不复存在,取而代之的是由中胚层产生固定的生殖腺,再由生殖腺产生雌、雄生殖细胞。同时还形成了专门的生殖管道(输精管、输卵管等)及附属腺体(前列腺、卵黄腺等)。

扁形动物的卵裂为螺旋式卵裂,其幼虫为牟勒氏幼虫(图 8-5),间接发育。

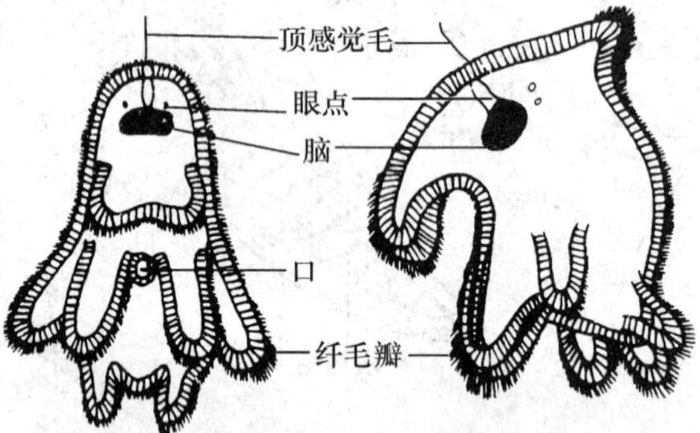

图 8-5 牟勒氏幼虫(引自刘凌云)

第二节 扁形动物门的分类

扁形动物大约有 12 700 种,包括自由生活和寄生的种类。可分为 3 个纲:涡虫纲、吸虫纲、绦虫纲。营自由生活的仅见于涡虫纲。吸虫纲和绦虫纲全部营寄生生活,某些种类只是在幼虫阶段营寄生生活。它们通常有 2 个寄主。中间寄主(虫体性成熟以前寄生的动物)多见于无脊椎动物,终末寄主(成虫寄生的动物)多见于脊椎动物。

一、涡虫纲

大部分营自由生活。个体大小不一。小的长不足 5 mm,大的长可达 50 cm。虫体腹面常覆以纤毛。海生种类特别多,淡水生的种类较少。涡虫纲有 4 个目(图 8-6)。

①无肠目:生活在浅海滩的砂石空隙中,体长 2 mm 左右,是最简单、最原始的涡虫。

②单肠目:生活在淡水池塘及浅海海岸,肠道无分支。

③三肠目:淡水、海水中都有。肠道有 2 个分支,体长 2 cm 左右。

④多肠目:全部生活在海水中。肠道有复杂的分支,具有牟勒氏幼虫期。

现以真涡虫为例,对本纲动物的特征加以说明。

真涡虫,属三肠目。成体长 2 cm 左右,似一片柳叶,生活在淡水中,多见于水流缓慢的清澈小溪中。

真涡虫身体前端的背面,有一对黑色的眼点,只能感光,不能视物。白天虫体一般躲在石块等物的下面,天黑以后出来觅食。前端两侧各有 1 个突起——耳突,能感知水中不同的温度和化学物质。

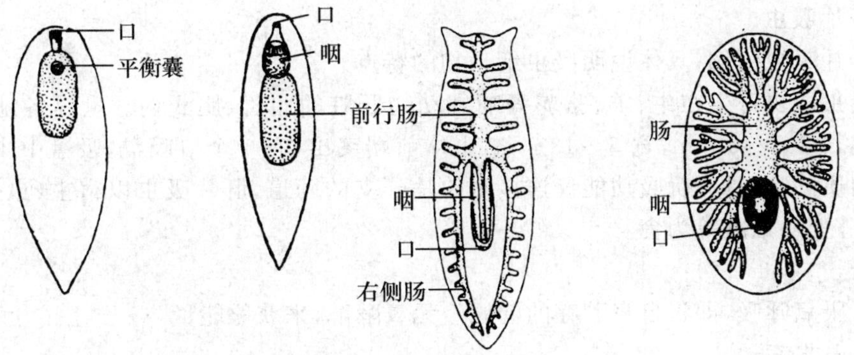

图 8-6　涡虫纲各目消化系统比较(引自江静波)

消化系统:涡虫只有口,无肛门,属于不完全消化系统。口位于腹中部稍后,肌肉质的咽可以从口中伸出捕食。涡虫是食肉性动物,以微小的甲壳类、蠕虫、原生动物、细小的线虫为食,具细胞内、细胞外 2 种消化方式(图 8-7)。

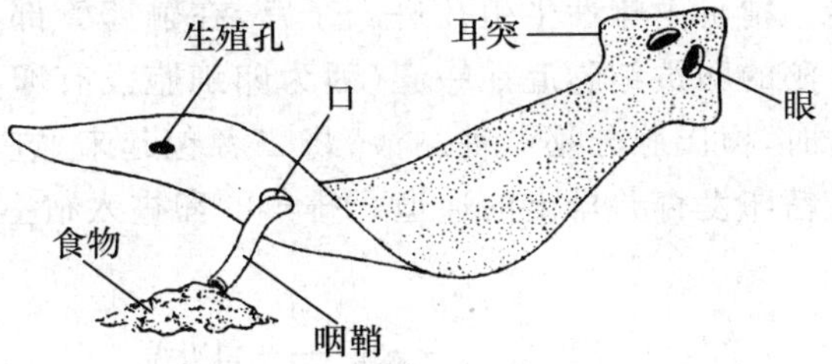

图 8-7　涡虫摄食(引自 J. A. Pechenik)

呼吸和循环系统:涡虫无呼吸和循环系统,只靠扩散作用进行气体交换与物质运输。

排泄系统:属原肾管型,基本单位是焰细胞。

神经系统:从涡虫开始,动物形成了原始的神经中枢。涡虫的前端有 1 个神经节,由此发出腹神经干,并有纵向神经联系,从而形成梯状神经系统。

生殖与再生:涡虫雌雄同体,生殖孔位于口部的后方。但行异体受精。然而更多见的是进行无性生殖。这种能力与再生密切相关。常常是从咽部断裂,然后,每一部分都可发育成一个完整的个体。若将涡虫切成数段,则每一段基本都可以形成 1 个新的个体,只是再生的速度不同。前端再生的速度最快,以后递减。

涡虫能长期忍受饥饿,体内的组织器官均可作为营养物质被吸收。一旦获得食物,被消化的组织、器官又可较快地恢复。

二、吸虫纲

吸虫纲大约有 3 000 种,全部营寄生生活,身体扁平,体外寄生的数量少,常寄生于鱼类、两栖类的体表和口腔内表面。体内寄生的种类较多,常寄生在脊椎动物体内。

由于长期营寄生生活,使得虫体表面的纤毛、杆状体消失,感觉器官退化,出现了具有很强吸附能力的吸盘。吸盘一般有 2 个,前端的是口吸盘,稍后的腹面是腹吸盘。有的种类无腹吸盘而在虫体后端有后吸盘,如生活在牛瘤胃内的后盘肾吸虫。

(一)肝片吸虫

现以肝片吸虫为例,具体说明吸虫纲动物的特点。

肝片吸虫成虫寄生在牛、羊、骆驼等哺乳动物肝脏的胆管、胆囊内。世界各地都有分布。肝片吸虫体长20～40 mm,宽5～13 mm,虫体前端突出,有1个口吸盘,吸盘中央是口,然后是短的肌肉质的咽,具有吮吸功能。连接咽的是分支的肠道,肝片吸虫以宿主(虫体寄生的动物)脱落的肝上皮细胞等为食。

1. 代谢

吸虫行厌氧呼吸,即将自身贮存的糖原经无氧酵解,来获取能量。

2. 生殖与发育

肝片吸虫为雌雄同体,睾丸1对,呈复杂的分支状,位于身体中部和后部。分支向前延伸为2条较细的输精管,于腹吸盘附近汇合。再向前是粗大的贮精囊,连接阴茎。交配时,经外生殖孔,将阴茎伸出。外生殖孔位于腹吸盘前方的生殖腔内。卵巢只有1个,在身体的前半侧,呈鹿角状分支,借输卵管与卵膜腔相连。卵膜腔向前,是弯弯曲曲的子宫,内含大量的卵。子宫末端是雌性生殖孔,也开口于腹吸盘前方的生殖腔内(图8-8)。生殖时,它们可以是异体受精,也可以是同体受精。精子由雌性生殖孔进入子宫,在输卵管部与卵子相遇并受精,然后移入卵膜腔,与卵黄腺分泌的卵黄细胞混在一起(因为卵细胞没有卵黄,卵黄细胞负责提供胚胎发育所需的营养)。这时,梅氏腺分泌一种黏液,将二者包起来,进入子宫。所以,子宫既是精子进入的地方,也是受精卵发育并排出的通道。排出的卵进入宿主的胆管内,后进入小肠随粪便排出。

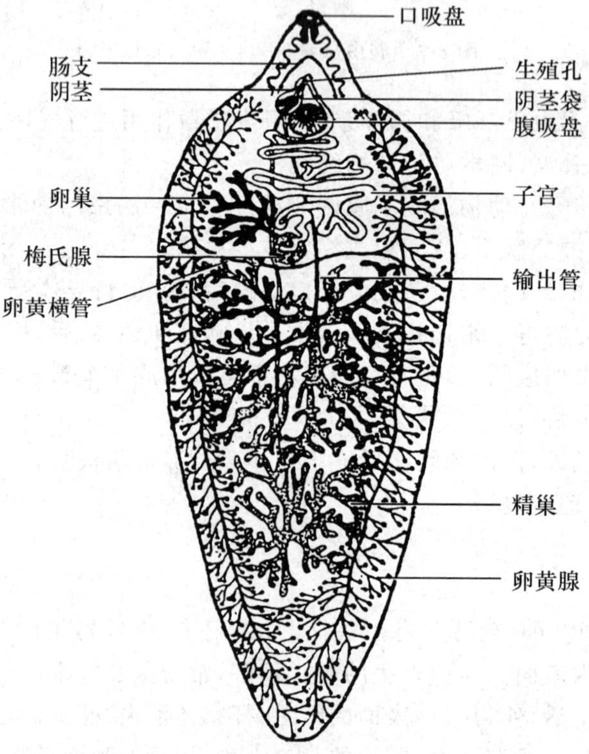

图8-8 肝片吸虫(引自江静波)

3. 生活史

生活在胆管内的成虫产卵以后，虫卵随胆汁一起进入肠道中，与粪便一起排出体外。在环境适宜时(温度 15～20℃。pH 5.6 左右)，经 10～25 d，即可孵化出体被纤毛的幼虫，此时称毛蚴。毛蚴可以在水中游泳，遇到中间宿主——椎实螺后，便进入螺体内，失去纤毛，形成囊状，称胞蚴。胞蚴可分泌一种酶，分解螺组织，为自己提供营养。在 1 个多月的时间里，胞蚴体内的配子又进行无性分裂生殖，发育成大量雷蚴，然后，胞蚴壳破裂，雷蚴溢出。雷蚴长圆形，有口和简单的肠，仍继续在螺体内发育，并进行无性生殖，产生大量的第二代雷蚴，然后形成尾蚴。尾蚴有口吸盘、腹吸盘和 1 个尾巴。成熟后的尾蚴离开螺体进入水中。借其尾部的摆动，可以在水中游动，最后附在水中的植物上。脱去尾巴，并在外面分泌蛋白质壳，形成囊蚴。当牛、羊等动物吃到含有囊蚴的水草后，即可感染。囊蚴随食物一起，进入肠道，破壳而出，并穿过肠壁血管，进入血液，随血循环经门静脉入胆管，在那里发育成为成虫(图 8-9)。

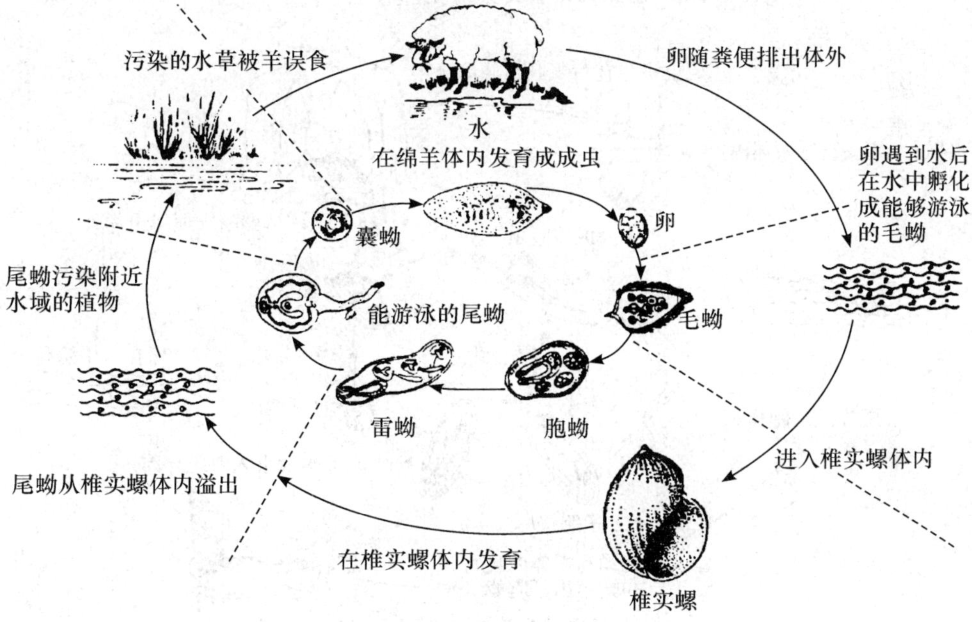

图 8-9　肝片吸虫的生活史(引自 J. A. Pechenik)

4. 危害

由于肝片吸虫寄生在宿主肝脏的胆管内，可使肝组织遭到破坏，常引起肝炎和胆管变硬。若大量寄生，则可构成胆道阻塞，胆汁运行受阻。动物体表现消化不良，食欲减退。此外，虫体分泌的毒素进入血液，溶解红细胞，还造成宿主贫血、消瘦和浮肿等中毒症状。

因此，为了有效地防预此病，最好在牧场内消灭其中间宿主——椎实螺。

(二)血吸虫

血吸虫(图 8-10)的成虫寄生在人和家畜(牛、猪、羊)等哺乳动物体内的肠系膜静脉和门静脉内(图 8-11)。其中，寄生在人体内的血吸虫有 3 种，埃及血吸虫主要生活在膀胱的小静脉里，曼氏血吸虫主要生活在大肠小静脉中，日本血吸虫主要生活在小肠静脉里。

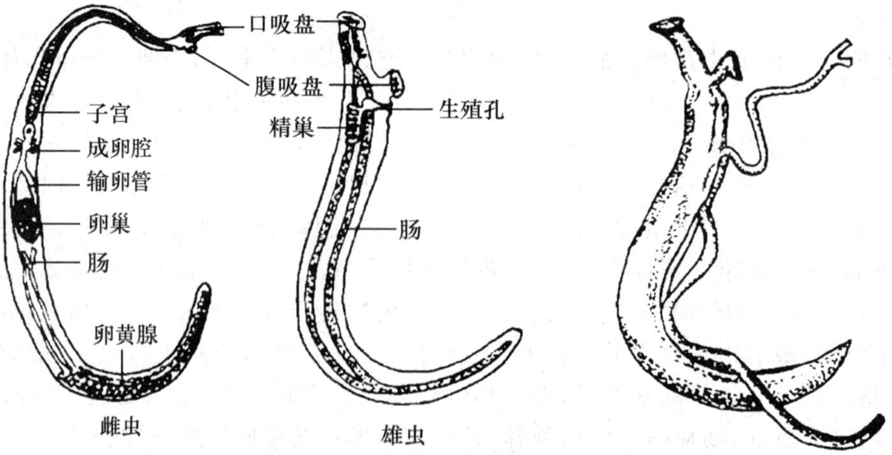

图 8-10 血吸虫(引自刘凌云)

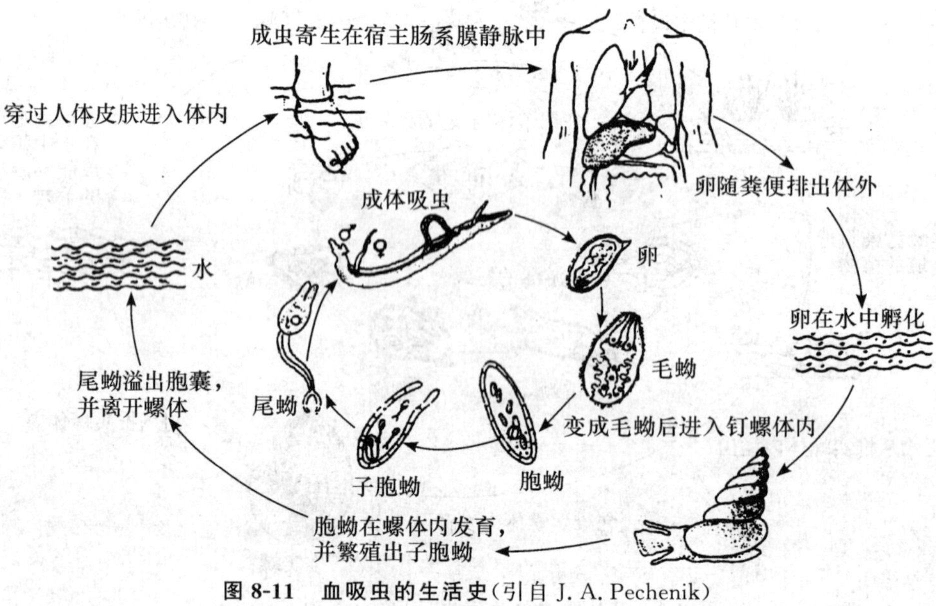

图 8-11 血吸虫的生活史(引自 J. A. Pechenik)

以日本血吸虫为例,雌雄异体,但常相互合抱。雌虫略长而细。雄虫较短而粗。雌虫常常在雄虫抱合沟内。此外,还有外寄生种类。

(三)三代虫

三代虫主要寄生在鱼的鳃和体表。雌雄同体。成熟的个体在子宫内有 1 个胚胎,故称为三代虫。三代虫主要危害鱼苗和春花鱼种。还有指环虫,寄生在鱼鳃上。

三、绦虫纲

成虫寄生在人、家畜等脊椎动物小肠内。虫体长扁。由一头节、颈节和众多的体节组成。

(一)外部构造

(1)头节 一般呈球状,较小,上面有吸附器官。如牛带绦虫。头节上有 4 个肉质的吸盘,吸附在宿主小肠壁上的绒毛突起之间。猪带绦虫头节除具 4 个吸盘以外，还在顶部周围有 2 圈小钩，以刺入小肠绒毛组织中，把头节牢牢地固定起来(图 8-12、图 8-13)。

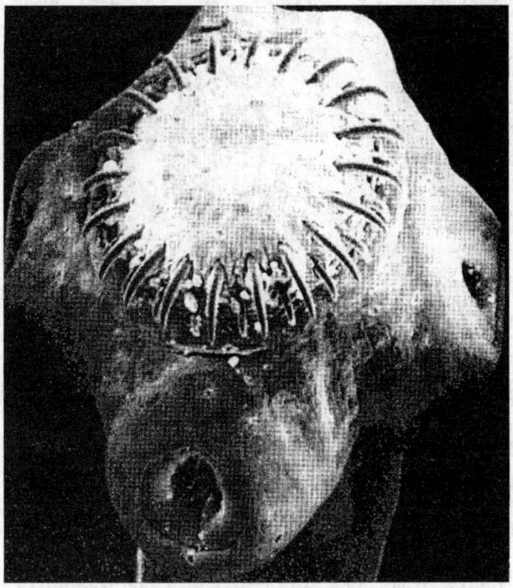

图 8-12　绦虫的头节
(引自 Miller)

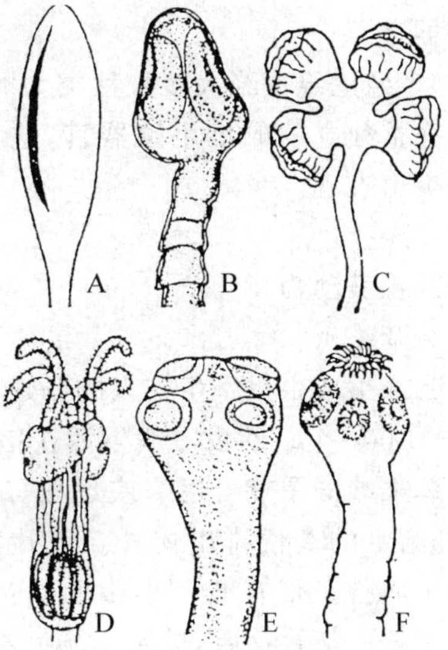

图 8-13　几种绦虫的头节(引自江静波)
A. 阔节裂头绦虫　B. 九江头槽绦虫　C. 叶槽绦虫
D. 耳槽绦虫　E. 牛带绦虫　F. 猪带绦虫

(2)颈节　比较细小，以后的节片均由此萌发出来。

(3)节片　靠近颈部的节片狭窄细小，以后逐渐变宽。依性器官的成熟程度，节片(由前向后)又可分为幼片、成熟节片和孕节。孕节内含有大量的卵(图 8-14)。

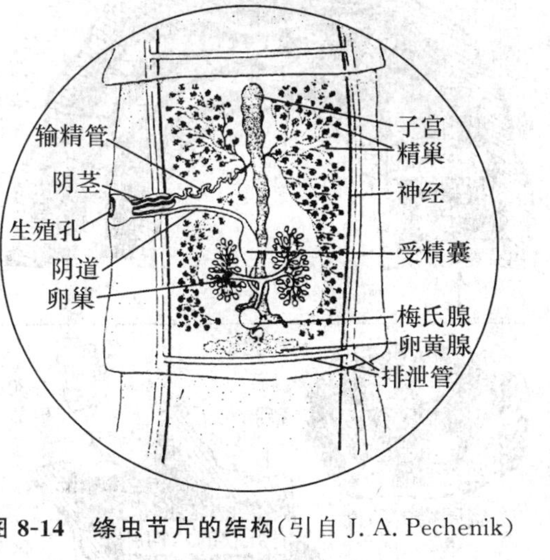

图 8-14　绦虫节片的结构(引自 J. A. Pechenik)

(二)内部构造

(1)消化系统　绦虫的消化系统已经完全退化，无消化腺，靠渗透作用，通过皮肤吸收寄主消化好的营养。绦虫表面有很多细小的突起，称微毛，这极大地增加了皮肤的表面积，以便更多地吸取营养。排泄系统为焰细胞的原肾管,代谢废物最终从末节排泄管的开口排出(图8-15)。

(2)神经系统 不发达,有6条神经索,连接所有节片,无感觉器官。

(3)生殖 绦虫绝大多数种类为雌雄同体,每一节片都有一套完整独立的雌雄生殖器官,这是绦虫借以增加生殖能力的突出表现。

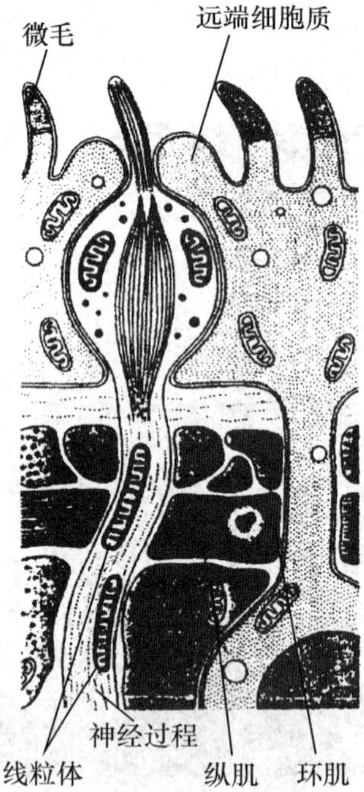

图8-15 绦虫表皮的超显微结构
(引自Hickman)

(三)代表动物

1.猪带绦虫

猪带绦虫成虫只寄生在人的肠道内,体长2~8 m,节片有700~1 000个。幼虫一般生活在猪肉内。

虫体末端的孕节可逐节或逐段(5或6个体节)地自行脱落,随宿主的粪便排出体外。节片裂开,虫卵散发出来。此时的虫卵已是带有6个小钩的幼虫,称六钩蚴。虫卵被中间宿主——猪吞食后,进入小肠。在消化酶的作用下,卵壳破裂,六钩蚴逸出。它可刺破肠壁血管,随血流至肌肉,并在那里发育为囊尾蚴。囊尾蚴呈乳白色,比米粒稍大,囊内充满半透明的液体,这种含有囊尾蚴的肉称为米猪肉。

当人食入这种未煮熟的肉时,就会受到感染。囊尾蚴进入小肠后,在消化液的刺激下,将头节翻出,吸附在小肠壁上,经2~3个月后,即可发育成熟(图8-16)。其寿命一般为3~5年,甚至更长。

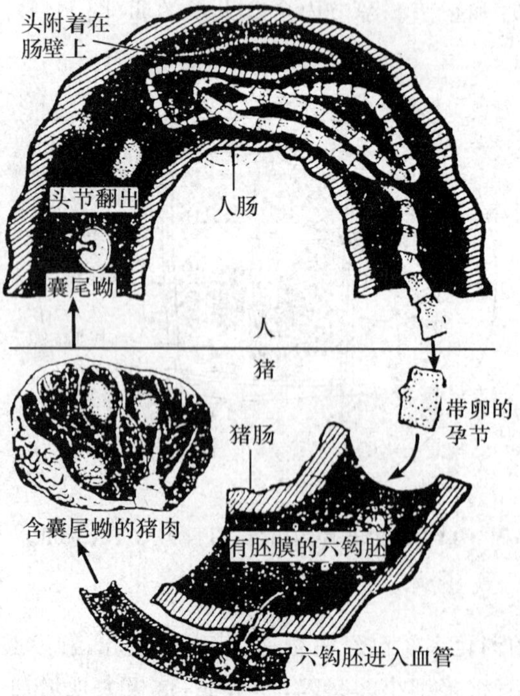

图8-16 猪带绦虫的生活史(引自J. A. Pechenik)

值得一提的是：人既可以是猪带绦虫的终末宿主，也可以成为中间宿主。当虫卵或节片被人直接误食，或由小肠的逆蠕动，使孕节返回到胃里，虫卵就可移居到人体多种器官中，形成囊尾蚴，即猪囊虫病。常见的部位是眼、脑等，会造成很严重的后果（图 8-17）。

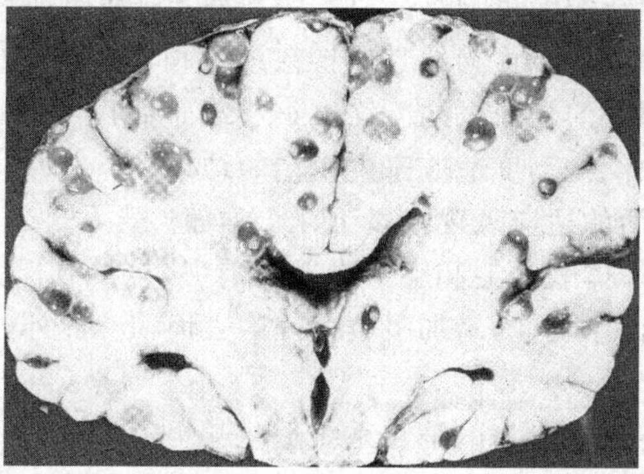

图 8-17　囊尾蚴寄生在人脑部（引自 Hickman）

2. 牛带绦虫

牛带绦虫的虫体长 5～12 m，由 2 000～3 000 个节片组成。头部呈球状，有 4 个吸盘，顶部无小钩，成虫寄生在人的小肠内。它的中间宿主是牛。人不会成为牛带绦虫的中间宿主，只能是终末寄主。生活史与猪带绦虫的相似（图 8-18）。

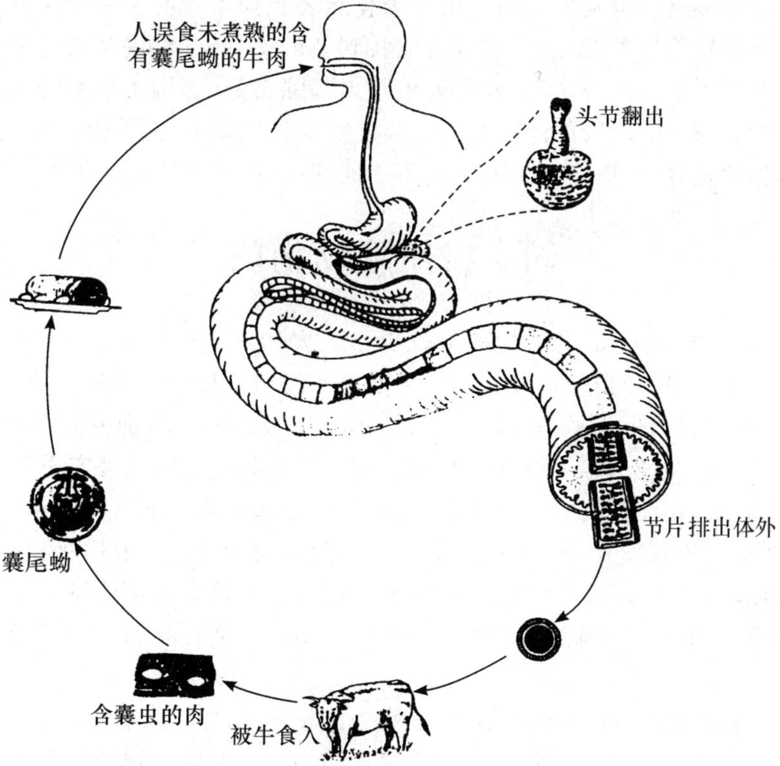

图 8-18　牛带绦虫的生活史（引自 J. A. Pechenik）

第三节 扁形动物的系统发展

在扁形动物中,自由生活的涡虫纲是最原始的类群。吸虫纲的排泄系统、神经系统等与涡虫纲单肠目的种类极为相似,而吸虫纲的其他特征多为长期适应寄生生活所致,为此,我们有理由相信,吸虫纲是由涡虫纲演化而来的。绦虫纲起源于涡虫纲的单肠目,它们的排泄、神经系统也很相似,只不过绦虫纲是高度适应寄生生活的结果。

寄生性扁虫对寄生生活的适应表现在以下几个方面。

①成熟的扁形动物个体体表纤毛和腺细胞退化消失,且具有保护性的皮层以对抗寄主的蛋白酶。皮层表面具许多微小突起,增加吸收营养的表面积。此外,还有体表特化形成的吸附器官如小刺、钩、吸盘等。

②由于靠体表吸收营养,故自身的消化系统退化甚至消失。

③无专门的呼吸、循环器官。外寄生种类通过体表进行气体交换,内寄生种类行厌氧呼吸(肝糖原酵解)。

④多数种类感觉器官不发达。

⑤多为雌雄同体,同体或异体受精,生殖系统发达。

⑥生活史复杂。

关于寄生现象的起源和更换寄主的生物学意义:寄生现象首先起源于共栖,然后才是产生吸附器官的外寄生再进一步发展到内寄生。为什么要更换寄主呢?一般来讲,最早的寄主应是系统发展中出现较早的类群,然后才有可能找到新的寄主,谁都渴望舒适的生活,后来的寄主当然就是终末寄主了。此外,寄生种类繁殖能力都强得惊人,因为它们感染的机会很小,所以就“广种薄收”。在其他动物的体内既要生长还要大量地繁殖,为了保护寄主,以免寄主受到毁灭性地破坏而殃及自身,更换寄主的确是不错的选择,这里居然充满了哲学。

附1:纽形动物门

纽形动物门(Nemertinea)的动物种类较少,近1 000种,绝大多数为海产,少数在淡水或潮湿的土壤中生活,个别种类已过渡到寄生生活。本门动物没什么经济价值。

纽形动物身体狭长,呈扁平的带状。体长一般在5~20 cm,个别种类可达30 m。

它们的许多结构特征与扁形动物的相似。如体壁与肠道之间充满实质组织,体壁有环肌、纵肌,体内有背腹肌,排泄系统为原肾系统。然而,它们又有自己的一些特点。

(1)消化系统 比较完善,有口和肛门,不能消化的食物残渣由肛门排出。这样,食物就会沿着一个方向流动,从而避免了新食物与食物残渣混合,加强了消化功能。在其管道的背部有一特别的吻,这是一肌质的小管,可从吻腔中翻出。吻的顶部有小刺,内有毒腺,以捕捉食物和防御敌害。

(2)循环和生殖系统 都比较简单,大多数为雌雄异体。由于纽形动物的身体结构与扁形动物的相似,在分类学上,过去曾将它们归于扁形动物门。但鉴于它们出现了比较完善的消化系统和简单的循环系统,因此,近代分类学把它们分为独立的一门。从进化上看,纽形动物属于扁形动物和环节动物之间的一个类群(图8-19)。

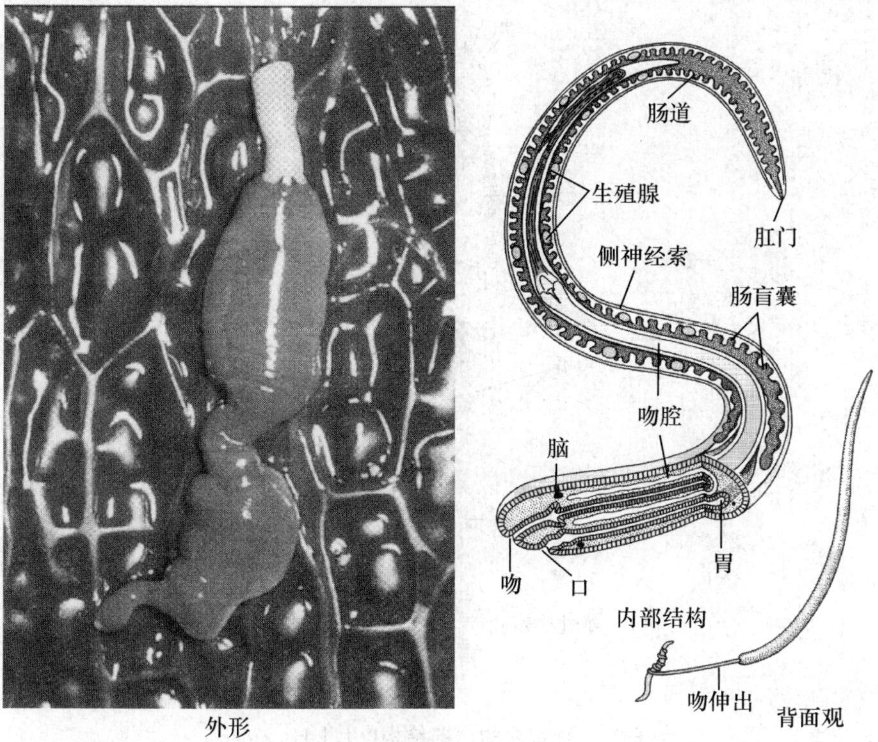

图 8-19　端纽虫(引自 Hickman)

附 2:颚胃动物门

颚胃动物(Gnathostomulida)又称为颚咽动物，1928 年在波罗的海水域被发现，以后又在北美沿岸及其他地方陆续报道，直到 1956 年才被确立为一个独立的门，现已被描述的有 18 属 80 种。

颚胃动物身体蠕虫状，长 0.5～1 mm，半透明，生活在浅海细砂间，可忍受极低氧的环境。

颚胃动物无体腔，无循环系统，也没有肛门。具有与扁形动物类似的一些特征。但实质组织并没有得到进一步的发展。它们的咽与轮虫的咀嚼囊相似。体表为一层上皮细胞，每个上皮细胞具有一根纤毛，利用纤毛进行滑行或游泳，其纤毛还可反转运动。上皮细胞内有 3 或 4 对纵行的肌肉束，使身体可以自由收缩及扭曲。

消化系统有口无肛门，口位于身体前端腹面，口腔内有 1 栉状的板和 1 对具齿的侧颚，颚由肌肉控制。口腔后为囊状的肠，颚胃动物利用颚刮取细菌、真菌等微小生物为食。神经组织在上皮细胞基部呈层状分布，在身体前端略有集中，感官为纤毛窝或感觉纤毛，在头端较发达。

雌雄同体，少数为雌雄异体。雌性生殖系统包括单个的卵巢及 1 个交配囊，用以贮存交配后的精子，有的种类还有阴道。雄性生殖系统包括 1 个或多个精巢，位于身体的后半部，具交配器及交配刺，交配时雄性交配器将精子送到阴道或雌性生殖孔中。代表种如颚胃虫(*Gnathostomula*，图 8-20)。

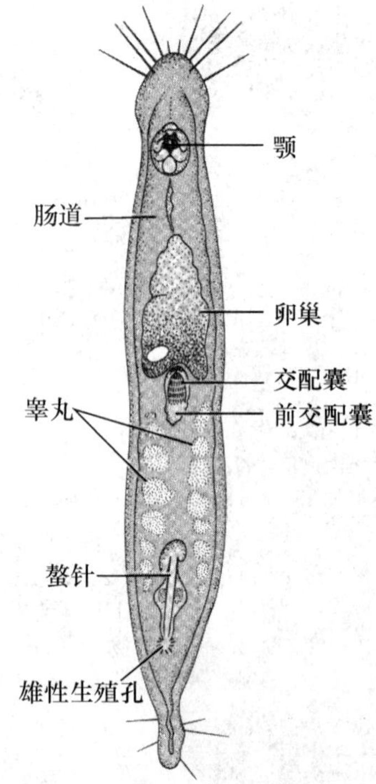

图 8-20　颚胃虫的内部结构(引自 Hickman)

颚胃动物的分类地位尚难于最后确定。它无体腔,有口无肛门,多数种为雌雄同体,这些特征与扁形动物相似,似乎两者间亲缘关系较近。但颚胃动物缺乏扁形动物精子所特有的9+2鞭毛结构,上皮细胞是单纤毛的,这些特征又与假体腔动物中的腹毛动物的相似,而头、颚及毛状感受器又与轮形动物及腹毛动物的相似,因此,颚胃动物可能是介于扁形动物与假体腔的腹毛动物及轮形动物之间的一类,与两者均有某种亲缘关系。

第九章　原体腔动物

进化地位：原体腔动物（Pseudocoelomate）是动物界中较为庞大繁杂的一个类群，属原口动物分支，身体两侧对称、三胚层，首次出现了体腔、完全的消化道。体表具角质膜，排泄为原肾系统。包括线虫动物门、腹毛动物门、轮虫动物门、棘头动物门、线形动物门、内肛动物门、动吻动物门、铠甲动物门、鳃曳动物门等（图 9-1）。

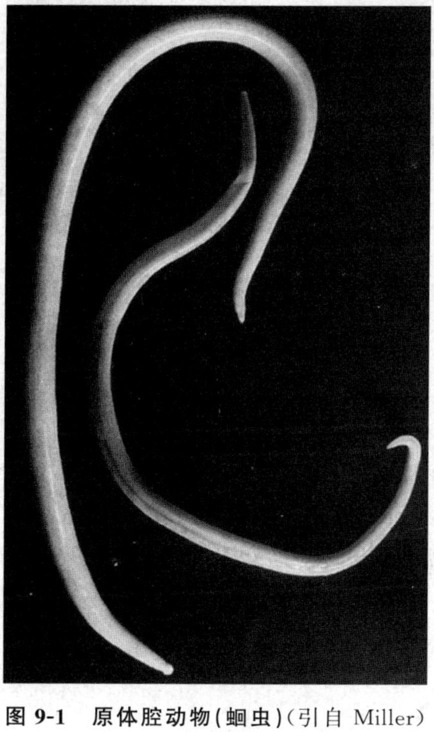

图 9-1　原体腔动物（蛔虫）（引自 Miller）

第一节　原体腔动物的主要特征

原体腔动物的外部形态差异很大，且相互之间的亲缘关系也不甚密切，但都具有一个共同的特征，即都有一个充满液体的液腔——原体腔（pseudocoel），又称为初生体腔或假体腔，位于动物体壁层（皮肤肌肉囊）和肠道之间，是由胚胎时期的囊胚腔发展而来的。外胚层形成的表皮与中胚层形成的肌肉构成了体壁；内胚层形成的肠壁没有肌肉细胞。原体腔没有体腔膜，也没有管道与外界相通（图 9-2）。

原体腔动物与无体腔的扁形动物相比，身体出现明显的变化。首先，原体腔的出现使动物的肠道与体壁之间有了空腔，为体内器官系统的发展提供了空间；其次，体壁有了由中胚层分化出的肌肉层，同时体腔液具有一定的流动压力，使动物的运动摆脱了单纯依赖体表纤毛的摆动,运动能力明显加强;另外,由于腔内充满了体腔液,使腔内的物质出现了简单的流动循环,可以更有效地输送营养物质和代谢产物;完全消化道(有口有肛门)的出现使动物的消化道实现了食物单向运动,消化后的食物残渣可以由固定的肛门排出体外,避免了食粪相混,消化能力得到加强。原体腔动物的排泄系统仍然是原肾型,没有循环系统和呼吸器官。

原体腔动物广泛分布于海洋、淡水和潮湿的土壤中,有很多是寄生在动物、植物体内的物种。由于此类动物相互间差异较大,故其余特征分述于各门中。

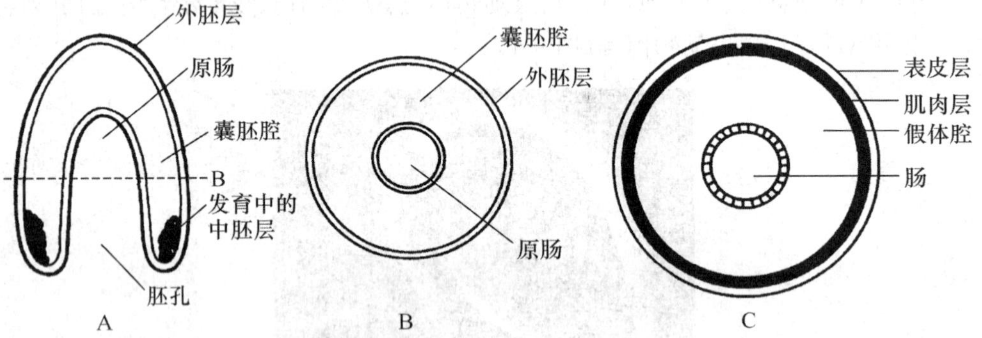

图 9-2 假体腔的形成(引自 Claude)

第二节 线虫动物门

线虫动物(Nematoda)是假体腔动物中种类最多的一类,大约有 15 000 种。它们分布广泛,几乎遍及世界各地,有的营自由生活,有的营寄生生活。自由生活的常栖息于海洋、淡水和土壤中;寄生种类寄生在动物和植物体内,对人体和家畜的健康造成危害,也使植物发生线虫病害,造成减产。

一、主要特征

(一)外形

线虫头部不明显,有3或6个唇瓣围绕着口(图 9-3),身体圆柱形,两端细,通常前端渐尖,后端钝尖。雄虫以弯曲的后端与雌虫相区别。雌虫前端腹面近 1/3 处有生殖孔,肛门位于后端;雄性生殖孔与肛门合为一处,并有两根交合刺。自由生活的线虫一般很小,常不足 1 mm,最大的也不过几毫米。海中生活的较大,长者在 5 cm 左右。寄生线虫的大小差异很大,小的与自由生活的线虫相似,大的超过 1 m(图 9-4)。

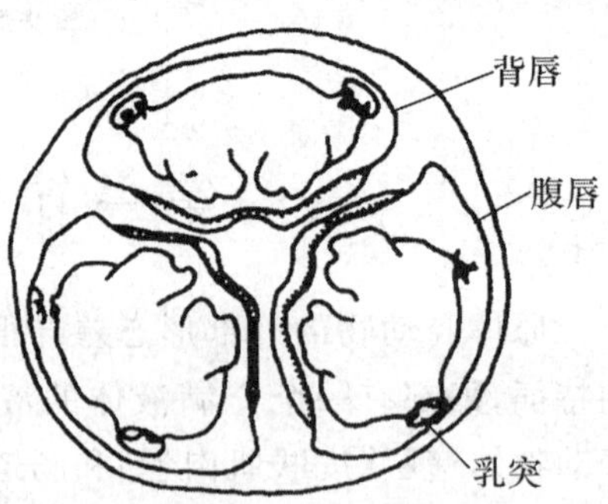

图 9-3 蛔虫头部正面观(引自江静波)

(二)体壁

线虫的体壁由角质层、表皮层(上皮细胞)和肌肉层构成,具有皮肤和肌肉的功能,称为皮肤肌肉囊(皮肌囊)。

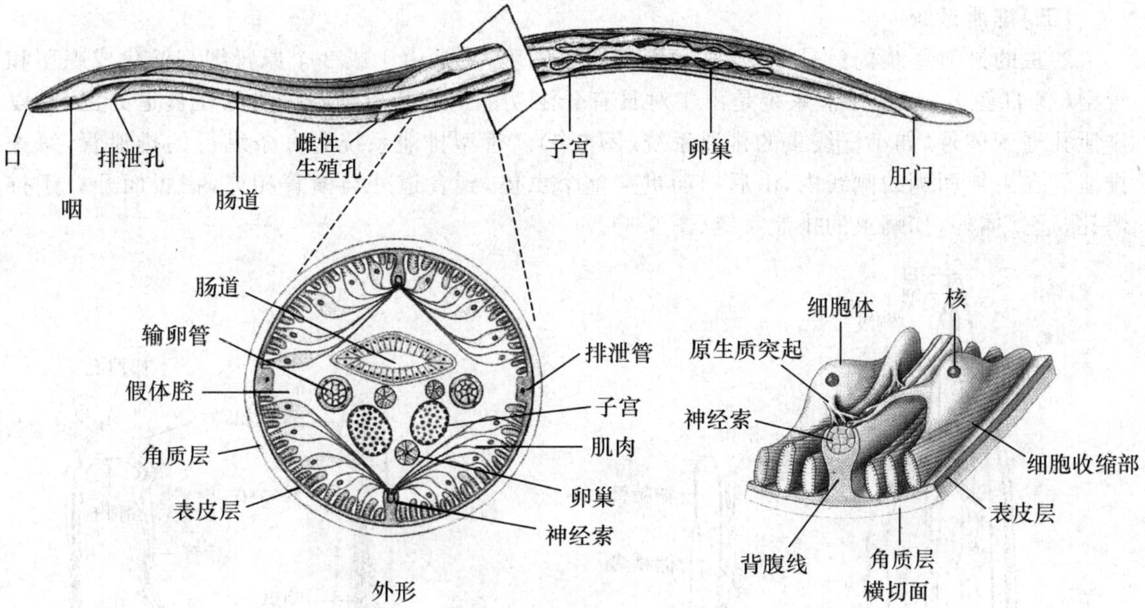

图 9-4　线虫的外形及横切面(引自 Hickman)

角质层是上皮细胞分泌的一种非细胞构造,具有韧性和弹性,其主要成分是一种类似高等动物的胶原蛋白,这一结构可以保护虫体免遭外界的机械损伤或宿主消化液的消化。

表皮层是一层排列紧密的上皮细胞,有些线虫,如蛔虫,其上皮细胞之间的界限消失,形成了多核的合胞体。合胞体沿背、腹和两侧的 4 条纵线向内侧加厚,形成了背线、腹线和侧线(图 9-4)。神经索埋在背腹线之中,2 条侧线内各有 1 条排泄管。

肌肉层只有纵肌,没有环肌,这与扁形动物的不同。因此线虫只能依靠纵肌的收缩作摇摆运动,身体不能变粗变细,也不能伸长。肌细胞膨大的部分是有核的细胞本体,另一部分是能收缩的肌纤维(图 9-4)。肌肉不连续,被背线、腹线和侧线隔成 4 部分。由此看出它们是两侧对称的,起到骨骼的作用,故称为流体静力骨骼。

(三)流体静力骨骼

是一个由液体充满的囊,液体不能被压缩,因而提供了很好的支持作用。没有固定的形状,肌肉收缩的力量作用在液腔上,体腔液便可将肌肉产生的力传递到身体的其他部分,从而改变身体的形状。

(四)消化系统

线虫具有完全的消化道,即有口、有肛门,完全的消化道可分为前肠、中肠和后肠(图 9-5)。前肠包括口、口腔和咽头(食道),由外胚层内陷而形成;中肠由内胚层发育而来,是线虫主要的消化吸收部位;后肠由后端的外胚层内陷而形成,包括直肠和肛门。前肠和后肠内壁具有外胚层分泌的角质层。口腔中的角质层可以形成齿、中空的矛等其他构造,矛可刺入动物或植物体内吸取汁液。大部分线虫的射精管开口在直肠的腹面,这部分又称为泄殖腔。

(五)排泄系统

线虫的排泄系统仍然是原肾型的,但没有焰细胞,只是由 1 或 2 个原肾细胞演化成腺型和管型(或 H 型)。腺型排泄系统是由 1 对具有分泌功能的泡状单细胞排泄腺在食道处汇合,以排泄孔通到体外,如小杆线虫的排泄系统(图 9-6)。管型排泄系统为 2 条纵行的排泄管,每条排泄管在虫体两侧的侧线内,由后向前贯穿整个虫体,到食道处与横管相连,在腹面开口于排泄孔,通到体外,如蛔虫的排泄系统(图 9-6)。

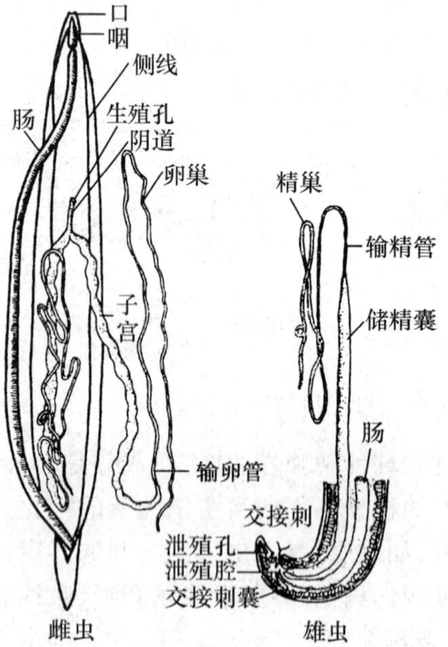

图 9-5　线虫的内部解剖(引自许崇任等)

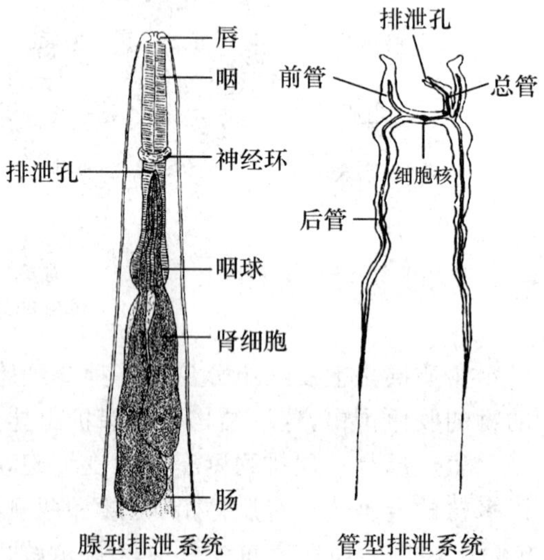

图 9-6　线虫的排泄系统(引自许崇任等)

(六)呼吸系统

线虫没有专门的呼吸器官。自由生活的种类经体表进行气体交换,并扩散到体内各组织中,寄生的种类行厌氧呼吸。

(七)循环系统

线虫没有专门的循环系统。假体腔中的体腔液含有丰富的蛋白质、葡萄糖和钠、钾、氯、铁等多种元素,成为组织器官之间营养物质运输、氧的运输扩散和代谢产物交换的介质。

(八)生殖系统

大多数线虫不但是雌雄异体,而且雌雄异形,通常雄性个体小于雌性个体。雌虫的生殖腺由两条细长且一端游离的管道组成,游离端为卵巢,经输卵管通至逐渐膨大的子宫,2 个子宫末段汇合成短的阴道,阴道穿过体壁通至雌性生殖孔(或称为阴门)。雄虫只由 1 条细长且一端游离的管道组成,游离端为精巢,精巢延续为输精管,其后膨大部分为贮精囊,它的末端变细成为富有肌肉的射精管,射精管与直肠汇合于虫体末端的泄殖腔,在泄殖腔背面有肌肉质的小囊,内装 1 对交合刺,交配时交合刺能插入雌虫的阴道,将精子输送到雌性生殖器官内(图 9-5)。

幼虫经孵化从卵壳破壳而出后，要经过4次蜕皮才能发育为成虫。在蜕皮期间，幼虫停止生长，不食不动，呈昏睡状态。随着虫体的生长，长度和围长都增加了，同时生殖腺也逐渐发育。

(九)神经系统和感觉器官

线虫的神经系统称为筒状神经系统。它由1个围绕咽部的围咽神经环和从神经环向前、后发出沿皮下组织穿行的6条纵神经组成。向前发出的支配口周围的感觉器官。后行的，有背神经、腹神经各1条，每侧各有2条侧神经。其中背神经和腹神经最大，分别嵌在背线和腹线中。6条纵行的神经之间都有横向的神经相连，而呈圆筒状(图9-7)。

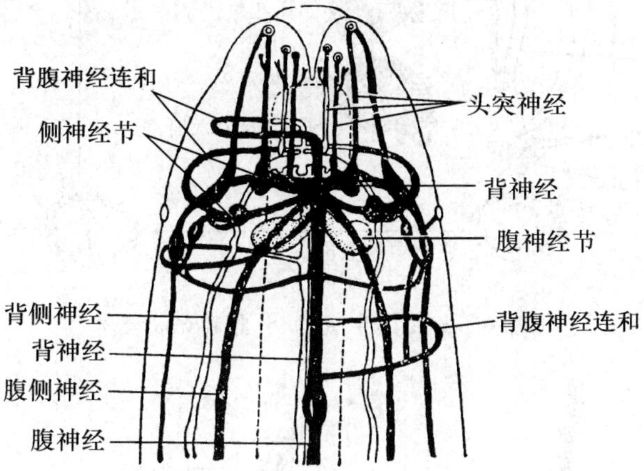

图9-7 线虫的神经系统(引自许崇任等)

主要的感觉器官是头部和尾部乳突、头感器和尾感器。乳突主要分布于口周和末端，具有触觉功能；感器能使虫体对机械刺激或化学刺激起反应。

二、代表动物

(1)人蛔虫　又称为似蚓蛔线虫(*Ascaris lumbricoides*)，是人体内最常见的寄生虫之一，也是人体肠道寄生线虫中体形最大的。成虫呈长圆柱形，头尾两端略细，形似蚯蚓，寄生于小肠，可引起蛔虫病。人因误食感染性虫卵而感染。蛔虫幼虫和成虫对人体都有致病作用，表现为机械损伤、剥夺营养和过敏性反应(图9-8)。

(2)蛲虫(*Enterobius vermicularis*)　成虫外形很像蛔虫，但个体较小，乳白色，尾端呈6字形卷曲(图9-9)。宿主因误食虫卵而感染，在儿童中的感染较为普遍，可引起蛲虫病。成虫寄生于人体的盲肠、阑尾、结肠、直肠和回肠下段。雌虫可移行至宿主肛门附近产卵，儿童由于搔抓而导致虫卵污染手指，经口食入而形成自身感染。蛲虫的这种产卵行为会引起肛门及会阴皮肤瘙痒及继发性炎症、烦躁不安、失眠、食欲减退等。

(3)旋毛虫(*Trichinella spiralis*)　寄生于人和多种哺乳动物的体内。旋毛虫的成虫和幼虫都寄生在同一个宿主体内，不需在外界发育，但必须更换宿主才能完成生活史。成虫寄生在宿主十二指肠及空肠前部。雄虫与雌虫交配后，雌虫入肠黏膜或肠系膜淋巴结内产出幼虫。幼虫经血液、淋巴分布到全身，最后在横纹肌中才能发育。幼虫卷曲于肌纤维中，形成带硬壳

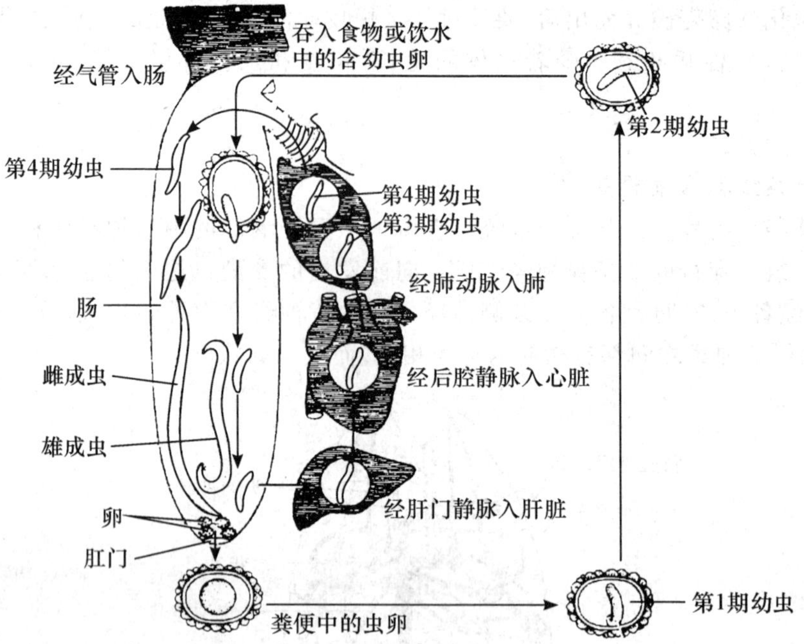

图 9-8 蛔虫的生活史(引自 Kotpal 等)

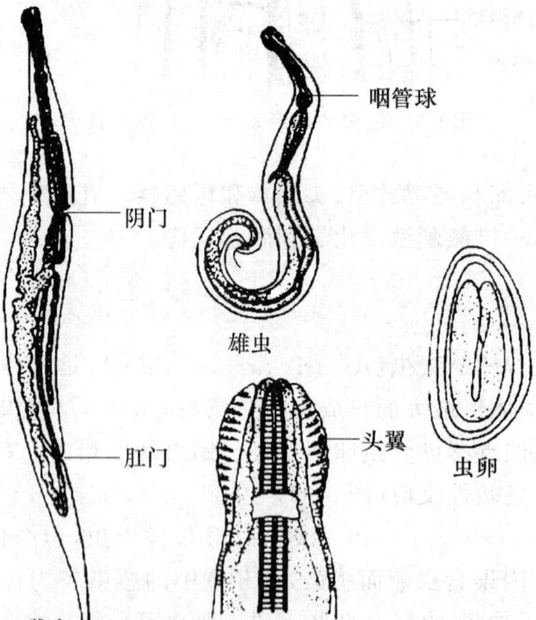

图 9-9 蛲虫的成虫与虫卵(引自陈佩惠等)

的包囊。宿主因食入含有旋毛虫幼虫包囊的肌肉而被感染。患者往往出现胃肠道感染、不规则的高热、肌肉疼痛或运动障碍、浮肿等(图 9-10)。

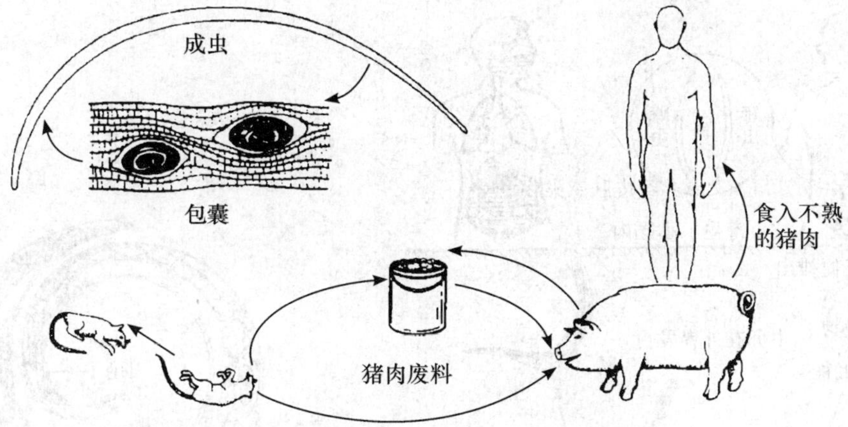

图 9-10 旋毛虫的生活史(引自 Claude)

(4)丝虫 成虫乳白色,细长如丝,寄生于人体的淋巴系统,使淋巴液回流受阻,出现橡皮肿。雌虫行卵胎生,产出的微丝蚴被中间宿主吸血昆虫如按蚊或库蚊吸入体内,在其体内发育,当中间宿主再次吸血时,感染期幼虫进入终末宿主体内,发育为成虫(图 9-11)。常见的人体丝虫有马来丝虫(*Brugia malayi*)和班氏丝虫(*Wuchereria bancrofti*)。

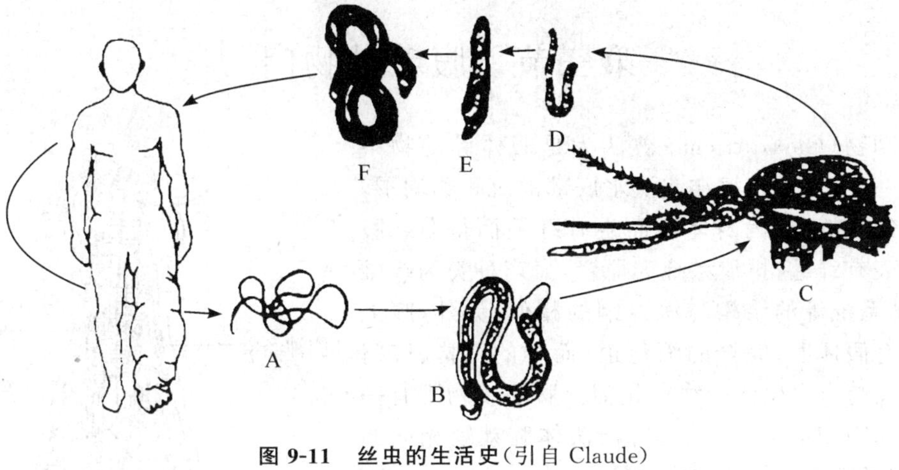

图 9-11 丝虫的生活史(引自 Claude)

A～F 表示生活史的起始顺序

(5)钩虫 成虫身体细小,乳白色,略呈 C 形,身体前端有口囊,其边缘和内部具有角质齿。成虫寄生于宿主小肠,叮咬吸附于肠黏膜上,利用小齿刺破宿主肠壁,吸吮血液和组织液为营养,引起宿主贫血、营养不良、肠溃疡和腹泻等症状。宿主被土壤中卵孵化发育成的丝状蚴钻入皮肤而感染(图 9-12)。人体钩虫主要有十二指肠钩虫(*Ancylostoma duodenale*)和美洲钩虫(*Necator americanus*)等。

(6)小麦线虫(*Anguina tritici*) 成虫体小,雌虫向腹面卷曲盘绕,体较雄虫大。寄生于小麦麦穗上,使麦粒形成虫瘿,一个虫瘿中有几千至几万条幼虫。虫瘿一旦被误播入农田,吸收水分,其中的幼虫就会钻出来,进入土壤,然后向上移到小麦中发育为成虫,再次形成虫瘿,严重影响小麦产量(图 9-13)。

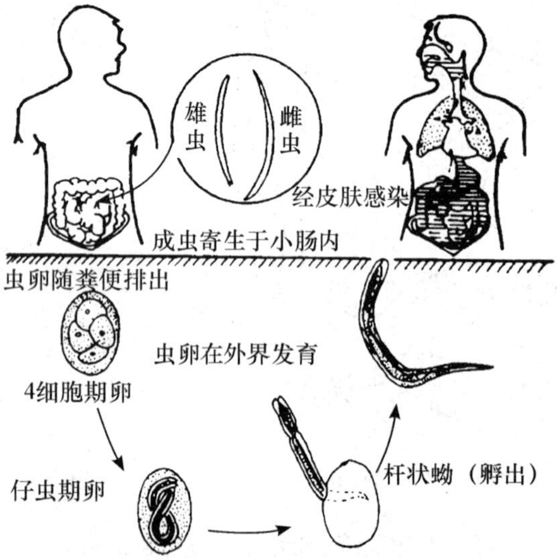

图 9-12 钩虫的生活史
（引自浙江医科大学编《病原生物学》）

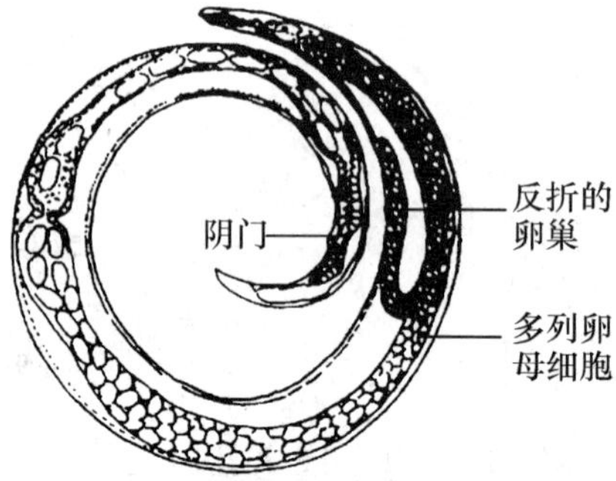

图 9-13 小麦线虫（引自 Dropkin）

第三节 腹毛动物门

腹毛动物（Gastrotricha）被认为是假体腔动物中最原始的一类，生活在海洋或淡水底部的沉积物周围，目前已知约400种，因身体腹面生有纤毛而得名。腹毛动物体表有纤毛，排泄系统为原肾，海产种类为雌雄同体，生殖系统等的结构与涡虫纲的相似；另外，腹毛动物又具有假体腔、完全的消化道；而咽的结构、肛门的位置等又与自由生活的线虫相似。腹毛动物既有一些与扁形动物相似的地方，又有与假体腔动物相同的特征，表明了腹毛动物的进化地位。

腹毛动物身体呈长圆形，前端有一个不明显的头部，后端尖细，多有分叉。海产的种类多在身体的两侧有一些黏液管，内有受肌肉控制并可以活动的腺细胞；淡水种类身体后端呈分叉状，每一叉的末端有黏液腺开口，其分泌物可以将身体附着在其他物体上，如鼬虫（*Chaetonotus*，图 9-14）。

腹毛动物的体表有角质层，角质层内为上皮细胞。电子显微镜的研究表明，上皮细胞界限清楚，不是合胞体。上皮细胞内为环肌和纵肌，身体通常有6对纵肌。假体腔不发达。身体腹面及头部有发达的纤毛，为其运动器官。

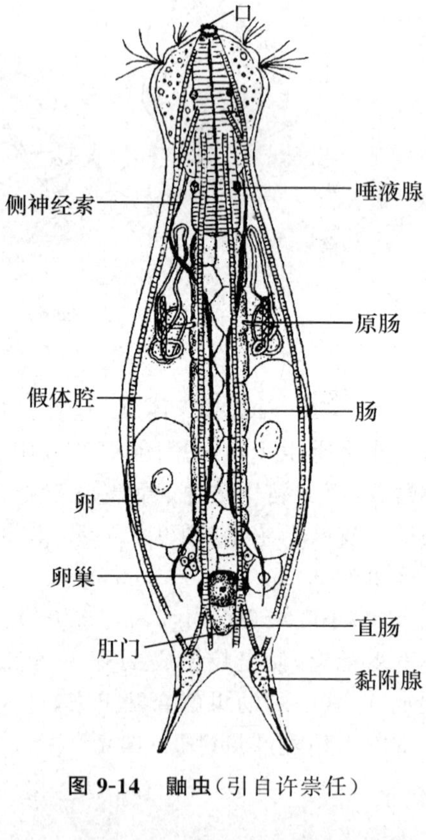

图 9-14 鼬虫（引自许崇任）

腹毛动物的口位于身体前端，口腔内有齿和钩，咽部肌肉发达。咽后为中肠，是单层上皮细胞。中肠后为直肠，肛门开口于身体靠后端腹面。腹毛动物依靠咽的作用取食原生动物、细菌、硅藻等。腹毛动物的排泄器官为 1 对原肾，排泄孔（原肾孔）开口于身体中部腹侧面。

腹毛动物有从脑向后分出的 2 条侧神经索贯穿全身，脑呈马鞍状，位于咽的背面。无特殊的感觉器官，头部有感觉毛，腹面的纤毛有感觉功能。

生活在海水中的腹毛动物多为雌雄同体，而生活在淡水中的腹毛动物只有雌性，行孤雌生殖，直接发育，无幼虫期。

第四节　轮虫动物门

轮虫动物（Rotifera）在假体腔动物中是非常繁盛的一支，已知约 1 800 种，许多是世界性分布的。既有海洋和淡水中自由生活的和底栖生活的，也有共生和寄生的；既有单体生活的，也有群体生活的；还有在潮湿土壤中生活的。轮虫的体形变化极大，身体极小，一般在显微镜下才能观察清楚。

一、基本特征

典型的轮虫身体呈长椭圆形，可以分为头部、躯干部和尾部（足），尾部末端常有 1～4 个趾。轮虫的头部都有一个称为轮盘（头冠）的结构，是由身体前端腹面口周围的纤毛区和环绕头区的纤毛环组成的纤毛器。轮盘是头部的主要结构，是轮虫运动和摄食的主要器官，也是轮虫动物的主要特征。轮盘上纤毛的摆动形同车轮的转动。不同轮虫的轮盘结构不同。头部之后是囊状的躯干部，是身体最长、最大的部分，内有内脏器官。尾部是躯干部逐渐向后变细的部分，或长或短，与躯干部的分界明显或不明显。尾部有足腺，其分泌物通过足腺管开口在趾或尾端部，身体借足腺分泌物附着在其他物体上（图 9-15）。

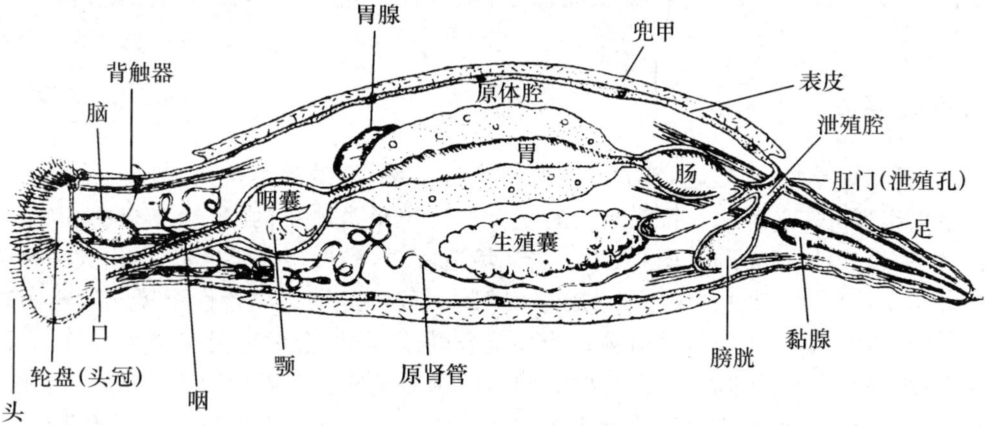

图 9-15　轮虫的身体结构（引自许崇任等）

轮虫动物体壁的外层是上皮细胞分泌形成的角质层，有的种类躯干部的角质层加厚成甲板及刺、棘等结构。上皮细胞内为肌肉层，包括由平滑肌和横纹肌构成的环肌带和成束的纵肌。头部和尾部肌肉的收缩可使头、尾伸出或缩回躯干部。体壁和消化道之间为充满体腔液的假体腔,体腔液中有变形细胞。

轮虫靠轮盘的旋转推动身体前进,附着生活的种类也可以靠爬行前进。爬行时靠尾部黏附腺产生的分泌物在物体上运动。

二、消化系统

轮虫以藻类或原生动物等小型动物为食。口位于头前端腹面,常被轮盘环绕,口后为咽,咽内壁有角质层,并有角质层特化成的、轮虫特有的咀嚼器。咽部有唾液腺,咽后为膨大的胃,胃的两侧各有1个胃腺,可以分泌消化酶,食物在胃中被消化吸收。胃后为肠,肠末端与排泄管及生殖腺管汇合成泄殖腔,泄殖腔在身体背面躯干的末端开口,称为泄殖孔(肛门)。

三、排泄系统

轮虫的排泄系统由1对位于身体两侧的、具有焰茎球的原肾管和1个膀胱组成。原肾管一般细长而扭曲,分出很短的小枝,枝末端着生焰茎球,焰茎球和一般的焰细胞不同,它是合胞体组成的。焰茎球内有由许多纤毛组成的颤膜,颤膜不断地颤动,一方面可促进本身和原肾管的其他部分从假体腔中吸收废物和多余的水分,一方面又可加快废物和水分自原肾管经过膀胱的收缩由泄殖孔向外排放的速度。

四、神经系统

轮虫的神经系统为位于咽的背面的脑以及由脑发出的通至体壁和感觉器的数对神经索。其中一对主要的腹神经索,从脑的两侧沿腹部前端两侧向后伸展一直达到足内。具有相当发达的感觉器官和感觉细胞,它们主要集中在前端的头冠部分。大多数轮虫有眼点存在,或埋于脑中、或位于轮盘上。轮虫没有呼吸及循环系统,以体表进行气体交换,靠体腔液完成物质运输。

五、生殖系统

轮虫一般雌雄异体、异形,生殖方式主要是孤雌生殖,有的种类从未发现过雄虫。有雄虫的种类,雄虫出现后需与雌虫交配受精。有一类称为单巢类轮虫的,虽然有雄虫,但具有孤雌生殖及有性生殖2种生殖方式(图9-16)。当环境适宜时,雌虫行孤雌生殖,产出大而卵壳较薄的卵,称为非需精卵,分裂过程中不发生减数分裂,可以迅速发育成雌性个体。这样出现的雌性个体再行孤雌生殖,称为非混交雌体。当环境条件不利时,会出现混交雌体,产出小而卵壳也薄的卵。这种卵在成熟过程中经过减数分裂,称为需精卵。若需精卵不受精,则孵化成寿命很短的雄性。卵如果受精,则发育成卵壳厚的休眠卵。休眠卵在不良环境中存活几个月,一旦环境好转,再孵化成非混交雌虫进行孤雌生殖。因此,有性生殖是轮虫度过环境不良时期的一种适应。

轮虫是浮游生物的重要组成部分,是鱼类(特别是仔鱼、肥水鱼)的天然饵料,与淡水养鱼业关系密切。轮虫是以细菌、藻类、腐屑等为食,有净池的作用,另外也是水污染监测的指示生物。

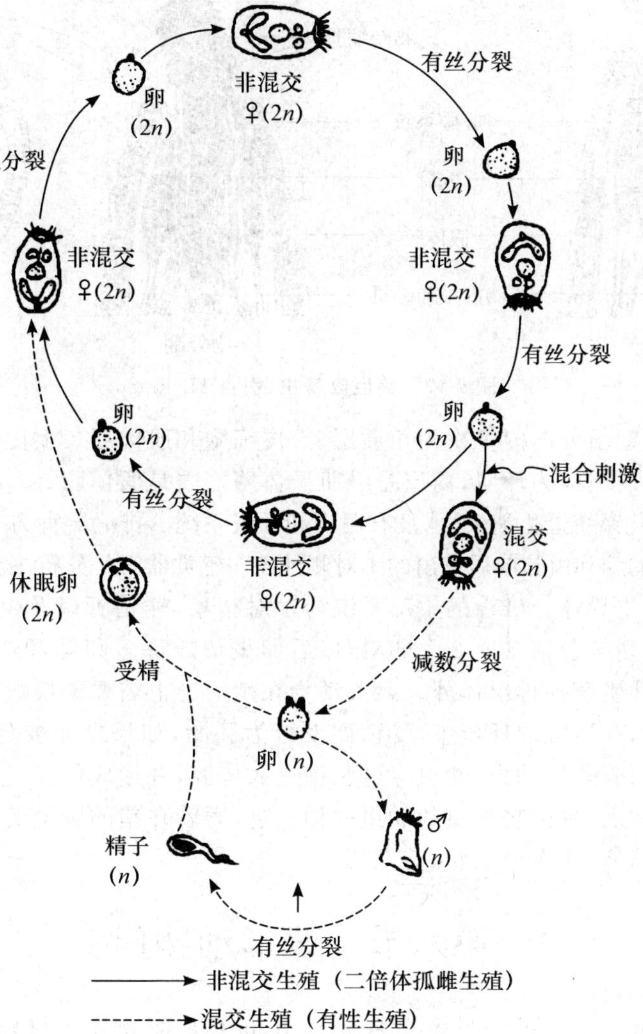

图 9-16　单巢类轮虫的生殖方式(引自刘凌云)

第五节　棘头动物门

棘头动物(Acanthocephala)世界性分布,个体大小差别很大,从小于 2 mm 到大于 1 m 的种类都有,已知的约有 500 种。成虫和幼虫均为内寄生,幼虫寄生在昆虫或甲壳动物体内,成虫寄生在脊椎动物的消化道内,其中大多数寄生在鱼、鸟和哺乳动物体内。如猪巨吻棘虫(*Macracan thorhynchus*,图 9-17)寄生在猪的肠内,小多形棘吻虫(*Porymorphus minutus*)寄生在鸭和其他鸟类的肠内。

棘头动物身体分吻、颈、躯干 3 部分。吻位于身体前端,吻上有许多倒钩,以此附着在宿主肠壁上。吻后为一短的颈部,吻和颈可缩入吻鞘内。颈后的躯干部表面光滑,或有皱褶和刺。

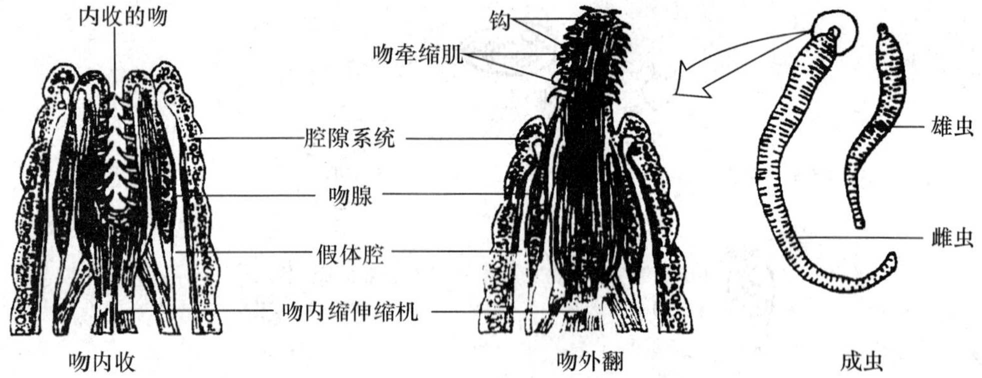

图 9-17　猪巨吻棘虫(引自 Hickman)

棘头动物的体壁由外向内依次为角质层、上皮细胞和肌肉层。上皮细胞为很厚的合胞体，细胞核很大。外层的肌肉为环肌，内层是纵肌。体壁之内是假体腔。

棘头动物的消化系统退化消失，也没有循环和呼吸系统。排泄器官为1对原肾。神经系统包括位于吻鞘内后端的脑和由脑向后发出的1对侧神经。感觉器官是分布在吻和尾部的感受器。

棘头动物为雌雄异体。雄性的生殖系统为1对精巢、输精管以及生殖管前端膨大成的储精囊。雌性的生殖系统包括1或2个卵巢，以后卵巢形成许多卵球，卵球中包含卵，成熟的卵受精后经阴道、雌性生殖孔排出体外。棘头动物在生活史上需要更换宿主。如猪巨吻棘虫，虫卵随宿主粪便排出，在适宜的环境中，受精卵发育为胚胎，如果虫卵被金龟子的幼虫——蛴螬吞食，就在蛴螬肠内孵化出幼虫，幼虫穿过肠壁进入体腔，并形成包囊，包囊中的幼虫具有感染性，当蛴螬被猪吞食后，猪巨吻棘虫的幼虫就伸出吻，固着在猪的肠壁上，发育为成虫。猪因此会出现食欲消退、消瘦、便血的症状，甚至死亡。

第六节　线形动物门

线形动物(Nematomorpha)身体特别细长，分布在淡水、潮湿土壤以及海洋中。一般成虫自由生活，长 30～150 cm；幼虫寄生在节肢动物体内。目前已知的有250种左右。代表动物为铁线虫(*Gordius aquaticus*，图 9-18)。

线形动物的身体结构与线虫相似，假体腔发达或不发达。成虫体壁包括外面一层厚的角质层，下面的上皮细胞之间分界清楚，里面的肌肉层只有纵肌而无环肌。

线形动物身体头部不明显，前端有口，消化道退化，成虫期不再取食。没有呼吸器官、排泄系统和循环系统，神经系统由头端的神经环及腹面中央的1条神经索构成。

线形动物雌雄异体，一般雌虫比雄虫长，且雌虫末端为圆形，雄虫末端分叉，呈倒“V”字形。生殖系统包括一对生殖腺。雄性生殖管末端通入直肠或泄殖腔，没有交合刺。雌性的输卵管和受精囊均开口在泄殖腔中。

交配季节时，常常多条虫体缠绕在一起。交配后雌虫在水中产卵，卵在水中孵化，刚孵化的幼虫前端有一个可伸缩的吻。幼虫由其分泌的黏液包裹，被宿主吞食或经体表侵入宿主。宿主多为生活在水边的蝗虫、蟋蟀、螳螂等。当雨后或昆虫尸体落入水中时，幼虫即离开宿主，发育为成虫，营自由生活。

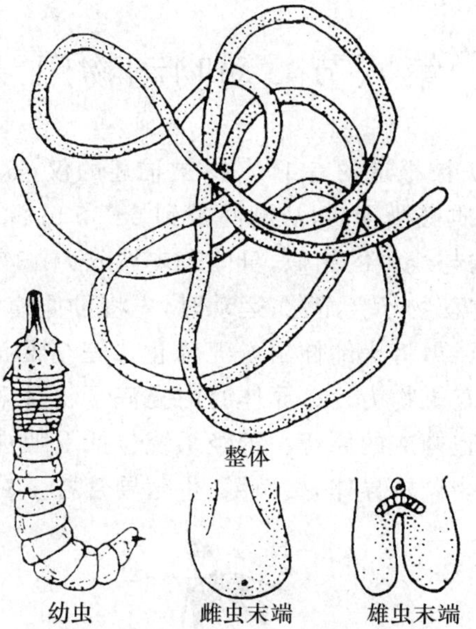

图 9-18　铁线虫(引自江静波等)

第七节　内肛动物门

内肛动物(Entoprocta)大约有 150 种,体型似腔肠动物,但它们的触手可以向内卷曲。大多数种类生活在海洋中,少数淡水生,营固着生活。体长不超过 5 mm,身体由柄、固着盘构成,有的群居,也有独立生活的种类,均为滤食性。海生种类多固着在贝壳、藻类等身体上生活。也有的与环节动物形成共生。淡水生的种类常生活在溪流中的岩石下面。内肛动物身体呈杯状,由着生触手(8～30 条)的冠状部、连接固着盘的柄部组成。无论是触手还是柄部,均为体壁的延伸。每条触手上生有多根纤毛,可独立摆动。消化道呈"U"形,口和肛门均开口于触手环内。内肛动物具 1 对原肾,无循环和呼吸器官。气体交换在体表进行。螺旋式卵裂,具有类似于担轮幼虫的幼虫期(图 9-19)。

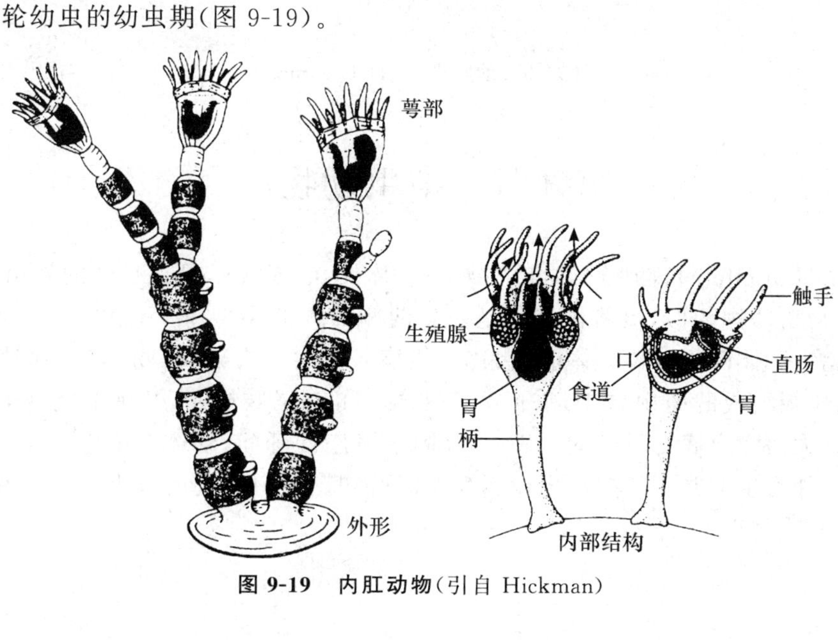

图 9-19　内肛动物(引自 Hickman)

第八节 动吻动物门

动吻动物(Kinorhyncha)被报道的有100种,被描述的仅75种。海生,身体微小,体长一般不超过1 mm,尤其喜欢泥质底栖生活,从潮间带到6 000 m深的海底都有发现。身体背腹扁平,背部略弓起。体壁结构与线虫的相似,身体表皮被分为13节,皮下肌肉分布也与表皮分节相关,头可缩入体内。动吻动物不会游泳,运动时,先将可伸缩的头部插入泥中,用反向的棘刺固着,再向上牵引身体,直至再将头部伸出淤泥为止。完全的消化系统包括口、咽、食道、胃肠和肛门。以泥中的硅藻或有机物为食。原体腔内充满了液体和变形细胞,排泄系统为位于身体两侧的10或11对焰细胞构成的原肾。神经系统包括围咽神经环和腹神经索。感觉器官包括眼点和感觉毛。动吻动物雌雄异体,生殖腺、生殖导管各1对(图9-20)。

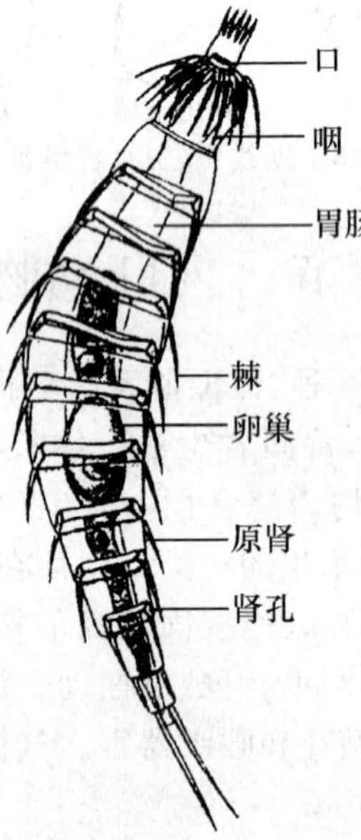

图9-20 动吻虫(引自Hickman)

第九节 铠甲动物门

铠甲动物(Loricifera)直到1983年才被描述,体长0.25 mm,具保护性的外鞘。分布比较广泛,外形与动吻动物相似,雌雄异体。是一类两侧对称的小型海产动物。前2列棘雌雄异形。幼体像轮虫。体两侧对称。体前端为口,能缩入体内。头部(翻吻)有9列棘。胸部分2节,腹部被6块板组成的兜甲包围,肛门开于末端。1对尾肢或趾,几乎能朝任何方向转动。铠甲虫生活在大西洋海底有贝壳的沙砾中,黏附于海底沙砾间,幼体自由生活,成体可能在小型底栖生物上外寄生或共生。生活史还不为人们所知。铠甲动物的分类地位仍有争议,详细结构见图9-21。

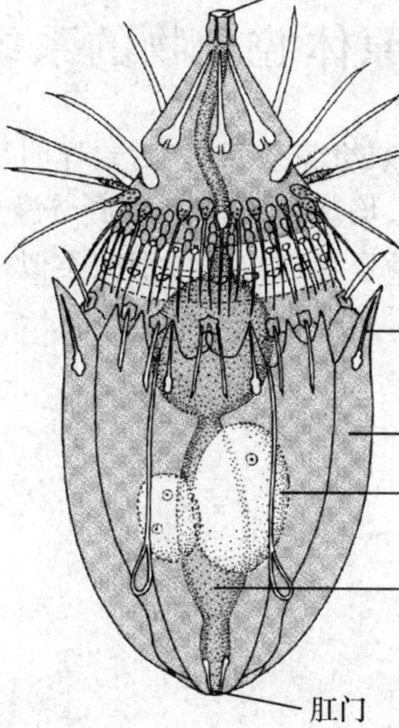

图 9-21　铠甲动物(引自 Hickman)

第十节　鳃曳动物门

鳃曳动物(Priapulida)现已描述的仅 16 种，多在自潮间带至数千米深的泥底或沙底营底栖生活。身体蠕虫状，圆柱形，体长多在几毫米至 200 mm，躯体由翻吻、躯干和 1 或 2 个附尾器 3 部分组成。翻吻可伸缩，其上具环状排列的咽齿。躯干部不分节，但有 30～100 个环轮，体表具瘤状突和棘刺，推测有感觉功能。表皮几丁质，终生可周期性脱落。消化管由吮吸咽、肠、直肠组成。口位于翻吻的前端，肛门位于躯干部后端。附尾器可能与呼吸有关。神经系统包括 1 个围咽神经环和 1 条腹神经索。雌雄异体，辐射卵裂。体腔膜为一层上皮结构(图 9-22)。一直以来，人们评判体腔膜的标准是能否找到膜及细胞核，具有这样的结构就被认为是真体腔动物。鳃曳动物一直被人们认为是原体腔动物，直到有学者发现了其紧贴体腔有一层膜及细胞核后，才被定为是具真体腔的原口动物。然而，电子显微镜的观察结果表明，这是肌细胞核，且在膜的外面，肌肉分泌了细胞外膜，这样，肌细胞核与细胞外膜共同构成了一层上皮，造成了类似体腔膜的假象。为此，此类动物仍属原体腔动物，故放在这里进行讨论。

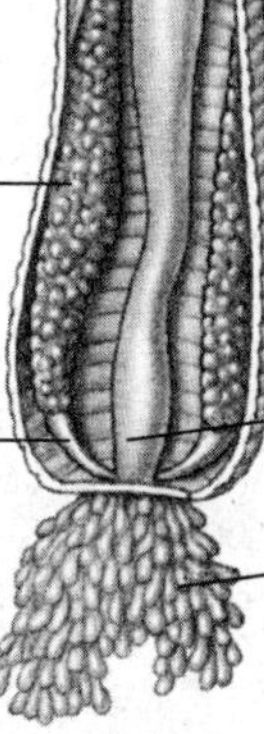

图 9-22　鳃曳动物(引自 Hickman)

第十一节 原体腔动物的系统发展

这是动物界最为庞杂的类群,彼此亲缘关系不明确,差异明显,但原体腔、三胚层是它们的共同特征,其中腹毛动物门体表具纤毛、焰球的原肾管似乎与涡虫纲的相似,故推测与涡虫纲亲缘关系比较接近。轮虫动物门的胚胎发育也与涡虫纲的类似,也有一定亲缘关系。

第十章　软体动物门

进化地位：属原口动物分支，螺旋式卵裂，是真体腔动物重要的类群之一。大多数具有担轮幼虫期，与环节动物有着很近的亲缘关系，由于身体尚未出现分节现象，因此它们应是比环节动物更早分化出来的一支。所有的器官系统均已出现并得到了进一步的发展。

第一节　软体动物的主要特征

软体动物（Mollusca）是仅次于节肢动物的第二大类群，现存种类达 50 000 余种，化石 35 000 余种。它们最具特征的是身体柔软，各纲之间差异较大，体长从数毫米到 18 m 不等，但 80%的种类不足 5 cm，有的体重可达 450 kg。软体动物分布广泛，江、海、湖泊、溪流包括陆地都有它们的踪迹。根据对化石的研究表明，软体动物起源于海洋，而且现大多数仍在海中生活。

一、身体区分

软体动物身体柔软、不分节，多数左右对称，少数身体扭转后不对称，身体可分为头部、足部、内脏团、外套膜、贝壳（图 10-1）。

图 10-1　软体动物（蜗牛）（引自 Miller）

（1）头部　软体动物大多数具有明显的头部，上有口、眼、触角等感觉器官。活泼种类头部尤其发达（如乌贼），行动迟缓或固着生活的种类头部退化甚至消失。

（2）足部　肉质，位于腹面，为运动器官。因动物的生活方式不同及对外界环境的适应而表现出各种不同的形状。

（3）内脏团　位于足的背侧，消化、循环、排泄、神经及生殖器官都集中于此。

（4）外套膜与外套腔　外套膜为一层皮肤，紧贴于贝壳的内表面，由内脏团背部的皮肤褶襞向腹面延伸而成,常包裹整个内脏团及鳃。外套膜与内脏团之间的空腔为外套腔,与外界相通。这是软体动物重要的生理活动场所,包括呼吸、食物的输送、废物的排出、生殖等。

(5)贝壳　是软体动物的重要特征之一。大多数种类具有一两个或多个保护性的贝壳,少数种类退化甚至完全消失。贝壳的形态差异很大,其成分95%是碳酸钙,其余为壳质素,均由外套膜表面上皮细胞分泌出来的。贝壳由3层组成,角质层是角质蛋白形成的壳素层,很薄,黑褐色或其他颜色,能抵抗酸、碱等物质的侵蚀,淡水生种类往往此层较厚(主要抵御酸);棱柱层较厚,主要由碳酸钙结晶形成的许多小棱柱体排列而成,极为致密,呈乳白色;珍珠层由蛋白质和碳酸钙结晶形成的片层结构重叠组成,色泽鲜艳、光亮。贝壳的角质层、棱柱层是由外套膜边缘分泌的,故随着动物的生长可以不断增大,但不能增厚,珍珠层是由整个外套膜分泌的,随动物的生长可以不断加厚(图10-2)。

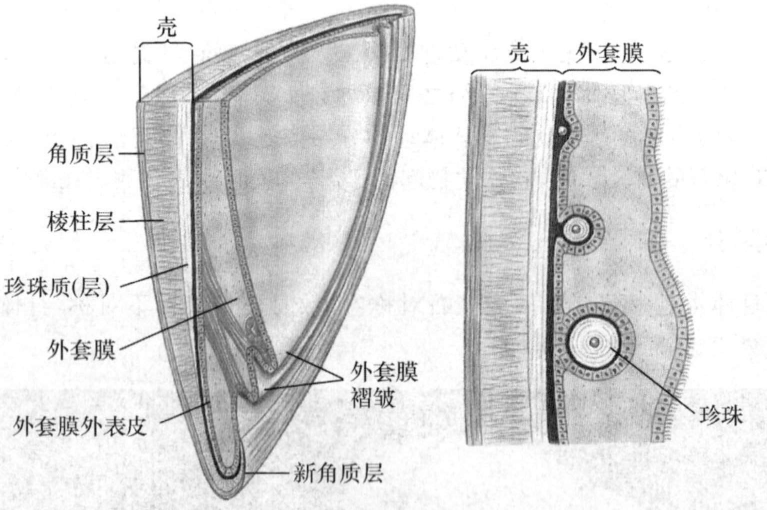

图10-2　壳与外套膜结构图(引自Hickman)

二、消化系统

如图10-3所示,软体动物的口位于身体前端,肛门通常位于身体后端,但有些种类肛门移到前端。除瓣鳃类和大多数的无板纲外,口腔内均有齿舌,有的还具1或2个颚片,这是软体

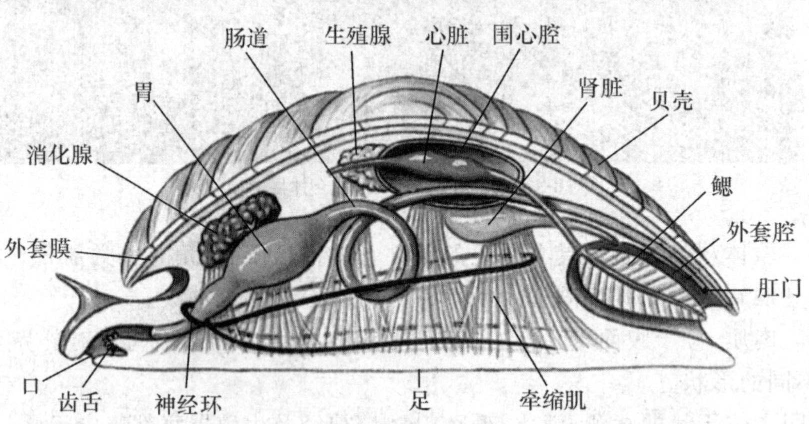

图10-3　软体动物模式图(引自Hickman)

动物特有的结构。齿舌类似锉刀，上有多达 25 000 个细小的牙齿，齿舌质地柔软而有韧性，可翻出口外，适于刮食、撕碎、切割等以获取食物。软体动物的消化腺有肝脏、唾液腺和胰腺。肝脏特别发达。另外，食道也有附属腺体。

三、体腔与循环系统

自软体动物开始，出现了真体腔，然而，真体腔却没能进一步得到拓展，仅局限于围心腔、生殖腔和排泄器官的内腔，其余部分，即残存的假体腔被结缔组织填充，其空隙没有被中胚层衍生的血管壁包围，血液在此空隙内流过，便形成了血窦。心脏位于围心腔内，由心室和心耳 2 部分组成。血液自心室压入动脉管，由动脉管流出，经过血窦，再流回心耳，这种血液并非始终在封闭的管道中运行的循环方式，称开管式循环。显然，开管式循环的血液流速较慢，血压也低，这与动物适应缓慢行动的生活方式密切相关。在体大、行动敏捷的头足类，则为闭管式循环。血液除少数血浆中含有血红素外(隔扁螺)，一般含有血清蛋白，故血液呈青蓝色，血细胞无色。血清蛋白含铜元素，与氧结合时，出现青蓝色，不携带氧时，无色。血清蛋白比血红蛋白携氧效率低。因为血清蛋白与 1 分子氧结合时，需要 2 个铜原子，而血红蛋白携带 1 分子氧仅需 1 个铁原子。

四、呼吸系统

水生种类用鳃呼吸，陆生种类的鳃退化，代以由外套膜形成的“肺”呼吸。

五、排泄系统

排泄器官是肾脏，一般由 1 对肾管组成，与环节动物的后肾管是同源器官。肾口开口于围心腔。含氮的废物经肾管、由肾孔排至外套腔的水流中。淡水生的种类，其肾脏还具有调节渗透压的功能。

六、神经系统

原始的软体动物(如石鳖)仅有围绕食道的神经环以及由此向后分出的足神经索和侧神经索。其他类群具 4 对神经节：脑神经节、足神经节、侧神经节和脏神经节，并由它们分别发出神经到达身体各部位。

多数软体动物都有感觉器官，如触角、眼、平衡囊及嗅检器等，此外，皮肤、外套膜上还有司感觉的神经末梢。

七、生殖与发育

软体动物多为雌雄异体，少数为雌雄同体，均异体受精。乌贼及蜗牛等为直接发育；大多数海产种类为间接发育，它们要经过担轮幼虫(trochophore)期，有的种类还有面盘幼虫(veliger larva)期(又称缘膜幼虫)，即幼虫的口前纤毛环发育成纤毛面盘，用以游泳，然后经变态逐渐发育成新个体。淡水蚌类在发育过程中有一个营寄生生活的钩介幼虫期(图 10-4)。

软体动物与环节动物在发生中都有担轮幼虫期，2 种幼虫极相似，因此，认为软体动物与环节动物有较近的亲缘关系，或起源于共同的祖先。但在系统演化过程中，由于适应不同的生活方式，它们分别向不同的方向发展，环节动物沿着活泼的方向发展，导致分节现象的出现；软体动物向不活泼的方向发展(头足纲例外)，出现了保护性的贝壳。

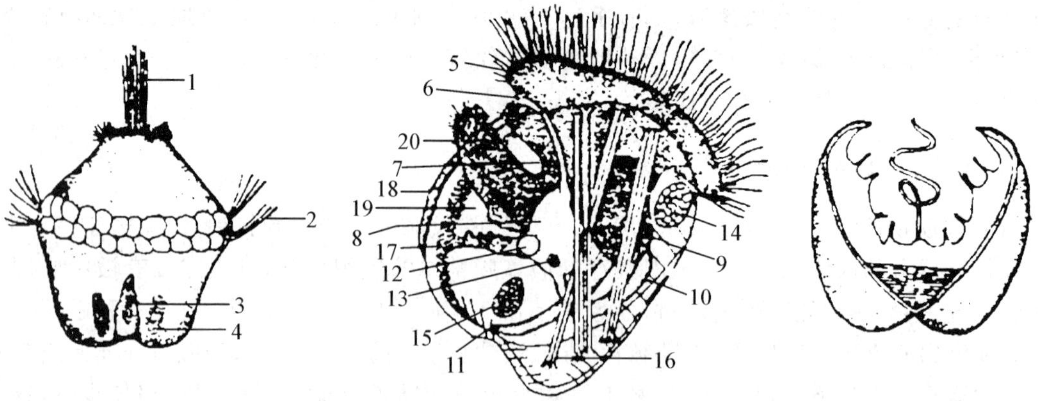

担轮幼虫　　面盘幼虫　　钩介幼虫

图 10-4　软体动物的各种幼虫(引自赵翰文)

1.项束　2.口前纤毛轮　3.口道　4.中胚层　5.面盘　6.口　7.食道　8.胃　9.消化腺　10.肠　11.肛门　12.心脏　13.平衡囊　14.前闭壳肌　15.后闭壳肌　16.缘膜缩肌　17.鳃的雏形　18.贝壳　19.外套腔　20.足

第二节　软体动物门的分类

根据软体动物的身体结构及发育特征,现将其分为 8 个纲。

一、尾腔纲

尾腔纲(Caudofoveata)身体蠕虫状,海生,体长 2～140 mm。大多数穴居,洞穴垂直,外套腔和鳃位于身体的顶部,以微生物和腐殖质为食,身体无壳,但体外被有钙质的鳞片。雌雄异体。大约有 70 种,是软体动物中最原始的一个类群(图 10-5)。

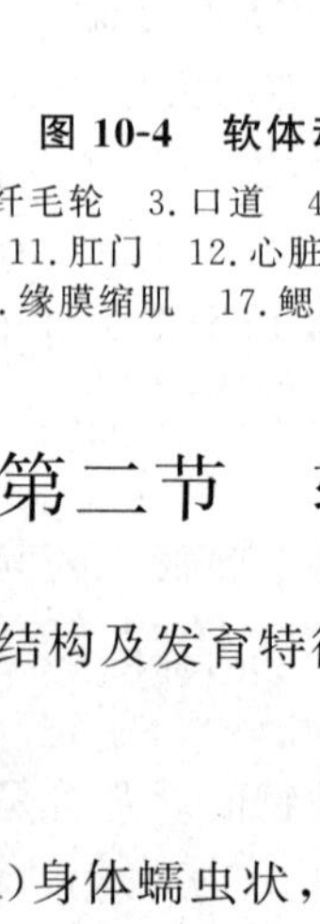

尾腔纲

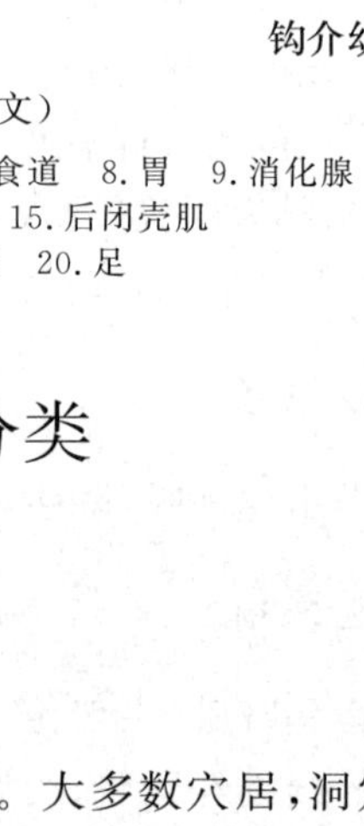

沟腹纲

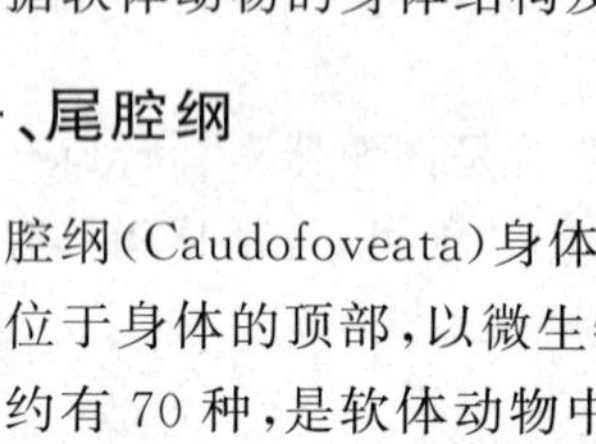

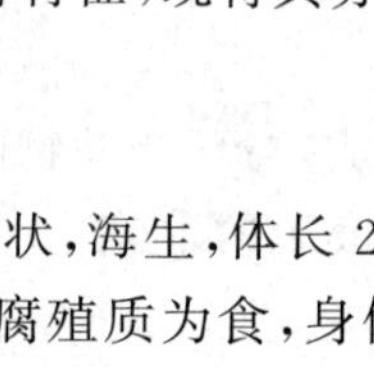

单板纲

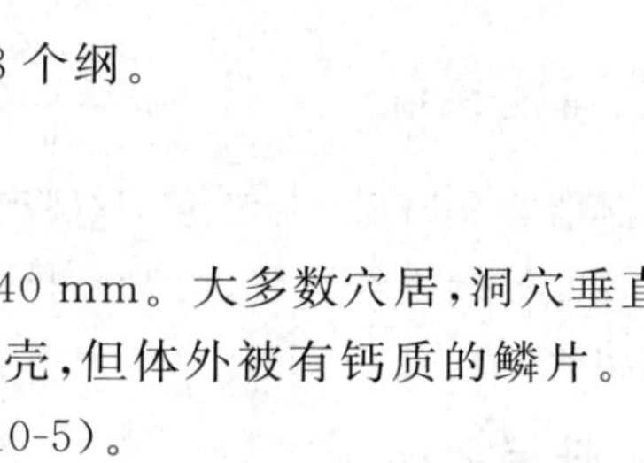

多板纲

图 10-5　软体动物的代表(引自 Miller)

二、沟腹纲

一些动物学家常把尾腔纲与沟腹纲(Solenogastres)合并为无板纲(Aplacophora),它们都无贝壳,头部不发达,无肾管。然而,沟腹纲大多无齿舌和鳃,雌雄同体,因身体腹面常有一沟而得名。它们以腔肠动物为食。本纲有 250 种左右,我国南海的龙女簪(*Proneomenia*)属此纲。

三、单板纲

单板纲(Monoplacophora)曾经一直被认为早已灭绝,对它的了解也只局限在化石的水平上。直到 1952 年,在哥斯达黎加西海岸发现了生存的个体,以后又陆续发现一些,才为它们定名为新蝶贝(*Neopilina galathea* Lemche),目前已发现此类群达 10 余种。它们具有 1 个圆形的壳和 1 个发达的足,适于海底爬行。新蝶贝具 5 对鳃、2 对心耳、6 对原肾管、1 或 2 对生殖腺,梯状的神经系统包括 10 对足神经,口内具一齿舌。

四、多板纲

石鳖是多板纲(Polyplacophora)的代表动物,它们的头部不明显,头部感官趋于退化。背部有 8 个覆瓦状排列的贝壳,体长一般在 2～5 cm,最大的体长可达 30 cm。它们多附着在潮间带的岩石表面以齿舌舔食海藻为生,爬行缓慢,也有的种类生活于深海中,本纲有近 1 000 种。

五、掘足纲

掘足纲(Scaphopoda)海生,具管状贝壳,似象牙。贝壳两端开口,足圆柱状,可伸出壳外,挖掘海底泥沙。自潮间带到 6 000 m 深的海中均有分布。体长多在 2.5～5 cm,如角贝(*Dentalium*,图 10-6)。本纲约 350 种。

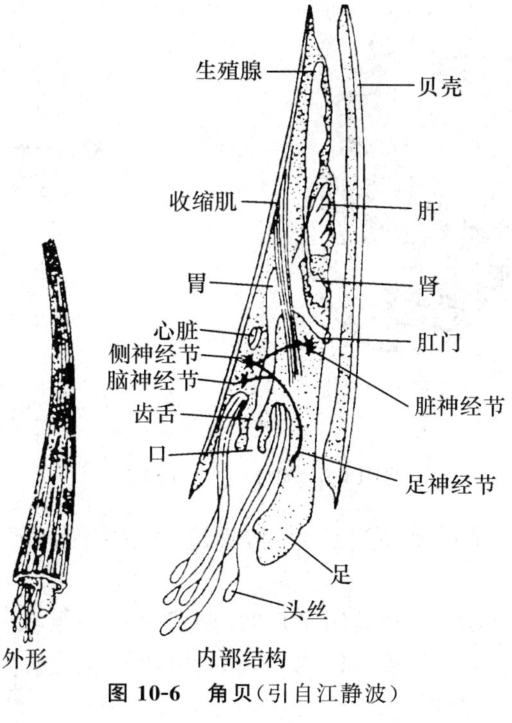

图 10-6 角贝(引自江静波)

六、腹足纲

(一)主要特征

腹足纲(Gastropoda)是软体动物门中种类最多的一个纲，现存种类约40 000种，另有15 000种化石。多为海生，淡水及陆地也有分布。常见的种类包括各种螺类、蜗牛、蛞蝓、鲍等。腹足纲是软体动物在形态上变异最大的一个类群，主要表现在其个体发育过程中，身体发生了扭转。成年个体头足为两侧对称，而内脏团则扭转成螺旋状，内脏团失去了两侧对称形式，使得一侧器官发育完好，另一侧受到抑制。此外，螺壳也发生了螺旋状扭转。

(二)躯体划分

(1)头　比较发达，有明显的感觉器官，眼1对，可能是感光器官，能感知周围环境明、暗的变化，此外还有1或2对触角。

口腔内具齿舌。植食性的种类，齿舌上的小齿数目多而排列紧密；肉食性的种类，小齿坚韧而稀疏。咽与食道之间有唾液腺，开口于口腔，能分泌黏液，润滑食物，利于吞咽。胃的周围有发达的肝脏，开口于胃，能分泌淀粉酶和蛋白酶。

(2)足　位于头的后方，内脏团腹面，一般扁平，叶片状，适于爬行，也有的种类，足发生了变化。如生活在泥沙中的玉螺(*Natica*)，足的前部呈铲状，用于分开泥沙。

(3)螺壳　绝大多数呈螺旋状，且多为右螺旋，尖端是壳顶，开口处是壳口(图10-7)。螺层的数目多少不等，如田螺、蜗牛都是6层。螺壳的形状也不一，有的扁平(如隔扁螺)，有的呈椎状(如椎实螺、钉螺)，也有的种类螺壳退化甚至消失(如海牛)。

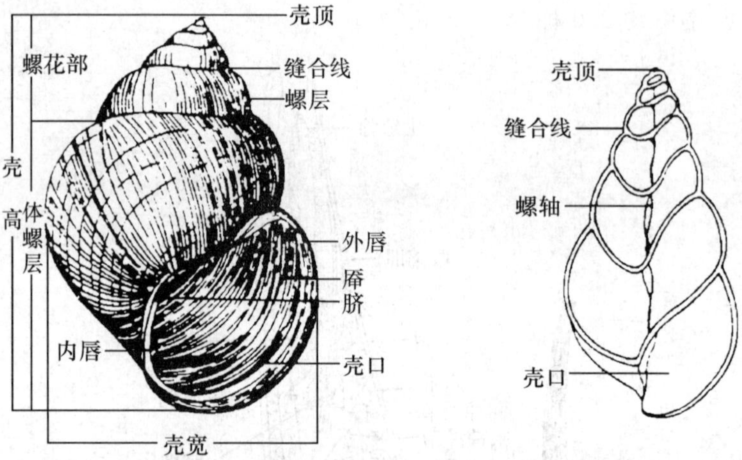

图10-7　螺壳(引自江静波)

有些种类有厣，当动物体受到不良刺激时，头、足缩入壳内，足背面的厣恰好将壳口封闭起来。

螺壳虽然起到了保护作用，但在动物爬行时，则成为一种沉重的负担。海生的腹足类，由于海水浮力较大，可抵消一部分壳重。因此，螺壳一般较厚、重，淡水生的种类壳比较薄、轻，这是动物对不同栖息环境的一种适应。

(三)两侧不对称的起源

腹足类左右不对称的体制是在漫长的进化过程中逐渐演变而来的。

从遗留下来的化石种类来看,腹足类曾经是两侧对称的,比较解剖学也证实了这一点。可见,它们的祖先是两侧对称的。长期爬行的结果,使足逐渐发达,身体体积也越来越大。遇到刺激时,原来低矮的贝壳不能完全把足和身体遮掩起来。为此,壳逐渐加高呈锥状。

但这样的体形在向前运动时,会受到很大的水流阻力,且难以维持身体的平衡。结果,内脏团和贝壳逐渐向后倾倒。这样,虽然克服了向前运动遇到的困难,但是体后外套膜的开口却被遮盖住了,使水流受阻,鳃不能进行正常的呼吸。所以,内脏团逐渐发生了180°的扭转,使外套腔内的鳃由后方转向体前方。这样,在动物向前运动时,水流便容易流入外套腔内。扭转的结果,使栉鳃及肛门被转移到身体的前面、靠近头的上方。1对侧神经也扭转成"8"字形,内脏团中的部分器官也相应地前后、左右互换位置。右旋的动物右侧器官发育受阻,逐渐退化;左旋的动物左侧器官发育受阻,逐渐退化。因此,腹足类只有1个栉鳃、1个肾脏、1个心室和1个心耳,从而成为不对称体制。

这种扭转现象,从个体发育中也可得到证实。幼体在担轮幼虫期是两侧对称的,进入面盘幼虫期便开始发生扭转(图10-8)。

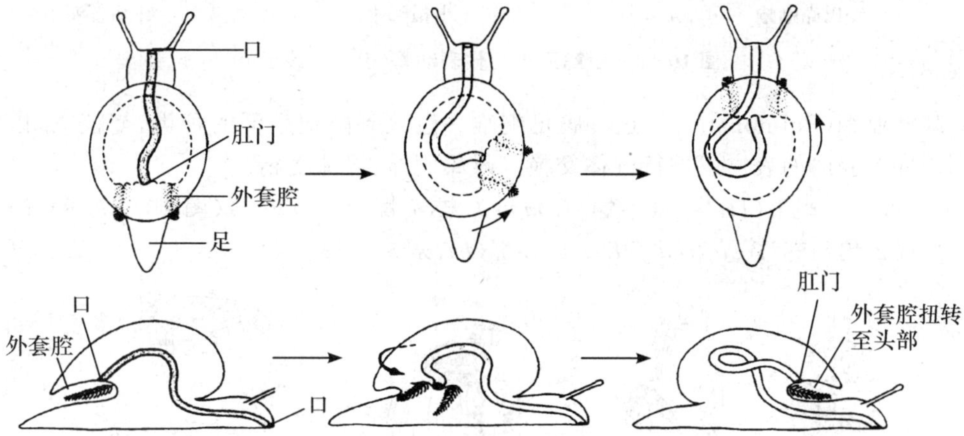

图10-8 腹足类内脏扭转图解(引自Hickman)

(四)腹足纲的分类

本纲可分为3个亚纲,即前鳃亚纲、后鳃亚纲及肺螺亚纲。

(1)前鳃亚纲(Prosobranchia) 由于扭转作用,鳃、肛门等移至身体的前方。常见的种类有鲍(*Haliotis*)、钉螺(*Oncome lania*)、圆田螺(*Cipangopaludina*)、红螺(*Ropana*)、马蹄螺(*Trochus*)(图10-9)、宝贝(*Cypraca*)、笠贝(*Acamaea*)等。

(2)后鳃亚纲(Opisthobranchia) 全部海生,贝壳退化或完全消失,内脏团由前向后发生逆转,鳃又移到后方,结果又恢复到了原来祖先的体形。但扭转后失去的一些器官,逆转后一直未能再生。主要种类有海牛(*Doris*,图10-10)、海兔(*Notarchus*)、泥螺(*Bulaeta*)等。

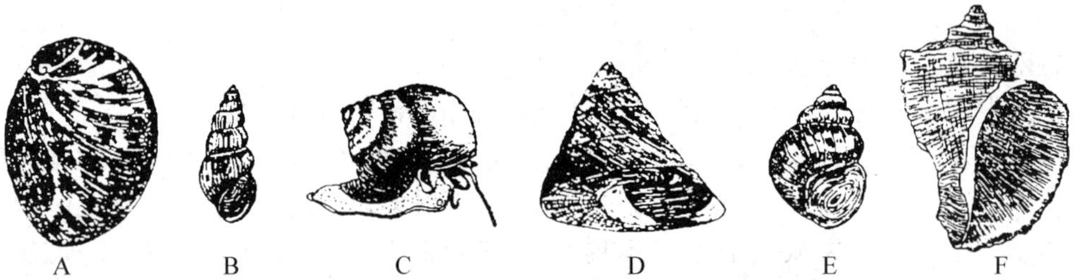

图 10-9　前鳃亚纲的代表动物(引自江静波)

A. 鲍　B. 钉螺　C. 圆田螺　D. 马蹄螺　E. 田螺　F. 红螺

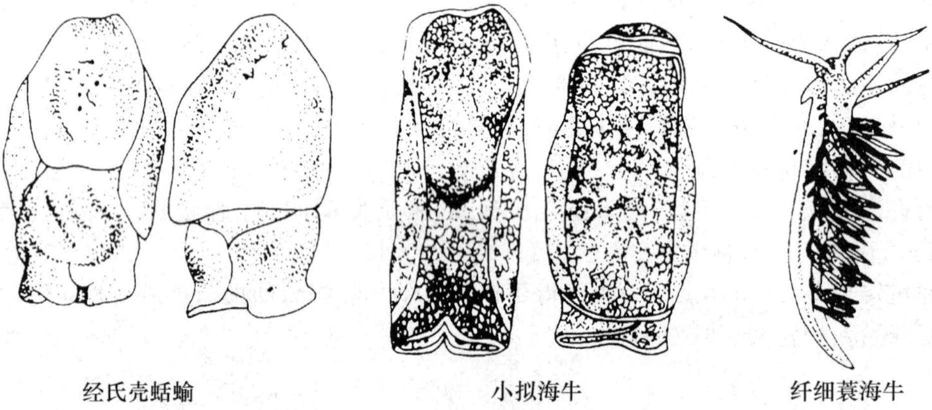

图 10-10　后鳃亚纲的代表动物(引自刘凌云)

(3)肺螺亚纲(Pulmonata)　这是腹足纲唯一过渡到陆地生活的种类,鳃消失,以"肺"呼吸,即利用外套腔内的表皮层进行气体交换。雌雄同体,异体受精。

常见的种类有蜗牛(*Helix*)、蛞蝓(*Limax*)、椎实螺(*Lymnaea*)(图10-11)、隔扁螺(*Seymentina*)、褐云玛瑙螺(*Achatina fulica*)、耳螺(*Ellobium*)等。

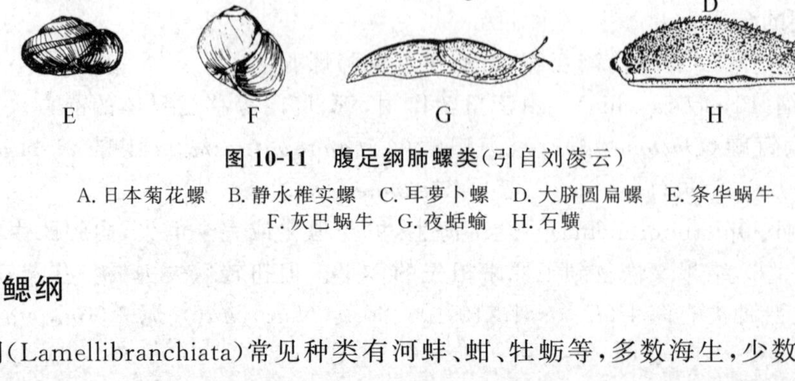

图 10-11　腹足纲肺螺类(引自刘凌云)

A. 日本菊花螺　B. 静水椎实螺　C. 耳萝卜螺　D. 大脐圆扁螺　E. 条华蜗牛　F. 灰巴蜗牛　G. 夜蛞蝓　H. 石蟥

七、瓣鳃纲

瓣鳃纲(Lamellibranchiata)常见种类有河蚌、蚶、牡蛎等,多数海生,少数分布于淡水中。

身体前半部常常钻入泥沙中，很少活动，即使移动也非常缓慢，有的种类甚至附着在岩石等物体上营固着生活。

(一)主要特征

瓣鳃纲动物身体侧扁，两侧对称。头部退化，外套腔内有 1 或 2 对瓣状鳃，故名瓣鳃类。雌雄异体，海产种类在发育过程中要经过担轮幼虫和面盘幼虫 2 个阶段，淡水生的种类有钩介幼虫期。

(二)代表动物

无齿蚌(*Anodonta* sp.)又名河蚌，淡水生，分布极广，多栖息于江河、湖泊、池塘或水田等的泥沙中，营底栖生活。

1. 外部形态

无齿蚌具左右两瓣贝壳。壳顶有硬蛋白形成的坚韧而有弹性的角质韧带，将双壳壳顶铰合在一起，称为铰合部(图 10-12)，双壳的开、关是由连接双壳上的 2 块闭壳肌来完成的，分别称前闭壳肌、后闭壳肌。它们由横纹肌和平滑肌组成，具有很强的收缩力，所以，要将活的河蚌双壳打开非常困难。足扁平，呈斧状，位于内脏团的下面，运动时，双壳略张开，足从腹面的前端伸出，作伸缩运动，在泥沙中缓慢移动。足的运动是靠前伸足肌和前、后缩足肌实现的(图 10-13)。

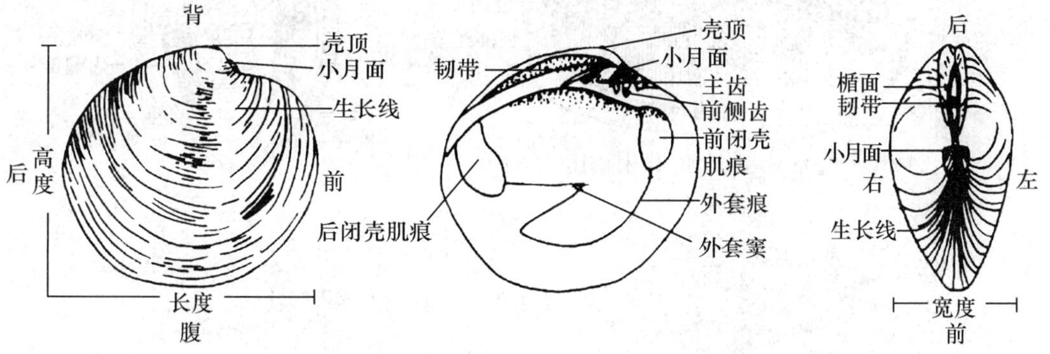

图 10-12　瓣鳃类贝壳(引自张玺)

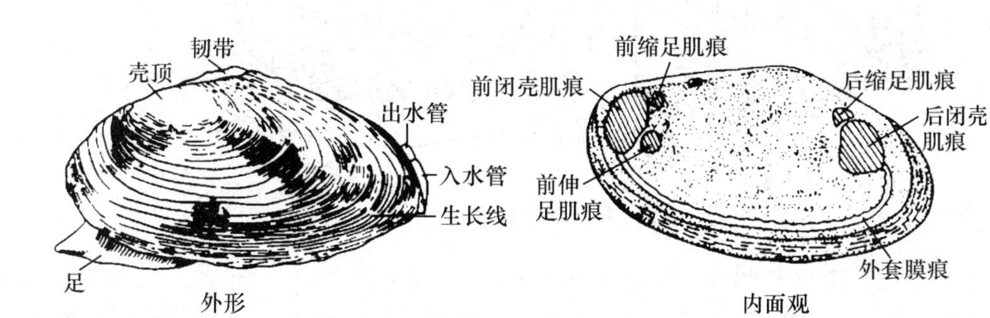

图 10-13　无齿蚌(引自 Matbeeb)

外套膜贴在贝壳内侧，背部相连，腹缘游离。2 片外套膜的后缘部分愈合形成了上、下 2 个水管，即入、出水孔。水流由下面的入水孔流入外套腔，然后，再由上面的出水孔流出。水的流动与瓣鳃类动物的取食、呼吸、排泄和生殖等都有密切关系。所以，多数种类，在身体埋入泥沙时,总是将后端露在泥沙外面。

如果外套膜的边缘受到损伤,与贝壳发生分离,往往沙粒、寄生虫等异物就容易侵入外套膜与贝壳之间,此时,外套膜外表面的上皮细胞受到刺激便迅速增生,形成包围异物的珍珠囊,并不断地分泌珍珠质包围在异物上,这样就形成了天然珍珠。河蚌偶然形成的珍珠一般较小,缺乏应有的光泽,经济价值不大。而较大的贵重珍珠都是由海产的贝类产生的。

2. 内部结构

(1)消化系统　头部退化,口位于腹足前面基部。口腔内无齿舌、颚片及唾液腺。但在口的两侧各有2片三角形的触唇,上面密生纤毛,可以击动水流,协助取食。口下面是较短的食道,其后是膨大的胃,滤食性种类的胃底部有许多褶皱,用以区分不同的食物。胃后部突出一柱状晶杆囊(style sac),开口于胃腔,囊内有一晶杆(crystalline style),凭借囊内的纤毛可让伸入胃内的晶杆进行旋转,让晶杆释放的消化酶(尤其是淀粉酶)与食物充分混合并形成柔软的食物团再进行消化。胃的周围是绿色的肝脏,并以短的肝管与胃相通。胃后是肠道,盘绕于足背部,再穿过围心腔,以肛门开口于出水孔附近,粪便随水流排出(图10-14、图10-15)。

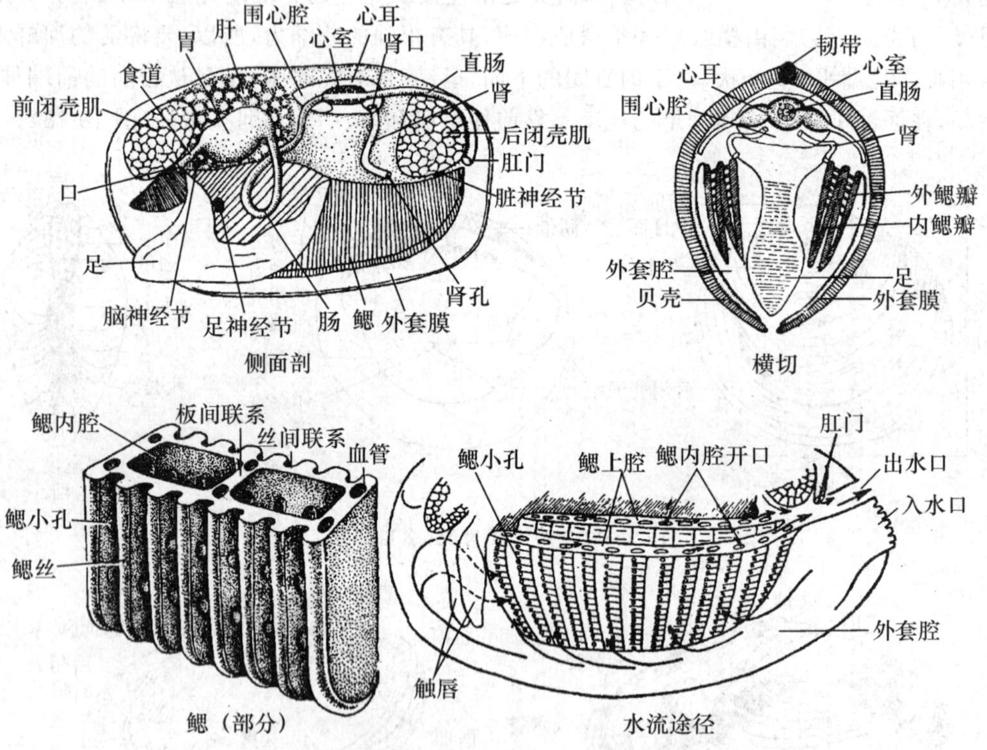

图 10-14　瓣鳃类模式图(引自江静波)

(2)呼吸系统　鳃位于身体两侧的外套腔内,其结构见图10-14。水流从入水孔进入外套腔,经鳃小孔入鳃水管,再到鳃上腔,最后由出水孔流出体外。除去鳃可进行气体交换外,外套膜也可进行部分呼吸。由于河蚌常营底栖生活,当水底有机物腐烂造成缺氧时,蚌可以借体内贮存的糖原进行无氧酵解来获取能量。

(3)循环系统　开管式循环,心脏由1个心室和2个心耳组成,位于围心腔中,内有直肠穿过。心室似一肌肉质套管,套在直肠的外面。其两侧各有1个三角形的薄囊状心耳与心室两

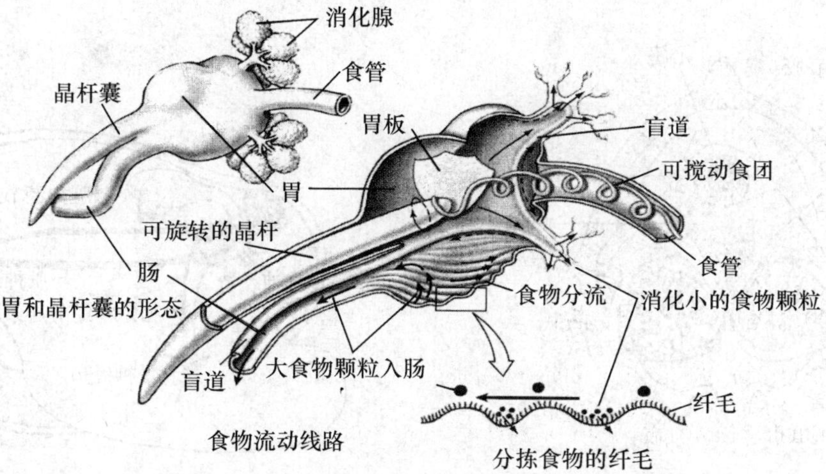

图 10-15　瓣鳃动物的消化系统(引自 Hickman)

侧的心孔相通。血液经心室流入前后两条动脉,再分支到达身体各部,进入血窦,再由静脉收集,分别经鳃、肾及外套膜流回心耳(图 10-16)。

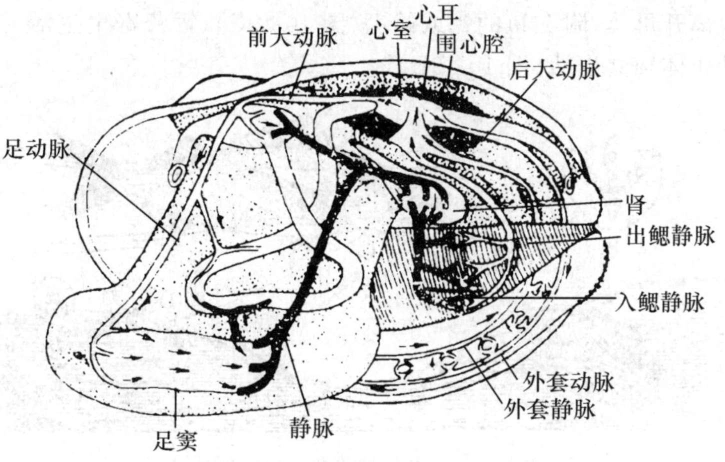

图 10-16　无齿蚌的血液循环(引自 R. Buchsbaum)

(4)排泄系统　肾脏 1 对,位于围心腔腹面两侧,呈"V"形,分上、下 2 部分。上部呈管状,前端是带有纤毛的肾口,通围心腔,下部为腺体部,通鳃上腔。肾脏既可由肾口收集含氮废物进入腺体部,也可经腺体部的微血管渗入,将代谢废物随水流排至体外(图 10-17)。

(5)神经系统:有 3 对神经节,其中侧脑神经节位于食道两侧,足神经节埋在足部中央,脏神经节位于后闭壳肌下方。由侧脑神经节发出的神经纤维,分别与足神经节、脏神经节相连,再分支至身体各部位。由于瓣鳃类不善活动,其神经系统不发达,感觉器官也退化(图 10-18)。

(6)生殖与发育　雌雄异体,生殖腺 1 对,呈葡萄状,位于足内的肠管盘绕处。睾丸呈乳白色,卵巢淡红色,各有 1 条生殖导管通向生殖孔,开口于鳃上腔。在生殖季节,雄体排出的精子随水流进入雌体鳃腔,在那里与卵相遇而受精图(图 10-19A),并孵化成钩介幼虫

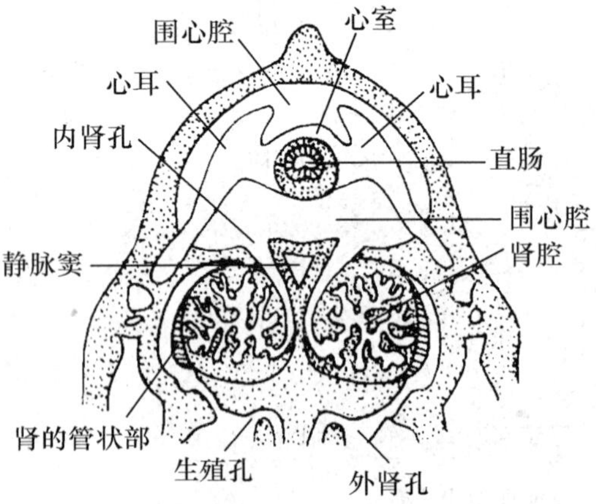

图 10-17 瓣鳃类动物的围心腔与肾

(引自 Lang)

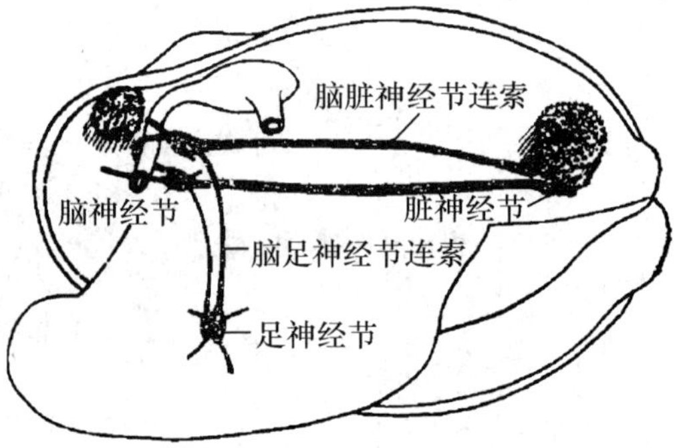

图 10-18 无齿蚌的神经系统

(引自 R. Buchsbaum)

(图 10-19B)。钩介幼虫有 2 片壳,壳边缘有倒钩,两壳间有 1 根足丝伸出壳外不断摆动。来年春天,钩介幼虫离开母体,附在鱼的鳃或鳍上(图 10-19C),暂营寄生生活。经 1~3 个月,发育成幼蚌,即离开鱼体独立生活(图 10-19D)。

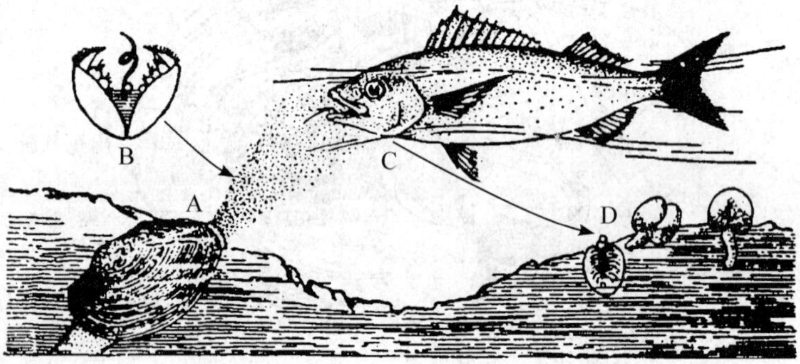

图 10-19 河蚌的发育(引自张玺)

(三)瓣鳃纲主要类群

本纲动物约 15 000 种。包括凿船贝(*Teredo*,10-20)、蚶(*Arca*)、贻贝(*Mytilus*)、扇贝(*Chlamys*)、缢蛏(*Sinonovacula*)(图 10-21)、珍珠贝(*Pteria*)、牡蛎(*Ostrea*)等。

八、头足纲

头足纲(Cephalopoda)是软体动物中最高等的类群。现存约 600 种,常见的有乌贼、柔鱼、章鱼等,体长一般 20~50 cm,但大王乌贼(*Architeuthis*)体长可达 18 m,围粗 6 m,体重几十吨,是无脊椎动物中最大的个体。被誉为活化石的鹦鹉螺是本纲中最原始的一目。化石种类也很多,如箭石(*Belemnites*)、菊石(*Ammonites*)等。头足纲动物全部海生,且多在较深的海底营自由生活,肉食性,以鱼虾等为食。因此,这类动物出现了许多明显的适应性特征。

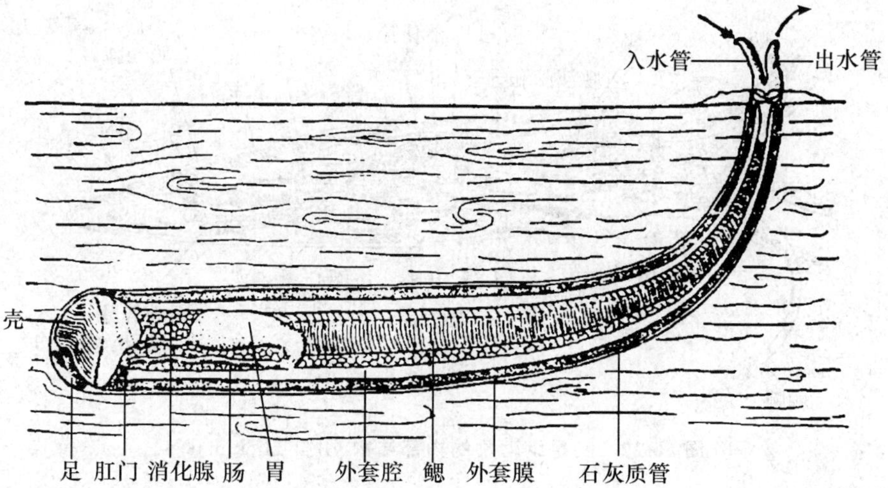

图 10-20　凿船贝在木材中(引自 Barnes)

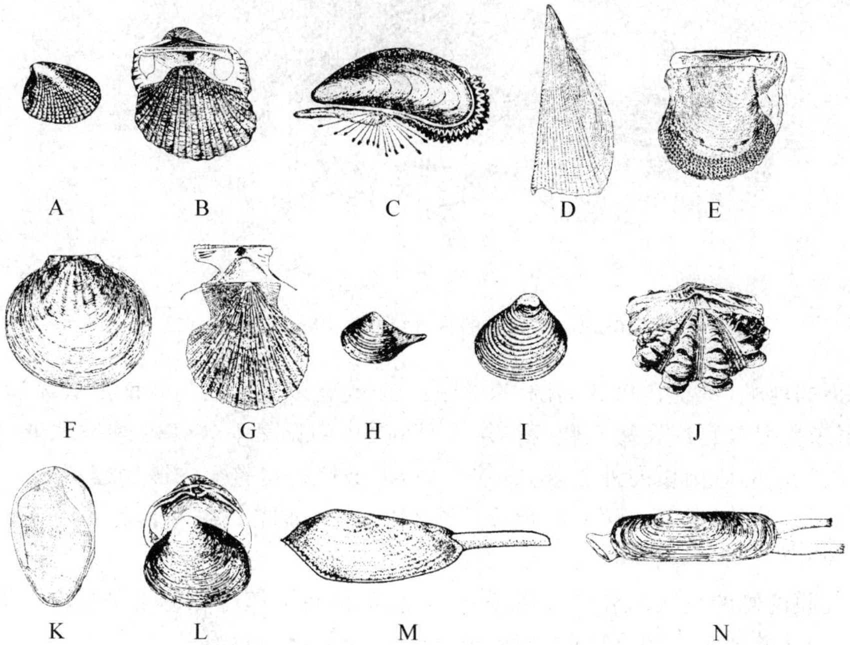

图 10-21　瓣鳃纲的代表动物(引自江静波)

A. 胡桃蛤　B. 泥蚶　C. 贻贝　D. 栉江珧　E. 马氏珠贝母　F. 日月贝　G. 栉孔扇贝　H. 中国杓　I. 河蚬　J. 砗磲　K. 马特海笋　L. 蛤蜊　M. 全海笋　N. 缢蛏

1. 外部形态

身体两侧对称,由头、足和躯干部构成。头部发达,前端中央是口,两侧有 1 对结构复杂的眼睛。足特化为腕和漏斗,分别执行捕食和运动的功能,并且和头部愈合在一起,故称为头足纲(图 10-22)。

除少数较原始的种类如鹦鹉螺还保留贝壳外,其他种类的贝壳退化或消失。鹦鹉螺约 3 500 种,绝大部分是化石种类,现仅存鹦鹉螺属,共 3 种,图 10-23 为鹦鹉螺的内部结构。乌贼、柔鱼的贝壳退化成一个石灰质的背板,俗称海螵蛸,埋在躯干部背面,起支持作用。

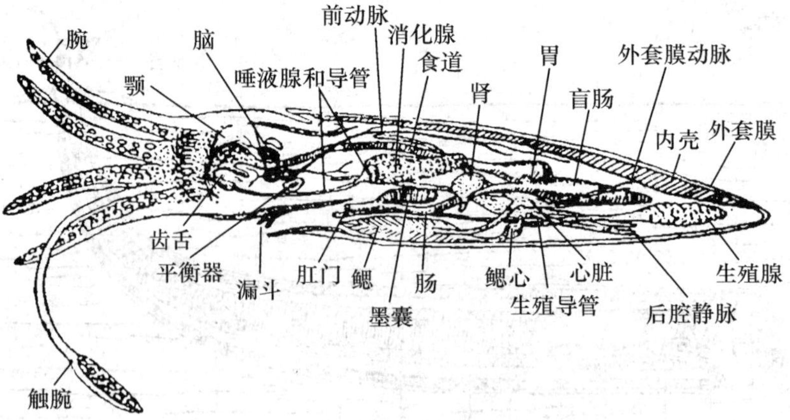

图 10-22　头足纲动物的内部结构(引自 Hickman)

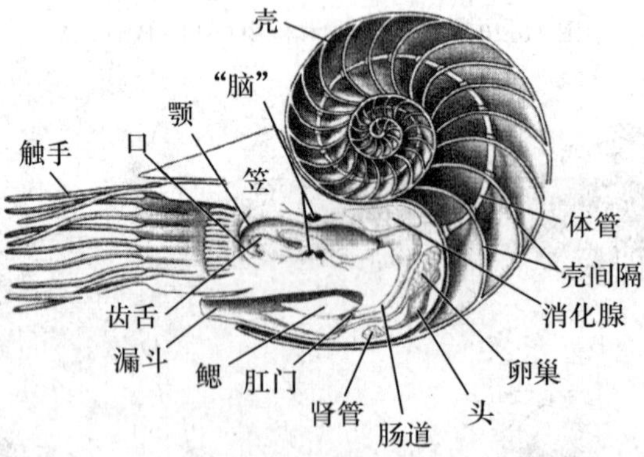

图 10-23　鹦鹉螺的内部结构(引自 Hickman)

腕位于头的前端,围绕在口的周围,有8～10个或更多。腕的内侧面上有序地排列着大而圆的吸盘,用来猎取食物或在海底爬行。躯干部宽大,背腹扁平(乌贼)或呈球形(章鱼),躯干部外面是一层很厚的肌肉质的外套膜,收缩有力,形似口袋将整个内脏团套裹起来。外套膜与内脏团在背面及侧面相连,腹面分离,形成一个很大的外套腔。在外套腔的前缘(颈的基部腹面),有一横的开口,与外界相通。

乌贼外套膜两侧的皮肤向外伸展成狭长的鳍,而柔鱼的鳍生在躯干部后端的两侧,呈三角形,鳍能使动物在游泳时维持身体的平衡,营底栖生活的章鱼没有鳍。

漏斗是足特化的运动器官,其最前端游离,裸露于外套膜之外,形成一个短的漏斗管(或称水管),后端呈漏斗型,与外套腔相通,并被外套膜覆盖。在漏斗基部两侧与外套膜对应的部位,有1对软骨质的闭锁器,能将外套腔的开口紧紧闭锁起来。当动物游泳时,水流由外套腔开口流入,这时,外套膜前缘收缩,闭锁器紧紧扣住,然后外套膜收缩,迫使水流从漏斗管向前喷射出去。借水流喷射的反作用,推动动物向后方游去。漏斗也可以弯向后方喷射,使动物向前运动。漏斗管是排出水流、生殖细胞、粪便和墨汁的开口。

头足纲动物用鳃呼吸,鳃成对,比较发达,呈羽状,位于外套腔两侧。

头足纲动物表皮下有许多色素细胞,可以随不同水域改变体色,用于自身防卫或恫吓其他动物。

2. 内部结构

(1)消化系统　发达,口腔内有1对发达的角质颚片,用以切取食物;口腔底部有呈带状的齿舌,被认为有推进食物的作用。食道细长,两侧有2个巨大的肝脏。胃长圆形,与胃盲囊相连,胃盲囊内有许多带纤毛的褶皱,防止未消化的食物进入小肠。已消化的食物被胃盲囊和小肠吸收。肠管从胃盲囊开始折向前方,肛门开口于外套腔。

除鹦鹉螺之外,多数头足类都有一个墨囊,位于肠的基部,相当于直肠腺,其上端有墨囊管与直肠平行,在肛门附近开口于直肠。当动物受到刺激时,墨囊分泌黑色的墨汁,由肛门排入外套腔,与水流一起从漏斗喷出,使周围的海水变黑,形成"烟幕",借此可以捕捉食物或逃避敌害。

(2)循环系统　接近闭管式循环。血管发达,心脏位于围心腔内,由1个心室、2个心耳和1对鳃心组成。鳃心位于肾和鳃之间,它的收缩能加速静脉血入鳃进行气体交换,提高循环效率。

(3)排泄系统　排泄器官是1对肾脏,位于心脏上方,1对排泄孔开口于外套腔,位于肛门的两侧。

(4)神经系统　高度发达且集中。由脑神经节、足神经节、侧神经节与脏神经节及它们与脏神经节合成的侧内神经节都集中到头部,被脑软骨包裹着。此外,还有视神经节、胃神经节及星芒神经节。它们的眼已接近脊索动物水平(图10-24)。

(5)生殖与发育　头足纲动物雌雄异体,体内受精,直接发育。

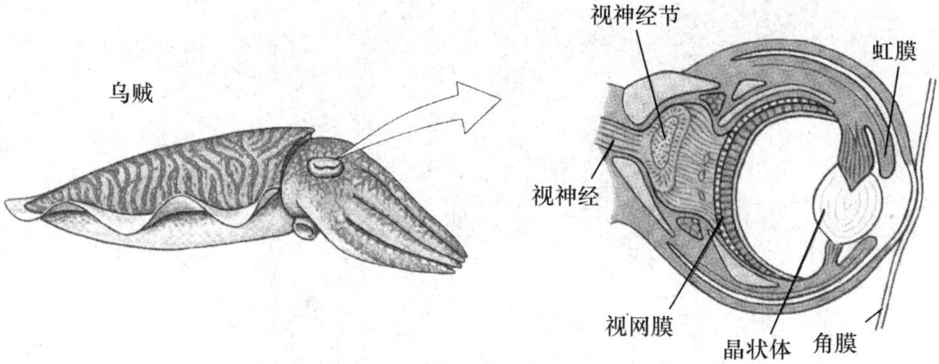

图10-24　乌贼眼睛的结构(引自Hickman)

第三节　软体动物的系统发展

软体动物的海产种类个体发育为螺旋型卵裂,且具有担轮幼虫,排泄器官为后肾管,这些特点均与环节动物尤其是多毛类近似。故有理由认为软体动物和环节动物在系统发生中有着共同的起源。在长期进化中,朝着不活跃的生活方向发展,因而产生了被动防御的贝壳,运动器官和神经感官均未能得到长足发展(头足纲例外)。软体动物门中的尾腔纲、沟腹纲、单板纲及多板纲较为原始,这几类近似梯式的神经、蠕虫状体形、无壳等现象,由于这些原始性状的存在,有理由认为它们最接近软体动物的原始祖先,各自朝着独立的方向发展。

掘足纲动物的头不明显,肾成对,脑神经节与侧神经节分开,这些表明其接近于原始的瓣鳃类，但掘足纲动物无鳃，无心脏，贝壳筒形，又显示与其他纲动物在演化上较为疏远，可能是较早分出的一支。

腹足纲相对较为原始，其生活方式稍活跃，头部较发达。瓣鳃纲生活方式不活跃，无头，但原始种类与腹足纲接近。

头足纲为一个古老的类群，起源早，化石种类多。它们的生殖腔与体腔相通，似无板纲；个体发生中在胚胎早期无肾，似多板纲和无板纲；生殖导管来源于体腔导管又似多板纲。由于头足类具有原始软体动物的特点说明它们与软体动物的原始种类接近。但头足类有些结构，如复杂神经系统高度集中，且为软骨质包围；眼的结构似脊椎动物，闭管式循环系统；直接发育，无幼虫期。由于头足类既有原始性状，又有高度的进化特征，故推测它们可能是很早分出的一支，沿着更为活跃的生活方式发展的一个独立的分支。

第十一章　环节动物门

进化地位：环节动物门（Annelida）属原口动物分支，具三胚层、真体腔，是最早出现身体分节的类群，螺旋式卵裂。与软体动物亲缘关系紧密。

现已知的环节动物约有 15 000 种，多数种类身体微小，但最大者体长可达 4 m。它们在海洋、淡水、土壤中，甚至陆地上都有分布。常见的有蚯蚓、蚂蟥和沙蚕等。扁形动物、原体腔动物、环节动物都是蠕虫状，身体柔软，借体壁肌肉蠕动作蠕动式运动，故将它们称为蠕形动物。环节动物的形态结构和生理功能都较为完善，如身体由表及里的分节，具有真体腔，出现了疣足和刚毛，具备了完善的闭管式循环系统和按体节排列的后肾管，链状神经系统等（图 11-1）。

图 11-1　环节动物（引自 Miller）

第一节　环节动物的主要特征

一、分节现象

环节动物的身体出现了分节现象。分节是指身体沿纵轴分成许多相似的部分，每个部分称为一个体节。多数环节动物除头部外的其他体节，不但外表上相似，而且神经、排泄、循环、生殖等内部器官，也按体节重复排列，这种形态和功能上基本相似的分节现象，称为同律分节（图 11-2）。

分节现象是高等无脊椎动物的一个重要标志。它的出现促进了动物的形态结构和生理功能向高一级水平的分化和发展。由同律分节发展到异律分节，为进一步分化为头、胸、腹提供了可能性。动物产生体腔后，尽管肌肉附着在体腔上，使体腔有了流体静力骨骼的作用，但初期的体腔内部仍是一个大的液腔，肌肉的收缩只能使动物做简单的摇摆动作，当分节现象出现后，体腔被分割成了一系列的小室，其他各系统也都按节排列，这不仅使各系统分工明确，效率提高,也使得各节的独立运动成为可能,更提高了运动调控的精确性。分节也提高了动物有机体的抗损伤能力,如某部分受到损伤,其他体节仍可执行功能而不会导致致命的伤害。

环节动物多为同律分节,但也有少数种类体节又有了进一步的分化,出现头部和躯干部,如多毛纲动物,有向异律分节发展的趋向。

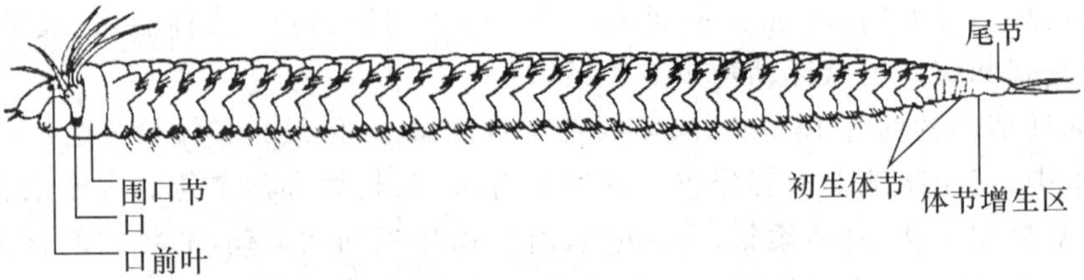

图 11-2 沙蚕的外形(引自 Barnes 等)

二、高度发展的真体腔

环节动物的真体腔位于体壁和消化管之间(图 11-3)。它是在胚胎发育初期,由 2 个中胚层细胞发育为 2 团中胚层带,后来每团中胚层带中间裂开形成体腔囊,随着体腔囊不断扩大,囊胚腔逐渐缩小,最后左、右体腔囊在背腹部中央处愈合,形成背肠系膜和腹肠系膜。在背肠系膜和腹肠系膜中,遗留下来的囊胚腔部分即为背血管和腹血管的管腔。这样在肠壁和体壁上都有中胚层发育来的肌肉层和体腔膜,体腔囊靠近内侧的中胚层即肠壁的肌肉层和脏体腔膜,靠近外侧的中胚层即体壁的肌肉层和壁体腔膜,夹在 2 层膜之间的空腔即为真体腔,环节动物将真体腔发展到了很高的水平(图 11-4)。体腔内充满体腔液,体腔液既是运输营养物质的介质,也是贮存代谢废物的场所。该体腔被横膈膜依体节分隔成体腔室,各室间有小孔相通,各体腔室又通过各自的排泄管与外界相通。

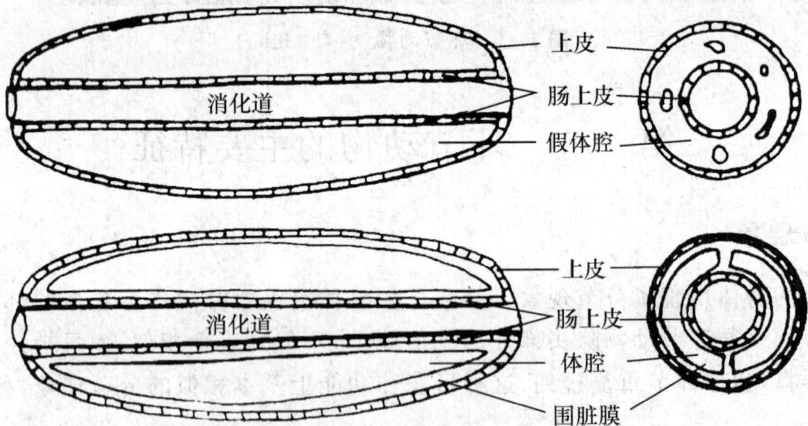

图 11-3 真、假体腔的比较(引自 Hickman)

次生体腔的出现使消化管壁出现了肌肉层,使肠壁能够产生蠕动,在化学性消化的基础上又增加了机械消化食物的作用,从而使环节动物的消化能力大大提高,同时,还促进了消化管道在机能上和形态上的进一步分化。此外,真体腔的形成,也进一步促进了循环、排泄、神经系统的发展。

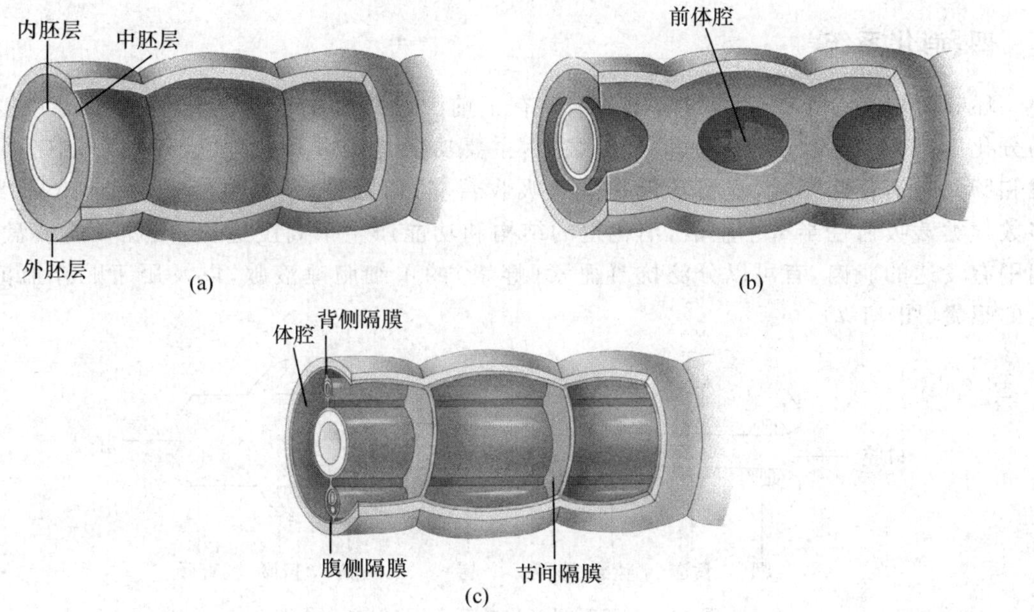

图 11-4　环节动物分节的发展与体腔的形成(引自 Miller)

三、疣足和刚毛

首次以附肢形式出现的疣足和刚毛，无疑为动物的便捷、快速运动提供了保障，加强了环节动物游泳和爬行的能力。海产环节动物出现了疣足式的原始附肢，一般每个体节 1 对，位于身体两侧。疣足是体节两侧体壁向外突出形成的扁平状结构，其上有刚毛。

刚毛是由表皮细胞内陷的刚毛囊中细胞分泌形成的(图 11-5)。刚毛的活动由刚毛肌(牵引肌和缩肌)支配，这组肌肉交替伸缩，使刚毛伸出或缩入体壁。寡毛类的疣足退化，刚毛直接着生在身体上，蛭类则连刚毛也消失了。

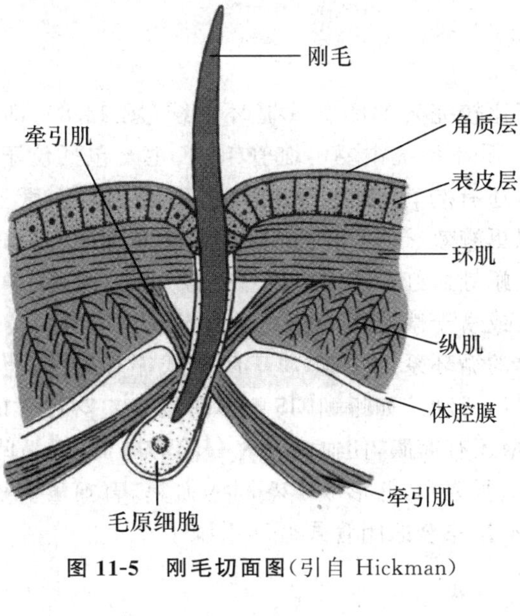

图 11-5　刚毛切面图(引自 Hickman)

四、消化系统

环节动物具有比较完善的消化系统。有了前、中、后肠的分化。其中,肌肉层发达的前肠分化出口腔、咽、食道、嗉囊、砂囊等结构,主要功能是摄取和软化、磨碎食物;中肠分化出胃和肠并与消化腺相通,主要功能是消化吸收营养;后肠较短,经肛门通向体外(图 11-6)。多数蛭类营吸血性半寄生生活,消化道的结构和功能产生了高度适应,出现了前吸盘,咽壁周围有发达的肌肉,有可以分泌抗凝血素(蛭素)的单细胞唾液腺,以及用于贮存血液的发达的嗉囊(图 11-7)。

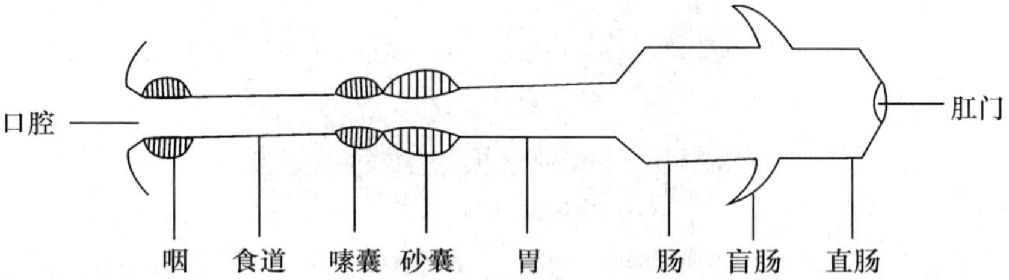

图 11-6 环毛蚓消化道示意图(引自左仰贤)

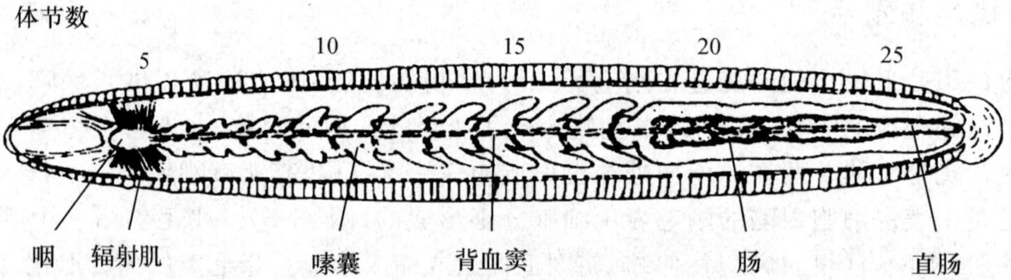

图 11-7 医蛭的内部结构(引自 Barnes)

五、循环系统

环节动物开始出现了比较完善的闭管式循环系统(图 11-8),即血液始终在血管中流动,血液和体腔液完全分开。循环系统主要由血管组成,主要包括位于肠道背、腹面的较粗大的背、腹血管(与肠管平行),还有与背、腹血管相连的环血管,环血管上有许多细小分支的微血管。这样的循环系统可以更有效、迅速地完成营养物质和代谢产物的运输。环节动物的血液具有血红蛋白、血绿蛋白、蚯蚓血红蛋白 3 种呼吸色素,有的种类同时具有 1 或 2 种呼吸色素。环节动物通过湿润的体表或富于微血管的疣足与外界进行气体交换。

多毛类和寡毛类动物的循环系统相似,属于闭管式循环系统。促使血液在封闭的血管内循环主要靠血管壁有规律地搏动。如蚯蚓,其身体前端有 4 对粗大的环血管。依靠管壁肌肉的收缩而产生搏动,管内壁还有瓣膜,使血液朝着一个方向流动,为此,常把它称为心脏。而在蛭类中,真体腔为结缔组织所填满,并形成了不同的血窦,背血管和腹血管存在于血窦中。所以,蛭类的循环系统已经不是完全的闭管式循环系统了。

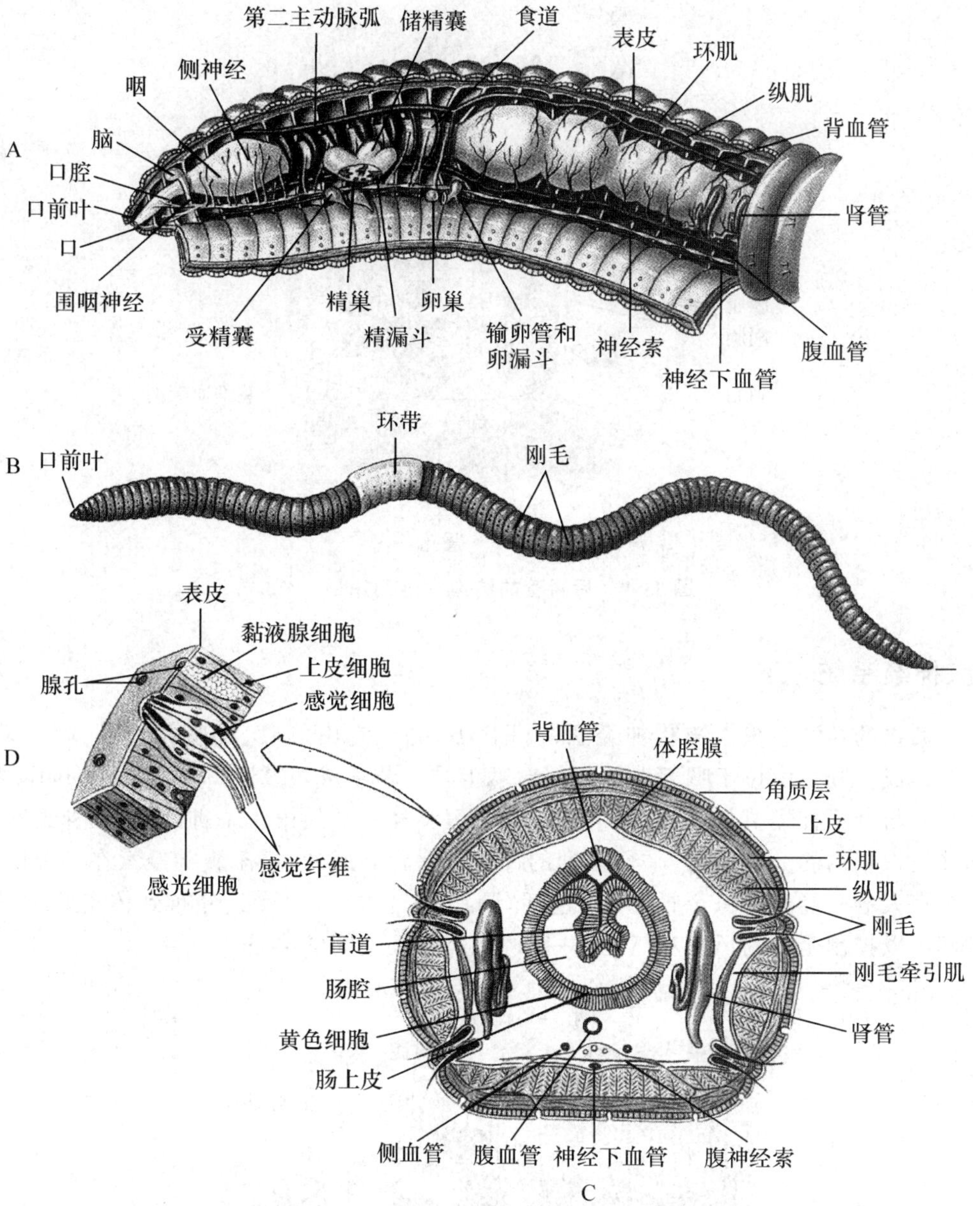

图 11-8　环毛蚓循环系统示意图(引自左仰贤)

A. 蚯蚓前端内部解剖　B. 蚯蚓外形　C. 蚯蚓横切　D. 表皮内的感觉细胞

六、排泄系统

大多数环节动物的排泄系统按体节排列、由成对的后肾管组成(图 11-9)。典型的后肾管是一条迂回盘绕的细管,一端开口(肾口)于前一体节的体腔内,另一端开口(肾孔)于本体节的腹面,直通体外。肾口为漏斗状,口缘具纤毛,纤毛的摆动可以促进体腔中的液体流入后肾管。体腔液被收集进入肾口后,一部分有用的物质(如蛋白质、无机盐类、水等)又被重吸收进入肾管壁毛细血管的血液中。同时血液中的一些代谢废物通过肾管壁的过滤进入肾管,与剩余的代谢废物(尿素)一起由肾孔排出体外。

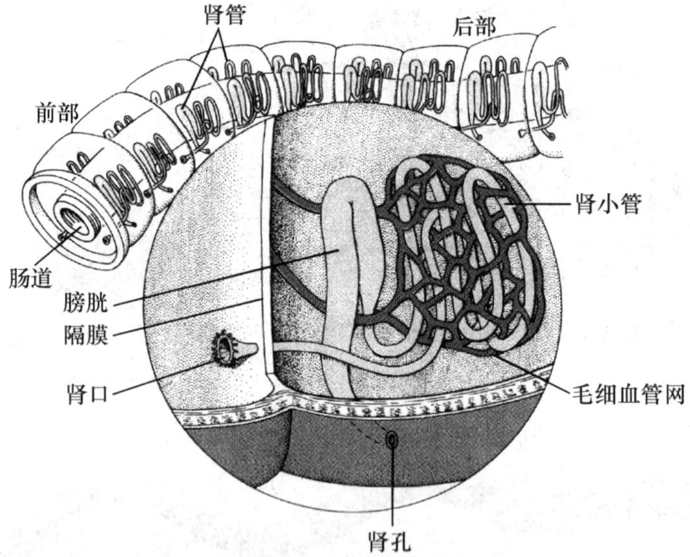

图 11-9 后肾管的结构(引自 Hickman)

七、神经系统

环节动物的神经系统为链状神经系统(图 11-10)。它由"脑"、围咽神经环、咽下神经节、腹神经索构成。"脑"由位于咽部背面的一对咽上神经节组成,从"脑"向两侧发出围咽神经,围绕咽在腹面与咽下神经节相连接,咽下神经节是腹神经索上的第一个神经节,腹神经索是由包围在结缔组织鞘内的 2 条紧密、平行排列的神经链联合而成的,这条腹神经索在每个体节中部都有一个膨大的神经节。每个神经节(包括"脑")发出的神经纤维,分布到体壁和内部器官。其中"脑"可以控制全身的运动和感觉,并协调机体与环境间的关系。

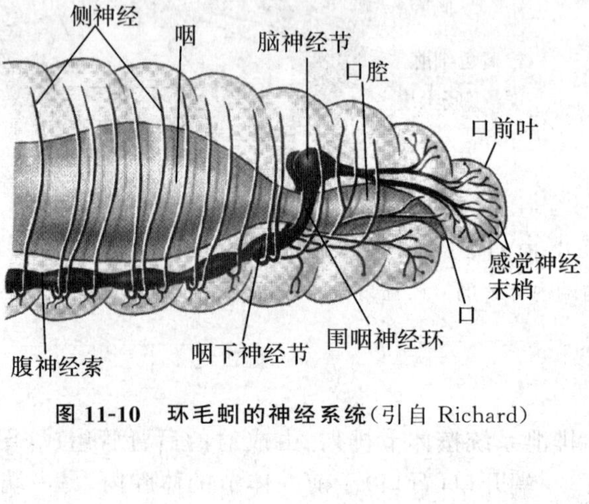

图 11-10 环毛蚓的神经系统(引自 Richard)

八、生殖与发育

环节动物大都进行有性生殖。为雌雄同体或雌雄异体。淡水和陆生种类为直接发育,海产种类在胚胎发育过程中有一个担轮幼虫阶段,以后担轮幼虫经变态转为成虫(图 11-11)。

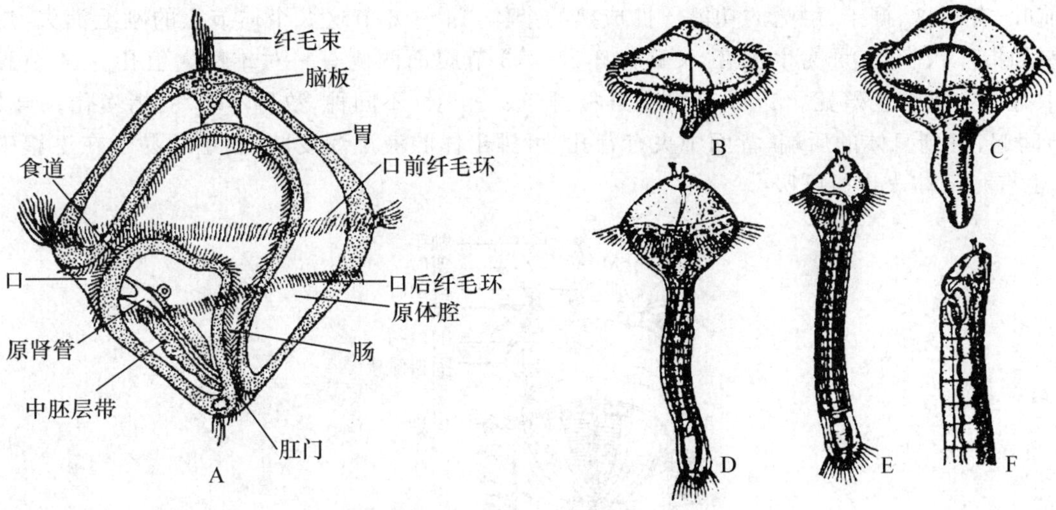

图 11-11　多毛类的担轮幼虫(引自许崇任)

A. 担轮幼虫的构造　B～F. 担轮幼虫的变态

第二节　环节动物门的分类

环节动物约 9 500 多种，分为多毛纲、寡毛纲、蛭纲 3 个纲。

一、多毛纲

多毛纲(Polychaeta)是本门中最原始的类群，已知约有 6 000 种，绝大多数生活于浅海沙滩，既可游泳或爬行，又能穴居于泥沙和石缝中，也有些淡水或土壤中的种类。代表动物为沙蚕(*Nereis*，图 11-12)。

此纲动物身体一般呈背腹稍扁的圆柱形，有明显的“头部”，由口前叶和围口节组成，上有发达的感觉器官，眼 1 对或多对，有感光作用；并有触须和触手，为感觉和摄食器官。从围口节以后，除末节外，每个体节的两侧都有一对疣足，疣足分背、腹两肢。每肢有 1 束刚毛和 1 或 2 根足刺，具有运动和支持疣足的功能。背肢的背侧有背须，腹肢的腹侧有腹须，背、腹须均有触觉和呼吸作用。排泄孔位于疣足腹侧的基部。末节有 1 对肛须，肛门位于肛须之间。雌雄异体，生殖系统较为原始，生殖腺只在生殖季节出现。无生殖环带，发育中有担轮幼虫期。

二、寡毛纲

寡毛纲(Oligochaeta)已知约有 3 000 种，大多数栖息于潮湿、富含有机质的中性土壤内，也有少数生活于淡水或海水中。

此纲动物身体一般呈长圆筒形，无明显的头部，感觉器官退化；无疣足，刚毛着生在体壁上，成为主要的运动器官；雌雄同体，异体受精，性成熟时体表产生环带，卵产于卵茧中，直接发育，无担轮幼虫期。

代表动物是环毛蚓(*Pheretima*)，体呈长圆筒形(图 11-13)。除第 1 节和最后 3 节外，其余体节形态上基本相同，每节有一圈刚毛环绕。无明显的头部和感觉器官。口上方有一肉质的口前叶，有摄食、掘土、触觉的功能。性成熟的个体，14～16节这3个体节上的刚毛消失，皮肤增厚如指环状隆起，称为生殖带，又称为环带。18节腹面两侧有一对雄性生殖孔。14节腹面正中有一个雌性生殖孔。5～9节间腹面两侧有2～4对(不同种，数目不同)受精囊孔。自7～8节间起，直到身体的后端，背面中央有背孔，可排出体腔液湿润皮肤，使蚯蚓易于在土壤中钻动，也有利于体表进行呼吸。

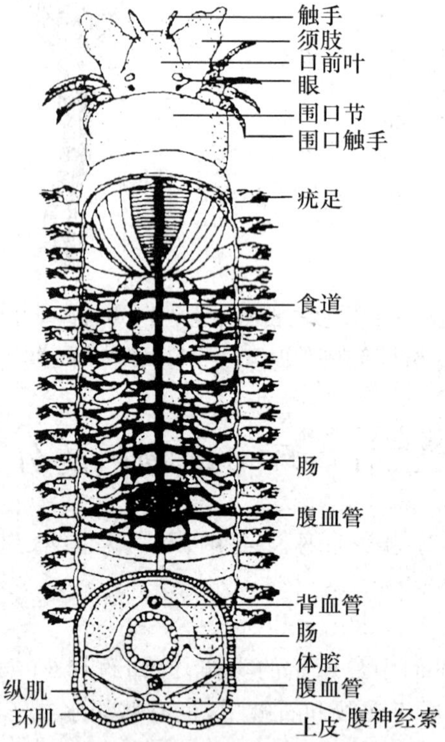

图 11-12　沙蚕的内部结构(引自 Richard)

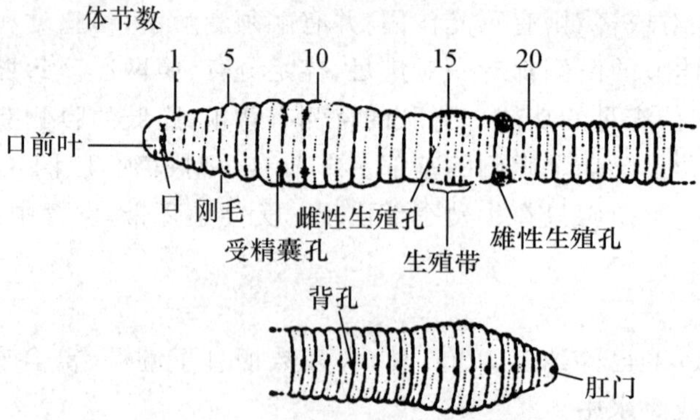

图 11-13　环毛蚓的外形(引自许崇任)

蚯蚓是雌雄同体。雄性生殖系统有精巢2对，各与精漏斗包于精巢囊内，位于10、11节的腹面；储精囊2对，各与一精巢囊相连，位于11、12节内；精巢产生的精细胞先在储精囊中发育，成熟后再回到精巢囊内，由精漏斗到输精管，两侧输精管在18节与前列腺汇合，由雄性生殖孔排出。雌性生殖系统有卵巢1对，位于13节腹面前沿，成熟的卵细胞落入体腔后，经1对卵漏斗，进入输卵管，在14节汇合，由雌性生殖孔排出(图11-14)。

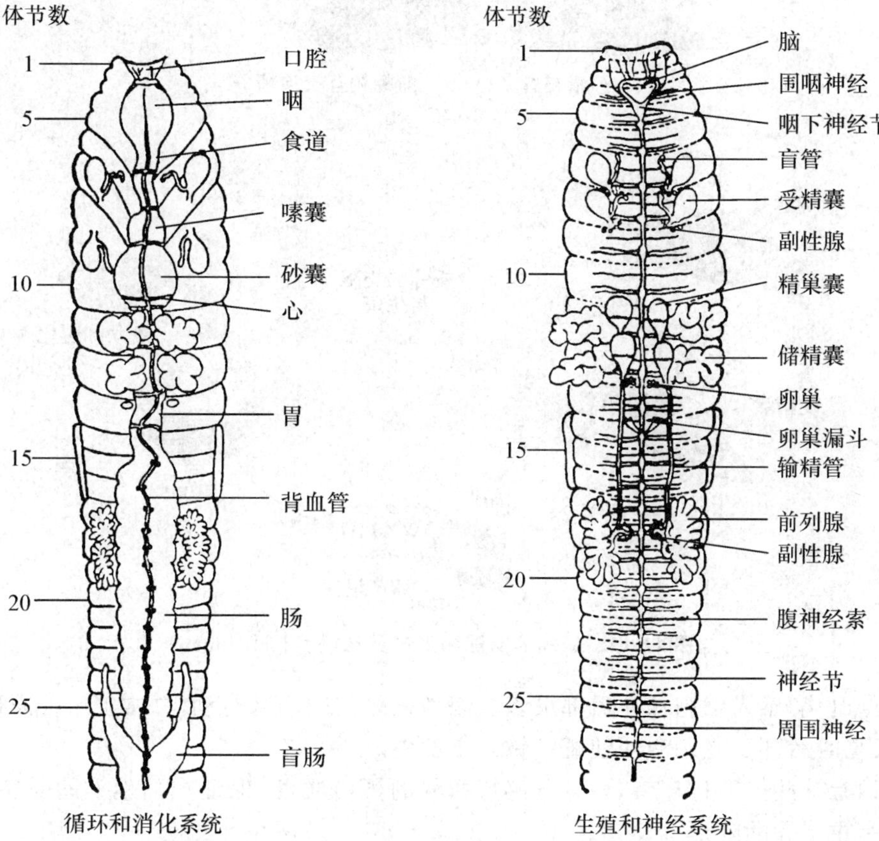

图11-14　蚯蚓的内部结构(引自许崇任)

蚯蚓虽是雌雄同体，但异体受精。交配时，两条蚯蚓前后相反靠贴、副性腺分泌的黏液使其互相粘连，精液自雄孔输入对方受精囊中储藏。卵成熟时，环带分泌黏物形成茧，卵产入茧内，蚯蚓身体作后退蠕动、卵茧向前移动，到受精囊孔处，受精囊内的精子流入茧内，使茧中的卵受精，蚓体继续作后退蠕动，茧自前端滑下自行封口，成为蚓茧。蚓茧留在土壤中发育，每1个蚓茧中有1～3个卵，直接发育为幼蚓，2～3周后幼蚓离开蚓茧，独立生活，约半年后即性成熟，成熟个体每月产蚓茧3～4个(图11-15)。

蚯蚓在土壤中生活，因而身体的构造表现出对土壤生活的适应。

①体表有黏液腺，可以分泌黏液，同时还可由背孔分泌体腔液来湿润皮肤使其在土壤中钻动时有润滑作用，同时，不易损伤皮肤并利用皮肤呼吸。

②头部退化。因为土壤钻动时用不着感觉敏锐的头部，同时，灵敏的感觉器官如触须、触手、眼点在土壤中摩擦时反易受损伤。

③ 疣足退化，刚毛着生在体壁上。使身体向前钻动时得到有力的支撑。

④口前叶可以伸缩。它受体腔液的压力，可以向前伸张，吞食土壤。通过消化吸收，剩余的泥土由肛门排出。这样既可摄食又利于钻动。

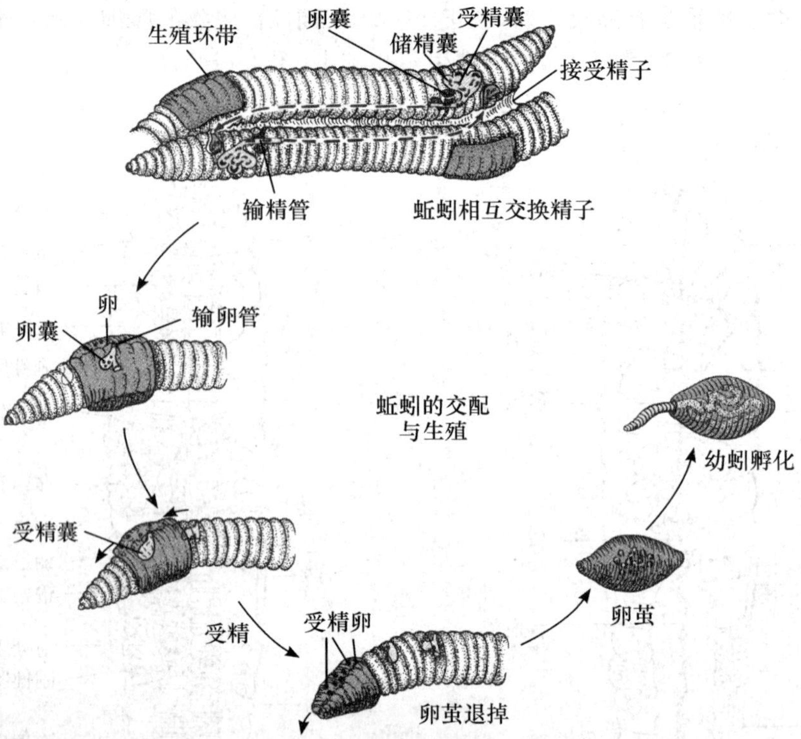

图 11-15 蚯蚓的交配和形成卵茧(引自 Hickman)

⑤眼点退化,感光细胞却在后部最多。因为蚯蚓夜间出来行动,并常把后部露出土面排出“蚓粪”,天亮时后部受光刺激便使蚯蚓钻入土壤中。

⑥蚯蚓有某些体节称环带,可以分泌戒指状的蛋白质管,保证在陆地上的受精作用,同时又可使胚胎在干燥的陆地上发育。

三、蛭纲

蛭纲(Hirudinea)已知约有 500 种,大多数生活在淡水中,少数生活在海水中或陆生。营寄生或半寄生生活,也有掠食性或腐食性的种类。

此纲动物身体一般呈背腹扁平的圆柱状,体节数目固定,每节又分为若干体环;头部不明显而具前、后吸盘,具成对的眼点而无疣足和刚毛;口腔内有颚,咽肌和嗉囊发达;雌雄同体,性成熟时有环带,直接发育,无担轮幼虫期;次生体腔被结缔组织填充而退化成血窦系统。

代表动物为医蛭(*Hiruo*),是半寄生吸血习性的动物,身体略扁,柱状。背面呈黄绿或黄褐色,有 5 条黄白色纵纹,以中间一条最宽,纵纹两侧有黑褐色小斑点,腹面暗灰或黄绿色,无斑纹。成体可见 27 个体节,前端背面具有眼点 5 对,排列成弧形(不同种的体节与眼点数不同,眼点排列方式也不同)。每个体节上有数目不等的环,外观体节与体环难以区分。医蛭身体前后端各有一吸盘,前吸盘中央为口,后吸盘背侧有肛门。医蛭口腔有 3 个颚,颚上有角质的细齿,吸血时可将皮肤锯成“Y”形伤口,唾液腺能分泌一种扩张血管、抗凝血作用的类组胺化合物——蛭素,使血流不止。口腔下接咽,食道短,下接大的嗉囊,嗉囊两侧还分出许多盲囊,可贮藏超过体重 6 倍的血液,供自身生活 200 d 以上。生殖系统与寡毛纲相似,雄性生殖系统有精巢10对，各以输精小管通至输精管，左右射精管同时开口于阴茎。雌性生殖系统有卵巢1对，包在卵巢囊中，2个输卵管在中间汇合成总输卵管，经阴道开口于雌性生殖孔（图11-16）。

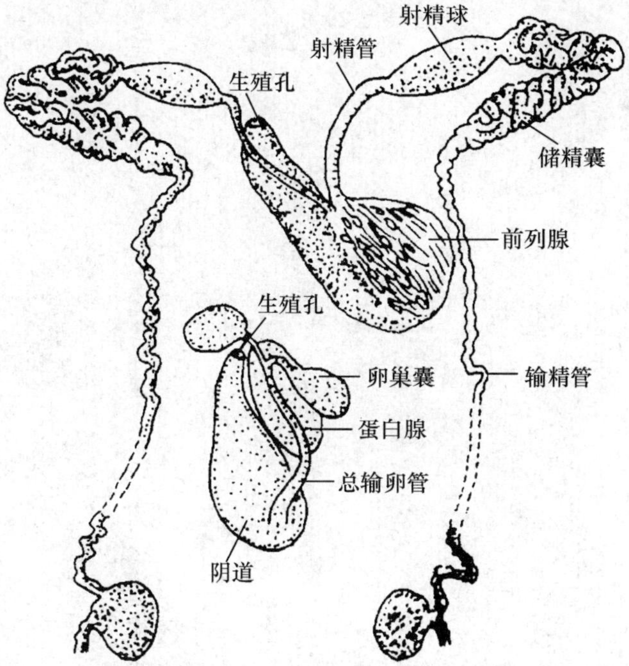

图 11-16　医蛭的生殖系统（引自江静波等）

第三节　环节动物的系统发展

环节动物身体首次出现了分节现象，真体腔得到了高度的发展，这在动物演化史上是巨大的飞跃。一般认为环节动物起源于扁形动物的涡虫纲，其理由是有些种类的成虫和担轮幼虫阶段均具管细胞的原肾管，与扁形动物的焰细胞构成的原肾管类似，环节动物的多毛类为螺旋式卵裂，也与涡虫纲的多肠目相似，此外，担轮幼虫与牟勒氏幼虫在外形上也相似，故认为环节动物起源于扁形动物涡虫纲。

这一门中多毛类比较原始，具担轮幼虫期；寡毛类直接发育，头部退化，是适应穴居生活的结果，推想是多毛类早期分化出的一支；蛭纲与寡毛类关系较近，它们均为雌雄同体，推测蛭纲可能是由寡毛类演化而来。

第十二章　节肢动物门

进化地位：节肢动物门(Arthropoda)属原口动物分支，两侧对称，三胚层，混合体腔，开管式循环，螺旋式卵裂。出现了坚硬的外骨骼，身体高度的异律分节，使得各部有了明显的机能上的分工，附肢的特化使其运动的灵活性得到了极大的提高(图 12-1)。

图 12-1　节肢动物(虾)(引自 Miller)

节肢动物种类繁多(约 100 万种)，数量巨大，约占动物界种类的 85%，且分布广泛，水中、陆地、空中、动植物体内外，都有它们的踪迹，与人类的关系极为密切。

第一节　节肢动物的主要特征

一、异律分节的高度发展

在环节动物同律分节的基础上，分节现象进一步发展与分化，逐步形成了明显的头部、胸部和腹部。这种分节不仅仅是形态上的分区，更有机能上的分化。头部是感觉和摄食的中心，胸部是支撑和运动的中心，腹部是生殖和代谢的中心。这种反映在外部形态和生理功能上的全然不同的分节现象，称为异律分节。本门动物中也有不少的种类头部与胸部愈合成头胸部或胸部与腹部愈合成胸腹部。

分节不仅体现在躯体上，节肢动物的附肢也是分节的。在身体与附肢、附肢的节与节之间，都具有可活动的关节，在运动等方面比环节动物的疣足更具灵活性。通常每个体节着生 1 对分节的附肢，但这种情况往往随着分节和附肢功能的特化而有所改变，肢体运动实质是由内部肌肉牵动中空的杠杆来完成的，而肌肉则是强有力的横纹肌。分节附肢不仅便于运动，有的附肢还特化出了摄食、感觉、触觉、平衡、个体间的信息交流以及协助呼吸、生殖等功能。附肢上还有感觉毛(以及刚毛和刺)，为感觉、摄食、运动、游泳而特化。

二、几丁质外骨骼与肌肉

节肢动物具有一高度保护性而又不失运动灵活性的外骨骼,它是由下面表皮分泌出来覆盖于体表的角质膜。角质膜由较厚的前角质膜(内层)和相对较薄的上角质膜(外层)构成。前角质膜又可分为蜕皮前分泌的外角质膜和蜕皮后分泌的内角质膜。外角质膜与内角质膜均由几丁质和蛋白质形成。几丁质为一种坚韧、富有弹性、含氮的多糖类化合物,即醋酸酰胺葡萄糖($C_{32}H_{54}O_{21}N_4$)$_n$,它不溶于水、碱和弱酸。因而前角质膜不仅柔韧、轻巧,更能提供保护及防止水分的蒸发。有些甲壳纲动物几丁质可占到前角质膜的60%～80%。但昆虫则一般不超过50%(其余为蛋白质)。大多数甲壳纲动物的前角质膜中渗入了大量的钙盐,从而降低了其灵活性。如拥有坚硬外壳的龙虾、螃蟹,钙化现象就达到了极致。上角质膜由蛋白质和脂类组成,蛋白质经化学交联(硬化)变得稳定和坚硬,从而进一步增强了保护作用。前角质膜和上角质膜均由数层构成。许多昆虫的上表皮外还具有蜡层,以减少水分的丢失(图12-2)。

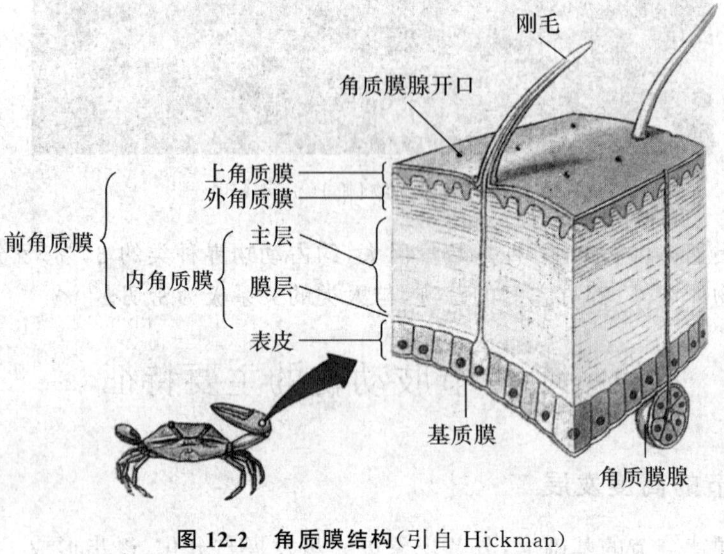

图12-2 角质膜结构(引自Hickman)

角质膜可以是柔软、能渗透或是坚实的外壳,在体节间和附肢的节间,它们薄而富有韧性,构成了灵活的关节,使自如的运动成为可能。在甲壳类和昆虫类,角质膜向内生长构成了角质膜内突,供肌肉附着。它还可以固定前肠、后肠,固定并支撑气管,固定口器使之更锋利,固定感官、交配器官等。由此可见,几丁质外骨骼不愧是多功能的物质(图12-2)。

然而,这种无法伸展的外骨骼却严重地束缚了动物的生长,要想继续长大,必须每间隔一段时间,在体内激素的调控下,脱去外壳,使身体进一步长大,这一过程称脱壳或蜕皮。2次蜕皮之间的生长期称龄期。节肢动物一般要经历2～10次蜕皮才能长成成体。有些种类甚至到成体后仍继续蜕皮。随着身体的长大,外骨骼也逐渐加重,也限制了动物的最终体型(图12-3)。

三、混合体腔与循环

节肢动物的真体腔退化,主要构成了排泄器官和生殖器官的内腔,体壁与消化道之间的空隙(血窦)是由真体腔的残余部分和原体腔混合形成的,故称为混合体腔。大部分内脏器官浸

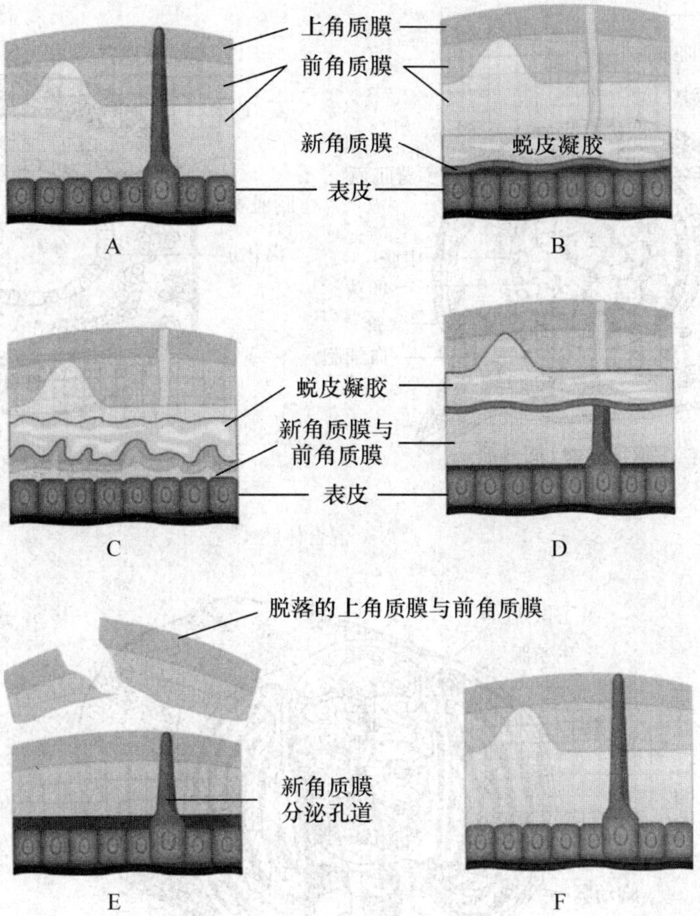

图 12-3　节肢动物的蜕皮过程(引自 Miller)

于血窦内(图 12-4)。

节肢动物的体内没有毛细血管网,血液从心脏搏出后,进入血窦中,再流回心脏,这种循环方式称为开管式循环。开管式循环的血液流速很慢,血压也低,这是对附肢折断后不会造成大出血的一种适应。小型种类甚至无心脏、血管,血液只存于体腔和附肢的血腔内。

除少数甲壳纲动物的血液中含有血红蛋白外,绝大多数节肢动物的血液含有血清蛋白,故血液常呈青色或青绿色。

四、消化与摄食

比环节动物消化系统有了更进一步的分化,可分为前肠、中肠、后肠。前肠和后肠由外胚层内陷形成,可贮藏、研磨食物并进行初步的消化;中肠由内胚层形成,可分泌消化酶,是主要的消化和吸收的场所。

头部的附肢往往演化成了咀嚼和协助取食的器官。详见各纲。

五、呼吸与排泄

节肢动物的呼吸器官为皮肤的衍生物。水生种类以鳃或书鳃呼吸,陆生种类以书肺或气

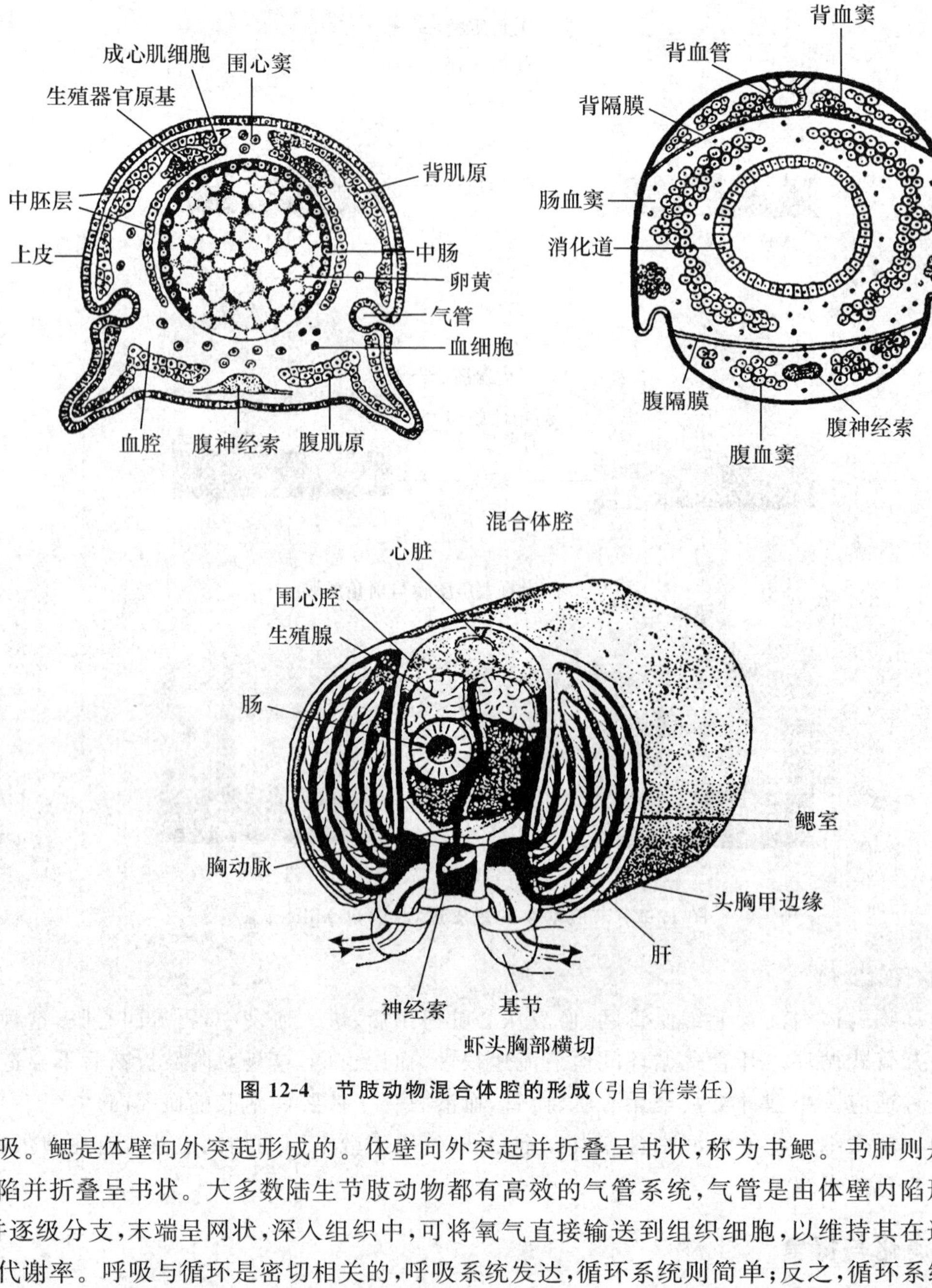

图 12-4　节肢动物混合体腔的形成(引自许崇任)

管呼吸。鳃是体壁向外突起形成的。体壁向外突起并折叠呈书状,称为书鳃。书肺则是体壁向内凹陷并折叠呈书状。大多数陆生节肢动物都有高效的气管系统,气管是由体壁内陷形成的管道,并逐级分支,末端呈网状,深入组织中,可将氧气直接输送到组织细胞,以维持其在运动期间高的代谢率。呼吸与循环是密切相关的,呼吸系统发达,循环系统则简单;反之,循环系统发达则呼吸系统简单。很多小型的节肢动物没有专门的呼吸器官,而是具有直达细胞的气管(图 12-5)。

节肢动物的排泄器官有 2 种主要类型。一类是与后肾管同源的腺体结构,末端开口于体表,负责排出代谢废物,体内为盲端(退化的体腔),负责收集代谢废物(氨),如甲壳纲的排泄器官为绿腺和颚腺;另一类为马氏管,见于昆虫纲、蛛形纲、多足纲等。马氏管是由内、外胚层形成的数条盲管,基部着生于消化管中、后肠的交界处,盲端游离于体腔中。代谢废物为尿酸。尿酸不溶于水,这样,动物在排出代谢废物时就不会带走大量的水,所以节肢动物更适于在干燥的环境中生存。

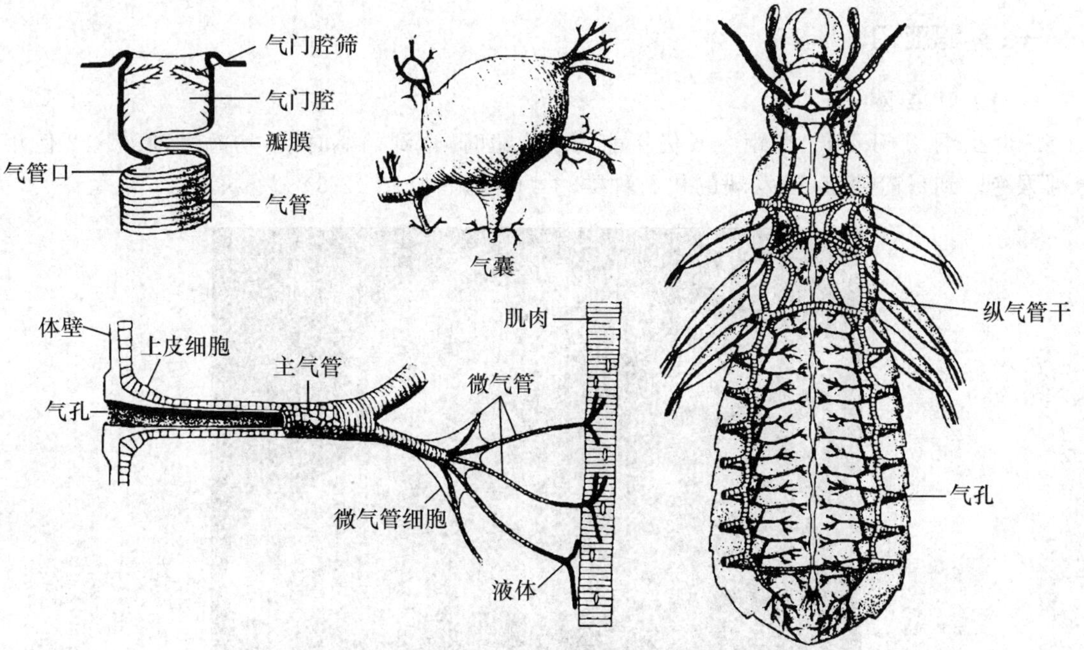

图 12-5　节肢动物的气管结构(引自许崇任)

六、神经系统与感觉器官

与环节动物的链状神经系统相似,但由于身体高度的异律分节,导致相邻的神经节往往愈合成较大的神经节,如身体前部的神经节愈合成了脑。腹神经索的神经节愈合往往与体节的愈合相一致。

感觉器官的类型多样化,主要包括视觉、听觉、触觉、嗅觉、味觉、平衡等。

七、生殖与发育

节肢动物多为雌雄异体且异形。生殖器官的内腔就是残留的体腔,体内或体外受精,卵裂方式为表裂。生殖方式有卵生、卵胎生、幼体生殖、孤雌生殖等。

发育方式包括直接发育和间接发育。间接发育有多种形态的幼虫。

第二节　节肢动物门的分类

节肢动物的分类比较繁琐,且各家观点不一,这里分 3 个亚门、7 个纲。

有鳃亚门(Branchiata):大多数水生,少数陆生,具触角,以鳃呼吸。分为三叶虫纲(已灭绝)、甲壳纲 2 纲。

有螯亚门(Chelicerata):大多数陆生,以书肺或气管呼吸。水生种类则以书鳃呼吸。第一对附肢末端呈钳状,称螯肢。分为肢口纲、蛛形纲 2 纲。

有气管亚门(Tracheata):大多数陆生,少数淡水生(次生性),以气管呼吸。分为多足纲、昆虫纲 2 纲。

一、有鳃亚门

(一)三叶虫纲

三叶虫纲(Trilobita)在距今6亿年前的寒武纪时,达到鼎盛时期,均海生,底栖。2亿年前全部灭绝。到目前为止,已发现的化石种类达4 000余种(图12-6)。

图12-6 三叶虫化石(作者摄)

三叶虫化石的身体扁平,椭圆形,背面有2条纵行的沟,将身体纵分为3页,故名三叶虫。身体分头、胸、尾3部分,分别由若干体节组成,每节具1对附肢。第一对为触角(单肢型),其余附肢均为双肢型(图12-7)。

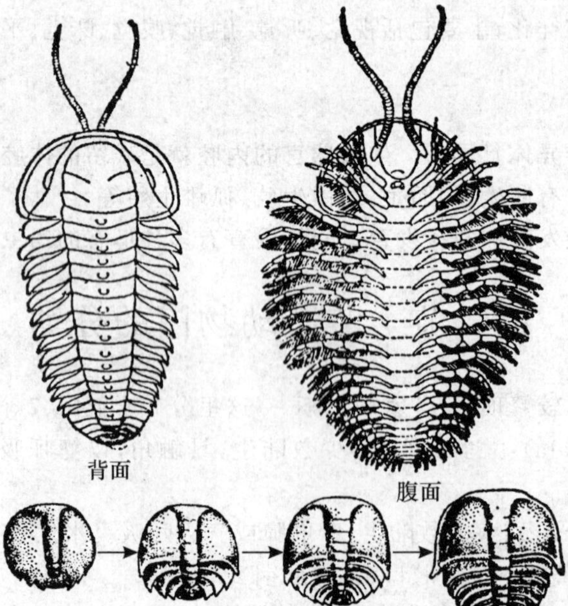

图12-7 三叶虫(引自江静波)

(二)甲壳纲

甲壳纲(Crustacea)大多数水生,少数生活在近水或潮湿的地域。极少数营寄生生活。

1. 主要特征

甲壳纲动物头部和胸部程度不同地愈合成头胸部。背面有一特别发达的大甲壳,称为头胸甲或背甲,具有保护皮肤下面胃、心脏等器官的功能。身体有一定的体节数目,除头部第1对附肢(触角)为单肢型外,其余各体节都有1对分节的双肢型附肢,这些附肢变异很大,有的变成取食器官,有的变成步行足等。

2. 代表动物

对虾(*Penaeus orientalis*)生活在海水中,身体分为头胸部和腹部。头胸甲前缘有一较长的刺状突起,称为额剑。在其两侧各有1个能活动的眼柄,复眼即位于柄的顶端(图12-8)。

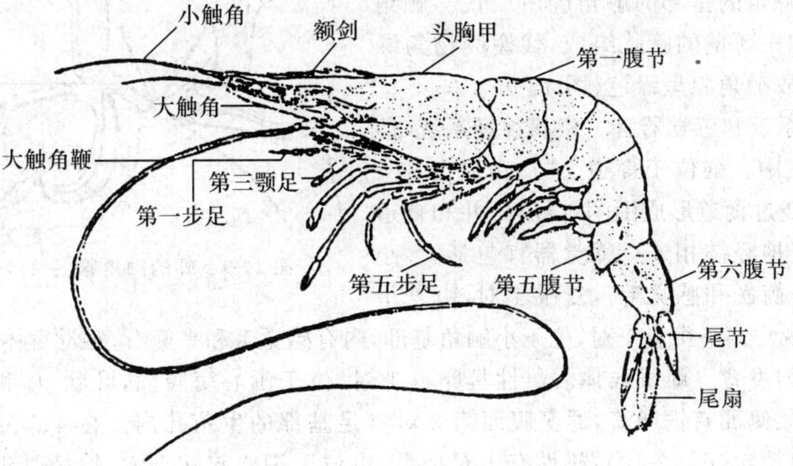

图12-8　对虾的外形(引自刘瑞玉)

(1)对虾体节数目　头部6节、胸部8节、腹部7节,共21节。除头部第1节和尾节外,每1节体节都有1对附肢。

(2)对虾的附肢分为头部附肢、胸部附肢和腹部附肢。对虾的头部具有5对附肢　第1对是小触角,丝状,分成2支,具有嗅觉作用。第2对是大触角,外肢宽大,内肢细长似鞭状,可弯曲到体侧甚至体后端,具有触觉功能。第3对是大颚,坚硬,用来咀嚼食物。第4、5对是小颚,叶片状,协助取食。大颚与小颚共同组成了口器。

对虾的胸部具有8对附肢　前3对是辅助取食的器官,称颚足,末端呈钳状,称为螯,具捕食、防卫、攻击功能,双肢型。后5对是单肢型分节的步足,外肢退化,主要功能是步行。

对虾的腹部具有6对附肢　其功能主要是游泳。最后1节为尾肢,内、外均较扁宽,能伸向后端与尾尖合成尾扇。

(3)消化系统　由前、中、后肠组成。肠壁上有一层几丁质膜。前肠包括口、食道和胃。口位于2大颚之间。胃的体积很大,位于头胸甲下面,分为贲门胃和幽门胃。前者的胃壁上有3个钙质齿,用以磨碎食物。后者胃壁上布满刚毛,编织成网状,用来过滤磨碎的食物。中肠很短,具吸收作用,中肠两侧有1对大型分支状的肝胰脏,由肝管通入中肠,肝胰脏不但能分泌消化酶,还能贮存营养物质。后肠很长,位于背部。对虾属杂食性动物,以浮游生物为主,也食沙蚕等,人工饲养应投喂沉性全价饲料。

(4)肌肉系统　对虾身体各部均有肌肉分布。背侧为带状的伸肌,腹侧为复杂而强壮的屈肌,所以,腹部肌肉可做弯曲运动。

(5)循环系统　对虾的心脏位于头胸部的围心窦内,呈扁平的囊状。心脏有心孔与围心窦相通。心孔3对,内有瓣膜,可防止血液倒流。从心脏分出前、后、腹侧共6条动脉,其循环途径为动脉分支到身体各部组织间的血腔→胸血窦→入鳃血管→鳃→出鳃血管→鳃心窦→围心窦→心孔→心脏。血液含有白色细胞。

(6)呼吸系统　鳃位于头胸部两侧的鳃腔内。每片鳃上都有一个鳃轴,轴上有许多鳃丝。鳃轴内有入鳃、出鳃血管,形成血管网,以增加气体的交换面积。

(7)排泄系统　幼体时期,排泄器官是1对颚腺,位于第一小颚基部。到成年颚腺退化消失,被位于大触角的基部的触角腺所取代。触角腺由腺体部和一薄壁的膀胱组成,代谢废物为绿色的鸟氨酸,故触角腺呈绿色(图12-9)。

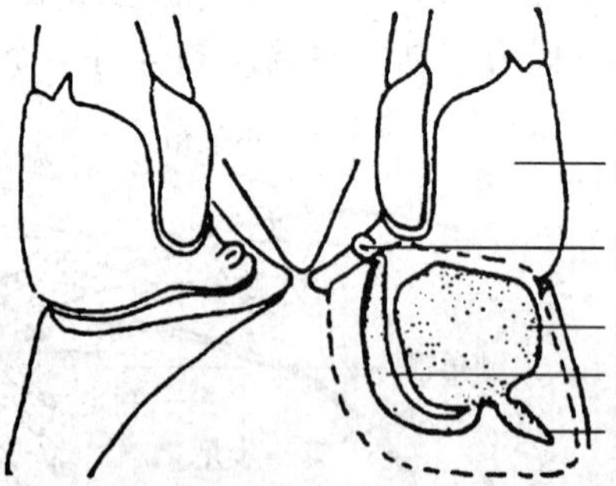

图12-9　虾的触角腺(引自华中师院)

(8)神经系统和感觉器官　索状神经系统,但神经节比较集中。脑位于食道上方,由脑分出1对神经纤维,绕过食道形成围咽神经环,并和食道下神经节及腹神经链相连。感觉器官包括大、小触角,复眼,平衡囊和感觉毛。复眼1对,由若干单眼构成,司视觉。平衡囊1对,位于小触角基部,内有感觉毛和平衡石,感觉身体平衡。

(9)生殖与发育　雌雄异体。雌性具卵巢1对,位于围心窦腹面,叶状,体积很大,成熟后呈暗绿色,卵巢侧面有输卵管,通至腹面第3对步足基部的生殖孔内。在4、5对步足之间,有一椭圆形的纳精囊(图12-10);雄性有1对精巢,也位于围心腔前下方,输精管细长,末端膨大为储精囊,再由一细管通入第5对步足基部的生殖孔。第1对游泳足的内肢左右合抱,形成一槽状交接器。

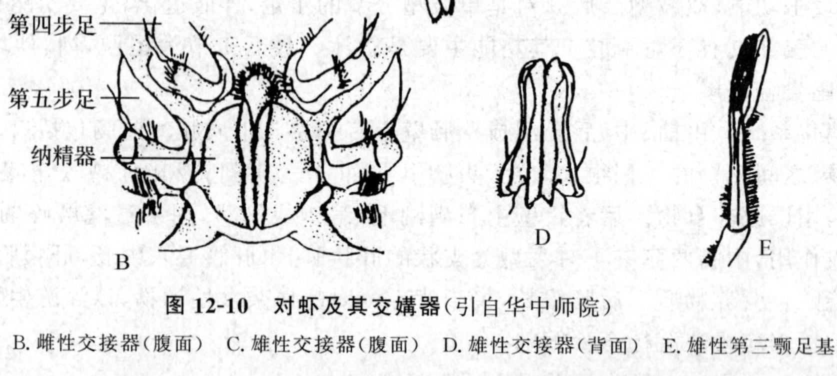

图12-10　对虾及其交媾器(引自华中师院)

A. 外形　B. 雌性交接器(腹面)　C. 雄性交接器(腹面)　D. 雄性交接器(背面)　E. 雄性第三颚足基部

雄性对虾当年即可达到性成熟，雌性虽未成熟，但也可以进行交配。交配时，雄性将精子注入雌性的纳精囊内。交配季节，在我国北方地区，一般于秋末冬初进行。然后，雌性个体进入深海越冬，第二年春季至夏初，洄游到河口的低盐度浅海水域，产卵、受精、孵化，历经无节幼虫期、蚤状幼虫期、糠虾幼虫期，最后发育为成体(图 12-11)。

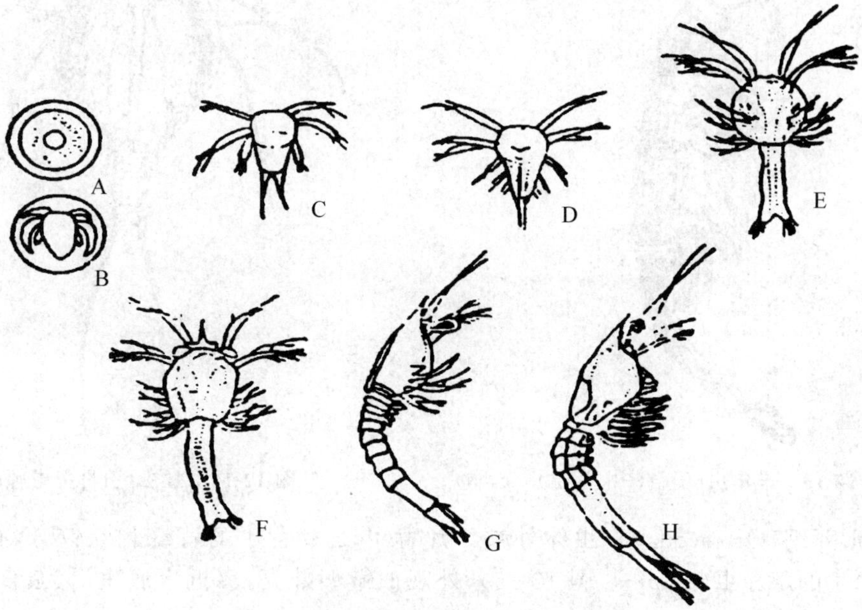

图 12-11　对虾的发育(引自山东海洋学院)

A. 卵　B. 即将出壳的幼体　C. 无节幼虫　D. 无节幼体　E. 前蚤状幼体　F. 中蚤状幼体　G. 后蚤状幼体　H. 糠虾期

3. 甲壳纲的分类

甲壳纲动物约有 26 000 种，可分 5 个亚纲：鳃足亚纲、介形亚纲、桡足亚纲、蔓足亚纲和软甲亚纲。

(1)鳃足亚纲(Branchiopoda)　都是小型甲壳动物，水生，是浮游生物的重要组成部分。如水蚤属(*Daphnia*)，是淡水中最常见的类群，身体呈侧扁的卵圆形，体长一般为 2～4 mm，体外被 2 片甲壳。触角 2 对，第二对为大触角，比较发达，并特化为运动器官，运动时在水中跳跃如蚤，故名水蚤，胸部有 5 对附肢，叶状，由于不停地摆动，为其带来了食物，所以，成了滤食、呼吸器官，已失去运动功能。腹部无附肢，后腹部弯曲。

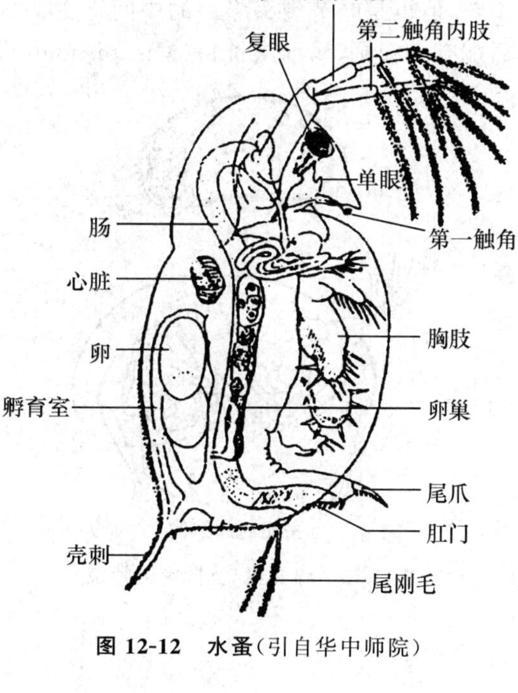

图 12-12　水蚤(引自华中师院)

水蚤(图 12-12)雌雄异体，在夏秋季节的最适环境里，出现的都是雌性个体，行孤雌生殖。产出的个体也都是雌性。当外界环境条件不良时,雌性水蚤就会产出雄性个体,交配后,受精卵在体外停止发育,称为滞育。直到条件好转后,受精卵再发育成雌体,又进行孤雌生殖。水蚤类是鱼类的重要饵料。丰年虫(*Chirocephalus*,图12-13)、鲎虫(*Apus*,图12-14)均属此亚纲。

图12-13 丰年虫(引自华中师院)

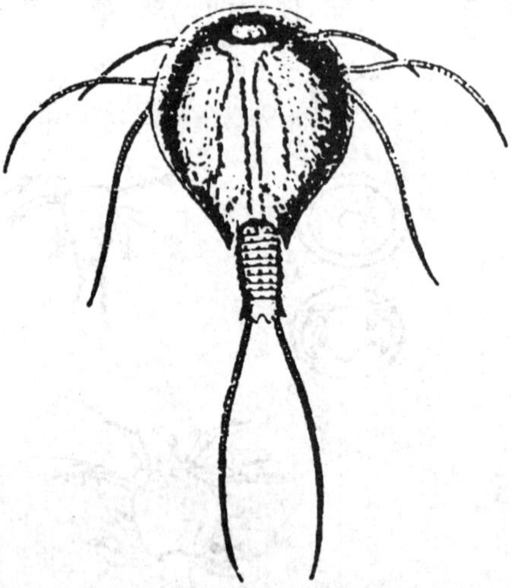

图12-14 鲎虫(引自华中师院)

(2)介形亚纲(Ostracoda) 虫体外被2片背甲,2片背甲的背缘相互铰合,有闭壳肌相连。如淡水生的腺介虫(*Cypris*,图12-15),外观似微型蚌壳,靠近水底生活,杂食性,也是鱼类的饵料。

(3)桡足亚纲(Copepoda) 这一亚纲包括自由生活和寄生生活的种类,广泛分布于海水和淡水水域。也是浮游生物的重要组成部分。淡水中常见的自由生活种类是剑水蚤(*Cyclops*,图12-16),属剑水蚤目(Cyclopoids)。剑水蚤生活在浅水湖泊、池塘中,它也是鱼类的饵料,但也是阔节裂头绦虫的中间寄主。本亚纲寄生的种类,如中华鱼蚤(*Sinergasilus*),身体后端有1细尾,属细尾蚤目(Misophrioida)。

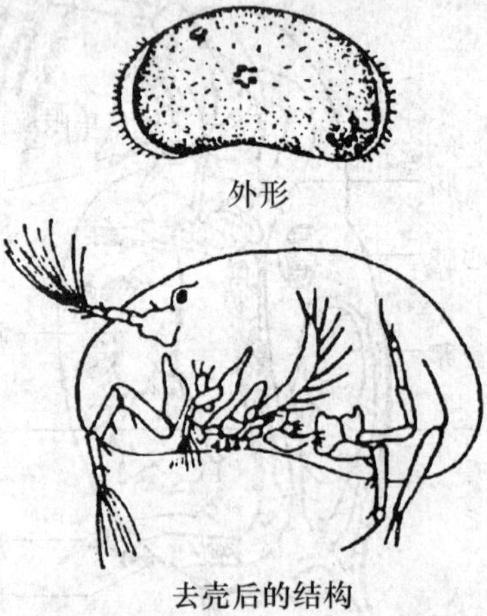

图12-15 腺介虫(引自华中师院)

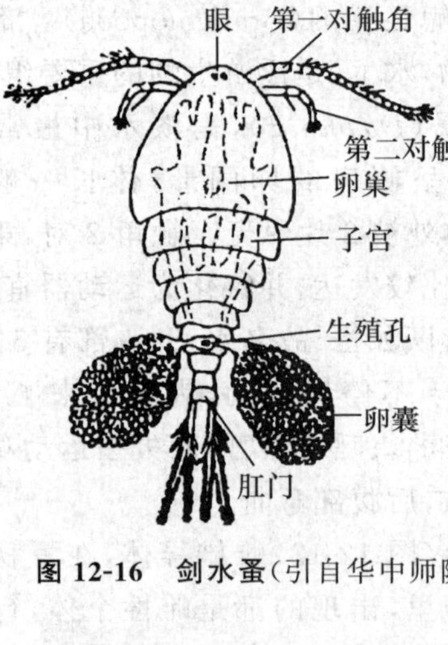

图12-16 剑水蚤(引自华中师院)

中华鱼蚤只有雌性发育到成体时才营寄生生活，幼体时期和雄性个体均营自由生活。寄生鱼体严重者，会引起鱼体死亡(图 12-17)。

(4)蔓足亚纲(Cirripedia)　均为海生种类，营固着或寄生生活。雌雄同体，如藤壶(*Balanus*)，属围胸目(Thoracica)，通常生活在浅海岩石、贝壳、船底等处。

(5)软甲亚纲(Malacostraca)　属甲壳纲中高等动物，体节的数目比较固定。主要分布在海洋，少数生活在淡水或陆地上。现将主要目分列如下。

①等足目(Isopoda)：各胸肢的形状相似，单肢型。主要司爬行。如鼠妇(*Porcelio*)常生活在阴暗潮湿的陆地上，身体背腹扁平，灰色，无背甲。用附肢基部体壁内陷形成的类气管呼吸。此外，还有栉水虱(*Asellus*)(图 12-18)。

图 12-17　中华鱼蚤(引自华中师院)

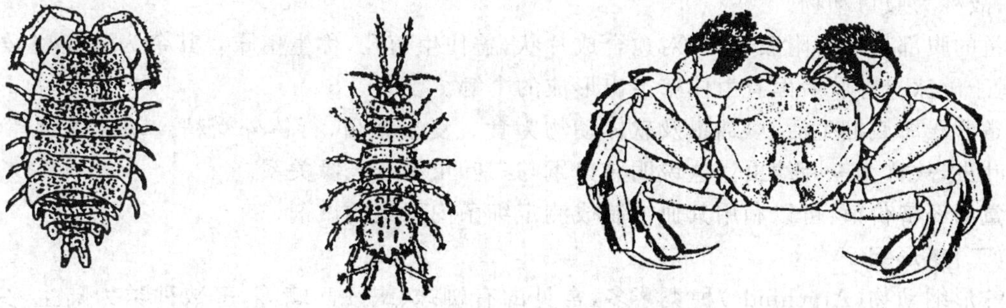

鼠妇　　栉水虱　　河蟹

图 12-18　软甲亚纲代表动物(引自华中师院)

②十足目(Decapoda)：头胸部愈合，胸部后 5 对为步足，故称十足目，它是甲壳纲中最大的一目，包括各种虾、蟹等，经济价值很高，不少种类已开始进行人工养殖。本目可分为 3 个亚目。

a. 长尾亚目(Macrura)：包括虾类，其特点是腹部发达，尾扇强大。我国主要有对虾(*Peaneus qrientalis*)，俗称明虾、毛虾(*Aecta*)，它们常群居于浅海海底，其干制品即虾皮；沼虾(*Macrobrachium*)，淡水生，活体呈青绿色，又名青虾。

b. 短尾亚目(Brachyure)：包括蟹类，头胸部宽大，腹部不发达，折曲于头胸部下方。第一对步足强壮，似钳形，称螯足，用于捕食与防御。我国著名的经济蟹类主要有海产的三疣梭子蟹(*Neptunus trituberculatus*)、中华绒螯蟹(*Eriocheir sinenss*，又称河蟹，图 12-18)，它们分布都很广，还有溪蟹(*Potamon*)也生于淡水。

c. 异形亚目(Anornura)：均为海产，成体隐居在空的螺壳内，如寄居蟹(*Pagurus*)。

二、有螯亚门

(一)肢口纲

肢口纲(Merostomata)动物均为海产，用书鳃呼吸。全世界仅有 5 种，我国仅存的一种是中国鲎(*Tachyplus tridentatus*)，分布在浙江省、福建省、广东省沿海。

鲎的长相既像虾又像蟹,人称之为“马蹄蟹”,是一类与三叶虫一样古老的动物。鲎的祖先出现在地质历史时期古生代的泥盆纪,当时恐龙尚未崛起,原始鱼类刚刚问世,随着时间的推移,与它同时代的动物或者进化、或者灭绝,而唯独只有鲎从4亿多年前出现至今仍保留其原始而古老的相貌,所以鲎有“活化石”之称(图12-19)。

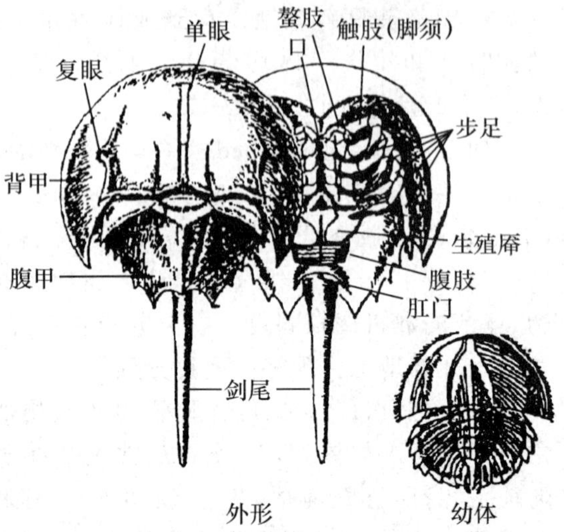

图 12-19 鲎(引自华中师院)

鲎的体躯较扁平,头胸部宽大,并被有坚硬的马蹄形背甲,腹部较小,且向后延伸出一细长的剑尾,这是一种防卫武器。

鲎有1对复眼,1对单眼,无触角。头胸部有6对附肢。第1对是螯肢,第2对是脚须,4对步足排列在口部两侧,附肢上有倒刺,可咀嚼食物,故称为肢口动物。

鲎的腹部有6对附肢,第一对愈合成片状,盖住生殖孔,称生殖厣。其余为双肢型,外肢宽大,适于游泳。外肢后面有由体壁突出形成的书鳃。

鲎营浅海底栖生活,以蠕虫及软体动物为食。夏季繁殖,行体外受精。幼体无剑尾,外形似三叶虫,故称为三叶幼虫。这说明肢口纲与三叶虫纲有亲缘关系。

鲎的经济价值:可以利用其血液制成测定细菌内毒素的试剂。

(二)蛛形纲

蛛形纲动物(Arachnida)种类繁多,常见的有蜘蛛、蝎、蜱、螨等,多数种类为陆生,少数种类为水生(次生性)或寄生。

蛛形纲动物的身体通常分为头胸部和腹部,而蜱、螨类的头、胸、腹3部分则完全愈合在一起。头部无触角和复眼,只有单眼,1～4对。头胸部有6对附肢,第一对是螯肢,第二对是脚须,第3～6对是步足,腹部无附肢。

蛛形纲中的绝大多数动物是肉食性的,少数为植食性。

1.代表动物

圆网蛛(*Araneae* sp.),头胸部与腹部靠一细腰相连。头胸部前端背面有8个单眼。第一对螯肢有2节,爪尖有毒腺开口,以毒杀昆虫为食。第二对脚须与步足相似,有触角的作用,但雄性脚须的末节膨大为交接器。第3～6对是步足。腹部较大,不分节,前侧有1个生殖孔。雌体的生殖孔被生殖厣覆盖。雄性只是1个小孔。生殖孔的两侧是1对呼吸器官——书肺。腹部后端中央有1气门和3对纺绩腺突起,与内部的丝腺相连。突起上有较多的小孔,丝腺可分泌黏液蛋白,从小孔出来,遇到空气凝结成丝,用以结网捕虫,或做卵茧(图12-20)。

(1)消化系统 分前、中、后肠。前肠包括口、咽、食道和吮吸胃。由于螯肢分泌的毒液内含有蛋白酶,可将捕获物分解、液化,所以,可用吮吸胃吸入液体食物。吮吸胃是食道膨大形成的囊状物,胃壁上有肌肉束,协助吮吸;中肠较长,于左右两侧分出1对盲管,盲管中部又分出4对盲囊伸入到4对步足的基部。盲管、盲囊具贮存食物的作用。中肠穿过细腰向背部延伸,并分出许多分支,称为肝脏,具消化、吸收的功能;后肠较短,以肛门开口于体外。

(2)呼吸器官　书肺和气管并存。

(3)排泄器官　马氏管和基节腺。马氏管是中肠后端由肠壁突出衍生出来的细长盲管，盲端游离于血腔中，与昆虫的马氏管相似。基节腺仅存于幼年蜘蛛体内，结构与环节动物的肾管相似，开口于第一对步足的基部。

(4)循环系统　属开放式循环。

(5)神经系统　类似于甲壳纲动物，但更趋向于高度的集中。

(6)生殖系统　雌雄异体。雌性有 1 对卵巢合二为一。前端有 1 条输卵管通入生殖孔。雄性具 1 对精巢，2 条输精管后端合并通入生殖孔。

(7)交配与生殖　交配前，雄性首先用纺绩腺分泌 1 个小茧，将精液射在小茧上，再贮藏于脚须末节特化的纳精囊内。然后，雄蛛以各种优美的动作吸引雌蛛，待其不备时，迅速接近雌蛛，用脚须将精液送到雌性生殖孔内，并立即逃走，逃不及者常被雌蛛吃掉。雌蛛将受精卵用蛛丝包裹成卵茧，放在屋角、房檐下等处越冬。来年的春末、夏初时，孵化出幼体，经几次脱皮而发育为成体。

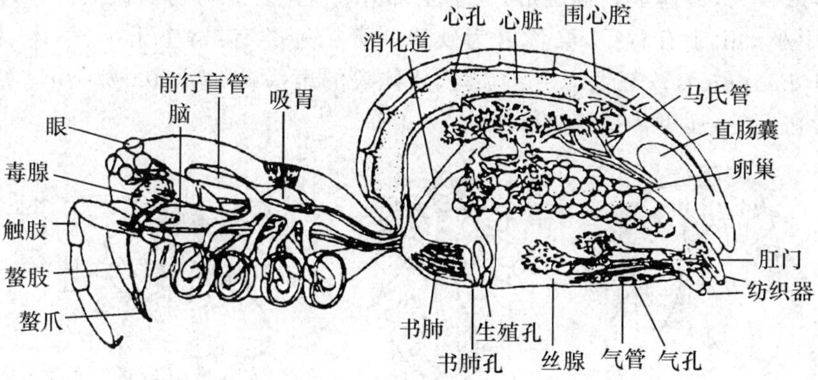

图 12-20　圆网蛛的内部构造(引自华中师院)

2.蛛形纲的分类

蛛形纲动物约有 2 000 种，主要有蝎目、蜘蛛目、蜱螨目。

(1)蝎目(Scorpionida)　头胸部较短，有背甲。第二对附肢强大，有螯，用来捕食与自卫。腹部分节明显，可分为前、后 2 部分。蝎行体内受精，卵胎生，初生的幼蝎常栖于母体背上。经过 1 次蜕皮后，离开母体营独立生活。蝎是夜行性食肉动物，白天伏在碎石、土堆下，夜间出来活动、觅食(捕食昆虫及其他小型动物)。我国常见的种类有钳蝎(*Buthusmartensii*)和蝎(*Scorpio*)。钳蝎(图 12-21)是常用的中药材，现已进行人工饲养。

(2)蜘蛛目(Araneida)　常见的蜘蛛有圆网蛛，腹特别大，能结成大型车轮状的圆网。肖峭(*Tatragnatha*)，常在树林间结成圆网。草蛛(*Agelena*)，结网于草间。蝇虎(*Menemerus*)，身体较小，善于跳跃，白天活动，不结网，捕食苍蝇。水蛛(*Argyroneta*)，常结网于水草上，网呈吊钟状，水蛛的腹部密生白色茸毛，借以将水面上的空气带入巢穴，以供呼吸。

只有极少数种类是有毒蜘蛛，如红斑蛛(*Latrodetus*)，人、畜等被咬伤后，有致命的危险。

(3)蜱螨目(Acarina)　本目种类繁多，体形小，主要特征是头、胸、腹完全愈合在一起，不分节。

本目动物在医学和农业上具有重要的意义，可将它分为蜱和螨两大类。

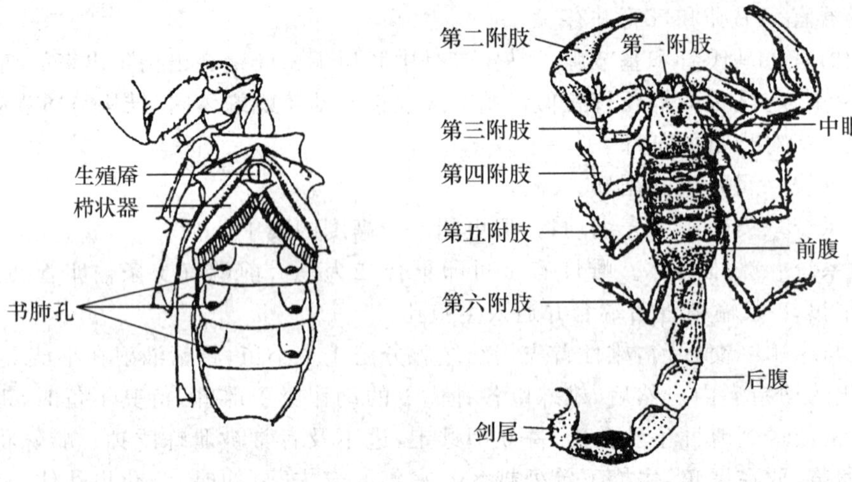

图 12-21　钳蝎(引自华中师院)

①蜱类体形较大,身体呈扁椭圆形,几乎全部外寄生,吸食动物的血液。雄性背部覆盖有背甲,雌性背甲小。由于有背甲,又称之为硬蜱。常见种类有:寄生于牛、羊体表的沟蜱(*Ixodes*)、方头蜱(*Boophilus*),寄生于牛、羊、马、猪体表的扇头蜱(*Phipicephalus*)等(图 12-22)。它们除了吸食血液外,还可传播疾病。

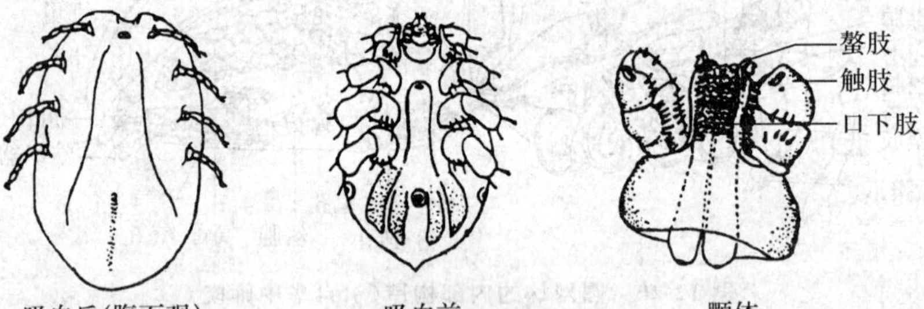

图 12-22　牛蜱外形及颚体(引自华中师院)

有些种类无背甲,称为软蜱,如波斯蜱(*Argas*),又称鸡蜱,主要在夜间侵袭家禽(图 12-23)。

②螨类:身体微小,一般略呈圆形,用皮肤呼吸。常见种类是寄生于人、畜、禽皮肤上的疥螨(*Sarcoptes*)。常将皮肤凿穿成隧道,寄生在里面。

棉红蜘蛛(*Tetranychus*),又称为棉叶螨(图 12-24)。它们吸食植物的汁液,危害棉花、小麦、花生、瓜类、果树等多种植物。粉螨(*Tyroglyphus*),侵害面粉和贮藏的谷物、豆类及饲料,粉螨还能刺咬人、畜皮肤,引起皮疹,温暖、湿润环境中的谷物,是粉螨类最喜爱的环境,防治方法中的最基本的环节是使仓库与谷物干燥。

三、有气管亚门

(一)多足纲

多足纲(Myriopoda)包括蜈蚣、马陆等,均为陆生。身体分头部和躯干部。躯干部由相似的体节组成。体节数目因种类而异。每个体节的两侧都有 1 对或 2 对附肢,故称为多足纲。这一纲动物约有 10 500 种,常分为唇足亚纲和倍足亚纲 2 个亚纲。

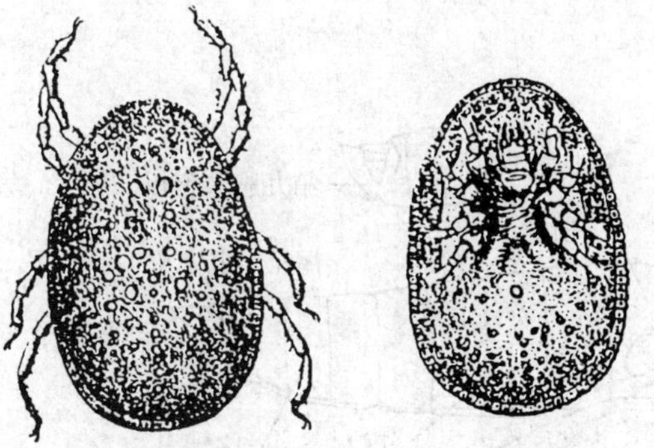

图 12-23　鸡蜱(引自华中师院)

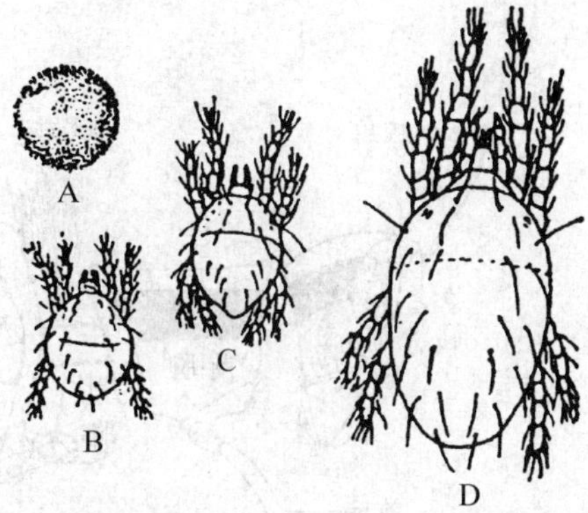

图 12-24　棉叶螨(引自华中师院)

A.卵　B.幼螨　C.若螨　D.成螨

1.唇足亚纲

唇足亚纲包括各种蜈蚣。体扁而长,体节多少不一,少的有 15 节,多的可达 177 节。头部具 1 对触角,有多个单眼聚在一起。口器包括大颚和小颚。躯干部第一对附肢变成颚足,或称为唇足,其基部膨大,内含毒腺,可分泌毒液,毒杀昆虫等小动物,作为食物。我国常见的种类有少棘蜈蚣(*Scolopendra*)、花蚰蜒(*Thereuopoda*)(图 12-25)、石蜈蚣(*Lithobius*)。

2.倍足亚纲

倍足亚纲(Diplopoda)体呈圆筒状,可分为头部和躯干部。躯干部第一体节无足,2～4 节有 1 对附肢,其余各体节均有 2 对附肢,故称为倍足动物。足纤细且短。它们常以腐殖质为食。常见的有巨马陆(*Prospirobolus*,图 12-25),体长约 12 cm,身体红褐色,表面光滑坚硬。我国各省的山区及山林潮湿地带均有分布。

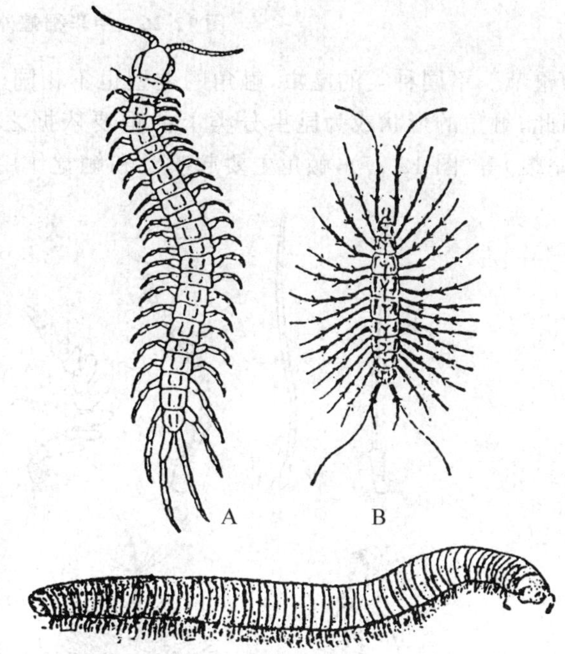

图 12-25　多足纲的代表(引自赵翰文)

A.少棘蜈蚣　B.花蚰蜒　C.巨马陆

(二)昆虫纲

昆虫纲(Insecta)是动物种类最多的一纲,已知约有 90 万种以上,占动物界的 3/4。常见的种类有蝗虫、蟋蟀、蝶、蛾、蜜蜂、蚂蚁、蚊、蝇等,与人类关系十分密切。

1.昆虫纲的主要特征

(1)外部形态　昆虫的身体由头、胸、腹 3 部分组成,除头部由 6 个体节愈合在一起外,胸部和腹部分节明显。胸部有 3 个体节,腹部一般有 11 节,共 20 节(图 12-26)。

①头部是感觉和取食的中心。主要感觉器官有触角、眼,取食器官为口器。

a.触角:1 对,能活动,基本由 3 部分组成。第一部分为柄节,第二部分为梗节,第三部分

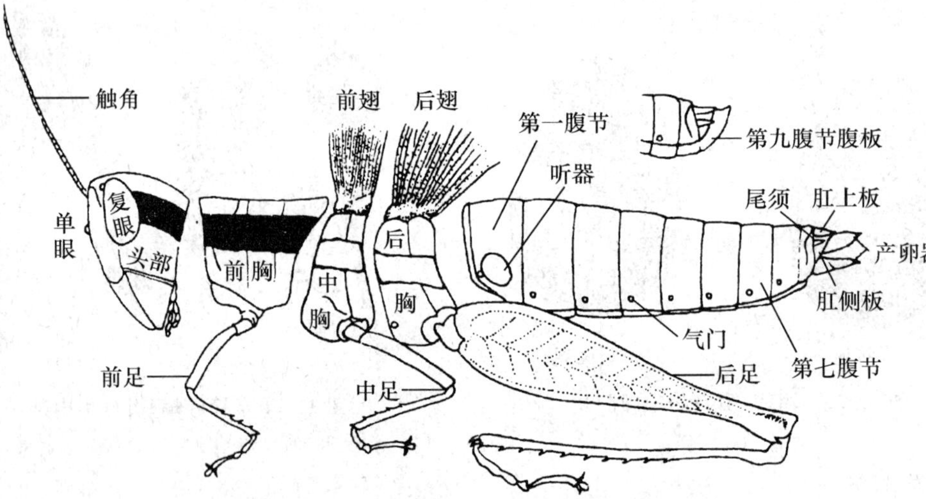

图 12-26 中华稻蝗外形(引自堵南山)

为鞭节。不同种类的昆虫,触角的类型也不相同,甚至有的昆虫,如蚊,雌、雄之间也有所区别。因此,触角的形状成为昆虫分类上的重要依据之一。常见的触角类型有丝状(蝗虫)、刚毛状(蜻蜓)等(图 12-27),触角主要起嗅觉和触觉作用,有的也起听觉作用(雄蚊)。

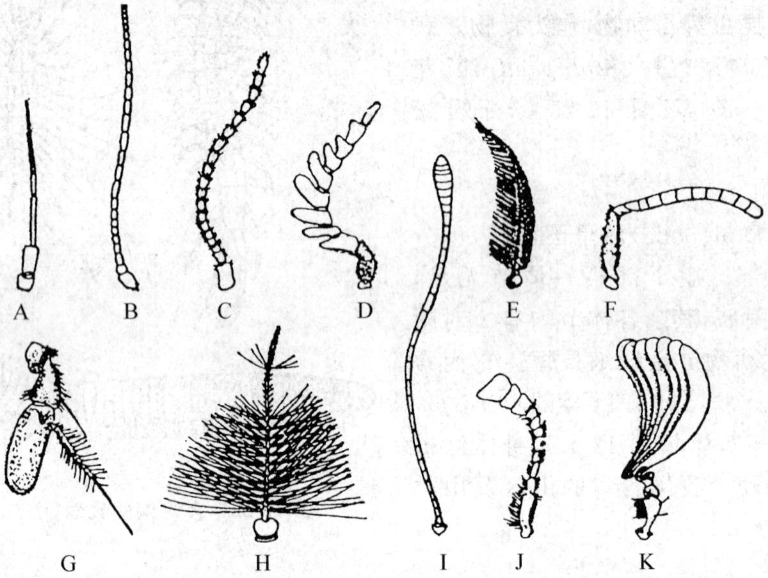

图 12-27 昆虫触角的类型(引自华中师院)

A. 刚毛状(蜻蜓) B. 丝状(蝗虫) C. 念珠状(白蚁) D. 锯齿状(芫菁) E. 双栉齿状(毒蛾) F. 膝状 G. 具芒状 H. 羽毛状 I. 球杆状 J. 锤状 K. 鳃片状

b. 单眼和复眼:单眼一般有 2~3 个,只感知光的强弱和光源的方向。复眼 1 对,由许多小眼组成,每个小眼都能视物,聚成点像。

c. 口器:昆虫的摄食器官,因食性和摄食的方式不同,分为下列几种。

咀嚼式口器:最原始、最基本的一种口器,为多数昆虫所具有(蝗虫、蟋蟀等),适于摄食固体食物,由上唇、下唇、上颚、下颚和舌 5 部分组成(图 12-28)。

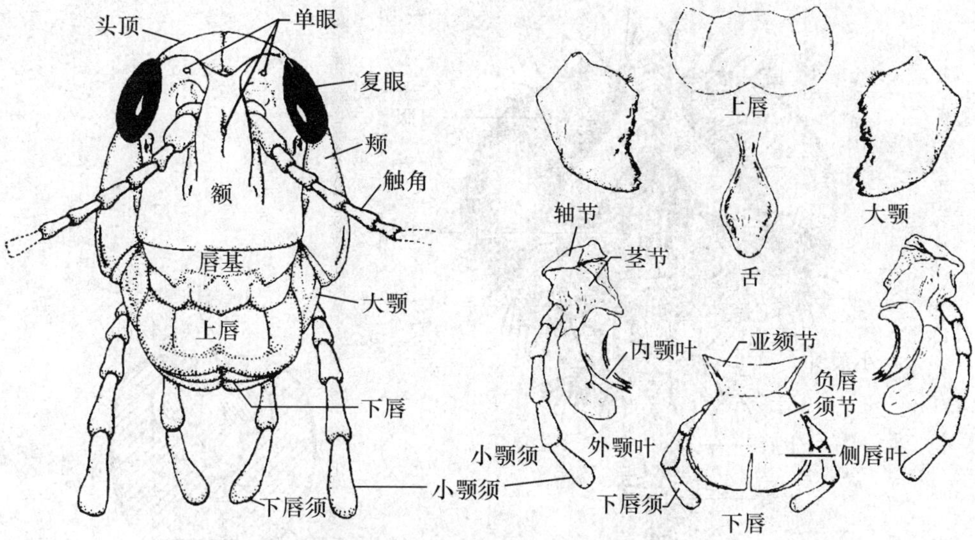

图 12-28　咀嚼式口器(引自许崇任)

刺吸式口器：与咀嚼式口器组成相同，但上、下颚延长呈针状，可刺入动物皮肤或植物组织中吸取血液或汁液，如蚊的口器(图 12-29)。

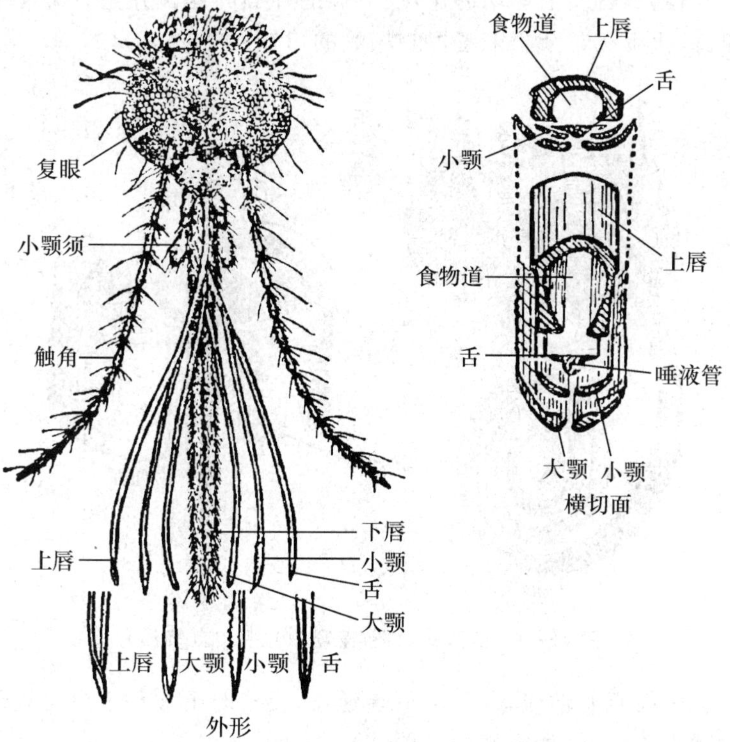

图 12-29　刺吸式口器(雌蚊)(引自江静波)

舔吸式口器：其特点为上、下颚退化，上唇和舌形成食物道，下唇延长，末端特化为 1 对唇瓣，瓣上有许多环状沟，两唇瓣间有 1 小孔，液体食物即由此孔直接吸入，或经环沟过滤，进入食物道，如家蝇的口器(图 12-30)。

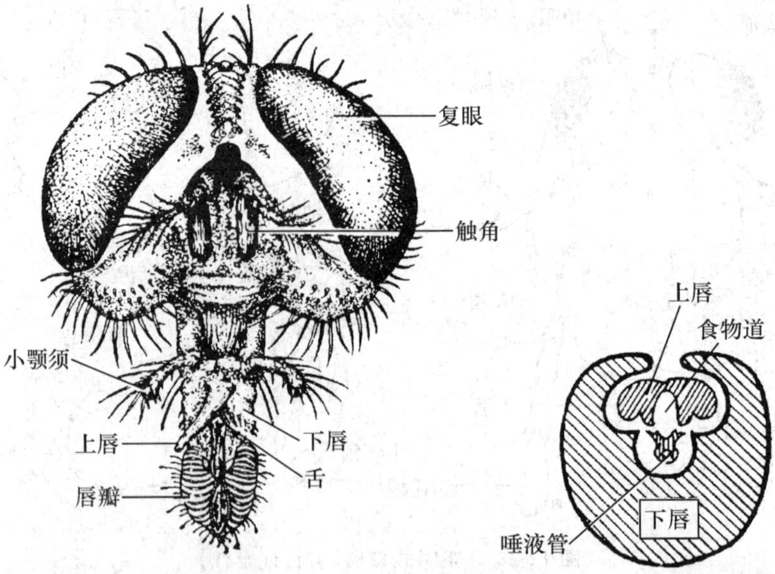

图 12-30 舐吸式口器(家蝇)(引自江静波)

虹吸式口器:上唇、下唇及上颚均退化,仅下颚的外颚叶延长并左右闭合成管状,平时盘卷成发条状,用时伸长,适于在花朵中采蜜,如蝶、蛾的口器(图 12-31)。

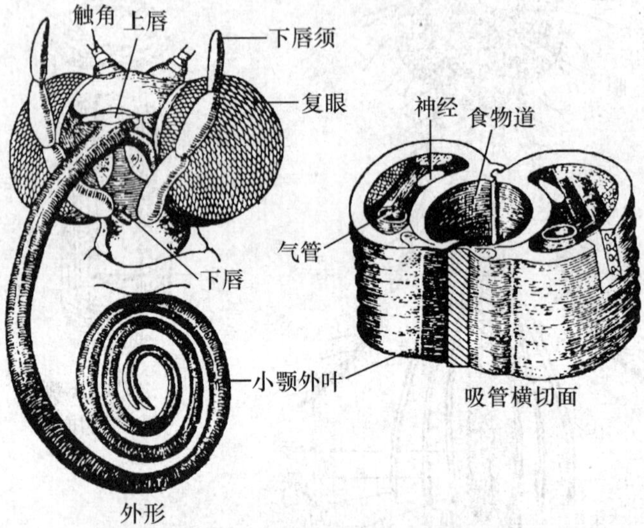

图 12-31 虹吸式口器(菜粉蝶)(引自江静波)

嚼吸式口器:上颚有咀嚼功能,下颚和下唇延长,吸蜜时下颚和下唇合拢形成食物管道,可舔吸花蜜,故称为嚼吸式口器,如蜜蜂的口器(图 12-32)。

②胸部是昆虫的运动中心。由 3 个体节组成,依次为前胸、中胸和后胸。每个体节上有 1 对足,分别称为前足、中足和后足。大部分昆虫的中胸、后胸各具翅 1 对,分别称为前翅和后翅。昆虫的足由 6 节组成:与胸部相连接的是基节,依次是转节、腿节、胫节、跗节和前跗节,前跗节常变为爪和爪垫。由于生活方式的不同,有的足发生了变异,如蝗虫的后足,腿节特别发

达，适于跳跃；螳螂的前足腿节和胫节能合抱在一起，适于捕虫等。

a. 翅：除原始的昆虫无翅外，绝大部分昆虫均有2对翅。分别位于中胸、后胸的背侧，称为前翅和后翅。翅是由中、后胸背部的体壁突起并延伸形成的，翅上有翅脉，是血液、气管和神经的通路，翅脉还可起到加固、支持翅的作用。翅脉在翅面上的分布形式，称为脉相，不同种类的昆虫脉相差异很大，因而它是昆虫分类的重要依据之一。由于生活环境和生活方式的不同，翅的差异也很大，如金龟子等甲虫的前翅，称为鞘翅，坚硬，厚且光亮；蝗虫前翅革质，薄且不透明；蝶、蛾的表面覆盖着各种颜色的鳞片，称为鳞翅；蚊、蝇后翅退化成1对很小的平衡棒；臭虫、羽虱等体外寄生的种类，则为次生性无翅。

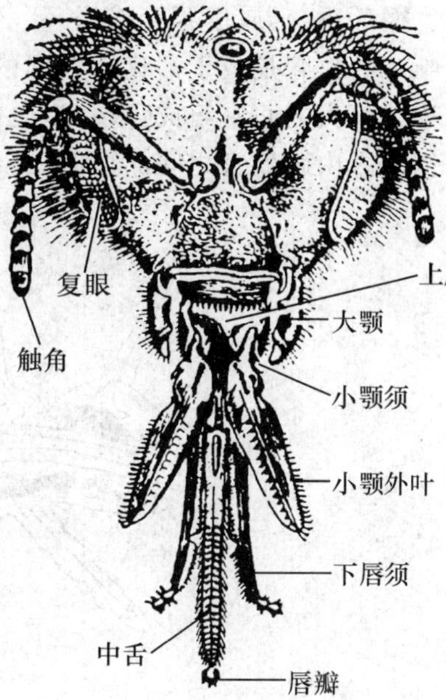

图 12-32　嚼吸式口器(蜜蜂)
(引自江静波)

b. 腹部：是代谢和生殖的中心。通常由11个体节组成，也有的几个体节愈合在一起。

(2)内部结构

①消化系统：昆虫的消化管分为前肠、中肠和后肠。

前肠包括口、咽、食道、嗉囊和前胃(砂囊)。在胸部的腹面，有1对较大的唾液腺，直接开口于口腔底部，使食物得到初步的消化，同时具有湿润食物的作用。食道后面是膨大的嗉囊，可暂时贮存食物。但有些昆虫的嗉囊(如蜜蜂)，可将采来的花粉，与嗉囊内唾液中的蛋白酶混合，酿成蜂蜜，因此又称为蜜胃。嗉囊之后是前胃，在前胃的内壁上，具有齿状突起，可磨碎食物。前胃与中肠间有1圈贲门瓣，可防止粗糙食物进入中肠。

中肠又称为胃，是分泌各种消化酶以及消化、吸收营养物质的主要场所。此外，在前肠和中肠的交界处，由中肠前端突出数条盲管状的胃盲囊(蝗虫有6条)，借以增加消化和吸收的面积(图12-33)。

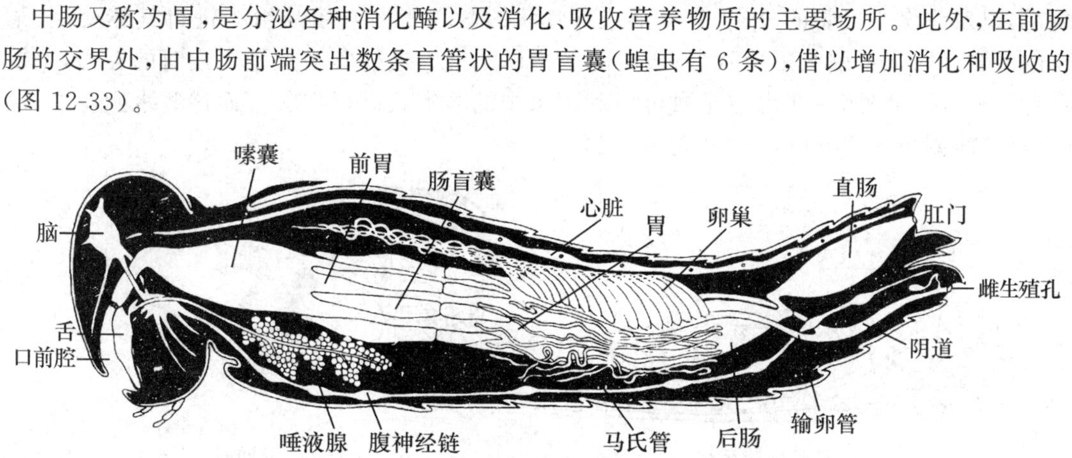

图 12-33　中华稻蝗的内部结构(引自堵南山)

后肠包括小肠和直肠，并开口于肛门。后肠是重吸收水分的地方，最后形成较干燥的粪便排出体外。由于各种昆虫食性不同，消化管也有许多变异。如吸食植物汁液的蛾、蝶，胃盲囊较长，贮存的食物多，消化管也长；吸血性昆虫，消化管较短。

②循环系统:属于开管式循环。

唯一的血管是位于消化道背面的背血管,前段称为动脉,开口于头部,后段称为心脏,由一系列连续膨大的心室组成,室与室之间有瓣膜,以便血液有序地流动,血液由心脏流向头部,再经两侧流入内脏器官之间的血腔,最终经心孔流回心脏(图12-34)。

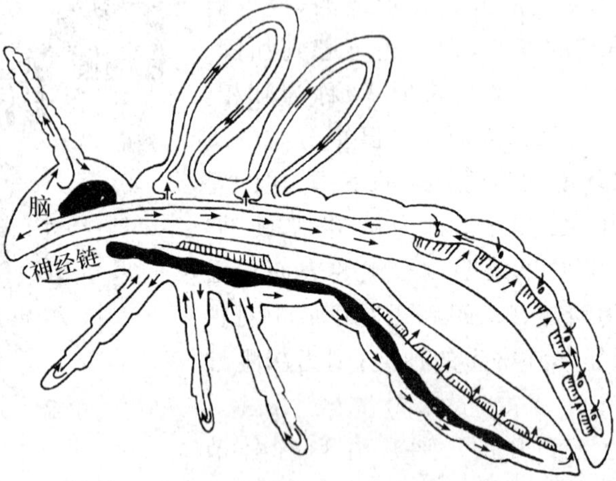

图12-34　昆虫的血液循环示意图(引自刘凌云)

血液通常呈黄色、绿色或无色,血内有白细胞,无血红蛋白,也无携氧和二氧化碳的功能,仅有输送营养物质、激素和代谢废物的作用。

③呼吸系统:除一些微小的昆虫直接利用皮肤呼吸外,其余昆虫都利用气管呼吸。气管是由体壁内陷形成的分支结构,其陷入处形成了气门,气门有可活动的膜瓣,以调节气门的开、闭。气门的数目基本上按胸、腹部的体节排列,但一般少于体节的数目。与气门相连的是气管。如蝗虫两侧有纵向分布的侧气管干,背、腹有背气管干和腹气管干,还有连接主气管干的横气管,以及许多主气管的分支,直至形成盲管状的微气管网直接与组织进行气体交换,某些部位的气管还可局部膨大形成气囊,以贮存较多的空气。这样既增加了飞翔时的浮力,也提供了足量的氧气。此外,一些水生昆虫可以利用水中的溶解氧进行呼吸。而这些水生昆虫(次生性)仍需定时露出水面,呼吸空气(图12-35)。

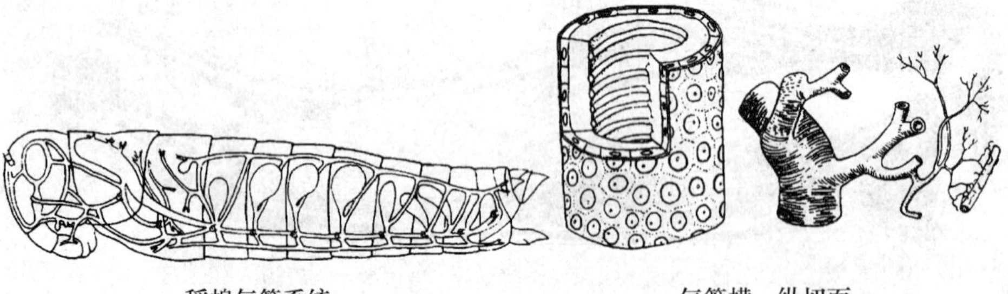

稻蝗气管系统　　　　气管横、纵切面

图12-35　蝗虫的呼吸系统(引自堵南山)

④排泄系统:昆虫的排泄器官是马氏管,位于中、后肠的交界处,由众多细小的盲管组成,盲端游离于血腔中。它可收集血液中代谢产生的废物——尿酸,经后肠排出体外。尿酸不溶于水,因而减少了水分的排出,以适应干燥的陆生生活。

⑤神经系统和感觉器官：大致可分为中枢神经系统、交感神经系统和外周神经系统。

中枢神经系统包括脑、咽下(食道)神经节和腹神经索。脑是感觉和统一的协调中心，咽下神经节和腹神经索可调节运动和生殖器官等。

交感神经系统包括3个神经节(额神经节、后头神经节、嗉囊神经节)，主要调控内脏器官的活动。

外周神经系统包括所有的感觉神经元和运动神经元及感觉器和效应器。

感觉器官除眼和触角外(图12-36)，还有听觉器、味觉器、嗅觉器、感温器等。

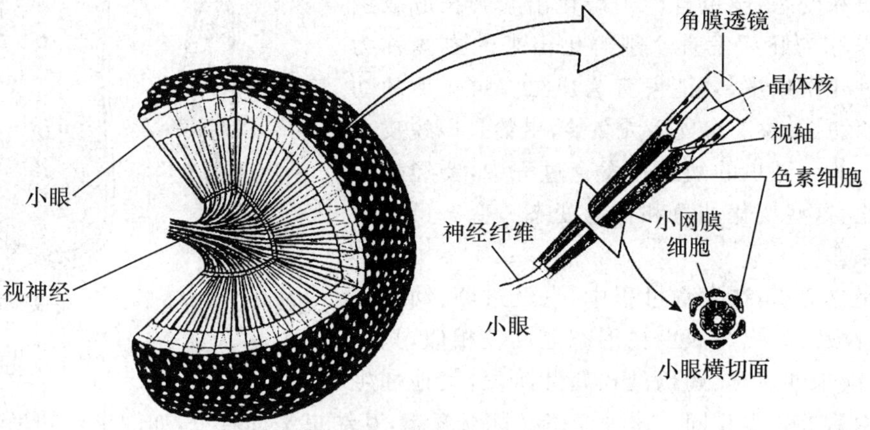

图12-36 复眼的结构(引自Hickman)

⑥内分泌系统：昆虫体内的一些腺体，可分泌激素，经血液循环至相应的部位，对昆虫不同的生长发育阶段起调控作用。这些内分泌腺有脑间腺、前胸腺、咽侧体、心侧体等。由于昆虫的种类繁多且与人类的关系密切，因此，对昆虫激素的研究也比较深入。如前胸腺分泌蜕皮激素，调控蜕皮，咽侧体分泌保幼激素，确保幼虫正常发育，心侧体分泌心脏刺激素，调控心跳等。有些昆虫体表能分泌挥发性的化学物质在空气中传播，称为外激素。如雌蛾分泌的一种性外激素，能吸引很远距离的雄蛾。目前，常利用类似的特点，人工合成引诱剂，达到杀灭害虫的目的。

⑦生殖系统：雌、雄异体，生殖器官通常由1对生殖腺和1对生殖导管组成，如蝗虫的生殖系统(图12-37)。

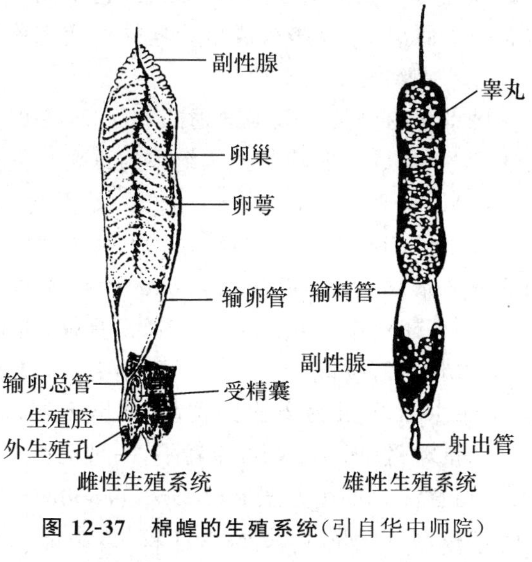

图12-37 棉蝗的生殖系统(引自华中师院)

在交配季节里，雄性将精子射入雌性体内，储存在受精囊中，卵成熟后排至生殖腔时，与放出的精子汇合而受精。

(3)生殖　昆虫生殖方式很多，现简介如下：

①两性生殖：绝大多数昆虫为此类方式。一般为卵生，在体内受精，体外孵化。少数是胎生，如麻蝇，受精卵在雌体内孵化出幼虫，离开母体后继续发育为成虫。

②单雌生殖(孤雌生殖):未受精的卵就发育成个体的现象称为单雌生殖。如蜜蜂。

③多胚生殖:由一个卵发育成多个幼虫,如小蜂科昆虫。

④幼体生殖:少数昆虫尚处幼虫时期就进行生殖,如某些摇纹科的蛹。

(4)发育与变态

①卵的构造与形态:昆虫的卵属中黄卵,卵黄位于卵的中央,卵的一端有卵孔,是精子进入的通道。卵的形态有球形、半球形、纺锤形等(图12-38)。

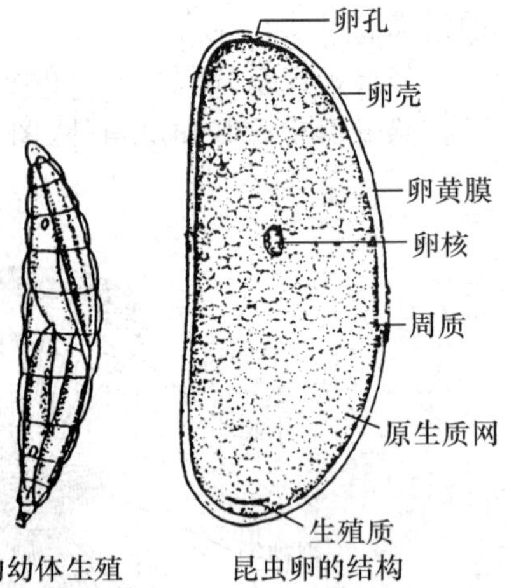

图 12-38　瘿蚊(引自华中师院)

②生长和变态:昆虫自卵中孵化出来到长成成虫的整个过程称为胚后发育。刚孵化出来的虫体称为幼虫。经过几次蜕皮,才能发育为成虫。孵化后的幼虫称第1龄幼虫,蜕1次皮后为2龄,虫龄是以蜕皮次数加1得出的。昆虫的幼虫在发育过程中,要经过一系列的变化,这些变化的总和称为变态。变态可分为2个基本类型。

a.不完全变态:在发育过程中,只经过卵、幼虫和成虫3个阶段。幼虫与成虫在形态上比较相似,只是虫体较小、尚未性成熟、翅仍处在翅芽阶段,其他如生活环境和生活方式也相同。这种变态又称渐变态,其幼虫又称若虫,如蝗虫。如果幼虫和成虫在形态上有区别,生活环境也不同(幼虫水生、成虫陆生),称半变态,幼虫称稚虫,如蜻蜓。

b.完全变态:其生活史可分为卵、幼虫、蛹、成虫这4个阶段。幼虫与成虫不仅形态不同,生活环境与生活方式也多不一致,而且中间一定要经过不吃不动的蛹期,最后才羽化(从前一虫态脱皮而出的过程)成成虫。这样的变态称为完全变态,如蚕。

2.昆虫纲的分类

昆虫纲的分类一般根据翅的有无、变态的类型、口器的形式、触角及附肢的构造等,分为2个亚纲30余目。现就2个亚纲中的重要目简述如下。

(1)无翅亚纲(Apeterygota)　原始无翅,无变态。

缨尾目(Thysanura):体被鳞片,咀嚼式口器,触角丝状、细长,腹部11节,末端有很长尾须2或3条,如衣鱼(*Ctenolepisma*)生活于居室抽屉、衣箱等处。

(2)有翅亚纲(Pterygota)　通常具翅,也有翅退化或消失,完全或不完全变态。

①蜻蜓目(Odonata):触角短、刚毛状,复眼大,咀嚼式口器,翅膜质、多脉,腹部细长,半变态,幼虫水栖,成虫和幼虫肉食性,如蜻蜓(*Anax*)、豆娘(*Agrion*)等。

②蜚蠊目(Blattaria):体扁平,头被前胸背板所遮盖,咀嚼式口器,前翅革质,后翅膜质,夜行性,植食性。如东方蜚蠊(*Blatta orientalis*),俗称蟑螂。

③螳螂目(Mantodea):身体较长,头部三角形,可灵活转动。前胸特别长且能活动,前足镰刀状,适于捕捉其他小动物,咀嚼式口器,前翅革质,后翅膜质,如螳螂(*Paratenodera*)。

④等翅目(Isoptera):体柔软,咀嚼式口器,触角念珠状,翅膜质,前、后翅相似且等长,是群栖社会性昆虫,具多态性,每一群体中由5种成员组成,即长翅型繁殖蚁(雄蚁和雌蚁)、短翅型或无翅型的补充繁殖蚁、不育、无翅的工蚁和兵蚁。在我国主要分布于长江以南,如白蚁(*Coptotermes*)。

⑤直翅目(Orthoptera):大型或中型昆虫。咀嚼式口器,前翅狭窄、革质,后翅宽大、膜质,且能折叠藏于前翅之下。腹部常具尾须及产卵器,发音器及听器发达。常见的种类有蝗虫(*Locusta migratoria*)、螽斯(*Gampsocleis*)、蝼蛄(*Gryllotalpa*)、中华蚱蜢(*Acrida chinensis*)、蟋蟀(*Gryllulus*)(图 12-39)等。

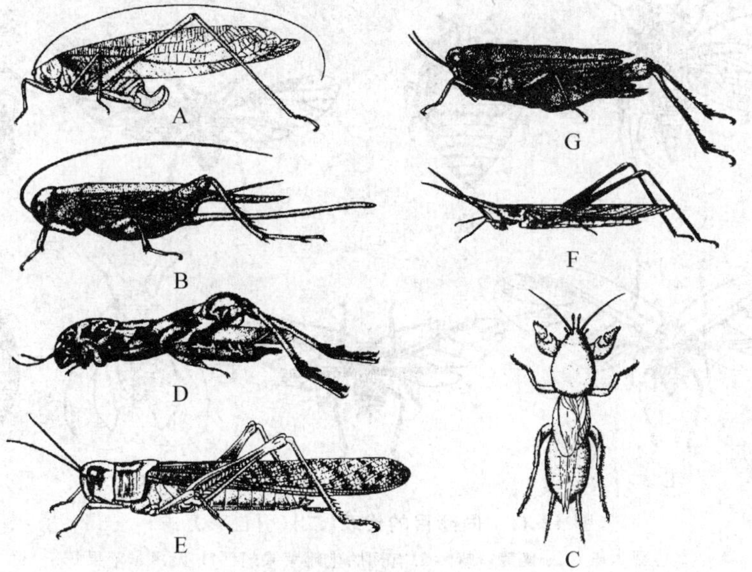

图 12-39　直翅目昆虫的代表(引自彩万志)

A. 日本露螽　B. 南方油葫芦　C. 华北蝼蛄　D. 蚤蝼　E. 东亚飞蝗　F. 中华蚱蜢　G. 日本菱蝗

⑥半翅目(Hemiptera):身体略扁平,多数有翅,少数无翅。前翅基部为鞘翅,端部膜质,故称为半翅目。后翅膜质,休息时藏叠于前翅下。刺吸式口器。常见种类有绿椿象(*Lygns*)、三点盲椿象(*Adelphocoris*)等各种椿象。通常以植物汁液为食。水生种类有红娘华(*Nepa*),俗称"水蝎",它们捕食鱼苗等。还有,在我国常见吸食血液的温带臭虫(*Cimexlectujarius*)(图 12-40)。

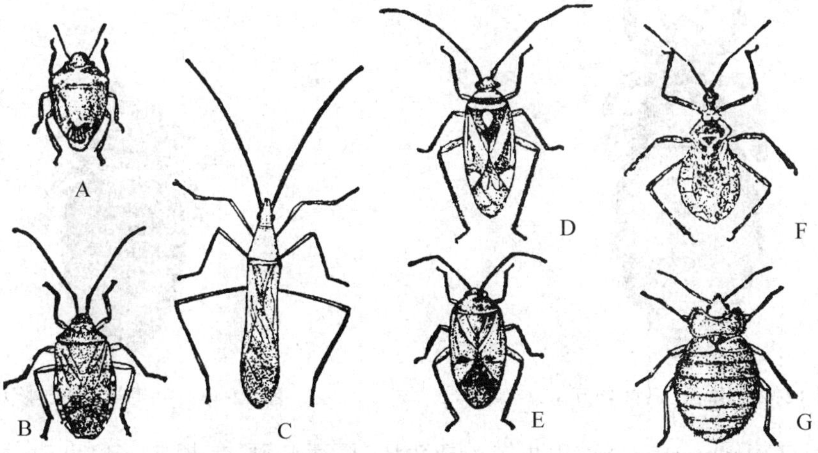

图 12-40　半翅目的代表(引自武汉大学等)

A. 豆二星蝽　B. 梨蝽　C. 蛛缘蝽　D. 三点盲蝽　E. 绿盲蝽　F. 猎蝽　G. 臭虫

⑦同翅目(Homoptera):前、后翅均等,膜质或革质,刺吸式口器,常见种类有苹果蚜(*Eriosoma*,图 12-41)、棉蚜(*Aphis*)、菜蚜(*Rhopalosiphnm*)、吹棉介壳虫(*Icerya*)、蝉(*Cryptotympna*)等。

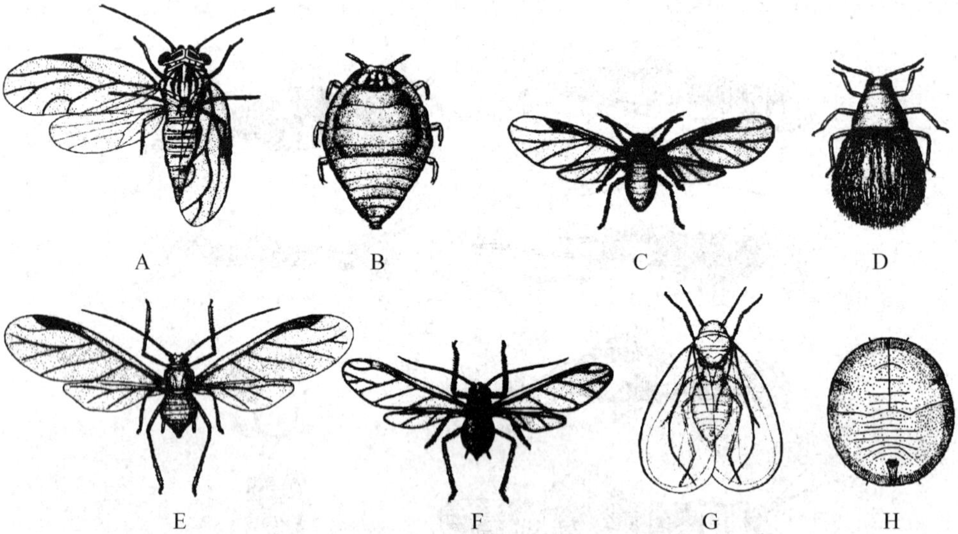

图 12-41 同翅目的代表(二)(引自彩万志)

A. 梨木虱 B. 梨黄粉蚜 C. 有翅胎生雌苹果蚜 D. 无翅雌苹果蚜 E. 桃蚜 F. 苹果瘤蚜 G,H. 橘绿粉虱

⑧虱目(Anoplura):俗称虱子,体小、扁平,无翅,头部向前突出,触角 3～5 节,复眼退化或消失,无单眼。胸部各节愈合,足粗短,刺吸式口器,寄生于哺乳类、鸟类及人体的体表,吸食寄主血液并传播疾病。种类较多,如人体虱(*Pediculus humanus*)(图 12-42)、牛虱(*Haematopinus*)等。

⑨食毛目(Mallophaga):俗称羽虱,体形与虱相似,眼退化,无翅。咀嚼式口器,咬食畜禽毛、羽,是常见的畜禽体表寄生虫,如鸡虱(*Menopon*)、牛毛虱(*Bovicola bovis*,图 12-43)等。

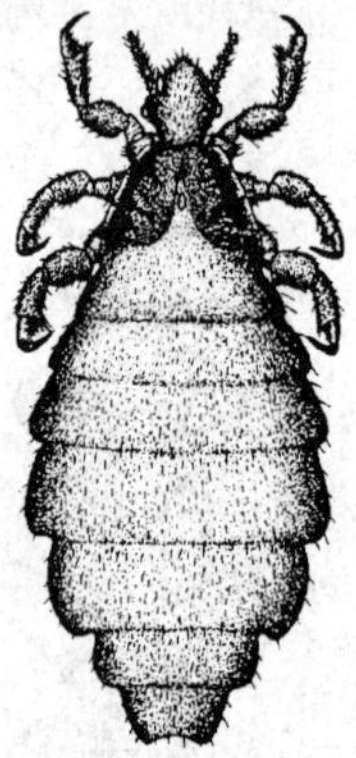

图 12-42 体虱(引自彩万志)

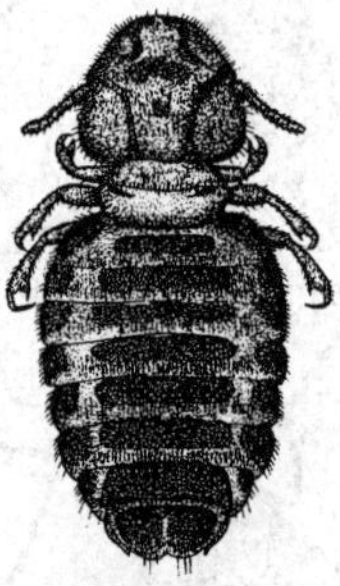

图 12-43 牛毛虱(引自彩万志)

⑩鞘翅目(Coleoptera):俗称甲虫。前翅角质,厚而坚硬,无翅脉。停歇时,两鞘翅合起来在背中线上相接成一直线、保护后翅。后翅膜质,起飞翔作用,停歇时一般折叠于前翅下面。

咀嚼式口器。为动物界最大的目，约25万种，占昆虫总数的40%左右。

本目包括许多危害农、林等方面的种类，如危害大豆、花生、蔬菜的金龟子（*Holotrichia*，图12-44H、I），危害十字花科蔬菜的黄条跳甲（*Phyllotreat*）和大猿叶甲（*Colaphelltts*），危害森林、桑树的星天牛（*Anoplopnora*），危害马铃薯的二十八星瓢虫（*Epilachna*），危害绿豆的绿豆象（*Callosobruchus*）。此外，也有少数昆虫，如澳洲瓢虫（*Rodolia Cardinalis*），能捕食柑橘树上的主要害虫吹棉介壳虫，以及捕食蚜虫的七星瓢虫等。

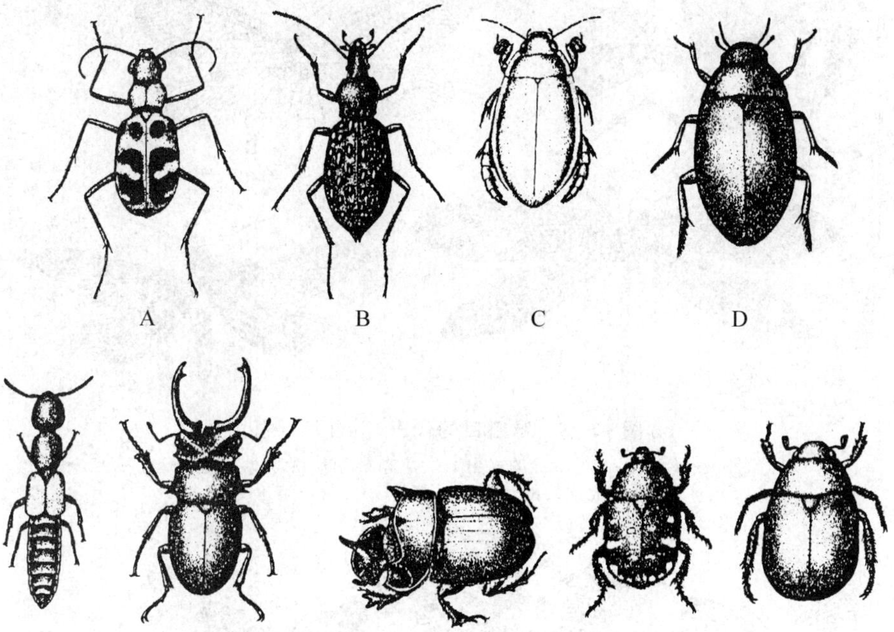

A　B　C　D

E　F　G　H　I

图12-44　鞘翅目的代表（引自彩万志）

A.中华虎甲　B.疱鞘步甲　C.黄边厚龙虱　D.大水龟甲　E.显隐翅甲
F.大锹甲　G.神农洁蜣螂　H.小青花金龟　I.铜绿丽金龟

⑪脉翅目（Neuroptera）：翅2对，均膜质。前后翅的大小、形状相似，停歇时置于背上，呈屋脊状。成虫复眼大，单眼3个或无。触角细长，丝状、念珠状、或棒状，咀嚼式口器。幼虫和成虫均为肉食性，是害虫的重要天敌，如草蛉（*Chrysopa*）、蚁蛉（*Myrmeleom*）（图12-45），前者已用于生物防治。

⑫鳞翅目（Lepidoptera）：翅2对，均膜质，体表及翅上都被有鳞片及细毛。虹吸式口器。复眼发达，单眼2个或无。完全变态，幼虫一般称为毛毛虫，大多植食性，危害多种作物、果树和森林，是昆虫纲中种类较多、最为常见、对农业等危害较大的目。

鳞翅目通常又可分为2个亚目：

a.蝶亚目（Rhopalocera）：触角末端膨大呈棒状。停歇时2翅竖立在背上。颜色艳丽，大多在白天活动。如凤蝶（*Papilio xuthus*）、菜白蝶（*Pieris rapae*）等。

b.蛾亚目（Heterocera）：触角形式多样。停歇时，翅平展在背上。大多数夜间活动。常见的有黏虫（*Leucania separata*），其幼虫危害玉米等农作物，棉铃虫（*Holiothis armigera*），幼虫危害棉花，二化螟（*Chilo suppressalis*），其幼虫危害水稻（图12-46）。此外，也有一些益虫，如家蚕（*Bombyx mori*）、蓖麻蚕（*Attacus ricini*）、柞蚕（*Antheraea pernyi*）。

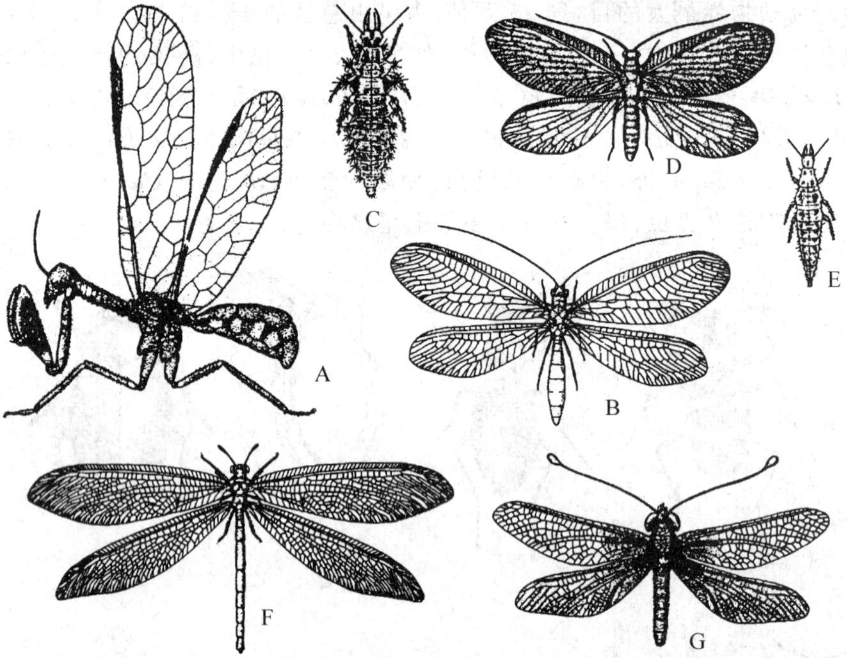

图 12-45　脉翅目的代表(引自彩万志)

A. 豫黑矢螳蛉　B. 叶色草蛉的成虫　C. 大草蛉的幼虫　D. 全北褐蛉的成虫　E. 全北褐蛉的幼虫　F. 蚁蛉　G. 黄花蝶角蛉

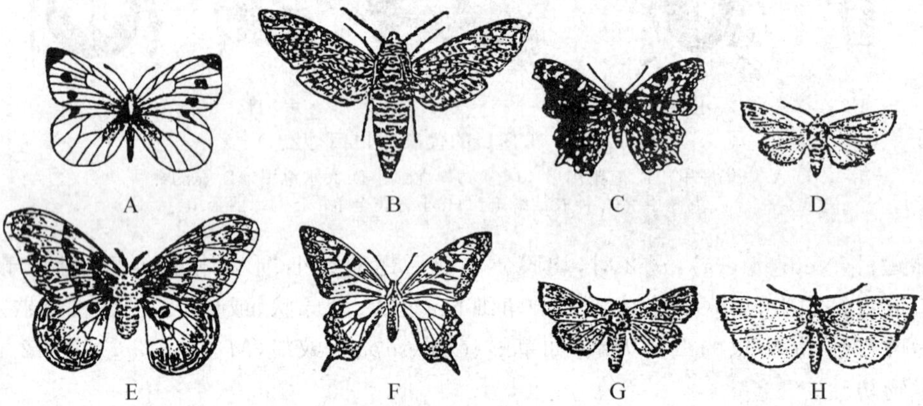

图 12-46　鳞翅目的代表(引自华中师院)

A. 菜白蝶　B. 天蛾　C. 蛱蝶　D. 黏虫　E. 天蚕蛾　F. 凤蝶　G. 棉铃虫　H. 二化螟

⑬双翅目(Diptera):成虫仅有1对膜质的前翅,后翅退化为平衡棒。刺吸式口器或舔吸式口器。复眼发达,很大。触角丝状(蚊类)、芒状(蝇类等)。幼虫除少数外,绝大多数种类的头部完全退化,缩在前胸内,体柔软,蠕虫状,称为蛆(蝇类)。蚊类的幼虫称孑孓,有明显的头部。可分3个亚目。

a. 长角亚目(Nematocera):体细小且柔软,触角细长,幼虫有明显的头部。

蚊科(Culicidae):体小,雄虫触角环毛状。喙细长向前伸,适于吸血。幼虫和蛹生活在水中,成虫多在黄昏及夜间活动。雄虫吸食植物汁液,不吸血。与人类关系最大的是按蚊(A-

nopheles)，又称疟蚊，可传播疟疾病；库蚊(*Culex*)又称家蚊，是居室内数量最多的一种，传播血丝虫病；伊蚊(*Aedes*)，又称黑斑蚊，能传播乙型脑炎和登革热等。

毛蠓科(Psychodidae)：体微小，体及翅上多毛，翅宽，多纵脉，无横脉，如白蛉子(*Phlebotomus chineneis*)，雌虫刺吸人、畜等的血液，可传播黑热病。

瘿蚊科(Cecidomyiidae)：体小，瘦弱，触角念珠状，复眼在触角上方左右相遇，足细长，翅宽多毛，仅3～5条纵脉，如吸食麦粒的小麦吸浆虫(*Sitodiplosis*)。

b. 短角亚目((Brachycera)：触角短，一般3节，无芒，刺吸式口器。

虻科(Tabanidae)：头与复眼均大，成虫刺吸人、畜的血液，并能传播马锥虫病，如牛虻(*Chrysops*)。

c. 芒角亚目(Aristocera)：触角短，3节，第3节背面具芒。

食蚜蝇科(Syrphidae)：外形似蜜蜂，如食蚜蝇(*Syrphus*)，成虫以花粉、花蜜为食。产卵在蚜虫多的地方，幼虫捕食蚜虫和介壳虫、粉虱、叶蝉等。

果蝇科(Drosophilidae)：体小，长3～4 mm，淡黄色，复眼红色，常作为遗传学研究的材料，如果蝇(*Drosophila*)。

蝇总科(Muocoidea)：包括蝇科(Muscidae)、麻蝇科(Sarcophagidae)、丽蝇科(Cal-liphoridae)、寄蝇科(Tachinidae)等，如家蝇(*Musca domestica*)、麻蝇 (*Sancophaga*)(图12-47)、绿蝇(*Lucilia*)、舍蝇(*Musca vicina*)等，均能传播伤寒、痢疾等疾病。

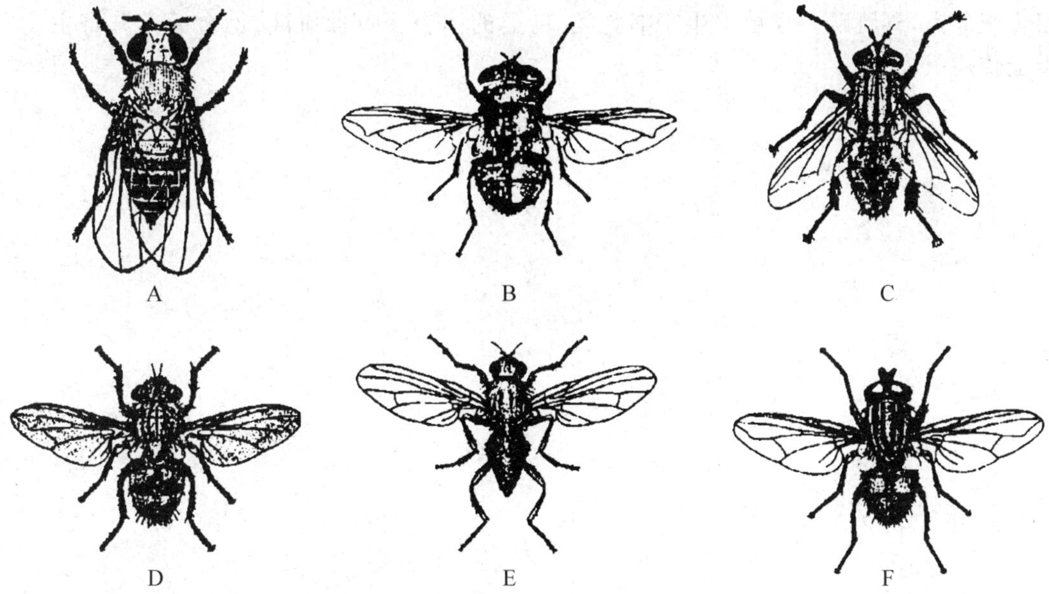

图 12-47 双翅目的代表(引自彩万志)

A. 黄猩猩果蝇 B. 大头金蝇 C. 肥须亚麻蝇 D. 黏虫缺须寄蝇 E. 灰地种蝇 F. 家蝇

⑭膜翅目(Hymenoptera)：2对翅，均膜质，翅脉较少，后翅小于前翅，前缘中央有一系列小钩与前翅后缘连锁。口器一般为咀嚼式，仅蜜蜂为嚼吸式。胸部第2节常缩小成“细腰”，称为腹柄。雌虫常有锯齿状或针状产卵器。完全变态。常见的有小麦叶蜂、稻苞虫金小蜂(图12-48)等。其中有一些为社会性昆虫，如蜜蜂(*Apis*)和蚂蚁类(*Formicoidea*)以及赤眼蜂(*Fiichogramma*)、中国胡蜂(*Vespa man-derinia*)等(图12-48)。

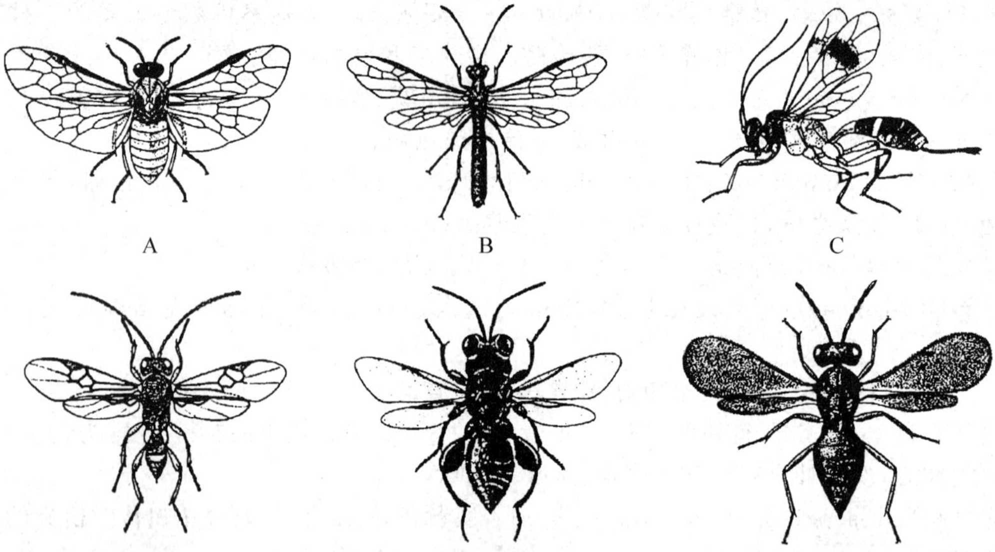

图 12-48 膜翅目的代表(引自彩万志)

A. 小麦叶蜂 B. 麦茎蜂 C. 横带驼姬蜂 D. 小菜蛾绒茧蜂 E. 黑角洼头小蜂 F. 稻苞虫金小蜂

⑮蚤目(Siphanoptera):通称跳蚤。体小,左右侧扁,无翅。刺吸式口器。复眼小或无,无单眼。腹部大,善跳跃。成虫寄生于哺乳类、鸟类的体表。吸食血液,饱食后离开寄主。有些种类能传播鼠疫。

第十三章　原口动物小门类

在距今30亿年至寒武纪早期(距今约5.7亿年),地球进化出了细菌和蓝藻。然而,自寒武纪开始,在短短数百万年的时间里,突然涌现出了大大小小的动物门类。现有的化石记录表明,这个时期甚至比现存的物种还要丰富,门类还要多,被古生物学家称作"寒武纪生命大爆发"。只因一些大大小小的灾难,有些种类无法适应改变了的环境条件,逐渐走向了灭绝,当然也诞生了许多新的物种,但总体来讲,现生存在地球上的物种数量比起寒武纪时期减少了。

生命进化的步伐由于体腔的出现变得异常地迅猛,导致软体动物、环节动物、节肢动物及其他动物类群获得了极大的发展,其中包括星虫动物门、螠虫动物门、须腕动物门、腕足动物门、外肛动物门、帚虫动物门、舌形动物门、有爪动物门、缓步动物门、毛颚动物门。

进化地位:这些小的门类在动物界的地位尚存在争议,我们将尽量在各门中予以说明。

第一节　星虫动物门

星虫动物(Sipuncula)生活在海洋底部的泥沙中,约330种,16属。多数种类栖息在热带和亚热带水域中。它们要么占用蜗牛的壳,要么生活在珊瑚缝隙或植物丛中,皆营底栖生活,从潮间带直至6 000 m的深海都有分布(图13-1)。

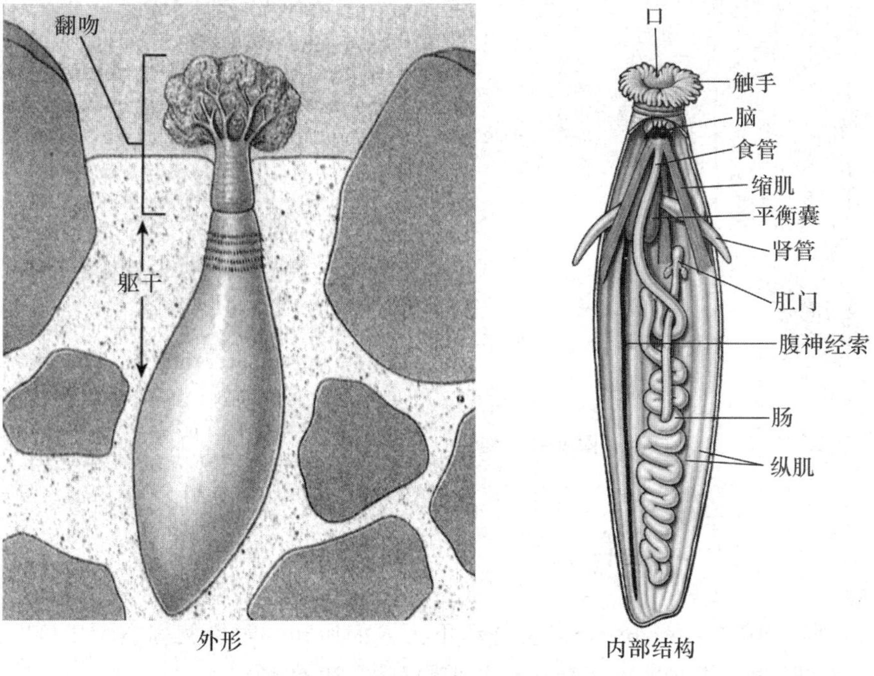

图13-1　星虫(引自Hickman)

星虫动物身体圆柱形,长2 mm~70 cm,大多数种类15~30 cm。星虫动物身体不分节,也不具刚毛。头可缩入吻内,吻周围有密集的触手。靠伸出的吻和触手收集海底沉积物为食。有1个脑神经节及索状神经干,1对囊状后肾管。无循环和呼吸系统,但体腔液内含有红细胞,可运输氧气,起到循环的作用。雌雄异体,具临时的生殖腺,卵巢或睾丸仅在生殖季节发育,体外受精,大多具担轮幼虫期,螺旋式卵裂。一般认为星虫动物是在环节动物出现分节以前就分化出的一支。

第二节 螠虫动物门

螠虫动物(Echiura)大约有140种,螠虫动物与星虫动物栖息环境相似,但主要以温暖海域沿岸分布为主,少数种类在极地水域也有发现。

螠虫动物体长从数毫米至40~50 cm不等。身体蠕虫状,不分节,吻不能伸缩。闭管式循环系统,有1~3对后肾管(少数种类多对),1条腹神经索及1个神经环。直肠末端有1对直肠囊,开口于体腔,可能与呼吸和排泄有关(图13-2)。螺旋式卵裂,具担轮幼虫期。胚胎发育早期与环节动物类似。因此,一般认为螠虫动物是由环节动物多毛类祖先进化出来的一支。

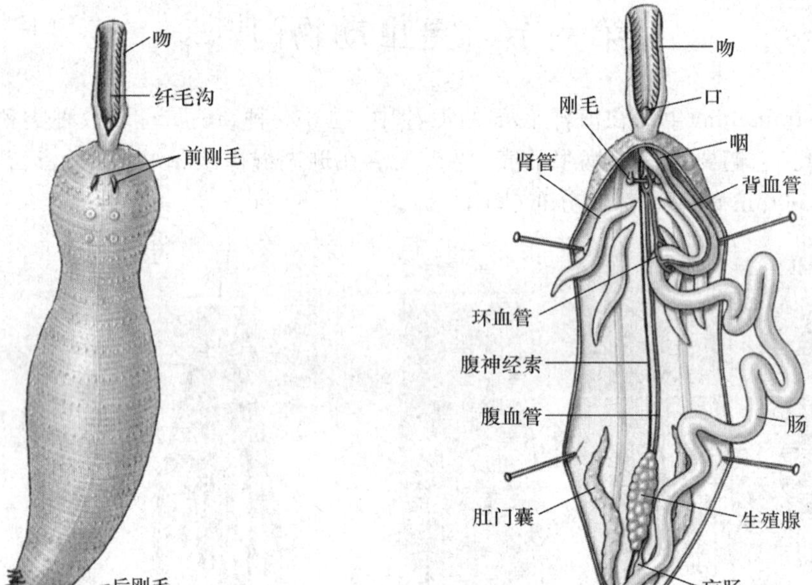

图13-2 螠虫(引自Hickman)

第三节 须腕动物门

20世纪以前,须腕(Pogonophora)动物还不为人们所知。第一例标本于1900年采自印度尼西亚水域,直到1963年才被正式描述。目前已发现80余种。

须腕动物多生活在200 m以下的海床上,身体蠕虫状,体细长,直径不足 1 mm,体长5~

85 cm。通常生活在自身分泌的几丁质管内，只有摄食时才将前体部伸出。身体可区分为小的前体部、细长的躯干部和 1 个小的、分节的后体部。前体部具触手，触手内有体腔、血管、神经深入其中，这样的触手结构仅须腕动物所特有。须腕动物无口和消化道，借触手上的凸起和微绒毛直接吸收溶解于海水中的葡萄糖、氨基酸、脂肪酸（图 13-3）。现已发现在其体内有共生的化能自养细菌（chemoautotrophic bacteria），可为其提供能量。循环为闭管式，雌雄异体，螺旋式卵裂或辐射型卵裂。通常认为与环节动物的分类地位近似。

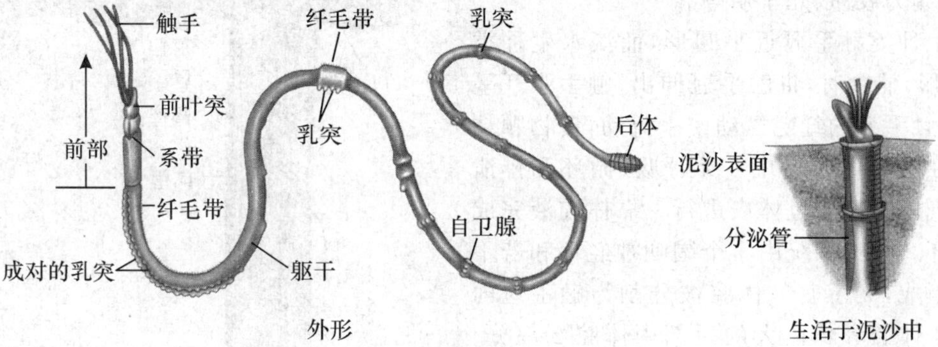

图 13-3　须腕动物（引自 Hickman）

第四节　兼具原口动物与后口动物特征的类群——触手冠动物

进化地位：触手冠动物（Lophophorates）包括帚虫动物门、外肛动物门、腕足动物门。它们都具有体腔，兼具原口动物和后口动物的特征，没有明显的头部，消化道呈 U 形，肛门位于口附近，但在触手冠外，体腔被分为 3 部分：前体腔（protocoel）、中体腔（mesocoel）和后体腔（metacoel）。前体腔构成了口上突，中体腔扩展至中空的触手内，后体腔位于体内。体腔间有隔膜相隔。它们的身体蠕虫状，海生，常栖息于沙质、泥质或附于岩石、贝壳表面，营管栖生活。

一、帚虫动物门

帚虫动物门（Phoronida）全部生活在热带和温带海底泥沙中，管栖。本门现存仅 10 种左右，身体蠕虫状，体长由数毫米至 30 cm 不等，以触手取食，当受到刺激后，触手等全部缩入管中。触手冠由 2 个平行的马蹄状隆起构成，隆起上有具纤毛的触手。触手上的纤毛摆动，水流沿两隆起间的沟流向口，水中的浮游生物和碎屑便会被送入口中。次生体腔，闭管式循环，血液中含血红蛋白。排泄器官为 1 对后肾管。神经系统有 1 神经环并连接触手和身体各部（图 13-4）。卵裂有螺旋型卵裂和辐射型卵裂。

二、外肛动物门

外肛动物门（Ectoprocta）是一古老的类群，它们曾经非常繁盛并产生了广泛的辐射，留下的化石可追溯到奥陶纪。本门动物有 4 000 余种，全部水生，淡水、海水均有分布。体长一般小于 0.5 mm。绝大多数种类群居。现代海生种类栖息的地方几乎涉及到了海中所有坚固的表面,如岩石、贝壳、大型褐藻、红树的根、船底等。每个个体生活在一个小室内,这个由表皮层分泌的小室称为虫室(zoecium),每个个体由1个营养体和1个袋状的囊组成。营养体由触手冠、消化道、肌肉、神经中枢组成。袋状囊由动物的体壁和外骨骼联合形成。根据种类的不同,袋状囊为胶质、几丁质等。

海生种类触手冠近乎圆形,而淡水生种类则为U形,捕食时,将触手冠伸出,触手张开呈漏斗状,触手上的纤毛摆动使水流动,食物颗粒被黏附在一起送入口中。无呼吸、循环和排泄器官。气体交换通过体表进行。靠体腔液完成体内循环。神经系统由1个围咽神经环和若干神经节组成,无感官。体腔被分割为触手冠内的前部中体腔和体内大的后部中体腔2部分。外肛动物大多雌雄同体,有些种类直接将它们的卵排入海水中,但多数种类的胚胎发育则是在体腔和袋状囊内进行的,辐射型卵裂,生殖方式多样(图 13-5、图 13-6)。

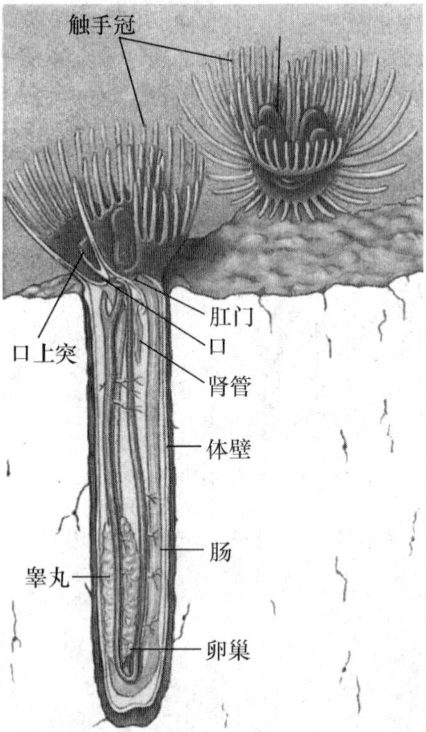

图 13-4 帚虫的结构(引自 Hickman)

图 13-5 外肛动物(引自 Hickman)

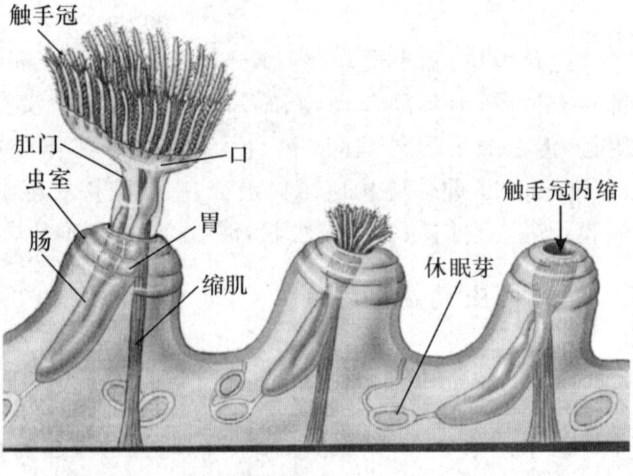

图 13-6 外肛动物的内部结构(引自 Hickman)

三、腕足动物门

腕足动物门(brachiopoda)是一古老的门类,现有300余种及30 000余种化石已被描述,在古生代及中生代非常繁盛。但如今明显衰退,一些现存种类仍旧保留了很原始的特征。如海豆芽(图 13-7),虽然历经了4亿年的进化,但至今几乎无任何变化。现存种类壳长5~80 mm,有些化石种类体长可达30 cm。

腕足动物均海生，营附着生活，尤其喜欢在浅水水域底栖。体外有外套膜分泌的壳，包括背壳和腹壳，多数种类腹壳略大于背壳。常以腹壳或肉质柄附着于其他物体上。壳内为外套腔，柔软的身体仅占据了2壳的后部分。借外套腔内触手纤毛的摆动，激起水流，为其带来食物颗粒。此外，触手还有呼吸的功能。循环系统包括心脏和血管，开管式循环，排泄器官为1或2对后肾管，开口于体腔，并可将代谢废物排至外套腔。神经系统包括1背侧神经环和1条腹神经索。雌雄异体，1对生殖腺，发育与后口动物类似，如螺旋式卵裂、肠体腔法形成中胚层和真体腔。发育过程中有类似担轮幼虫的自由泳幼虫阶段（图13-7、图13-8）。

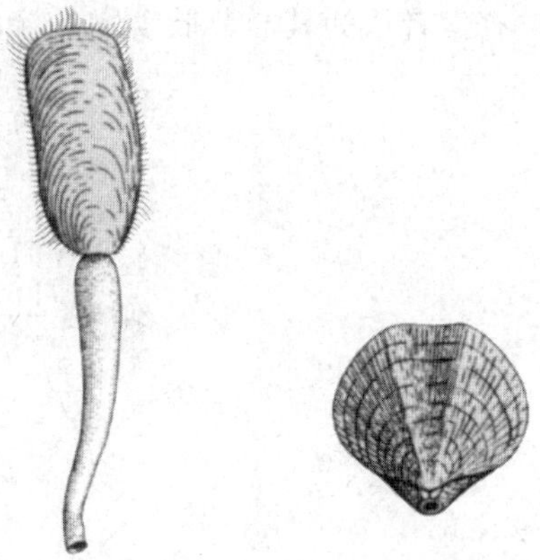

图 13-7 腕足动物（引自 Hickman）

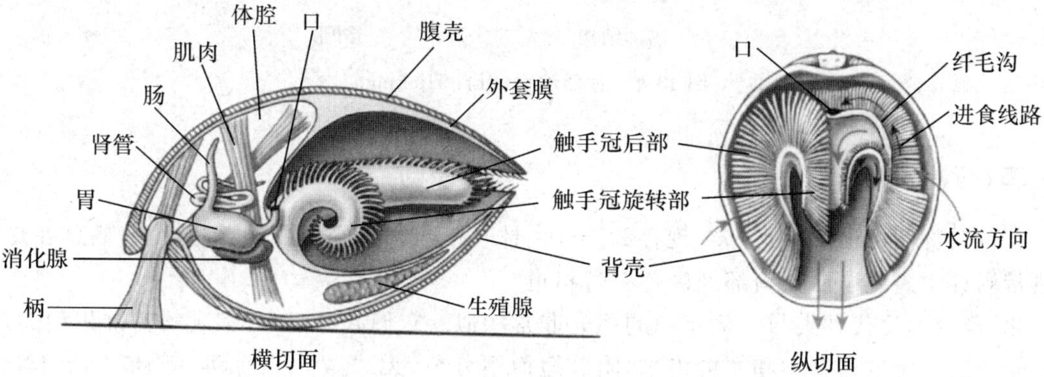

图 13-8 腕足动物的内部结构（引自 Hickman）

第五节 蜕皮动物

蜕皮动物（Ecdysozoan）包括舌形动物门、有爪动物门、缓步动物门和毛颚动物门。

一、舌形动物门

舌形动物门（Pentastomida）大约90种，身体蠕虫状，成体长1～13 cm（图13-9），营寄生生活，多见于脊椎动物肺脏及上呼吸道内，尤其是食肉性的爬行类。在非洲和欧洲也有人感染的病例。舌形动物的身体出现了分节，体表被有几丁质角质膜，幼体阶段会定期脱落。前端具有4个爪状附属器。消化道简单，神经系统与环节动物、节肢动物相似，无循环、呼吸、排泄器官。雌雄异体，雌性个体稍大于雄性个体。繁殖力强，1雌性个体可产数百万粒卵。卵经寄主的气管至咽喉，被吞咽到消化道中，随粪便排出继续发育为幼虫。幼虫具尾及4个附肢。绝大多数舌形动物在生活周期中都会有1个中间寄主（脊椎动物如鱼、爬行动物甚至哺乳动物），终末寄主（脊椎动物）通过猎食而感染。幼虫被中间寄主吞食后，可穿过肠壁，在体内任意移行，经变态发育为若虫，继续生长过程中经过几次蜕皮，最终，身体外被荚膜，进入休眠状态。只有进入终末寄主体内以后，到达肺脏，以血液及组织为食，才能发育为成体。它们的分类地位尚未确定,有学者认为其与节肢动物的亲缘关系较近。

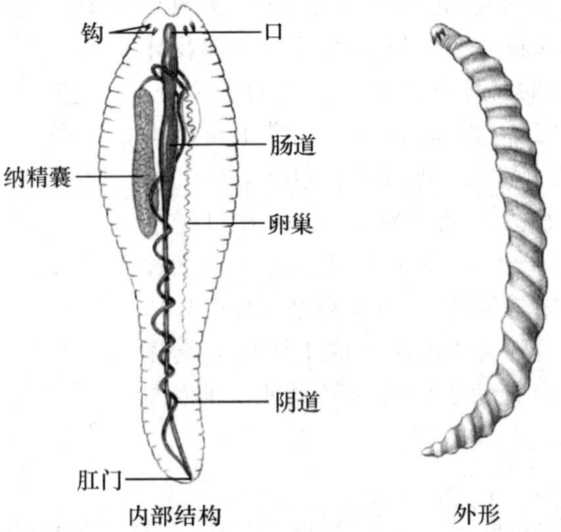

图 13-9 舌形动物(引自 Hickman)

二、有爪动物门

有爪动物门(Onychophora)现存约70种,体长1.4～15 cm,外形似毛毛虫,栖息在热带、亚热带雨林中。我国西藏南部地区曾有过报道。

化石显示,现代种类与5亿年前的祖先非常相似。它们起源于海洋,现均为陆生种类。常常夜间或空气湿度达到饱和才会出来,附肢短而不分节,无法做关节活动。凭借14～43对短粗的附肢(末端具灵活的肉趾和1对爪)活动。身体内部有分节现象,头部生有1对灵活的触角。皮肤柔软,体表被有一层含蛋白质和几丁质的表皮,与节肢动物相似,但不硬化。体表有许多小的瘤状突起,有的突起生有感觉刚毛(图13-10),口腔内有1牙齿和1对上颚,用于撕咬、切割食物,以昆虫、蠕虫类等为食。以微气管系统(tracheal system)呼吸。每个体节具1对原肾,肾孔开口于附肢的基部,排泄物为尿酸。心脏管状,开管式循环。体腔为一血腔,体腔两侧有黏液腺,开口于口部乳突上。可喷出黏液,以粘住敌害。神经系统包括1对脑神经节和1对神经索。有爪动物雌雄异体,雄性通常将精子储于精荚内。遇到雌性个体就会将精荚置

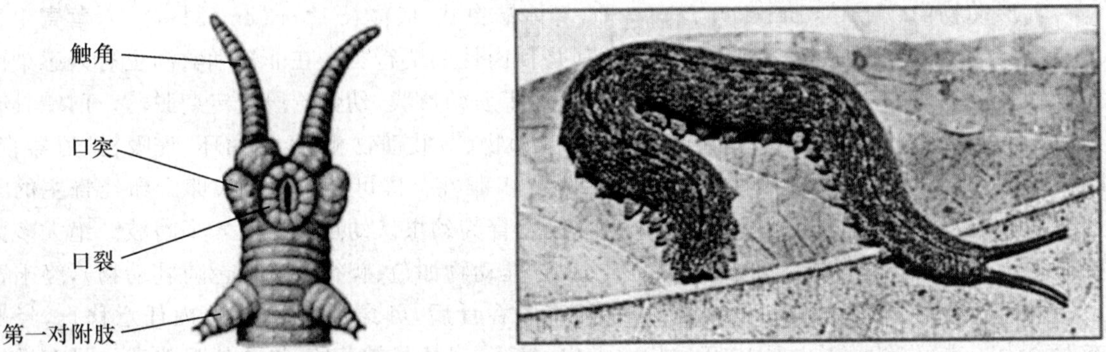

图 13-10 有爪动物(引自 Hickman)

于雌性背部的纳精囊内，此时雌性血液中的白细胞将精荚下部溶解，精子进入体腔，在血液中移行至卵巢，在那里完成受精。有爪动物可能为卵生、卵胎生或胎生。有学者将此门纳入节肢动物原气管纲，但我们认为此类群尚未出现明显的异律分节等特征，可能是介于环节动物与节肢动物之间的类群，故放在这里与其他小门类进行讨论。

三、缓步动物门

缓步动物门（Tardigrada）动物身体微小，体长一般不足 1 mm。大约 400 种，绝大多数陆生，有些淡水生，极少数种类海生。身体具 4 对短粗的附肢，附肢末端有爪，行动迟缓。1 对锋利的螯针和吮吸咽可刺破并吮吸植物细胞或线虫纲、轮虫纲的动物。体表具表皮（不含几丁质）并定期脱落。与节肢动物一样，肌纤维附于外骨骼上。体腔为一血腔。无循环和呼吸器官。神经系统与环节动物的类似，但更为复杂，有些种类具 1 对眼点（图 13-11）。陆生种类最显著的特征是对不良环境具有极强的忍耐能力，遇到干旱时，它们可将身体含水量由正常的 85%降至 3%，此时运动停止，身体萎缩，在这种状态下，缓步动物可以抵御恶劣的环境达数年之久，如极限温度、电离辐射、缺氧等，当环境好转时，身体再复苏，这种现象称为隐生。目前，它们的分类地位尚难确定。

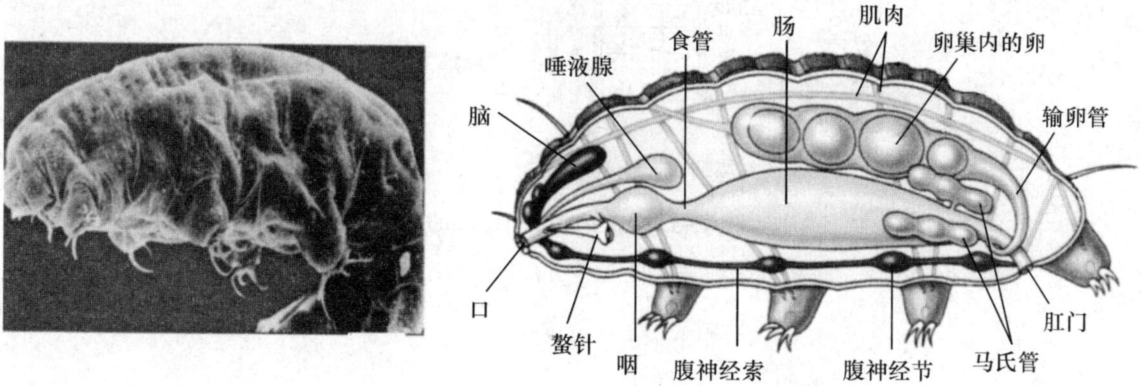

外形　　内部结构

图 13-11　缓步动物（引自 Hickman）

四、毛颚动物门

毛颚动物（Chaetognatha）又称为箭虫类，全部海生，是高度特化的一类浮游动物，已知有 65 种，身体笔直，体长 2.5～10 cm，它们通常夜间游至水面，白天潜入水中，大多数时间是随波漂流，然而，依靠尾鳍和纵肌，也能迅速地前进。是一种自由游泳的食肉性海生动物。

毛颚动物尚未出现明显分节，身体可分为头部、躯干部及尾部。头部下方有一大的空腔，即前庭，与口相通。前庭两侧有弯曲的几丁质棘刺，用于捕食浮游生物、桡足类甚至小鱼（图 13-12）。体表具单层表皮，但在体侧则为厚的复层上皮，这与其他无脊椎动物截然不同。前庭内有牙齿，背侧有 1 对眼。具完全的消化系统。次生体腔发达，由肠体腔法形成，无循环、呼吸、排泄系统。雌雄异体，异体受精，辐射型卵裂。本门尽管具备了一些后口动物的特征，如辐射型卵裂等，但却没有获得分子生物学方面的有力支持，它们的地位仍值得讨论。毛颚动物是生命树中非常奇怪的分支，形态学和胚胎学尚无法确定它究竟是后口动物还是原口动物。它的辐射型卵裂方式与后口动物类似,但体腔起源于原肠腔,则与原口动物相同。另外成体由头、躯干和尾组成,又与后口动物特别是脊索动物相似,具几丁质的表皮,又表明它与原口动物相关。

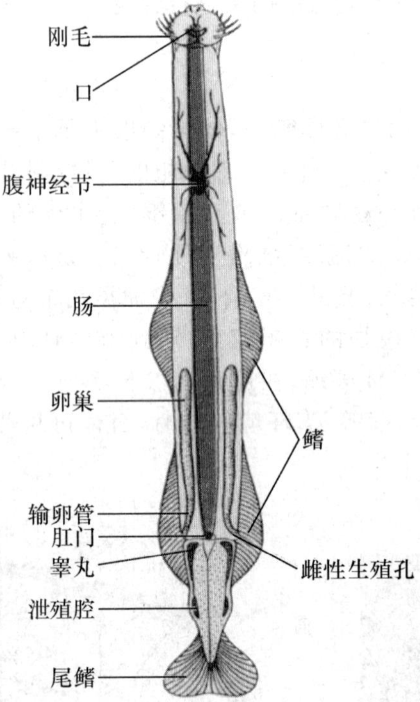

图 13-12 箭虫(引自 Hickman)

第十四章　棘皮动物门

进化地位:属后口动物分支。自这一门开始动物的口不再起源于原口(即胚孔),而是在原口相反的一端又形成了一个口,原口则变成了幼虫的肛门,这样的动物又称为后口动物。成体辐射对称,幼体两侧对称。辐射型卵裂,是最原始的后口动物。尽管此类动物属非脊索动物,但从胚胎发育的角度看,它们更接近于脊索动物(图 14-1)。然而,棘皮动物(Echinodermata)的演化结果却将自己推向与其他后口动物大相径庭的类群中。

图 14-1　棘皮动物(海星)(引自 Miller)

第一节　棘皮动物的主要特征

棘皮动物的体制为辐射对称。以前,动物学家曾将其视为与腔肠动物等同的辐射对称动物。在研究了它们胚胎发育以后才发现,棘皮动物在幼虫期是左右对称的,只是后来才演变成辐射对称体制。这种次生性的辐射对称与腔肠动物原始的辐射对称截然不同。此外,还有如下主要特征:无头,表皮下具钙质的内骨骼,常向外凸起成棘,具水管系统、管足等。

第二节　棘皮动物门的分类

棘皮动物全部生活在海洋中,现存的大约有 6 000 种,有 2 万种已灭绝或已成为化石种类。可分为 5 个纲:海百合纲、海星纲、海胆纲、蛇尾纲和海参纲。

一、海百合纲

海百合纲(Crinoidea)的代表动物为海百合(*Metacrinus*),是现存最古老、最原始的棘皮动物,身体呈植物状,可分为体盘、腕和柄3部分。反口面向下,有1柄,用以固着在海底或其他物体上。口面向上,口位于体盘中央,体盘周围分出许多小羽支。腕上的管足失去了运动的功能(图14-2)。

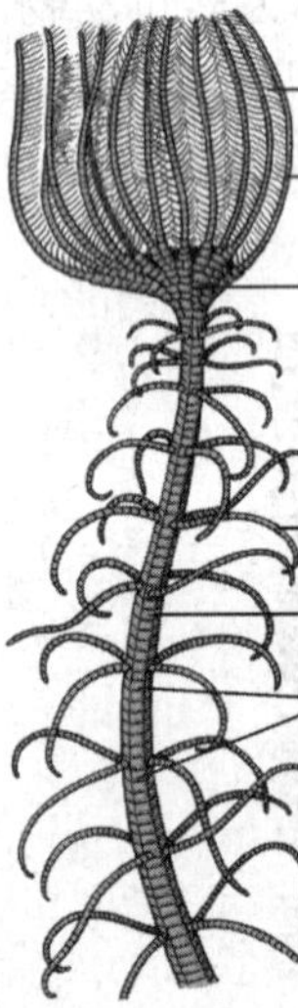

海百合

海洋齿

图14-2　海百合纲的代表动物(引自Hickman)

二、海星纲

海星纲(Asteroidea)的代表动物是海盘车(*Asterias*)。

(一)外部形态

海盘车的身体扁平,呈五角星状,小的直径有1 cm,大的直径可达1 m,身体中央是体盘,由体盘向四周伸出5个腕,腕中具有步带沟,沟内有排列整齐的管足(管足末端有吸盘),是其运动器官,体盘有口的一面称为口面(腹面),另一面称为反口面(背面)(图14-3)。反口面比较粗糙,有许多突出体表的棘刺,具保护功能,这是由其体内石灰质的骨板形成的。棘刺是棘皮动物的主要特征,但海参的棘刺已完全退化消失。除去棘刺以外,海星的体表还分部有许多小的突起,称为皮鳃,具有呼吸和排泄功能。

(二)内部结构

(1)内骨骼　海星表皮下具有石灰质的骨板,由中胚层分化而来,这就是它的骨骼。

(2)体腔　真体腔发达,它一直伸到腕的顶端,腔内充满体腔液,液中有吞食作用的变形细胞。体腔液具有循环的功能。

(3)水管系统　由真体腔的一部分演变而成。水管内有体液,通过筛板与外界相通,它是海水进入水管系统的通路。行动时,罍收缩,将体液压入管足,使之伸长,并以管足末端的吸盘吸附在某一点，然后管足收缩，体液回流入罍，把身体拉向这个方向。管足受神经支配，许多管足谐调运动，可以使海星直立或越过岩石。

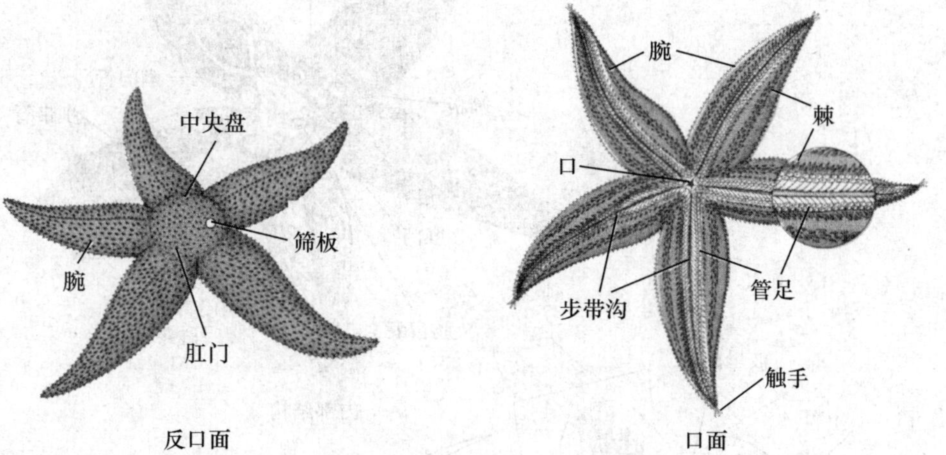

图 14-3　海盘车(引自 Hickman)

(4)消化系统　口位于口面的中央，由一条短的食道与贲门胃相连。贲门胃上是较小的幽门胃，由此分出 5 条盲管，伸入到 5 个腕门，盲管具许多分支，内有消化腺，可分泌消化酶至贲门胃。从幽门胃至反口面，还有一段短的肠，直通反口面体盘中央的肛门。海星是肉食性动物，主要以软体动物、甲壳类为食。

(5)呼吸与排泄　海星无专门的呼吸与排泄系统，主要通过皮鳃呼吸和排出含氮废物。

(6)循环系统　海星无专门的循环器官，仅具一特殊的血管系统和围血系统。血管系统由很细的血条组成。血条是一种多孔海绵组织，能够搏动。在血条的外面，被管状体包围着，这套管腔系统称为围血系统。血管系统的分布情况与水管系统相当(图 14-4)。

(7)神经系统　由围口膜周围的围口神经环和分布到步带沟背侧的辐神经组成。

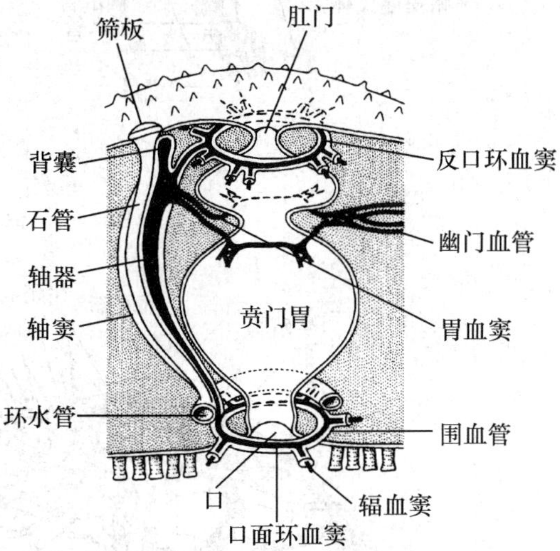

图 14-4　海星血管系统(引自 Hickman)

(8)生殖系统　大多雌雄异体。有 5 对生殖腺(每腕内 1 对)，通过生殖管与腕基部的生殖孔相连。行体外受精。海星的再生能力很强。即使腕全部损失，也很容易再生。甚至只有一部分中央盘，就可以再生出一新的个体，尤其是带有筛板的部分，再生能力更强(图 14-5)。

三、海胆纲

海胆纲(Echinoidea)动物身体呈球状、盘状、心形等，无腕，内骨骼愈合为一坚固的壳，体表具可活动的长棘。多为雌雄异体，1～2 年达到性成熟，以藻类、水螅、蠕虫等为食(图 14-6)。

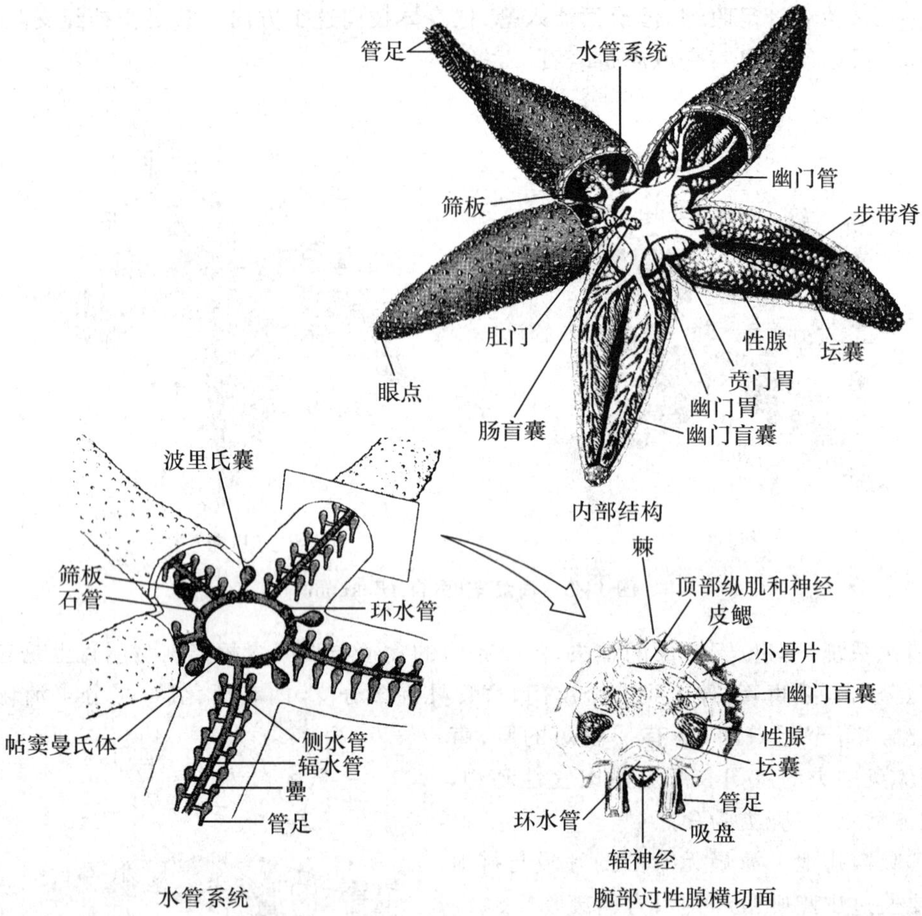

图 14-5　海盘车(引自 Hickman)

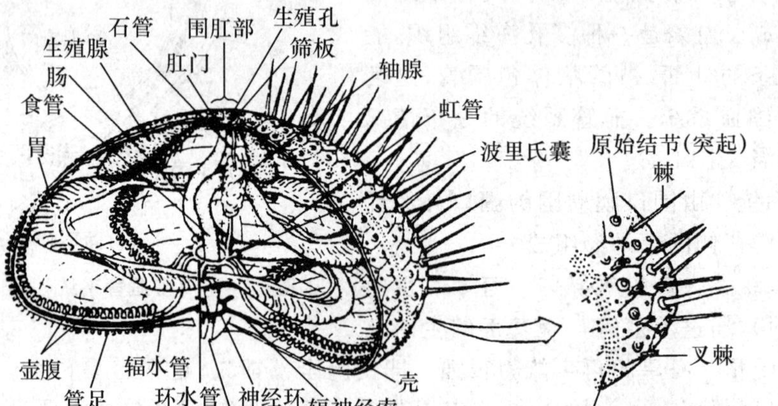

图 14-6　海胆(引自 Hickman)

马粪海胆(*Hemicentrotus pulcherrimus*)生活在石灰质的胆壳内。外形酷似马粪球,因此得名。体表上有许多可活动的棘刺。

四、蛇尾纲

蛇尾纲(Ophiuroidea)的代表动物是刺蛇尾(*Ophiothrix*),体盘小,扁平。5个腕细长,且运动灵活,腕与体盘间的界限明显。管足退化,无吸盘。无步带沟,它的筛板位于其口面。消化管退化,主要以藻类、有孔虫等为食(图14-7)。

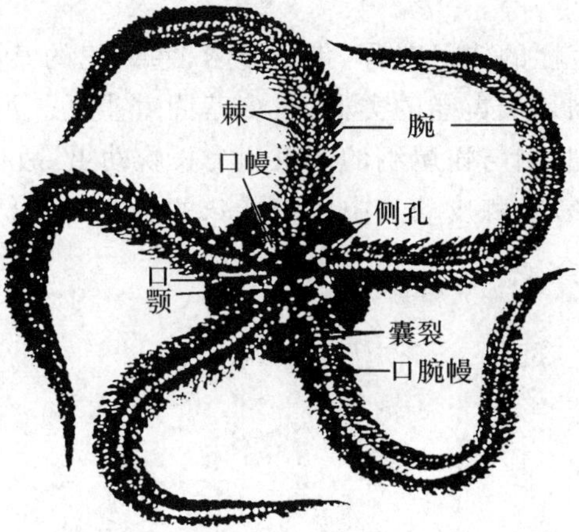

图14-7　刺蛇尾(引自Hickman)

五、海参纲

海参纲(Holothuroidea)的动物与其他棘皮动物形态大不一样,口面与反口面的距离大大拉长,身体呈长筒形,骨片退化,无腕,口的周围有1圈触手,肛门在后端(图14-8)。

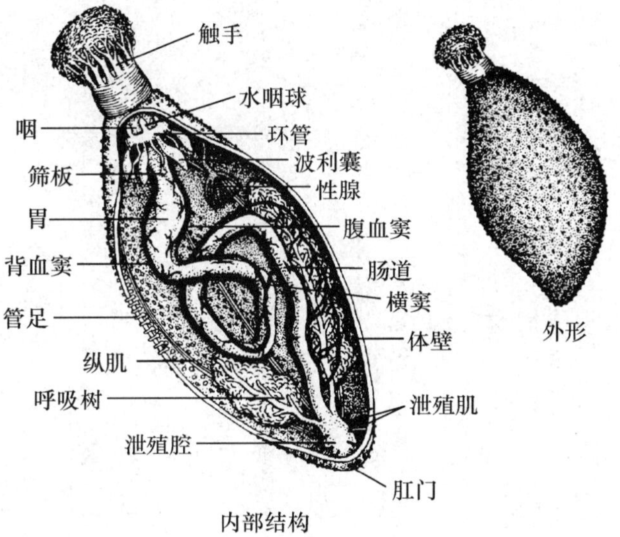

图14-8　海参(引自Hickman)

刺参(*Stichopus japonicus*),身体柔软,常侧卧于海底,因此,由辐射对称转变成两侧对称体制。其水管系统的开口(筛板)已移至体腔内。体腔宽阔,在其消化道后端的直肠上,有呈树枝状的呼吸器官,称为呼吸树(respiratory tree)。呼吸时,借直肠肌肉的收缩与舒张,使海水不断地从肛门流入呼吸树内,再流出。海参的再生能力很强,当受到外界刺激时,会引起身体强烈地收缩,将内脏排出体外并弃掉,损失的部分会很快再生出来。

第三节 棘皮动物的系统发展

棘皮动物的体形为次生性的辐射对称,化石显示,寒武纪的某些种类是两侧对称的,现已灭绝。棘皮动物中海百合纲是最古老的类群,大多营固着生活。海星纲与蛇尾纲在体形上相似,推测两者关系较近。海胆纲与蛇尾纲的幼虫均为长腕幼虫,故认为它们有着较近的亲缘关系。海参纲为两侧对称体形,是棘皮动物中比较特殊的一类,而且只有 1 个生殖腺,常被认为是较早就分出来的一支。

第十五章　半索动物门

进化地位：后口动物类群的分支，肠体腔法形成的体腔，辐射型卵裂，幼虫阶段具有与棘皮动物相似的特征。半索动物具有背神经管和咽鳃裂，全部生活在海水中，有100种左右，由于它们具有类似脊索的器官，所以曾经一度被认为是脊索动物。但近年对其组织学和胚胎学的研究表明，它与脊索既非同功、又非同源器官，实际上是口索，所以，现已公认它是非脊索动物中的一个门。

半索动物(Hemichordata)的身体呈蠕虫状，营底栖生活，大部分为穴居或固着生活。主要特征有：具有鳃裂，具有口索，具有背神经索。

第一节　半索动物的主要特征

一、外部形态

本门的代表动物是柱头虫(*Balanoglossus*)。身体呈蠕虫状，体长20～2 500 mm。它的身体可分为吻、领和躯干3部分(图15-1)。

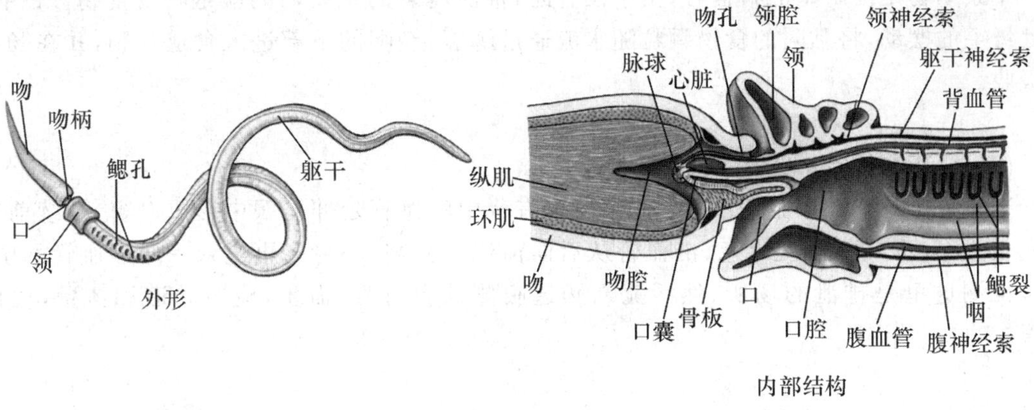

图15-1　柱头虫(引自Hickman)

(一)吻

吻和领都具有发达的肌肉，且吻能缩入领内，吻是身体最活跃的部分，既可以甄别环境，又可以将食物黏附于吻的表面，由纤毛将食物颗粒输送到领边缘的沟内，再进入口中并吞咽。大的食物颗粒则被口拒之于外。它们是靠吻腔和领腔的充水和排水，使得吻和领发生伸缩，以便蛀头虫掘穴和移动身体。口位于身体腹面的吻、领交界处。口后是口腔，再向后是咽。

(二)鳃系

领后的躯干两侧,各有1排鳃孔,向内通于一系列的鳃室,鳃室连于咽两侧的"U"形内鳃裂,鳃裂上没有鳃,气体交换是在鳃管的上皮细胞及体表进行的。依靠纤毛的摆动,使水流由口→咽→内鳃裂→鳃室→鳃孔→外界(图15-2)。

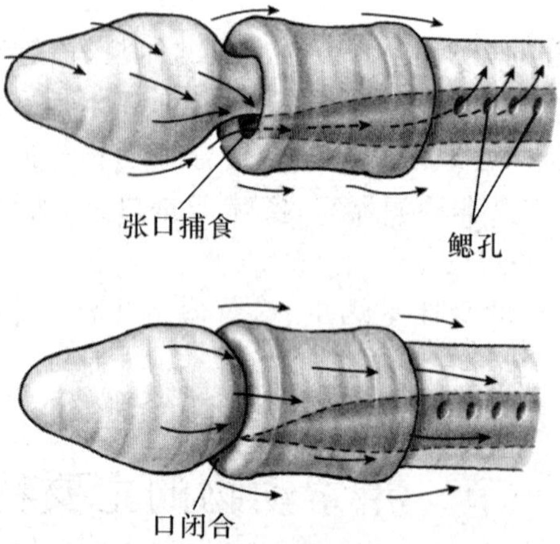

图15-2 柱头虫捕食(引自Hickman)

二、内部结构

(一)摄食与消化

半索动物是黏附型的猎食者,由于没有鳃,推测鳃裂的主要功能就是收集食物。依靠吻、领处纤毛的摆动,将黏附的食物颗粒随水流通过鳃裂,经咽的下部进入食道及肠,并在肠中消化吸收。

(二)循环与排泄系统

半索动物为开管式循环系统。肠道背侧有背中的血管延伸至领中形成血窦,继续前行至口囊上方形成心囊,血液无色,沿血管从后向前流入血窦、心囊。再进入一球形血管网中(脉球),推测这里是排泄的场所,然后流入肠道腹侧的腹血管、血窦,流经肠道和体壁,返回背血管。

(三)神经系统和感官

神经细胞交织成网状或神经丛,神经纤维与上皮细胞形成突触联系,并在背腹处加厚,形成背、腹神经索,2条神经索在领的后边借一神经环相连,背神经索在领内继续延伸构成领索,并发出分支至吻神经丛。有些种类领部的神经索是中空的且有巨大的神经细胞,在口腔的前端向前延伸,形成一盲管,突入到吻腔,称为口索(口囊)。口索是一很小的囊状结构,半索动物的名称由此而来。感受器包括神经感受细胞和光感受细胞。

(四)生殖与发育

半索动物雌雄异体,卵巢或精巢囊状,沿躯干前部排列成行,每囊有一孔开口于体表。体外受精，辐射型卵裂，发育过程与棘皮动物类似。

第二节　半索动物门的分类

半索动物分 2 个纲，肠鳃纲和羽鳃纲。

半索动物既具有许多非脊索动物的特征，如腹神经索、开管式循环、肛门位于身体末端等，但又具有脊索动物的一些特征，如雏形的背神经管、咽鳃裂等。根据对半索动物组织及胚胎学的研究，口索与脊索既不同功也不同源，为此多趋于将半索动物归入非脊索动物中的一个门。图 15-3 为半索动物门的一种——杆壁虫。

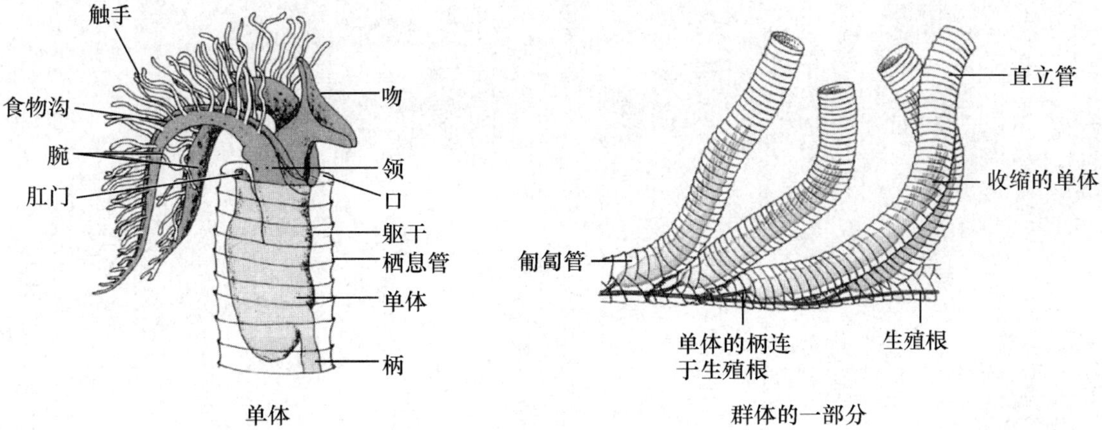

图 15-3　杆壁虫(引自 Hickman)

第十六章　脊索动物门

进化地位：脊索动物属于后口动物的一个分支。后口动物包括棘皮动物、半索动物、脊索动物。这 3 个门在胚胎发育上有很多相似之处，由此推断它们在远古时代有着相同的祖先。从低等的脊索动物开始演化出了一支拥有极强适应能力的脊椎身体结构，这一与众不同的结构为其生活习性、身体结构与功能的特化提供了广阔的栖息机会。

第一节　脊索动物的主要特征

脊索动物是动物界中最高等的类群(图 16-1)。它们的身体结构复杂，机能完善，生活方式多样。少数种类在幼体或终生具有脊索，大多数种类仅在胚胎时期具有脊索，故称为脊索动物。脊索动物门的各类动物差异很大，但它们有共同的 3 个主要特征(图 16-2)。

图 16-1　脊索动物(文昌鱼)

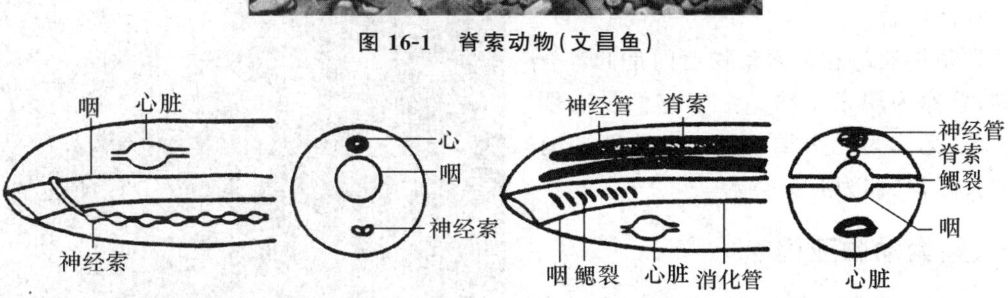

图 16-2　非脊索动物与脊索动物结构模式比较(引自谢祚浑)

一、脊索

脊索是一条支持身体的棒状结构,起源于胚胎时期的原肠内胚层细胞。脊索外面包有1～2层的结缔组织膜,此膜称为脊索鞘。脊索内由富含液泡的细胞组成,使脊索具有一定的硬度和弹性,起支撑作用,成为原始的中轴骨骼。低等脊索动物的脊索终生存在,或仅存在于幼体阶段。高等脊索动物的脊索仅存在胚胎期,随后被起源于中胚层的脊椎骨组成的脊柱所代替。具有脊椎骨的动物又称为脊椎动物。

二、神经管

神经管是原始的中枢神经系统,位于脊索背方,起源于外胚层,在胚体背面中央下陷、两侧向上卷拢而形成的1条神经管。脊椎动物的神经管前端分化为大脑,脑后发育为脊髓。

三、咽鳃裂

消化道前段的咽部两侧有左右成对排列、数目不等的裂孔,直接或间接与外界相通,称为咽鳃裂,由内胚层外突和外胚层内陷相互沟通形成,为呼吸器官。水栖脊索动物的鳃裂终生存在,陆生脊索动物的鳃裂仅存在于早期胚胎发育的短暂时间,幼体出生后以肺进行呼吸。

除上述3个主要特征外,还有一些次要特征:通常具有尾、内骨骼,心脏位于消化道的腹面。此外两侧对称、真体腔、后口和分节现象等特征是与一些高等非脊索动物共有的,这说明脊索动物是由非脊索动物进化而来。

第二节 脊索动物门的分类

已知的脊索动物约有70 000种,现存约41 000种,一般分为3个亚门。

尾索动物亚门的脊索只存在于幼体尾部,成体脊索消失,体表有被囊,如海鞘(图16-3)。

图16-3 漂浮型海鞘(引自Miller)

头索动物亚门脊索通达头部,终生存在,如文昌鱼。

脊椎动物亚门脊索只存在于胚胎时期,随后由脊柱代替。

尾索动物亚门和头索动物亚门是低等脊索动物,总称为原索动物。由于它们没有明显的头部,又称为无头类。脊椎动物亚门有明显的头部,又称为有头类。

一、尾索动物亚门

尾索动物(Urochordata)栖息在海洋中,约有2 000种。少数种类营自由生活,多数种类的幼体营自由生活，成体营固着生活。脊索仅存在幼体尾部，故称为尾索动物。幼体经变态发育为成体后，脊索随尾部一起消失。成体表面包有一层被囊，又称为被囊动物。被囊的化学成分近似植物的纤维素，这在动物界中极为罕见，如海鞘(*Ascidia*)，成体海鞘的外形像一个壶(图 16-4)，壶口为入水孔，嘴为出水孔，壶底是身体基部，用以附着在岩石、贝壳等物上，营固着生活。身体表面有一层粗糙坚厚的被囊，具保护功能。

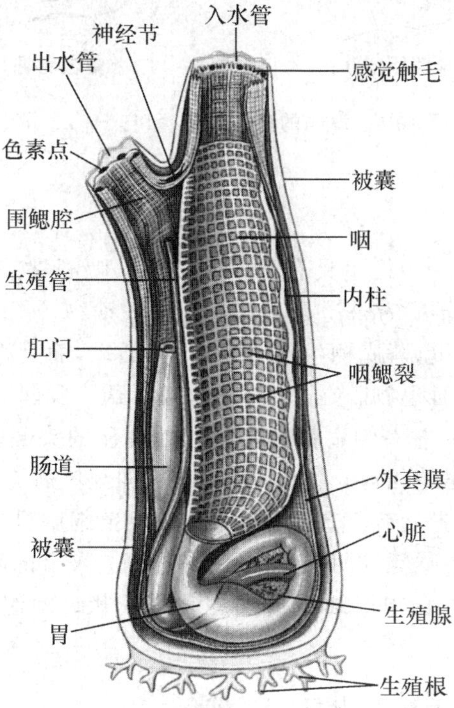

图 16-4　海鞘的身体结构(引自 Hickman)

海鞘的口在入水孔的底部，口下宽大的咽部被围鳃腔包围，咽壁上有大量横向排列的鳃裂，鳃裂缘有很多纤毛，纤毛摆动时，引起水流从入水孔经口流到咽部，水中带有食物粒和氧气，近口处的缘膜能滤去粗大食物和杂物，食物进入消化道经消化后，食物残渣由肛门排入围鳃腔，经出水孔排出体外。

水流经过海鞘的鳃裂时便进行呼吸，水流出鳃裂即进入围鳃腔，再经出水孔排出体外。

神经系统退化为一个神经节，位于出、入水孔之间。心脏位于腹面的胃附近，心脏前后各发出 1 条血管，后一条血管分支到血窦。血液循环属开管式循环。

海鞘可出芽而形成群体的无性生殖，也进行有性生殖，一般为雌雄同体，但异体受精。

海鞘的幼体外形似蝌蚪，在水中自由生活。脊索存在于尾部，脊索背方有神经管，其前端膨大形成脑泡，咽部有成对的鳃裂。这些脊索动物的 3 个主要特征在海鞘的幼体上都出现了。但幼体时期是短暂的，数小时后，幼体前端吸附在其他物体上，并开始变态，幼体尾部连同脊索逐渐消失，神经管退化为一个神经节。咽部扩大，鳃裂数目剧增，围鳃腔随之形成，口孔和肛门转移向上方。此时发育成成体，其体表形成被囊，营固着生活。海鞘经过变态，失去了一些重要的进步性特征，使身体变得更简单了，这样的变态称为逆行变态(图 16-5)。

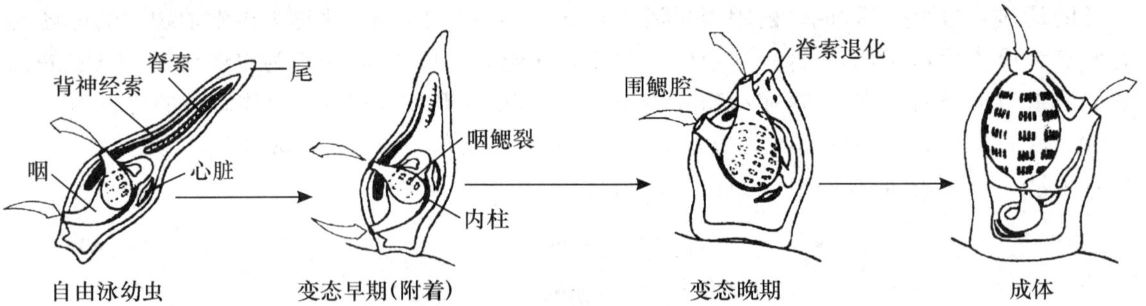

图 16-5 海鞘的变态过程(引自 Hickman)

二、头索动物亚门

头索动物(Cephalochordata)终生具有脊索、神经管、咽鳃裂。这一亚门的种类很少,约有30种,文昌鱼(*Branchiostoma belcheri*)是本亚门的代表动物。

文昌鱼生活在浅海沙滩里,营底栖生活,通常很少活动,而是将身体钻入沙中,只露出口前端,借水流摄取藻类食物,有时也侧卧在水底,夜间较活跃。我国厦门、青岛均有出产。

文昌鱼体长 42～47 mm,左右侧扁,两端稍尖,无明显的头部。背面有一纵行皮肤褶皱称为背鳍,延伸到身体后端与尾鳍相连,尾鳍腹面向前延伸至体后 1/3 处为臀鳍。腹两侧皮肤下垂形成腹褶。腹褶与臀鳍交界处有1个腹孔,是水和生殖细胞排出之处。口位于身体前端腹面,周围有触须环绕。触须有感觉和阻挡粗大的颗粒物进入口的功能。肛门位于尾鳍腹面的左侧(图 16-6、图 16-7)。皮肤由单层细胞的表皮和冻胶状结缔组织构成,皮肤下面具有明显分节的肌肉。

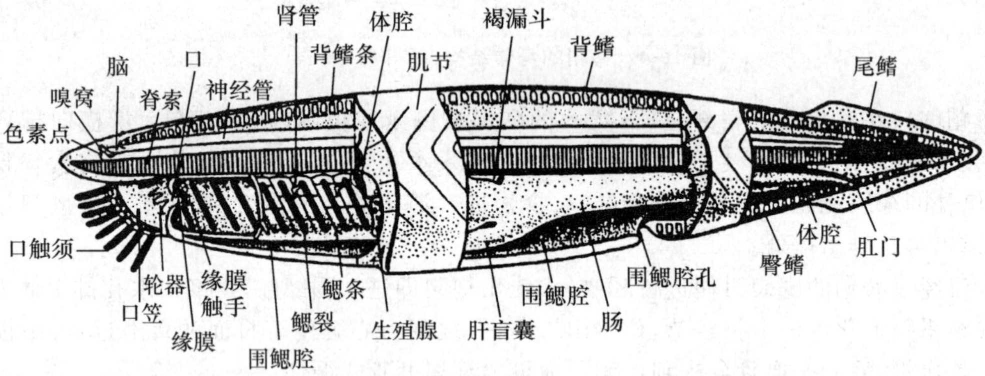

图 16-6 文昌鱼的纵剖面模式图(引自 Parker 和 Haswell)

头索动物亚门的脊索是支持身体的原始中轴骨骼。脊索从身体后端一直伸到最前端的头部,故称为头索动物。

神经管是原始的中枢神经系统,几乎没有脑和脊髓的分化,只是前端神经管腔稍膨大,称为脑泡。感觉器官不发达。

消化系统有口、咽、肠、肛门。肠为一条直管,尚未分化。在肠前段的腹侧向前方伸出1个盲囊,称为肝盲囊,能分泌消化液,与脊椎动物的肝脏是同源器官。咽内的背壁有1条纵沟称咽上沟或背板,腹壁的1条纵沟称为内柱,具有纤毛和分泌黏液的腺细胞,内柱和背板在前端均与一围咽纤毛带相通,食物进入咽内,集结在内柱,黏结形成食物团,以纤毛摆动将食物送到围咽纤毛带,继而进入咽上沟,咽上沟纤毛驱动向后落入肠内进行消化。食物残渣由肛门排出。

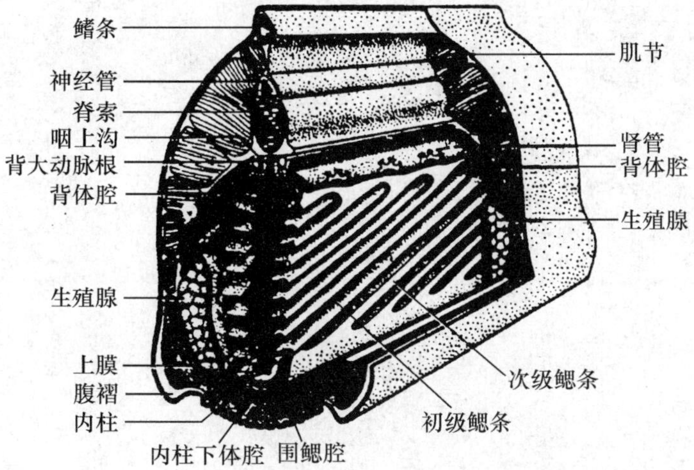

图 16-7 文昌鱼的横切面示意图(引自 Bouren)

咽壁两侧有许多成对斜行排列的鳃裂,鳃裂间隔的纤毛摆动,引起水流通过鳃裂,咽壁上血管的血液可排出二氧化碳,水中的氧气进入血液完成呼吸作用,最后水经围鳃腔的腹孔排出体外。

血液循环属闭管式,与脊椎动物基本相似。但心脏没有分化。

排泄器官是肾管,位于咽壁背部的两侧,约100对,每个肾管是一个短而弯曲的小管,一端有肾孔开口于围鳃腔。

文昌鱼雌雄异体,生殖腺约有26对,按体节排列在体壁两侧,凸向围鳃腔。成熟的精子或卵子穿过生殖腺壁和体壁,进入围鳃腔经腹孔排出体外,在水中受精发育。

文昌鱼的起源与进化,从比较解剖学、胚胎学和生物化学等分析,一般认为文昌鱼是由脊索动物和棘皮动物的共同祖先进化而来的。由这个祖先分出一支演化为棘皮动物;另一支演化为原始脊索动物,即原始无头类。由原始无头类进化为原始有头类,即脊椎动物的祖先。其中一部分原始无头类特化为侧支,演变为现存的原索动物,包括钻沙泥、少活动的文昌鱼。

文昌鱼有一定的经济价值和科学研究价值,以我国厦门的文昌鱼产量最为丰盛。

第十七章　脊椎动物亚门

进化地位：脊椎动物亚门（Vertebrata）是动物界发展到最高等的类群，具有更高等的特征。

发达而集中的神经系统。神经管前端分化出结构复杂的脑、眼、鼻和耳等感觉器官，脑后分化为脊髓。脑有头骨保护，脊髓有椎弓包围。脑、眼、鼻和耳都集中到前端，构成了明显的头部，故脊椎动物又称为有头类（图 17-1）。

图 17-1　脊椎动物（蛙）（引自 Miller）

脊椎动物背部具有由一系列脊椎骨组成的脊柱，代替了脊索。脊柱与其前端分化的头骨组成了中轴骨骼，具有支持和保护作用。

水生种类用鳃呼吸。陆生种类用肺呼吸。脊椎动物在胚胎时期都出现鳃裂，次生性水生种类仍用肺呼吸。

口部有可以活动的上、下颌，加强了动物的捕食和消化功能。低等脊椎动物的圆口类没有上、下颌。

出现了肌肉质的心脏。这种心脏收缩力强，血液循环迅速，机体代谢旺盛，使动物由变温动物进化为恒温动物。

出现了集中的肾脏。

产生了成对的附肢。水生种类为胸鳍和腹鳍。陆生种类为前肢和后肢，使动物更积极主动地生活。低等脊椎动物的圆口类没有成对的附肢。

第一节　脊椎动物的基本结构和功能

脊椎动物的身体结构高度分化且复杂，由一系列器官系统组成。各个器官系统专门执行一定的生理机能，而各器官之间又相互联系，使整个有机体的生命活动，表现出完善的整体性。

一、外形

脊椎动物具有两侧对称的身体。外部形态差异很大。身体一般可区分为头部、颈部、躯干部和尾部。

头部明显，集中了一些重要器官，包括脑、眼、鼻、耳和具上、下颌的口器，能迅速对环境做出反应，有利于捕食和逃避敌害。

颈部的出现是陆栖脊椎动物的特征，增加了头部的灵活性，有利于动物适应多变的环境(图17-2)。水栖动物没有颈部，两栖类的颈部不明显。

图17-2　鳄鱼幼体(引自Miller)

躯干部一般有2对附肢，鱼类为胸鳍和腹鳍，陆生脊椎动物具有典型的五趾型附肢，即前肢与后肢，通常称四肢(足)动物。尽管鳍与四肢外形差异很大，然而偶鳍与四肢的骨骼却有着惊人的相似(图17-3)。四肢由于适应不同的生活环境而有所改变。如鸟类的翼，牛、马的蹄，蛇类则退化。

尾部是脊椎动物的主要特征之一，紧接躯干部，以肛门为界。水生脊椎动物尾部发达，是推动身体前进的重要运动器官。陆生脊推动物主要以四肢运动，尾部细弱而不发达，蛙类和类人猿则退化了。

二、皮肤及其衍生物

脊椎动物的皮肤由表皮和真皮构成。表皮为复层上皮，最里面靠近真皮的细胞，称为生长层，不断分生的新细胞把老化细胞推向身体的表面，衰老的细胞最后死亡变成角质层，逐渐脱落。真皮为多层的致密结缔组织，含大量纤维，使皮肤坚韧而有弹性，脊椎动物的真皮成为制作皮革的主要部分。真皮中含血管、淋巴、神经、色素细胞和各种腺体。

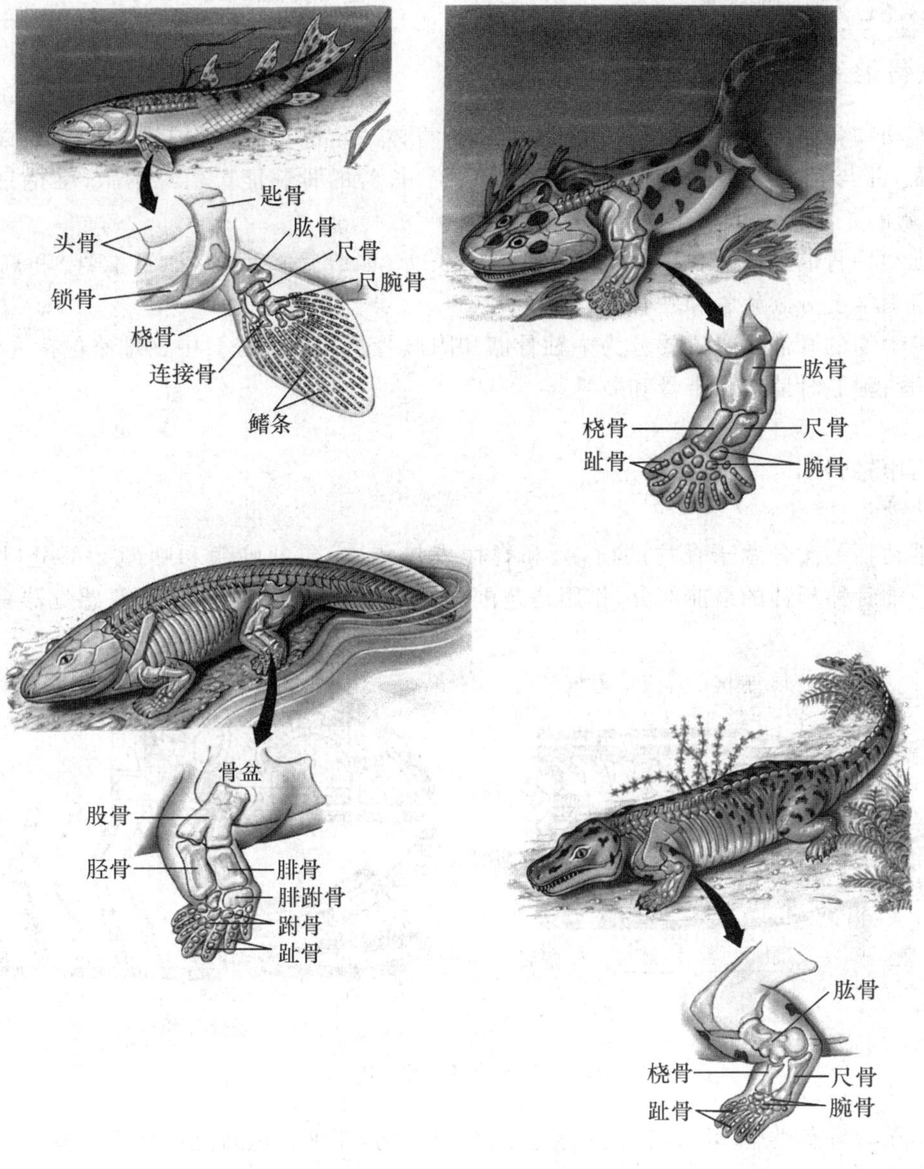

图 17-3　水生脊椎动物与陆生脊椎动物的比较(引自 Hickman)

皮肤可衍生出各种衍生物,以适应不同的生活环境。表皮的衍生物有鱼类和蛙类皮肤的黏液腺,分泌出的黏液利于在水中游泳,蛙类能保持皮肤湿润有助于皮肤呼吸。适应陆生爬行类的角质鳞甲,鸟类的羽毛和哺乳类的毛发、皮肤腺以及鳞、爪、蹄和指甲都是表皮衍生物,角通常为头部表皮及真皮特化的产物。哺乳动物的牙齿和鱼类的楯鳞也是真皮和表皮(齿的釉质)联合生成的衍生物,而鱼类的硬鳞和骨鳞则是真皮的衍生物。皮肤衍生物还有色素细胞,使皮肤呈现多种颜色,常见于鱼类和蛙类。

皮肤的功能主要是保护机体免受外界环境机械、温度、水分、阳光、化学、生物等因素的损害。还有补充、辅助内部器官的机能,如呼吸(蛙类皮肤)、排泄(哺乳类皮肤)、分泌(蟾蜍皮肤腺)、感觉(鱼类、鸟类、兽类的皮肤感受器)、运动(鸟类翼羽、蝙蝠皮膜)、生殖(鱼类和鸟类在生殖季节以体色互辨雌雄)等。

三、骨骼系统

脊椎动物骨骼的功能是支持动物身体,保持身体一定的形状,保护体内重要器官,提供肌肉附着面,并与骨骼肌相连组成动物的运动系统,长骨的骨髓能产生红细胞,维持身体内钙、磷、矿物质的正常代谢水平。

脊椎动物骨骼是内骨骼,从形态上可分为长骨(如股骨)、短骨(如脊椎骨)和扁骨(如颅骨),从组织学上分为软骨和硬骨。

脊椎动物的骨骼系统主要分为中轴骨骼和附肢骨骼两大部分。中轴骨骼包括头骨、脊柱、肋骨、胸骨;附肢骨骼包括带骨和肢骨。

(一)中轴骨

1. 头骨

脊椎动物的头骨位于脊柱的前端,和脊柱直接相连,包括脑颅和咽颅2部分(图17-4)。脑颅是中轴骨骼延伸的最前部分,作用是包围和保护脑以及眼、鼻、耳等重要感觉器官。

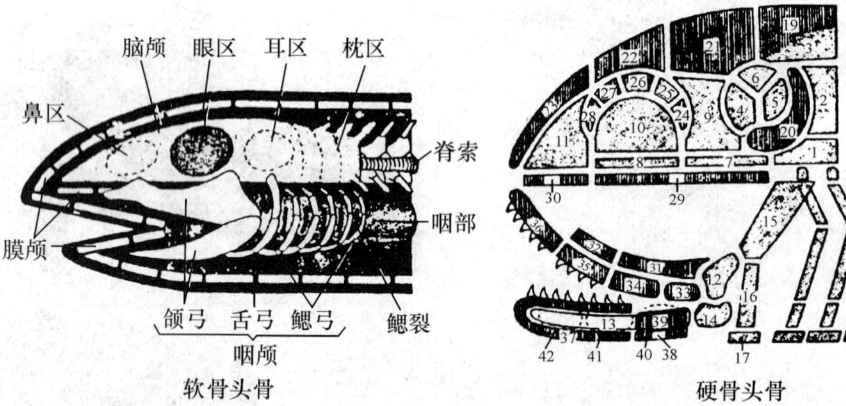

图17-4 脊椎动物头骨模式图(引自武汉大学等)

脑颅在低等鱼类(如软骨鱼)是软骨性的简单结构,在硬骨鱼乃至更高等脊椎动物,软骨性的脑颅被硬骨取代。

咽颅又称为内脏骨,由一系列的咽弓组成,有保护和支持咽部的功能。咽弓是一种弓状软骨,一般有7对。第1对为颌弓,在鱼类,颌弓形成上、下颌;第2对为舌弓,主要作用是把颌弓的上半部和脑颅连接起来;第3对至第7对为鳃弓,支持鳃裂。陆生脊椎动物,颌弓的上半部和脑颅发生愈合,舌弓和其余鳃弓逐渐退化,功能上也发生了改变。

硬骨鱼类的头骨由许多分散的骨片组成,其骨片数目达180片,随着动物向陆上生活的进化,头骨的骨片逐渐发生愈合和简化,到了哺乳动物的头骨只有30余片,其结构更坚固。

颌弓连接脑颅的方式,一般分为3种(图17-5)。

(1)双接式　颌弓直接和通过舌颌软骨与脑颅连接。见于软骨鱼类。

(2)舌接式　颌弓借舌颌软骨悬于脑颅上。见于多数鱼类。

(3)自接式　腭弓软骨直接与脑颅连接。舌弓已和脑颅脱离。见于肺鱼和陆栖脊椎动物。

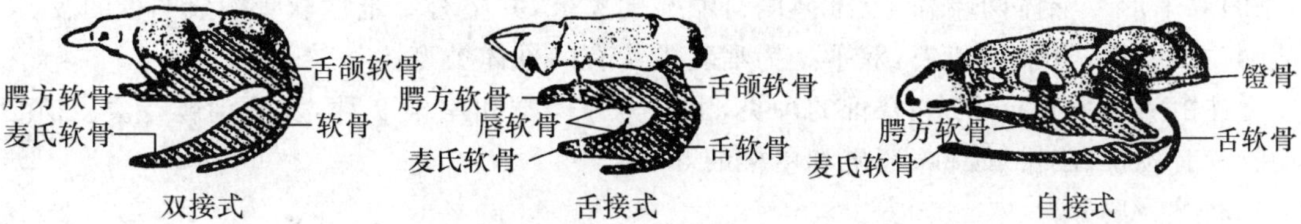

图 17-5　颌弓与脑颅的连接方式(引自 Adams)

2. 脊柱

脊柱由一个个脊椎连接而成,位于身体背部中央。低等脊索动物只有脊索,到了高等脊索动物,则由脊柱代替。

典型的脊椎由椎体、椎弓、椎棘、横突或脉弓等部分组成(图 17-6)。

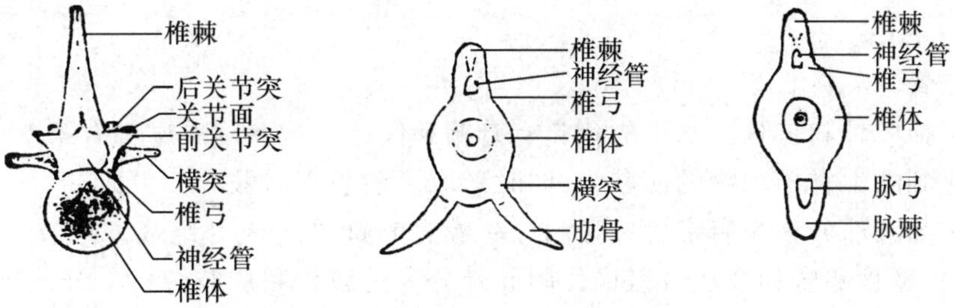

图 17-6　典型的脊椎结构(引自武汉大学等)

脊柱代替脊索加强了支持身体的作用,增加了身体灵活弯曲活动,根据椎体的形状,一般概括为 5 种类型,反映了脊索被脊柱代替的程度(图 17-7)。

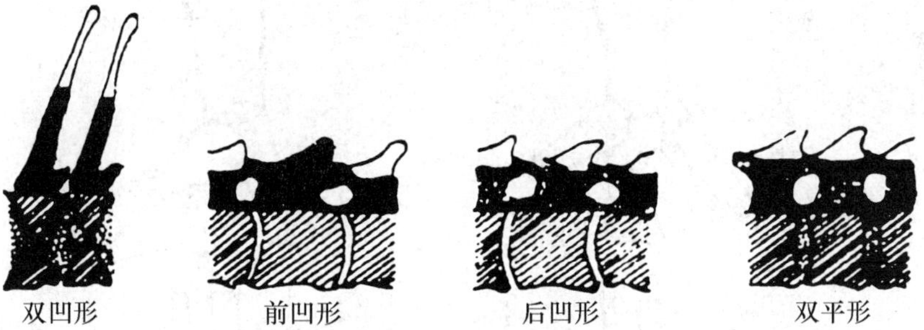

图 17-7　脊椎动物椎体种类(引自顾宏达等)

(1)双凹形　椎体两端都内凹成弧形,各椎体间残留念珠状的脊索,脊椎间无明显的关节,因此缺乏局部运动。如鱼类、有尾两栖类和某些爬行类(守宫类等)。

(2)前凹形　椎体前凹后凸,因此前后 2 椎体构成关节,使身体动作较灵活。如无尾两栖类,多数爬行类的多数脊椎和鸟类的环椎。

(3)后凹形　椎体前凸后凹,前后椎体也构成关节,身体活动也较灵活,如无尾两栖类(负子蟾)、多数蝾螈和少数爬行类。

(4)异凹形　又称双凸型或马鞍型,椎体两端都向外凸,形似横放的马鞍,脊索已不存在,仅见于鸟类的颈椎。异凹型结构大大提高了脊椎间的灵活性,是以灵活的颈部对鸟类的前肢变为翼和脊椎大多愈合加以补偿的特化结构。

（5）双平形　椎体两端扁平，椎体间有明显的关节，并垫有纤维性软骨构成的椎间盘，以缓冲活动时的摩擦，脊索已消失，双平型为哺乳类特有的椎体类型。

脊柱由一系列脊椎组成，脊椎的种类，由鱼类的体椎和尾椎2种，发展到爬行类及其以上的动物具有颈椎、胸椎、腰椎、荐椎和尾椎的5种。

3. 肋骨和胸骨

肋骨是一条弧形的小骨，一端连于躯干部脊椎骨两侧的横突上，沿体壁间向腹面弯曲；另一端有的为游离状态（鱼类），有的连接胸骨而构成胸廓，以利保护心、肺等器官和协助呼吸。鱼类的体椎靠腹面具有肋骨，以此与尾椎相区别。胸骨为位于躯干腹面中央的一长列扁骨。两栖开始出现，因两栖类无肋骨，胸骨只与肩带相连。爬行动物以上的种类，胸骨既与肩带相连又与肋骨的腹端相连接，所形成的胸廓是对呼吸和保护内脏器官的适应。少数种类，如蛇、龟缺乏胸骨。

（二）附肢骨

附肢骨包括肢骨和带骨。水生的鱼类有奇鳍和偶鳍。这些附肢中都有鳍条支持。偶鳍条可认为是进化到陆生脊椎动物的四肢骨，同时形成了前肢和后肢。

附肢骨在前肢部分称为肩带，由肩胛骨、乌喙骨和锁骨3块骨组成。后肢部分称为腰带，由肠骨（髂骨）、坐骨和耻骨3块骨组成。附肢骨分为前肢骨和后肢骨各1对。前肢骨由肱骨、尺骨及桡骨、腕骨、掌骨和趾（指）骨等组成；后肢骨由股骨、胫骨及腓骨、跗骨、蹠骨和趾（指）骨等组成（图17-8）。

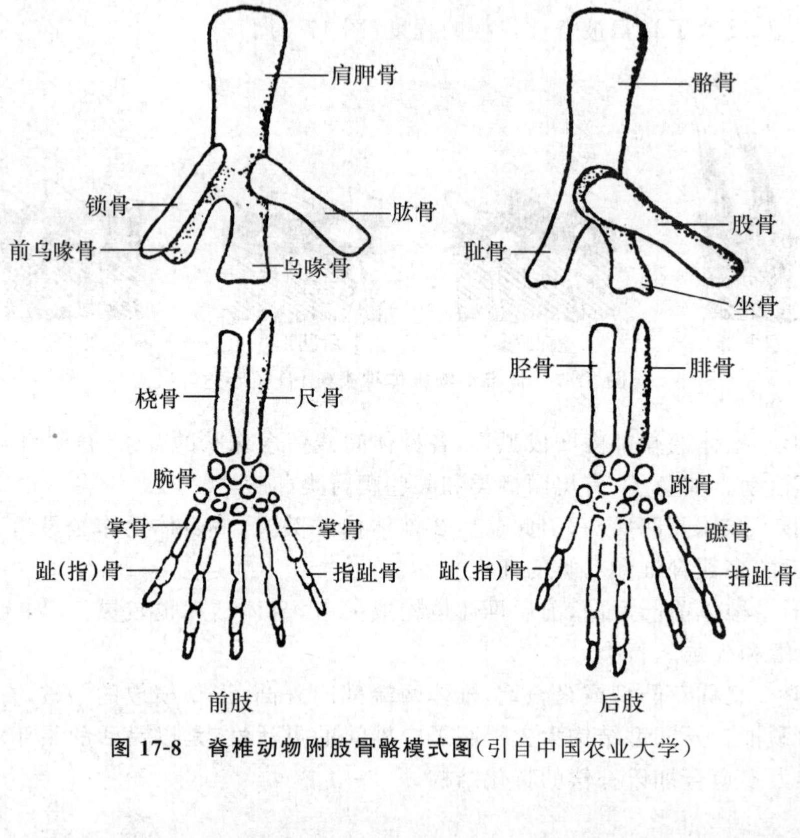

图17-8　脊椎动物附肢骨骼模式图（引自中国农业大学）

四、肌肉系统

脊椎动物的肌肉系统一般分为体肌和脏肌 2 类。体肌分布在皮肤下面，因附着在骨骼上，又称为骨骼肌，由横纹肌组成，成为肌肉系统的主要部分。低等脊椎动物圆口纲和鱼纲的体肌，基本上仍保持了文昌鱼似的原始分节现象，陆生脊椎动物从两栖类开始出现四肢，提高了运动性能，导致了大部分肌节发生了移位、合并、分层等变化，体肌分节现象消失了。

脏肌是分布在消化道和其他内脏器官的平滑肌，没有分节现象。心肌结构特殊但属于内脏而列为脏肌范围。

五、消化系统

消化系统由消化道和消化腺组成。随着动物向高等演化，消化系统也趋于完善。

（一）消化道

消化道一般分为口腔、咽、食道、胃、肠、肛门等部分。

（1）口腔　大多数脊椎动物的口腔具有上、下颌，可以灵活捕捉食物，多数鱼类、两栖类、爬行类的口腔，具有许多小而尖锐的牙齿，用于咬住食物不使食物脱落，借助舌的活动把食物吞下。鸟类没有牙齿，以角质喙啄取食物。哺乳动物具异齿型的牙齿，有捕食和机械消化的功能。陆生脊椎动物的口腔，多具有唾液腺，能分泌唾液，可湿润口腔和食物，以利吞咽。只有哺乳动物的唾液腺有淀粉酶，可将淀粉分解成麦芽糖。

（2）咽　口腔后部为咽，低等水栖动物的鳃裂位于此处，陆栖动物咽的腹面连接呼吸器官，使咽部成为食物和空气分别进入食道和呼吸器官的共同通道。

（3）食道　是食物进入胃的通路。鸟类的食道常有一膨大部分，称为嗉囊，其功能主要是暂时储存和软化食物。

（4）胃　食道后部膨大便形成了胃。低等种类的胃尚未分化，草食性鱼类的胃分化不明显，高等种类的胃变化较大，鸟类分为腺胃和肌胃 2 种，哺乳类一般为单胃，反刍类有 3～4 个室的复胃。其结构复杂，具有物理、化学、生物的消化功能。

（5）肠　一般分为十二指肠、小肠、大肠和直肠，小肠和大肠分界处还有盲肠。十二指肠和小肠有消化和吸收功能，大肠主要是吸收水分和无机盐，直肠是暂时储存粪便之处。肠管为了增加消化、吸收面积和减缓食物向下移动，在软骨鱼类肠内有螺旋瓣，哺乳类小肠内富有绒毛。肠管的长短与食性有关，草食性的羊肠长达体长的 27 倍，肉食性的猫肠只有体长的 4 倍，杂食性动物肠管长度介于两者之间。草食性动物的盲肠也很发达。

（6）肛门　直肠的出口为肛门，多数直肠开口于体外。也有的开口到泄殖腔，然后由泄殖腔孔通向体外。

（二）消化腺

消化腺主要有唾液腺、胰腺、肝脏、胃腺和肠腺等。胰腺和肝脏有导管输送消化液到十二指肠。其他消化腺无输送导管。

（1）唾液腺　能分泌淀粉酶和麦芽糖酶，可消化淀粉和糖类。

（2）胰腺　分泌蛋白酶、脂肪酶、淀粉酶，可消化分解蛋白质、脂肪、淀粉等。

(3)肝脏　分泌胆汁,对脂肪的消化和吸收有重要作用。鲤科鱼类的胰脏分布于肝脏中,称为肝胰脏。

(4)胃腺　分泌胃液,包括胃蛋白酶和盐酸。有初步分解蛋白质的功能。

(5)肠腺　主要指小肠腺,分泌小肠液,含多种酶,对分解蛋白质和部分双糖有一定作用。

六、呼吸系统

脊椎动物的呼吸器官是鳃和肺,水栖动物用鳃呼吸,陆生动物用肺呼吸。圆口类的呼吸器官特化为鳃囊。鱼类的鳃发生于咽部的鳃裂,软骨鱼每侧有5个鳃裂(图17-9),鳃裂间有发达的鳃隔,鳃隔有鳃弓支持,鳃隔前后壁各贴附1个半鳃,前后2个半鳃合成1个全鳃。因舌弓后面只有1个半鳃,因此,软骨鱼类每侧有4个全鳃和1个半鳃。硬骨鱼类鳃隔退化,鳃裂也不直接通向体外,其上覆有鳃盖,每侧有4个全鳃,第5对鳃弓不生长鳃而特化为咽喉齿。鳃弓基部向内侧分长出刺状的鳃耙,其功能是过滤食物。每个半鳃(鳃瓣)充满毛细血管,当水流经鳃时,血液吸取水中的氧气并排出二氧化碳。

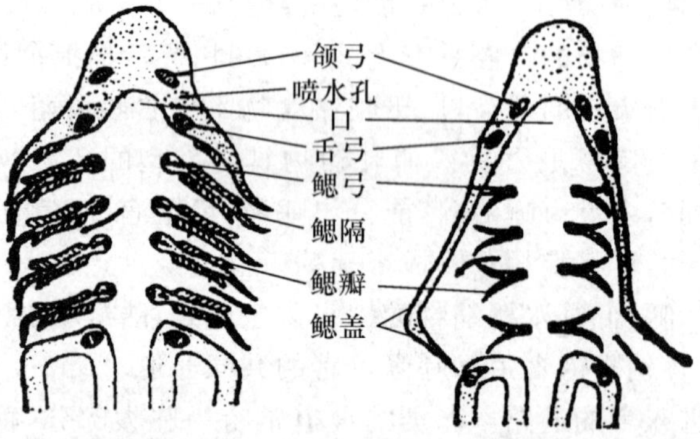

图17-9　鱼鳃(引自Storer)

肺起源于食道的咽部,原始的肺见于鱼纲中肺鱼的肺囊(鳔),在缺氧和水体干涸的环境中有辅助呼吸的作用。

两栖类出现了结构简单的囊状肺,囊内壁有泡状结构,囊内中空、无气管连接(蛙类),呼吸面积有限,这是动物由水生过渡到陆生的原始新生器官。

爬行类演化为真正的陆生动物,肺和两栖类同是囊状,但囊内壁形成层层长隔,向囊中空部分伸出,形成许多小室,并有气管和支气管与之相连,成为呼吸效率高、近似海绵状的肺。

鸟类的肺已特化适应飞翔生活的结构,由特殊的多级气管组成,最细一级的支气管执行呼吸功能,细气管彼此相通,形成致密的海绵状的肺。与肺相连有4对和1单个气囊,使鸟类的肺在吸气和呼气时都能进行气体交换,称为双重呼吸。保证了呼吸的高效率。

哺乳动物的肺,前端与咽相连处为喉头,喉头的后端为气管,气管分为2个侧支,侧支分出愈来愈小的小支气管、细支气管,最末端为囊状的肺泡。肺泡壁很薄,薄壁上布满毛细血管,是氧气和二氧化碳交换的场所。哺乳动物的呼吸系统由肺、鼻、鼻咽、咽喉、声门、气管、支气管、肺泡等组成,其结构和机能达到最高水平。

七、循环系统

循环系统指血液循环系统及与其有密切联系的淋巴系统。

循环系统的功能首先是运输物质，将摄取的营养物质和吸收的氧气运送到各组织细胞进行新陈代谢，代谢产物的二氧化碳和含氮废物输往呼吸器官和排泄器官排出体外，内分泌的激素也运至机体其他部分；其次是维持机体内环境的稳定，使体内的渗透压、盐的含量、酸碱度等在一定范围之内；再次是抵抗疾病，血液的白细胞能吞噬入侵的病菌和异物，也参与免疫反应。

循环系统由心脏、血管、血液和淋巴系统组成。

（一）心脏

脊椎动物中的文昌鱼无心脏，圆口类以上的动物才有心脏。心脏在胚胎发育早期最先发生，由 1 对血管合并、弯曲、扭转、膨大而特化为心房和心室。心脏肌肉发达，并有节律性搏动，成为血液循环的动力结构。连接心房处有静脉窦，连接心室处有动脉圆锥，多种瓣膜分布于窦房间、房室间和动脉圆锥内，以防止血液倒流。圆口类和鱼类的心脏属原始类型，具有 1 心房和 1 心室、静脉窦、动脉圆锥（软骨鱼类）或动脉球（硬骨鱼类）。心室内都是缺氧血，血液循环身体 1 周，只经过心脏 1 次，血液循环途径也只有 1 条，称为单循环。

两栖类的心脏出现 2 个心房，心室仍为 1 个，呼吸器官由肺代替了鳃。因此，血液循环身体 1 周，经过心脏 2 次，分为肺循环和体循环，合称双循环，因心室有多氧血和缺氧血相混合故称不完全双循环。

爬行类的心脏也有 2 心房和 1 心室，但心室内出现了半隔膜甚至完整隔膜的进步变化。静脉窦已退化、动脉圆锥也消失。因心室分隔不完全，即使完整隔膜也有潘氏孔沟通，心室仍有混合血，也属不完全双循环。

鸟类和哺乳类的心脏已分为完整的 4 部分，即 2 房，2 室。来自前后腔静脉的缺氧血进入右心房至右心室，来自肺静脉的多氧血进入左心房至左心室，血液不再混合，体循环和肺循环完全分开，故属完全双循环。

（二）血管

血管是血液流动的管道，包括动脉、静脉、毛细血管 3 种。

1. 动脉

动脉是从心脏运输血液到身体各部分的血管，起自心脏，随后分支，管腔逐渐变细，止于组织中的毛细血管。动脉一般为圆管状，管壁较厚而有弹性。动脉弓是指腹大动脉分出各对入鳃动脉和出鳃动脉，动脉弓的变化也反映了动物演化程度（图 17-10）。

原始种类有 6 对动脉弓，每 1 对出鳃动脉汇入消化道背面成对的背大动脉根，由此汇合成 1 条背大动脉，并沿途分支到身体各部分组织。

软骨鱼类只有 5 对动脉弓，第 1 对动脉弓退化。硬骨鱼类减为 4 对动脉弓。

两栖类开始因鳃消失，改用肺呼吸，鳃弓也随之改变，第 3 对动脉弓演变为颈动脉。第 4 对动脉弓演变为体动脉弓。左右体动脉弓在背中央合成 1 条背大动脉。第 5 对动脉弓消失，第 6 对动脉弓演变成肺动脉。

爬行类的体动脉弓又分化出左体动脉弓和右体动脉弓。

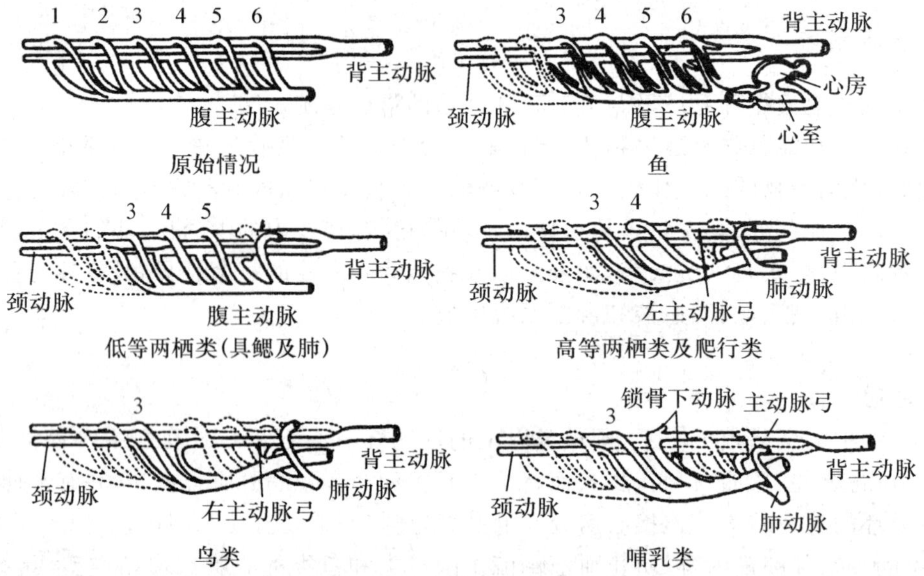

图 17-10　各种脊椎动物胚胎时期动脉弓的质变(引自华中师院)

鸟类的左体动脉弓消失,只保留1条右体动脉弓。

哺乳类的变化情况与鸟类相反,右体动脉弓消失,只保留2条左体动脉弓。

2. 静脉

静脉是从身体各部分运输血液回到心脏的血管,起自组织中的毛细血管,止于心脏,静脉血管壁较薄,形态不太规则,有些粗大静脉内具静脉瓣,防止血液逆流。

静脉血从毛细血管经过前主静脉和后主静脉回流到心脏,但不是所有静脉血都直接回到心脏,来自一部分内脏器官的静脉及尾部的静脉,先把血液分别运送到肝脏和肾脏,然后由肝脏和肾脏的毛细血管汇集,再到总主静脉流回心脏,这一静脉特点称为门静脉。由肠、胃、脾脏、胰脏等内脏的毛细血管汇合成的血管进入肝脏,这一条血管称为肝门静脉。由尾部的毛细血管汇合而成的尾静脉,再进入肾脏的血管便为肾门静脉。血液从肝脏和肾脏流出的血管分别为肝静脉和肾静脉,它们最后汇集成总主静脉回到心脏。

圆口类的肝门静脉正式出现,但未形成肾门静脉。

鱼类具有肝门静脉和肾门静脉。

两栖类有肝门静脉和肾门静脉,由于从两栖类开始出现了肺,又有了肺静脉,其血液为多氧血。

爬行类的静脉系统与两栖类的基本相似,但是龟鳖类的肾门静脉退化。

鸟类静脉的特点,一是肾门静脉趋于退化只有少数分支进入肾脏,其主干通向肾腹面与股静脉汇合而成髂静脉,2髂静脉合成后大静脉;二是由尾静脉分出1条鸟类特有的尾肠系膜静脉,连接肝门静脉。

哺乳类的静脉系简化,只有肝门静脉,而肾门静脉已消失。

3. 毛细血管

毛细血管是分支最微小的血管,连接动脉末梢的称为动脉毛细血管,连接静脉起端的称为静脉毛细血管,它们分布在各组织细胞之间,相互联络形成密集的毛细血管网。毛细血管壁由单层上皮组成，具有很强的渗透力，在血液循环中可参与物质交换。

(三)淋巴系统

淋巴系统是与血液循环紧密联系的一种辅助系统，由淋巴液、淋巴管、淋巴腺组成。

(1)淋巴液　含有淋巴细胞、白细胞和组织液的液体。

(2)淋巴管　从毛细淋巴管盲端开始，以网状分布于组织间隙，然后逐渐汇合成大的淋巴管，在爬行类以上动物最后汇合成右淋巴导管和胸导管，最后连接静脉。

(3)淋巴腺(淋巴结)　是连接淋巴管的腺体，能产生淋巴细胞和消除有害物质的作用。哺乳类的淋巴腺很多，如扁桃腺、脾脏和胸腺。

(4)淋巴循环　血液流到毛细血管时，血浆渗出组织间隙，形成组织液进入毛细淋巴管便成为淋巴液。淋巴液经过较大的淋巴管，最后到左淋巴管和右淋巴管而进入静脉，淋巴流入血液形成淋巴循环。一些动物具有淋巴管演变成的淋巴心，能搏动，可促进淋巴循环。

八、排泄系统

(一)排泄系统的功能

排泄机体代谢废物，主要以尿或尿酸的形式排出体外，少量通过汗和粪便排出；调节机体内的盐、水和酸、碱平衡，保持机体内环境稳定，使正常的生理活动得以进行。

(二)排泄系统的组成

排泄系统由1对肾脏、1对输尿管、膀胱和尿道组成。肾脏是排泄系统的主要部分，由许多肾小体组成，肾小体又由排泄小管的盲端凹陷而形成双层的肾小囊，并包围由毛细血管盘曲成团的肾小球所组成。肾小体的另一端连接弯曲的肾小管。此管连接收集管，后接输尿管。哺乳类的肾脏复杂，分为皮部和髓部，皮部由肾小体及与其相连的肾小管组成，髓部是许多细收集管汇合之处，由细收集管汇合成大收集管，最后汇合于肾盂。

尿液进入肾小管和收集管时，对机体有用的水分、盐类、葡萄糖等有重吸收作用，这些物质又返回血液中。尿液被浓缩后经输尿管到达膀胱，最后由尿道排出体外。

膀胱是暂时贮尿的场所，硬骨鱼类的膀胱由输尿管末端膨大而成，为管状膀胱。两栖类的膀胱由泄殖腔壁突起而成为泄殖膀胱。爬行类和哺乳类的尿道直接与膀胱相连为尿囊膀胱，是进化的高等形式。

脊椎动物的肾脏发生经历了3个阶段：前肾、中肾、后肾，这也反映了动物的进化过程。

(1)前肾　位于体腔的前部，是原始排泄器官，只由一系列前肾管组成。少数圆口类终生存在，鱼类和两栖类的幼体也存在，并起排泄作用。所有脊椎动物在胚胎时期都有前肾发生。前肾的输尿管称为前肾管。

(2)中肾　发生在前肾后方，位于体腔中部。中肾是鱼类、两栖类成体的排泄器官。中肾形成时，前肾随之退化，前肾管转化为中肾管而执行输尿功能。但在雄性的中肾管与生殖腺发生联系，因而兼有输精作用。羊膜动物的前肾、中肾存在于胚胎时期。

(3)后肾　发生在中肾后方，位于体腔后部，成为最高级的排泄器官。存在于爬行类、鸟类和哺乳类。后肾的1对输尿管由中肾管基部生出的1对突起，并向前延伸各和1后肾连接而成。后肾发生之后，雌性的中肾管便完全消失，而雄性的中肾管仍旧与生殖腺联系，在高等动物中,中肾管已成为专门的输精管了(图 17-11)。

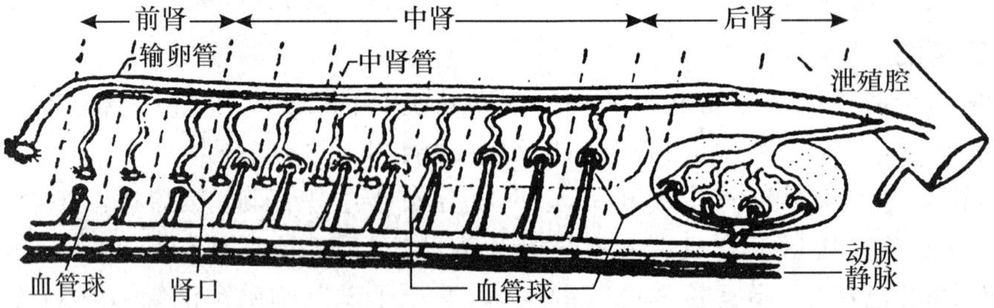

图 17-11 脊椎动物排泄系统模式图(引自 Storer)

九、生殖系统

生殖系统由产生生殖细胞的生殖腺和排出生殖细胞的输出管组成。脊椎动物一般是雌雄异体。雌性生殖系统主要包括卵巢和输卵管。卵细胞在卵巢成熟后先排到体腔里,然后转移到输卵管再排到体外(图 17-12)。雄性生殖系统,主要包括睾丸和输精管。两栖类的中肾管兼有输精功能。爬行类、鸟类和哺乳类动物,后肾代替了中肾,中肾退化后,中肾管则变成专门的输精管。

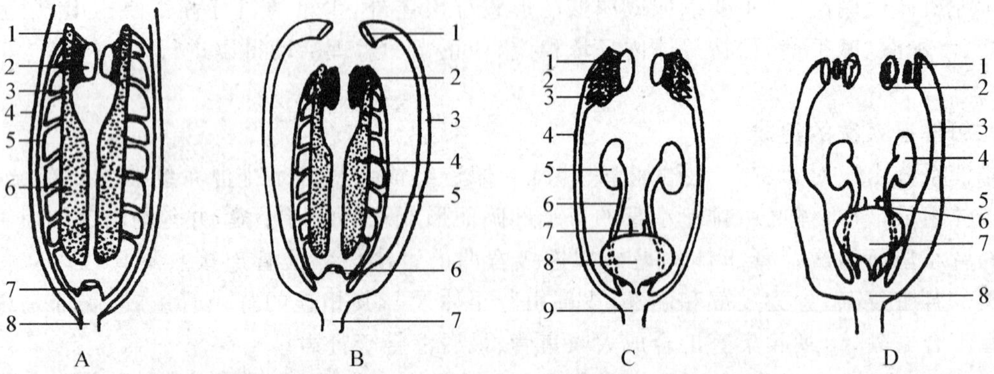

图 17-12 无羊膜类与有羊膜类生殖系统比较(引自中国农业大学)

A. 无羊膜类(雄性):1. 输精小管 2. 睾丸 3. 中肾前部 4. 退化的输卵管 5. 中肾管 6. 中肾后部 7. 肠 8. 泄殖部 B. 无羊膜类(雌性):1. 喇叭口 2. 卵巢 3. 输卵管 4. 中肾 5. 中肾管 6. 肠 7. 泄殖腔 C. 羊膜类(雄性):1. 睾丸 2. 输精小管 3. 附睾(退化的中肾) 4. 中肾管 5. 后肾 6. 输尿管 7. 肠 8. 膀胱 9. 泄殖腔 D. 羊膜类(雌性):1. 喇叭口 2. 卵巢 3. 输卵管 4. 后肾 5. 肠 6. 输尿管 7. 膀胱 8. 泄殖腔

虽然生殖系统和排泄系统在生理功能方面有基本的区别,由于两者在发展过程中发生了密切联系,故往往把脊椎动物的排泄系统和生殖系统联系在一起,称为泄殖系统。

十、神经系统和感觉器官

(一)神经系统

神经系统可以调节和控制机体内各器官系统的协调与统一,使机体与外界环境保持平衡,以保证动物的生存活动。神经系统可分为中枢神经系统、周围神经系统、植物神经系统。

1. 中枢神经系统

中枢神经系统包括脑和脊髓,是一切神经活动的调控中心。脑和脊髓是由胚胎时期的神经管前端分化而成的,脑和脊髓内部还保留了原始神经管的管腔,分别为脑室和脊髓腔,它们相互沟通并充满脑脊髓液。

(1)脑　分为5部分,即端脑(大脑)、间脑、中脑、后脑(小脑)和延脑。在动物胚胎时期脑开始先分为3部分,即前脑、中脑和菱脑。前脑又分化出端脑和间脑,中脑无分化,菱脑再分化出后脑(包括小脑)和延脑。脊椎动物的脑,就是由这5部分发展而成的,但各类动物在演化过程中脑的发展是不平衡的(图17-13)。

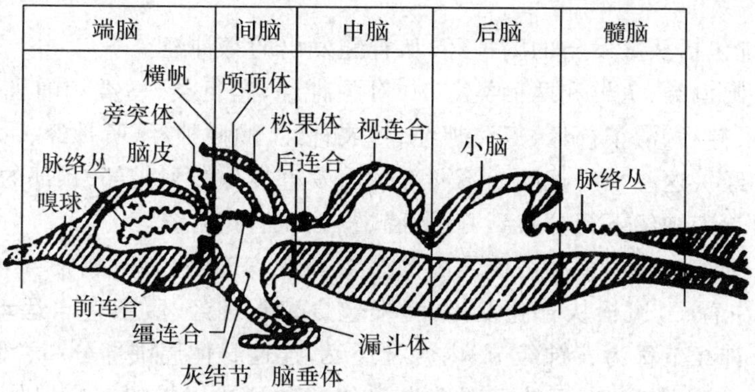

图17-13　鲨鱼脑的正中纵切面模式图(引自Adams)

①端脑:位于脑的前端,由前伸的嗅叶及其后面的2个大脑半球(大脑)组成。2个大脑半球内腔为第1、2脑室。哺乳动物的大脑最发达,其脑壁外部为灰质,由多层神经细胞及无鞘细胞组成,也称为大脑皮层。大脑内部为白质,由有鞘神经纤维组成。大脑皮层是调控神经活动的高级中枢。鸟类的大脑皮层不发达,只表现为大脑底部的纹状体发达,是鸟类的复杂本能活动和"智慧"中枢。

②间脑:位于2个大脑半球的后方,背面分为顶器和松果体(脑上腺),腹面伸出1个脑漏斗并连接末端的脑垂体(脑下腺)、松果体和脑垂体都是内分泌腺。间脑内有第3脑室,其两侧后壁为丘脑,大脑皮层不发达的动物,丘脑就是中枢神经系统的高级感觉中枢,尤其与视觉有密切关系,故又称为视丘。大脑皮层发达的动物,丘脑是感觉神经纤维上传大脑和大脑下达纤维所经过的联络站,称为次级感觉中枢。但丘脑的下部(下视丘)为植物性神经系统的高级中枢,有调节血压、新陈代谢、内分泌活动和唾液腺分泌等功能。

③中脑:位于间脑后方,其背部为1对视叶,哺乳动物有4个,称为四叠体。这是动物的视觉和听觉中枢,中脑内有一窄管为中脑导管,沟通第3脑室和第4脑室。中脑下部是脑脚,它和脑桥、延脑合称为脑干,脑干是向前、向后传递信息的通路。

④后脑:其背部突起成小脑。腹面两侧为脑桥,小脑是调节身体平衡和运动的中枢。

⑤延脑:是脑与脊髓的连接部分,其内腔为第4脑室。延脑有许多重要的生命活动中枢,如调节呼吸、循环和分泌等的中枢,延脑也是脑和脊髓的上、下神经纤维的通道。

(2)脊髓　位于延脑的后方,呈圆柱状,其中央管腔细小,脊髓的背腹面中线各有1条纵沟,分别称为背沟和腹沟。脊髓的内外部分结构与脑相反,内部为灰质,主要由神经细胞和无鞘神经细胞组成。羊膜动物的脊髓灰质略呈H形。外部为白质,主要由有鞘神经细胞组成。灰质的H形背面称为后角,腹面称为前角,后角是脊神经背根进入处,将外周刺激直接传入中枢。前角是脊神经腹根发出之处,将中枢发出冲动传到效应器,因此脊髓是低级反射中枢。

反射活动所经过的一系列过程称为反射弧。简单的反射弧包括5部分:感受器、感觉神经元、中间神经元、运动神经元、效应器(如肌肉或腺体),其反射传递过程为:感受器接受刺激,由感觉神经元(传入神经纤维)将刺激信息传到神经中枢,经神经中枢的中间神经元分析与综合,再经运动神经元(传出神经纤维)到达效应器。

反射活动过程如果外界刺激先通过脊髓,然后传到脑,由脑发出冲动传至效应器,称为高级反射。

2.周围神经系统

周围神经系统包括从脑发出的脑神经,从脊髓发出的脊神经。

(1)脑神经　圆口类、鱼类和两栖类有10对脑神经,爬行类、鸟类和哺乳类有12对,即嗅神经、视神经、动眼神经、滑车神经、三叉神经、外展神经、颜面神经、听神经、舌神经、迷走神经、脊副神经、舌下神经。这些神经从脑的不同部位出发直接分布到头部、颈部的各部分组织和器官。其中第10对迷走神经下行分布到心脏、肺、肾脏和消化系统等。

(2)脊神经　脊神经是由脊髓两侧发出的多对神经,其数目因种类而异,猪有33对,兔有37对。每条神经由背根、腹根从脊髓发出,背根包含感觉神经,腹根包含运动神经,两者在未合并前,背根有一神经节称为背神经节,内含神经元,连通身体周围部分和脊髓,将从周围传来的刺激传到中枢。腹根传出中枢神经系统发出的冲动到达周围的效应器如皮肤、肌肉、腺体等。背、腹两根合并后分为3支:背支、腹支、脏支,背支分布到背面的皮肤和肌肉,腹支分布到体侧和腹面的皮肤与肌肉,脏支分布到内脏器官,也组成了植物性神经系统。

3.植物性神经系统

常支配机体内脏器官,使其进行正常生理活动。它可分为交感神经系统和副交感神经系统。

(1)交感神经系统　由脊柱两旁的2条神经干和许多神经节组成。大多数神经节分布于肠系膜。神经干一方面与胸部及腰部的脊髓相通,另一方面有神经分布到虹膜,唾液腺、心脏、血管、肺、胃、胰脏、肝脏、肾等内脏器官(图17-14)。

(2)副交感神经系统　由发自脑部和脊髓荐部的副交感神经及若干个副交感神经节组成。这些神经节有的分布在所支配器官的附近如虹膜、泪腺、唾液腺等,有的分布到所支配器官的内部。

机体内部器官多数同时有交感神经和副交感神经的分布和支配。2种神经有相互拮抗的作用。如交感神经引起对心跳加速的兴奋作用,而副交感神经则相反,对心跳起着抑制作用。副交感神经起加强胃、肠活动作用,而交感神经则起抑制作用。2种神经对立统一,才能促进各器官的正常活动,保持生理功能相对平衡。

(二)感觉器官

感觉器官可分为两大类:一类是感受物理刺激的器官,如皮肤感觉器、听器与平衡器、视觉器等;另一类是感受化学刺激的器官,如嗅觉器与味觉器。

(1)皮肤感觉器　最原始的是表皮中的游离神经末梢,陆生脊椎动物皮肤中具感觉细胞和辅助部分构成的感觉小体。水栖无羊膜动物有特化的侧线器官,能感觉水流、水压、水温等周围环境的变化。

(2)听器与平衡器　耳是听觉器官,进步的耳分为外耳、中耳、内耳3部分,其中关键是内耳,它由感觉身体平衡的半规管、球囊、椭圆囊以及与听觉有关的耳蜗组成。因而听器与平衡

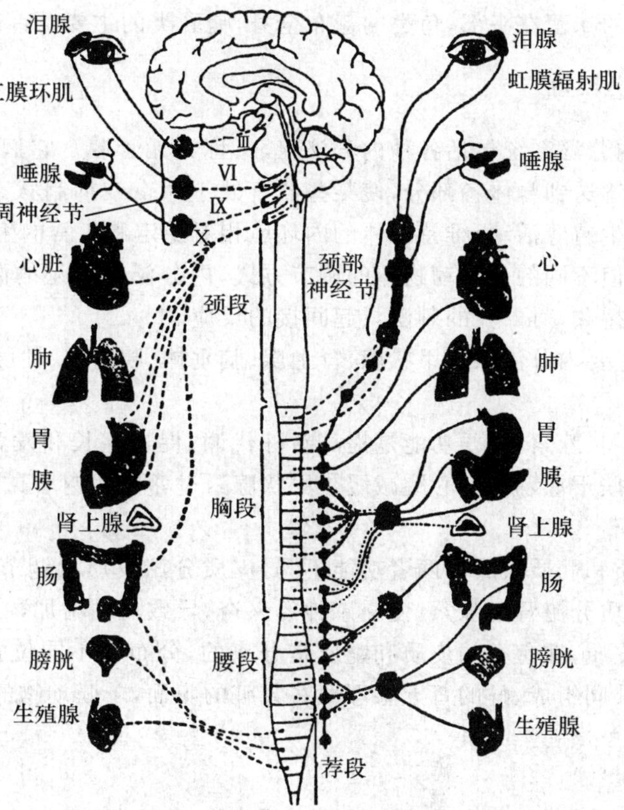

图 17-14　植物性神经系统示意图(引自 Ballard)

器的关系密切。圆口类和鱼类只有内耳,两栖类出现中耳,爬行类开始有外耳,陆生哺乳类的外耳发展为耳壳和外耳道,便于接收声波。

(3)视觉器　眼为各纲动物所具有的,以哺乳类最发达。眼球的附属器,包括眼睑、结膜、泪腺和多种眼肌等(图 17-15)。

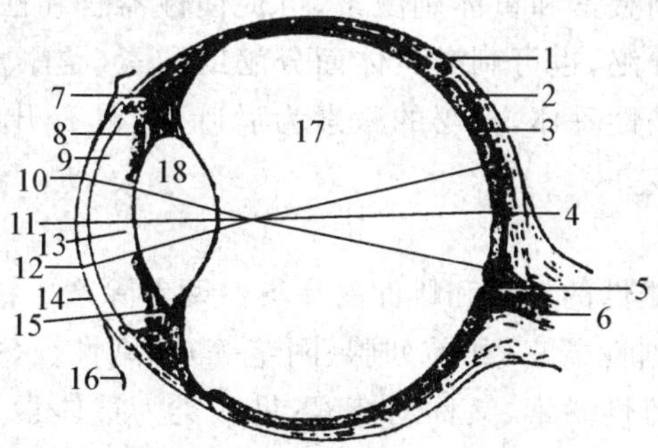

图 17-15　人眼球剖面图(引自顾宏达)

1.巩膜　2.脉络膜　3.视网膜　4.黄点　5.盲点　6.视神经　7.睫状突　8.虹彩　9.前房　10～12.物像　13.瞳孔　14.角膜　15.悬韧带　16.眼睑　17.玻璃体　18.水晶体

(4)嗅觉器与味觉器　脊椎动物的嗅觉器位于鼻腔内的感觉上皮上,有感觉细胞和支持细胞,能感觉气态化学物质。味觉器由感觉细胞和支持细胞组成,称为味蕾,其分布位置因种类而异,圆口类成体的味蕾在头部,鱼类的遍布全身,哺乳类的主要在舌部。

十一、内分泌系统

脊椎动物的内分泌系统包括各种内分泌腺,又称为无管腺。它们能分泌激素并直接进入血液,随血液循环输送到身体各部分,使某些器官处于兴奋或抑制状态,以调控动物体的新陈代谢、生长、发育、生殖等活动,维持机体的内环境相对稳定和正常的生理活动。因此与神经系统的功能相类似,但不同的是对动物体的调节方式,内分泌腺分泌的激素通过血循环运输,传递速度慢,但作用持久,对外界的刺激只起间接的反应。

脊椎动物的主要内分泌腺有甲状腺、肾上腺、脑垂体、胰岛腺、性腺等。

1. 甲状腺

甲状腺分泌甲状腺素,主要功能是提高新陈代谢、促进生长和发育。缺乏甲状腺素,生长和发育受阻滞、皮肤干燥、脱毛、心跳减缓。甲状腺素过盛则代谢增高、心跳加速、眼球突出等。

2. 肾上腺

肾上腺由皮质和髓质组成。两者功能不同,皮质分泌皮质素调节盐类、糖类代谢和性腺、副性征的发育;髓质分泌肾上腺素,使交感神经兴奋,导致血糖增加,心跳加快等。肾上腺在圆口类只有原始的皮质,在鱼类的皮质和髓质是分离的,分布于不同位置。从两栖类开始,肾上腺由皮质和髓质共同组成,蛙的肾上腺埋藏在肾脏的腹面,羊膜动物的肾上腺常位于肾的表面或肾的前方。

3. 脑垂体

脑垂体位于间脑下部,分为前叶和后叶2部分。

前叶又称为腺性垂体,其分泌的激素称为前叶素,能调节和刺激其他内分泌腺。

①生长素促进机体蛋白质合成,有利于幼体生长,此激素分泌过多形成肥大症,分泌过少则变成侏儒症。

②促甲状腺激素刺激甲状腺分泌甲状腺素。

③促肾上腺皮质素刺激肾上腺皮质分泌皮质激素。

④促性激素包括卵泡刺激素和黄体刺激素,可促使性器官和性功能发育、成熟。

⑤催乳素能促进乳汁分泌,也可刺激黄体而分泌助孕素(孕酮)。

脑垂体后叶又称为神经性垂体,分泌的激素为后叶素,具有升高血压、收缩子宫和抗利尿作用。

4. 性腺

性腺又称为生殖腺,指雄性的精巢和雌性的卵巢。两者除产生精子和卵子外还可分泌激素,精巢能分泌雄性激素,促进副性器官(如前列腺、阴茎等)和副性征(如胡须、鸡冠等)的发育。卵巢能分泌2类激素,一类为雌性激素,又称动情素;另一类为黄体素又称助孕素。雌性激素能促进雌性副性器官和副性征的发育,黄体素能使子宫黏膜腺分泌,子宫膜增生,子宫肌肉活动减少,为受精卵固生在子宫膜上创造条件,还可刺激乳腺发育和抑制其余卵泡成熟及排卵。

5. 胰岛腺

胰岛腺为胰脏内的岛状细胞群,是一种无管内分泌腺,胰脏同时又是能分泌胰液的外分泌腺,所以胰脏是双重腺体。胰岛腺有2种细胞,分别是α细胞和β细胞,α细胞分泌胰高血糖素,促使血糖浓度升高;β细胞分泌胰岛素,促使血中的葡萄糖转化为糖原,提高肝脏和肌肉中糖原的贮存量。若胰岛素分泌不足,使血糖含量升高,并由尿排出形成糖尿病。

脊椎动物的内分泌腺除上述几种外,还有松果体、胸腺、消化道内分泌腺和前列腺等。

激素的作用是复杂的。机体的正常代谢与各种内分泌腺的协调活动有关,而内分泌腺的活动又必须直接或间接受神经系统尤其是高级中枢的控制,以维持机体内环境统一与体外环境的平衡。

第二节　脊椎动物亚门的分类

现存的脊椎动物约有 39 000 种,分为圆口纲、鱼类、两栖纲、爬行纲、鸟纲、哺乳纲。

脊椎动物又根据颌的有无,分为无颌类如圆口纲,有颌类如鱼类、两栖纲、爬行纲、鸟纲和哺乳纲。

根据胚胎发育时有无羊膜,分为无羊膜动物如圆口纲、鱼类、两栖纲,及羊膜动物如爬行纲、鸟纲、哺乳纲。

根据体温划分,可分变温动物又称为冷血动物如圆口纲、鱼类、两栖纲、爬行纲,及恒温动物又称为温血动物如鸟纲、哺乳纲。

第十八章　圆　口　纲

进化地位：圆口纲(Cyclostomata)动物是现代脊椎动物中最原始、最特殊的水栖动物。距今已有5亿年的演化历史，属后口动物类群。以肠体腔法形成体腔，螺旋型卵裂。

其原始性主要表现在没有上、下颌，故又称为无颌类。没有成对的附肢，没有真正的脊椎。其特殊性主要表现在只有一个鼻孔，具有多对鳃囊，鳃囊内有鳃丝。

第一节　圆口纲动物的主要特征

圆口纲常见的种类有七鳃鳗，能吸附在鱼类身体上营半寄生生活。现以我国东北产的七鳃鳗(*Lampetramorii*)为代表说明圆口类的一般形态结构。

一、外形

圆口纲动物的身体细长，分为头、躯干和尾3部分。头部前端腹面有漏斗状的口吸盘(图18-1)，用以吸附在其他鱼体上。口内有舌，舌端和口吸盘内壁均有角质齿以刺破鱼的皮肤获取食物，如七鳃鳗(图18-2)。头部中央有单个鼻孔，其后方皮下有1松果眼，头两侧有1对无

图18-1　七鳃鳗的口吸盘及角质齿(引自Miller)

眼睑的眼。每只眼后方各有7个圆形鳃孔。躯干部只有奇鳍,无偶鳍,背面有前、后2个背鳍,后背鳍延续到尾部与尾鳍相连,这与不主动运动、适应寄生生活有关。躯干部和尾部交界处腹面有1个肛门,后方为泄殖孔。尾部末端为尾鳍,其上、下鳍叶是对称的,称为原尾型。

图18-2 七鳃鳗捕食(引自Hickman)

二、皮肤

皮肤裸露,富含单细胞腺体,能分泌黏液润滑体表,身体两侧各有1行小孔,是水栖动物的侧线器官。

三、骨骼

骨骼结构原始,由软骨和结缔组织组成,没有硬骨。脊索成为支持身体的中轴,脊索周围包着1层厚的结缔组织膜。脊索的背方神经管两旁有许多小软骨片,代表了雏形脊椎骨。头骨构造也很原始,脑颅为一个不完全的软骨颅,脑顶部仅覆盖结缔组织膜。

支持鳃囊的鳃笼由9对横行的软骨弧和4对纵行的软骨条连接而成。

四、肌肉

肌肉很原始,体壁肌肉有"W"形的分节现象。

五、消化系统

口位于口吸盘的底部,由口通入口腔,口腔后为咽,咽分化出2条管道,背方的为食道,腹方的为呼吸道。七鳃鳗无胃分化,食道直接和肠相连,肠内有纵向的螺旋瓣,以增加消化和吸收的面积,肠末端为肛门。

消化腺有发达的肝脏,胰脏不发达。

六、呼吸系统

咽分出腹面的盲管为呼吸管,其两侧各有7个内鳃孔,每个内鳃孔各与1个鳃囊相通,鳃囊内有鳃丝,上有毛细血管,能进行气体交换。

七、循环系统

循环系统基本上和文昌鱼的相似,但已出现心脏,心脏具有1心房、1心室和1个静脉窦。

八、排泄系统

排泄系统有狭长的肾脏1对,由腹膜固着于体腔壁上,还有2条输尿管沿体腔后行,开口于泄殖窦。七鳃鳗成体的肾脏从发生上属中肾,但幼体同时存在前肾和中肾。

九、神经系统

神经系统还很原始。脑虽然分化为端脑、间脑、中脑、小脑和延脑5部分,但体积很小。脑神经10对。

感觉器官、嗅觉器官有鼻孔,内通往嗅囊,其上有嗅觉细胞。视觉器官为1对眼。听觉器官有1对内耳,只有前、后2个半规管。味觉器官是口腔的味蕾。

十、生殖系统

圆口纲动物大多为雌雄异体,只有单个的精巢或卵巢,但无输出管道,成熟的精子或卵子落到腹腔,进入泄殖窦由泄殖孔排出体外,卵在水中受精。

第二节 圆口纲的分类

圆口纲现存的种类约有50种,可分2个目即七鳃鳗目和盲鳗目。

一、七鳃鳗目

七鳃鳗目(Petromyzoniformes),成体营半寄生生活,有口吸盘,仅有七鳃鳗1科,我国有3种:东北七鳃鳗(*Lampelra mori*)、雷氏七鳃鳗(*Lampetra reiss neri*)和日本七鳃鳗(*Lampetra japonica*),分布于我国的松花江、黑龙江等。

二、盲鳗目

盲鳗目(Myxiniformes,图18-3),成体营寄生生活,无口吸盘,眼睛退化,钻入鱼体吃内脏和肌肉,危害渔业。如黏盲鳗(*Eptatretus burgeri*)产于日本海,我国东南沿海偶有发现。

关于圆口纲的起源和进化,还不十分清楚。有学者认为圆口纲和古代化石的甲胄鱼有许多共同之处,如无上下颌,无成对的附肢,具单一鼻孔等,虽然这2类动物不一定有直接的亲缘关系,但来自共同的无颌类祖先。只是圆口纲向着寄生或半寄生发展,而甲胄鱼是营底栖生活的一类,在古代志留纪处于繁盛时期,后来全部灭绝只留下甲胄鱼的化石。因此,圆口纲对研究脊椎动物的演化历史有一定的意义。

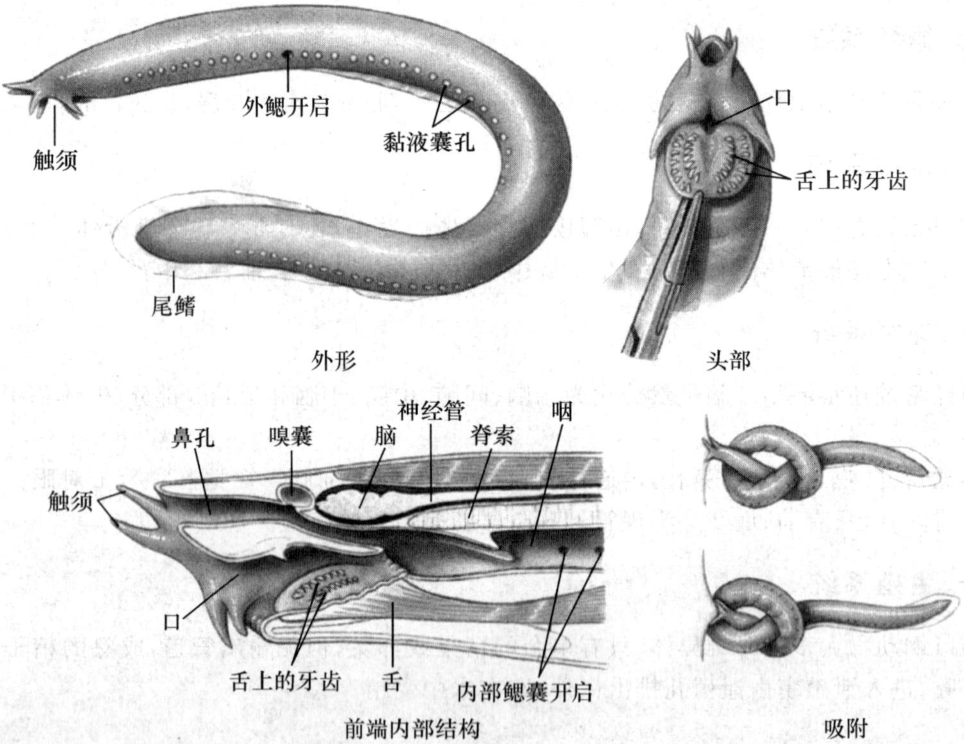

图 18-3 盲鳗(引自 Hickman)

第十九章　鱼　　类

进化地位：鱼类(Pisces)是由志留纪时期的有头类演化出的一支具可活动上、下颌的脊椎动物，终生在水中生活、用鳃呼吸、靠鳍运动，具有适应水中生活又比圆口类更进步的特征：可以活动的上、下颌能主动而灵活地捕食和防御敌害，成对附肢即偶鳍的出现使鱼类在水中的运动更迅速和敏捷，发达的鳃可有效地在水中获得氧气。与积极主动生活方式相联系的骨骼、神经、感觉等器官系统比圆口纲更趋完善。但鱼类只局限在水中生活，也有一些与圆口纲相似的特征，如用鳃呼吸、心脏有 1 心房、1 心室，身体结构仍处于低级的有颌脊椎动物(图 19-1)。

图 19-1　灰笛鲷(引自 Hickman)

第一节　鱼类的主要特征

一、外形

身体分为头部、躯干部和尾部。头部和躯干部分界线为最后 1 对鳃裂或鳃盖后缘，躯干部和尾部的分界线是肛门(图 19-2)。

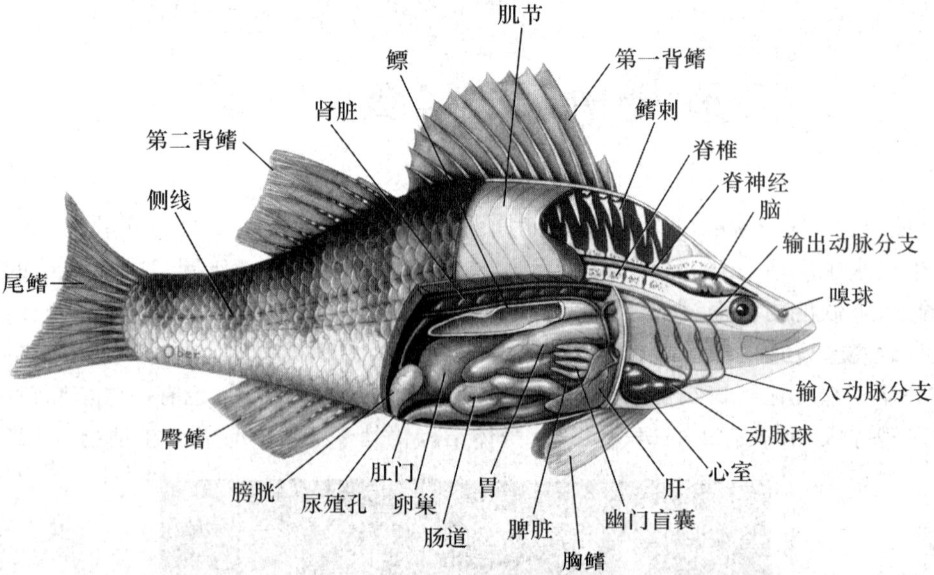

图 19-2 鱼(黄鲈)的外形与内部结构(引自 Hickman)

(一)鱼类的体形

(1)纺锤形 常为侧扁纺锤形,适于开阔水域快速游泳,以减少水的阻力,如鲤鱼、草鱼、黄鱼等。

(2)侧扁形 左右侧扁,如团头鲂、鲳、带鱼等。

(3)平扁形 背腹扁平,适应底栖生活,如鳐、比目鱼等。

(4)棍棒形 体呈圆柱形,适于在水草、沙泥中生活,如黄鳝、泥鳅、鳗鲡等。

鱼类的鳍分为成对的胸鳍和腹鳍,属偶鳍。不成对的背鳍、臀鳍和尾鳍属奇鳍。鳍是运动器官,能使鱼类身体前进、平衡和起舵的作用(图 19-2)。

(二)鱼类尾鳍的基本类型(图 19-3)

(1)原尾型 尾鳍上下叶对称,尾椎平直,见于鱼类胚胎时期和仔鱼期。

(2)歪尾型 尾鳍上下叶外形不对称,尾椎末端伸入上叶。上叶大于下叶,如鲨鱼、鲟鱼。

(3)正尾型 尾鳍上下叶外形对称,但尾椎向上翘。如多数硬骨鱼类。

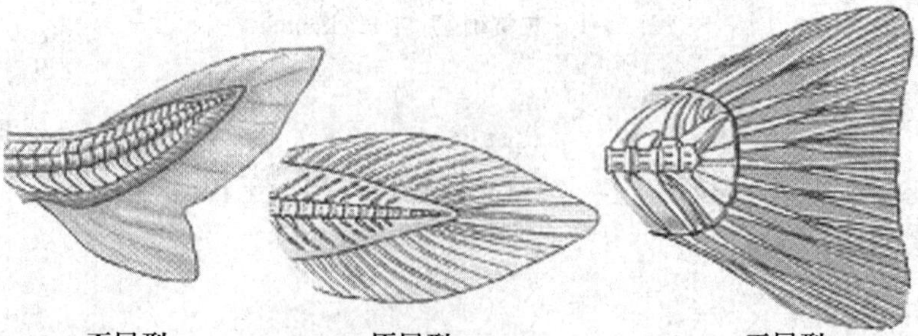

歪尾型 **原尾型** **正尾型**

图 19-3 鱼类的尾型(引自 Hickman)

鱼鳍内有鳍条支持，硬骨鱼的鳍条分为鳍棘和软鳍条 2 种。前者坚硬而不分节，后者柔软分节且末端往往分叉。鳍的组成和鳍条的种类、数目是分类的重要根据。

二、皮肤

皮肤由表皮和真皮构成，两者均含多层细胞，皮下疏松结缔组织少，因而皮肤与肌肉连接紧密。皮肤的衍生物有黏液腺、鳞片和色素细胞等。

(1)黏液腺　由表皮衍生而来，与圆口纲一样是大量的单细胞腺体，分泌黏液以保护和润滑体表，防止微生物入侵和减少游泳时的阻力(图 19-4)。

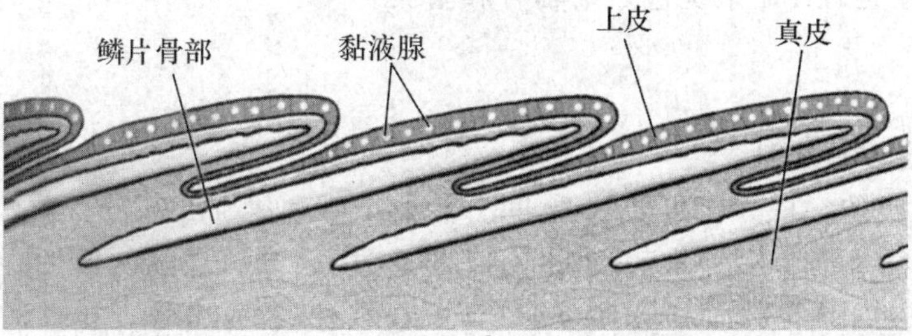

图 19-4　硬骨鱼皮肤(引自 Hickman)

(2)鳞片　是一种保护性结构，大多数鱼类的体表覆盖鳞片。根据鳞片的性质和形状可分为 3 种(图 19-5)。

图 19-5　鱼鳞片的种类(引自 Hickman)

①楯鳞：由表皮和真皮共同衍生而来，鳞片有向后伸出皮肤的棘突，为软骨鱼类所特有。

②硬鳞：由真皮衍生而来，鳞片斜方形，表面钙化而形成硬鳞质，是硬骨鱼类的原始鳞片，如中华鲟的鳞片。

③骨鳞：由真皮衍生而来，鳞片前端插入鳞囊内，后端游离而光滑，称为圆鳞，彼此以覆瓦状排列，多见于鲤科鱼类。鳞片后端有细齿的称为栉鳞，如鲈科鱼类。骨鳞表面有许多同心环纹，称为年轮，据此可推算鱼的年龄。

一些鱼类身体两侧被侧线孔穿过的鳞片称为侧线鳞。鳞片的排列方式和数目因种而异，是分类的依据之一，用鳞式表示：

$$\text{侧线鳞数}=\frac{\text{侧线上鳞数}}{\text{侧线下鳞数}}$$

如鲤鱼的鳞式为 $34\sim38\,\frac{5}{8}$(用分数表示)。表示鲤鱼的侧线鳞为 34～38 片，侧线上鳞(自侧线到背鳍前端的横列鳞)为 5 片，侧线下鳞(自侧线至臀鳍起点基部的横列)为 8 片。还有少数鱼类的鳞片退化，如鲇鱼等。

(3)其他衍生物　此外，色素细胞、毒腺、发光器等也由皮肤衍生而来。

三、骨骼系统

根据鱼类骨骼的性质可分为软骨和硬骨，骨骼是软骨的为软骨鱼类，骨骼是不同程度硬骨的为硬骨鱼类。鱼类的骨骼系统包括中轴骨和附肢骨。

(一)中轴骨

中轴骨包括脊柱和头骨。

(1)脊柱　鱼类的脊柱分化程度较低，只分为躯干椎和尾椎 2 部分。躯干椎各个椎骨中央部分为椎体，椎体背面有椎弓和椎棘，椎弓有脊髓通过，起保护脊髓的作用。尾椎与躯干椎不同之处在于椎体腹面具有脉弓和脉棘，脉弓有血管通过，没有肋骨。脊柱的椎体前后都向内凹，属双凹型椎体，椎体之间有残余脊索存在。

(2)头骨　由脑颅和咽颅两部分组成。脑颅的主要功能是保护脑和视觉、嗅觉、听觉 3 个感觉器官。软骨鱼类的脑颅比较简单，只是一个完整的软骨囊。发展到硬骨鱼类，脑颅由许多骨片组成，骨片大部分是硬骨。咽颅位于脑颅的下方、由一系列弓形的咽骨组成围绕在消化道的前部。第 1 对咽骨称为颌弓，形成上、下颌，第 2 对是舌弓，其功能除支持舌外还将颌弓和脑颅连接起来。其余 5 对是鳃弓，支持鳃裂，最后 1 对鳃弓极度退化，在硬骨鱼该鳃弓无鳃瓣，而生有咽喉齿(图 19-6)。

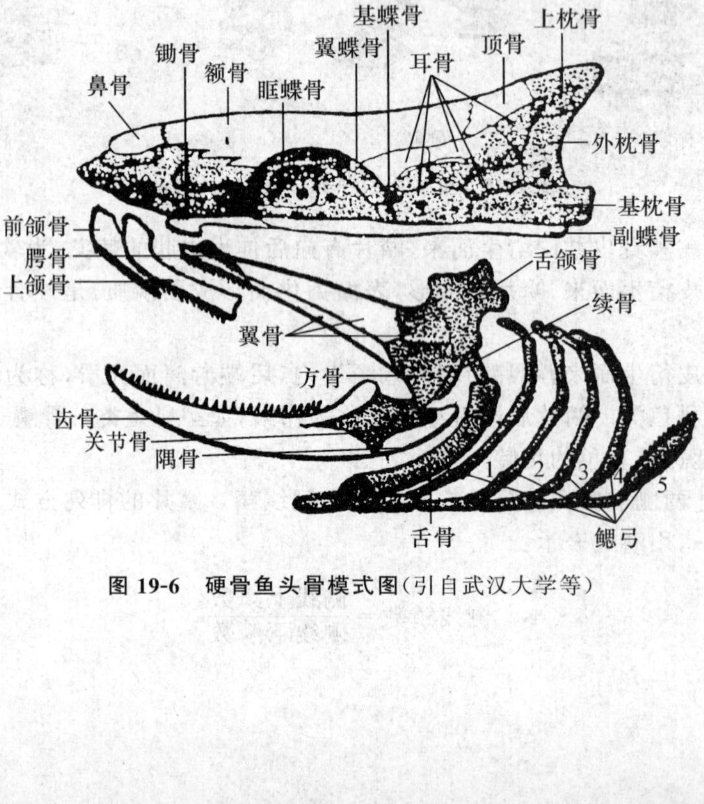

图 19-6　硬骨鱼头骨模式图(引自武汉大学等)

(二)附肢骨

附肢骨包括鳍骨和带骨(图 19-7)。

(1)鳍骨　分为偶鳍骨(胸鳍、腹鳍骨骼)和奇鳍骨(背鳍、臀鳍、尾鳍骨骼)。偶鳍骨在软骨鱼类由基鳍骨、辐鳍骨和角质鳍条组成。硬骨鱼类的偶鳍骨简化,留有辐鳍骨(腹鳍)和鳞质鳍条。

(2)带骨　分为肩带和腰带,连接胸鳍的为肩带,连接腹鳍的为腰带,软骨鱼类的肩带为半环状的软骨棒,称为乌喙棒。腰带仅为一横条的软骨棒,称为坐耻棒。肩带和腰带都不直接与脊椎相连而只埋藏在肌肉中。硬骨鱼类的肩带已分化出肩胛骨、乌喙骨和锁骨 3 大部分。腰带仅由一块无名骨组成。肩带以锁骨直接与头骨相连,为硬骨鱼类所特有。

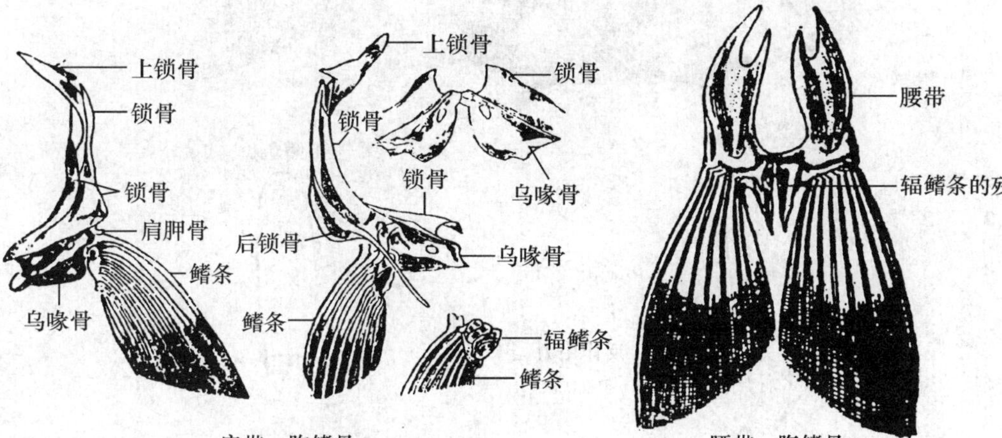

图 19-7　鲤鱼的附肢骨(引自杨安峰)

四、肌肉系统

鱼类的肌肉分化程度基本和圆口类的相似,躯干和尾部的肌肉也由一系列的肌节组成,肌节间有肌隔。这种排列有利于鱼类在水中左右屈伸运动。体壁肌肉不同于圆口类,产生了起于脊柱止于皮肤侧线位置的水平侧隔,把肌肉分为背方的轴上肌和腹方的轴下肌。它们分别分化出背鳍肌肉和偶鳍、臀鳍的肌肉。尾鳍部分肌肉分化出尾鳍肌肉(图 19-8)。

有些鱼类的肌肉转化为发电器官,海生的电鳗发电器官在胸鳍内侧、头后方,可放电 100 V。淡水的电鳗发电器官在尾部,可放电 600 V。发电器官的放电功能用于攻击、防卫和定位等。

五、消化系统

消化系统包括消化道和消化腺 2 部分。

1. 消化道

消化道分为口腔、咽、食道、胃、肠、泄殖腔(软骨鱼类)或肛门(硬骨鱼类)。口由上、下颌围绕而成,鱼类已进化为有颌类动物。上、下颌虽生有牙齿,但只有捕捉和咬住食物的作用,无咀嚼功能。牙齿的形状多样,形状与食性有关,肉食性的牙齿较尖,草食性的草鱼牙齿,如咽喉齿有栉状突起以切割水草。口腔与咽无明显的界线,食道也很短,胃紧接食道后面。草食性和杂食性鱼类的胃分化不明显,但肠管较长。肉食性鱼类不仅有胃,有些硬骨鱼类在胃与肠交界处还生有幽门盲囊的突起。其机能一般认为与分泌和吸收有关。幽门盲囊的数目可作为分类的依据之一。鱼类肠的分化多数不明显,软骨鱼类可明显辨出小肠和大肠2部分,小肠又分为十二指肠和回肠,回肠内具螺旋瓣,螺旋瓣增加了肠的吸收面积,并起到延缓食物向后移动的作用,这种以螺旋瓣来增加吸收面积的方式是一种原始的方式。大肠又分为结肠和直肠。硬骨鱼类的肠内一般无螺旋瓣。

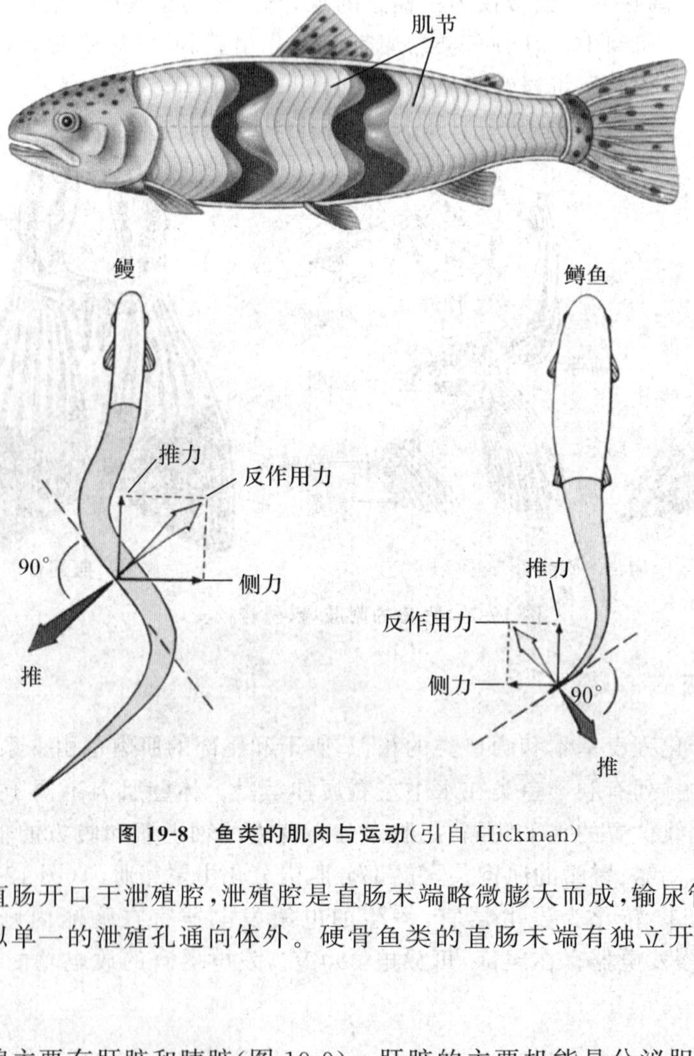

图 19-8 鱼类的肌肉与运动(引自 Hickman)

软骨鱼类的直肠开口于泄殖腔,泄殖腔是直肠末端略微膨大而成,输尿管和生殖管均开口于此腔。泄殖腔以单一的泄殖孔通向体外。硬骨鱼类的直肠末端有独立开口的肛门,位于生殖孔之前。

2. 消化腺

鱼类的消化腺主要有肝脏和胰脏(图 19-9)。肝脏的主要机能是分泌胆汁,并贮存在胆囊内,由胆管输入小肠可分解脂肪。软骨鱼类有独立的胰脏,能分泌胰液,沿胰管通入肠内,胰液含多种消化酶,可消化蛋白质、脂肪和淀粉。有些硬骨鱼类的胰脏为弥散腺体,分布在肠系膜上或埋藏于肝中,肝脏和胰脏混杂在一起,故称为肝胰脏。

六、呼吸系统

鳃是鱼类的主要呼吸器官。软骨鱼类的鳃较原始,鳃裂直接通向体外,保留了鳃裂之间的鳃间隔,其前后表面各衍生出1个半鳃,2个半鳃称为全鳃,每侧有4个全鳃和1个半鳃共9

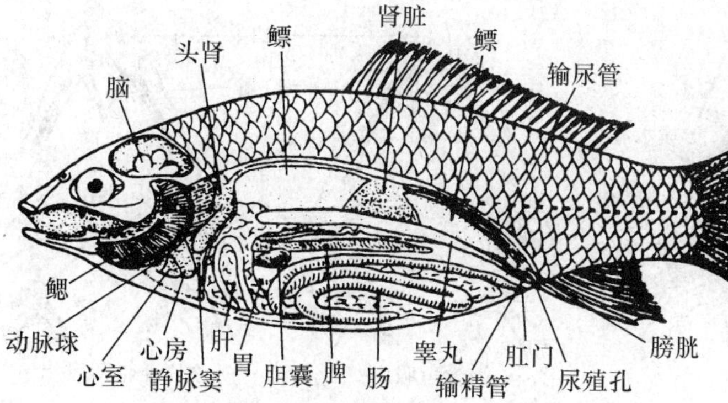

图 19-9　鲫鱼的内部结构(引自丁汉波)

个半鳃。硬骨鱼类的鳃裂在外侧有鳃盖保护,鳃隔已退化,在咽部每侧有 4 个全鳃,每个全鳃由 2 列鳃丝(2 个鳃瓣)构成,鳃丝上布满毛细血管。鳃瓣生在鳃弓上,鳃弓内侧生有鳃耙是滤食器官。第 5 对鳃弓无鳃而生有咽喉齿(图 19-10)。

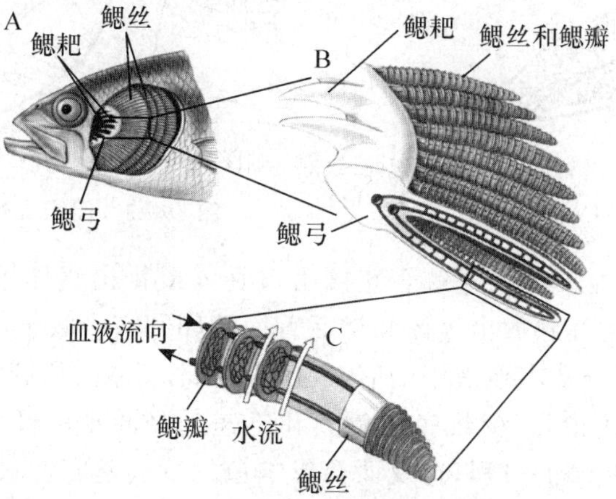

图 19-10　鳃的结构(引自 Hickman)

A. 鳃　B. 鳃的放大　C. 鳃丝的放大

鱼类的呼吸是由于鳃节肌肉的张缩,引起口的开关,口腔的扩张与缩小或鳃盖的开闭,使水流入鳃区,由鳃裂流出,当水流经鳃瓣时,水中的氧气渗入鳃内毛细血管,与血液中的血红蛋白结合,血液中的二氧化碳渗出到水中(图 19-11)。大多数硬骨鱼类有鳔,位于体腔背方的长形薄囊,鳔一般分为 2 室,内含氧气、氮气和二氧化碳等(图 19-12)。鳔有 1 根鳔管与食道相通,称为喉鳔,属较低等硬骨鱼类的鳔,如鲤鱼(图 9-12)。无鳔管的鳔,称为闭鳔,属高等硬骨鱼类的鳔,如鲈鱼(图 19-13)。鳔的功能主要是调节身体的比重,对深水鱼类来讲,鱼体上浮,周围压力变小,鳔要放出一部分气体,鱼体下沉,周围压力变大,鳔内要充入一部分气体,以保持体积不变。这样可以使鱼体的比重总是接近于水的比重,自由悬浮于任一水层中,以减少鳍的运动,从而降低能量消耗。对浅水生活的鱼类,当鱼类向深水区下潜时,要放出一部分气体,当鱼类上浮时,要向鳔内充气以保持一定的浮力。鱼体在水中的升降运动,主要是通过鳍的运动来实现的。

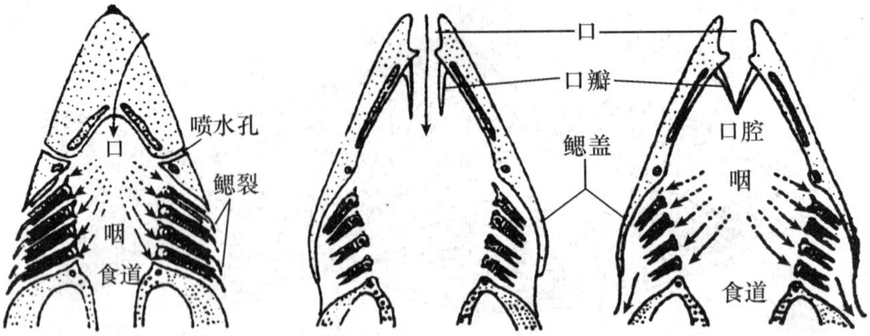

图 19-11 鱼的呼吸动作(引自杨安峰)

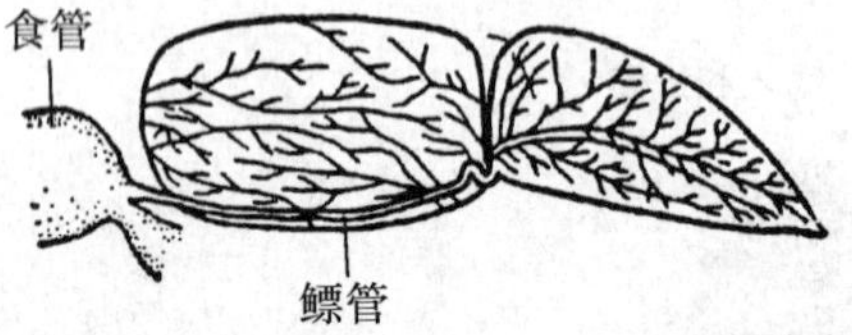

图 19-12 鲤鱼的鳔(引自丁汉波)

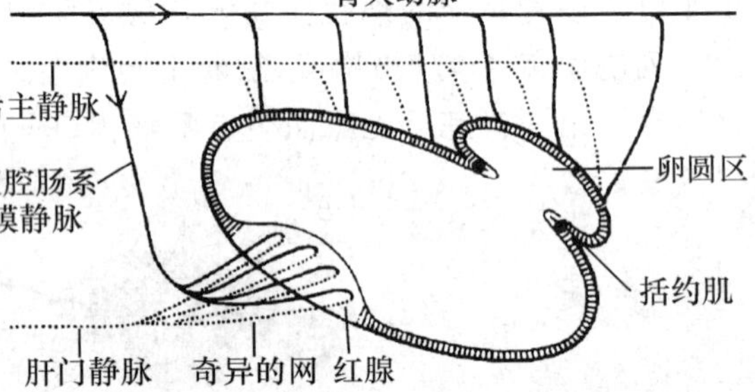

图 19-13 闭鳔类鳔的结构(引自许崇任)

喉鳔鱼类,鳔内气体主要是通过鳔管直接由口吞入或排出气体进行调节。闭鳔鱼类鳔内气体调节是依靠鳔内壁的红腺放出气体和鳔后背面的卵圆室吸收气体。红腺集中了许多毛细血管,红腺的上皮细胞可分离出血液中的氧、二氧化碳等气体。卵圆室内壁布满毛细血管,气体能渗透到血管里(图 19-13)。少数底栖鱼类和迅速升降游动的硬骨鱼类不具鳔,因为鳔内气体的调节是一个比较缓慢的过程,这反而会影响鱼的行进速度。软骨鱼类无鳔(图 19-14)。

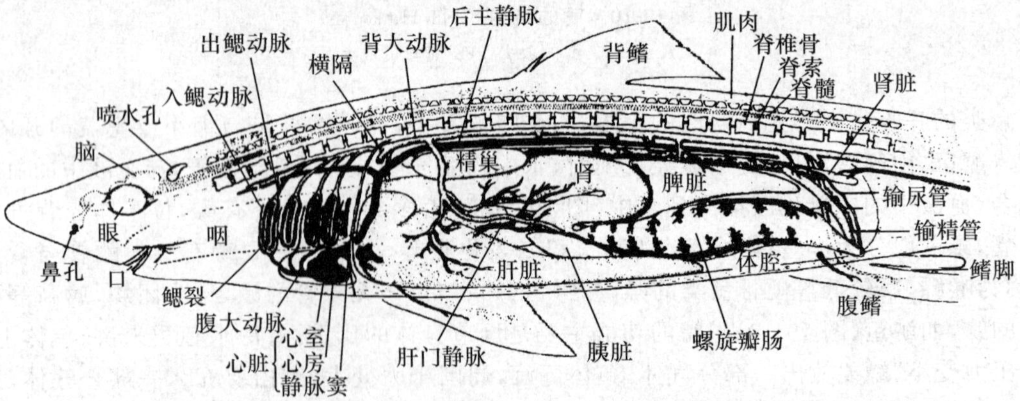

图 19-14 鲨鱼的内部结构(引自许崇任)

七、循环系统

主要包括心脏、动脉和静脉。

（一）心脏

鱼类的心脏由围心腔包围，位于体腔前端，接近头部，腹面有肩带保护。鱼类的心脏为1心房1心室的两腔心脏，心室前端有动脉圆锥（软骨鱼类）或动脉球（硬骨鱼类），心房后面连接静脉窦，窦房间、房室间和动脉圆锥，内有瓣膜，防止血液倒流。心房壁薄，心室壁厚，心脏具有自动的节律性收缩和舒张，保证血液连续压出和流入心脏，使血液不断循环（图19-15）。

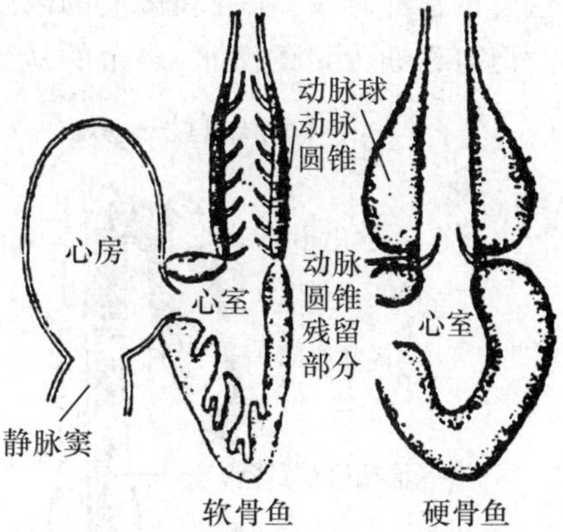

图19-15　鱼类心脏比较（引自杨安峰）

（二）动脉

血液从心室的动脉圆锥或动脉球流出，进入腹大动脉，然后流向5对（软骨鱼类）或4对（硬骨鱼类）入鳃动脉。血液在鳃进行气体交换后，含氧气的血液汇入4对鳃动脉，在背部汇合为1条背大动脉。沿背大动脉再分支到身体各部和内脏器官。

（三）静脉

软骨鱼类的静脉，如鲨鱼的体静脉有1对前主静脉和1对下颈静脉，收集头部回心的血液。1对侧腹静脉收集从体侧和偶鳍回心的血液。前、后主静脉汇合成总主静脉。然后通入静脉窦，回归心脏。侧腹静脉也进入总主静脉，硬骨鱼类的静脉与软骨鱼类的静脉基本相似。但一般无侧腹静脉，锁骨下静脉直接进入总主静脉。还有1条肝门静脉和1条肾门静脉，肝门静脉收集消化系统的血液进入肝脏，在肝内形成毛细血管网，然后汇集为肝静脉，再注入静脉窦内。肾门静脉在鱼类很发达，由尾静脉分成左、右2支进入肾脏形成。肾门静脉在肾内形成毛细血管网，再汇集为肾静脉，经后主静脉流回心脏。

鲨鱼的静脉系统代表着水生脊椎动物的基本类型。其他脊椎动物的静脉系统都是在此类型的基础上演化而成。

鱼类的血液每循环身体1周只经过心脏1次，循环途径只有1条，称为单循环，心室内全是缺氧血。心脏很小，约占身体重量的0.2%，因此心脏推动血流力量弱，血流速度慢，这与鱼类的代谢水平低密切相关。鱼类的循环系统与圆口类相似，为原始类型。

八、排泄系统

鱼类的排泄器官是成对的肾脏，在发生上属中肾。肾脏位于体腔背壁，常为暗红色的狭长状。肾脏腹面有输尿管（中肾管）。鳖鱼的2条输尿管在下端彼此会合，通入泌尿乳突，开口于泄殖腔内。硬骨鱼类的2条输尿管末端合并，稍微膨大，形成膀胱。

雄性鲨鱼的中肾管仅具输精作用，另外形成的副肾管作输尿用。

鱼类肾脏的功能是泌尿，另一功能是调节体内渗透压，保持盐分、水分的平衡。海水软骨鱼类血液含大量尿素，使血液和体液浓度高于海水，海水便渗入体内，过多的水分由肾脏排出。随海水进来的盐分由直肠腺的排盐结构从直肠排出体外。淡水硬骨鱼类的血液和体液的浓度亦高于淡水，淡水便渗入体内，凭肾脏排出含大量水分的尿液，使体内水分保持平衡。海水硬骨鱼类的情况相反,血液和体液的浓度比海水低,则体内水分渗出体外,会引起体内失水的危险。但可吞饮大量的海水,多余的盐分由鳃壁上特殊的泌盐细胞排出(图 19-16)。

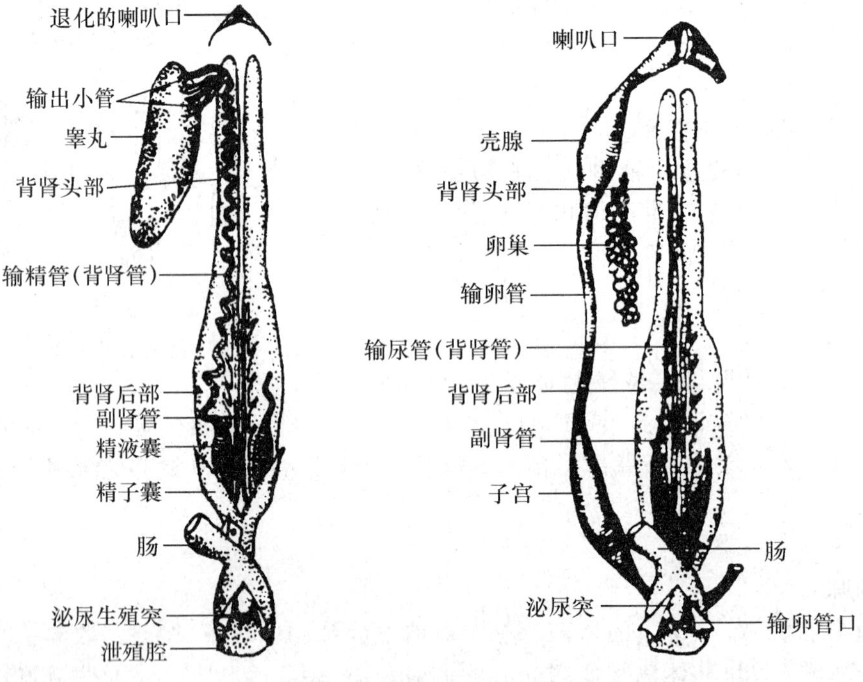

图 19-16 鲨鱼的排泄生殖系统(引自华中师院)

九、生殖系统

鱼类的生殖系统由生殖腺和生殖导管组成。

(一)软骨鱼类——鲨鱼

鲨鱼的雄性生殖腺为精巢 1 对,生殖导管为输精管,由中肾管演变而来。输精管前端盘曲在肾脏前部,输精管后端膨大为贮精囊,是暂时贮存精液之处。贮精囊附近有 1 对精子囊,是牟勒氏管退化的残余部分。精子囊、贮精囊和副肾管均开口于泌尿生殖窦,最后通入泄殖腔而开口于体外。在腹鳍间有 1 对交配器称为鳍脚。雌性的生殖腺为卵巢 1 对,生殖导管为输卵管,输卵管并不直接与卵巢相连,而以前端的喇叭口开口于体腔,卵子落到体腔由喇叭口吸进输卵管,输卵管前段膨大部分为壳腺。精子与卵子在输卵管前段受精,受精卵经过壳腺前部先包以蛋白,至壳腺后部时又包一层卵壳。输卵管后端膨大部分为"子宫",左、右 2 输卵管末端合并,开口于泄殖腔(图 19-16)。软骨鱼类为雌雄异体,以交配器行体内受精,有 3 种生殖方式:卵生(虎头鲨),将受精卵产在水中,卵有坚硬的卵壳保护,胚胎发育的营养由自身的卵黄囊供给;卵胎生(白斑角鲨),胚胎在母体子宫内发育,营养靠卵黄囊供给,仅无机盐和氧气在母体子宫壁血管和卵黄囊壁血管之间进行交换;"胎生"(星鲨),受精卵的胚胎前期,营养靠卵黄囊供给,胚胎发育后期由卵壳破出,卵黄壁上生出许多褶皱并嵌入母体子宫壁内,构成所谓卵黄囊胎盘。胎儿就可直接从母体获得营养。经 10 个月怀孕后,每次可产 8~12 尾。这些生殖方式产卵量虽少,但成活率高,这是保存种族延续的一种适应方式。

(二)硬骨鱼类——鲤鱼

鲤鱼也有成对的精巢和卵巢,成对的输精管和输卵管。但有囊状膜包裹着精巢和卵巢,输精管和输卵管也是由囊状膜延长形成的。因此,生殖导管与中肾无关,这些不同于软骨鱼类。

硬骨鱼类一般为雌雄异体,卵生。体外受精、体外发育。因产卵和胚胎发育都在水中,受环境影响很大,其成活率低,但产卵量大,鲤鱼一次可产卵 10 万多粒,翻车鱼一次可产卵 3 亿粒。这也是保存种族延续的一种适应方式(图 19-17)。

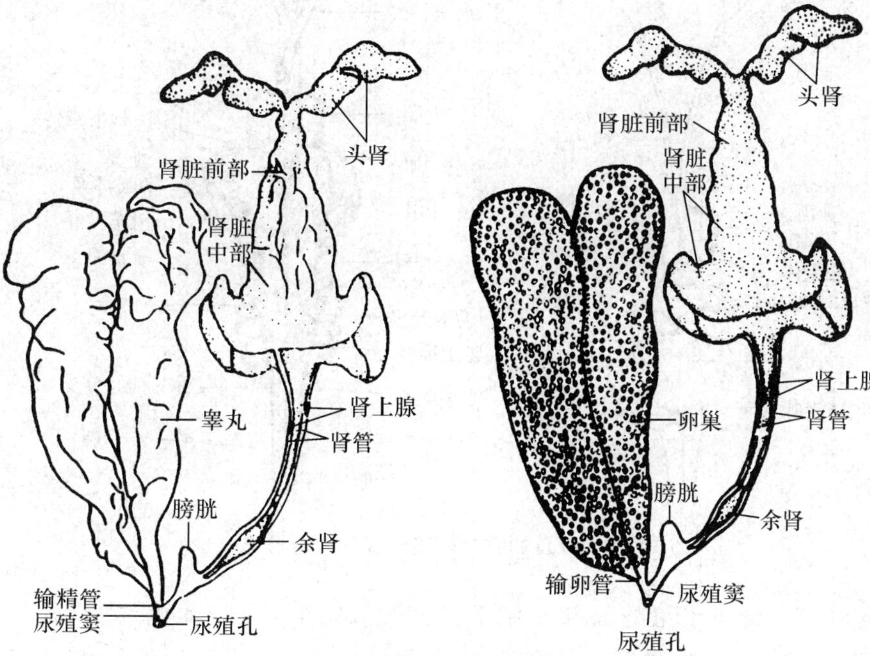

图 19-17　鲤鱼的排泄生殖系统(引自丁汉波)

十、神经系统及感觉器官

鱼类具有明显 5 部分的脑和适应水生的感觉器官。

(一)脑

(1)大脑　主要是大脑底部由神经组织构成的纹状体组成,纹状体主要接受来自嗅脑的神经纤维。因此,大脑的功能是嗅觉。大脑前部有发达的嗅叶,称为嗅脑。软骨鱼类的大脑比硬骨鱼类的进步,因大脑顶部也有神经组织,而硬骨鱼仅有结缔组织。

(2)间脑　又称为丘脑,间脑较小,被中脑遮盖,其顶部见有脑上腺,或松果体,底部为下丘脑,伸出交叉的视神经,称为视神经交叉。其后部为脑漏斗和脑垂体。在脑漏头基部两侧具鱼类特有的血管囊,可能是探测水深的感受器。间脑对鱼类的色素细胞也有明显的影响。

(3)中脑　背面形成左右两半的视叶,为鱼类的视觉中枢。此外,对控制鱼类的身体位置和移动有关。

(4)小脑　体积大,硬骨鱼类的小脑还有小脑瓣。小脑的主要功能是调节运动的中枢。这与鱼类迅速游泳的能力有关。

(5)延脑　是脑的最后部分。末端连接脊髓,有多种神经中枢,主要有听觉、侧线感觉中枢和呼吸中枢,硬骨鱼类延脑的面叶和迷走叶是味觉中枢。

(二)神经和器官

鱼类的脑神经有10对。鱼类的感觉器官具有适应水栖生活的结构和机能(图19-18)。

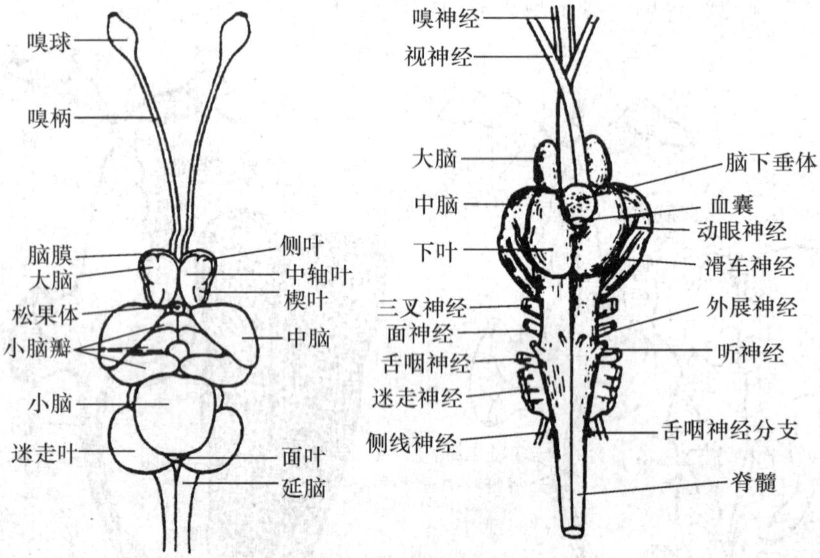

图 19-18　鲤鱼的脑(背、腹面观)(引自杨安峰)

(1)侧线器官　分布于鱼的头部和躯干部两侧,体侧有纵行的侧线管,以分支小管穿过鳞片而开口于体表,侧线管内有感觉器并充满黏液,感觉器连接通往侧线神经的神经纤维。当水接触身体时,水的压力经管内黏液刺激感觉器产生兴奋,再传到侧线神经。侧线神经的主要功能是感觉水流。软骨鱼类的头部侧线还有感觉水压、水温和电压的功能(图19-19)。

(2)视觉器官　鱼类眼的角膜扁平而靠近晶状体,适于近视。鱼类没有防干燥的眼睑和泪腺(图19-20)。

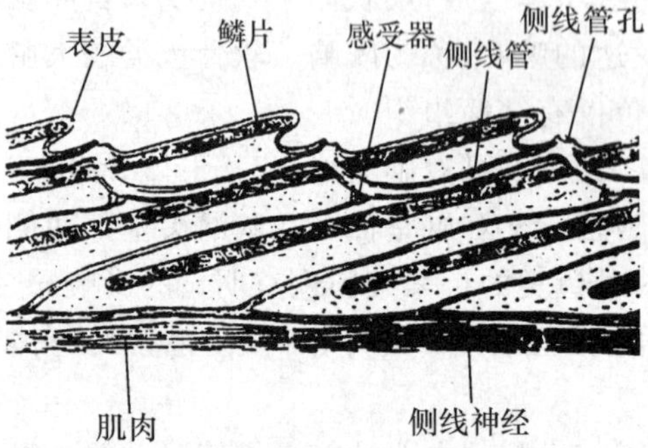

图 19-19　鱼的侧线(引自杨安峰)

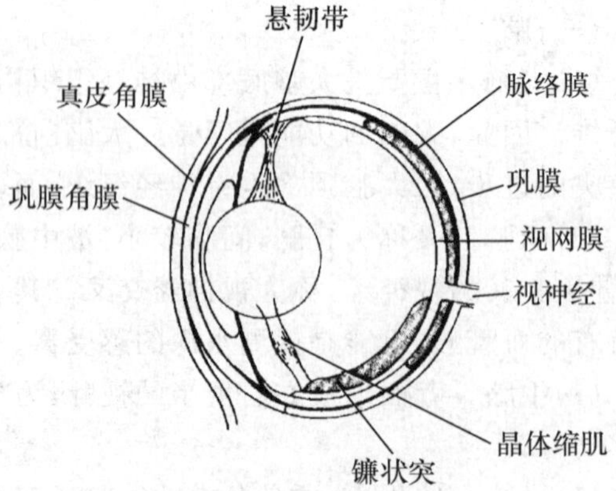

图 19-20　硬骨鱼的眼(引自许崇任)

(3)平衡觉与听觉器官　鱼类的听觉器官只有内耳,未出现中耳和外耳。内耳是最重要部分,其主要功能是平衡作用,其次是听觉。

内耳包在听囊内,包括上部的椭圆囊和下部的球囊,球囊后部突出为瓶状囊。椭圆囊前、后侧各连接1个半规管,3个半规管互相垂直,每个半规管一端膨大为壶腹,内有感觉细胞形成听嵴。椭圆囊和球囊内也有感觉细胞,形成听斑。内耳的管腔内充满淋巴液。在椭圆囊和球囊的淋巴液中悬浮着钙盐结晶体,称为耳石。当鱼体位置改变或受水中波动的影响时,耳石移动到听嵴和听斑而产生兴奋,并由听神经传递到脑而产生平衡感觉。

内耳的听觉感觉器主要是球囊,而瓶状囊有听斑,也能感觉声波。

(4)嗅觉器官　鱼类的嗅觉器官是1对内陷的嗅囊,由多褶的嗅觉上皮组成。嗅觉上皮有大量的感觉细胞。嗅囊由外鼻孔与外界相通,不与口腔连接。鲨鱼的嗅觉很发达,能嗅出海水中稀释到百万分之一浓度的血液,以适应肉食凶猛的生活方式。

第二节　鱼类的分类

世界上现存的鱼类约有24 000种,我国约有2 900种,其中海水鱼约有2 100种,淡水鱼约有800种。按鱼类的骨骼性质及新近的研究材料,将以前的软骨鱼系和硬骨鱼系升为2个独立的纲,即软骨鱼纲和硬骨鱼纲。

一、软骨鱼纲

软骨鱼纲(Chondrichthyes)的主要特征:骨骼为软骨,体被楯鳞或无鳞;鳃裂常5对,各开口于体外,鳃隔发达;无鳔,肠内具螺瓣;雄性有鳍脚作为交配器,体内受精,多为卵生或卵胎生。歪尾型,分为2个亚纲。

(一)板鳃亚纲

板鳃亚纲(Elasmobranchii),口大,横裂状,位于头吻端腹面,具楯鳞。鳃为板状的上皮突,故称为板鳃类,鳃裂5～7对,直接开口于外表。上颌不与脑颅愈合。具泄殖腔。绝大多数种类生活在海水中。共2个总目。

(1)鲨形总目(Selachomorpha)　身体纺锤形,适于迅速游泳生活,性凶猛,鳃裂开口体侧,又称为侧孔类(Pleurotremata)。本总目包括各种鲨鱼,我国沿海常见的有双髻鲨(*Sphyrna zygaena*)、日本锯鲨(*Pristiophortts japonicus*)、扁头哈那鲨(*Notorhynchus platycephalus*)(图19-21)、扁鲨(*Squatina japonica*)、宽纹虎鲨(*Heterodonttts japonicus*)、狭纹虎鲨(*Heterodontus zebra*)等。

(2)鳐形总目(Batomorpha)　背腹扁平,身体常呈盘状,胸鳍宽大,与头及躯干愈合。5对鳃裂位于腹面,又称为下孔类(Hypotremata)。底栖海产软骨鱼类,有分布于我国黄海、东海的孔鳐(*Rajaporosa*,图19-22),林氏团扇鳐(*Platyrlzinidao linzboonkengi*),赤魟(*Dasyatis akajei*,图19-22)等。

(二)全头亚纲

全头亚纲(Holocephali),头大,体侧扁,后部渐小,尾部细长。鳃裂4对,外被一皮膜状假

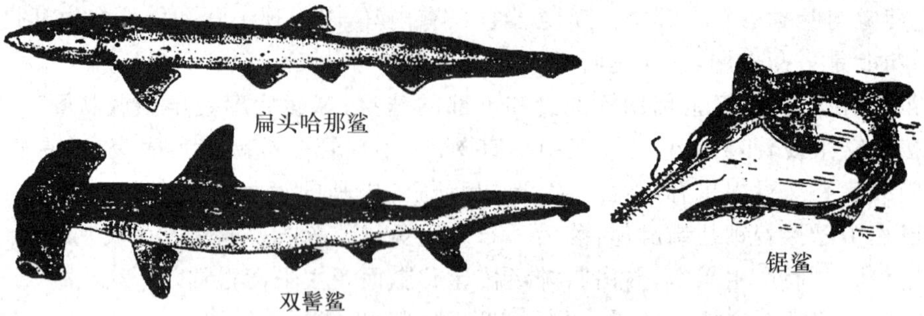

图 19-21 鲨鱼(引自张春霖)

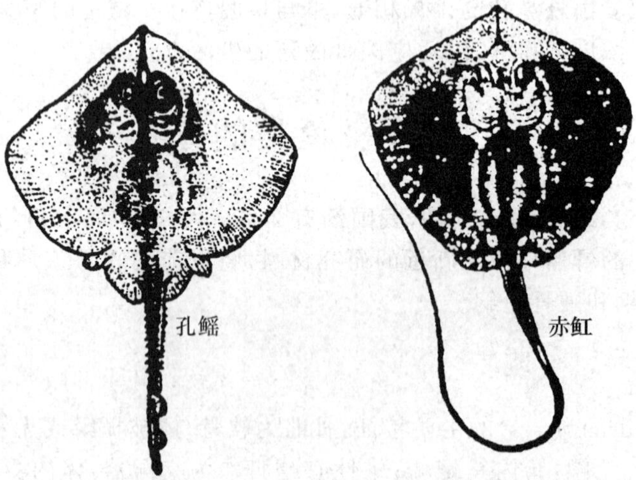

图 19-22 鳐(引自华中师院)

鳃盖,后具1对总鳃孔通体外。无楯鳞,上颌与脑颅愈合,故称全头亚纲(Holocephali)类。无泄殖腔,肛门与泄殖孔分别开口于体外。现仅有银鲛目,我国东海、黄海产黑线银鲛(*Chimaera phansma*,图 19-23),体呈银灰色,常栖息于 190～450 m 的深海。

图 19-23 黑线银鲛(引自张春霖)

二、硬骨鱼纲

硬骨鱼纲(Osteichthyes)的主要特征:骨骼为硬骨,体被硬鳞或骨鳞,有些被以骨板或无鳞。鳃裂4对,不直接开口于体外,有骨质鳃盖保护,鳃隔退化。口在头端,一般无鳔。雄性无鳍脚,卵生,体外受精。尾多为正尾型。硬骨鱼纲分为2个亚纲。

(一)内鼻孔亚纲

内鼻孔亚纲(Choanichlhys),身体结构原始,内骨骼部分骨化,具内鼻孔。偶鳍为肉质桨状,鳍基部覆有鳞片。内鼻孔亚纲又称为肉鳍亚纲(Sarcopterygii),包括 2 个总目。

1. 总鳍总目

总鳍总目(Crossopterygriomorpha)是一群古老而原始的鱼类,古生代和中生代种类繁多,广泛分布于淡水,中生代三叠纪以后才有生活在海洋的。人们一直认为总鳍鱼在 6 000 万年前已灭绝,但 1938 年在南非沿岸捕到一条现存的总鳍鱼,命名为矛尾鱼(*Latimeria chalumnae*,图 19-24),当时曾轰动一时,被称为"活化石",至今已捕到 80 多条。矛尾鱼体长 0.75～2 m,体重 13～80 kg。鱼体蓝色,内鼻孔次生地从口咽腔向外移动,有鳔(肺)可进行呼吸,背鳍 2 个,偶鳍基部肌肉发达,外覆有鳞片。偶鳍骨骼形态结构和陆栖脊椎动物的四肢骨骼相似。故认为由古总鳍鱼演化为古两栖类。

图 19-24　矛尾鱼(引自 Hickman)

2. 肺鱼总目

肺鱼总目(Dipneustomorpha)也是一古老而形态特化的淡水鱼类,最早出现于下泥盆纪,其后大多数灭绝了,化石分布很广,我国四川省的地层中也有发现。现存的只有 3 个属的肺鱼,分布于澳大利亚的澳洲肺鱼(*Neoceratodus forsteri*)、美洲的美洲肺鱼(*Iepidosiren paradoxa*)、非洲的非洲肺鱼(*Protoptertts annectens*)(图 19-25)。

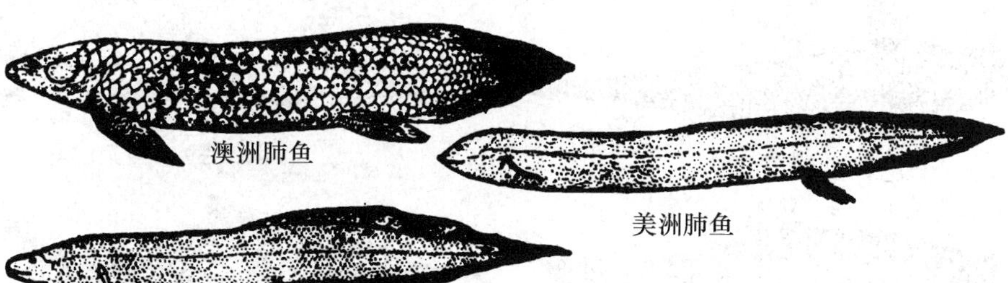

图 19-25　肺鱼(引自华中师院)

肺鱼的形态特点:大部分骨骼是软骨,脊索终生保留,椎骨无椎体,心脏有动脉圆锥,肠内具螺旋瓣等,这是近似软骨鱼类的原始结构。另外,内鼻孔通口腔,鳃能执行肺的呼吸功能。适应于干旱季节钻入淤泥中蛰眠。

(二)辐鳍亚纲

辐鳍亚纲(Actinopterygii)是现代鱼类中种类最多的类群，占现代鱼类总数的90%以上，分布广泛。无内鼻孔，多数骨骼骨化程度高。无泄殖腔，肛门和泄殖孔分开。体被硬鳞或骨鳞，或裸露无鳞。共分为9个总目，36个目。我国产的有8个总目，26个目。

1. 硬鳞总目

硬鳞总目(Ganoidomorpha)为古老类群的残余，保留了一系列原始特征。体被硬鳞，腹鳍腹位，尾鳍歪尾型，肠内具螺旋瓣。硬鳞鱼类介于软骨鱼类和硬骨鱼类之间。

(1)鲟形目(Acipenseriformes) 体被5行硬磷，具吻。我国常见的有中华鲟(*Acipensersinensis*，图19-26)。分布于我国沿海和长江干流、金沙江等；每年上溯到长江上游产卵，是大型的经济鱼类。

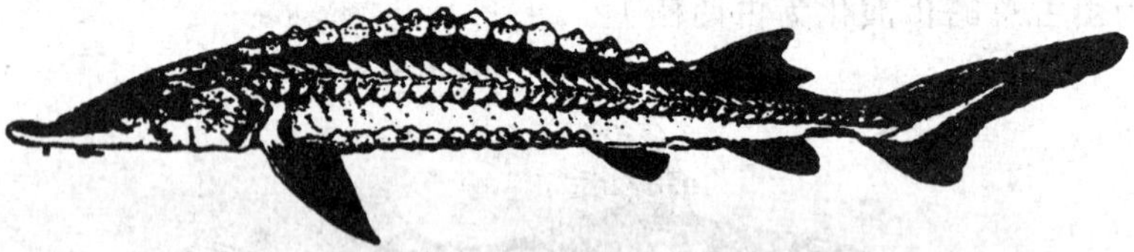

图19-26 中华鲟(引自王以康)

(2)史氏鲟(*A. schrenski*) 分布于黑龙江、嫩江、乌苏里江及兴凯湖。

(3)鳇鱼(*Huso dauricus*) 分布于黑龙江，体长可达5.6 m，体重达1 000 kg以上，为名贵食品。长江鲟(*A. dabryanus*)，分布于长江中上游、干支流下游和近江大型湖泊，在长江上游繁殖，为长江经济鱼类。

2. 鲱形总目

鲱形总目(Clupeomoropha)为硬骨鱼类中最低等的种类。具圆鳞、头骨骨化程度不高，前后椎骨大致相似，又称为等椎目(Isosponayli)。

(1)鲱形目(Clupeiformes) 是世界上渔业产量最高的鱼类。如鳓鱼(*Ilisha elongata*)、鲚鱼(俗称凤尾鱼，*Coilia* sp.)(图19-27)、鲱鱼(*Clupea pallasi*)。

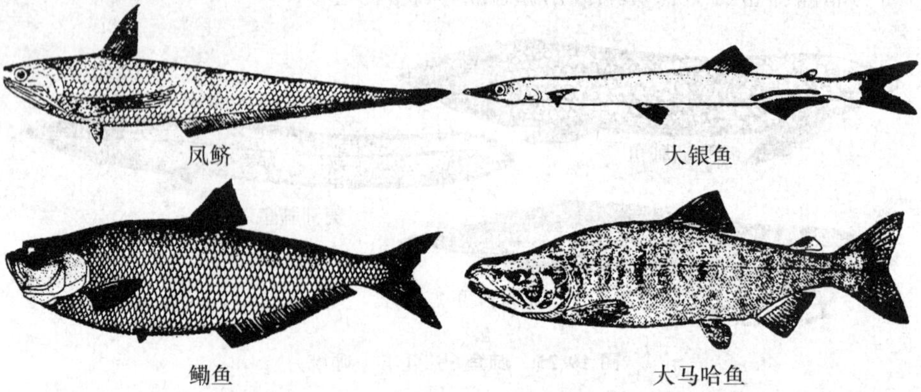

图19-27 鲱形目、鲑形目的代表(引自丁汉波)

(2)鲑形目(Salmoniformes) 本目特征近似鲱形目，但很多种类在背鳍之后有脂鳍。有侧线。包括经济价值很高的鱼类，如大马哈鱼(*Oncorhynchus keta*)、银鱼(*Hemisalax prognathus*)。

3. 鳗形总目

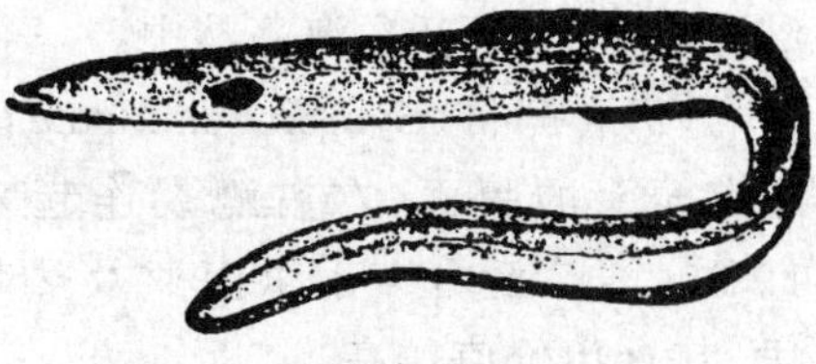

图 19-28 鳗鲡(引自丁汉波)

鳗形总目(Anguillomorpha),体细长呈圆筒形,一般无腹鳍,背鳍、尾鳍、臀鳍相连。

鳗形目(Anguilliformes)常见的有鳗鲡(*Agnuilla japonica*),也称为"白鳝",分布于长江、闽江、珠江、海南岛、东北和沿海各地(图 19-28)。

4. 鲤形总目

鲤形总目(Cyprinomorpha),腹鳍腹位,背鳍 1 个,鳔有鳔管通消化道。有韦伯氏器,食性复杂,卵生。分鲤形目和鲇形目。

(1)鲤形目(Cypriniformes) 具有韦伯氏器是本目的重要特点。多数体被圆鳞。少数裸露。本目种类很多,全世界约有 5 000 种。其中鲤科鱼类 1 000 多种,我国约有 500 种,是重要淡水经济鱼类。如青鱼(黑鲩)(*Mylopharyngodon piceus*)、草鱼(鲩鱼)(*Ctenopharyngodon idellus*)、鲢鱼(*Hypophthalmichthys molitrix*)、鳙鱼(*Aristichthys nobilis*)等 4 种(图 19-29),是我国传统养殖的四大家鱼,常见的还有鲤鱼(*Cyprinus carpio*)和鲫鱼(*Carassius auratus*)。

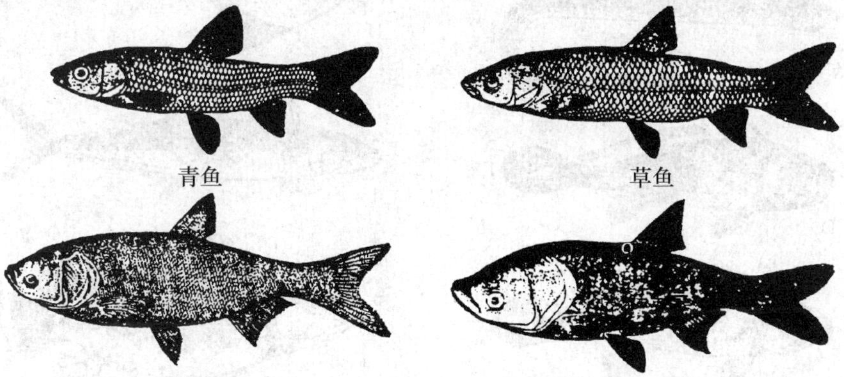

图 19-29 鲤形目的代表(引自丁汉波)

(2)鲇形目 鱼体大多裸露无鳞,有的被以骨板,胸鳍及背鳍常有用于自卫的硬刺。本目均为底栖肉食性鱼类,绝大多数淡水生。

5. 鲑鲈总目

鲑鲈总目(Parapercomorpha),腹鳍亚胸位、胸位或喉位,鳔无管,圆鳞或栉鳞,奇鳍有棘或无。本总目分 2 目,即鲑鲈目和鳕形目,我国仅有鳕形目。

鳕形目(Gadiformes),腹鳍胸或喉位,背鳍 1～3 个,颏部常有 1 须。如鳕鱼(*Gadusmacrocephalus*,图 19-30A)。鳕鱼是世界渔业的主要捕捞对象,也是我国黄海北部的重要经济鱼类,其肉可食用,肝脏可制鱼肝油。

6. 鲈形总目

鲈形总目(Percomorpha),是硬骨鱼类最多的类群,世界有 8 000 多种,包括许多重要的经济鱼类,本总目包括 10 个目,几个重要的目介绍如下。

(1)刺鱼目(Gasterosteiformes) 腹鳍胸位或全无,背鳍 1～2 个,吻延长或管状,体被骨板或裸露。分布于沿海或近岸地区。如日本海马(*Hippocampus japonicus*,图 19-30B),我国沿海有出产,生活在海藻丛中。

(2)合鳃目(Symbranchiformes) 体鳗形,背鳍、尾鳍和臀鳍连在一起,无胸鳍、腹鳍,鳃裂移至头的腹面,左右鳃裂连起来成1横裂,又名合鳃类。如黄鳝(*Monopterus albus*,图19-30C),广泛分布于东南亚及热带地区,喜欢在池塘、稻田、江河底层等或堤坝缝隙中穴居,其食用价值较高。

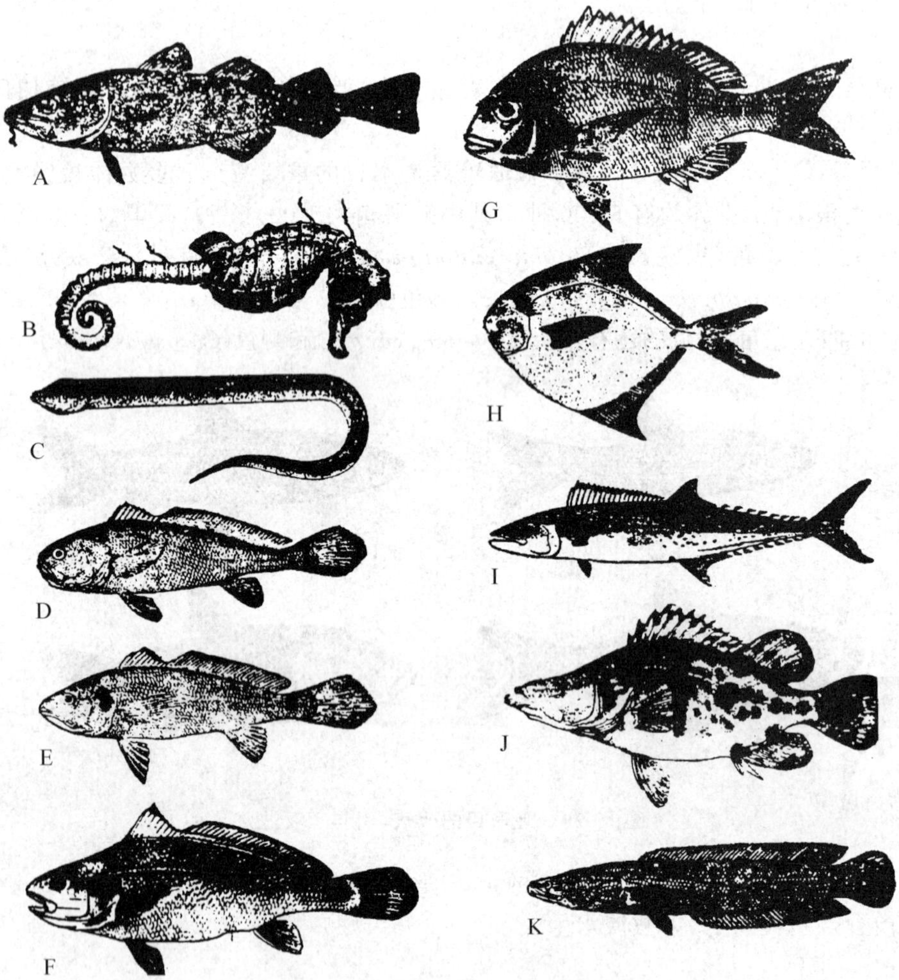

图 19-30 鳕形目、刺鱼目和鲈形目的代表(引自丁汉波)

A.鳕鱼 B.海马 C.黄鳝 D.大黄鱼 E.小黄鱼 F.黄姑鱼 G.真鲷 H.银鲳 I.蓝点马鲛 J.鳜鱼 K.乌鳢

(3)鲈形目(Perciformes) 鱼类最大的1目。多分布在温带海洋。多为栉鳞。背鳍2个,前一背鳍由棘组成,后一背鳍由鳍条组成。腹鳞常胸位。鳔无鳔管。生活在海水中的常有大黄鱼(*Pseudosciaena crocea*)、小黄鱼(*P. polyactis*)、黄姑鱼(*Nibea albiflora*)、真鲷(*Chrysophrys major*)、银鲳(*Stromateoides argenteus*)、蓝点马鲛(*Scomberomortts niphonius*)(图19-30)、鲈鱼(*Lateolabrax japonicus*)、白姑鱼(*Argyrosomus argentatus*)、青石斑鱼(*Epinephelus awoara*)、黑鲷(*Sparus macrocephalus*)、带鱼(*Trichiurus haumela*)等。其中大黄鱼、小黄鱼、带鱼我国捕捞量很大,被称为三大海产的鱼类。生活在淡水的常有鳜鱼(*Siniperca chuatsi*)、乌鳢(*Ophicephalus argus*)(图19-30)。

(4)鲽形目(Pleuronectiformes)　成鱼身体平扁不对称,两眼移到身体一侧。两侧颜色不同,有眼一侧有色素,无眼一侧无色素,呈淡白色。鳍一般无棘。腹鳍胸位或喉位。成鱼一般无鳔,如牙鲆(*Paralichthys olivacetts*)、焦氏舌鳎(*Cynoglossus goyneri*)(图 19-31)等,为底栖鱼类,我国沿海均有分布。

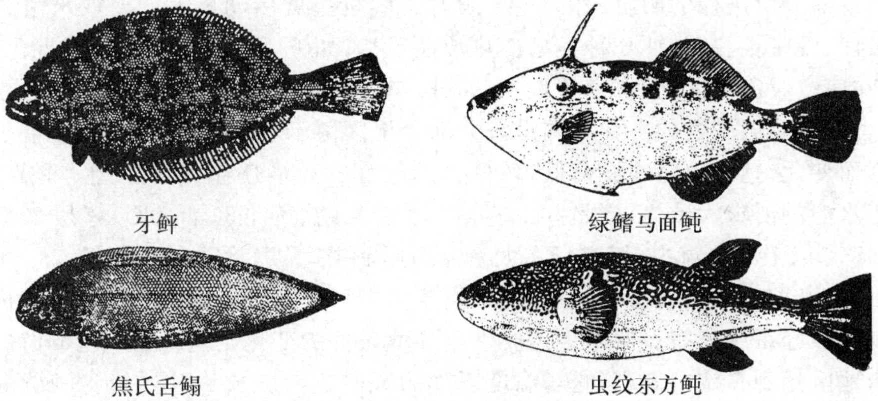

图 19-31　鲽形目、鲀形目的代表(引自张春霖)

(5)鲀形目(Tetraodontiformes)　身体一般短而粗,体表裸露,或有粒状鳞、刺、骨板等。齿呈板状,适于咬碎介壳,背鳍与腹鳍相对。大多分布在热带和亚热带海洋,少数种类在淡水生活。如虫纹东方鲀(*Fugu vernucularis*)、绿鳍马面鲀(*Navodon septentrionalis*)等(图 19-31),其肉味鲜美,但内脏和、血液有剧毒,食用前必须妥善处理。

第三节　鱼类的洄游

鱼类周期性、定向性、集群性的迁徙活动称为鱼类的洄游。根据活动的目的不同分为 3 种。

(一)生殖洄游

鱼类性成熟后,根据其遗传特性和生理变化,向产卵地的洄游,称为生殖洄游。

生殖洄游实际也叫产卵洄游。鱼类在春季水温渐高时,体内生殖腺生长成熟,要排出卵子或精子以繁殖下一代。那时它们就从外海过冬的潜伏地区出发,集结大群向沿岸产卵场所洄游,旅程往往 1 000 km 以上。在我国沿岸,鱼汛时间以每年春夏之交,3～7 月份(也叫春汛)为最重要。生殖洄游路线最广泛的要数带鱼,在我国沿海的近陆浅滩,它们都能产卵,只是时间不同,北早南迟。它们的洄游方向自南至北,产卵地点在渤海湾、舟山群岛等附近较多。这也是因为那里的浮游性生物稠密的缘故。

(二)索饵洄游

以寻找食物为目的所进行的洄游,称为索饵洄游。海洋鱼类为了索取一定的食物,往往集群出发洄游。它们的主要食物是浮游生物,而浮游生物常随海流、波浪等转移,水温如有变化,繁殖或消失的数量变化极大;为此,鱼类要寻找这些食物,必需长距离辗转。绝大多数鱼类的索饵洄游,都在海岸附近的浅海区域,尤其是河口,因为那里流入的各种营养物质特别多,充满氧和从有机物质分解出来的氮。有日光透射,水温上升的帮助,可以使硅藻类和其他各种浮游生物很快的繁殖起来。

(三)越冬洄游

以寻找越冬场所进行的洄游,称为越冬洄游。影响鱼类活动最大的要数水温。一般鱼类可分为热带性、温带性、寒带性3种类型。热带性鱼类,如鲣、鲔、红鱼、旗鱼、九棍鱼等,都是暖水性鱼,需在南方暖海里活动;寒带性鱼类,如鲑、鳟、鳕等,都是冷水性鱼,要在北方寒海里活动;其他鱼类多数是温带性的。如我国沿海大部分地区由于季风影响,冬夏气温差别大。水温随季节转移而变化,鱼类也随水温高低,各自选择适宜的环境迁移,因此发生"季节洄游"。各种鱼类对于水温的要求大致为:鳕是5℃,鲑、鳟是7℃,鲭、黄花鱼是10℃,鲣是21℃。鳗鲡适宜生活在15℃以上的暖流中,但它只在太平洋西岸洄游,尤以我国东海最多。

鱼类洄游,既取决于鱼自身的状态,也取决于周围环境条件的影响。如鱼性腺成熟所分泌的性激素刺激神经系统兴奋而产生生殖要求。环境条件的变化则是开始生殖洄游的天然刺激信号。温带地区达到一定丰满度的鱼,温度下降的天然刺激就成为开始越冬洄游的信号。多数鱼类如果性腺发育不良,即使已经达到生殖年龄,外界环境刺激强烈,仍不会产生生殖洄游的要求。没有达到一定丰满度或含脂量的鱼,尽管外界水温下降剧烈,仍继续索饵或边洄游边索饵。如欧洲鳀鱼,当含脂量为14%以下时,即使水温剧降,越冬季节已经到来也不开始洄游,而是继续摄食。当含脂量为14%~17%时,才开始洄游,但行动缓慢。含脂量达到22%时,到了越冬季节,则不论水温下降幅度的大小,就立即开始越冬洄游。环境条件中以水温、水流、水的化学成分等的影响最为显著。水温回升快,开始生殖洄游就早。水温的变化会影响饵料生物的发生和分布,从而影响鱼类的索饵洄游。秋末水温下降的迟早与快慢直接影响越冬洄游的开始时间和洄游速度。水流是造成被动洄游和主动洄游的主导因素。水流把鱼卵和仔、稚鱼携带远离出生地,形成成鱼回归性洄游。水的化学成分,特别是盐度的变化,引起鱼体内渗透压的改变,导致血液成分与性质的变化,进而诱发鱼的生理变化,促使降海或溯河洄游的发生(图19-32)。

图 19-32 鱼类洄游(引自 Hickman)

第二十章　两 栖 纲

进化地位：两栖纲（Amphibia）属后口动物类群，现代两栖类是生活在泥盆纪时期 2 个主要四足脊椎动物类群后裔中的一支，它们是最先登陆、改变呼吸方式、在陆地上支撑起身体并产生运动、感受空气中的声音与味觉的类群，然而它们仍不能脱离水环境而生活（图 20-1）；另一类群则逐渐摆脱了对水的严重依赖，演化成完全适应了陆地生活的羊膜动物，即爬行动物、鸟类和哺乳类。

图 20-1　两栖纲动物（蛙幼体）（引自 Hickman）

第一节　由水生到陆生的转变

脊椎动物从水生到陆生的转变，也许是动物演化史上最重要的事件了，原始的两栖动物是由古代总鳍鱼类进化而来的。先辈们长期的水生生活使得它们仍旧无法摆脱对水的严重依赖，以至于现代的两栖类经历了 3.5 亿年的演化，仍保留了很多原始的特征。它们只是初步适应了陆生生活，还有很多不完善的方面。

生命起源于水，动物体内含有大量的水分，而且所有的细胞活动都是在水中进行的。水陆环境的巨大差异，使得动物由水生过渡到陆生的演变过程漫长而复杂，充满艰辛。

①水、陆环境的巨大差异。习惯了水生生活，面对干燥的陆地环境，如何保存体内的水分、

减少蒸发,是它们首先要解决的问题。

②氧气介质的改变。空气中的氧气至少是水中氧气含量的20多倍,而且在空气中更容易扩散而被动物体利用,这就需要它们必须改造自身的呼吸器官。

③生存环境密度的改变。空气的浮力密度仅是水的1‰,黏性也不及水的1/50。要能够在陆地上支撑起身体并产生运动,这就使得它们也要改造自身的骨骼和强壮肢体。

④昼夜温差、四季温差的加大,洪水、飓风、干旱等恶劣气候条件的出现,对自身的生理条件尤其是神经系统的精确调控加以改造。

⑤此外,由于介质的改变,动物对声波、光波等的感受,多样的地理环境如高山、沙漠、草原、海洋、极地气候等都要求动物对自身做出一系列的适应性改造。

第二节 两栖纲动物的主要特征

在系统发生过程中,两栖动物是介于水生和陆生脊椎动物中间的一种类型,因而具有水生与陆生动物的双重特征,即胚胎时期无羊膜和尿囊。在发育过程中要经过变态。幼体无成对附肢,有侧线,用鳃呼吸。在众多方面,两栖动物都进行了深刻的改造。

一、外形

在体型方面,现有的两栖动物由于生活方式不同,大致可分为蛇型、蝾螈型、蛙型。

二、皮肤

两栖动物的皮肤较薄且光滑湿润,由表皮和真皮组成,在皮肤内还有黏液腺和色素细胞等。

(1)表皮 由多层细胞组成,最下层是发生层,细胞呈柱状,具有分生能力,故分生出的细胞被逐渐向外推移,被挤压成扁平状,最上面的1~2层细胞角化后死亡,通常会一片片地脱落下来。

(2)真皮 较厚,由疏松结缔组织及其下面的致密结缔组织构成。在真皮内有许多由表皮下陷形成的多细胞黏液腺,呈泡状(图20-2),可分泌黏液,使皮肤保持湿润,防止干燥。有些种类的黏液腺变成了毒腺,分泌白色浆液,如蟾蜍。

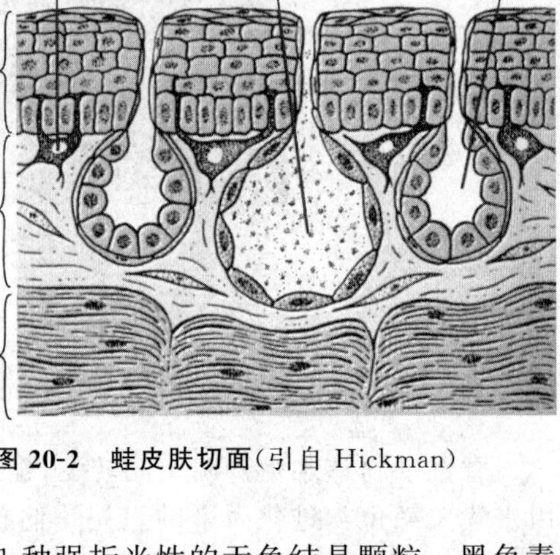

图20-2 蛙皮肤切面(引自 Hickman)

(3)色素细胞 两栖动物的皮肤内有3种色素细胞:脂色素细胞、鸟粪色素细胞和黑色素细胞。它们多集中在表皮生发层和真皮层。脂色素细胞内含有黄、橙、红色素。鸟粪色素细胞内含有1种强折光性的无色结晶颗粒。黑色素含有从褐色到黑色的色素,由于上述种种色素的存在,使得两栖动物的皮肤呈现出多种色泽。皮肤的颜色所以会发生变化,与黑色素颗粒在细胞质内集中与扩散有关。两栖动物的体色变化,与周围环境颜色是协调一致的,故称为保护色。

在真皮内密布着毛细血管,通过皮肤与外界进行气体交换,因此,皮肤具有重要的辅助呼吸作用，冬眠时期的蛙类几乎全部通过皮肤进行呼吸。较薄且湿润的皮肤弥补了肺呼吸的不足，但同时也与保水构成了矛盾。

三、骨骼系统

两栖类的骨骼支撑系统有了深刻的演化。初步具备了陆地支撑与杠杆运动的骨骼系统，可分为中轴骨和四肢骨。

(一)中轴骨

中轴骨包括头骨和脊柱。

1. 头骨

头骨(如蛙)扁而宽，略呈三角形，分为脑颅和咽骨。脑颅内是容纳脑的地方。脑颅后方有两块外枕骨，左、右环接，构成 1 孔，即枕骨大孔。这是连接脑和脊髓的通道。在枕骨大孔的下方，每块外枕骨都有 1 个骨关节髁——枕髁，因此，两栖动物有 2 个枕髁。咽骨包括上、下颌弓和舌骨。

2. 脊柱

两栖类的脊柱已分化为颈椎、躯干椎、荐椎和尾椎。颈椎无横突和前关节突，但前面有 2 个凹窝，分别与头骨后面的 2 个枕髁相关节，使头部稍能上、下活动。荐椎的横突发达，与腰带的髂骨相接，从而使后肢骨获得了稳固的支持。颈椎和荐椎的出现是陆生脊椎动物的特征。

脊椎骨的数目，因种类不同，差异较大。如原始的鱼螈有 200 枚，蛙的脊椎骨共 10 枚，1 枚颈椎，7 枚躯干椎，1 枚荐椎和 1 根棒状的尾杆骨，这是在胚胎时期由若干个尾椎骨愈合而成的。

脊椎骨的构造差异也较大，如原始的鱼螈椎骨与鱼类相似，双凹型；而蛙类的椎骨则多为前凹、后凸，少数种类前凸、后凹。两个凹凸面嵌合的结果，提高了身体支撑体重的能力。椎骨的背面是椎弓，椎弓的前、后缘都有 1 对关节突，从而加强了脊柱的牢固性和灵活性，这也是陆生四足类的特征(图 20-3)。

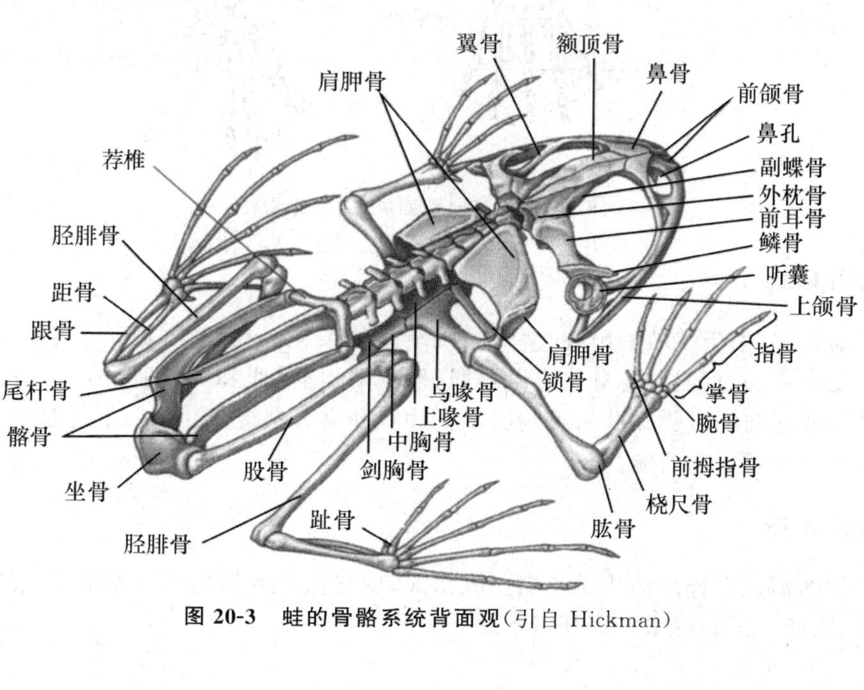

图 20-3　蛙的骨骼系统背面观(引自 Hickman)

(二)四肢骨

两栖动物出现了五指(趾)型四肢,包括肩带、腰带和前、后肢骨。

1. *肩带*

肩带主要由肩胛骨、乌喙骨和锁骨构成,3骨汇合处有一凹陷,称为肩臼,它与前肢骨的肱骨相关节。

2. *胸骨*

蛙的胸骨由肩胸骨、上胸骨、中胸骨和剑胸骨(剑突)构成,蟾蜍无肩胸骨和上胸骨。两栖类尚无明显的肋骨,故无胸廓,前肢骨由肱骨、桡骨与尺骨、腕骨、掌骨和指骨组成。

3. *腰带和后肢骨*

腰带由髂骨、坐骨和耻骨组成。3骨交汇处有一凹窝,称为髋臼,与后肢相关节。后肢骨由股骨、胫骨与腓骨、跗骨、蹠骨和趾骨构成。五趾型四肢的骨骼在所有陆生脊椎动物中基本相似(图20-4),只是因生活环境和生活方式不同而产生某些变异。如蛙类由于适应跳跃生活,致使前肢骨的桡骨与尺骨愈合成一块桡尺骨,第1指退化。后肢的胫骨与腓骨愈合成1块胫腓骨。五指(趾)型附肢的出现,初步解决了动物在陆地上的支撑与运动问题,由于附肢生于躯干两侧,腹部不能抬离地面,使运动速度受到了制约。

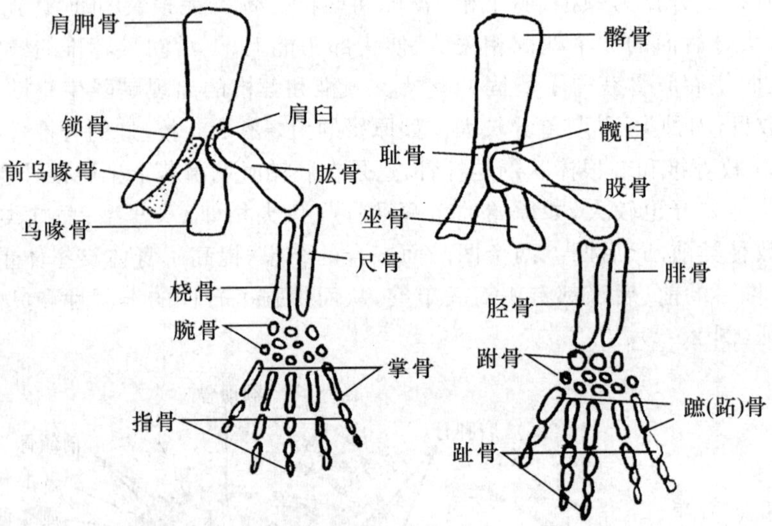

图20-4 五指(趾)型四肢(引自许崇任)

四、肌肉系统

从两栖动物起,由于四肢的出现,使骨骼肌渐渐复杂化。在蛙类,原始躯干部的体侧肌分节现象已不复存在,并且明显地分化出了颈肌、躯干肌、尾髂肌和附肢肌(图20-5)。躯干部的肌肉变为纵肌或斜向的表肌肉群。腹侧肌多呈片状并有分层现象。附肢上的肌肉变得特别发达,因此,大大强化了运动功能。

五、消化系统

两栖动物的消化系统由消化道和消化腺组成,这与鱼类的消化系统无本质上的区别,但具有了泄殖腔,大肠(直肠)的末端即开口于此。

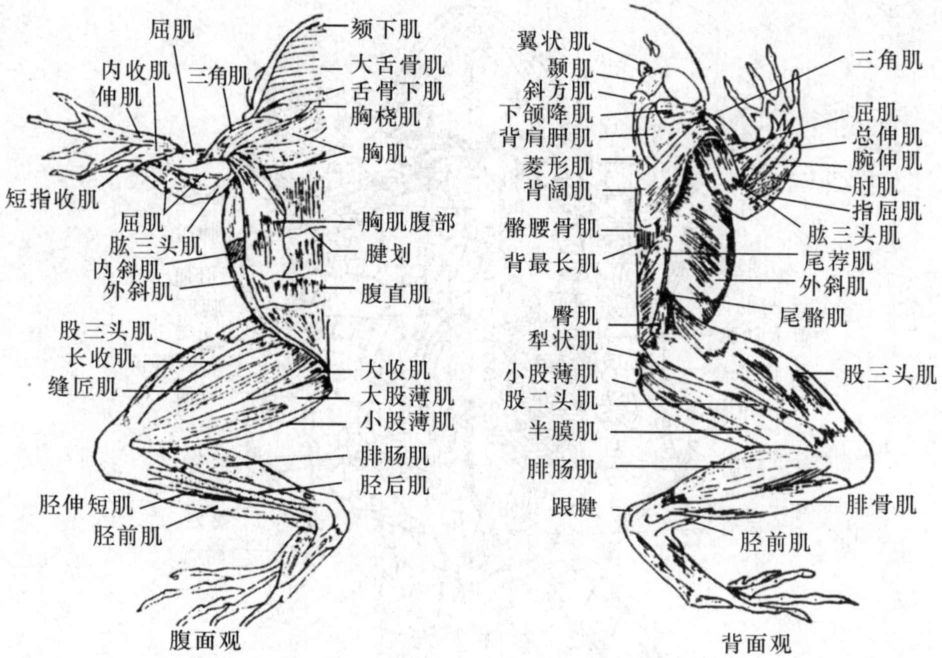

图 20-5　蛙表层肌肉(引自华中师院)

1. 消化道

两栖动物的口腔比鱼类复杂,这反映了陆生脊椎动物与鱼类的重大区别。两栖动物的口腔有肌肉质的舌和分泌黏液的唾液腺。蛙类的舌比较特殊,舌尖向后,能翻出口,外卷捕食活的昆虫,已成为特化的捕食器官。唾液腺分泌的黏液,无消化作用,只能使干燥的食物湿润,以便于吞咽,这是四足动物共同的特征。

蛙的口咽腔内出现了内鼻孔、耳咽管孔、喉门和食道开口(图 20-6)。在蛙的口咽腔两侧或底部有的具有 1 对或单个的声囊开口,即发生共鸣器。在上颌边缘有 1 排细齿,口腔顶壁的犁骨上有 2 簇犁骨齿,功能与鱼类的齿相似,只是协助吞咽,无咀嚼功能(蟾蜍口腔内无齿)。

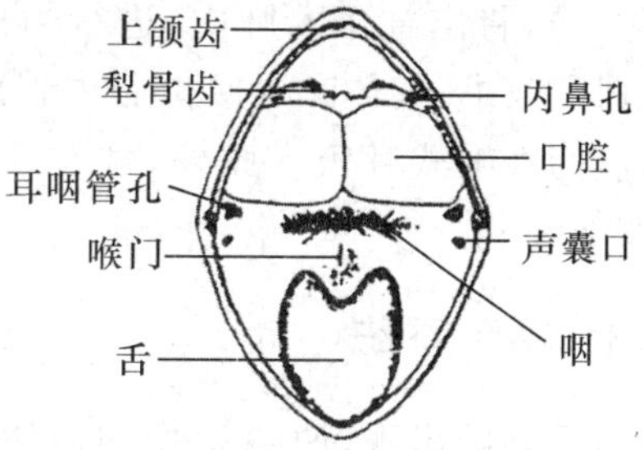

图 20-6　蛙的口咽腔(引自 Goodnight)

2. 消化腺

蛙类的消化腺:肝脏和胰腺。肝脏位于体腔前端,分 3 叶,它所分泌的胆汁,从胆总管输入到十二指肠。胰腺位于十二指肠与肾之间的肠系膜上,淡黄色,呈不规则的扁平状,它所分泌的胰液经细而短的胰管输入到胆总管,与胆汁混合后,流入十二指肠(图 20-7)。

六、呼吸系统

蛙等两栖动物幼体的主要呼吸器官是鳃,经变态登陆后,鳃消失,由咽部腹侧长出的 1 对肺囊取而代之。肺比较原始,结构简单、壁薄、透明、呈盲囊状,肺囊壁上有许多肺泡,上面密布毛细血管网,是气体交换的场所。皮肤作为辅助呼吸以弥补肺呼吸的不足。

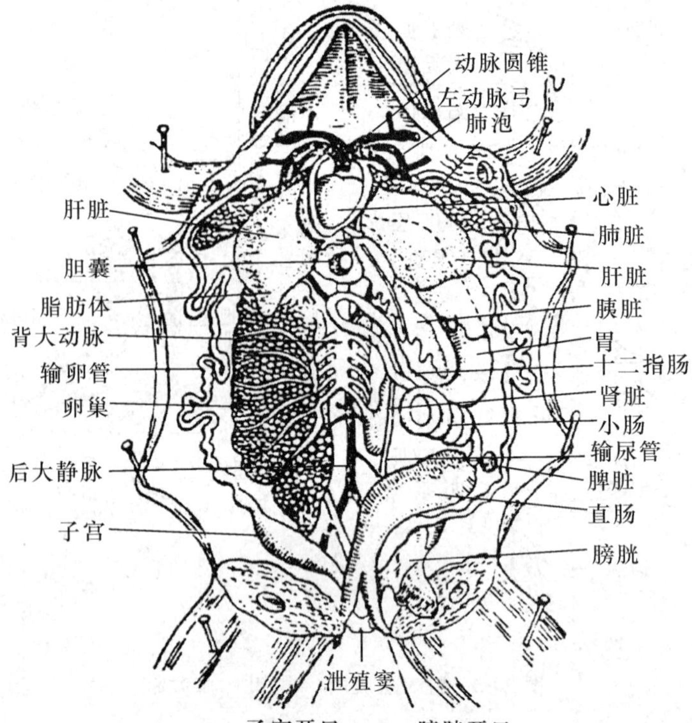

图 20-7　蛙的内部解剖图(引自郝天和)

蛙等两栖类尚无气管和支气管，仅有 1 条短管与喉门相通。由于没有胸廓，呼吸动作比较特殊，吸气时，上下颌紧闭，鼻孔瓣膜开放，口腔底部下降，空气由鼻孔进入口腔。然后，瓣膜紧闭，口腔底部上升，将空气压入肺内，进行气体交换后，由于肺的弹性回缩和腹肌的收缩，气体又退回口腔中，鼻孔开张，呼出气体，这就是蛙类特有的吞咽式呼吸。此外，蛙在水下或冬眠期间可用皮肤来呼吸(图 20-8)。

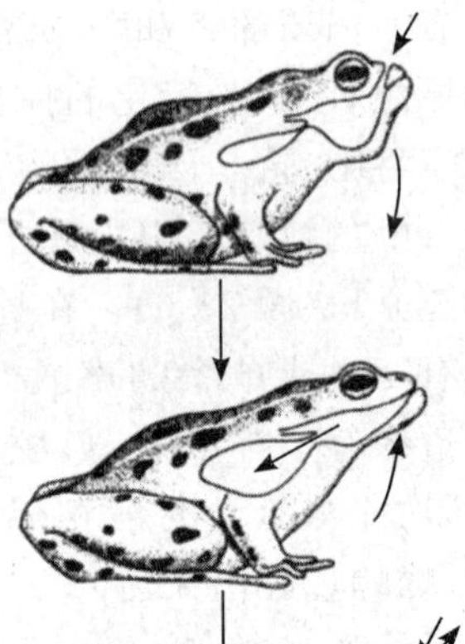

图 20-8　蛙的呼吸动作
(引自 Hickman)

七、循环系统

由于肺的出现，两栖动物的血液循环发生了深刻的变化。已由鱼类的单循环演化成了不完善的双循环。它比鱼类多了 1 个心房，血液循环也增加了一条新的途径——肺循环。

(一)血液循环

1. 心脏

位于围心腔内，由静脉窦、2 心房、1 心室、动脉圆锥组成(图 20-9)。静脉窦位于心脏的背面，呈三角形，向前各连接左、右前大静脉，下面连接 1 根后大静脉。另有 1 对肺静脉连接静脉窦和左心房相通。左、右心房互不相通，但血液都通过房室孔流入心室，2 个房室孔有瓣膜,可防止血液由心室逆流回心房。动脉圆锥位于心脏腹面,与心室相通。此处有 3 个半月瓣,可防止心室搏出的血液回流。

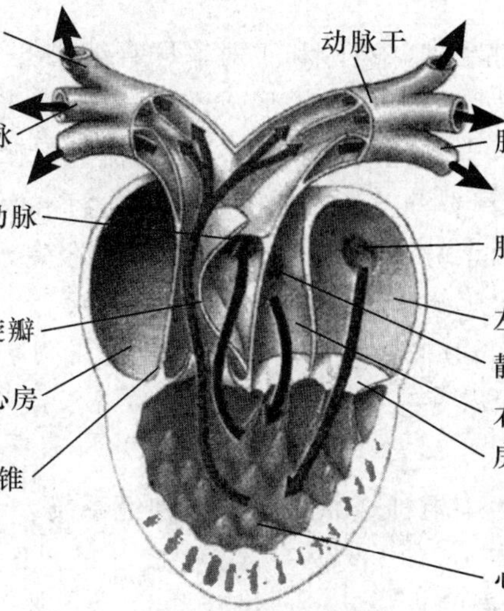

图 20-9　蛙的心脏结构(引自 Hickman)

2. 动脉

心室搏出的血液流入动脉圆锥,由动脉圆锥向前分出 2 支动脉干,每支动脉干内有 2 个隔膜,将其分隔为 3 支。

①总颈动脉:分左、右 2 支,将血液分布至头部各器官。

②体动脉:分左、右大动脉弓,每支大动脉弓再分出 2 支,1 支分布至前肢;另 1 支绕到心脏背面;使左右 2 支绕到心脏背面的血管汇合成背大动脉弓,向后延伸,再分支到内脏各个器官和后肢。

③肺皮动脉:左右各 1 支,每支又分成 2 支,一支至皮肤,另一支通向肺。

3. 毛细血管

由于动脉血管愈分愈细,到各器官的组织时已形成了众多微细的血管网,此时称为毛细血管,再由毛细血管网逐渐汇集成静脉系统。

4. 静脉

(1)左、右肺静脉　汇集来的血液是由肺部流回至左心房,然后到达心室。

(2)左、右前大静脉　汇集头部各器官及前肢的静脉血→静脉窦→右心房→心室。

(3)后大静脉　包括:肾门静脉(后肢静脉血→肾脏→肾静脉)、肝门静脉(胃、肠、消化腺等、腹大静脉腹部及部分后肢→肝→肝静脉)。后大静脉汇集的是上述静脉的静脉血→右心房→心室。

综上所述,两栖动物开始出现了 2 个血液循环途径(体循环和肺循环),但只有一个心室,因而动、静脉血要在心室内混合,所以,称之为不完全双循环。

(二)淋巴

淋巴是血液循环的辅助部分,如蛙的皮肤下面扩展成淋巴腔,内含淋巴液,所以,蛙的皮肤很容易剥离下来。此外,在 3、4 脊椎骨横突之间和尾杆骨两侧,有 2 对能搏动的淋巴心,以推动淋巴液回流到心脏。两栖类不具淋巴结。

八、排泄系统

两栖类的排泄系统由1对肾脏(中肾)和1对输尿管组成。输尿管通入泄殖腔。泄殖腔的腹面,是贮尿用的膀胱,由泄殖腔的腹壁突出形成,输尿管与膀胱不直接相通,尿液先经输尿管入泄殖腔,然后慢慢流入膀胱,当膀胱内充满尿液时,再流入泄殖腔,最终排出体外。

肾脏除了泌尿功能外,还具有调节体内水分,维持渗透压的作用。两栖类的皮肤通透性很高,机体在水中时,会有大量的水分渗入体内,登陆后又存在失水问题。而肾小球高效的过滤机能使两栖类体内的水分得以平衡。此外,膀胱的重吸收水分也有助于减少失水。所以,一般越是在干燥地区生活的两栖类,其膀胱也越大。

九、神经系统

两栖类的神经系统可分为中枢神经系统和外周神经系统。

(一)中枢神经系统(脑和脊髓)

脑分为5部分,即大脑、间脑、中脑、小脑和延脑(图20-10)。

(1)大脑　比鱼类的稍大,2个半球已完全分开,大脑的顶部(大脑皮层)开始出现了零星的神经细胞,又称为原脑皮。主要司嗅觉,大脑半球前方有1对嗅叶。

(2)间脑　较小,腹面有视神经交叉。

(3)中脑　顶部有1对视叶,同鱼类一样是视觉中枢。

(4)小脑　不发达,这与运动方式比较简单有关。

(5)延脑　脑的最后部分,是呼吸、心跳等重要的生理活动中枢。延脑后接脊髓,两者以枕骨大孔为界。

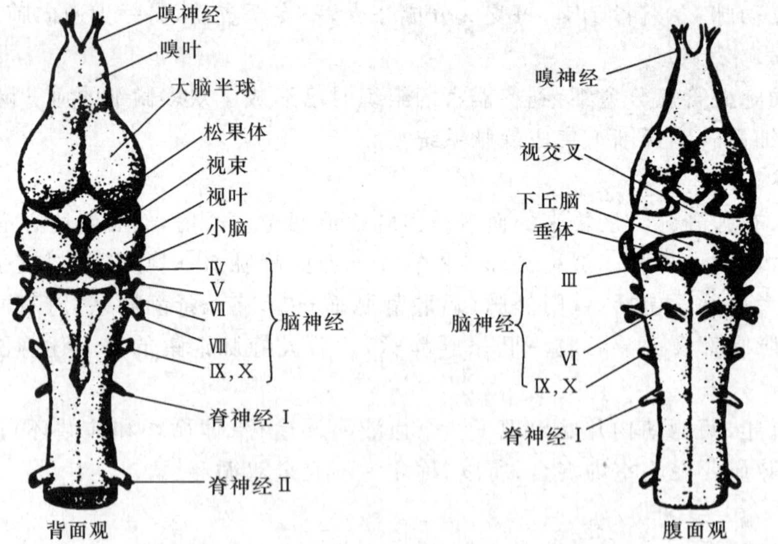

图20-10　蛙脑(引自Hickman)

(二)外周神经系统

(1)脑神经 和鱼类的一样,也是10对,多数分布到头部的感觉器官、肌肉和皮肤。只有第10对迷走神经自延脑侧面发出,分布到内脏器官。

(2)脊神经 也是10对。从脊髓两侧自椎间孔发出。第1对主支分布到舌。另一侧支与第2、3对合成臂神经丛,分布到前肢。第4~6对分布到腹部肌肉和皮肤中。第7~9对构成腰神经丛(坐骨神经丛),分布到后肢。第10对由尾杆骨两侧发出,分布到膀胱和泄殖腔等处。

(3)交感神经 位于脊柱两侧,形成纵行的交感神经干,并有分支到内脏各部。

十、感觉器官

(一)视觉器官

眼球似鱼类,角膜呈凸形,水晶体扁圆形,角膜与晶体的距离较近,利于远视。晶体上有牵引肌,可以拉动晶体前移聚焦,故又适于近视。但晶体自身不能调节凸度,故不能像人眼一样,同时看到远、近的各种物体。只有物体对着焦点的视网膜上,才能看清楚。加上两眼间距较大,视网膜上的感觉细胞对活动的物体比较敏感,所以,只能捕食"活"物。此外,两栖动物中蛙类的眼具有了眼睑和泪腺,起到保护眼球、防止干燥的作用(图20-11)。

(二)听觉器官

为适应在空气中感觉声波,两栖类产生了中耳。中耳腔(鼓室)借耳咽管与口咽腔相通。中耳的外膜即鼓膜。耳柱骨为骨膜与内耳卵圆窗之间的听骨。声波对鼓膜的振动,可经耳柱骨传入内耳。耳咽管通过咽腔平衡鼓膜内外的压力(图20-12)。

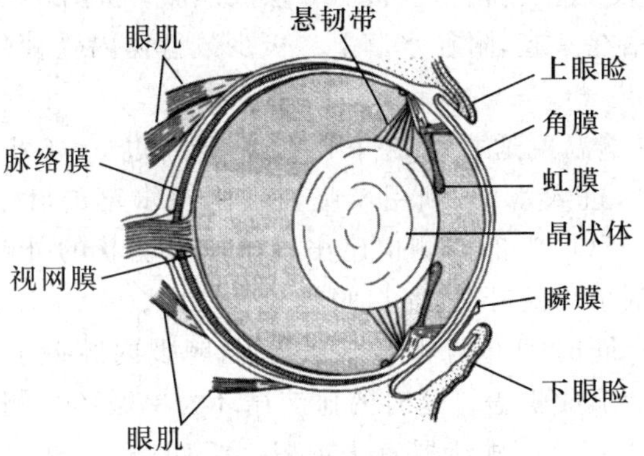

图 20-11 蛙眼结构(引自 Hickman)

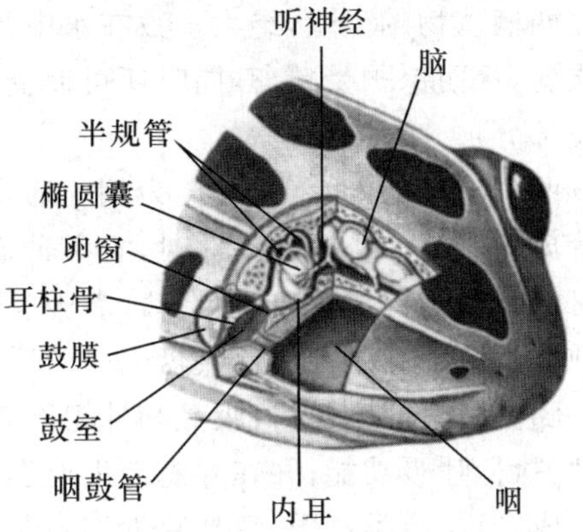

图 20-12 蛙耳结构(引自 Hickman)

(三)嗅觉器官

尚不完善,出现了内鼻孔,是空气进出的通道。鼻腔内的嗅黏膜平坦。蛙有1对嗅囊,借外鼻孔与外界相通,借内鼻孔与口腔相通。因而鼻腔具有嗅觉与呼吸的双重作用,这是一切陆生脊椎动物的特征。此外,蛙类具犁鼻器,位于鼻腔腹内侧壁上,为1对盲囊,是味觉感受器。

十一、生殖与发育

蛙的雄性个体具有1对柱状的精巢,位于肾脏内侧。成熟的精子经由精巢背侧发出的若干输精小管进入肾脏，再通过输尿管、泄殖腔排出体外，精巢也能分泌雄性激素(图 20-13)。

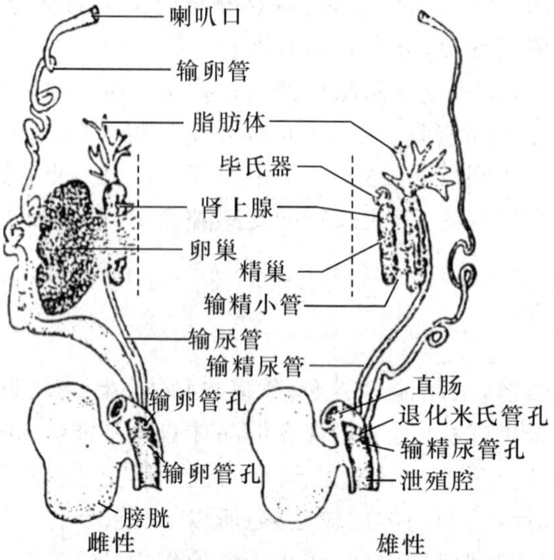

图 20-13 蟾蜍的泌尿生殖系统(引自华中师院)

雌性具有1对卵巢，由卵膜包围，悬挂在体腔背侧，成熟的卵落入腹腔，然后进入输卵管开口(喇叭口)，经输卵管到泄殖腔，排出体外，卵巢也能分泌雌性激素。

在蟾蜍等体内，雄性的睾丸前端具有1黄褐色的扁状小体，称为毕氏器(Bidder's)，相当于残余的卵巢。若手术去精巢后，该器官可发育成具有生理功能的卵巢。

两栖动物的生殖，绝大多数在水中行体外受精。受精卵外被有3层胶质膜，遇水膨胀形成胶质囊，从而保护受精卵，同时还可使受精卵粘在一起，附在水草上。极少数行体内受精(参见分类部分)。

两栖动物的发育(以蛙类为例)，通常在春季温度适宜的条件下，受精卵经过5～6 d 即可发育成幼体——小蝌蚪。此时，它可冲破胶囊，进入水中，利用口吸盘吸附在水草的叶子上。这时的蝌蚪已形成了口吸盘、口、鼻腔、泄殖腔开口，头部两侧也已出现了3对羽状的外鳃，可以独立生活。它能利用口吸盘上的角质齿切割植物的叶子，靠口吸盘吸入口内。

随着蝌蚪的生长，口吸盘和外鳃逐渐消失，同时咽部两侧出现鳃裂，由鳃裂内腔壁上衍生出鳃，执行呼吸功能，并在外鳃消失处发生皱褶形成鳃盖。这时的血液循环为单循环。侧线也已形成，但与鱼类不同，只是感觉细胞藏在皮肤里面。排泄器官为前肾。无四肢，仅靠尾部游泳。上、下颌具角质齿，以植物为食(主要是藻类)，所以消化道很长，盘绕在体内。

蝌蚪发育到后期，进入变态期，在尾的基部两侧长出后肢，尾巴也随之开始萎缩。后肢长出后，前肢也突破鳃盖附近的皮肤生出。同时在咽部后方的腹侧，生出1对盲状突出物，逐渐发育成肺。内鳃和鳃裂随之消失。血液循环变成不完全双循环。侧线消失不见。骨骼发生巨大变化，全身绝大部分软骨变成硬骨，尾椎骨愈合成尾杆骨。幼体的排泄器官也由前肾变成中肾。食性由植食性变成肉食性。上、下颌的角质齿消失，消化道变短，口加宽，最终发育为成体。

蛙类从受精卵孵化成蝌蚪，再经变态发育到成体，一般需要2～3个月。主要受水温及食物的影响。如黑斑蛙、牛蛙，在长江中下游地区，一般需要50～70 d，而在华北地区约需要90 d。蛙的变态发育见图 20-14。

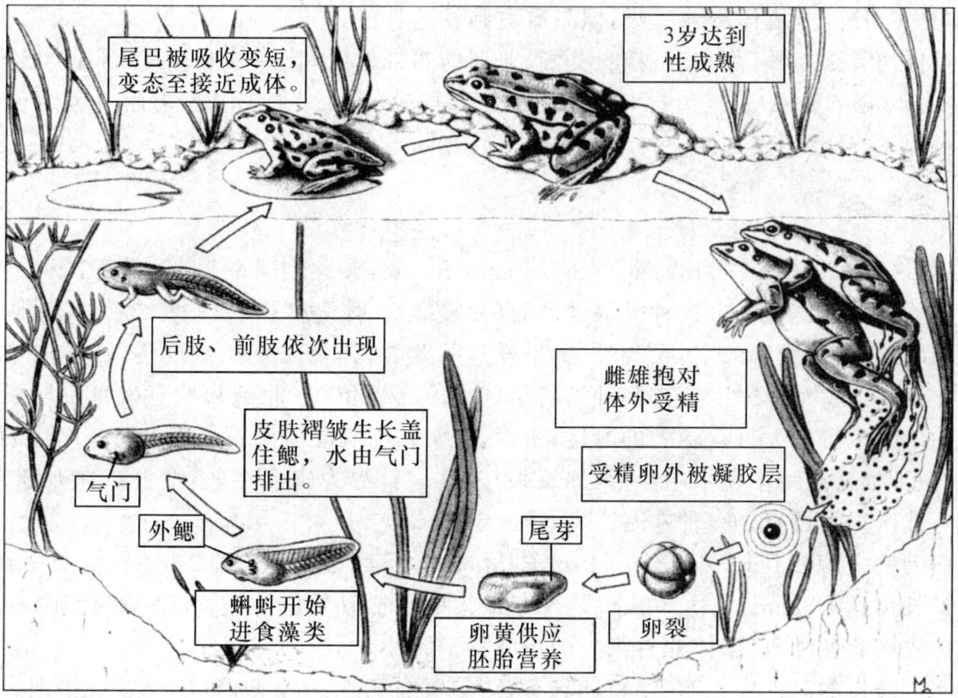

图 20-14　蛙的变态发育(引自 Hickman)

两栖动物的变态发育，从进化的角度，说明个体发育反映了系统发育的历史，也说明了有机体与生活环境的统一性。

第三节　两栖纲的分类

两栖动物大多数种类分布在热带、亚热带的潮湿地区，温带种类较少，由于其代谢水平较低，皮肤的通透性大，所以，在寒冷地带、海洋、沙漠均无两栖类动物的分布，这也是两栖类在地球上生存的脊椎动物类群中分布最狭窄的原因。

全世界现存的两栖动物约 4 200 种，我国约有 200 种，可分为 3 个目。

一、无足目

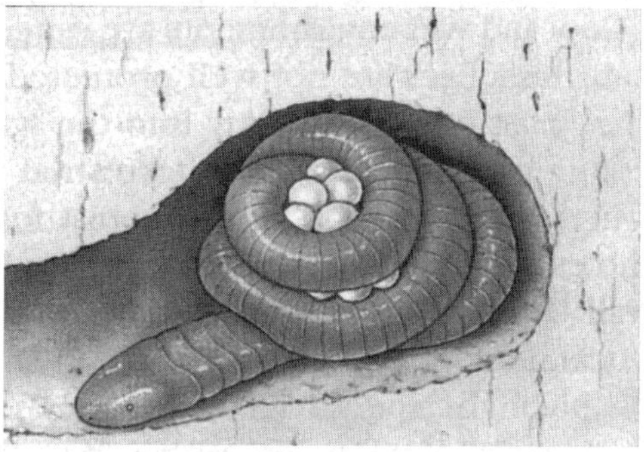

图 20-15　鱼螈(引自 Hickman)

无足目(Apoda)又称为蚓螈目或裸蛇目(Gymnophiona)，是近代两栖类最原始的一目。体长圆，四肢退化，体小者仅 10 cm，形似蚯蚓，而大者可达 1 m 以上，形似蛇。营穴居生活，以蚯蚓、昆虫等为食，眼小、退化，隐于皮下，皮肤裸露，具许多环状沟纹，富含黏液腺。椎体双凹形，脊索发达。雄性泄殖腔内能翻出交接器，行体内受精，卵生。雌性产卵数目较少(10～20 个)，产于蛰居的洞穴中。雌性常环抱其卵(图 20-15)，保护卵免于干燥。但有些种类为卵胎生，受精卵孵化后，幼体移入水中发育,幼体具3对外鳃,成体用肺呼吸,但只有右肺发达。

无足目约有160种,分布于亚洲、美洲、非洲的热带地区,其中以中、南美洲种类最多,如蚓螈(*Caecilia lumbricoidae*)、鱼螈(*Ichthyophis glutinosus*)。在我国云南西双版纳仅发现一种双带鱼螈,这是我国仅有的一种无足类。

二、有尾目

有尾目(Caudata)又称为蝾螈目(Salamandriformes),身体圆柱形,头扁宽,躯干较长,尾部发达而侧扁,四肢短小,少数种类缺少后肢(如鳗螈)。体表裸露,皮肤富含腺体,无眼睑或具不活动的眼睑,无鼓膜和鼓室,无胸骨,具不发达的肋骨,体侧常显示出肋沟,行体内或体外受精。幼体在水中发育,具外鳃,有些种类甚至到成体还保留(如泥螈),变态发育不明显。有尾类对水的依赖性特别大且有隐匿的习性,所以,经常在山涧溪流的石块下和河流岸边的洞穴内栖息,少数种类甚至终生在水中生活(如蝾螈)。这一目都为肉食性,主要分布在非洲、南美洲的南部等地区。本目有360种左右。

代表动物大鲵(*Megalobatrachus davidianus*),俗称娃娃鱼(图20-16),体长一般40～60 cm,最长可达180 cm,重达50 kg,是现存最大的两栖动物。体扁圆,头扁宽,尾侧扁,身体灰褐色。皮肤有各种斑纹,体侧有纵向的皮肤褶。眼小,无活动的眼睑。四肢短小,每年5～9月份在水流缓慢的洞穴中生殖,受精卵乳黄色,包裹在透明的胶囊内,呈念珠状排列。卵带可长达100 cm,孵化出的幼体具有3对桃红色的羽状外鳃。

图 20-16 有尾目的代表(引自刘承钊)

大鲵通常栖息在海拔400～1 200 m、水质清凉的山涧溪流中,白天隐匿在暗处,夜间出来捕食,偶尔可登陆,天亮前返回原处。肉食性,分布于华中地区、华南地区、华东地区和西北地区各省,是我国特产的物种,严禁捕杀,现已列为国家级珍贵保护动物。

此外,我国的有尾目还有肥螈(*Pachytriton breroipes*),泥螈(*Necturuspunctatus guenther*),洞螈(*Proteus anguineus iaurenti*),分布在我国东北、内蒙古自治区的北极小鲵(*Hynobius keyserlingii*)(图20-16),东方蝾螈(*Cynopserientalis*)。

三、无尾目

无尾目(Anura)是两栖类中最高等、种类最多、分布最广的一个类群。身体扁、宽,颈部不明显,成体无尾,有尾杆骨,后肢较长且发达,适于跳跃,具眼睑和可活动的瞬膜,有鼓膜和鼓室,鼓室内有耳咽管与口腔相通,有声带,大多数雄性具鸣囊,本目已知有3 450余种。

(1)盘舌蟾科(Discoglossidae) 舌呈盘状,周围与口腔膜连在一起,因此不能伸出。椎体呈后凹形，成体有短的肋骨。我国有4种，如东方铃蟾（*Bombina orientalis*），体长4.5 cm，皮肤粗糙，头部、背部布满了大小不等的刺疣。背呈绿褐色，上面有不规则的斑纹，腹面光滑，且有橘红色与黑色相间的斑纹，受惊时常将四肢翻起，从背部就可看到鲜艳的警戒色（图20-17）。多栖息在山涧溪流中，分布于东北地区、山东省等地。

（2）锄足蟾科（Pelobatidae）　上颌一般有齿，下颌无齿。舌呈卵圆形，后端游离。如角淡肩角蟾（*Megophrgs boellgeri*），体细长，背部草绿色，腹面棕褐色且略带浅紫色，分布在东南地区各省，四川省等地。

（3）蟾蜍科（Bufonidae）　种类最多，约335种。我国有2属，16种。皮肤粗糙，背部密布大小不等的圆滑瘰粒，耳后腺发达，上、下颌均无齿，舌椭圆形，椎体前凹形。如大蟾蜍（*Bufo bufo*），俗称癞蛤蟆（图20-17）。通常雄性个体较小，白天常居于石块下或草丛、洞穴内，黄昏出来觅食。华北地区3～4月份产卵，受精卵成双行，排列于管状的胶囊袋内，常缠绕在稻田、水沟或池塘的水草上。大蟾蜍在我国分布很广，且数量多，能捕食大量昆虫。

（4）雨蛙科（Hylidae）　背部皮肤光滑，头部宽大于长，后肢细长，鼓膜圆形，舌圆且厚，指、趾末端膨大成吸盘，适于树栖，约650种，我国仅9种。如无斑雨蛙（*Hylaarborea*，图20-17），多分布在东北地区、河南省、湖北省、西南地区各省。

图20-17　无尾目的代表（引自郝天和）

（5）蛙科（Ranidae）　上、下颌均有齿，第1～7枚脊椎骨均为前凹形，第8枚为双凹形，故椎体为参差形，该科有613种，我国有94种，常见的有黑斑蛙、金线蛙、中国林蛙、棘胸蛙等。

①黑斑蛙（*Rana nigromaculata*）：俗称青蛙。背部有2条纵行的皮肤褶，生活时体色变异很大。淡绿、黄绿、深绿或带灰棕色，腹部鱼白色。吻端至肛门有一条窄而白色的背线，体侧及后肢散布着许多黑斑（图20-18）。多栖息在稻田、池塘、溪流、沟渠的附近，白天隐匿于杂草、农作物间，晚上出来觅食，在我国分布较广，仅西北地区的青海省少见。

②金线蛙（*Rana plancyi*）：背部暗绿色或橄榄绿色（图20-18）。腹面淡黄色，咽、胸部呈鲜艳金黄色，生活习性与黑斑蛙相似，但数量较少。

图20-18　蛙科的代表（引自刘承钊）

③中国林蛙(*Rana temporaria chensinensis*):背面棕褐色,后肢背面有明显的黑色横纹。鼓膜区有三角形黑斑。东北地区产的中国林蛙,俗称蛤士蟆,体形较大,长可达 9 cm(图20-18)。其他如华北地区、四川省、西北地区的林蛙个体较小,仅 4～5 cm。在秋季,东北产的哈土蟆,可将雌体的输卵管制成干制品,称为哈士蟆油,略带棕黄色,作为滋补品,可治疗神经衰弱等。

④胸棘蛙(*Rana spinosa*):体大而粗壮,长达 10 cm,前肢短粗,后肢粗壮发达。皮肤粗糙,雄性背部有长的疣突,断续排列成行,其间有小圆疣,达到性成熟的雄性个体,胸部有肉质的圆疣,上有黑色小刺。背呈黑棕色或浅棕色。雌性背部、体侧、四肢有圆疣,上有小黑刺,生活于山涧、溪流,分布于华中、华南、华东地区。

(6)树蛙科(Rhacophoridae) 脊椎骨参差形,指、趾末端具吸盘。约 180 种,背部多呈绿色,体侧通常有成行的乳白色斑点。我国有 43 种,如大树蛙(*Rhacophorus deunysi*,图20-19)、峨眉树蛙(*R. omeimontis*)等,分布在浙江省、福建省、广东省、广西壮族自治区、四川省等地,常栖息在山区竹林和树林内,营树栖生活。

(7)姬蛙科(Microhylidae) 脊椎骨参差形,肩胸骨很小或缺,口一般在吻的顶部,约 270 种,我国有 4 属,14 种。如北方狭口蛙(*Kaleula boreali*,图 20-20),皮肤软且平滑,上有少数小疣。生活的体色变异很大,一般呈浅棕色或橄榄绿色,背部及四肢常有不规则的黑色斑点,多居于房屋或水塘附近的草丛中或石块下,以便夜间捕食灯光下的昆虫。分布于吉林省、辽宁省、华北地区等。

以上各种两栖动物,特别是蛙类,每年能捕食大量昆虫,对维护生态平衡具重要作用。

也有些两栖类具药用价值,除蛤士蟆外,还有大蟾蜍的耳后腺分泌的白色浆液——蟾酥,也可入药。此外,蛙、蟾蜍等还是生物学、医学教学和实验研究的好材料。

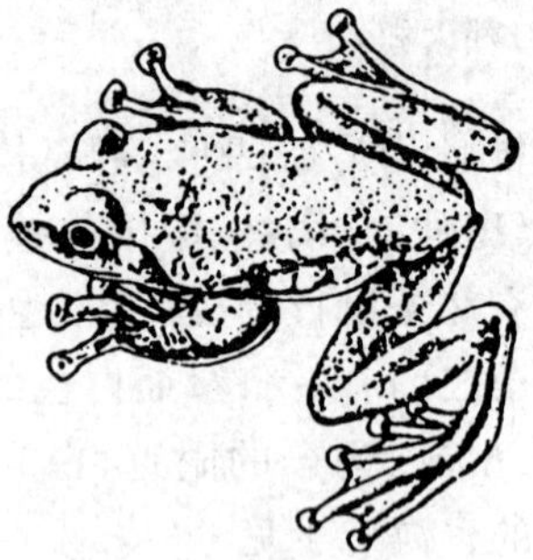

图 20-19 大树蛙(引自刘承钊)

图 20-20 北方狭口蛙(引自刘承钊)

第二十一章　爬行纲

进化地位：爬行纲(Reptilia)由石炭纪末期的古代两栖类进化而来，是真正适应陆栖生活的变温脊椎动物，并由此产生出恒温的鸟类和哺乳类。爬行类不仅在成体结构上进一步适应陆地生活，其繁殖也脱离了水的束缚，与鸟类、哺乳类共称为羊膜动物。

爬行类在中生代曾经盛极一时，种类繁多，而世界上现存的种类约有 6 300 种，我国已知种数约有 320 种。现存爬行动物包括以龟为代表的无孔型羊膜动物，以蜥蜴、蛇、鳄鱼、斑点楔齿蜥为代表的双窝型羊膜动物(图 21-1)，它们都是中生代羊膜动物大量辐射的幸存者，其中也包括中生代末期灭绝的恐龙。

图 21-1　爬行纲羊膜卵(引自 Hickman)

第一节　爬行纲动物的主要特征

一、羊膜卵的出现

羊膜卵是动物适应陆地干燥环境的一个必要条件。它们无需再将卵产于水中且完成受精，而是大多在体内就完成了受精过程，将受精卵产于干燥的环境中，这无疑极大地减轻了动物繁殖对水的严重依赖。卵的外表包有一层石灰质的硬壳或不透水的纤维质卵膜，既能防止卵内水分的蒸发，又能避免机械的损伤和减少细菌的侵袭。卵壳还具有透气性，可以保证胚胎发育的气体代谢正常进行(图 21-2)。

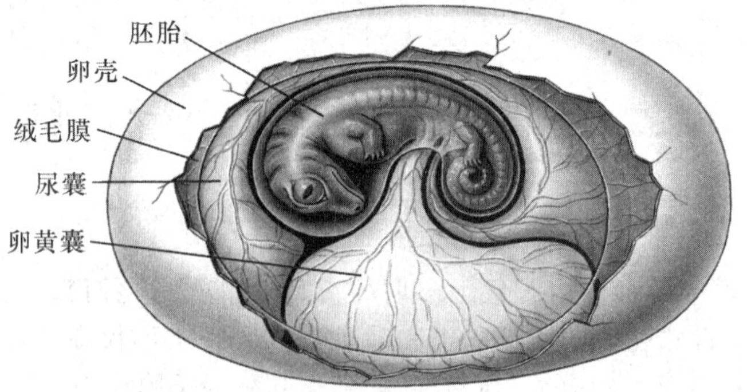

图 21-2 羊膜卵的结构(引自 Hickman)

当胚胎发育到原肠期后,胚胎周围的胚膜向上产生环状的皱褶,并不断生长,在背方包围胚胎之后互相愈合,这样围绕着胚胎形成2层保护膜和2个腔,内层膜为羊膜,外层为绒毛膜;羊膜和绒毛膜之间的空腔称为胚外体腔,羊膜所包围的腔为羊膜腔。羊膜腔内充满液体,称为羊水,胚胎就浸在羊水中,这样的环境使胚胎可以免于干燥和机械的损伤。但是,胚胎在这个密闭的羊膜腔内却不能像无羊膜动物那样呼吸和排出代谢废物,因此,在形成羊膜的同时,还形成兼收集代谢废物和换气功能的特殊器官——尿囊。尿囊源自胚胎消化管后端的突起,位于胚外体腔中,尿囊内的腔称为尿囊腔。胚胎代谢所产生的尿酸就排到尿囊腔中,同时,由于尿囊膜与绒毛膜紧贴,其上富有毛细血管,胚胎可以通过多孔的卵膜或卵壳与外界进行气体交换。胚胎腹部的内外胚层细胞向下延伸,逐渐包围卵黄,形成卵黄囊,它可以供给胚胎发育所需的营养物质(图 21-3)。

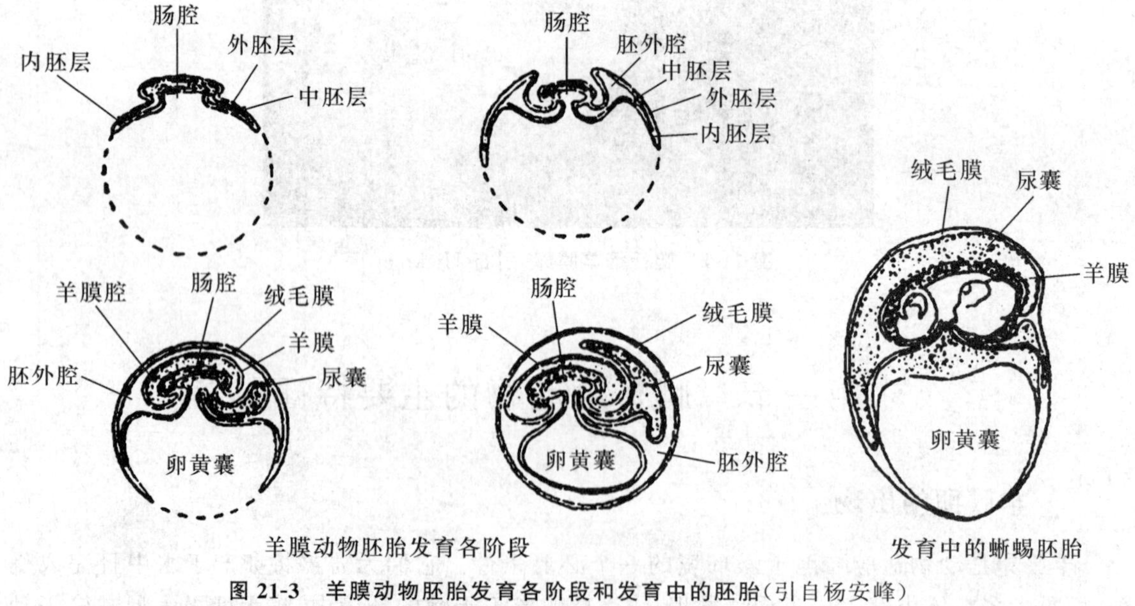

图 21-3 羊膜动物胚胎发育各阶段和发育中的胚胎(引自杨安峰)

由于羊膜卵的出现,使羊膜动物完全摆脱了在个体发育中对水的依赖,从而真正适应了陆地生活,成为完全的陆生动物。

二、外形

爬行类具有四足动物的基本形态。身体呈圆筒形，可区分为头、颈、躯干和尾部。其中颈部明显，较两栖类发达，能够灵活转动，增强了捕食和完善地利用感觉器官的功能；前后肢都为五趾型，指（趾）端具爪。某些种类适应穴居或水栖生活，在外形上有较大的特化。

三、皮肤及其衍生物

爬行类皮肤由多层的表皮和真皮组成（图 21-4）。表皮高度角质化，在表面产生角质鳞片。通常鳞片与鳞片之间有薄的角质层，因此，鳞片被连在一起而构成了完整的鳞被。不同的爬行动物表皮又有不同程度的特化，如龟类表皮形成角质盾片、真皮形成骨板；鳖类则只有真皮骨板和外被的皮肤；鳄类在背部角质鳞下面还有真皮骨板。一些爬行动物，如蜥蜴和蛇类要定期更换鳞被，称之为蜕皮。真皮内富有色素细胞。许多蛇和蜥蜴的皮肤都有鲜艳的色彩或图案。避役还可以在不同的环境下迅速改变体色，故常有变色龙之称。

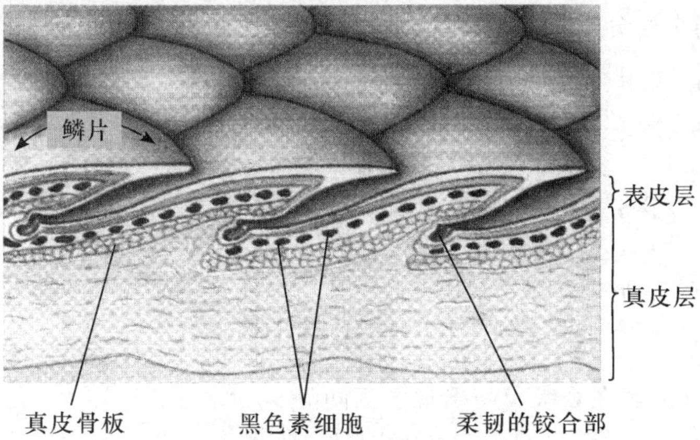

图 21-4 爬行类动物的皮肤纵切面（引自 Hickman）

这种干燥且缺乏皮肤腺的皮肤已失去呼吸的机能，而通常认为具有保护身体和防止水分蒸发的作用。尽管皮肤结构以及肾脏等的保水性能相当完善，使体内失水降至最少程度，爬行类的皮肤却不是“不透水”的，它具有生理上的可透性，在调节体内水分平衡上占有相当地位。最近一些研究表明，在 20～30℃下，爬行类皮肤失水可占体内总失水率的 80%。只是在高温下呼吸失水大于皮肤失水。

四、骨骼系统

爬行类的骨骼骨化程度好，既加强了坚固性，还具有很大的灵活性，适应陆生。

（一）头骨

爬行类的头骨具有下列特点。

①头骨的骨化更为完全，软骨性脑颅几乎完全骨化，只有少部分保留软骨。头骨顶壁明显较两栖类高而隆起，属于高颅型，脑腔显著扩大。

②头骨具单一的枕髁。

③具有颞窝(图 21-5)。颞窝为两侧眼眶后面颞部膜骨穿孔而成的 1 个或 2 个孔洞,为颞肌附着的部位,它的出现与颞肌收缩时的牵引有关。

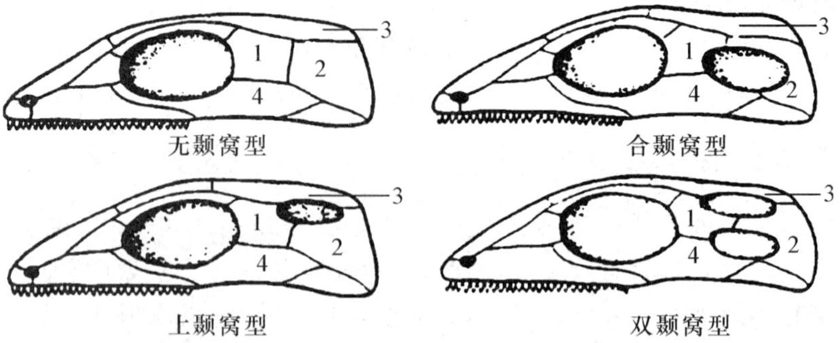

图 21-5 颞窝的主要类型(引自 Orr)

1.后眶骨 2.鳞状骨 3.顶骨 4.颧骨

④由前颌骨、上颌骨、腭骨的腭突和翼骨愈合形成次生腭(图 21-6)。次生腭的形成使内鼻孔后移,将口腔与鼻腔分开,解决了吞咽食物与呼吸的矛盾。

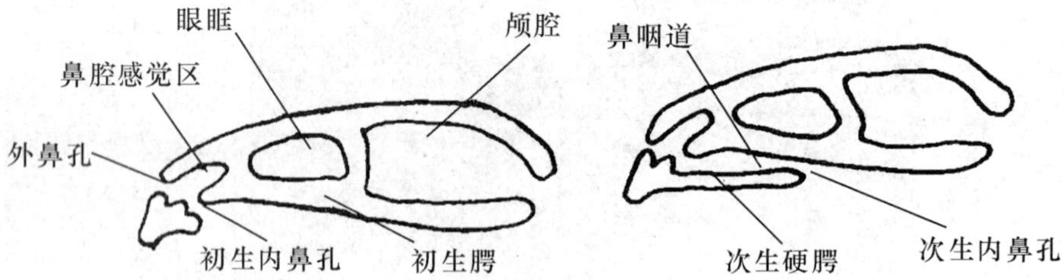

图 21-6 次生腭的形成(引自许崇任等)

⑤爬行类中有些种类在 2 眼窝间出现了眶间隔。

(二)脊柱

脊椎分化为颈椎、胸椎、腰椎、荐椎和尾椎 5 部分。椎体为前凹形或后凹形,某些低等种类,如喙头蜥(*Sphenodon punctatum*)椎体为双凹形。第一枚颈椎为环椎,第二枚为枢椎,环椎有关节面与头骨的枕髁相关节,环椎与枢椎间形成环枢关节,加强了头部的灵活性,使头部的感官得到更充分的利用。胸椎和腰椎两侧都附生肋骨,每一肋骨一般由硬骨的背肋和软骨的腹肋 2 段合成。除龟鳖类和蛇类外,爬行动物前面一部分胸椎的肋骨与胸椎及胸骨借关节、韧带连接成胸廓,胸廓为羊膜动物所特有。肋骨上附着有肋间肌,通过肋间肌的收缩而造成胸廓的扩张与缩小。因此,胸廓既很好地保护了内脏器官(心脏和肺),同时也加强了肺的呼吸作用。具有 2 枚荐椎,加强了对腰带和后肢的支持。

(三)肢骨与带骨

爬行类肩带的基本组成部分与两栖类的相似,是由肩胛骨、乌喙骨、前乌喙骨和锁骨组成。在蜥蜴类,除上述骨片外,还有位于肩胛骨背面的上肩胛骨。另外,蜥蜴与鳄类的肩带中有一块上胸骨(锁间骨),此骨呈“十”字形,把胸骨和锁骨连接起来。前肢为典型的五指型附肢,由肱骨、尺骨和桡骨、腕骨、掌骨和指骨组成,指骨末端具爪(图 21-7)。

爬行类的腰带也是由髂骨、坐骨和耻骨3对骨组成，但左右耻骨只在前端愈合，左右坐骨只在后端愈合，而且结合处介以软骨，分别称为耻骨联合（上耻骨）和坐骨联合（上坐骨）。由于这种联合，使坐骨、耻骨之间形成一个大的空腔，称为坐耻孔（图21-8）。这样的结构可以减轻体重，有利于陆地运动。后肢骨由股骨、胫骨和腓骨、跗骨、蹠骨和趾骨组成，趾骨末端也具爪。

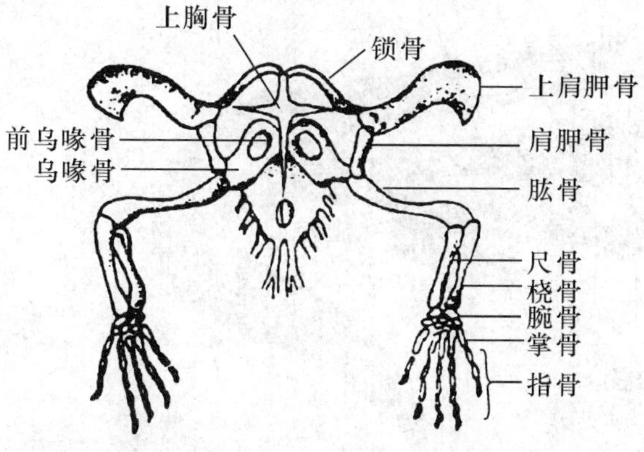

图21-7　蜥蜴的肩带和前肢骨（引自王所安）

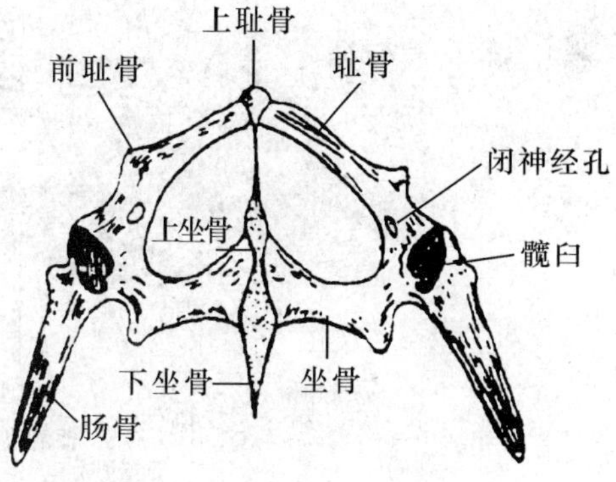

图21-8　蜥蜴的腰带（引自王所安）

蛇类的四肢及带骨完全退化，蟒科、盲蛇科和瘦盲蛇科体内留有退化的髂骨和股骨；海龟的四肢变为桨状。

五、肌肉系统

爬行类的肌肉系统比两栖类的分化更为显著，产生了陆栖动物所特有的肋间肌和皮肤肌。肋间肌位于肋骨与肋骨之间，可以调节肋骨的升降，协同腹壁肌肉完成呼吸运动。皮肤肌可以牵制鳞片活动，在蛇更为突出，通过皮肤肌的收缩而调节腹部鳞片起伏以辅助爬行。此外，咬肌由互相拮抗的闭口肌和开口肌组成。咬肌收缩时可以容纳在颞窝内，使咬啮机能得到加强。

六、消化系统

爬行类的牙齿有3种着生形式：有的种类，如蛇为端生齿，牙齿着生在颌骨上面；大多数蜥蜴类为侧生齿，牙齿着生在颌骨边缘内侧；鳄类为槽生齿，牙齿着生在颌骨的齿槽内，槽生齿比较牢固（图21-9）。各种齿于脱落后可不断更新。龟鳖类不具牙齿，而代以角质鞘。

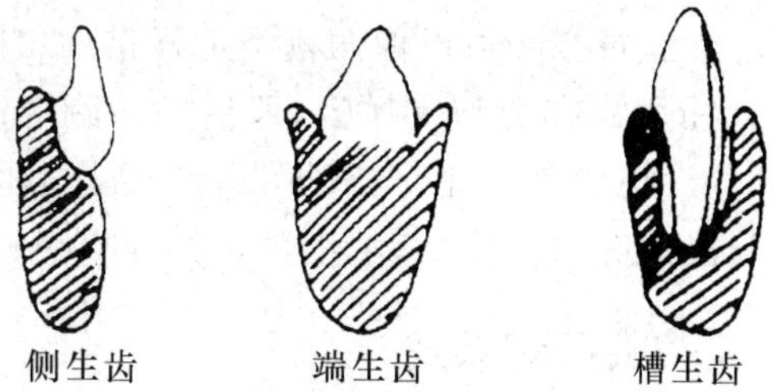

图21-9　爬行类的3种齿着生形式
（引自武汉大学等）

爬行类的口腔底部具有发达的肌肉质舌。很多种类的舌除完成吞咽食物外，还兼有捕食和感觉的功能。如避役的舌极为发达，平时留在口腔内，捕食时会迅速“射”出，粘捕昆虫，这时其长度几乎与体长相等。蛇类的舌细而长且尖端分叉，具化学感受器小体，可以通过不停地吞吐而将外界的化学刺激传送到口腔顶部的犁鼻器，犁鼻器为嗅觉器官。

陆生爬行类动物口腔内还具有发达的口腔腺，包括腭腺、唇腺、舌腺和舌下腺，其分泌液有助于湿润食物，便于吞咽。部分蛇类的唇腺变态为毒腺。毒腺与特化的毒牙相连通，借肌肉运动压迫毒腺，将毒液注入捕获动物体内。

从爬行类开始在大肠与小肠之间出现了盲肠,其中植食性的陆生龟类,盲肠十分发达,这显然是与消化植物纤维有关。大肠末端开口于泄殖腔(图21-10)。

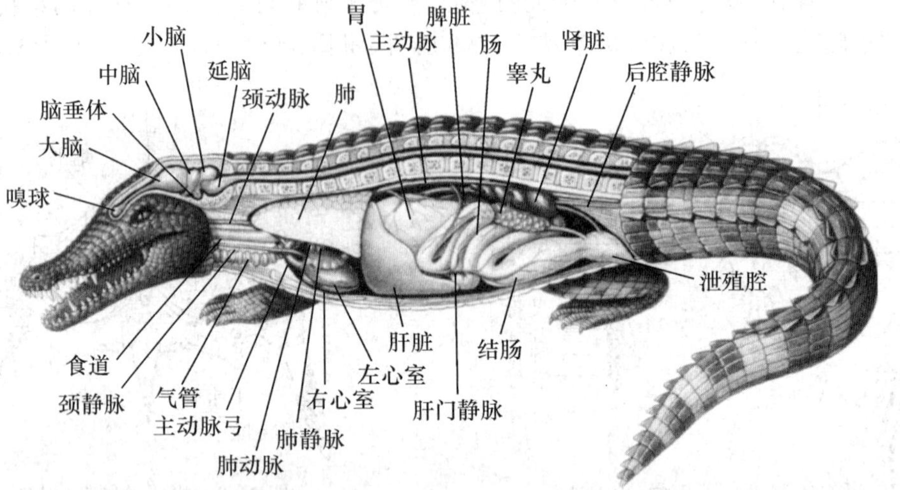

图21-10 鳄鱼的内部结构(引自Hickman)

七、呼吸系统

爬行动物的吻部有外鼻孔1对,内鼻孔呈裂缝状,开口于近腭中线的口腔和咽喉附近。在舌后有喉,喉门通入喉腔。喉腔由环状软骨和1对杓状软骨支持着。气管的管壁有软骨环支持,气管再分成1对支气管分别通入左、右肺脏内。

爬行动物的肺通常1对,位于胸腹腔左右两侧。与两栖类相比,爬行动物的肺呼吸进一步完善。肺虽然也为囊状,但其内壁有复杂的间隔,把内腔分成蜂窝状小室,因而气体交换的面积显著扩大。

爬行类除可以像两栖类那样借助口的升降和鼻孔的开关进行咽式呼吸外,还发展了羊膜动物所特有的胸式呼吸,即借助于胸廓的扩张与缩小,使气体吸入和呼出。当肋间外肌收缩时,牵引肋骨上提,胸廓扩张,空气随之吸入;当肋间内肌收缩时,牵引肋骨下降,胸廓缩小,空气随之呼出。另外,水生爬行类的咽壁和泄殖腔壁富有毛细血管,可辅助呼吸。

八、循环系统

爬行类的血液循环虽然仍属于不完全双循环,但与两栖类的相比较,其心脏已有了明显的进步。首先,在心室内出现了不完全的分隔,将心室分成左右两个不完全的部分,使含氧血和缺氧血进一步分开。爬行类中的高等种类,如鳄,其心室已分隔为左右2部分,其间仅留1孔,称为潘氏孔,血液循环已接近于完全的双循环;其次,爬行类心脏虽有静脉窦,但已开始退化,仅成为右心房的一部分。

动脉圆锥由两栖类发展到爬行类已纵裂为3条动脉:肺动脉弓、左体动脉弓和右体动脉弓。其中肺动脉弓由心室的右侧发出,左体动脉弓由心室的中间发出,右体动脉弓由心室左侧发出。目前研究证明:在左、右动脉弓内的血全是多氧血,并不是传统所认为的左体动脉弓是混合血,原因是:左、右体动脉弓发出处,正是心室内间隔不完全的地方,在这里由内柱形成了一个腔，由心室左部来的多氧血直接进入该腔，由该腔再注入左、右体动脉弓。因此，只有由心室右部发出的肺动脉内含有缺氧血（图 21-11）。

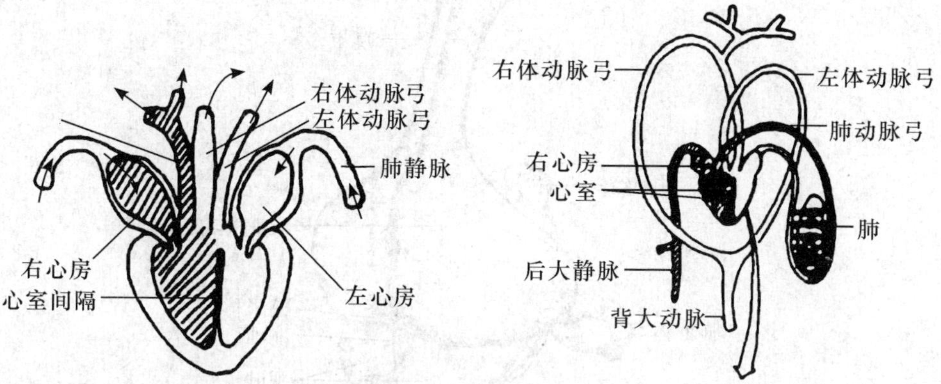

图 21-11 爬行类心脏和部分循环系统（引自 Hickman）

九、排泄系统

爬行类与所有羊膜动物的肾脏在系统发生上均为后肾。后肾位于体腔后部，其体积通常不大，表面多呈分叶状，肾单位数目比两栖类明显增多，因而泌尿能力有所加强。蜥蜴和龟鳖类具有尿囊基部扩大形成的膀胱。有些淡水龟鳖类，除膀胱外还有 2 个副膀胱，其壁上分布有丰富的毛细血管，可以起到辅助呼吸的作用。

后肾产生的尿通过单独的输尿管（不像中肾动物兼有输精作用）输至泄殖腔排出体外。其排泄的最终产物为溶解度很小的尿酸，以保存体内水分。

十、神经系统

爬行类的脑较两栖类发达，首先表现为 2 个大脑半球增大，大脑顶部出现了神经细胞灰质构成的大脑皮层，称为新脑皮，同时大脑底部的纹状体显著增大、加厚。由于新脑皮只是处于萌芽状态，所以纹状体就成为本能活动的调控中枢。此外，在间脑顶部有发达的松果体，并发展成顶眼，具有感光作用，这对于变温动物更有效地利用阳光热能是十分重要的。中脑视叶仍为高级神经中枢（图 21-12）。

脑神经发展为 12 对，前 10 对与两栖类的相同。第 11 对为副神经，分布至喉、气管及肩部的肌肉。第 12 对为舌下神经，分布至舌肌及颈部肌肉。

十一、感觉器官

1. 嗅觉器官

爬行类的嗅觉比两栖类的发达，鼻腔及嗅黏膜均有所扩大。爬行类除了一般的嗅觉器官外，在蜥蜴和蛇类还有犁鼻器（或称为贾氏器），它是一种特殊的化学感受器，位于口腔顶部，呈弯曲的盲管状，开口于口腔顶壁。人们经常看到蛇不断向外吐舌，就是在搜集外界的各种化学物质，当舌缩回口腔时，即进入犁鼻器，产生嗅觉。

2. 视觉器官

爬行类具有能活动的上下眼睑和瞬膜，同时还出现了泪腺，这些结构都可以有效地保护眼

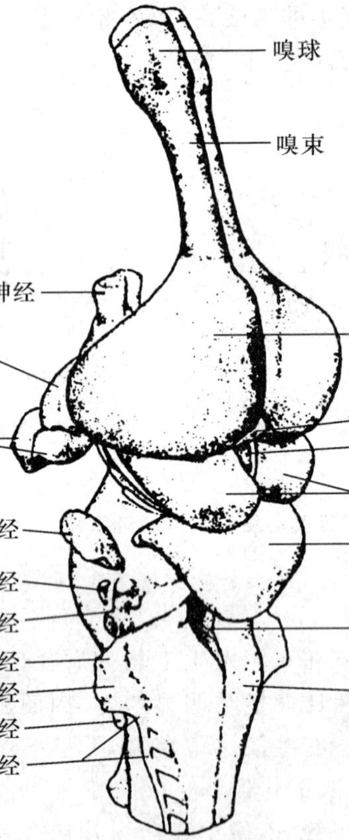

图 21-12 爬行类的脑(引自 Torrey)

球。眼球的调节也进一步完善,由横纹肌构成的睫状肌可调节水晶体的前后位置,也能略微改变水晶体的凸度,因此,爬行类可以观察到不同距离的物体(图 21-13)。

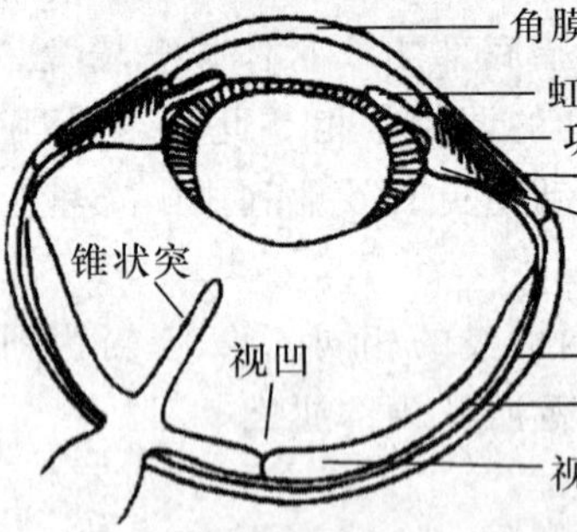

图 21-13 爬行类的眼球剖面(引自刘凌云等)

化石材料证明,古代爬行类普遍具有顶眼,现存较低等的种类,如喙头蜥仍具有这一器官,顶眼位于 2 眼稍后方的头部正中线上,其结构和真眼相似,但不能成像,只具有感光作用。

3. 听觉器官

爬行类具有内耳和中耳,但其鼓膜不像两栖类那样位于表面,而是随中耳稍下陷,并出现了雏形的外耳。蜥蜴的听觉发达,出现了雏形的外耳道。蛇类适应于穴居生活,其鼓膜、中耳和耳咽管均退化，声波沿地面通过头骨的方骨传导到耳柱骨，从而产生听觉（图 21-14）。

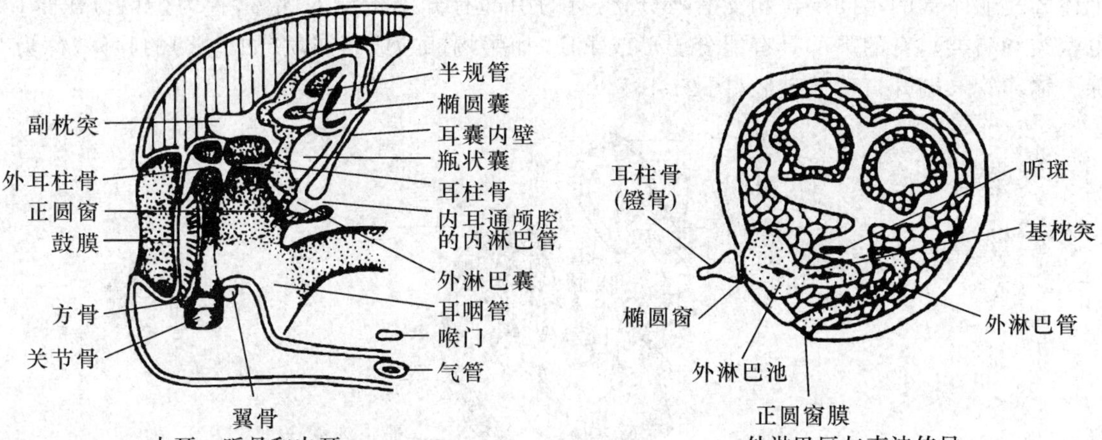

中耳、听骨和内耳　　外淋巴区与声波传导

图 21-14　爬行类的听觉器官（引自刘凌云等）

4. 特殊感受器

指蝰科及蟒科动物的红外感受器（热能感受器）。它是位于动物鼻孔与眼睛之间颊窝内的特殊热能感受器，颊窝被一薄膜分为内外 2 个小室，膜内有三叉神经末梢分布。薄膜像特殊的热敏元件那样起作用，只要膜两面的温度不同，神经便产生一定频率的脉冲，使蛇感知前方的热物体，实验证实其灵敏度极高，仅约 $8.4\times10^{-5}\,J/cm^2$ 的微弱能量就能使之激活并在 35 ms 内发生反应，为现今最灵敏的红外线探测仪所不及。可用于追踪热血动物，在黑暗里完成和白天一样的准确冲击，同时对逃避敌害和寻找适宜的生活环境有重要作用。

十二、生殖与发育

(1)雄性生殖系统　精巢 1 对，以盘旋的输精管通至泄殖腔的背面。爬行类全部为体内受精，除喙头蜥外，雄性皆有交配器。蜥蜴和蛇类有成对的交配器，称为半阴茎。半阴茎的内侧表面有阴茎沟，精液可沿此沟送到雌性泄殖腔内。龟、鳖和鳄类的交配器（阴茎）只有 1 个，内有海绵组织，能勃起交配（图 21-15）。

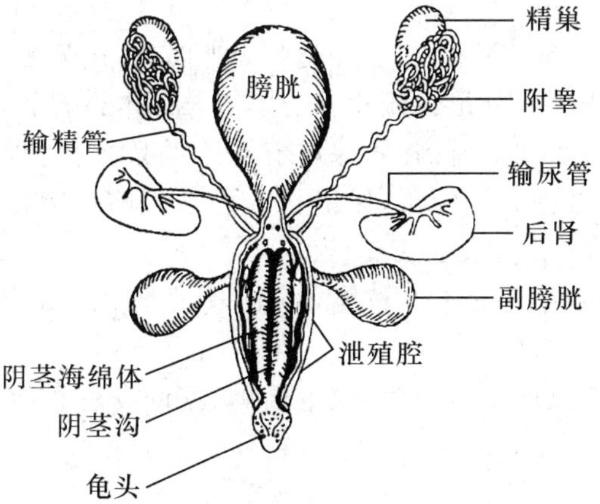

图 21-15　雄龟的泄殖系统（引自杨安峰）

(2)雌性生殖系统　卵巢1对,为于体腔背壁的两侧。1对输卵管各以裂缝状喇叭口开口于体腔。输卵管的不同部位功能有所分化,有的中部有分泌蛋白的腺体,称为蛋白分泌部(如龟鳖类和鳄类),有的下部具有能分泌形成革质(如蜥蜴、蛇)或石灰质(如龟鳖)的腺体,称为壳腺。输卵管末端开口于泄殖腔(图21-16)。

图21-16　雌龟的泄殖系统(引自杨安峰)

少数爬行类具有孵卵行为。某些毒蛇及蜥蜴具有卵胎生现象,显然这种生殖方式进一步提高了后代的成活率,对于高山及寒冷地区生活的种类尤为有利。通常认为卵胎生爬行类的卵在发育中与母体没有什么联系,母体只是起安全保护作用。但近年的一些研究发现,一些卵胎生种类的发育着的胚胎,不仅能与母体交换水、氧气和二氧化碳,还能交换含氮物质。这一发现不仅充实了对于爬行类繁殖的认识,也沟通了卵生与胎生之间的界限。

第二节　爬行纲的分类

世界上现存的爬行类分属于4个目:喙头目、龟鳖目、有鳞目(蜥蜴和蛇类)和鳄目。

一、喙头目

喙头目(Rhynchocephalia)是最古老的类群,现仅存1属1种,即喙头蜥(*Sphenodon punctatum*),又称为楔齿蜥。其外形像蜥蜴,长达75 cm,体外被覆颗粒状的角质鳞,头骨具有原始形态的双颞窝,椎体为双凹形,椎骨间保留着脊索的残余,肋骨有短状钩突,齿端生,顶眼发达,不具中耳腔及鼓膜,雄性无交配器,保留了2亿多年前古爬行类的特征,故被称为"活化石"(图21-17)。

喙头蜥常在海鸟的洞穴中产8～15枚卵,经15个月孵化后幼体出壳。性成熟较晚,约20年成熟。寿命可达300年之久。

喙头蜥为珍稀动物,现仅产于新西兰,数量极少,据调查总数不足千只,已濒临灭绝。

二、龟鳖目

龟鳖目(Chelonia)是爬行类中非常特化的一支。主要特征为:通常身体扁宽,躯干部具有

图 21-17 楔齿蜥(引自 Miller)

骨甲。甲可分为背甲和腹甲。甲的内层为来源于真皮的骨质板,外层为来源于表皮的角质板或厚的软皮。躯干椎和肋骨与背甲的骨板愈合,因而胸廓不能活动。颈椎和尾椎是游离的,头和尾可以自由伸缩。无齿。四肢粗短,有的具爪或变成鳍状。头骨不具颞窝。泄殖孔纵裂,雄性有 1 个交配器。

此目动物分别生活在热带、亚热带的陆地、淡水和海水中。全世界现存种类 250 多种,我国产 37 种,代表动物有乌龟(*Geoclemys reevesii*,图 21-18)、鳖(甲鱼)(*Amyda sinensis*)、玳瑁(*Eretmochelys imbricata*)、海龟(*Chelonia mydas*)、陆龟(*Testudo elongata*)等。

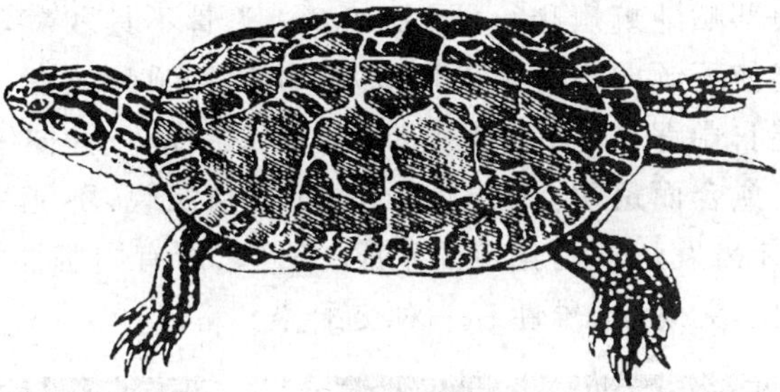

图 21-18 乌龟(引自许崇任等)

三、有鳞目

有鳞目(Squamata)为现代爬行动物中最兴盛的一个类群。主要特征为:身体细长、被有角质鳞片,头骨属于双颞窝型,但又有些变异。椎体多为前凹形,具端生或侧生齿,雄性具成对的交配器。泄殖孔横裂。

此目动物生活方式多样,分布广泛,世界各地均有。全世界约有 6 000 种,我国约有 360 种。下分为 2 个亚目。

(一)蜥蜴亚目

蜥蜴亚目(Lacertilia 或 Sauria)全世界约 3 000 种,我国已知约有 150 种。主要特征:中、小型爬行类,具胸骨及带骨,具活动的眼睑,鼓膜发达,具五指型附肢,少数种类四肢退化,下颌分两半并于前面愈合。除南极洲外，广布于全球。代表种类有大壁虎(*Gekko gekko*)、巨蜥(*Varanus salvator*)、石龙子(*Eumeces chinensis*)、鳄蜥(*Shinisaurus crocodilunus*)、避役(*Chamaeleon valgaris*，图21-19)等。

图 21-19 避役(引自 Hickman)

(二)蛇亚目

蛇亚目(Ophidia 或 Serpentes)全世界约3 000种，我国已知约有210种。蛇类是一支特化的体长从小到极大(0.1～11 m)的穴居及攀缘爬行动物，它们的附肢退化，无胸骨和肩带，有可活动的肋骨。肋骨腹端支持腹鳞，借脊柱的左右弯曲和皮下肌的作用控制肋骨移动，腹鳞也随之运动，使蛇能以腹部贴地蜿蜒爬行(图21-20)。头骨不具颞窝，下颌骨和头骨间有可活动的关节，而在张口时能使下颌向下有限度地垂落，同时下颌骨的左、右两边和弹性韧带相联系而富灵活性，因此口能自由张大，吞食大型动物(图21-21)。舌伸缩性强、末端分叉。眼睑不能活动，上下眼睑相互愈合而透明，无外耳孔、外耳道和鼓膜，不能感知空气传导的声波，但对物体的震动极敏感。牙齿发达。消化道几乎成一直管，所有内脏器官几乎都是长形的，如肾脏和生殖腺。左肺多退化，无膀胱，雄性有一对交配器。

图 21-20 蛇(引自 Hickman)

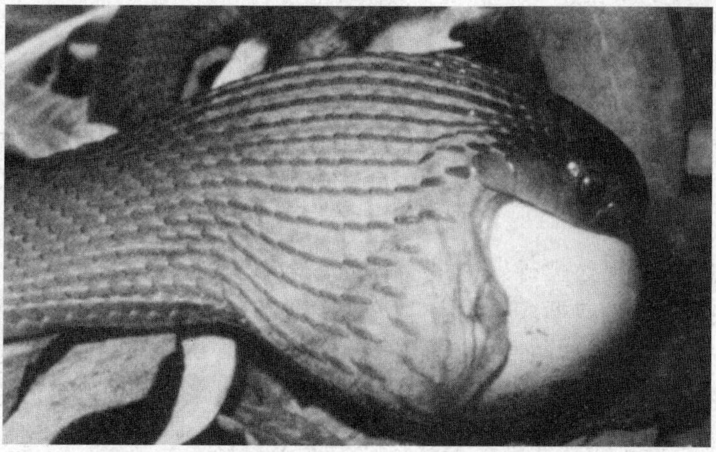

图 21-21　蛇吞食(引自 Hickman)

毒蛇与无毒蛇最大的区别在于前者头部有毒腺,并在上颌骨上生有毒牙。毒牙有管牙和沟牙 2 种。管牙较长,着生在上颌无毒牙的前方,内有管腔,其上端接输毒导管,下端开口于牙尖,毒液从毒腺沿着管腔自牙尖小孔流出,如腹蛇(*Agkistrodon halys*)、蝰蛇(*Vipera russelii*)等的毒牙。沟牙较短,牙上有输毒沟(图 21-22)。根据沟牙着生的位置又可分为前沟牙和后沟牙 2 种,前者着生在上颌骨无毒牙的前方,如眼镜蛇(*Naja naja*);后者着生在上颌骨无毒牙的后方,如水蛇(*Enhydris chinensis*)。此外,毒蛇的头较大,多呈三角形,颈部显著,躯体较粗短,尾部短,从泄殖孔后忽然变细,大多卵胎生,人和动物被咬后大多留有 2 个大而深的毒牙齿痕;无毒蛇头较小,多呈椭圆形,尾部较长,从泄殖孔后逐渐变细,大多卵生,人和动物被咬后为 4 行细小而均匀的牙齿痕。蟒(*Python molurus*)是热带及亚热带森林中的大型无毒蛇,体长最大可达 7 m。

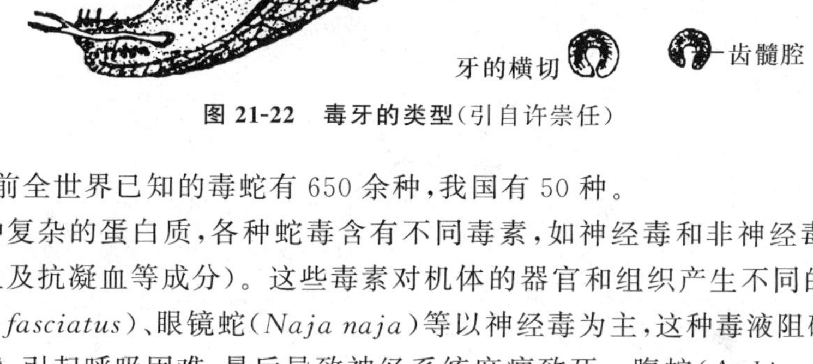

图 21-22　毒牙的类型(引自许崇任)

据统计,目前全世界已知的毒蛇有 650 余种,我国有 50 种。

蛇毒是一种复杂的蛋白质,各种蛇毒含有不同毒素,如神经毒和非神经毒(心脏毒、细胞毒、出血毒、凝血及抗凝血等成分)。这些毒素对机体的器官和组织产生不同的损害作用。金环蛇(*Bungarus fasciatus*)、眼镜蛇(*Naja naja*)等以神经毒为主,这种毒液阻碍运动神经和骨骼肌的传导功能,引起呼吸困难,最后导致神经系统麻痹致死。腹蛇(*Agkistrodon halys*)、竹叶青(*Trimeresurus stejnegeri*)和五步蛇(*Agkistrodon acutus*)等毒蛇,它们的毒液主要影响循环系统,人被咬后伤口剧痛,损坏血管壁、溶解血细胞,心脏收缩紊乱而停搏。

毒蛇咬伤的紧急处理原则是尽快排除毒液、减缓蛇毒的扩散,以减轻中毒症状。一般应把被伤肢体伤口以上 2~10 cm 处迅速紧扎,并每隔 20 min 左右放松 1~2 min,以免组织坏死。于结扎之后,割开伤处皮肤放血,并浸于冷盐水中或用浓高锰酸钾冲洗。然后迅速就近医治。

四、鳄目

鳄目(Crocodilia)是现代爬行纲中最高等的,心室已分隔为左、右 2 室,仅留一潘氏孔相通,血液循环已接近完全的双循环。次生腭完整,内鼻孔后移,鼻腔与口腔完全分开。槽生齿。

鳄类还有许多与水栖生活相适应的特点,如趾间有蹼。鼻孔和耳孔都有瓣膜。在口腔和咽部之间有肌肉质瓣膜,称为腭帆,使食物在口腔时不影响呼吸。有侧扁的尾。

鳄鱼大多分布于热带及亚热带(除欧洲)的淡水中,以各种动物为食,主要食鱼类。全世界现存 22 种。

扬子鳄(*Alligator sinensis*)为我国特产,分布于长江中下游沿岸及太湖周围,体长 2 m 左右,性情温和,不会伤人,目前分布区已大大缩小,数量逐渐减少,现已列为国家一级保护动物(图 21-23)。

图 21-23 扬子鳄(引自许崇任等)

第二十二章　鸟　　纲

进化地位：鸟纲(Aves)属恒温动物，是由中生代侏罗纪时期的羊膜类进化出来的一支适应于陆上和飞翔生活的高等脊椎动物，从发生上看，鸟类和恐龙有着很近的亲缘关系。由一群两足食肉类具鸟类骨骼特点的恐龙进化而来。因此，它们的外部形态与内部结构，既具有一系列与飞翔生活相适应的特点，也有与爬行类相似的特征。同时，飞行运动也促使鸟类发生了独特的生态学特点(图 22-1)。

图 22-1　仓鸮(引自 Miller)

第一节　鸟类的主要特征

一、外形

鸟类的身体呈纺锤形，体表被羽，身体分为头、颈、躯干、尾和四肢 5 部分(图 22-2)。

鸟类的头较小而圆，前端有角质喙，是取食、御敌、梳羽、筑巢、育雏的器官。喙的形状与食性和取食方式有关，鸡、鹤类的圆锥状，适于啄食谷粒或种子，雁、鸭类的扁平且边缘有缺刻，适于滤食，猛禽的锐利弯曲，便于撕裂食物。喙基部有鼻孔，头两侧有发达的眼，眼后有耳孔，其周围被覆耳羽，可收集声波，夜行性鸟类耳孔尤为发达。

鸟类的颈长而灵活。

图 22-2　鸟类的外形(引自 Miller)

鸟类的躯干部卵圆形,结构坚固。

鸟类的尾部短小,为肉质突起,上面生有扇状尾羽,飞行时起舵的作用。

鸟类的前肢特化为翼,由上臂、前臂和手组成,后缘均生有长的飞羽,翼可伸展鼓动空气成为飞翔的重要器官。后肢由股、胫、足3部分组成,具有支持身体、步行、攀缘、游泳等功能。后肢裸露部分均被覆鳞片,足常为4趾,趾端有爪。一般鸟类3趾向前,1趾向后,游禽的趾间有蹼。

二、皮肤及其衍生物

鸟类的皮肤薄而干燥,缺乏皮肤腺,只有尾脂腺,可分泌油脂用以涂抹羽毛,使羽毛润泽和防水,水禽的尾脂腺更发达。

构成皮肤的表皮和真皮很薄,真皮内分布有血管和神经末梢,还有连接羽毛根部的皮肌,用以牵制皮肤和运动的羽毛。

表皮的衍生物有羽毛、角质喙、爪、鳞片、距、尾脂腺等,与爬行类的角质鳞同源。羽毛具有保温、飞翔、保护等功能。羽毛分为正羽、绒羽和纤羽(图 22-3)。

(1)正羽　被覆体表的大多数羽毛,由羽轴、羽片构成。着生在手部的大型羽片称为初级飞羽,生在前臂的称为次级飞羽,在上臂的称为三级飞羽,生在尾部的称为尾羽。它们的数量、形状、大小是分类的依据。正羽覆盖在飞羽、尾羽的基部,身体其余部分较小的羽片称为复羽。

(2)绒羽　生在正羽下面,羽轴短小,其顶端生出松软丝状的羽枝,羽小枝无钩。绒羽保温性能好,水禽的尤为发达。

(3)纤羽　夹杂在其他羽毛之间,拔掉其他羽毛后才可看到,具触觉功能。羽毛着生在体表有一定的区域,有羽毛的区域称为羽区,不着生羽毛的区域称为裸区(图 22-4),这有利于肌肉收缩,适应飞翔生活。

鸟羽的颜色绚丽多彩,是由化学性的色素沉积和物理性的折光现象所产生的。羽毛的颜色因性别、年龄、季节的不同而异,一般雄性、性成熟期和夏季的羽毛色泽较鲜艳。

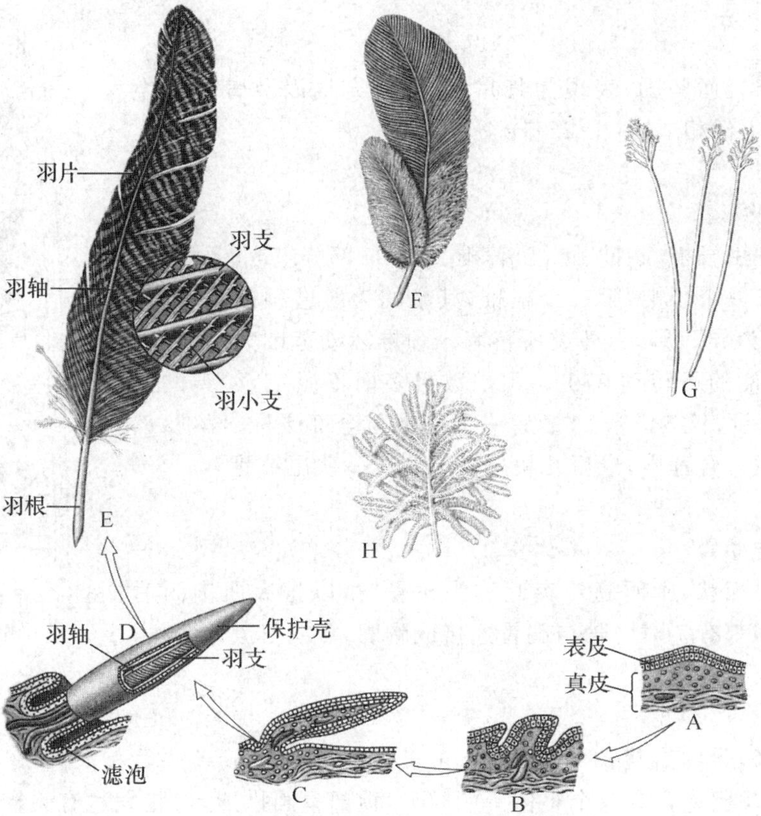

图 22-3 羽毛的类型及发生(引自 Hickman)

A～E. 羽毛的发生 F. 正羽 G. 纤羽 H. 绒羽

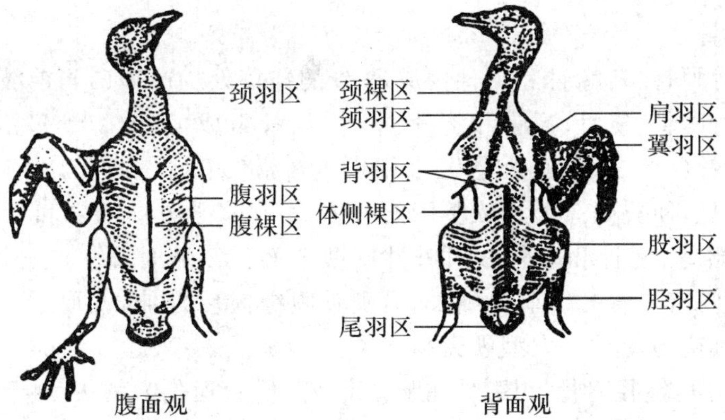

图 22-4 鸽的羽区和裸区(引自丁汉波)

鸟类一年有 2 次的季节性换羽现象,春季更换的新羽称为夏羽,秋季更换的新羽称为冬羽,大多数鸟类都进行部分或全部换羽。雁、鸭类换羽时飞羽同时脱去,暂时失去飞翔能力,几周后羽毛丰满即恢复飞翔活动。其他鸟类逐渐换羽不影响飞翔活动。

三、骨骼系统

鸟类的骨骼轻而坚固,表现为骨片薄、骨腔充气以及骨骼发生愈合,这与飞翔生活相适应(图22-5)。

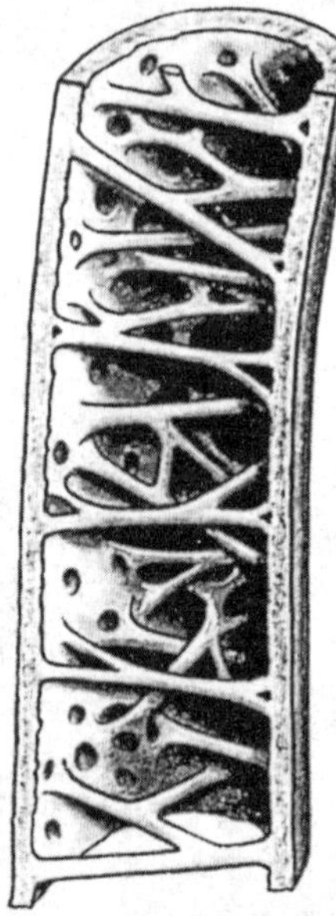

图22-5 鸟类中空的骨骼
(引自 Hickman)

(一)脊柱

鸟类的脊柱由脊椎、胸椎、腰椎、荐椎、尾椎5部分组成。

颈椎分为第一个环椎、第二个枢椎,其余的为普通颈椎,其椎体为马鞍形,又称为异凹形,为鸟类所特有。颈椎活动范围大,头部可转动180°,猫头鹰的可转动270°。颈椎数目多而不固定,如鸡的为14个,胸椎数目少,仅5~6个,最后一个胸椎与全部腰椎、荐椎、部分尾椎共同构成愈合荐椎,最后几块尾椎愈合成一块尾综骨。

(二)胸骨与肋骨

胸骨发达呈板状,中间高耸突起称为龙骨突,以扩大肌肉附着面积。每个胸椎都有1对肋骨与胸骨连接成胸廓。

(三)头骨

头骨薄而轻,骨内有蜂窝状的小孔,可被气囊充气。成鸟头骨的骨片消失,脑颅已愈合为一个整体。颅腔大,顶部呈圆拱形,与脑发达有关。

两眼窝大而深,与眼球发达有关。上、下颌骨前伸成喙,外被角质鞘。现代鸟类无牙齿,被认为是对减轻体重的适应。

(四)带骨与肢骨

(1)肩带 由肩胛骨、乌喙骨和锁骨构成,3骨的连接处构成肩臼与前肢的肱骨相关节。

(2)前肢骨 由肱骨、桡骨、尺骨和腕骨、掌骨、指骨组成,其中腕骨仅留2块,其余与掌骨愈合为腕掌骨。指骨仅留3指,其余退化,3指中1、3指仅有1节指骨,2指有2节指骨。前肢骨的骨节愈合和退化,使翼内关节连成坚固的整体,可在水平方向褶翅和展翅。

(3)腰带 由髂骨、坐骨和耻骨3对骨共同愈合而成。髂骨宽大,上接愈合荐椎,下接坐骨。髂骨与坐骨之间有坐骨孔。耻骨细长,沿坐骨腹缘向后延伸,两耻骨不在腹中线处愈合,形成"开放式骨盆",这与鸟类产大型硬壳卵有关。

(4)后肢骨 由股骨、胫跗骨、跗蹠骨和趾骨组成。腓骨退化为刺状,附于胫骨外侧。跗骨与胫骨、蹠骨愈合为胫附骨和跗蹠骨,这与其他陆生四足动物相比,多了一节长而直立的跗蹠部,可能与鸟类起飞和降落时,增加缓冲力有关。后肢一般有4趾,1趾向后,3趾向前(图22-6)。

四、肌肉系统

胸肌最发达,不活动的愈合荐椎使背部肌肉退化。胸肌分为胸大肌和胸小肌。胸大肌收缩时使翼下降。胸小肌收缩时使翼上扬。

后肢的股部和胫跗部上方的肌肉很发达,这与行走和支持身体有关。

支配前肢和后肢运动的肌肉都集中于身体的中心部分，这对保持重心的稳定，维持在飞行中的平衡有重要意义。

后肢具有适于握枝的肌肉，如栖肌、贯趾屈肌和腓骨中肌，这些肌肉着生于耻骨、股部和胫部，以长的肌腱止于4趾。当鸟类栖于树枝上时，身体重量的下压导致肌肉的肌腱拉紧，足趾自动握枝，甚至睡觉时也不会坠落（图22-7）。

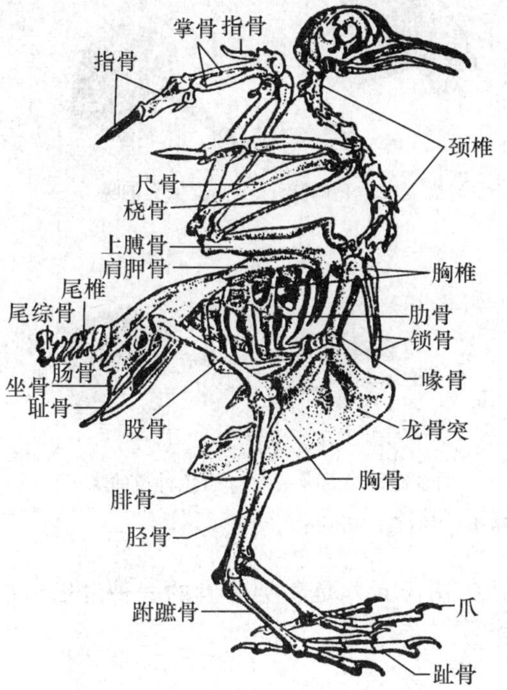

图22-6　鸟类的骨骼（引自郑作新）

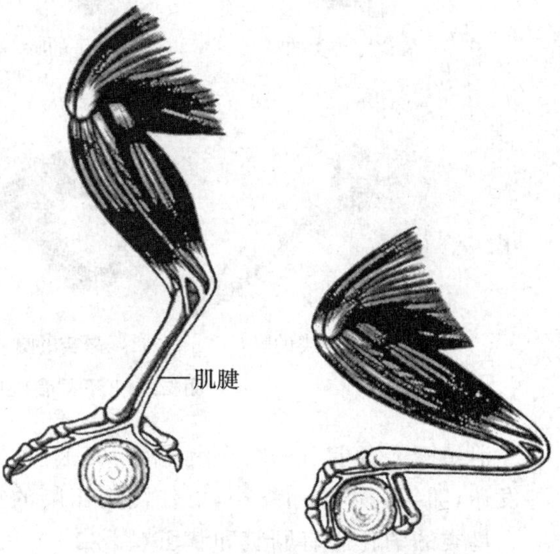

图22-7　鸟类歇息与紧握时的肌腱变化
（引自Hickman）

颈部和皮下肌也较发达。

气管下方有特殊的鸣管肌，可调节鸣管的形状和紧张程度，使鸟类发出多变的鸣声。

五、消化系统

鸟类的消化系统包括消化道和消化腺2部分。

消化道分为喙、口腔、咽、食道、嗉囊、胃、小肠、盲肠、直肠和泄殖腔。消化腺包括肝脏和胰脏。

现代鸟类无牙齿，以角质喙取食，不同食性种类，喙的差异很大（图22-8）。口腔顶部有一纵行裂缝，称为腭裂，腭裂有内鼻孔开口。口腔底部有一活动的舌，舌尖角质化。咽很短，位于口腔后部，有耳咽管，喉门和食道的开口。口腔有唾液腺，以分泌唾液湿润食物，一般不含消化酶。食道较长，在下半段有膨大的嗉囊，是临时贮存和软化食物之处。家鸽的嗉囊小或消失。鸟类的胃分为腺胃和肌胃2部分。腺胃的胃壁较薄，富有消化腺，分泌的消化液含有蛋白酶和盐酸。肌胃又称为砂胃，有肌肉质的厚壁，内壁衬有一层黄色角质层（中药称为鸡内金）。肌胃内借助食入的砂粒，有研磨食物进行机械消化的功能。室内饲养家禽的饲料中应常添加砂粒，以提高消化力和避免肌胃萎缩。肉食性鸟类的肌胃不发达。鸟类小肠较长。小肠和大肠交接处有1对盲肠,杂食性的鸟类如鸡、鸭的盲肠很发达,具有吸收水分、分解纤维、合成和吸收维生素的功能。大肠(直肠)短,不贮存粪便,有利于飞行时减轻负重,是鸟类对飞行生活的适应。大肠末端开口于泄殖腔,泄殖腔内有前、后2个皱褶,将其分成3部分:最前面是粪道,连接大肠;中间是输精(卵)管和输尿管的开口;最后面是肛道,以泄殖孔开于体外。

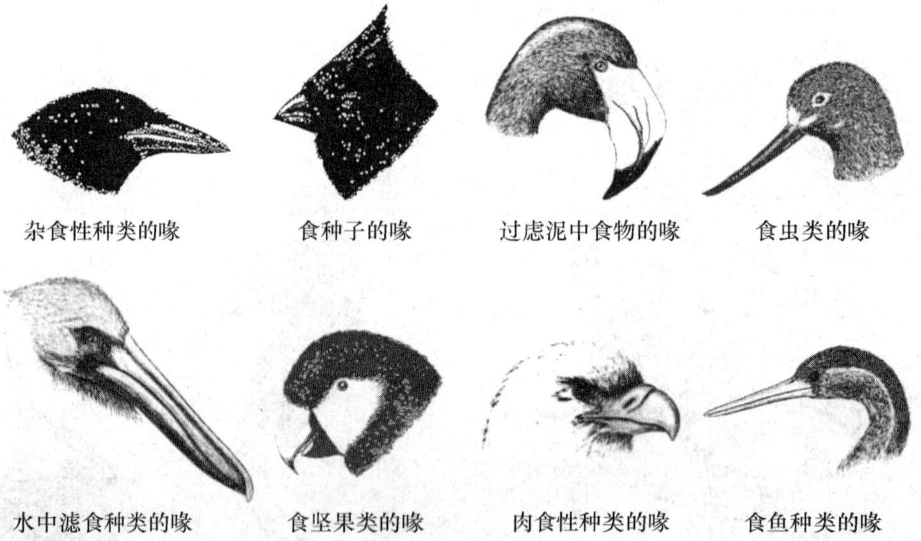

图 22-8 不同食性的鸟喙(引自 Hickman)

泄殖腔上背壁有一个盲囊,称为腔上囊(又称为法氏囊),是鸟类特有的一种淋巴组织,幼鸟发达,随年龄增长而缩小,可作测定年龄的指标。

鸟类的消化腺有肝脏和胰脏(图22-9)。

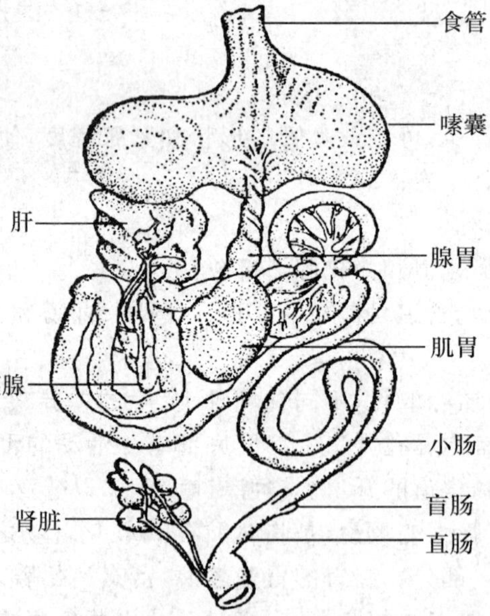

图 22-9 鸽的消化系统(引自丁汉波)

六、呼吸系统

鸟类的呼吸系统特点，具有海绵状的肺及其连接的9个气囊，形成特殊的“双重呼吸”方式。这与飞翔时需要高氧消耗相适应。

呼吸系统由鼻腔、喉、气管、支气管、肺和气囊组成。鼻腔外的鼻孔位于喙的基部，鼻腔后部的内鼻孔通咽。咽后为喉。喉门纵裂状，由1个环状软骨和1对杓状软骨支持着。喉头下接气管，为一圆柱形长管，由许多软骨环构成支架。气管进入胸腔后，在分出左右支气管交界处有1个鸣管（图22-10），是鸟类的发声器官，鸟类吸气、呼气均能发音。

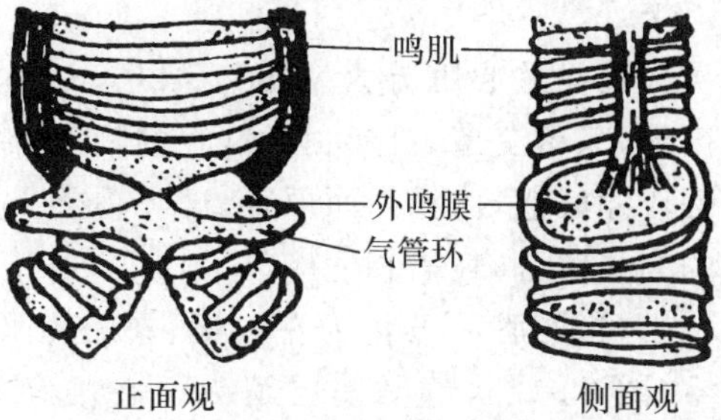

图 22-10　鸽的鸣管（引自丁汉波）

鸟类的肺是弹性较小的海绵状体，体积不大，紧贴于体腔背壁肋骨之间，由各级分支的气管形成彼此相通的网状管道系统构成。进入肺的支气管主干直达肺后部，与后气囊相连的主气管又分成中支气管，中支气管再行分出次级支气管，次级支气管再行分支，称为三级支气管。三级支气管辐射出许多细小的微气管，管壁只有单层细胞，彼此连通成网状，周围被毛细血管包围着。气体交换就在微支气管和毛细血管间进行，其呼吸面积比其他脊椎动物大得多，是鸟类特有的高效能气体交换装置。

鸟类特有的气囊共9个，均为中级或次级支气管末端膨大的薄膜囊。气囊分布于内脏器官之间，还有气囊分出的小管通入肌肉、皮下和骨腔内（图22-11）。

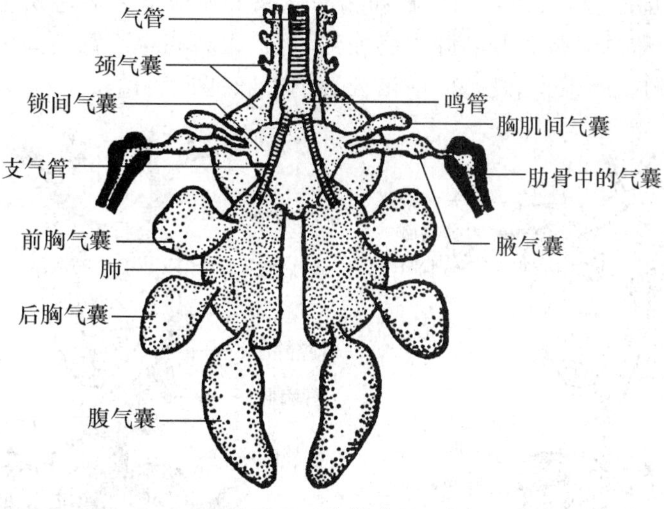

图 22-11　鸟的呼吸系统模式图（引自丁汉波）

当吸气时，大部分新鲜空气沿中级支气管直接进入气囊，未经气体交换而富有氧气。一部分新鲜空气经过肺内的微支气管时，进行了一次气体交换。当呼气时，气囊的新鲜空气也经肺内的微支气管时，又进行了一次气体交换。这种在吸气和呼气时，都进行气体交换的现象，称为双重呼吸。

鸟类在静止时的呼吸动作，靠胸骨和肋骨的升降，胸廓的扩大与缩小来完成。在飞翔时，随着翼的上扬和下降，使气囊扩大和缩小来完成。

气囊的功能，除辅助呼吸外还有减轻身体比重、减少肌肉间和内脏间的摩擦、降低飞翔时的体温作用。

七、循环系统

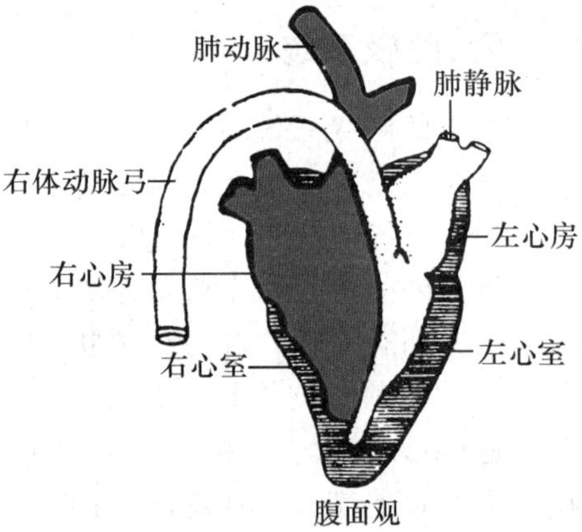

图 22-12　鸟的心脏及主要血管

(引自谢祚浑)

鸟类的心脏分为4腔(2心房、2心室)，为完全双循环，只留1条右体动脉弓，心跳频率快，血压较高，新陈代谢旺盛，体温高而恒定，这与鸟类飞翔生活所需要的高能量、高耗氧相适应。

(1)心脏　分化为左心房、左心室和右心房、右心室(图22-12)，静脉窦已消失。心房和心室间有房室孔，左房室孔有膜状的二尖瓣。右房室孔处有一肌肉质瓣，为鸟类的特点。还有主体动脉弓在左右心室发出处和肺动脉在右心室发出处，均有3个口朝上的半月瓣，这些瓣膜可防止血液倒流。脊椎动物中，鸟类的心脏所占体重比例最大，占体重0.95%～2.37%。体温一般在38～45℃。

多氧血自左心室压出，经右体动脉弓及其分支流到身体各部分组织器官。经过气体交换后，全身各部分的缺氧血，经体静脉流回右心房，称为体循环(大循环)；缺氧血由右心房入右心室，心室收缩将血液压入肺动脉而至肺脏，在肺内经过气体交换后的多氧血，经肺静脉流回左心房，称为肺循环(小循环)。体循环与肺循环完全分开，称为完全双循环。

(2)动脉　右体动脉弓由左心室发出输送血液至全身，左体动脉弓消失(图22-13)。

(3)静脉　1对前腔静脉、锁骨下静脉和胸静脉来的血液流入右心房。1条粗短的后腔静脉，汇集身体后部的髂总静脉和肝静脉来的血液，也汇入右心房。肾门静脉趋于退化。

鸟类具有特有的尾肠系膜静脉，向前汇入肝门静脉(图22-13)。

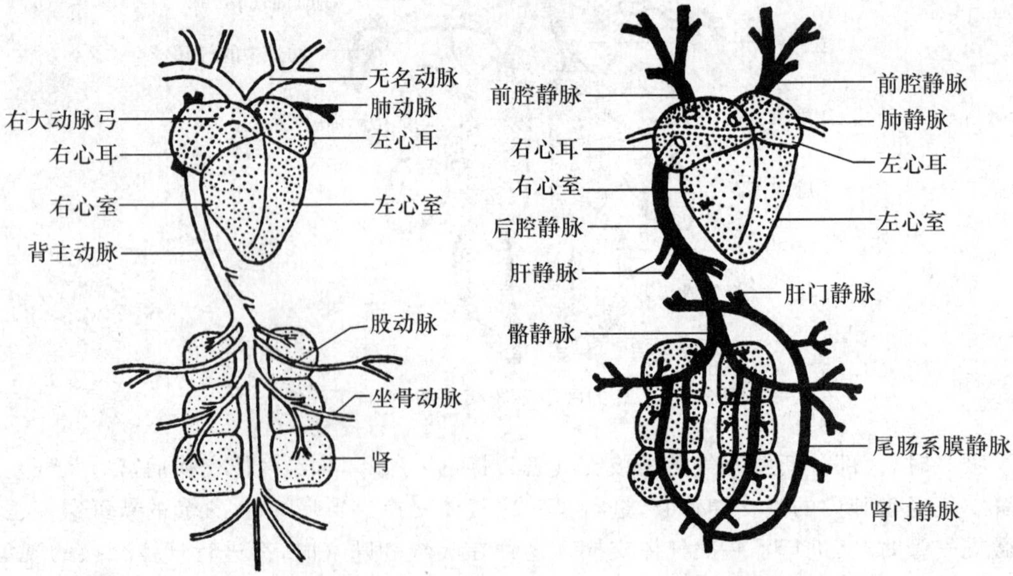

图 22-13　鸟的动脉系统和静脉系统(引自丁汉波)

(4)淋巴系统　主要有淋巴管、淋巴结、腔上囊、胸腺、脾脏等。淋巴管以盲端起于组织间隙,最终汇集成1对大的导管向前通入前腔静脉。淋巴结在鸭、鹅等少数鸟类体内有发现,具过滤淋巴液、消灭病原体和补充新生淋巴球等作用。腔上囊和胸腺(在气囊两侧)是淋巴组织起免疫作用的反应中心。脾为一个卵圆形的紫红色小体,在十二指肠附近。具有产生淋巴细胞、吞噬衰老细胞和参与免疫反应等功能。

(5)血液　鸟类血液的红细胞一般呈卵圆形,具核,数量比哺乳类的少。

八、排泄系统

排泄器官在胚胎时期为中肾,成体为后肾,占体重2%以上,这与其新陈代谢旺盛而产生大量废物迅速排出、保持盐水平衡是相适应的。

鸟类具肾脏1对,棕红色。紧贴腹腔背壁,分为前、中、后3叶长形的扁平体。2肾腹面各有1条输尿管发出,直接开口于泄殖腔中部。鸟类没有膀胱,不贮存尿液,尿液随时与粪排出体外,有利于减轻体重。尿的主要成分是尿酸,难溶于水,泄殖腔有重吸收水分的功能、所以水分损失很少,排出的尿常为浓缩的白色物。

鸟类虽有减少水分损失的能力,水的需求量比其他陆生动物少些,但供水仍是成活的关键因素之一,主要用于呼吸时水分的蒸发,以及高温时水的蒸发冷却作用。海鸟以饮海水获得水分,多余的盐由眼眶上部的盐腺排出,以维护体液浓度平衡(图22-14)。

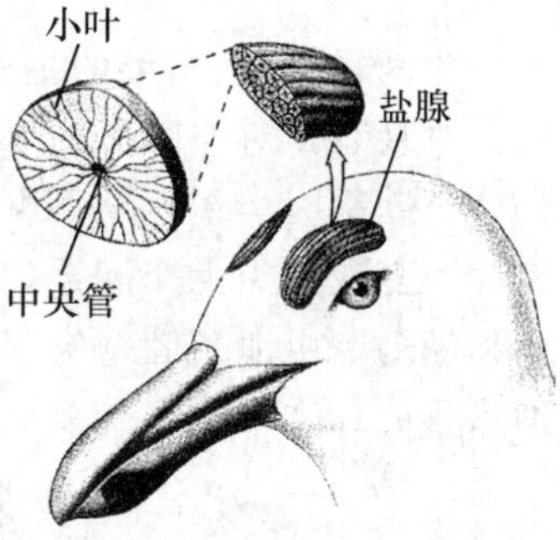

图22-14　海鸟类的盐腺

(引自 Hickman)

九、神经系统与感觉器官

鸟类的神经系统与感觉器官比爬行动物的进步。大脑、小脑和视叶发达,嗅叶退化(图22-15)。这是与鸟类的复杂本能和运动方式相关的。

大脑的体积大,由左、右2半球组成。顶壁薄,而底部增厚,称为纹状体,发达的纹状体使大脑增大。纹状体是鸟类的本能活动和"智慧"的中枢。大脑前端的嗅叶退化,与鸟类嗅觉不发达有关。间脑小,被大脑半球遮盖,由上丘脑、丘脑和下丘脑组成。下丘脑是体温调节的中枢,也对脑下垂体的分泌有直接的影响。中脑的背侧形成1对发达的视叶,与鸟类视觉发达有关。小脑更为发达,分化为中央的蚓状体和两侧的小脑卷,为复杂运动和平衡中枢。延脑与脊髓相连,为呼吸、心跳、分泌和飞翔中定位、身体平衡的中枢。

鸟类的脑神经有12对,但第11对的副神经不甚发达。

鸟类视觉器官发达。眼大,外观多数呈扁圆形,具上、下眼睑和发达的瞬膜,瞬膜透明覆盖着眼球,飞行时用以保护角膜(图22-16)。

鸟类的视觉有三重调节:以睫状肌调节晶体的凸度,角膜调节肌调节角膜的凸度,巩膜周围的环肌调节水晶体与视网膜之间的距离。这样,鸟类便具有独特而完善的视力调节功能,鸟类在高空飞翔时就能迅速、准确捕捉到地面的目标。

鸟类的听觉器官较发达。耳的结构也与爬行类的相似,由短的外耳(无外耳壳,只有1个耳孔)、中耳(内有1听骨——耳柱骨)和内耳组成。夜间活动的鸟类听觉更加发达。

鸟类的嗅觉器官不发达。少数种类,如秃鹫凭嗅觉寻找食物,因而嗅觉发达。

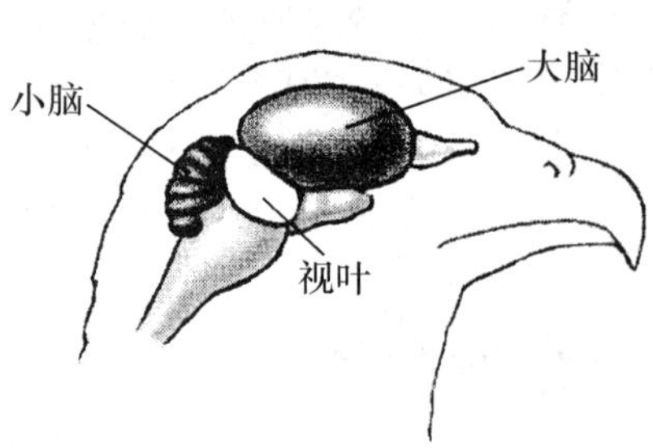

图 22-15 鸟类的脑(引自 Hickman)

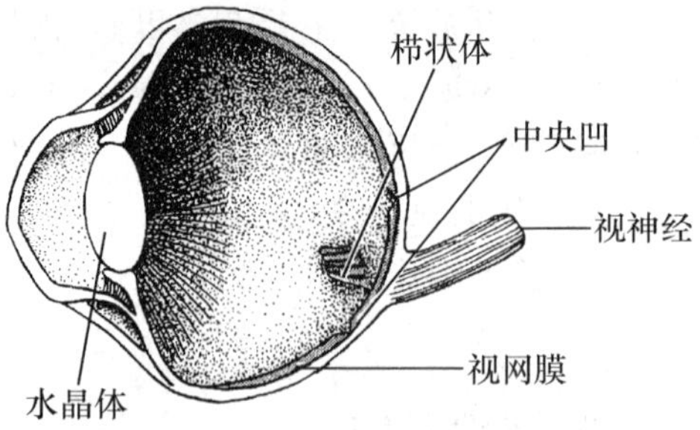

图 22-16 鸟类的眼(引自 Hickman)

十、生殖系统

为减轻体重,鸟类的生殖腺只在生殖季节发达。雌性左侧的卵巢和输卵管发达,右侧的退化。雄鸟有1对卵圆形的睾丸位于肾脏的腹面(图 22-17),在生殖期的体积可增大到几百倍到1 000倍,平时萎缩。从睾丸发出1对多弯曲的输精管,近末端膨大为储精囊,最后开口于泄殖腔。大多数鸟类无交配器,只靠雌、雄鸟的泄殖腔相互吻合完成输精作用。少数种类如雁、鸭、鹅和鸵鸟等由泄殖腔壁突起形成交配器进行输精。公鸡的泄殖腔有残存的交配器,可作为鉴别雌雄的标志。

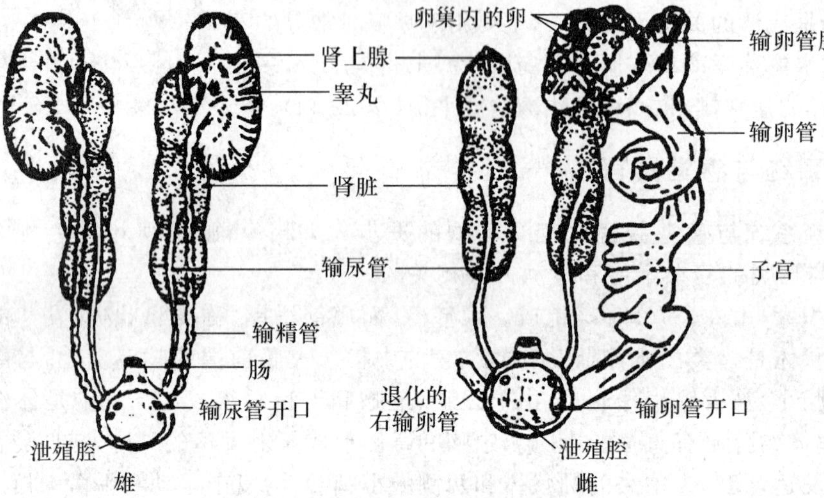

图 22-17 鸽的泌尿生殖系统(引自丁汉波)

雌鸟生殖器官只有左侧卵巢和输卵管发达,右侧的退化,也与产大型硬壳卵有关(图 22-17)。卵巢在非生殖期很小,生殖期增大,圆形的卵依次成熟和膨大。成熟的卵由输卵管的喇叭口进入输卵管,在输卵管上端进行受精,受精卵沿输卵管下行至蛋白分泌部,被此处管壁分泌的蛋白包裹,当卵黄在输卵管旋转下降时,卵黄两端的蛋白层组成系带,将卵黄悬挂在中心位置(图 22-18)。由于重力的关系使胚盘永远朝上,有利于接触亲鸟"孵卵斑"进行孵化,这是一种重要的生物学适应。受精卵下行到输卵管峡部,形成内壳膜、外壳膜,进入子宫形成蛋壳,蛋经过阴道时蛋壳覆有一层透明的水溶性薄膜,有防止水分蒸发和细菌入侵的作用,这也是养禽业切忌清洗鲜蛋的原因。蛋最后通过泄殖腔孔产出。蛋壳上有大量小孔,在孵化时进行气体交换。蛋钝端的两层壳膜在蛋产出后温度下降，蛋内的蛋黄和蛋白体积缩小而分离成气室，气室的空气可供胚胎呼吸。

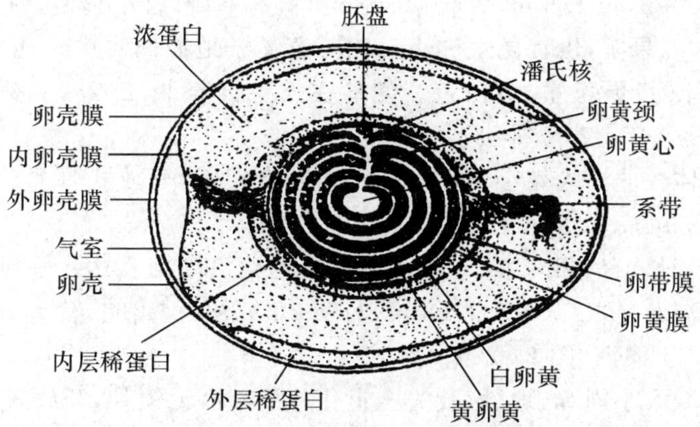

图 22-18　鸡蛋的纵剖(引自杨安峰)

第二节　鸟纲的分类

世界现存已知的鸟类约有 9 020 种，我国约有 1 244 种。根据鸟的形态、结构特点分为 2 个亚纲：古鸟亚纲和今鸟亚纲。

一、古鸟亚纲

古鸟亚纲(Archaeornithes)的种类早已灭绝，只有化石标本，称为始祖鸟(*Archaeopteryx lithographica*，图 22-19)。主要特征：具牙齿，肋骨无钩状突起，胸骨不具龙骨突起，前肢掌骨不合并，指端具爪，尾椎骨 18 块以上且不愈合。始祖鸟是从爬行类进化到鸟类的中间类型。

二、今鸟亚纲

今鸟亚纲(Neornithes)的主要特征：口无牙齿，3 块掌骨愈合为 1 块，且远端与腕骨愈合成腕掌骨，尾椎骨不超过 13 块，且多有愈合的尾综骨，胸骨发达，多为突胸。今鸟亚纲可分为 4 个总目：齿颌总目、平胸总目、突胸总目和企鹅总目。其中齿颌总目为化石种类，其余 3 个总目为现存鸟类。

图 22-19　始祖鸟(引自 Hickman)

(一)平胸总目

平胸总目(Ratitae)又称为古颌总目(Palaeognathae)，是大型奔走鸟类，翼退化，羽毛分布均匀，羽小枝无羽小钩，羽枝松散，胸骨扁平，无龙骨突起，骨盆多数封闭型，锁骨退化，后肢强大适于奔跑。雄性有交配器。

(1)鸵形目　仅 1 种,非洲鸵鸟(*Struthio camelus*,图 22-20),是现代最大的鸟类。体重 130～150 kg,身高 2.6 m,长 1.8 m,后肢长而强健,脚有 2 趾,善于奔走,时速可达 60 km。非洲鸵鸟喜食植物茎、叶、果实,也食昆虫和小动物。营巢于地面凹窝中。通常几只雌鸵鸟共用一窝产蛋,蛋重 1.5 kg。蛋壳厚,黄白色。鸵鸟在人工饲养下,2.5～3 岁性成熟,繁殖期为 40～50 年,寿命 70～80 年。产于非洲。

(2)美洲鸵目　体较非洲鸵鸟小,足有 3 趾,内趾有锐爪,开放式骨盆。仅 1 种,即美洲鸵鸟(鹅鹦)(*Rhea amecicana*),分布于南美洲草原。

(3)鹤鸵目　体较长,有 3 趾,第二趾具锐爪,翼退化。副羽发达。一雄一雌生活,雄性担任孵卵。如鸸鹋(澳洲鸵鸟)(*Dromicceitis novae-hollandiae*)、鹤鸵(食火鸡)(*Casuariuscasuarius*)皆属鹤鸵目,产于澳洲(图 22-20)。

(4)无翼目　体型大小同鸡,地栖,翼完全退化,足 4 趾,无锁骨,开放式骨盆,如几维鸟(无翼鸟)(*Apteryx owenii*,图 22-20)。

图 22-20　平胸总目的代表(引自杨安峰)

(二)企鹅总目

企鹅总目(Impennes)仅 1 目,即企鹅目,约 20 种,具有适应游泳和潜水的特征:翼浆状,具 4 趾(第 1 趾小)全部向前、向外,趾间有蹼,善于游泳。足短而靠近躯体后方,陆上走路时身体直立左右摇摆。羽毛鳞片状,骨骼内充气,内含多脂肪的骨髓。皮下脂肪发达,有利于抵御寒冷。企鹅目分布于南半球,如王企鹅(*Aptenodytes patagonica* Miller,图 22-21)。其体重达 40 kg,以鱼、虾、乌贼为食。每窝产卵 1～2 枚。雄鸟担任孵卵属晚成鸟。

(三)突胸总目

突胸总目(Carinatae)包括现存的绝大多数鸟类,主要特征:翼发达,善于飞翔,正羽发达,羽小枝上有羽小钩,构成羽片,有羽区和裸区之分,龙骨突发达,骨骼内充气,有尾综骨。全世界约有 35 个目,我国约有 26 个目,现将重要目简述如下:

(1)鸊鷉目　中小型鸟类,水栖,足着生在体后方跗蹠侧扁,前趾有蹼。翼短,尾羽退化,善于潜水和游泳,早成鸟。如鸊鷉,又称为水葫芦(*Podiceps ruficollis*)。常见于我国湖泊、水库及河流(图 22-22)。

(2)鹈形目　大型游禽,4 趾向前,趾间具蹼,为全蹼。喙强大具钩,下颌有发达的喉囊,善于潜水和游泳，捕食鱼类。晚成鸟，如斑嘴鹈鹕（*Pelecanus philippensis*）、鸬鹚（*Phalacrocorax carbo*）（图 22-23）。

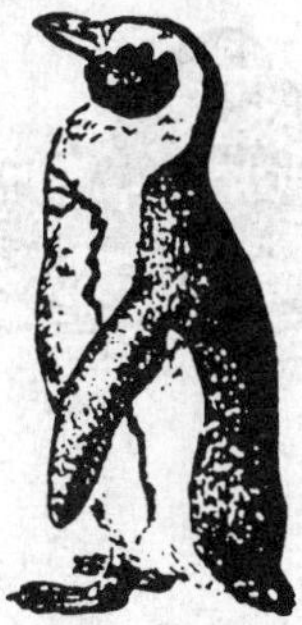

图 22-21　王企鹅
（引自丁汉波）

图 22-22　䴙䴘
（引自郑作新）

鹈鹕　　**鸬鹚**

图 22-23　鹈形目的代表
（引自郑作新）

（3）鹳形目　大中型涉禽。喙长、颈长、脚长，胫部裸露，趾长，3 趾向前 1 趾向后，4 趾在同一平面上，趾基有蹼。晚成鸟。如白鹳（*C. ciconia*）、苍鹭（*Ardea cinerea*）、白鹭（*Egretta alba*）、朱鹮（*Nipponianippon*）（图 22-24）、黑鹳（*Ciconia nigra*）等，我国均有分布。

苍鹭　　**白鹭**　　**白鹳**　　**朱鹮**

图 22-24　鹳形目的代表（引自丁汉波）

（4）雁形目　大中型游禽。喙扁平，其边缘有齿形缺刻。腿短，前 3 趾间有蹼，后趾小而不着地。绒羽丰厚，尾脂腺发达。翼的飞羽上常有光泽的"翼镜"。雄性有交配器。早成鸟。是重要的经济水禽。常见的有各种野鸭、雁、天鹅等。绿头鸭（*Anas platyrhynchos*）是家鸭的祖先，在长江流域以南为冬候鸟，北方为夏候鸟。鸿雁（*Anser sygnoides*）是家鹅的祖先。大天鹅（*Cygnuscygnus*）为珍稀鸟类，可供饲养，其肉质、味道不如雁鸭（图 22-25）。鸳鸯（*Aix galericulata*）也是珍稀鸟类。

（5）隼形目　大中型猛禽。喙强健，翼发达，善飞翔。足强壮，3 趾向前，1 趾向后，具锐利的钩爪。视觉敏锐。捕捉鼠、鸟及其他小动物为食。有的种类嗜食动物尸体。鹰科（Acipitridae），如鸢（*Milvus korschun*，俗称老鹰）、苍鹰（*Accipiter gentilis*）（图 22-26）。隼科（Falcomdae），如红脚隼（*Falco vespertinus*）、秃鹫（*Aegypius monachus*），秃鹫嗜食动物尸体。见于我国西部和北部高山上。

（6）鸡形目　陆禽。腿脚健壮，适于地面行走，翼短圆，飞翔力弱，喙短而坚强，雄性有距，羽毛美丽，一雄多雌，早成鸟，以植物种子为食，也食昆虫。本目鸟类有重要的经济意义。原鸡

图 22-25　雁形目的代表(引自丁汉波)

图 22-26　隼形目的代表(引自华中师院)

(*Gallus gallus*)是家鸡的祖先(图 22-27)。环颈雉(*Phasianus colchicus*)、鹌鹑(*Coiurnix coturnix*)(图 22-27)、鹧鸪(*Francolinus pintadeanus*)等可人工饲养供食用。红腹锦鸡(*Chrysolophus pictus*)、褐马鸡(*Crossopiilon mantchuricum*)(图 22-27)、绿孔雀(*Pavomuticus*)等是观赏和珍稀鸟类。

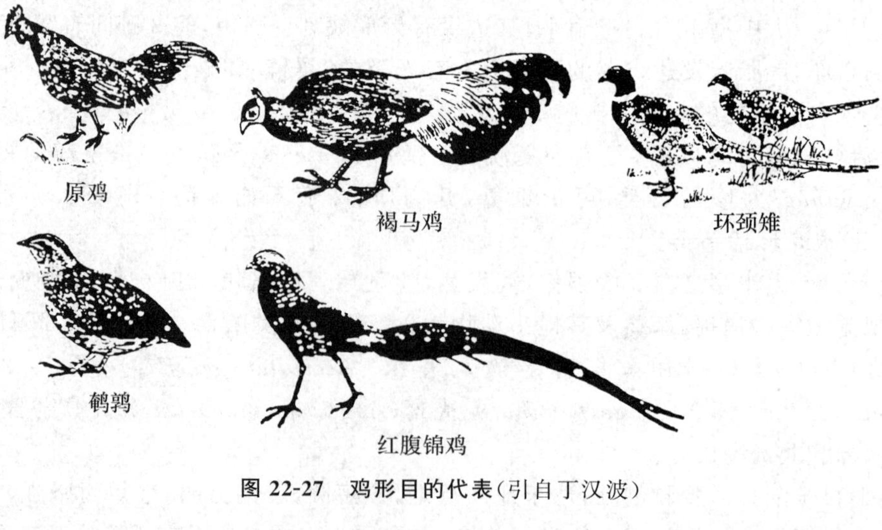

图 22-27　鸡形目的代表(引自丁汉波)

(7)鹤形目　涉禽,具有鹳形目相似的特点:喙长、颈长、腿长,但不同之处是后趾小且着生位置高于前3趾,4趾不在一个平面上。趾间蹼不发达,胫下部裸露。翼和尾均短。早成鸟,以鱼、虾、昆虫或植物为食,如丹顶鹤(*Grus japonensis*)、大鸨(*Otis tarda*),为珍稀鸟类,骨顶鸡(*Fulica atra atra*)是我国冬季狩猎鸟类(图22-28)。

丹顶鹤　大鸨　骨顶鸡

图 22-28　鹤形目的代表(引自郑作新)

(8)鸻形目(鹬形目)　中小型涉禽。大多脚长,尾短,胫一部分裸露,有蹼或无蹼,后趾小或缺,喙长短不一。翼较长而尖。早成鸟。如金眶鸻(*Charadrius dubius*)、针尾沙锥(*Gallinago stenura*)(图22-29)和凤头麦鸡(*Vanellus vanellus*)。

金眶鸻　针尾沙锥

图 22-29　鸻形目的代表(引自丁汉波)

(9)鸥形目　中型海洋性鸟类。体羽多为银灰色。翼长而尖,善飞。脚短,常4趾,前3趾具蹼。以鱼和昆虫为食,对渔业区有害。如红嘴鸥(*Larzcs ridibundus*)、燕鸥(*Sterna hirundo*)(图22-30)。

(10)鸽形目　山地或森林鸟类。喙短,翼发达,善飞,尾短圆,腿足短健,前3趾和后趾在同一平面上。嗉囊发达。能分泌"鸽乳"育雏。晚成鸟或早成鸟。以植物种子为食,如原鸽(*Columba livia*),为家鸽的祖先,珠颈斑鸠(*Streptopelia chinensis*)、山斑鸠(*Streptopelia orientalis*)和毛腿沙鸡(*Syrrhaptes paradoxes*),其肉味鲜美,为狩猎鸟类(图22-31)。

(11)鹦形目　森林攀禽。喙强大钩曲,喙基具蜡膜。足对趾型,善于攀缘。羽毛艳丽,能模仿人语,多为观赏鸟类。晚成鸟。如绯胸鹦鹉(*Psittacala alexandri*)(图22-32),产于云南省、广西壮族自治区和海南岛。

图 22-30 鸥形目的代表(引自丁汉波)

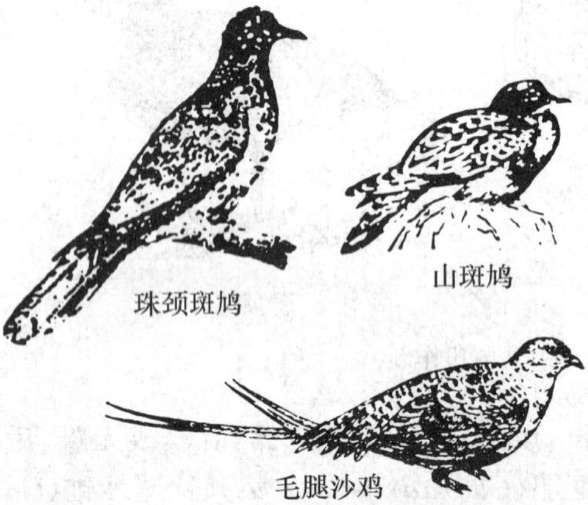

图 22-31 鸽形目的代表(引自丁汉波)

图 22-32 绯胸鹦鹉(引自郑作新等)

(12)鹃形目　森林攀禽。外形似小鹰,但喙稍向下弯曲而不成钩。对趾型(第 2,3 趾向前,1,4 趾向后)。将卵产在其他鸟巢中,排挤义亲的卵或幼鸟,独享义亲孵化和育雏。晚成鸟。如大杜鹃(*Cuculus canorus*),又称为布谷鸟,噪鹃(*Eudynamys scolopacea*)(图 22-33),遍布我国西部和南部,是农、林业益鸟。

图 22-33 鹃形目的代表(引自丁汉波)

(13)鸮形目　夜行性猛禽。喙强大而钩曲,基部具蜡膜。眼大而向前,眼周有辐射状羽毛形成面盘。耳孔大,其周围有耳羽,听觉敏锐。跗蹠常全部被羽,第 4 趾能前后转动,爪锐利。体被松软的羽毛,飞行无声,夜出昼伏,捕食鼠类及小型鸟类,多为益鸟,如长耳鸮 (*Asiootus*,俗称猫头鹰)、草鸮(*Tyco capensis*)(图 22-34)及鸺鹠 (*Glaucidium cuculoides*)。

(14)雨燕目　小型攀禽。外形和习性与家燕相似。喙短而稍曲,基部宽阔,口裂深,飞翔时张开大口捕食飞虫。翼尖长,适于疾飞。脚短而强,4 趾全向前(称前趾型)。晚成鸟,属益鸟。如楼燕 (*Apus apus*)、白腰雨燕(*Apus pacificus*)(图 22-35)、蜂鸟(*Trochilus* sp.)、金丝燕(*Collo-*

calia sp.)能制造“燕窝”,小白腰雨燕(*Apus affinis*)、雨燕目鸟类多为集群飞翔,边飞边鸣。

长耳鸮　草鸮

图 22-34　鸮形目的代表(引自华中师院)

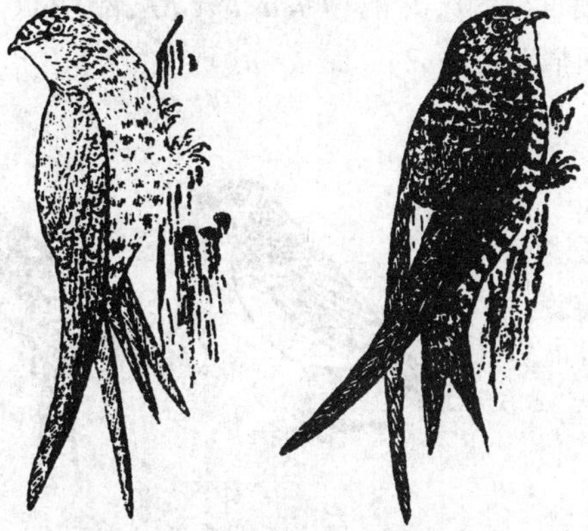

楼燕　白腰雨燕

图 22-35　雨燕目的代表(引自丁汉波)

(15)佛法僧目　森林攀禽,多为体色鲜艳,喙长而强直或短阔。跗蹠短,趾 3 前 1 后,呈并趾型。翼短有力,尾亦短。多栖息于河流旁的树木上,以水中鱼为食。栖于森林中的以昆虫为食。晚成鸟。多为益鸟。如翠鸟(*Alcedo atthis*)、戴胜(*Upupa epops*)(图 22-36)、三宝鸟(*Eurystonuts orientalis*)、冠斑犀鸟(*Anth racoceros coronatus*)等。

(16)䴕形目　森林攀禽。喙强直呈锥状,适于凿木。舌长,尖端具倒钩,善于钩取树干中的蛀虫。对趾型,趾端具锐爪,尾羽竖直,可支撑身体。晚成鸟。以林木害虫为食,是著名森林益鸟。如绿啄木鸟(*Picus cantts*)、斑啄木鸟(*Dendrocopos major*)(图 22-37)。

翠鸟　戴胜

图 22-36　佛法僧目的代表(引自丁汉波)

啄木鸟

图 22-37　䴕形目的代表(引自郑作新)

(17)雀形目　鸟纲中最高等的一目,种类最多,约 5 100 种,占总数的 60%,一般体形较小,脚较细短,足具 4 趾,3 前 1 后,后趾与中趾等长,跗蹠后部有愈合成整块的靴状鳞,鸣肌发达,善于鸣叫,巧于筑巢。晚成鸟。多数是捕食农、林害虫的益鸟,少数是吃农作物的害鸟。云雀(百灵)(*Alauda arvensis*)、家燕(*Hirundo rustica*)、白鹡鸰 (*Motacilla alba*)、黑枕黄鹂

(*Oriolus chinensis*)、大山雀(*Pants major*)、麻雀(*Passer montanus*)、黄胸鹀(*Emberiza aureola*)(图 22-38)、喜鹊(*Pica Pica*)、鹊鸲(*Copsychus saularis*)、八哥(*Acridotherescri statellus*)、画眉(*Garrulax canorus*)。

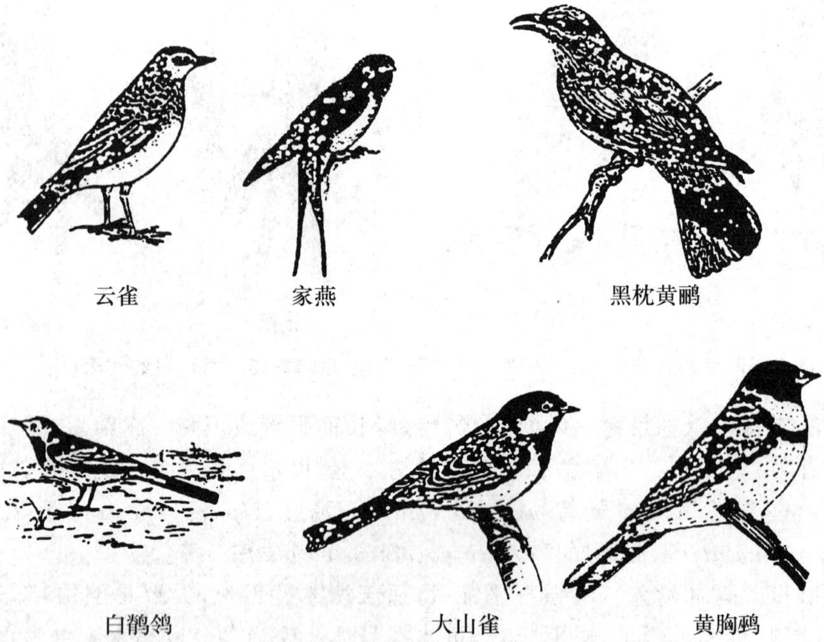

图 22-38 雀形目的代表(引自华中师院)

第三节 鸟类的繁殖和迁徙

一、鸟类的繁殖

鸟类繁殖具有明显的季节性,一般春夏季繁殖,一些热带食谷鸟类几乎四季繁殖。繁殖年龄因种类而异,大多数鸟类孵出后 1 岁可繁殖,也有些热带鸟类孵出后 3～5 个月即可繁殖,而鸵鸟 2.5～3 岁、秃鹫 9～12 岁才能繁殖。

鸟类的生殖腺发育成熟,在光照、温度、自然景观的作用下,通过神经、内分泌系统的活动,表现出一系列的繁殖行为:占区、筑巢、产卵、孵卵和育雏活动等。这些都是提高后代成活率、保持种族延续的适应。

(1)占区　在鸟类繁殖季节,雄鸟先采到繁殖地点占领一定区域,作为繁殖活动和取食范围,不准其他同种鸟类入侵。若有入侵者,则奋起攻击。雄鸟常以嘹亮的鸣叫或美丽的羽色招引同种雌鸟,以各种姿态求偶。大多数鸟类一雄一雌配偶,并维持到繁殖结束,也有的终生结成伴侣(鸳鸯、天鹅),少数鸟类一雄多雌(环颈雉)和一雌多雄。

(2)筑巢　大多数鸟类有筑巢的习性,在交配前后就进行筑巢,一般由雌鸟承担,如鸭,也有雌雄鸟共同筑巢,如家燕。但杜鹃从不筑巢,将卵产在其他鸟的巢中,称为寄生巢。杜鹃的寄生卵可出现在 30 种以上其他鸟的巢中。为适应寄生巢,其孵化时间短至 12～25 d,比寄主的亲生卵先出壳，幼鸟本能地将寄生的卵推出巢外，以独享养父母饲喂的食物。鸟巢是产卵、孵卵、育雏的场所，其大小、形状、位置和结构各异。

(3)产卵和孵化　交配和筑巢完成后便开始产卵，1 种鸟产满 1 窝卵的数目称为窝卵数，大多数鸟类 1 年产 1 窝卵，但家禽 1 年可产多窝卵。大多数鸟类产满 1 窝卵才开始孵化，有些鸟类，如啄木鸟，在产卵中途开始孵化。亲鸟孵化时腹部接触卵的部分，羽毛脱落而裸露，称孵卵斑，该处毛细血管特别丰富，温度也较身体其他部分高，有利于卵的孵化。孵化期间亲鸟常翻卵和离巢凉卵。

(4)育雏　卵孵化期满，雏鸟以喙尖上的临时“卵齿”啄破卵壳而出。刚孵出的雏鸟依其发育程度不同，分为晚成鸟和早成鸟 2 类。晚成鸟出壳后未充分发育，身体裸露或稀有小绒羽，不能站立和独立取食，全靠亲鸟喂养。大多数晚成鸟的眼睛未睁开，苍鹭、麻雀、鹰等就属这一类。早成鸟身被稠密绒羽，眼睛睁开，腿脚强健，能跟随亲鸟奔跑和觅食。大多数地栖鸟类和游禽属此类，如鸡、鸭(图 22-39)。

图 22-39　雏鸟(引自 Hickman)

育雏常由双亲共同担任，负责喂食、供水、清除巢内粪便、暖雏等。陆禽雏鸟的食物大多数是昆虫，有益于农、林业。

二、鸟类的迁徙

鸟类每年在繁殖地区和越冬地区之间定期有规律地长距离迁飞，称为迁徙。终年栖息于繁殖地区的鸟类称为留鸟，如麻雀、喜鹊等。每年随季节变化而周期性迁居的鸟类称为候鸟。

候鸟又分夏候鸟、冬候鸟和旅鸟。春季飞来繁殖，秋季南去越冬的鸟称为夏候鸟，如家燕、杜鹃、丹顶鹤等。秋冬季飞来越冬，春季北去繁殖的鸟类，称为冬候鸟，如雁、野鸭等。夏季在我国以北繁殖，冬季在我国以南越冬，春、秋季路过我国某地作短暂栖息的鸟称为旅鸟，如黄胸鹀、沙锥等。

候鸟迁徙的时间是每年的春、秋两季，大多数鸟在夜间迁徙，以利于白天取食，也有的在日间迁徙如燕、鹤。而雁、鸭类日夜迁徙，常以数只或大群形成迁徙。候鸟飞行高度一般为 300～1 000 m。迁徙的地点可在两地区之间，国与国之间，洲与洲之间，如大滨鸟在澳大利亚越冬，在西伯利亚繁殖。

鸟类迁徙的原因很复杂，至今尚无肯定的结论，大多数鸟类学家认为迁徙主要原因是对冬季不良食物条件的一种反应，以寻求南方温暖的冬天有较多的食物，北方的夏季日长夜短，有足够的时间觅食和进行繁殖,因而北迁繁殖。还有大量实验证明,光照条件的改变,可以通过视觉、神经系统作用于间脑下部的睡眠中枢,引起鸟类处于兴奋状态,光刺激还增加了脑下垂体的活动,促进性腺发育和影响甲状腺分泌,增强机体代谢,进一步提高对外界刺激的敏感性而引起迁徙。据鸟类生理学研究得知,生殖腺的内分泌作用对迁徙有一定的关系。春季生殖腺长大时,促使鸟类北迁繁殖,繁殖期过后生殖腺萎缩,内分泌机能衰退则又南迁。

总而言之,鸟类的迁徙是长期对季节变化的适应形成的一种本能。

第二十三章　哺乳纲

进化地位:大约在距今2亿年前,在爬行类日渐走向兴盛、恐龙时代即将来临的时候,一种小型脊椎动物——哺乳类的先祖兽齿类(Theriodonts)出现了。然而,它是那么的不起眼:体形与现代的狗甚或老鼠差不多,既没有大型爬行动物的霸气,也没有稍后出现的会飞翔的鸟类那般潇洒。它们在大型爬行动物的阴影下默默无闻地存活、进化,它们形成了恒定的体温以抵御环境气候变化所带来的不利影响;用胎生和哺乳的生育方式去保护后代免受敌害的猎杀;凭借不断发展的智力与强大的敌害、竞争者周旋……终于,在中生代的霸主恐龙从地球上消失后,它们便脱颖而出,快速发展并占据了恐龙灭绝后留下的生态空间(图23-1)。经过漫长岁月的发展进化,造就了地球的终极统治者——人类。

图23-1　大猩猩(引自Miller)

哺乳类和鸟类作为同是起源于爬行动物、几乎同时出现的2个类群,虽然在某些局部功能上(如运动、代谢方面)鸟类要高出些许,但综合来看,不论在整体机能上,还是在生态系统中,哺乳类的至尊地位都是不可动摇的。形成这种结局的根本原因,在于它们迥然不同的发展道路:选择树栖飞翔生活的鸟类,在摆脱了敌害的同时,也失去了大踏步进化发展的动力;而地栖生活的哺乳动物,则在残酷的竞争环境中百炼成钢。

第一节　哺乳纲动物的主要特征

一、外形

体表被毛是哺乳动物最显著的外形特点,被毛的主要功能是保温御寒。哺乳类的躯体由头、颈、躯干、四肢和尾等几部分组成,其前肢肘关节后曲、后肢膝关节前突,四肢紧贴于躯干侧下方,形成一种强支撑、稳定而又富于弹性的体态。如此一来,非但腹壁得以提离地面,而且也不再需要粗大的尾巴来辅助支撑和稳定身体,行走和奔跑也就变得更为敏捷快速。在哺乳类,尾巴作为快速运动的平衡器官,经常疾速奔跑的种类相对发达,许多种类则趋于退化(图23-2)。

一些哺乳动物,由于生活环境、生活方式发生变化,因此在身体形态上也有较大的改变:水栖种类(如鲸、海豚等)的体型呈鱼型,附肢特化呈桨状,飞翔种类(如蝙蝠)的一对前肢上连有翼膜,一些食虫种类(如穿山甲)的被毛退化而被以角质鳞片。

图 23-2 哺乳动物(引自 Hickman)

二、皮肤及其衍生物

哺乳类的皮肤与低等陆栖脊椎动物的皮肤相比较,不仅结构致密、厚实,具有良好的机械保护功能和隔水性能,而且还具有敏锐的感觉功能和调节体温的功能。因而是脊椎动物中结构和功能最为完善、最适于陆栖生活的体表防卫器官。哺乳类的皮肤主要有以下几个方面的特点。

(一)表皮和真皮加厚

哺乳类表皮由靠近真皮的生长层及其外层的角质层组成。生长层细胞分裂旺盛,以补充不断磨损脱落的角质层;角质层则由角化的死亡细胞层叠而成。哺乳类的角质层都很发达,角化细胞通常多达几十层(如人类)乃至几百层(如犀牛、野猪等),从而构成第一道有效的保护屏障。

真皮由致密的纤维性结缔组织构成,非常坚韧厚实。真皮内含丰富的血管、神经和感觉末梢,能滋养表皮组织,感受压力及疼痛、温觉。在真皮下有发达的皮下脂肪层,起着保温和隔热作用,也是能量的贮备基地(图 23-3)。

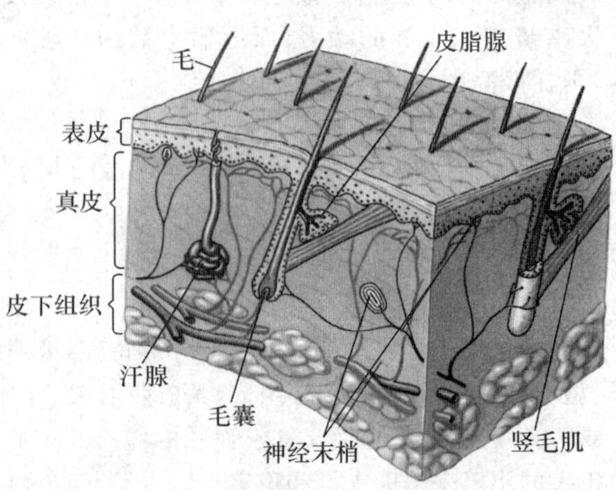

图 23-3 哺乳类的皮肤(引自 Hickman)

此外，哺乳类的表皮和真皮内还分布有黑色素细胞(melanocytes)，能产生黑色素颗粒，使皮肤呈现黄色、暗红色、褐色及黑色。

(二)体表被毛

毛(hair)是表皮角质化的产物。由毛根和毛干构成。

毛根埋在皮肤深处的毛囊里，外被毛鞘，毛根末端膨大部分为毛球。毛球基部即为真皮构成的毛乳突，内具丰富的血管，供应毛生长所需的营养物质。皮脂腺即开口于毛囊内，所分泌的油脂起润泽毛发和皮肤的作用。毛囊基部有竖毛肌附着。竖毛肌是起于真皮的平滑肌，收缩时可使毛直立，起着辅助调节体温并有威吓对手的作用。

毛干由皮质部和髓质部构成。皮质细胞内具有色素颗粒，它决定了毛的颜色。髓质部内含空气间隙。髓质部愈发达的毛，保温性能愈强。

毛的形态、长短和疏密等，均与保温的效能有关。水生哺乳类(如鲸)的毛退化而代之以发达的皮下脂肪层。

毛又是重要的触觉器官，很多种类(如猫、鼠、海豹等)吻端的触毛，是特化的感官。

毛的颜色还使动物与所栖息的环境相协调，从而形成各式各样的保护色。

毛在春、秋季将进行有序渐进的更换，以适应即将到来的暑夏和寒冬气候，这种现象称为换毛。

(三)发达的皮肤腺

哺乳类的皮肤腺来源于表皮的生发层，为多细胞腺，种类繁多、功能各异。基本类型有2种，即皮脂腺(sebaceous gland)和汗腺(sweat gland)。

皮脂腺为泡状腺，多开口于毛囊基部。基本功能是分泌油脂润泽皮、毛。

汗腺为管状腺，开口于体表的汗孔，主体则陷入真皮深处，盘卷成团，外包以丰富的血管。通常所说的出汗，即为血液中的水分和一部分溶解性代谢废物(如尿素)，经渗透进入汗腺管而排于体表的过程。汗液将躯体内部的热量带出来，而且伴随着水分蒸发还会从躯体吸取大量的热量，因而是哺乳类降低体温的一种重要方式。汗腺不发达的种类(如犬)，体热散发主要靠口腔、舌和鼻表面蒸发。

乳腺(mammary gland)为哺乳类所特有的腺体，是变态的汗腺。乳腺导管常丛聚开口于体表的特异部位并突出成乳头，如牛、羊的乳头位于鼠蹊部、猪的位于腹部而猴的则位于胸部。乳头数目因种而异，一般与产仔数目相当，例如猪的为4～5对、牛和羊的为2对、猴与蝙蝠的为1对。低等哺乳类(如鸭嘴兽)不具乳头，乳腺管分散开口于特定的区域，称为乳腺区。

味腺(scent gland)或称臭腺，为特化的汗腺或皮脂腺(如麝的麝香腺、鼬类的肛腺、兔外阴部的鼠鼷腺等)，对于哺乳类(特别是社群生活种类)同种的识别和繁殖配对具有重要作用。鼬类的肛腺，则是有效的防御器官，可在被敌害追捕的瞬间释放大量奇臭无比的气体，令其昏厥而从容逃生。

哺乳类的皮肤衍生物，除了上述的毛和皮肤腺以外，还有爪(claw)、角(horn)和角质鳞片(图23-4)。

爪，包括其变形蹄(hoof)和指甲(nail)，皆与爬行类的爪同源，皆为指(趾)端表皮角质化的产物。是陆栖步行时指(趾)端的保护器官。

角是头部特定部位表皮和(或)真皮的衍生物,为有蹄类防卫和争夺雌性配偶的器官。主要分洞角(牛角)及实角(鹿角)2 类。洞角不分叉,终生不更换,为头骨的骨质角外面套以由表皮角质化形成的角质鞘构成。成熟的实角为分叉的真皮骨质角,由真皮骨化后穿出皮肤而成,多为雄兽的发达,且每年脱换一次。刚长出的鹿角外包富有血管的皮肤,此期的鹿角称为鹿茸,为贵重的中药。

犀牛角为表皮角,完全由表皮角蛋白纤维形成。长颈鹿的角则终生包被有皮毛,是另一种特殊结构的角。

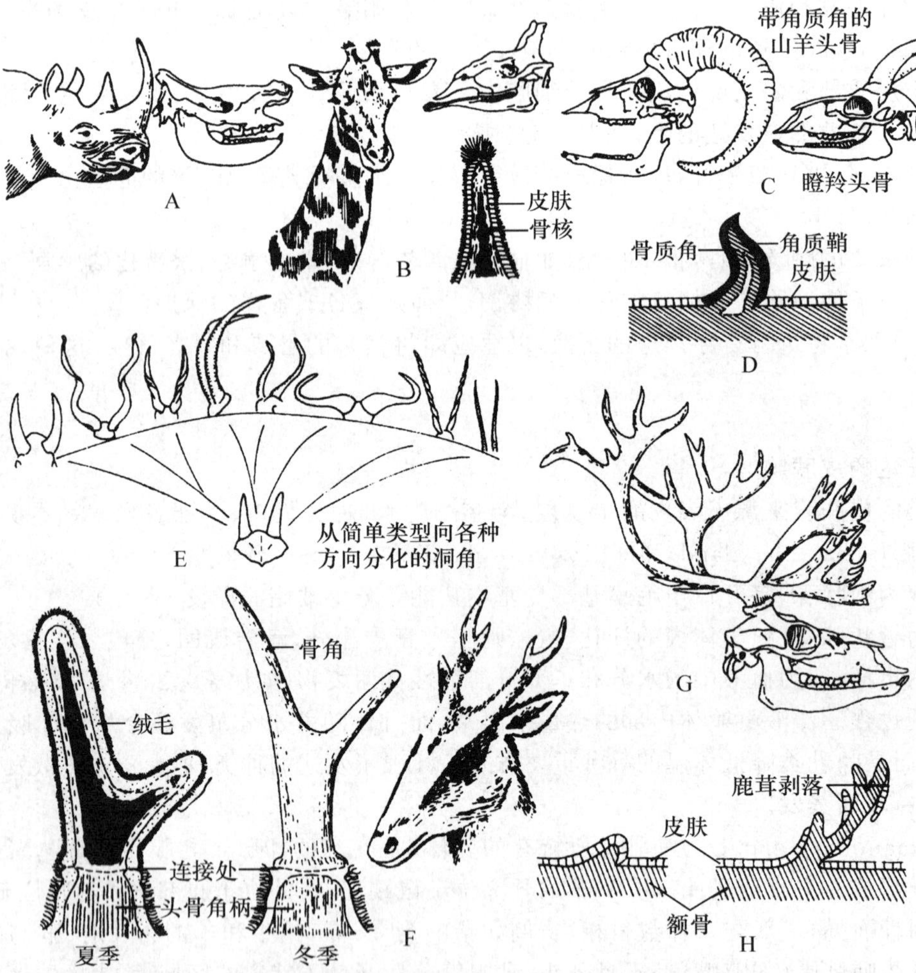

图 23-4 哺乳动物的角(引自刘凌云)

A. 犀牛角 B. 长颈鹿角 C. 山羊角 D. 洞角 E. 洞角的演化类型 F、G. 鹿角 H. 鹿角的结构及发生

三、骨骼系统

哺乳类的骨骼系统十分发达,支持、保护和运动的功能趋于完善。其特点主要表现为几个方面:颅腔趋于扩大,以容纳日益增大的脑;脊柱分区明显,结构坚实、柔韧性提高,更适于负重和奔跑跳跃;前、后肢骨骼形成肘、膝关节,杠杆性能提高,使运动更加有力、快速、灵活,协助摄食和防御的功能更强大;新出现和发展了一些结构(如会厌软骨、发达的次生腭和异型齿),以

适应其他器官系统机能的发展。

此外,哺乳类的骨骼比爬行类的更简化,愈合更多;骨骼的骨化程度也更高,质地更加坚实。

(一)中轴骨骼

1. 脊柱、肋骨和胸骨

脊柱分化为颈椎、胸椎、腰椎、荐椎及尾椎 5 部分(图 23-5)。

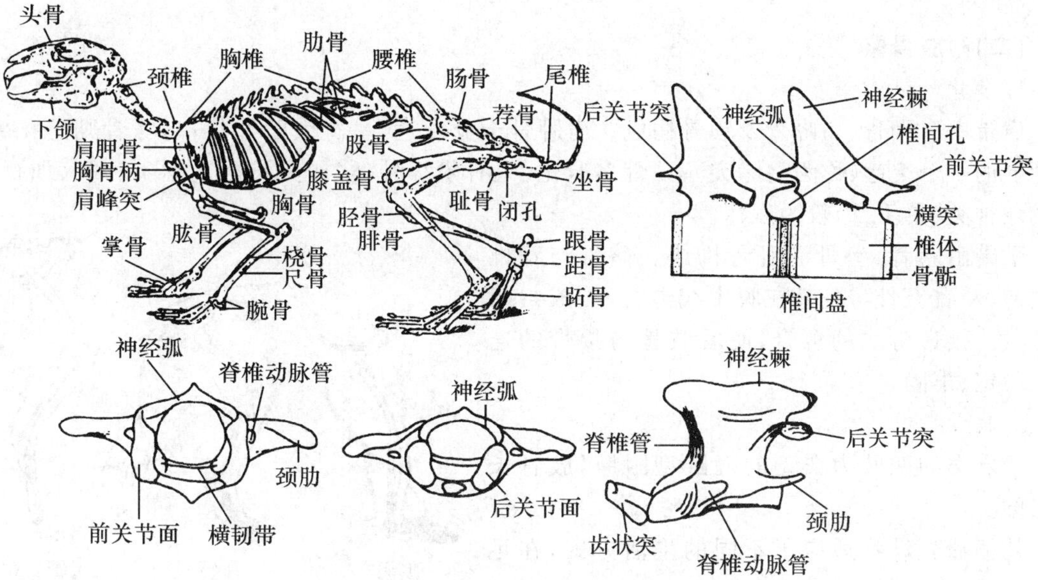

图 23-5 家兔的骨骼(引自郝天和)

绝大多数种类的颈椎数目为 7 枚,这也是哺乳类的分类特征之一。第一颈椎寰椎与枕骨之间构成的寰枕关节、寰椎与第二颈椎枢椎的齿突构成的寰枢关节,提高了头部的运动幅度,这对于取食、防卫和提升感官的警觉度极为重要。胸椎 12～15 枚,其两侧与肋骨相关节。胸椎、肋骨及胸骨构成胸廓,既起着保护内脏、完成呼吸动作的作用,又是间接支持前肢运动的重要器官。荐椎一般 3～5 枚,多有愈合,以构成对腰带和后肢的稳固支持。水栖种类因后肢退化,荐椎的形态分化不是很明显。哺乳类的尾椎数目不固定且趋于退化。

哺乳类的脊椎骨,椎体前后关节面平宽,称为双平型(amphiplatyan centrum)椎体。这种椎体由于前后关节面接触面积加大,使得脊柱的负重性能显著提高。所以大型种类(如马)对负重性能要求较高的腰椎,椎体的这种变化尤为明显。另外,在相邻的椎体之间,还有由结缔组织纤维环及胶状髓核(脊索的残留)构成的椎间盘。椎间盘坚韧而富有弹性,可有效地缓冲快速奔跑跳跃对椎骨本身、脑及内脏的震荡冲击,防止损伤。

2. 头骨

哺乳动物的头骨,颅骨为合颞窝型。由于脑体积的加大、感官(特别是鼻囊)的发达和口腔咀嚼功能的形成,使头骨发生了显著的变化。脑颅、鼻腔的扩大,次生腭的进一步发达,导致头骨的一些骨块消失、变形和愈合。头骨的这种变化,达到了质轻和稳固的统一。

头骨较大的变化是:脑颅顶部骨块愈合形成明显的"脑杓",以容纳脑髓;枕骨大孔移至头骨的腹侧。

哺乳类头骨因鼻腔的扩大而有明显的"脸部"。这是高等种类能够表现出多种面部表情的结构基础。

哺乳类头骨的另一个标志性特征是下颌由单一的齿骨构成。齿骨直接与颅骨的颞骨鳞状部相关节,加强了咀嚼的力量。与此相关联的是,上颌骨与颞骨的突起以及颧骨本体形成了哺乳类特有的颧弓(zygomatic arch),作为强大的咀嚼肌的起点。颧弓的特点常常作为分类的依据。

(二)附肢骨骼

1.带骨

肩带由肩胛骨、乌喙骨及锁骨构成。肩胛骨十分发达,呈宽大的片状;乌喙骨则退化成肩胛骨上的一个突起(称为乌喙突);锁骨多退化,只有攀缘种类(如灵长类)、掘土种类(如鼹鼠)和飞翔种类(翼手目)较为发达。

腰带由髂骨、坐骨和耻骨构成。髂骨与荐椎相关节,左右坐骨与耻骨在腹中线愈合,构成封闭式骨盆。腰带骨块的愈合,使后肢骨与腰带的连接更稳定、牢固。

2.肢骨

哺乳类的四肢为典型的五趾型附肢,肢骨长而强健。

陆栖哺乳动物适应于不同的生活方式,在足型上有蹠行式、趾行式和蹄行式3种(图23-6)。趾行式、蹄行式与地面接触面小,适于快速奔跑;而蹠行式与地面接触面积最大,有利于直立行走的种类维持躯体平衡。

图23-6 哺乳动物的足型(引自刘凌云等)

四、肌肉系统

哺乳类的肌肉系统基本上与爬行类的相似,但结构与功能均进一步复杂化。最显著的表现是具有强大的四肢肌肉,以适应快速的奔跑运动。除此之外还具有以下特点。

(1)具有特殊的膈肌　膈肌起于胸廓后端的肋骨缘,止于中央腱,构成分隔胸腔与腹腔的横膈。膈肌运动可改变胸腔容积,是呼吸运动的重要组成部分。另外,胸、腹腔的分隔还使心、肺这2个重要器官免受胃肠的挤压,而始终维持正常的功能。

(2)皮肤肌发达　使动物可抖动皮毛,以甩掉体表的水滴、脏物和寄生虫,并执行威吓的功能。灵长类面部的皮肤肌发展成为表情肌(mimetic muscles),用来表达情感,从而能够在社群生活中进行高级、复杂的信息交流。

(3)咀嚼肌强大　具有粗壮的颞肌和嚼肌,分别起自颅侧和颧弓,止于下颌骨(齿骨)。强大的咀嚼肌是哺乳类利用口捕食和防御、并形成发达的咀嚼功能的基础。

五、消化系统

哺乳类消化管各段高度分化,口腔机能强大,消化腺极为发达,消化系统结构和功能进一步提高。其中,口腔机能的强化是哺乳类消化系统最大的特点,此外食性的不同也造成了消化系统形态与功能的分化。

(一)强大的口腔机能

哺乳类消化系统在组成上与爬行类并没有多少差别，消化管的组成、消化腺的类型也基本一致。最大的变化在于口腔，伴随着一系列重要器官的形成和发展，哺乳类口腔机能变得异常的强大。

1. 肉质的唇、舌

从哺乳类开始，出现了肌肉质的上、下唇(lips)，在颜面肌肉的控制下，可自由运动。是吸吮乳汁、摄食和协助咀嚼的重要器官。草食种类直接以唇采食，所以十分发达。唇还是许多种类发声的辅助器官。

肌肉质的舌在哺乳类最为发达。舌的运动可协助摄食、吞咽、搅拌食团协助咀嚼。舌表面有味觉器官——味蕾(taste bud)，可用于食物的辨别并刺激食欲。

此外，哺乳类的口裂大为缩短，在两侧牙齿的外侧出现了颊部(cheek)，与唇的拦围作用相配合，可避免咀嚼时食物溢漏于口腔外面。某些树栖生活类群(如松鼠、猴)颊部形成袋状构造，称为颊囊(cheekpouch)，用以暂时贮藏食物。

2. 发达的次生腭

次生腭在哺乳类得到了很大的发展。哺乳类由前颌骨、颌骨及腭骨的突起拼合而成的次生腭或称硬腭(hard palate)，不断向后延伸，并与软腭(soft palate)连接，构成口腔的顶壁，使内鼻孔后移至咽腔。从而把食物通路与呼吸通路分隔开来，保证了咀嚼时呼吸的顺畅。

3. 槽生异型齿

哺乳类的牙齿是真皮与表皮共同的衍生物。在发生上与鲨鱼的楯鳞同源。牙齿在形态组成上露在外面的部分叫齿冠，伸入齿槽的部分称为齿根，两者之间稍窄之处为齿颈。在构造上牙齿由釉质(珐琅质)(enemel)、齿质(dentine)和齿骨质(cement)构成(图 23-7)。釉质由表皮分泌形成，覆盖于齿冠，是牙齿最坚硬的部分。齿质由真皮产生，内有髓腔(pulp cavity)，充有结缔组织、血管和神经，供应牙齿所需营养。齿骨质覆于齿根外周，与颌骨的齿槽相连接，主要成分是磷酸钙。

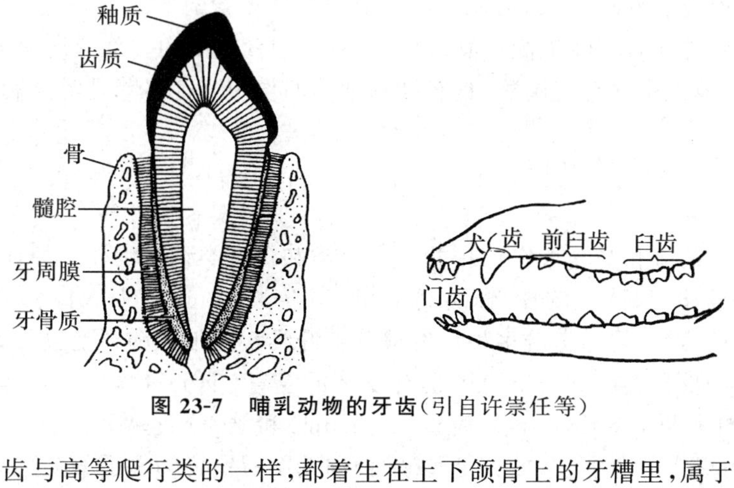

图 23-7　哺乳动物的牙齿(引自许崇任等)

哺乳类的牙齿与高等爬行类的一样，都着生在上下颌骨上的牙槽里，属于槽生齿。因牙齿的形态和功能出现了明显的分化而称为异型齿(heterodont dentition)。牙齿分化为门齿(切牙)(incisor)、犬齿(尖牙)(canine)、前臼齿(前磨牙)(premolar)和臼齿(磨牙)(molar)。其中门齿平削有切割食物的功能,犬齿尖锐具撕裂功能,咬合面宽大的(前)磨牙则具有咬、切、压、研磨等多种功能。生活习性不同的动物,其牙齿的形状和数目均有很大差异。但在同一种类,齿型和齿数是稳定的。因此,在哺乳动物分类上,通常以齿式(dental formula)来表示一侧牙齿的数目,依据左右对称的原则便可知道整副牙齿的情况。齿式的数字顺序对应关系如下:

$$\frac{\text{门齿、犬齿、前臼齿、臼齿}}{\text{门齿、犬齿、前臼齿、臼齿}}(\times 2)=\text{总数}$$

比如人类的齿式为$\frac{2、1、2、3}{2、1、2、3}(\times 2)=32$,表示人类一侧牙齿的数目是:上、下门齿各2颗,上、下犬齿各1颗,上、下前臼齿各2颗,上、下臼齿各3颗,计16颗。整副牙齿即为16×2=32(颗)。

而牛的齿式为$\frac{0、0、3、3}{4、0、3、3}(\times 2)=32$,表示牛一侧牙齿的情况是:上门齿缺失、下门齿4颗,上、下犬齿均缺失,上、下前臼齿、臼齿都是3颗,计16颗,整副牙齿为16×2=32颗。

哺乳类的牙齿有乳齿与恒齿的区别。乳齿(即婴儿首次生出的门齿、犬齿、前臼齿)在出生后一定年龄内脱落,然后即被重新长出的恒齿替换,恒齿终生不再更换。臼齿无乳齿,生出后就不再更换。所以儿童时臼齿的保护非常重要。

哺乳类牙齿的形态分化可反映其食性。

食虫类(lnsectivorous):门齿尖锐,犬齿不发达。

肉食类(carnivorus):犬齿十分发达,并且上颌最后一个前臼齿和下颌第一臼齿特别增大,形成齿裂,用于撕裂猎物。

草食类(herbivorous):犬齿不发达或缺失。

杂食类(omnivorous):臼齿齿冠有丘形隆起,称为丘型齿。

4. 唾液腺发达

哺乳动物一般有3对唾液腺开口于口腔内:即耳下腺(腮腺)(parotid gland)、颌下腺(submaxillarygland)和舌下腺(subingual gland)。其分泌物中含有大量黏液主要用以润滑食物帮助吞咽。有些动物的还含有唾液淀粉酶(ptyalin),能把食物中的一部分淀粉分解为麦芽糖,行口腔消化。此外,唾液中含有溶菌酶,具有抑制细菌的作用。很多哺乳类还利用唾液蒸发来调节体温。

(二)食性的影响

哺乳类消化道的分化与食性密切相关。食虫类和食肉类动物消化道短而简单,盲肠退化。草食动物消化道极长,与体长的比例(为体长的10倍以上)远远大于肉食动物(体长的3.4倍),且具有发达的盲肠,内栖息着多种可发酵分解纤维素的细菌和纤毛虫(图23-8)。

食草动物中的反刍类(ruminant)则具有复杂的复胃(反刍胃),一般由4室组成,即瘤胃(rumen)、网胃(蜂巢胃)(reticulum)、瓣胃(omasum)和皱胃(重瓣胃)(abomasum)。其中仅皱胃为胃本体,胃壁上有腺上皮,能分泌胃液;而前3个胃室皆为食道的变形。

此外,哺乳类的消化系统还有一些自己固有的特点。

①小肠高度分化，小肠黏膜富有绒毛、血管和淋巴管，加强了对营养物质的吸收作用。小肠具乳糜管(lacteal)，为输送脂肪的一种淋巴管，外观呈现乳白色。

②绝大多数哺乳类的泄殖腔消失，直肠直接以肛门开口于体外。

③具有发达的肝脏和胰脏。

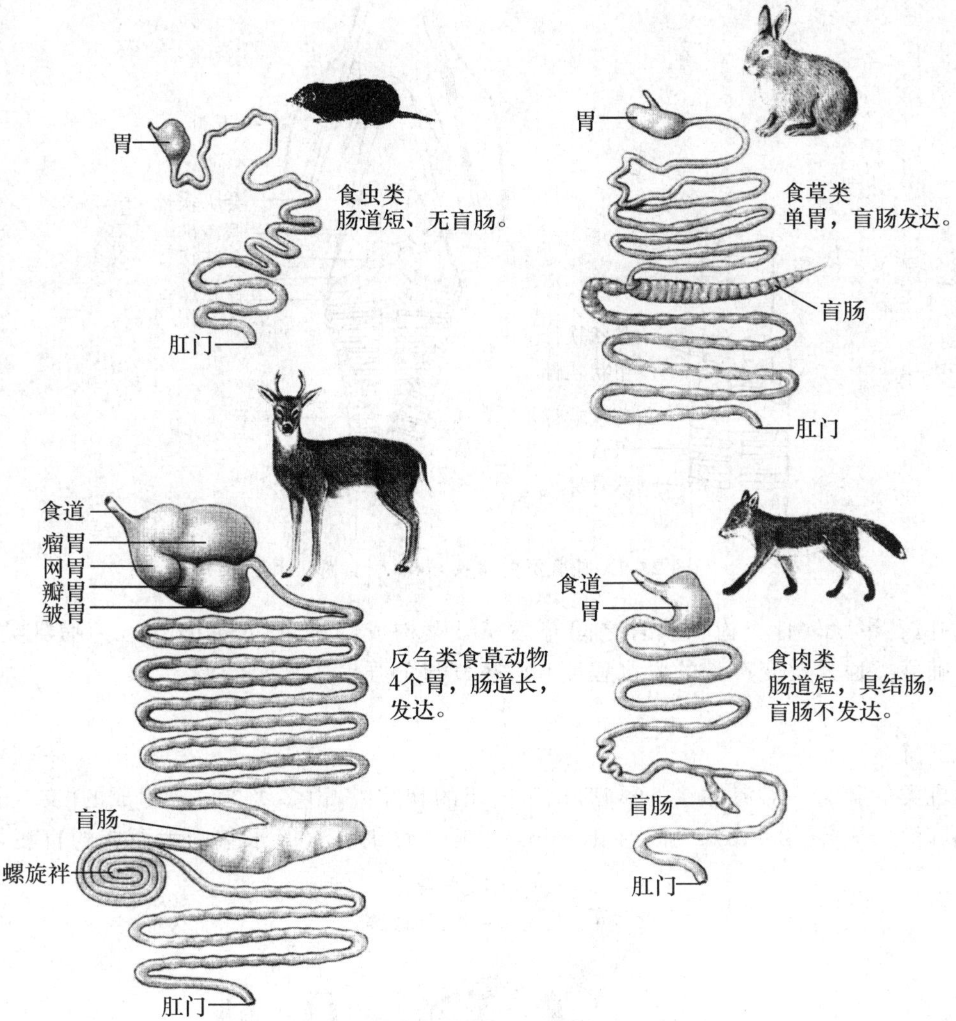

图 23-8　不同食性的哺乳类消化道类型(引自 Hickman)

六、呼吸系统

哺乳类的呼吸道由外鼻孔、鼻腔、咽、喉、气管和肺组成。

(一)鼻腔

鼻腔最前部由皮肤覆盖，皮脂腺和汗腺丰富，并长有鼻毛以过滤空气。后部覆盖黏膜，因阔大的鼻腔和发达的鼻甲，哺乳类鼻腔黏膜大为扩大。鼻腔黏膜上毛细血管极为丰富，容易因干燥、损伤而破裂出血。此外，哺乳类还有伸入到头骨骨腔内的鼻旁窦，可加强对吸入空气的温润作用，同时也是发声的共鸣器。

(二)喉

喉(larynx)为气管前端的膨大部,既为呼吸通道又是发声器官。哺乳类喉头有4种软骨:甲状软骨和环状软骨构成对喉腔的支撑,在环状软骨上方有一对小型的杓状软骨,还有哺乳类特有的会厌(软骨)(epiglottis),或称"喉门盖",其功能是防止吞咽时食物误入喉腔气管(图23-9)。

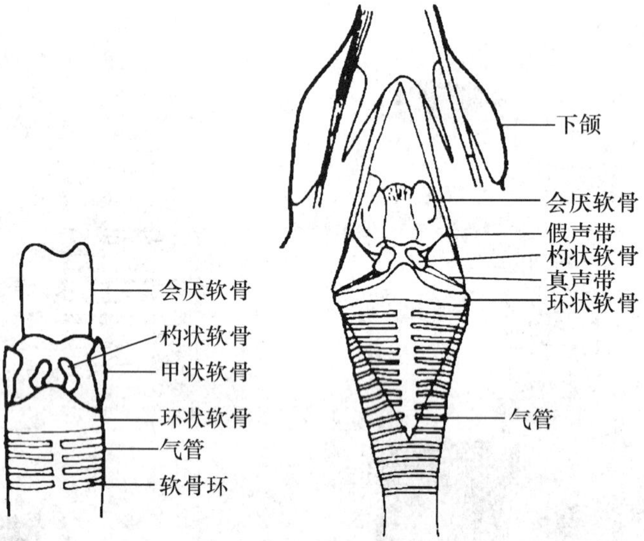

图23-9 哺乳类的喉头结构(引自郝天和)

此外,在甲状软骨与杓状软骨之间有黏膜皱襞构成的声带(vocalcord),为哺乳类的发声器官。哺乳类通过改变声带的紧张程度和呼出气流的强度来调节音调。

(三)肺

哺乳类的肺为一对海绵状的器官,位于密闭的胸腔内,由多级支气管组成的"支气管树"及其盲端肺泡构成(图23-10)。肺泡(alveolus)是呼吸性细支气管末端膨大而成的盲囊,由单层

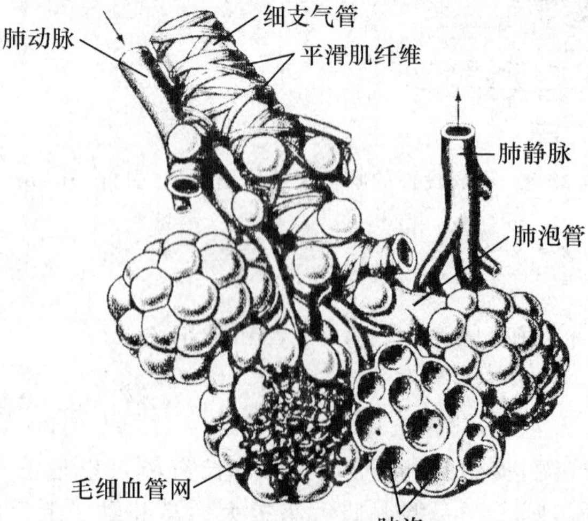

图23-10 哺乳动物肺的结构(引自Hickman)

扁平上皮组成,外面密布微血管,是气体交换的场所。肺的这种结构使呼吸表面积极度增大(例如人的肺泡约有7亿,总面积可达60～120 m^2 之多)。

七、循环系统

哺乳类和鸟类循环系统较为相似。但哺乳类的循环系统也有自己的特点。

(1)动脉系统　右体动脉弓消失,只保留有左体动脉弓(与鸟类相反)。

(2)静脉系统　肾门静脉退化消失,一般只保留有右前大静脉。静脉血管的这种简化有利于提高血压,使血液尽速回心,提高循环效率。

(3)血液　哺乳类的红血细胞呈双凹透镜形(骆驼的为卵圆形),成熟后无核。这一点不同于其他脊椎动物。

(4)淋巴系统发达　哺乳类的淋巴系统在脊椎动物当中是最发达的,在布满全身的淋巴通路上,分布着许多大大小小的淋巴结。淋巴系统一方面是血液循环的补充,另一方面又是机体免疫防御的重要组成部分。

八、排泄系统

哺乳类排泄系统由肾脏、输尿管、膀胱和尿道等部分组成。此外,皮肤也是哺乳类特有的排泄器官。排泄系统可调节水、盐平衡及酸碱度,维持机体内环境的稳定。此外哺乳类肾脏肾小球附近的球旁细胞(iuxtaglomer ularcell)能产生肾素(renin),可增进血管紧张素(angiotensin)的活性。

哺乳类的肾脏在发生上与爬行类、鸟类同属于后肾,但所排泄的含氮废物主要成分为尿素。

九、神经系统和感觉器官

(一)神经系统

哺乳动物的神经系统高度发达,能够有效地调控机体内的各种生命活动过程并且对复杂多变的外界环境迅速做出协调反应。其中最突出也是最重要的发展进化是在大脑半球:在结构上它的体积增大,皮层加厚,表面出现皱褶(沟、回);在功能上,哺乳动物的大脑皮层发展成为了机体神经调控的高级整合中枢。大脑皮层体积(也意味着神经细胞数量)剧增的结果,使神经细胞连接更为复杂,进而导致了更复杂、高级的功能(如情感、复杂的思维等)产生。这种从量变到质变的飞跃发展,为智慧生物的最终产生奠定了坚实的基础。

1. 大脑

哺乳类大脑非常发达。左右半球体积增大,背壁上有新脑皮折叠、隆起构成的大脑皮层(cerebral cortex),它接受来自于躯体各部分的各种感觉冲动信号,通过分析综合,并根据已建立的神经联系做出合适的反应。哺乳类左右大脑半球之间还有许多横行的神经纤维所构成的结构,称为胼胝体(corpus callosum)(图23-11)。它负责左右半球的联络与协调,是大多数哺乳类大脑特有的结构。

2. 间脑

间脑的大部分被大脑覆盖。视神经从间脑腹面发出,构成视神经交叉。间脑壁内的神经结构主要包括上丘脑、丘脑(视丘)(thalamus)与下丘脑 (hypothalumus)。上丘脑内含松果腺,可抑制性早熟和调节生物节律等。丘脑是低级中枢与大脑皮层分析器之间的中间站,来自全身的感觉冲动(嗅觉除外)均集聚于此处,经更换神经元后上达于大脑;下丘脑与内脏活动的协调有密切关系,为交感神经中枢,同时也是体温调节中枢。下丘脑借一柄连接脑下垂体。脑下垂体为重要的内分泌腺,对其他内分泌腺的发育与活动起着重要的调节作用。

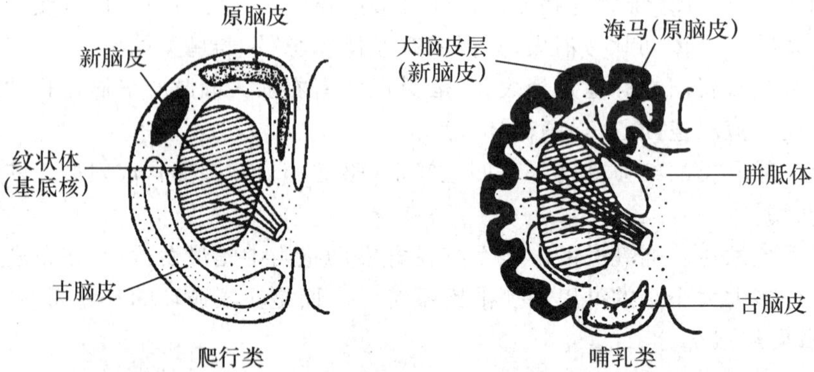

图 23-11 大脑半球横断面比较(引自刘凌云)

3. 中脑

中脑背侧具有四叠体(corporaquadrigemina),前面一对为视觉反射中枢,后面一对为听觉反射中枢。中脑底部加厚部分构成大脑脚(cerebralpeduncle),由下行的运动神经纤维束构成。

4. 小脑

小脑发达,是运动协调和维持躯体正常姿势的平衡中枢。小脑皮质又称为新小脑,是哺乳类所特有的结构。在小脑腹面前侧有横行神经纤维构成的隆起,称为脑桥(ponsvarolii)。它是小脑与大脑之间联络通路的中间站,是哺乳类所特有的结构。

5. 延脑

又称为延髓,后连脊髓。延脑除了构成脊髓与高级中枢联络的通路外,还具有一系列的脑神经核。脑神经核的神经纤维与相应的感觉和运动器官相联系。延脑还是重要的内脏活动中枢,调节呼吸、消化、循环、汗腺分泌以及各种防御反射(如咳嗽、呕吐、泪分泌、眨眼等),又称为活命中枢(图 23-12)。

此外,哺乳类具有发达的自主神经系统(autonomic system),以调节内脏活动和新陈代谢过程,保持体内环境的平衡。

(二)感觉器官

哺乳类感觉器官十分发达,尤其以嗅觉和听觉最为灵敏。哺乳类对于光(视觉)、声(听觉)和气味(嗅觉)的感觉能力特别强,具有极好的远距离定向、定位能力,因而是哺乳类觅食、寻找配偶、躲避敌害的重要器官。

1. 嗅觉

哺乳类嗅觉高度发达,表现在鼻腔的扩大和鼻甲骨的复杂化。鼻甲骨是盘卷复杂的薄骨片,其外覆有满布嗅神经的嗅黏膜,使嗅觉表面积大为增加(例如兔的嗅神经细胞多达 10 亿个)。因而它是哺乳类(特别是夜行性哺乳类)的重要感官。水栖种类(如鲸、海豚、海牛)的嗅觉器官则退化。

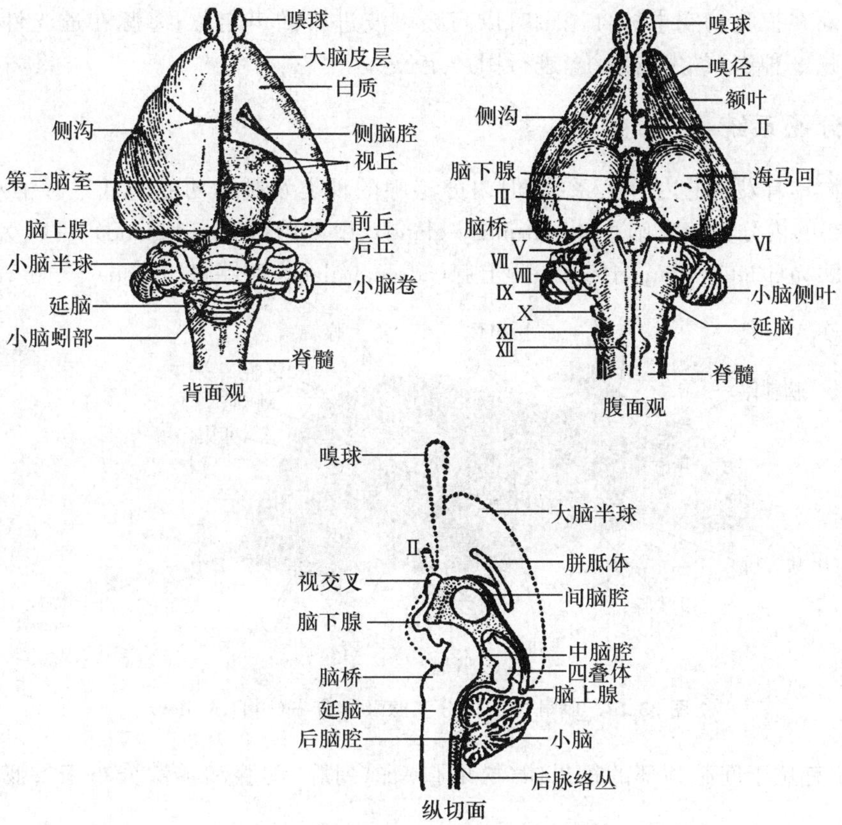

图 23-12　家兔脑的结构(引自丁汉波)

2. 听觉

哺乳类的听觉敏锐,表现在:具有发达的外耳廓和外耳道。通过耳廓转动能够更有效地收集声波并确定声源的位置。中耳腔被硬骨(鼓室泡)保护,腔内有3块互为关节的听骨(锤骨、砧骨及镫骨)把鼓膜与内耳相连接。内耳具有发达的耳蜗管。

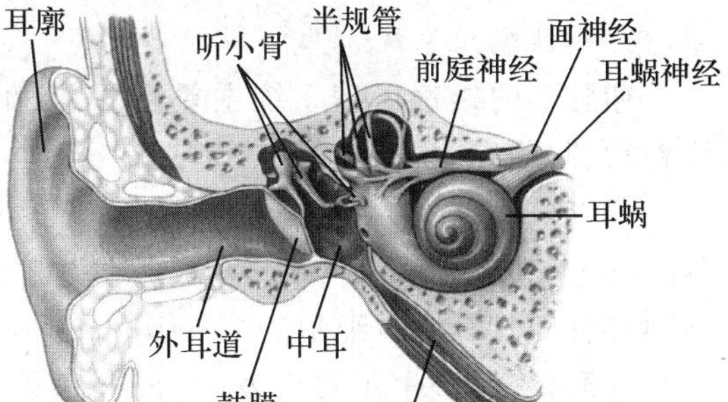

图 21-13　人耳的结构(引自 Hickman)

鼓膜受到声波的轻微震动,即被这些巧妙的装置加以放大并传送到人的内耳。鼓膜随声波的振动以推动听骨,听骨撞击耳蜗管(卵圆窗部分),引起管内淋巴液的震动,从而刺激听觉感受器(柯蒂氏器官)将神经冲动传入脑而产生听觉(图 23-13)。

3. 视觉

哺乳类的视觉器官在结构上与其他陆栖脊椎动物的基本相同。大多数哺乳类对光波的感觉灵敏,但对色彩的感受能力较差,这与兽类大多为夜间活动有关。灵长目辨色能力以及对物体大小和距离的判断均较准确。此外,在视觉难以发挥的环境中生活的某些哺乳类,发展了特殊的高、低频声波脉冲系统来进行回声定位(echolocate),以便相互联络、捕食、躲避敌害和障碍物。如蝙蝠在夜晚的空中扑食昆虫时以高频声波进行回声定位;海豚在透光性较差的水下以高频及低频2种声波(声纳系统)进行回声定位。

十、内分泌系统

哺乳动物具有发达的内分泌系统,但内分泌腺的种类及基本功能与低等脊椎动物相类似。哺乳动物主要的内分泌腺有脑垂体(pituitary gland)、甲状腺(thyroid gland)、甲状旁腺(parathyroid gland)、胰岛(islets of langerhans)、肾上腺(adrenal gland)和性腺(gonad)等(图23-14)。

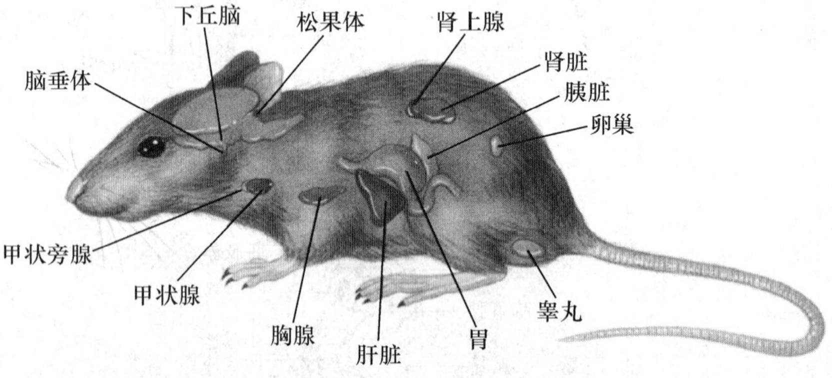

图23-14　哺乳类的内分泌腺及其分布(引自Miller)

此外,还有位于间脑顶部的松果体(松果腺)、前列腺、胸腺和零散分布于胃肠壁上的内分泌腺等。

哺乳动物就是通过这些内分泌腺活动,与神经系统共同构成有效的神经——体液调节。

十一、生殖与发育

(一)生殖系统

1. 雄性生殖系统

哺乳类的雄性生殖系统主要由睾丸、附睾、输精管、阴茎和一些附属腺体组成。

睾丸1对,由众多的曲细精管(精小管)(seminiferous tubule)构成,是精子产生的场所。曲精细管间具有间质细胞(interstitialcell),能分泌雄性激素、促进生殖器官发育、成熟和第二性征的形成及维持。曲精细管经输出小管(vas efferens)而达于附睾(图23-15)。

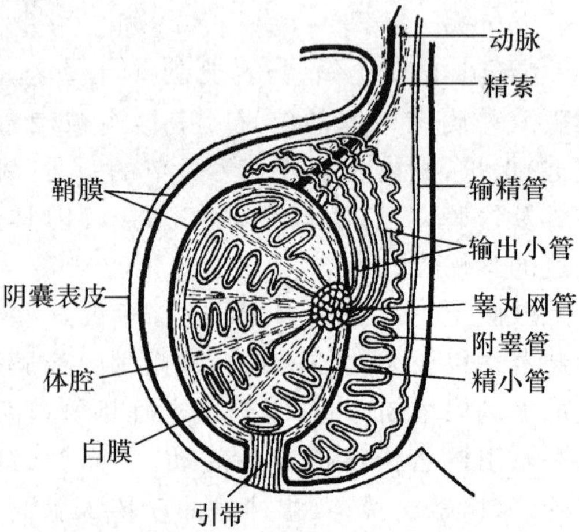

图23-15　哺乳类的睾丸结构模式图
(引自丁汉波)

睾丸通常位于阴囊(scrotum)中。阴囊中的温度要比腹腔低3～4℃,这样的温度条件对于保证精子的正常生成和存活非常重要。许多哺乳类(如有袋类、食肉类、有蹄类、灵长类)睾丸终生下降于阴囊中;有些种类(如啮齿类、翼手类)要到繁殖期才下降到阴囊中。也有少数种类(如单孔类、鲸、象等)终生留在腹腔内。

附睾(epididymis)是大而卷曲的管,它的壁细胞分泌弱酸性黏液(氢离子浓度比曲精细管大 10 倍),以利于精子的存活。精子在这里经过重要的发育阶段而成熟。附睾下端经输精管而达于尿道。

阴茎(penis)为雄兽的交配器官,主要由附于耻骨上的海绵体(corpus cavernosum)构成。海绵体包围着尿道,尿道兼有排尿及输送精液的功能。交配时精液经阴茎中的尿道、尿道口排出。

重要的附属腺体有精囊腺(seminal vesicle)、前列腺(prostate gland)和尿道球腺(bulbourethral gland),它们的分泌物构成精液的主体,一方面可作为精子代谢的营养物质,另一方面还能促进精子的活性。前列腺分泌的前列腺素,对于平滑肌的收缩有强烈的影响。由于精液中含有高浓度的前列腺素,可使子宫收缩,有助于受精。尿道球腺在交配时首先分泌一些偏碱性的黏液,起着润滑阴道以及冲洗尿道、中和阴道内酸性,维持精子存活的作用。

2. 雌性生殖系统

雌性生殖系统主要由卵巢、输卵管、子宫和阴道组成。

卵巢 1 对,卵巢内有许多处于不同发育阶段的卵泡(follicle)(图 23-16)。每个卵泡内含有 1 个卵细胞和卵泡液,卵泡液含有雌性激素,能促进生殖管道和乳房的发育以及第二性征的形成。卵成熟后,卵泡破裂,卵及卵泡液一起排出,残存的卵泡随后逐渐缩小,并为一种黄色细胞所充满,称为黄体(corpus luteum)。黄体是一种内分泌组织,所分泌的激素(孕酮)可抑制其他卵泡的成熟和排卵,并促进子宫和乳腺发育,为妊娠做好准备。

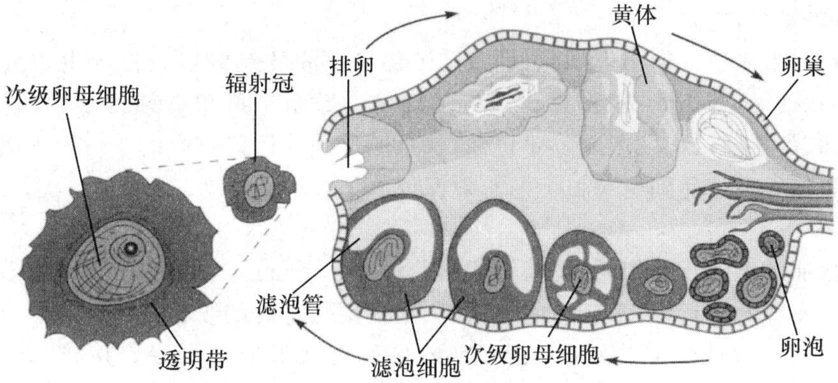

图 23-16　人卵巢活动及卵的成熟过程(引自 Miller)

输卵管也是 1 对,每条输卵管的一端呈漏斗状开口于卵巢邻近的腹腔处,另一端下行与子宫相连接。成熟卵排出后,从漏斗口进入输卵管内,沿输卵管下行。受精作用发生于输卵管上段;已受精的卵到达子宫(uterus)后,即种植于子宫壁上(此过程称为着床),接受母体营养而继续发育。子宫经阴道开口于体外。

哺乳类的子宫有多种类型(图 23-17)。原始类型为双子宫(如啮齿类、兔等),较高等的种类则为分隔子宫(如猪)、双角子宫(如有蹄类、食肉类)和单子宫(如蝙蝠、灵长目)。单子宫一般产仔数目较少。

雌性动物性成熟以后,卵巢一般只在一年中的某些季节里,规律性地进入活动期,称为动情期。卵巢在动情期排卵,而在其余时间(非动情期)则处于休止状态。大多数哺乳类一年中仅出现 1～2 次动情期(如某些单孔类、有袋类、偶蹄类、食肉类等);少数为多动情期,在一年的某些时期内或全年不断地出现几天为一周期的动情期(如啮齿类和灵长类)。大家鼠的每一动情周期为4～5 d。旧大陆猿猴(原产于美洲以外的地区)与人类的动情周期为28 d,在此期间因子宫内膜周期性的脱落、更换而形成月经(menstralflow)。

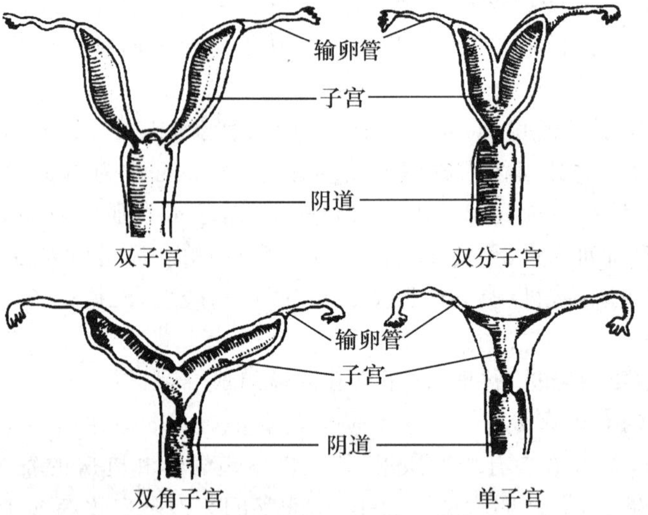

图 23-17 哺乳类子宫类型(引自丁汉波)

(二)生殖(发育)方式

哺乳动物因为体形上趋于大型化,加上陆地环境空间的制约以及位于生物量锥体顶端的缘故,像低等脊椎动物(比如鱼类)那样靠增加幼体的数量来维持种族的延续,显然是不可能的。因此,哺乳类生殖机能发展的首要目标,就是通过确保后代较高的成活率来提高繁殖的效率。而胎生和哺乳便是达到这一目标的有效保证。

1. 胎生

绝大多数哺乳类卵子受精后,受精卵便沿着输卵管下行进入子宫,然后即附着在子宫内膜上。随着胚胎发育的进行,属于胚胎的绒毛膜、尿囊便与该处的子宫内膜结合形成一个特殊的结构——胎盘(placenta)(图23-18)。通过胎盘胚胎可从母体获得营养并借助于母体排出代谢废物。胚胎在母体子宫内的发育过程称为妊娠(gestation),如妊娠完成后,成为幼体才产出。

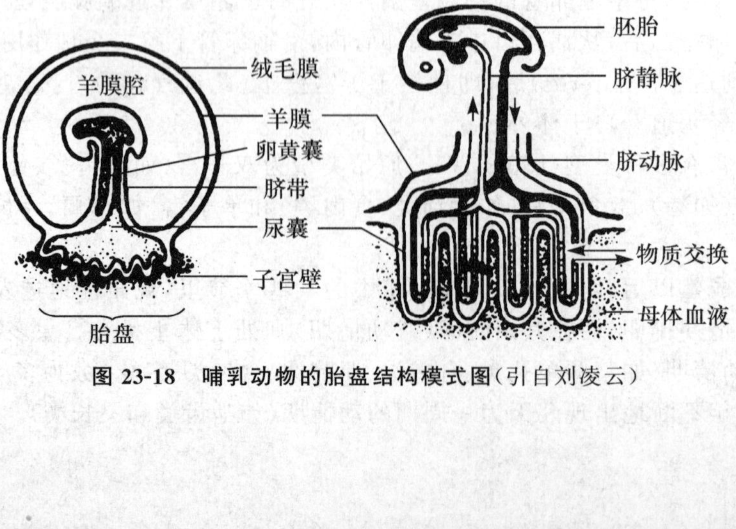

图 23-18 哺乳动物的胎盘结构模式图(引自刘凌云)

哺乳类的胎盘根据胎儿的绒毛膜与母体子宫内膜的结合的疏密程度，分为蜕膜胎盘与无蜕膜胎盘 2 类。

蜕膜胎盘绒毛膜与子宫内膜的结合紧密，产仔时将会因为子宫内膜的大片撕脱而引起子宫壁大出血。食肉目、象、海豹等所具有的环状胎盘、灵长类和鼠类等所具有的盘状胎盘均属于此种类型。

无蜕膜胎盘绒毛膜与子宫内膜结合疏松，产仔时绒毛膜与子宫内膜分离就像脱手套一样容易，出血很少。鲸类和某些有蹄类等具有的散布状胎盘、大多数反刍类具有的叶状胎盘就属于此种类型。

胎生对于哺乳类种族的繁衍具有重大的意义，这种生殖方式为胚胎提供了优越的发育环境、充足的营养来源、有效的安全保障，因此是一种最有利于提高后代成活率的生殖方式。

当然，哺乳类胎盘的发生也体现了从无到有、从原始到高级的进化规律。原始的单孔类（原兽亚纲）是卵生的，不具胎盘；较低等的有袋类（后兽亚纲）胎盘由绒毛膜加上紧贴于绒毛膜下的卵黄囊（而非尿囊）与母体子宫内膜构成（称为绒毛膜—卵黄囊胎盘），功能极不完善。因胚胎在子宫内发育不完全，体重近百公斤的袋鼠，幼仔产出时仅仅几克重，幼仔需要在育儿袋里继续发育一段时间，才能独立生活。所以，凡未能爬进母体腹部的育儿袋里的幼仔，便无法成活，后代的成活率也因此有所降低。

2. 哺乳

用乳汁哺喂幼仔是所有哺乳动物的特征。雌兽的乳腺分布在身体腹面的特定区域，乳腺管通常集中开口于体表某一点，并凸出形成乳头（单孔类乳腺管的开口分散，只形成“乳腺区”）。乳头的数目常与单胎产仔数目形成正比关系。乳汁中含有丰富的营养并易于吸收，哺喂乳汁有利于幼仔快速、健壮地成长。而且处在哺乳期的幼仔形影不离地跟随在母兽身边，除了可以得到母兽的安全保护以外，还可以从母兽那里学习并获得生活的技能。因此，哺乳对于哺乳动物提高后代成活率同样具有重要的意义。

第二节　哺乳纲的分类

现存哺乳类约有 4 000 种，几乎遍布于全球各个角落。根据其躯体结构功能及进化水平分为 3 个亚纲。

一、原兽亚纲

原兽亚纲（Prototheria）是现存哺乳类中最原始的类群。除了具有哺乳、体外被毛，体温基本恒定（在 26～35℃波动）这些哺乳类的特点外，还具有一系列与爬行类接近而明显有别于高等哺乳类的特征。主要表现在：具有泄殖腔（单孔类之称由此而来）。卵生，产具壳的多黄卵，雌兽具孵卵行为。大脑皮层不发达、无胼胝体。成体无齿，代以角质鞘。

另外，它们的乳腺管开口分散于腹部的特定区域，形成乳腺区而不具乳头；雄兽不具交配器（阴茎）。这些特点都有别于其他哺乳动物。

原兽亚纲动物缺乏完善的调节体温能力。当环境温度降低到 0℃时，体温波动为 20～30℃；当环境温度升至 30～35℃时，则可能因机体不能有效散热而导致热死亡。这是其活动能力不强、分布区狭窄的重要原因之一。原兽类动物一般在寒冷季节冬眠，热天蛰伏不出。现存种类仅产于澳洲及其附近的某些岛屿上。本亚纲的典型代表为鸭嘴兽及针鼹（图 23-19）。

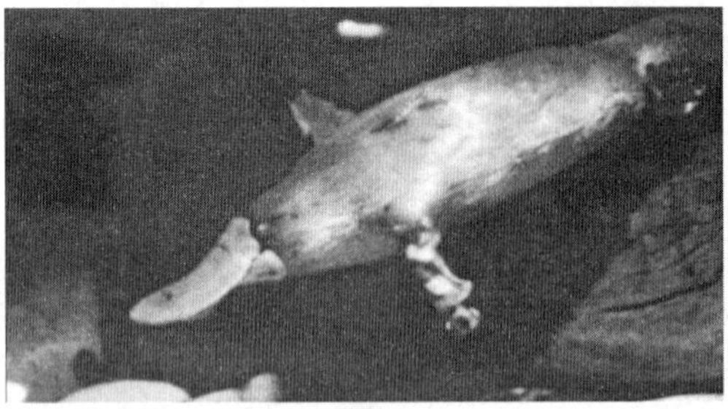
鸭嘴兽

针鼹

图 23-19 原兽亚纲的代表（引自 Miller）

（1）鸭嘴兽（*Ornithorhynchus anatinus*） 嘴形宽扁似鸭，无唇而具角质鞘，尾扁平，指（趾）间具蹼，无耳壳。这些均是对游泳生活的适应。栖居于河川沿岸，穿洞为穴，以软体动物、甲壳类、蠕虫及昆虫为食。每年 10～11 月份繁殖，每窝产 1～3 个卵，孵卵期为 14 d。

（2）针鼹（*Tachyglossus aculeata*） 体形略似刺猬，全身被有夹杂着棘刺的毛。前肢适于掘土，吻部细尖，具有长舌，嗜食蚁类等昆虫。穴居于陆上，夜间活动。每窝产 1 个卵，母兽在繁殖期间腹部皮肤皱成育儿袋，用嘴将卵移入袋内，约 10 d 孵出。幼兽舐食乳汁而发育长大。

原兽亚纲代表着最低等的哺乳类，对于研究哺乳类的起源有着重要的价值。

二、后兽亚纲

后兽亚纲（Metatheria）也属于比较低等的哺乳动物类群，主要特征为：胎生，但尚不具真正的胎盘，胚胎借绒毛膜、卵黄囊（而不是尿囊）与母体的子宫壁接触，因而幼仔发育不良（妊娠期只有 10～40 d），产出后需继续在母兽腹部的育儿袋中发育较长时间，才能离开母体独立生活。因而本类群又称为有袋类。泄殖腔已趋于退化，但尚留有残余。肩带表现出高等哺乳类的特征（前乌喙骨、乌喙骨均退化，肩胛骨增大）。具有乳腺，乳头位于育儿袋内。大脑皮层不发达，没有胼胝体。虽为异型齿，但门牙数目较多（常为 5/3 或 3/2），与高等哺乳类不同。

但后兽亚纲在代谢机能方面显然要比原兽亚纲进化，它们的体温（33～35℃）更接近于高等哺乳类，而且能在环境温度大幅度变动的情况下维持恒定。

本亚纲动物主要分布于澳洲及南美洲草原地带。典型代表为灰袋鼠（*Macropus giganteus*），栖息于澳洲草原，适应跳跃生活方式，后肢强大，有并合现象，一步可跳 5 m。尾长大，为栖息时的支持器官，跳跃中的平衡器（图 23-20）。集小群活动，植食性。育儿袋发达，幼仔早产、尚未充分发育，不能吸吮乳汁。但具有一系列的特异机制以保证幼仔在育儿袋内发育存活：母兽乳房具有特殊的肌肉，能将乳汁喷出；幼仔唇部紧裹乳头，喉上升伸入鼻腔，因而乳汁得以畅流进入食道而不妨碍呼吸。

图 23-20 袋鼠（引自许崇任）

由于澳洲大陆很早即与地球的主要大陆隔离，高等哺乳类（有胎盘类）未能侵入。所以有袋类便得以在一种几乎没有生存威胁的环境中自由地发展，从而产生适应于各种生活方式的不同的生态类群。如以肉食为生的袋狼、袋鼬，草食类的袋鼠（生活方式似有胎盘类的鹿和羊）以及类似于啮齿类（旱獭、松鼠、兔）生活方式的袋熊、袋貂和袋兔。

三、真兽亚纲

真兽亚纲（Eutheria）又称为有胎盘类，是高等的哺乳动物类群。种类繁多，分布广泛，现存哺乳类中的绝大多数种类（占 95%）属于此亚纲。本亚纲的主要特征是：具有真正的胎盘（借尿囊与母体的子宫壁接触）。不具泄殖腔。乳腺充分发育，具乳头。大脑皮层发达，有胼胝体。异型齿，但门齿数趋向于减少，门牙数目少于 5 枚。有良好的体温调节机制，体温一般恒定在 37℃左右。

真兽亚纲现存种类约有 4 000 种，共分 18 个目。其中 14 个目、约 500 种在我国有分布。现将主要的目及其代表种类介绍如下。

（一）食虫目

食虫目（Insetivora）属于较原始的有胎盘类。个体一般较小，吻部细尖，适于食虫。四肢多短小，指（趾）端具爪，适于掘土。牙齿结构比较原始。体被绒毛或硬刺。主要以昆虫及蠕虫为食，大多数为夜行性。代表种类有刺猬（*Erinaceus europaeus*）、鼩鼱（*Sorex araneus*）、缺齿鼹（*Mogera robusta*）（图 23-21）。

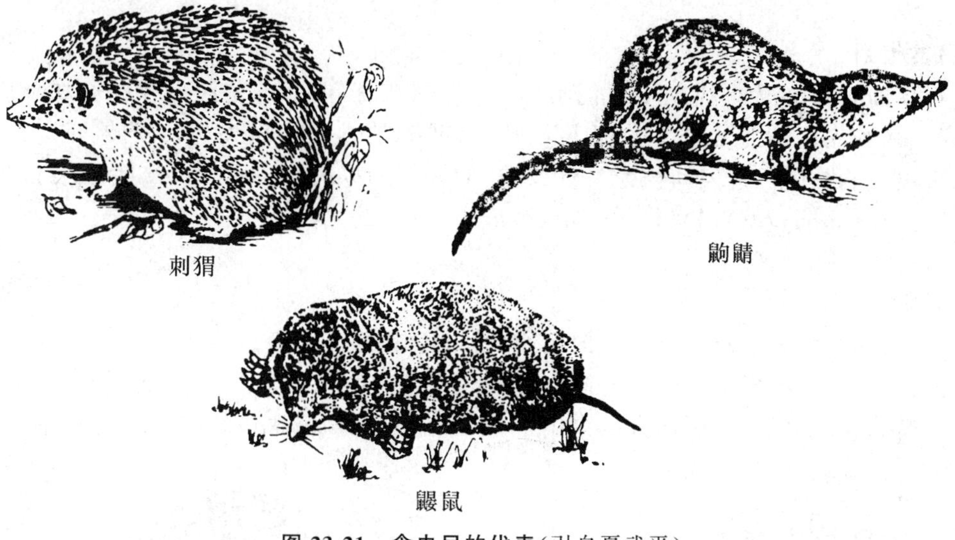

图 23-21　食虫目的代表（引自夏武平）

（二）树鼩目

树鼩目动物（Scandentia）是小型树栖食虫的哺乳动物。牙齿结构上（如臼齿）似食虫目但又有似灵长目的特征，如嗅叶较小、脑颅宽大、有完整的骨质眼眶环等。仅有 1 科、16 种，均分布于东南亚热带森林内，外形略似松鼠。代表动物为树鼩（*Tupaia glis*，图 23-22）。

图 23-22　树鼩（引自刘凌云）

(三)翼手目

翼手目(Chiroptera)为飞翔的哺乳动物。在前肢、后肢和尾之间连以皮肤特化成的皮膜而为翼,前肢第2至第5指骨特别延长为翼的支架,拇指游离具爪,后肢短小,具长而弯的钩爪,适于悬挂栖息,锁骨发达,胸骨具龙骨突,这些特点均与飞行运动有关。视力弱,听觉、触觉灵敏;耳壳大,内耳发达,能借回声定位引导飞行、猎食。盘状胎盘,单子宫或双角子宫,无阴囊。夜行性,多以昆虫为食(亦有食果、花、血、肉者)。常见种类为蝙蝠(*Vespertilio superans*,图23-23)。

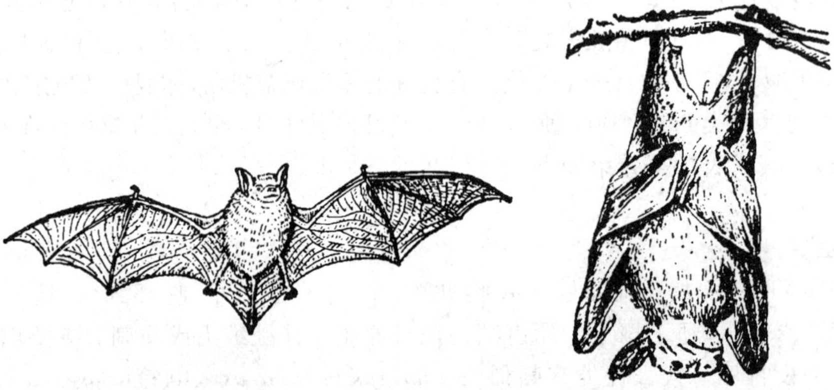

图 23-23 蝙蝠(引自丁汉波修改)

(四)贫齿目

贫齿目(Edentata)因牙齿趋于退化而得名。不具门牙和犬牙;若臼齿存在亦缺釉质,且均为单根齿。大脑皮层几乎无沟、回。后足5趾、前足仅有2~3个趾发达,具有利爪以掘穴。分布于中、南美的森林中。代表动物为大食蚁兽(*Myrmecophaga tridactyla*,图23-24)、三趾树懒(*Bradypus tridactylus*)和懒犰狳(*Tolypeutes matacus*)等。

(五)鳞甲目

鳞甲目(Pholidota)体被大型角质鳞甲,鳞片间杂有稀疏硬毛。头小,无齿,吻尖,舌发达,以蚁类等昆虫为食。爪发达,适于挖掘蚁穴。双角子宫,散布状胎盘,本目种类稀少,分布于亚洲、非洲的热带、亚热带。我国南方的穿山甲(*Manis pentadactyla*)为本目的代表(图23-25)。

图 23-24 大食蚁兽(引自盛和林)

图 23-25 穿山甲(引自杨安峰)

(六)兔形目

兔形目(Lagomorpha)为中小型草食性动物,与啮齿目亲缘关系相近。上颌具有2对前后着生的门牙，后一对很小，隐于前一对门牙的后方，所以又称为重齿类(Dupilicidentata)。无犬牙，上唇具有唇裂。蹠行性。双子宫或双角子宫，盘状胎盘，睾丸于生殖期下降到阴囊内。主要分布在北半球的草原及森林草原地带。代表种类有草兔(*Lepus capensis*)，分布于长江流域以北；达乌尔鼠兔(*Ochotona daurica*)，我国主要分布于内蒙古和陕甘宁一带(图 23-26)；穴兔(*Oryctolagus cuniculus*)，原产欧洲地中海周边，是所有家兔品种的原祖。

图 23-26　兔形目代表(引自夏武平等)

(七)啮齿目

啮齿目(Rodentia)是哺乳类中分布最广、种类及数量最多的一个类群，约占哺乳类种数的1/3。适应性很强，生活于各种环境中，生态习性多种多样。遍布全球各个角落。主要特征为：体中、小型。无犬牙。上下颌各具一对门牙，仅前面被有釉质，呈凿状，终生生长(故须经常啃咬硬物以磨短)。咬肌发达，适于咬嗑带硬壳的种子。双子宫或双角子宫，盘状胎盘，睾丸在生殖期下降到阴囊。本目动物还有一个突出的特点，即具有超强的繁殖力，许多种类每年可产4～5窝，每窝产仔8、9个。这也是鼠害难以根治的一个主要原因。啮齿目主要分为6科。

(1)松鼠科(Sciuridae)　有树栖、半树栖及地栖等多种生活方式。头骨具眶后突，颧骨发达。如松鼠(*Sciurus vulgaris*)、草原旱獭(*Marmota bobak*)、黄鼠(*Citellus citellus*)等。

(2)仓鼠科(Circetidae)　体形上因适应各种生活方式而多有变异。无前臼齿，颧骨不发达。本科动物分布广泛，代表种类有黑线仓鼠(*Cricetulus barabensis*)、中华鼢鼠(*Myospalax fontanieri*，图 23-27)、麝鼠(*Ondatra zibethica*)(图 23-27)等。

(3)鼠科(Muridae)　中小型鼠类，种类极多。多具长而裸、外被鳞片的尾。无前臼齿，臼齿齿尖常排成3纵列。代表种类有小家鼠(*Mus musculus*)及褐家鼠(*Rattus norvegicus*)(又称为沟鼠)(图 23-27)等。

(4)河狸科(Castoridae)　为半水栖的大型啮齿动物，体重可达30 kg。夜行性，多为洞穴群居，有垒坝蓄水、营造栖息环境的习性。分布于我国新疆维吾尔自治区、内蒙古自治区的河狸(*Castor fiber*)为本科的代表。

(5)跳鼠科(Dipodidae)　荒漠鼠类。后肢显著加长，蹠骨及趾骨趋于愈合及减少，适于跳跃；尾长，端部具丛毛。如分布于东北地区、内蒙古自治区、新疆维吾尔自治区的三趾跳鼠(*Dipus sagitta*)。

(6)豪猪科(Hystricidae) 全身被满棘刺,体后方的棘刺比前方的更为发达。当遇敌害猎食时,就将身体背向对方并迅速将身上的棘刺竖立起来,以恐吓和抵御敌害。本科代表为豪猪(*Hystrix hodgsomi*),我国主要分布于秦岭及以南地区。

图 23-27 啮齿目的代表(引自夏武平等)

A. 中华竹鼠 B. 中华鼢鼠 C. 沼泽田鼠 D. 褐家鼠 E. 黑家鼠 F. 小家鼠

(八)鲸目

鲸目(Cetacea)为大型次生性水栖兽类。适应水生生活,体形及结构发生很大变异:流线型的体形,体毛退化(胎儿头部尚具毛)、无皮脂腺,汗腺,皮下脂肪层发达,前肢鳍状,后肢完全退化消失,颈椎趋于愈合,身体末端有一水平叉状"尾鳍",多数种类有由结缔组织和脂肪形成的"背鳍"。鼻孔单个或1对,位于头顶背方,其边缘具有瓣膜,入水后关闭,出水呼气时声响极大,形成很高的雾状汽柱,故又称为喷水孔(blowhole)。肺极富弹性,气体交换比率高达85%~90%(一般陆栖兽类仅在15%左右),而且血液、肌肉组织均能贮存氧气,因此鲸类出水呼吸一次能潜水15 min至2 h。外耳退化。雄性睾丸终生位于腹腔内;雌兽具双角子宫,散布状胎盘,生殖孔两旁有乳房1对,授乳时借皮肤肌的收缩可将乳汁喷入仔鲸口中。本目动物通常分为须鲸、好齿鲸2大类。

(1)须鲸类(Mysticeti) 成体无齿,上腭特化产生成行排列的角质化板,自口顶下垂以滤食浮游生物。如体形最大的动物蓝鲸(*Balaenoptera musculus*),体长可达33 m,重达190余t;我国沿海所见的小鰛鲸(*Balaenoptera acturostrata*)等。

(2)齿鲸类(Odontoceti) 终生有牙齿。如我国沿海常见的抹香鲸(*Physeter macrocephalus*)和分布于长江流域的淡水鲸类——白鳍豚(*Lipotes vexcillifer*)(图 23-28)。

(九)食肉目

食肉目(Carnivora)大多数为凶猛肉食性兽类。四肢发达,善跳跃、奔跑,指(趾)端具利爪,多为趾行性。被毛厚密亮泽,感官发达。门牙小,犬牙强大尖利,上颌最后1枚前臼齿和下

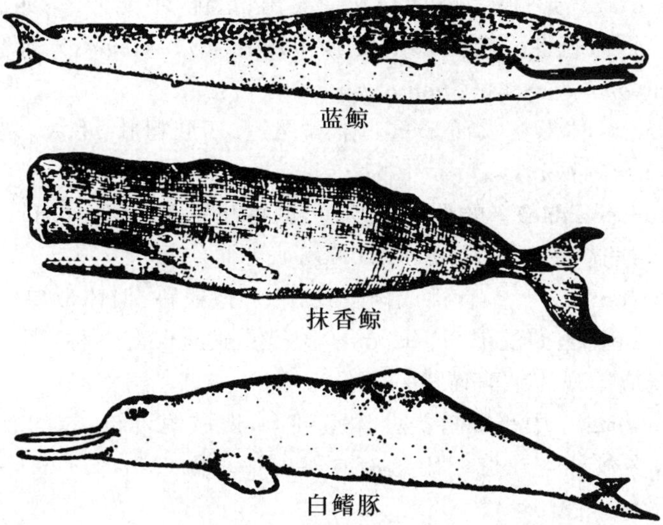

图 23-28　鲸目的代表(引自丁汉波)

颌第 1 枚臼齿齿突高且锐利,呈剪刀状咬合,适于撕裂,称为裂齿。双角子宫,环状胎盘,睾丸下降到阴囊内。食肉目分为 7 科(图 23-29)。

图 23-29　食肉目的代表(引自夏武平等)

A.狼　B.狐　C.貉　D.黑熊　E.大熊猫　F.水獭　G.紫貂　H.黄鼬　I.獾　J.虎　K.猞猁

(1)犬科(Canidae) 体形中等,颜面部长而突出;爪钝,不能伸缩;四肢细长适于奔跑,前趾5指,后肢常为4趾;趾行性。嗅觉特别发达。如狼(*Canis lupus*)、赤狐(*Vulpes vulpes*)、貉(*Nyctereutes procyonoides*)、豺(*Cuon alpinus*)等。

(2)熊科(Ursidae) 体形粗大而笨重,耳小,尾短,四肢粗壮,爪大,裂齿不发达,蹠行性;杂食。如黑熊(*Ursus thibetanus*)。

(3)熊猫科(Ailuropodidae) 体似熊但吻短,以竹叶为主食,为食肉目中的"素食"种类,本科仅有我国特产的大熊猫(*Ailuroda melanoleuca*)。

(4)浣熊科(Procyonidae) 杂食性或肉食性,外形似熊科,但体形要小很多,有较长的尾,明显的树栖性,分布于南美,如浣熊(*Procyon lotor*)。亚洲仅有1种,即小熊猫(*Ailurus fulgens*)(近来有人主张应单列为小熊猫科)。

(5)鼬科(Mustelidae) 中小型兽类。体型细小,四肢短,前后肢均有5趾,爪不能伸缩,蹠行性或半蹠行性,多数种类在肛门附近有臭腺。如黄鼬(*Mustela Sibirica*)、紫貂(*Martes zibellina*)等。

(6)猫科(Felidae) 中大型兽类;头圆吻短,前肢5指,后肢4指;爪锐利,能伸缩;犬齿和裂齿发达;肉食性,性凶猛,以伏击方式捕杀其他热血动物。如狮(*Panthera leo*)、虎(*Panthera tigris*)、豹(*Panthera pardus*)和猞猁(*Felis lynx*)等。

(7)灵猫科(Viverridae) 体多具有各种条纹、斑点或单色但尾有环纹,肛腺发达,主要分布在非洲和亚洲南部的热带和亚热带。如大灵猫(*Viverra zibetha*)、小灵猫(*Viverricula indica*)等。

(十)鳍脚目

鳍脚目(Pinnipedia)为海栖食肉兽类。体纺锤形,被毛,四肢鳍状,各具5指,指(趾)间具蹼。后肢转向体后,以利于陆上爬行。尾小,夹在2后肢间。皮下脂肪发达。无裂齿。双角子宫,环状胎盘,睾丸在腹腔中。分布在寒带、温带海洋沿岸地区。我国代表种类为斑海豹(*Phoca vitulina*),主要分布在黄、渤海区(图23-30)。

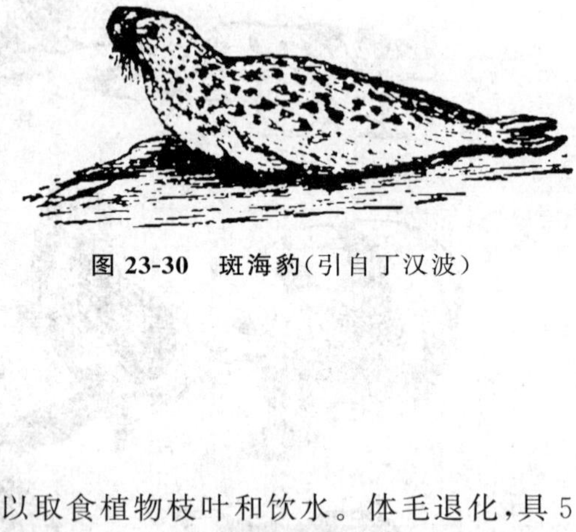

图23-30 斑海豹(引自丁汉波)

(十一)长鼻目

长鼻目(Prodoscidea)为最大的现生陆栖动物。具长鼻,为延长的鼻与上唇所构成,受颜面肌节制,用以取食植物枝叶和饮水。体毛退化,具5指(趾),脚底有厚层弹性组织垫。上门牙特别发达,突出唇外,即通称的"象牙"。臼齿咀嚼面具多行横棱,以磨碎坚韧的植物纤维。植食性。半蹠行性;双角子宫,环状胎盘;睾丸终生留于腹腔内。仅1属、2种,即分布于非洲的非洲象(*Loxodonta africana*,图23-31)和我国云南南部所产的亚洲象(*Elephas maximus*)。后者体形较非洲象小,雌象无象牙,后足仅4趾。

(十二)奇蹄目

奇蹄目(Perissodactyla)为草原奔跑兽类。主要以第3指(趾)负重,其余各趾退化或消

图 23-31 长鼻目的代表(引自丁汉波)

失。指(趾)端具蹄,有利于奔跑。门牙适于切草,犬牙退化,臼齿咀嚼面上有复杂的棱脊。胃简单。奇蹄目现存 3 科(图 23-32)。

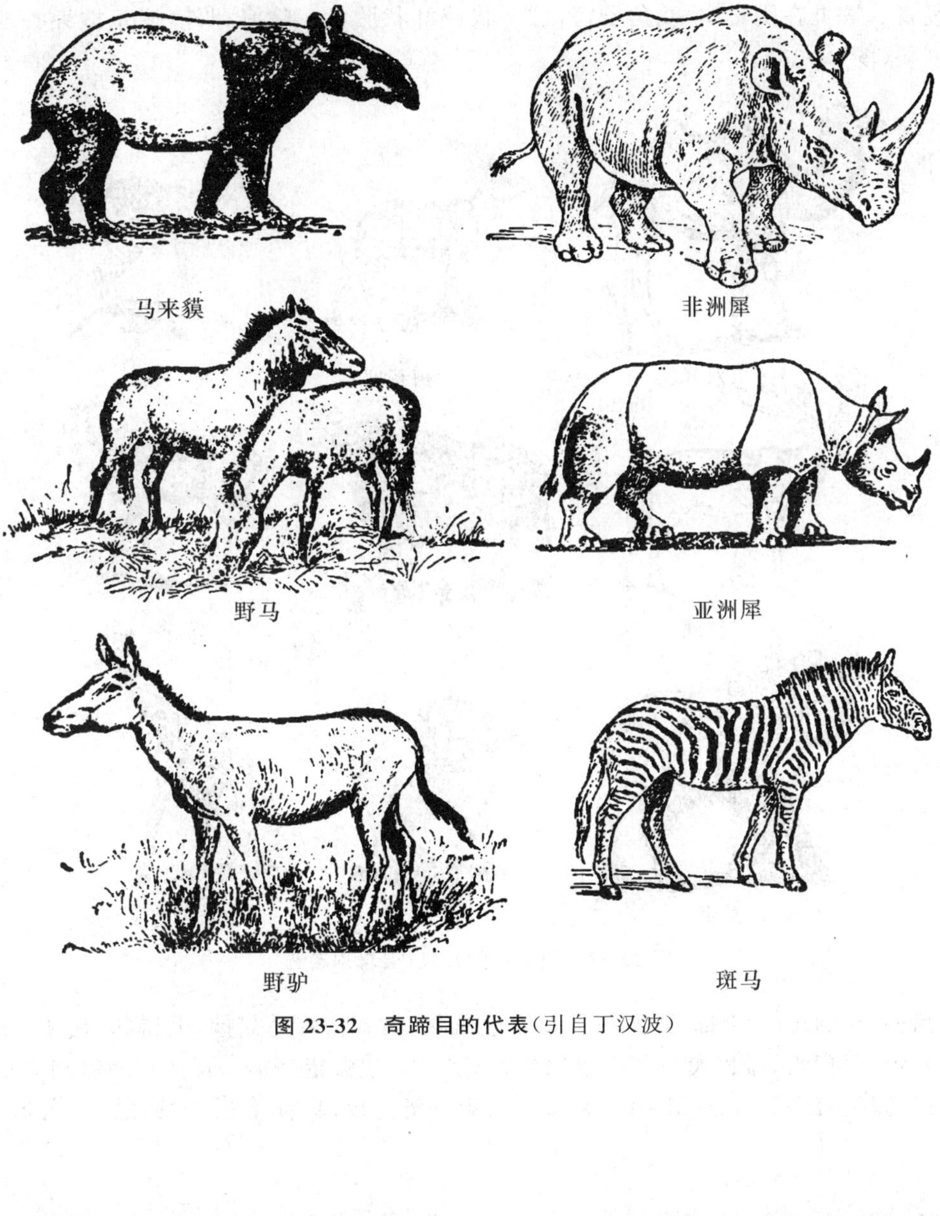

图 23-32 奇蹄目的代表(引自丁汉波)

(1)马科(Equidae) 仅第3趾(指)发达,其余各趾退化,腿纤长,尾毛丰长(奔跑时用作平衡器官),可长久快速奔跑。如野马(*Equus przezwalskii*)和野驴(*Equus hemionus*)。

(2)犀科(Rhinocerotidae):大型草食兽类。额上有1~2个表皮特化的角质纤维角,腿短,前肢3蹄,后肢4蹄,但都是3个趾负重,皮极厚,毛稀少近于裸露。如亚洲犀(*Rhinoceros unicornis*),又名独角犀、印度犀。

(3)貘科(Tepiridae) 现存最原始的奇蹄类动物,具前肢4趾、后肢3趾等原始特征。四肢短,体形似猪。鼻部与上唇延伸成可自由伸缩的筒状长吻,用以卷食植物枝叶。善于游泳和潜水。分布于东南亚和拉丁美洲,如马来貘(*Tapirus indicus*)。

(十三)偶蹄目

偶蹄目(Artiodactyla)动物第3、4指(趾)同等发育,以其负重(偶蹄目因此得名),其余各指(趾)或退化或为悬蹄。尾短。上门牙常退化或消失,臼齿结构复杂,适于食草。多数为反刍类而有复胃。睾丸在阴囊中,双角子宫,散布状或叶状胎盘。除澳洲外,遍布世界各地。偶蹄目分为6科(图23-33)。

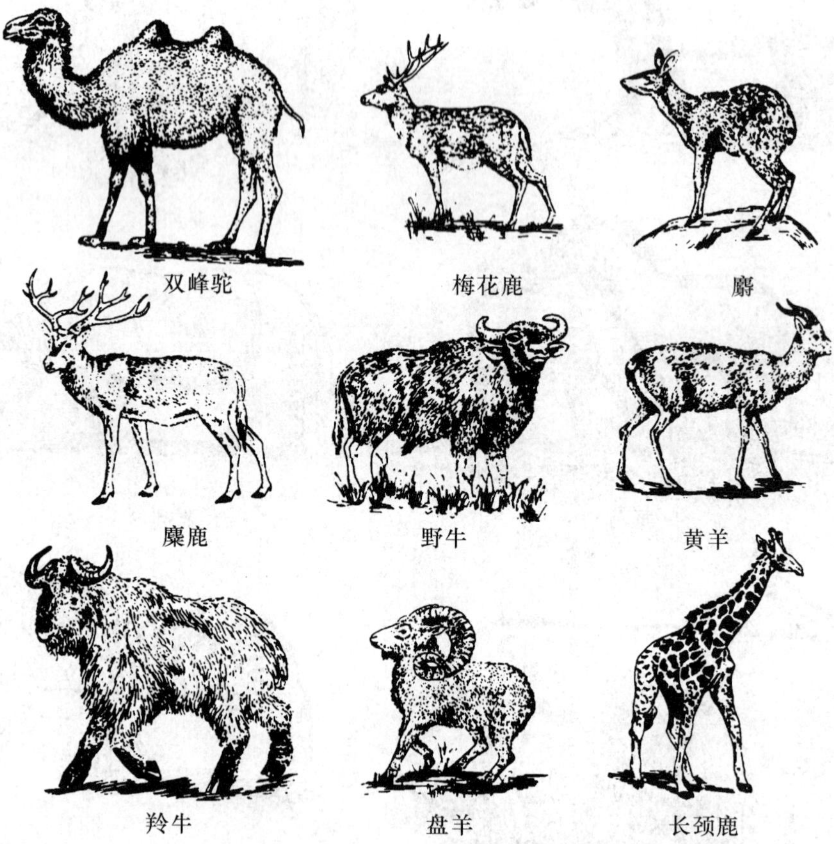

图23-33 偶蹄目的代表(引自刘凌云)

(1)猪科(Suidae) 吻部延伸,在鼻孔处呈盘状,内有软骨垫支持,毛鬃状,尾细,末端具鬃毛,足具4趾,具门齿,雄兽犬齿外突成獠牙,单室胃。如野猪(*Sus scrofa*),为家猪原祖。

(2)河马科(Hippopotamidae) 大型半水栖兽类。皮厚,体毛稀少,四肢短,各肢具4趾,具大而圆的吻部，眼凸出，位于背方，耳小，胃3室，不反刍，分布于非洲。如河马（*Hippopotamus amphibius*）。

（3）驼科（Camelidae）　头小颈长，上唇延伸并有唇裂，足具2趾。趾型宽大，具有厚弹力垫，负重时2趾分开，适于在沙漠中行走，胃3室。如双峰驼（*Camelus bactrianus*）。

（4）鹿科（Cervisae）　具4趾，中间1对较大。雄兽多具分叉的实角。如梅花鹿（*Cervus nippon*）、马鹿（*Cervus elaphus*）、麋鹿（四不象）（*Elaphurus davidianus*）和麝（香獐）（*Moschus moschiferus*）等。

（5）长颈鹿科（Giraffidae）　具长颈、长腿，两性头顶均具2～3个不分叉并包有毛皮的短角，终生不脱落，足具2蹄。以树叶嫩枝为食，只分布于非洲。代表种类有长颈鹿（*Giraffa camelopardalis*）。

（6）牛科（Bovidae）　绝大多数雄兽具1对洞角（少数2对），草食性，反刍，广泛分布于世界各地。如野牛（*Bos gaurus*）、野牦牛（*Poephagus mutus*）、藏羚羊（*Pantholops hodgsoni*）、盘羊（*Ovis ammon*）和黄羊（*Procapra gutturosa*）等。

（十四）灵长目

灵长目（Primates）动物大多数为树栖生活的类群。除少数种类外，拇指（趾）多能与其他指（趾）相对，适于树栖攀缘及握物。锁骨发达，手掌（及跖部）裸露，并具有2行皮垫，有利于攀缘。指（趾）端部除少数种类具爪外，多具指甲。大脑半球高度发达。眼眶周缘具骨，两眼前视，视觉发达，嗅觉退化。乳房1对，多在胸部，雌兽有月经。广泛分布于热带、亚热带和温带地区，群栖，杂食性。主要类群有以下几科（图23-34）。

图23-34　灵长目的代表（引自丁汉波）

（1）懒猴科（Lorisinae）　体小，四肢细长，第2趾端具爪，尾很短，树栖，很少下地，行动迟缓。如云南所产的懒猴（*Nycticebus coucang*），又称为蜂猴，是我国仅有的猿猴类。

（2）卷尾猴科（Cebidae）　鼻间隔宽阔，左右鼻孔距离甚远且向两侧开口，属于阔鼻类。该类动物仅分布于西半球南部，如卷尾猴（*Cebus capucinus*）。

（3）猴科（Cercopithecidae）　鼻间隔狭窄，鼻孔一般向下开口。拇指（趾）能与其他指（趾）相对。尾长，不具缠绕性。多具颊囊和臀胼胝。脸部有裸区。后肢一般较前肢长。如猕猴（*Macaca mulatta*，恒河猴）、滇金丝猴（黑金丝猴，*Rhinopithecus bieti*）、黑叶猴（*Presbytis francoisi*）等。

（4）长臂猿科（Hylobatidae）　狭鼻类，臂特长，站立时手可及地，无尾，具小的臀胼胝，无颊囊。如我国出产的黑长臂猿（*Concolor hylobates*）、白眉长臂猿（*Hylobates hoolock*）等。

(5)猩猩科(Pongidae) 狭鼻类,体大,前肢长,下垂过膝。无尾,无颊囊及臀胼胝。猩猩(*Pongo pygmaeus*)、黑猩猩(*Pans troglodytes*)、大猩猩(*Gorilla gorilla*)。

(6)人科(Hominidae) 全世界人类虽然按肤色分为黄种、白种、黑种、红种等种族,但在动物分类上都只归为1属、1种,即人属,智人或现代人种(*Homo Sapiens*)。除去直立行走,手不过膝,体毛退化,手足分工这些躯体特点明显区别于猿类外,登峰造极的智力、高度社会化的生活以及主动改造自然的能力则是人类有别于动物界其他任何类群独一无二的特征。

第二十四章　生物进化

地球上生存的动物随着时间的推移，会不断地有旧种的消失和新种的诞生。如此丰富的物种，究竟是怎样产生的呢？多少世纪以来，人们一直在寻找着答案。直到1859年，伟大的生物学家达尔文（图24-1）发表了《物种起源》一书，才使得人们有了正确的认识。达尔文历经5年艰辛的科学考察，搜集了大量的事实，科学地阐述了生物是进化来的。他合乎逻辑的解释，很快被学术界普遍接受。

既然生物是进化来的，那我们就不能不先谈及生命的起源问题。

图 24-1　Charles Darwin(1809—1882 年)(引自 Hickman)

第一节　生命的起源

关于生命的起源问题，由于历史不能再现，所以，人们只能根据已掌握的材料来推断过去。

我们知道所有的生物，无论是人还是最小的微生物，都由2类基本的生物分子——核酸和蛋白质构成，而这2种分子是由更简单的构造单位——20种氨基酸、5种碱基、2种糖（核糖和脱氧核糖）和磷酸组成。这些基本物质又是与地球的形成密切相关的。

一、地球的形成

近代天文学家认为，宇宙的年龄是200亿年。宇宙包括河外星系和银河系。现已证明，构成宇宙最基本的物质是氢，占总量的90%；其次是氦，占9.9%；余下的是碳、氧、氮、硫及少量简单的分子。

太阳系是银河系极微小的一部分。太阳是从纯氢开始的，根据星云假说，由于致密核心部分的吸引，物质向核内集中，这就形成了恒星，太阳就是在这个过程中形成的。太阳是一炽热的球体，由于旋转加速，一部分气体被甩出去，形成了很多行星，地球就是其中的行星之一。

据科学家推断，地球诞生在46亿年前。由于地球不断地旋转和在地球引力作用下，原子间相互碰撞，形成许多小分子，如 $H+H \rightarrow H_2$ + 热。此外，还有水蒸气、二氧化碳、硫化氢、氰化氢等。最重的铁、镍化合物集中到内部，构成现在的地核。较重的铅、铝等分布中层，构成了地幔。外层为地壳，而最轻的氢、氦、氮、二氧化碳等气体，则分布在地球表面，形成了大气层。

由于地球内部物质密度收缩,使物质间相互碰撞,并释放出巨大的能量,它是造成地球内部高温和火山喷发的原因。

早期地球表层比较热,气体分子运动剧烈,只是原始大气层脱离了地球引力,飞向太空,地球表层的大气层完全消失。

随着地球表面温度的逐渐冷却,加上火山频繁喷发,产生了大量的还原性气体,如甲烷、(CH_4)、二氧化碳(CO_2)、分子氮(N_2)、水蒸气(H_2O)、氨(NH_3)、氰化氢等(HCN),这些又构成了新的大气层。一些水蒸气在太阳紫外线的作用下,分解成氢和氧。氢气轻可以从地球重力场逸出,而氧则较重,留在大气层里。氧是活泼元素,几乎可以与所有的金属、非金属形成各种氧化物,致使大气中再也没有游离的氧,只是在绿色植物出现后,通过光合作用才产生了氧。

二、地球原始海洋的出现

地球形成初始,表面没有任何河流与海洋。由于地球表面温度降低,内部温度仍很高,造成火山频繁喷发。同时,地壳也不断发生造山运动。有的地方隆起成高山、丘陵,有的地方凹陷成山谷和低洼地。当大气中由于火山喷发,使水蒸气达到饱和时,形成持续不断的倾盆大雨,降落在地面上,于是低洼地就逐渐聚集形成了河流和海洋。那时的海洋称为太古海洋,海水中含盐量很低,后经几十亿年的冲刷,将地面可溶性的 NaCl、$MgCl_2$ 及不溶性的 SiO_2 等带到海洋,才形成今天海洋的含盐量。

三、早期地球上有机质的形成

在降雨的同时,雨水也将大气中的一些甲烷、氨、氰化氢、二氧化碳等带进海洋。由于当时海洋的温度还比较高,加上宇宙射线、紫外线、闪电放电,促使甲烷与水、氨之间的化合,最终衍生出糖、嘧啶、嘌呤、甘油、脂肪酸、氨基酸等有机化合物。虽然这些化合物没有生命,但它们是构建生命的原材料。

早在1953年,美国学者 Stanley Miller 就模拟地球早期的条件,把水、甲烷、氨、氮气混在一密闭容器内,并加热,使水变成水蒸气。为了模拟早期的闪电,他进行火花放电,1周后停止,使容器冷却。结果原来的无色气体使水变成了红的溶液。经过分析,液体中含有氨基酸、脂肪酸、甲酸、乙酸以及其他化合物。氨基酸有11种,其中4种是自然界中存在的。还有氰化氢和甲醛,这是合成过程中的中间产物,瞬间就消失了(图24-2)。

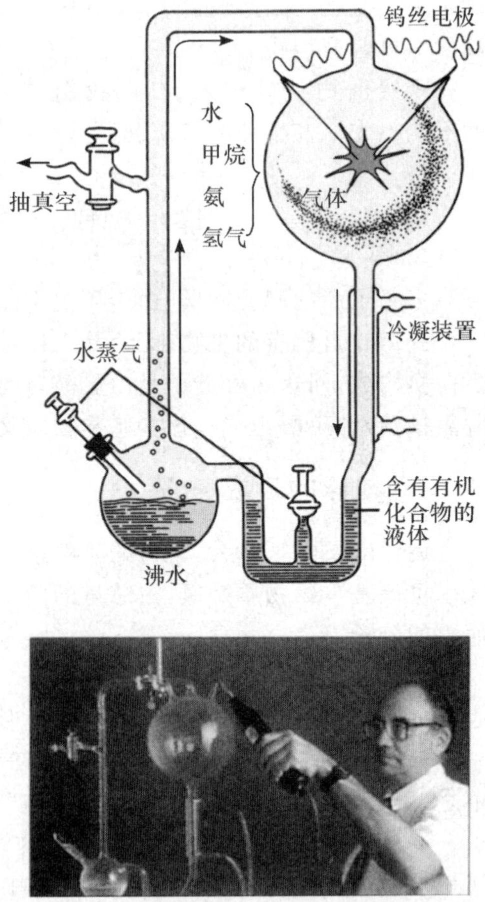

图 24-2　Miller 实验(引自 Hickman)

继 Stanley Miller 之后，有不少人去扩大他的实验，利用无机物合成了氨基酸、嘧啶、核糖、脱氧核糖等。因此，再也没有理由怀疑早期地球上不可能出现生命的问题了。

四、生命物质的大分子合成

当时的太古海洋逐渐变成含有上述各种有机分子的“肉汤”。由于各种有机物并存，必然会经常接触，可能在太阳辐射能的作用下，它们结合成蛋白质、核酸等大分子。

1963 年，德国生物学家舍曼把简单的糖、嘌呤、嘧啶以及含磷的有机化合物混在一起，给予正常的压力，通过放电，发现一种核酸，具螺旋结构，但没有表现出生命活性。

1968 年，我国科技工作者在世界上首次合成了具有生命活性的蛋白质——结晶牛胰岛素。这无疑为生命起源的研究提供了一个重要论据。

五、多分子体系和非细胞阶段的原始生命

由于核酸、蛋白质等大分子化合物在海水中不断积累，使它们一部分附在岩石或浅海的淤泥里，通过相互吸附作用，聚集成团聚体或微球体多分子体系，同时形成原始的界膜，与海水分隔开来，这可能就是原始的生命形态。根据推断，最初出现的原始生命应是异氧的。它们以吞食海洋里的有机分子为生，并进行无氧酵解，因为在当时的还原性大气中还没有氧气，更不会有今日大气层里的臭氧层。所以，早期的生命只有在水中或淤泥、石缝等处，才能免遭强烈紫外线的杀伤。

六、细胞的起源

非细胞的原始生命，经过漫长的岁月演化，也许分化成了异氧的原核细胞。到目前为止，最早的原核细胞化石，是在南非巴伯顿城硅质沉积物形成的隧石中发现的，被命名为原始细菌，距今已有 32 亿年的历史。随着岁月的流逝，这些原始细菌又分化出了一种能够放氧的蓝藻，这可能是光合作用的开始。科学家在南非同样的地区，还发现了一种蓝藻化石，命名为巴伯顿古球藻，距今已有 30 亿年的历史。

在距今大约 10 亿年前，出现了真核细胞。到目前为止，这方面最早的化石是在澳大利亚的阿斯附近苦泉地层中发现的，这是一种绿藻化石，距今也有 10 亿年的历史。由于真核细胞有膜包围着细胞核，有各种细胞器，所以，它一经出现，就以其无比的生命力，获得了在海洋中的主导地位。

由于光合作用的出现，氧气开始积累在大气里，当大气中氧气含量达到现在的 1% 时，臭氧便开始积累，逐渐挡住了紫外线对地球的辐射，这彻底改变了大气的组成。有了游离氧，便出现了需氧型的生物。利用氧来氧化食物，可以从中获取更多的能量。于是，加速了生物的代谢活动，促进了生物的大发展。

综上所述，生命的发生与发展，大致可分 3 个阶段：由无生命的元素形成无机化合物，经过符合逻辑并允许的步骤形成有机物到大分子，进而形成具有初步生命现象的多分子体系，这可能经历了 10 亿～15 亿年的时间；由原始生命开始到原核细胞、真核细胞，直到 10 亿年前，共经历了 20 亿年左右的时间；从真核细胞开始到现在，经历了 10 亿年时间。总之，在经历了几十亿年漫长岁月的发展以后，地球上才发展到今天的生命世界。

第二节 生物进化的证据

科学技术的进步,为研究生物学提供了更多的途径。随着时间的推移,人类将会找到更多的证据,利用更广泛的手段,完善动物进化的历程。以下将举一些例证说明动物的进化。

一、比较胚胎学方面的证据

各种不同的脊椎动物,如鱼类、两栖类、爬行类、鸟类以至于哺乳类,无论他们的成体差异有多大,生活习性多么不同,但如果将他们早期的胚胎加以比较,就不难发现他们之间存在着惊人的相似,而且越是处于早期的胚胎阶段,从形态上越难以辨别。如鸡、兔等陆生动物,在胚胎发育的早期都具有鳃裂,以后则消失。即使是人类,在胚胎发育的初期,不仅具有鳃裂,而且还有尾巴,以后消失。种种迹象表明,脊椎动物都来自一个共同的祖先。

二、比较解剖学方面的证据

伴随着动物的进化,动物体内有些器官,常常逐渐退化以至失去功能,这样的器官称为痕迹器官。如人的盲肠,鲸鱼的后肢等。此外,有些动物的器官虽然在外形和功能上不同,但在结构和发生上却是相同的,这样的器官称为同源器官。如鸟的翅、鲸鱼的鳍、马的前腿、蝙蝠的翼及人的手臂等,基本都属五指型附肢。只是由于各种动物为了适应不同的环境,逐渐演化成了不同的器官。这些事实,也为生命进化理论提供了有力的证据。

三、比较生理生化方面的证据

近代生理、生化科学的发展,在细胞和分子水平上,为动物进化提供了证据。动物有机体的结构与生理功能是密切联系的。结构相似,生理功能也相近。亲缘关系近的个体,其血液在生理生化方面要比亲缘关系远的个体相似,体内的激素等也相似,有的甚至可以替换。

血清免疫反应:每种动物的血清中,都含有特异的蛋白质,这些蛋白质的相似程度,可通过抗原—抗体反应查明。通常是向1只兔子体内注射少量血清(如人的血清),这些血清蛋白对兔子来讲,属异体蛋白质,必然会引起抗原反应。兔子的血浆细胞会对人体的蛋白质(抗原)迅速产生抗体。将这种血清样本稀释后,再与1滴人的血清混合,就会发生抗体—抗原反应,即产生明显的沉淀。产生的沉淀越多,证明2种动物相近的蛋白质越多,亲缘关系越近。如果沉淀少或没有沉淀产生,则证明2种动物亲缘关系远或无亲缘关系,利用这种方法,科学家们找到了与人类血缘关系最近的是类人猿,以后依次是东半球的猴、西半球的猴、附猴类……此外,还测出猫、狗、熊之间的亲缘关系也很近,奶牛、绵羊、山羊、鹿和羚羊之间也有着很近的亲缘关系。

四、生物地理学方面的证据

动物的地理分布,也可以证明生物的进化过程。如澳大利亚、新西兰等地区真兽类极少,即使有哺乳动物,也都是有袋类动物(袋鼠、袋狼和树袋熊等)和单孔类。唯一合理的解释就是澳洲在真兽类发生以前就脱离了大陆。所以在那里,动物一直维持在有袋类和单孔类等原始哺乳动物这一水平上。

五、遗传学方面的证据

亲缘关系近的物种，染色体对数常常是相同的。如人、猩猩、黑猩猩的染色体都是 46 条。而亲缘关系远的动物，染色体数目则相差很大。以上所列的种种证据，都是生物进化的间接证明。

六、化石方面的证据

生物体死亡后，很快就会腐烂。只有一些坚硬的部分如骨骼、贝壳、几丁质、牙齿等在偶然的情况下，经过漫长的岁月，被大自然矿化，由于地壳的运动埋藏于地下，从而有幸保留下来，成为我们现在见到的化石。由于化石的形成是偶然的、有选择性的，它只保留了生物全部进化过程的某一片段，所以，往往会出现偏差。但化石仍不失为动物进化过程中最有力、最直接的证据。

现以马的化石为例，了解现代马的起源(图 24-3)。

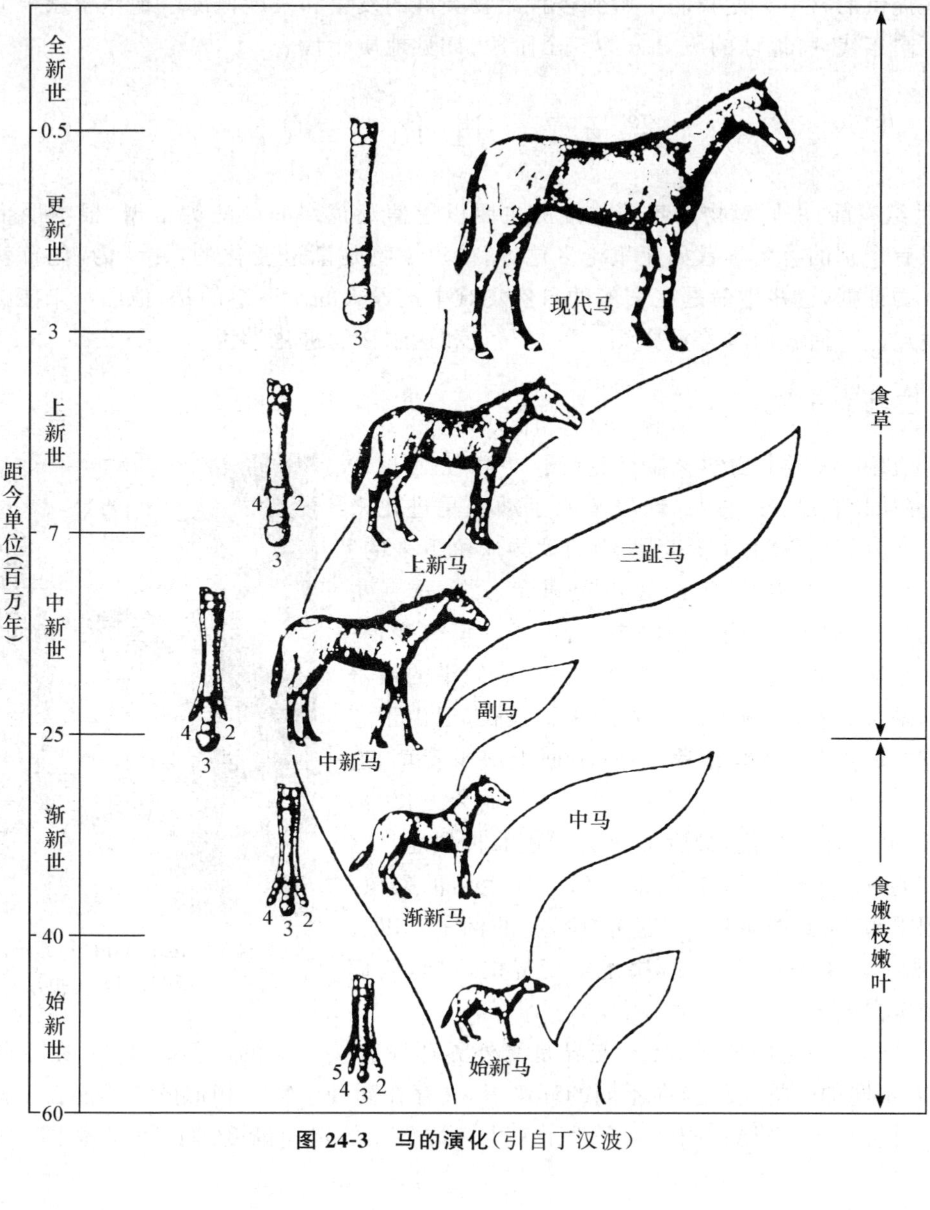

图 24-3　马的演化(引自丁汉波)

(1)始新马(*Eohippus*) 距今5 000万年前,马的个体小,似现代的小狐狸。前足有4趾,后足3趾,身体主要重量靠肉垫支撑,齿冠低。

(2)渐新马(*Mesohippus*) 距今4 000万年前,个体略有增大。前后足都为3趾,中趾较发达。

(3)中新马(*Merychippus*) 距今2 500万年前,个体已较大,四肢运动增强,侧趾已离开地面。体重靠中趾支撑,由森林转到草原上生活。牙齿的齿冠高,适于磨草。

(4)上新马(*Pliohippus*) 距今200万年前,出现了现代马的祖先。个体更大,接近现代马。

(5)现代马(*Equus*),到上新世后期,出现了现代马。

以上种种证据表明,生物是不断进化、发展的。其进化顺序是由低等到高等、由简单 到复杂、由水生到陆生。

上述提供的材料。使我们了解到古代生物类群的发生和发展概况。地质学家根据沉积岩形成的不同年代,将地球的历史分为5个阶段,详见地质年代表。

第三节 进化学说

18世纪以前,人们对物种起源的推测主要以迷信及荒谬的说法为依据,根本谈不上任何科学。只有个别的著名学者如亚里士多德等,提出生物是渐进变化的,并认为,化石就是以前生命存在的证据,这些生命是在突然的自然灾难中被毁灭的。遗憾的是,他们都未能提出一个进化的观点。下面我们将着重介绍一下拉马克和达尔文的进化学说。

一、拉马克主义

19世纪初,法国生物学家拉马克(图24-4)在他1809年出版的《动物哲学》一书中,首先阐明了动物是进化来的。他是使人们确信"化石是已灭绝的动物遗留下来的"第一人,也是现代进化论的最初奠基者。拉马克主义——"获得性遗传"理论的精髓在于:由于环境改变,有机体会产生适应性的变异并遗传给下一代。他举的最著名的例子是长颈鹿,长颈鹿的祖先颈并不很长,但由于它们生活在非洲大陆,那里经常干旱,地面上缺少青草,迫使它们不得不经常伸颈寻觅树上的叶子,久而久之,颈部逐渐增长,并遗传给后代,最后形成了现代的长颈鹿。这是"用进"的例子;此外,还有在地下营穴居生活的鼹鼠,长期不用眼睛,于是两眼退化,这是"废退"的例子。以上例子,说明了环境条件的改变,决定了变异的方向,我们将它称为定向变异。

图24-4 Jean Baptiste Larmarck (1744—1829年)

按照拉马克的定向变异理论,变异是受外界环境直接影响的。但事实上,在相同的环境下,生活着不同的生物;反之,在不同的环境下,又存在同种生物。相似的变异能在不同的条件下发生,不同的变异又能在相似的条件下发生。拉马克的定向渐变理论不能对上述情况做出合理的解释，因此，近代绝大多数生物学家没有接受这一理论，因为遗传学的研究表明，有机体的某些特征是由其一生形成的，无法遗传给下一代。如动物发达的肌肉。不过，限于当时的科学发展水平，拉马克能够首先冲破神创论的禁锢，提出生物进化的观点，是难能可贵的，他不愧为进化论的奠基者。

二、达尔文主义

达尔文(Charles Darwin，1809—1882 年)，英国人。在他不满 23 岁时，就以自然科学家的身份，乘坐英国皇家贝格尔号军舰，开始了长达 5 年(1831—1836 年)的环球旅行。在这期间，他搜集了大量的事实，此后又经过 20 余年的潜心研究，在 1859 年终于出版了他的不朽之作——《物种起源》，他提出了以自然选择理论为基础的进化学说，即达尔文主义，它包括以下 5 点。

(1)永恒的变化　他强调生命世界既不是永恒的，也不是周而复始的循环，而是在慢慢地发生着变化。

(2)共同起源　所有的生物都来自一共同的祖先。从系统发生上看，生命史呈一有分支的进化树结构。

(3)物种的种类增多　从生物的祖先开始，通过遗传变异，不断地分化出新种，使物种的种类逐渐增多。

(4)渐进主义　生物在进化过程中，不同的物种间，在解剖形态上都存在着明显的差异。这些差异是通过世世代代许多微小的有益变异，长期累积形成的，而不是在短时间内突然形成的。

(5)自然选择　自然选择学说是达尔文进化论的核心。他认为生物在生存竞争中，通过遗传变异，将具有有益变异的个体保留下来，并将这些变异遗传下去。而且具有有害变异的个体会被淘汰，这就是自然选择。

达尔文的自然选择理论是建立在一系列的观察和推论基础上的，主要有以下几方面。

观察 1：生物有机体具有极高的潜在繁殖能力。所有的动物种群都可产生大量配子，继而潜在着大批子代的出现。如果所有的个体都存活下来并继续繁殖，种群就会出现繁殖过剩，达尔文计算过，即使繁殖速度很慢的种类，如象，一对配偶的生育年龄是 30～90 岁，在此期间，只生 6 个子代，750 年内，其后代总数将达到 1 900 万。

观察 2：自然种群在数量上每年除去有较小的波动外，通常维持在一个相对稳定的水平上。但有些种群的波动，可能受各种因素的影响，个体数量逐渐减少，也许经过许多代以后，走上灭绝的道路。但任何种群都不会以其理论上的数值那样进行无度的繁殖。

观察 3：自然资源是有限的。如果一自然种群的个体数量呈指数增长，会消耗无限的自然资源，为它们提供食物和生存空间。然而，自然资源是有限的。

推论 1：无论是种群之间或种群内个体间始终存在着生存竞争。种群间或种群内个体间要对食物、栖息地或生存空间进行激烈的争夺，然而，自然资源是有限的，结果大部分的个体死亡，每代的幸存者只有一部分，通常是很少的一部分，致使物种的巨大繁殖潜力在自然界中未能实现。

观察 4：一切生物体都会产生变异。即使在同一物种内，也没有 2 个个体是完全一样的。它们在大小、颜色、生理、行为以及其他许多方面总会有不同之处。达尔文称这种变异为不定向变异。

观察 5:变异是遗传的。虽然达尔文不懂其中的道理,但他还是注意到了子代和亲代是相似的。许多年以后,这种遗传学机制才被孟德尔阐明。

推论 2:变异是生物普遍存在的现象,种群内变异的个体间,在生存和生殖上会存在着差异,这是变异的结果。其中有益的变异会被保留下来,叫做适者生存。不利或有害的变异被淘汰。因此,只有适应环境的变异个体,才能继续生存和繁殖。达尔文把生物适应环境看成是唯一的生存标准。

推论 3:一个物种经过长期的一代一代的自然选择,在生存和生殖上差异逐渐明显,各自产生了新的适应,以至造成生殖上的隔离而产生新种。变异个体在生殖上的差异逐渐改变了物种,从而使之得到了长期的改良。

如前面所举长颈鹿的例子,按照达尔文自然选择学说,长颈鹿颈部变长的原因,是由于其短颈的祖先产生的后代,颈部有长有短。当地面上缺草时,只有长颈的个体才能吃到树上的叶子,结果被保留下来,短颈的被淘汰了。这样一代一代地向长颈方面选择下去,后来就演变成长颈鹿了。这就是达尔文的定向选择,与拉马克的定向变异有本质上的区别。

达尔文在当时还注意到,人们常常利用遗传变异来培育有益的家畜和植物新品种,但他指出,无论如何,在形成新种的过程中,几百万年的自然选择也要比几十年的人工选择效果更显著。

达尔文的自然选择学说基本是正确的,但也存在着 2 个弱点:一是生物为什么能发生变异,从而导致生物的进化?二是自然选择的结果为什么能遗传给后代?限于当时的科学水平,这些问题很难解释清楚。但达尔文的进化论仍极大地推动了生物科学的发展。

三、达尔文主义的修正

(1)新拉马克主义与新达尔文主义　在 19 世纪末到 20 世纪初这个时期,出现过一些新的进化学说。荷兰植物学家 H. 德・弗里斯在 20 世纪初提出的物种是通过突变而产生的“突变论”,而反对渐变论。某些拉马克学说的追随者们虽然抛弃了拉马克的“内在意志”概念,但仍强调后天获得性遗传,并认为这是进化的主要因素,后来又强调生物在环境的直接影响下能够定向变异、获得性能够遗传,所有这些观点被称为“新拉马克主义”。魏斯曼在 1883 年用实践证明了“获得性遗传”的错误(连续 22 代切断小鼠尾巴,至第 23 代小鼠尾巴仍未变短),强调自然选择是推动生物进化的动力,他的看法被后人称为“新达尔文主义”。

(2)现代综合进化学说　20 世纪 20～30 年代开始,科学家们综合了染色体遗传学、群体遗传学、古生物学、分类学、生态学、地理学、胚胎学、生物化学等的研究成果,到 40 年代,提出了综合进化论。现代综合进化论彻底否定获得性状的遗传,强调进化的渐进性,认为进化是群体而不是个体的现象,并重新肯定了自然选择的压倒一切的重要性,继承和发展了达尔文进化学说。

(3)中性学说和间断平衡论　1968 年,日本学者木村资生根据分子生物学的材料提出了“中性突变—随机漂变假说”(简称中性学说)。认为在分子水平上,大多数进化改变和物种内的大多数变异,不是由自然选择引起的,而是通过那些选择上中性或近乎中性的突变等位基因的随机漂变引起的,反对“现代综合进化论”的自然选择万能论观点。

1972 年,美国古生物学家埃尔德雷奇(N. Eldredge)和古尔德(S. J. Gould)共同提出“间断平衡”的进化模式,来解释古生物进化中明显的不连续性和跳跃性,他们认为进化过程是由一种在短时间内,爆发式产生的进化与长时间稳定状态下的一系列渐进进化之间交替进行的过程。

四、微进化

微进化(Microevolution)是研究自然种群内发生的遗传物质变化的科学。由突变、遗传漂变、基因流和自然选择导致的等位基因频率的改变。

五、大进化

大进化(Macroevolution)是指种和种以上的分类阶元发生的进化。

造成大进化的原因和机制与造成小进化趋势的相同。如马的进化,他们认为从始新马到现代马是一个长的进化线系。由于长期稳定的选择压力,适应快速奔跑的要求,马的祖先向着增大体躯和改造足趾结构的方向进化。长时期的环境趋向性改变(如气候的趋向性改变)对生物造成稳定的选择压力可能形成大进化的趋势。

第四节 新种的演化

关于物种形成的问题,达尔文认为是由动物的变异开始的,通过自然选择,由变种走向亚种,再走向种。

近代群体遗传与物种进化学说论物种的形成,就是自然选择与基因论的综合。

基因突变和基因重组二者都是生物进化的原材料,尤其以基因突变更为重要。自然选择是生物进化的主导因素。隔离是新种形成的必要条件。

生物在进化过程中,从一个旧的物种分化出一个新种乃至几个新种。在它们之间一方面由于基因突变引起形态特征、生理功能等方面所显示出的明显差异,另一方面也有许多相似的地方。所以,以形态作为分类的标准并不是非常准确的。

一、种的概念

前面已经谈到,现代生物学家定义物种的概念是:同种内两性个体之间可以进行杂交,但不会出现种间杂交。即这一类群分享共同的基因库。这样,生殖隔离为动物是否属于同一物种,提供了一个划分的标准。不过,这个标准只适用于进行有性生殖的生物有机体。对于那些进行无性生殖的生物,包括几乎所有的原核生物,众多的植物和某些动物仍要根据不同的生理特性(如形态、生化等方面)来规定种的概念。

二、物种形成

生物由旧的物种分化出新的物种的过程,称为物种形成。前面已谈到隔离是物种形成的必要条件。隔离即意味着种群间不能进行基因的交流。隔离可分为生态地理隔离和生殖隔离。

(一)生态地理隔离

某种动物不同的群体,有时被河流或峡谷分开,更多的是在一广阔的地域内,分布着不同的群体,所有这些都会使群体间的差异逐渐明显,此时的群体称为渐变群。由于受不同环境条件的影响,这些群体在形态学、生理学及行为上继续分支,直至形成亚种,再经过数万年甚至上百万年的时间,或许就能发展成一个新种。

(二)生殖隔离

所谓生殖隔离即意味着种群间失去了基因交流的机会。由于种群各自对有益变异的长期累积(变异是经常发生的),淘汰有害变异,这样,逐渐形成了新的物种。那么,生殖隔离是怎样实现的呢?它包括以下2种机制。

1.合子形成前的隔离机制

这种机制可以阻止合子形成或阻止配子受精。它包括生态隔离、行为隔离、机械隔离和时间隔离。

(1)生态隔离　不同的种群在相同的季节、相同的地区繁殖,但不会发生基因交流。如在美国有2种果蝇,它们的亲缘关系很近,以至于很难将2种雌性个体区别开来。它们都以一种稀有的树种所分泌的汁液为食。按理说,生存竞争的结果应是一个种群占上风,而另一个种群逐渐灭绝。然而事实并非如此。它们一种生存在树干上,吸食汁液,另一种则生活在树下面的植被上,吸食从树干掉下来的汁液。进化的结果,这2个种群都生存下来,形成了不同的种。

(2)行为隔离　不同的种群间,由于性行为的不同,异性成员间缺乏吸引力,难以辨认对方的求偶行为,因此,也无法进行基因交流。如雌性的萤火虫只和按一定路线飞行(直飞、之字形飞、转圈飞)的雄性萤火虫交配。

(3)机械隔离　不同种群间由于某些自然因素的影响,也能阻止基因交流。如生殖细胞表面分子无法结合,生殖器官大小、形状上有差异等。如海星、海胆等棘皮动物,当异种的精卵遇到一起时,由于生殖细胞表面分子无法结合,也不能受精。

(4)时间隔离　由于繁殖季节不同,即使亲缘关系比较近的种类,也无法交配。如林蛙开始有求偶行为时,树蛙的繁殖季节还未到。

2.合子形成后的隔离机制

即使来自不同种的个体交配后,有时甚至生出了杂种,但杂种也通常在性成熟前死亡,或杂种不育。

(1)杂种不活　不同种动物杂交后,产生的杂种在未达到性成之前死亡。如绵羊和山羊,杂交后可以形成受精卵,但在胚胎早期即死亡。

(2)杂种不育　不同种动物杂交后,可生出后代,但后代不具生育能力。如同一属的马和驴交配,它们的后代骡无生育能力。因为马和驴的染色体对数不同,马64条,驴62条,骡63条,在细胞分裂时不能配对,所以,骡不具生育能力。

以上是隔离机制对新种形成的作用。

三、基因库的独立

新种形成后,种群是如何保持其基因库独立的呢?

所谓基因库就是指一个种群所具有的全部基因。对于一个新种,基因库是怎样被隔离的呢?

一个物种由于偶然因素,自然因素或地理上的障碍等被分开,造成了彼此基因无法流动,群体间的差异就会逐渐地越来越明显,长久以后,种群间的差异也越来越明显。到那时,即使分开它们的障碍消除了,让它们得以重新混杂,然而,他们之间再也不会杂交,当然,基因也不可能流动。

四、物种形成的遗传学基础

在灵长目里，人类、黑猩猩、大猩猩、猴和狐猴是在距今 800 万～3 000 万年前分开的。尽管现在彼此的差异很大，但他们的结构基因却惊人的相似。由这里我们可以得出，即使一些专门的调节基因发生很小的变化，就有可能导致新种乃至更高分类单位的诞生。

（1）调节基因的变化　调节基因与进化在一个生物体发展过程中，调节基因协调着不同组的结构基因，从而保证有机体各个器官有序地发育。许多科学家认为，调节基因的改变，或许可以解释进化中重大的变化，也许还能解释物种的形成。

（2）染色体的变化　我们知道，新种是由许多代有机体逐渐将变异积累起来形成的。然而，由基因突变形成的新种要快得多。其方法主要是通过远缘杂交产生多倍体或由其他原因引起基因突变，形成新种，多见于植物。如小麦和黑麦杂交，结果产生了“八倍体小黑麦”。

第五节　动物的进化型式与绝灭

整个生物界的进化都是遵循从无生命到有生命、从低等到高等、从简单到复杂这样的规律进行的，当然，在漫长的演化过程中，不乏大量的失败者，大多数种类都经历了发生、发展、灭绝这样的过程。

按照达尔文的进化论，地球上所有生物都起源于共同的祖先。由于变异，原始的物种逐渐分化出许多种，有的由于不适应环境被淘汰了；有的继续分化形成新的物种。进化的型式包括线系进化（前进进化）、辐射进化、平行进化、趋同进化。

一、动物进化型式

（1）线系进化（phyletic evolution）　指种的世代延续与时间的延续呈现一种线性关系。即随着时间的推移，物种沿着此直线可以逐渐地演化为另一物种。这种进化在某一时间段只能有一个物种。当然，这种进化也可以是退行性的改变。

（2）辐射进化（radiation evolution）　原始的物种在扩大生存范围和占领区域的过程中，由于受到不同环境因素的影响，会逐渐形成不同的适应器官，这种现象称为适应辐射。达尔文称之为性状分歧，哺乳动物具有共同的祖先，由于生活环境不同，逐渐产生了不同的类型。如水中生活的鲸、适于飞翔的蝙蝠、树栖的长臂猿等。辐射进化有 2 种模式，渐变模式和断续模式。

①渐变模式：某一个物种在演化过程中表现的是一种渐进的、相对匀速的过程，线系的分支只是进化的方向不同而已。

②断续模式：表现为进化是跳跃式、不连续的，某一时期也许很快，也许保持相对稳定的状态。

（3）平行进化（parallel evolution）　不同类群的动物，由于生活在极其相似的环境条件下，对等的器官可以出现相似的性状。如翼手目的蝙蝠和啮齿目的鼯鼠。前者在黄昏时飞出来寻找昆虫，后者在晚上于树间滑行觅食。它们的前后肢都有一张皮膜相连。

（4）趋同进化（convergence evolution）　不同类群，亲缘关系较远，生活在相同的环境条件下，不对等的器官可以出现相似的性状，这种现象称为趋同进化。如蝴蝶的翅和鸟类的翅都有飞翔作用。

二、绝灭

绝灭(extiction)意味着物种的消失。一般包括常规绝灭和集群绝灭。

(1)常规绝灭　指生命史中各个时期都以一定规模经常性地发生的绝灭,表现为小规模的绝灭,速度较慢,这是自然状态下的一种绝灭形式,一般属正常现象。

(2)集群绝灭　指种群大规模绝灭,其规模和绝灭速率都要远远超过常规绝灭。速度很快,许多分类群在较短地质时期内全部消失。动物界演化树和地质年代表见图 24-5 和表 24-1。

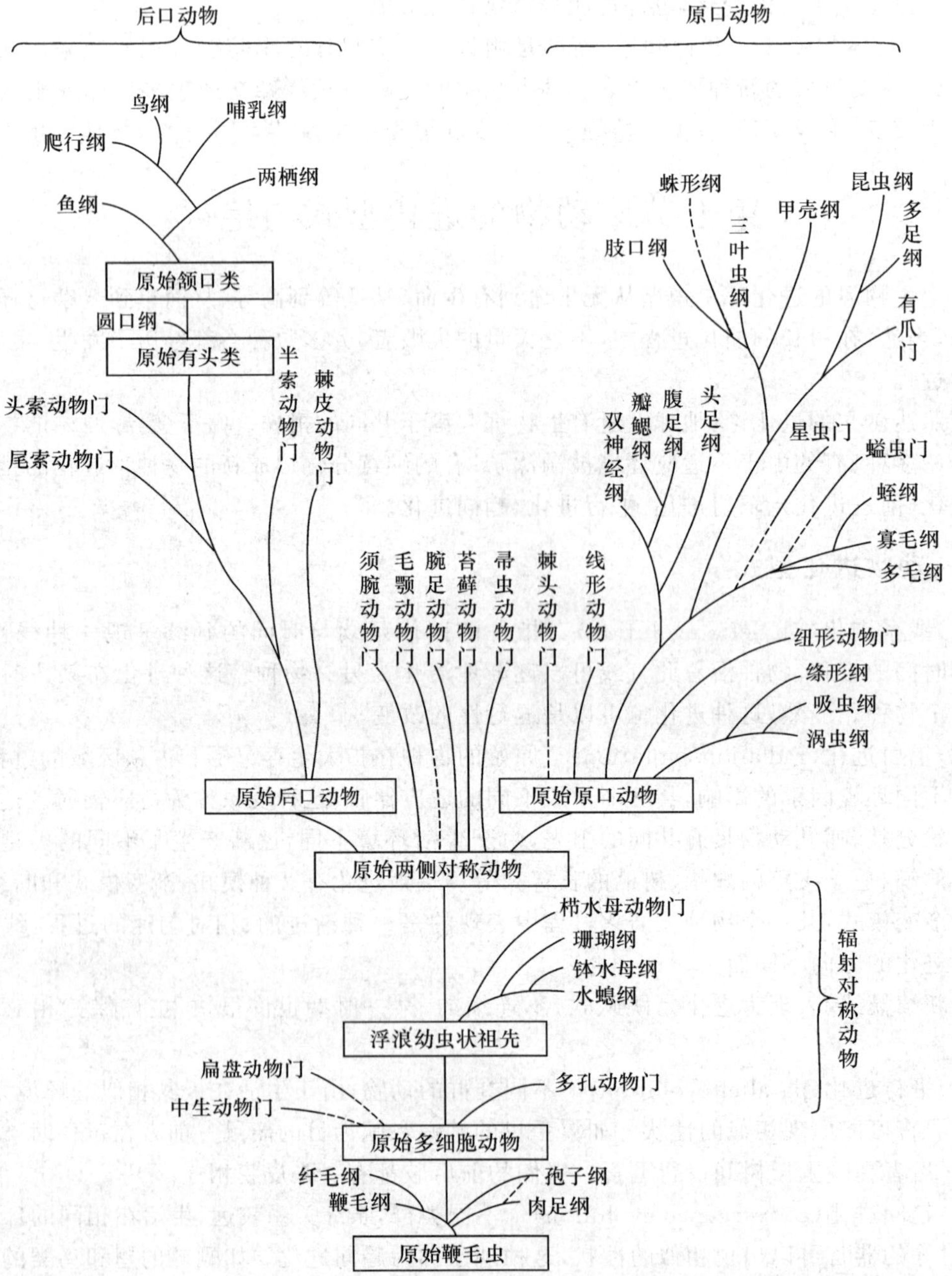

图 24-5　动物界演化树(仿丁汉波修改)

表 24-1 地质年代表(引自许崇任等)

宙	代	纪	世	同位素定年/Ma	延续时间/Ma
显生宙	新生代	第四纪	全新世	0.01	0.01
			更新世	2.0	2.0
		晚第三纪	上新世	5.0	3.0
			中新世	24.6	19.6
		早第三纪	渐新世		
			始新世		40.0
			古新世	65.0	
	中生代	白垩纪	晚白垩世		76.0
			早白垩世	141.0	
		侏罗纪	晚侏罗世		
			中侏罗世		54.0
			早侏罗世	195.0	
		三叠纪	晚三叠世		
			中三叠世		35.0
			早三叠世	230.0	
	古生代	二叠纪	晚二叠世		50.0
			早二叠世	280.0	
		石炭纪	晚石炭世		65.0
			早石炭世	345.0	
		泥盆纪	晚泥盆世		
			中泥盆世		50.0
			早泥盆世	395.0	
		志留纪		435.0	40.0
		奥陶纪		500.0	65.0
		寒武纪	晚寒武世		
			中寒武世		40.0
			早寒武世	540.0	

地史上发生过 6 次大规模的绝灭。第 1 次发生在 5 亿年前的寒武纪末,约有 50%动物的物种绝灭;第 2 次在 3.5 亿年前的泥盆纪,约有 30%动物的物种绝灭;第 3 次在 2.3 亿年前的二叠纪,约有 50%动物的物种绝灭;第 4 次在 1.8 亿年前的三叠纪,约有 35%动物的物种绝灭;第 5 次在 6 500 万年前的白垩纪末期,规模最大,恐龙、菊石等全部消失;第 6 次在 1 万年前,许多大型的哺乳动物和鸟类都消失了。

第二十五章　动物行为

达尔文的思想影响着生物学的各领域。1859 年，达尔文的《物种起源》的发表，对动物行为学的研究同样产生了深远的影响。1871 年，他的《人类的由来》一书研究比较了人与动物及本能行为。1872 年，达尔文发表了《动物和人类的表情》一书，较系统地阐释了动物的行为(图 25-1)。

图 25-1　雄性大角羊在繁殖期的争斗(引自 Hickman)

动物行为学家常常问的 2 个关于行为的经典问题：一是动物的行为是什么样的，二是动物这样做的原因是什么？前一个是关心最初的原因，另一个是关心最终的原因。

第一节　经典的行为学理论

固定行为型(fixed action patterns)：是指行为中由遗传固定的和相对复杂的动作模式。动物按一定时空顺序进行的肌肉收缩活动，表现为一定的运动形式并能达到一定的生物学目的。它是被一定的外部刺激引发的，一旦引发就会自动完成而不需要继续给予外部刺激。灰雁回收卵的行为就是一种典型的固定行为型。灰雁在孵卵时，如果卵离开鸟巢，它就伸颈，用喙将卵拨回巢舍。当卵滚出巢外后，灰雁首先伸长脖颈，然后把下颏压在卵上把卵拉回，如果中途有人把卵拿走，灰雁也将继续完成这一动作。这种简单的先天行为在求偶、筑巢、取食和清洁身体等行为系统中最为常见。由于固定行为型是一种固定不变的运动形式，所以，每一个物种都有自己所特有的固定行为型。它和形态特征一样，可作为物种的鉴别特征(图 25-2)。

固定行为型没有任何推理的内容，完全是固定不变的格式。如一种海产的没有外壳的软体动物海蛞蝓(*Tritonia*)，在海底爬行取食时，如遇到以它为食的海星，头立刻缩回，身体变扁平，拍击海水而迅速逃跑。这种逃跑运动是生而有之的，是不必学习的。Dennis 记录了海蛞蝓脑中个别神经元的电学活动，发现神经元释放的电波率与强度和逃跑的动作是完全一致的。

图 25-2 灰雁孵卵(引自 Hickman)

他把这种海蛞蝓的脑从体内取出,使之与感觉器官和肌肉完全分离,再用电刺激其中的神经元,结果神经元发出的电反应和逃跑时的电反应一样。由此可见,海蛞蝓脑中存在着一个特定的逃跑行为机制,称为先天引发机制。引起这一机制活动的信号,即符号刺激,在这里是来自海星的分泌物。符号刺激和先天引发机制这两者的关系可以比作钥匙和锁的关系。海星的分泌物是钥匙,先天引发机制是锁。锁打开后所表现的行为是固定动作格局,在这里是海蛞蝓的逃跑动作。

三棘鱼在生殖季节,雄鱼腹面变为红色,雌鱼腹内充满卵子而腹部膨胀。这是双方发出的视觉(光)信号。雄鱼在河床上物色地点筑一小巢,准备迎接雌鱼。当雄鱼看到膨胀的雌鱼时,跳起求爱之舞,即按曲折的路线游向雌鱼,雌鱼则头部抬高作为欢迎的信号,并跟随雄鱼向雄鱼所筑的巢游去。找到巢后,雄鱼先钻入巢中作为"示范",雄鱼出来后,雌鱼钻入,雄鱼用头碰触雌鱼的尾,这是一种触觉信号,雌鱼收到了触觉信号,就在巢中排卵,然后游出巢外。此时雄鱼游入,卵对雄鱼是信号,雄鱼感受信号而排出精子,实现受精。

在自然选择中为什么符号刺激竟能中选而不被淘汰呢?这大概是因为在自然环境中,符号刺激对动物是十分有利的,而假的符号刺激毕竟是很少的,因而动物受骗的机会也是很少的;并且欺骗只是暂时的,如鸥鸲在长到五六天时,除了孵育它的母鸥以外,不再啄击其他物体的红斑了。这说明符号刺激机制虽然有时出现失误,但动物可通过学习,用经验来调整它的本能行为,而不犯错误。

信号刺激(signal stimulus):在各种各样的刺激当中,如声音、颜色、适当的构造、气味或动作等,能够引起动物产生某种行为反应的个别刺激就称为"信号刺激",或称为"释放者"(releaser)。释放者是在种内个体之间起着信息传递作用的一些形态或行为特征。释放者能引起同种个体发生一定反应,释放者的功能起着种内信息交流的作用。由于个体之间进行信息交流对彼此都有好处,所以在释放者进化过程中,无论是信号发送者还是接收者都有贡献。

行为的引发机制(releasing mechanism,RM):也称为选通机制(filter mechanism),即对引起特定行为的信息的辨认机制。RM 涉及中枢神经系统、感觉器官以及内部刺激等"关卡"。

三棘鱼在生殖前占领一块领地,不允许其他的雄鱼侵入,而且它的肚皮变红了,这个红肚皮就是一个信号刺激。研究者做了几个模型,其中的 4 个长得很不像三棘鱼,但是它们下面都是红色的,测试生殖期的三棘鱼攻击哪个模型,结果这 4 个都会被攻击,只有长得和它一样的但没有红肚皮的没有被攻击,因为红颜色就是一个信号刺激(图 25-3)。

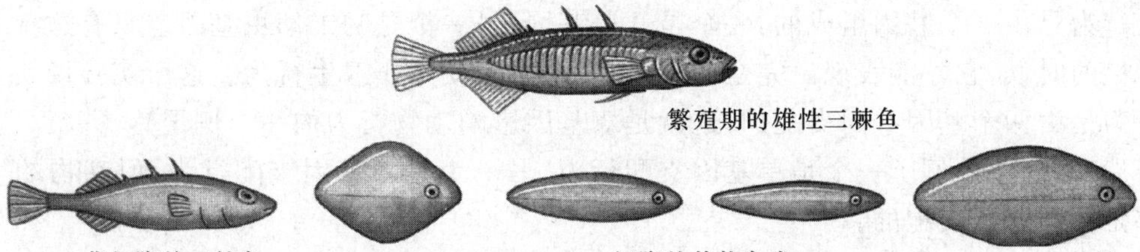

图 25-3　繁殖期三棘鱼的行为(引自 Hickman)

第二节　行为的控制

行为学家从这些不变的可预测的固定行为类型开始观察先天的行为。在动物中会突然出现许多编程了的行为,同样那些更大的个体也做这些相似的行为。花园蜘蛛一出生就织网而不需要练习。雄性蟋蟀的求偶行为也不需要从错误中学习。这样的行为叫做本能或者叫先天。这个概念也就意味着这些行为无论环境怎么变化总是固化不变的。基因只是编码蛋白而不是直接指导行为的。由此可见从受精卵开始动物的各种行为类型依靠于其他个体和环境的相互作用建立。即便是花园蜘蛛和庭院蟋蟀,其生活环境对其作用也很大,如果环境发生变化,那么其行为也将发生变化。

在无脊椎动物中许多行为的表型是不可测的。这很好理解,编码的固定行为类型对于动物的存活尤其是那些一出生就不知其双亲的动物为什么是如此重要,因为它们必须要很快适应环境的变化并做出调整。同时也有很多证据表明那些有更长生命周期和双亲的更高等的动物是靠学习和交流来改变和提高其行为的。

一、行为的遗传

许多可遗传的本能行为本身就很复杂。研究基因与行为的关系,有些行为是比较简单的,只受一个基因支配。如小杆线虫有 2 个品系,一个品系身体前端可以做波浪式运动,另外一个品系身体前端不能做波浪式运动。波浪式运动有利于它找到昆虫帮它散布,所以说它的行为还是有一定的生存意义的。但另一个品系不能做波浪式运动,这 2 个品系杂交以后发现所有的 F_1 代都是能作波浪式运动。但是到了 F_2 代就有些个体能够作波浪式运动,有些个体不能作波浪式运动。而且这个比例是 3 ∶ 1,说明波浪运动行为的基因是显性的,而且这个行为是由一个基因支配的,这是单基因支配动物行为的一个例子。

还有一个例子可以说明动物的一个行为是由 2 个基因支配的。有一种蜜蜂的 2 个品种,一个称为卫生蜂,一个称为非卫生蜂。卫生蜂是指当它的巢里面有死掉的幼虫,它会把蜂房的蜡盖咬开,然后把幼虫叨出去。非卫生蜂就没有这个行为。用 ur 来表示卫生蜂,这 2 个基因是隐性的,用 UR 来表示非卫生蜂,这两个是显性基因。当把这两个品种杂交以后,F_1 代全都是非卫生蜂,所以卫生蜂的性能就没有了。F_1 是非卫生蜂,基因型是 UuRr。它的雄峰基因分 4 类:Ur、UR、ur、uR。然后回交,回交之后到了 F_2 代就复杂了,既有卫生蜂也有非卫生蜂,还出现了不同于上述 2 种行为的新类型,就是开盖不叼幼虫行为型和不会开盖但会叼幼虫型,如果人为把盖打开,它会把幼虫叼走,所以出现了 2 个新的行为型。这个实验证明,卫生蜂完全的卫生行为是由2个基因组成的:一个是开盖基因,另一个是叼走幼虫基因。只有这2个基因都是隐性的时候,它才能表现出完全的卫生行为,否则就是非卫生行为。这个实验说明蜜蜂的这个行为是由两个基因共同支配的,这就是双基因影响动物行为的一个例子。

当然,前面举的例子一个是单基因支配行为,另一个是双基因支配行为,但动物的大部分行为都是由多基因支配的。

二、学习行为和行为的多样性

行为的另一方面就是学习,行为的修饰是靠学习而发生变化的。动物之所以能适应环境靠的是2种行为,一个是本能行为,另一个是学习行为。本能行为是神经系统先天的一种正确反应,这种反应是构成动物遗传结构的一部分。一般来讲,动物既具有本能行为又具备学习行为。低等动物以本能行为为主,学习行为为辅,高等动物学习行为占的比例大,本能行为占的比例少。这是在长期进化过程中形成的。

学习行为的典型的例子就是关于埃里克·坎德尔对于海兔的研究。海兔是研究无脊椎动物的程序性学习的生化过程的重要模式动物。Kandel成功地在海兔上揭示了习惯化和敏感化的突触机制。习惯化是指当一个不产生伤害性效应的刺激重复作用时,对该刺激的反射性行为反应逐渐减小的过程。敏感化是由于伤害性刺激的存在而使动物对原有刺激的反应产生持续的增强。这两者都是非联合型学习。对海兔喷水管皮肤的刺激能导致缩腮动作,如果这一刺激重复10次,缩腮动作就逐渐减弱,以至最后不再有行为反应,这种习惯化可保持一段时间。而当一种伤害性刺激(如电击)出现在海兔的头部或尾部之后,对重复刺激喷水管皮肤引起的缩腮反射大大增强,敏感化也可以保持数天到数周。

海兔也可进行较复杂的学习,如经典条件反射。对喷水管皮肤的温和刺激作为条件刺激,在条件刺激后0.5 s内,伤害性刺激(非条件刺激)作用于尾部,将引起强烈的缩腮反应。这样成对的刺激反复几次后,单独对喷水管皮肤的刺激即能引起强烈的反应。

虽然在海兔、海蜗牛和果蝇等动物上的研究取得了显著的成果,但无脊椎动物的神经系统毕竟与高等脊椎动物的相差甚远,也不具备较复杂的学习能力,因此,在其上得出的结论是否适用于高等动物必须进一步验证。然而我们知道高等哺乳动物学习能力比无脊椎动物要强得多,特别是灵长类动物,脑的进化程度高,很可能是学习,形成了新的神经环路和联系。

三、印记行为

另一种学习行为就是印记行为。新孵化出来的雏鸭或雏鹅,总追随母亲,在母亲走向河水中时,就结队随母亲一同走向河水。鸡、鸭、鹅等动物对于第一次接触的能活动的较大物体都能紧紧追随,这就是印记,说明动物已经将所接触的物体"印入"脑中了。

行为学家劳伦兹用孵化箱代替母鹅孵蛋,雏鹅出世后首先接触的不是母鹅而是劳伦兹自己,结果劳伦兹成了印记的对象。在他走开时,雏鹅竟排一长列跟在他的后面。甚至在几个月后,雏鹅长大了,其中的雄鹅对雌鹅竟不感兴趣,而向劳伦兹或别的人作出了求爱的表示。

印记学习和其他学习行为有几个重要的区别:印记学习只需要少量的经验信息就可学成,并且一旦学成,就可保持较长时间,很难改变;印记学习不需奖励或惩罚,但只能在生长的一定时期内完成,这个时期称为临界期或敏感期。过了敏感期就没有印记学习了。

印记学习在进化上是有选择价值的,因为动物出生后首先接触的活动物体一般都是它的母亲。能够追随母亲，和母亲建立联系而不和别的动物建立联系，就能得到保护和抚育而不至为别的动物所伤害。在许多哺乳动物中，母亲与子女之间也是通过印记学习而建立联系的。山羊羔出生后与母亲的接触很重要，有了接触，母羊才给以正常的母爱。如果将初生羊羔带走，即使只带走 1 h 再还给母羊时，母羊就拒绝接收了。但如果出生后让羊羔和母亲只接触 5 min，然后再取走 1 h 甚至更长时间，母亲仍能认识这只羔羊而接受它。动物的这种行为使母兽不至误认其他母兽的子女，这显然是有利于自己基因的传播，因而也是有利于保护本物种的基因库。

大多数雄鸟（也有少数雌鸟）在进入成熟期后，都会发出特定的鸣声，宣扬它们的性成熟，向异性求爱或宣扬它们所拥有的领地。鸟类的唱歌是遗传和环境共同作用的结果，如卡拉鹦鹉和紫鹦鹉的例子。一种称为斑胸草雀的鸟，雄鸟以歌声向雌鸟求爱，雌鸟却从不发出求偶的歌声。这显然是由于雄鸟和雌鸟在遗传基础上有所不同，因而脑的发育也不一样之故。但如将雏雄鸟在从未听过雄斑胸草雀的歌声时就隔离开来，长大后也不会唱求爱歌了。

一种白冠麻雀，在雏鸟出生后的几个月内，总有机会听到雄鸟的歌声，到它长大后，它也会唱歌了。但开始时，它唱的音调不准，只能算是“亚歌”，要再练习一些时间才能算是正确的“正歌”了。Peter Marler 等人做了一系列的实验：他们将新孵出的雏鸟养在完全隔声的室中，分成 3 组：第一组不让其听成年雄鸟的歌。第二组让其听成年雄鸟的歌，在这些雏鸟长大到 5 个月开始唱“亚歌”时，毁伤它们的耳，使其成聋鸟，结果它们长大后只能发出震颤的音调，不能唱出正确的歌。第三组雏鸟同时听了本种（白冠）麻雀和另一种麻雀（鸣麻雀）的歌声磁带，但它们成年后只能唱本种雄鸟的歌，而不能唱异种雄鸟的歌（图 25-4）。

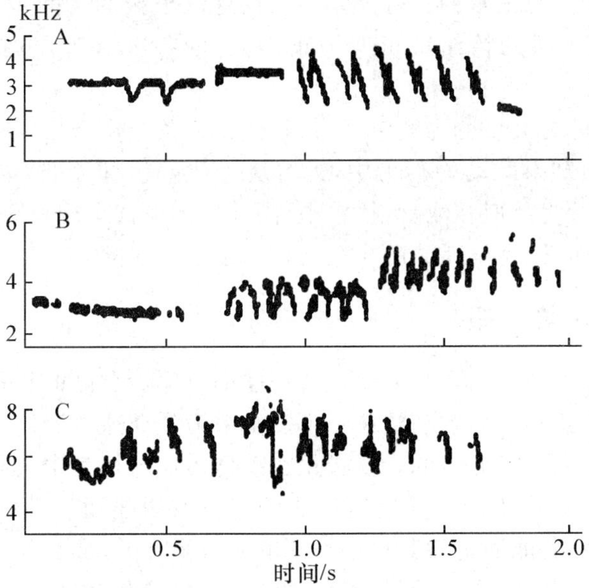

图 25-4 白冠麻雀的歌

A. 正常成长的白冠麻雀 B. 不和其他白冠麻雀接触的白冠麻雀 C. 早期变聋的白冠麻雀

这些实验说明，鸟类“唱歌”是有不同遗传基础的。实验还说明，即使有了遗传基础，学习仍是十分必要的，白冠麻雀就是在遗传基础上，通过学习，才能唱出“亚歌”，再通过调整，才能把“亚歌”提高成“正歌”。

第三节 社会行为

任何生物都不可能是绝对独居的,总是要和它的同类接触,至少在有性生殖时是要和异性接触的。正是在这一基础上,群居性的社会动物才进化发展出来。无脊椎动物中如蜂、蚁等,脊椎动物中如象、狮、鼠,各种灵长类动物等都是群居的。

动物的社会行为带来的益处是:易于获取食物或其他资源,利于繁殖,便于隐蔽和获得空间,能防御自然界中的危险,能避开竞争,易于防御天敌。但社会行为也会给动物带来不利,如易招引天敌的注意,容易在集群中流行传染病,消耗动物体内的能量和物质等。

群居对动物有利,可以更有效地猎食,也可以更有效地防御捕食者的进攻。一只角马很容易被一只狮子杀死,上万只的角马就可以使狮子无能为力;一群麝香牛排成一圈可以打败狼的进攻;一群鸟围绕一只捕食的苍鹰,群飞骚扰、大声鸣叫,可使苍鹰顾此失彼,无从下手。群居动物还有种种"警报系统",只要一个动物发现捕猎者,它一发出警报,就可引起全群反应,或逃跑或群起抵抗,使捕猎者退避或逃跑。有人用鸽子做实验,将一只饥饿的苍鹰放出向鸽群袭击,鸽群越大,鸽的反应越快,被捕杀的机会就越少。除此以外,群居的最大好处是为交配生殖创造更多机会,为抚育后代提供更好的条件。

孤独对群居动物有很不利的影响。实验证明,如果恒河猴一出生就脱离了母亲,也不和其他猴接触,即使食物无缺,身体可以长得很好,精神却要变得焦躁不安、恐惧紧张,不敢和别的猴接近。如果出生后和母亲相处,不接触别的猴,幼猴发育仍要受到影响,如不会游戏,对别的猴仍然恐惧、敌视,不能表现正常的性行为。如果在这只小猴的房间中放入另外几只小猴,即使每天只放入 15 min,小猴的情绪就可变为正常,它的各种行为,包括性行为,也都可正常发育。

按利害关系,社会行为又可分为竞争行为、利他行为及合作行为。领域的划分和各种社会组织又都是社会行为的结果。动物行为中,为解决个体的生理需要,如饮水、取食、体温调节等,基本上属于非社会行为。但在取食、饮水中,同种个体也常出现竞争,动物集群又有助于改变小气候,从这个角度而言,完全孤立的非社会行为是不存在的。

一、攻击行为和优势等级

社群要求合作。对于动物而言和人类社会一样都要保护自己的利益。因为资源,如水、配偶、食物等是有限的,这就必然导致动物在整个一生中为争夺这些资源而发生竞争。

动物大多是靠攻击来完成竞争的。仪式化在动物的攻击行为中具有重要的作用。

仪式化(ritualization)是使行为发生演变从而产生或增强通讯功能的一种进化过程。一般说来,一个动物的行为若能通过被其他动物了解而获得好处,那么自然选择就会使这种行为逐渐演变为一种更加可靠和醒目的通讯形式。仪式化在进化过程中,具有作为诱发因素功能的行为形式进一步增进其机能的强度、准确性和精密性而趋向于特殊化。随着仪式化的进行,行为特征变为显著而简单化,其本质内容不断重复,一部分内容被强化,终至形成一定的形式。这种形式的行为称为"仪式",特别在求爱和攻击中常可看到。具有某种机能的行为可完全借其他形式的行为作为变相行为表现出来而被仪式化,许多成为后者重要诱发因子。

动物行为在仪式化过程中发生变化的方式很多，最常见的是行为变得非常刻板和不完整。在其他场合下，动作常被“冻结”成某种特定的姿态。动物的很多威吓姿态就是这样产生的。仪式化的另一个特点是，一个行为一旦仪式化之后，其原来可变的活动强度就会变得固定不变，这样就会使发出的信息准确无误而不是模棱两可。如雄性野鸭靠用喙梳理羽毛的动作来吸引雌鸭，这种仪式化求偶动作的效果，常因翅上鲜艳羽毛的进化而得到加强，所以，雄鸭求偶时总是把喙指向这些色彩斑斓的羽毛。从功能上讲，这一动作已完全失去了梳理羽毛的意义，它唯一的功能就是求偶。恐吓行为多数是出于斗争意图形成的仪式化。伴随行为的仪式化，一般与其相关的构造和动作等也要特殊化。

动物集群中常常存在着复杂的等级系统，这些等级则是在个体间的战斗较量之后，根据强弱形成的。一个个体居于最高等级，其余个体顺序排列而成一个优势等级系统。一旦达成了优势等级系统，动物就各就各位不再战斗了。

如在一群狒狒（*Baboons*）中，有一个狒狒位置最高，属优势等级，它一切优先，如优先选择睡眠地点，优先选择食物，优先与发情的雌狒狒交配，即优先传递基因等。另一个位于第二等级的雄狒狒可享受仅次于最高等级的待遇，它的下面还可分第三、第四等级。雌狒狒有时也可排列等级。

在优势等级中，每个动物都有它一定的地位，一旦确定了等级，等级低的似乎完全接受它的地位，不但不再竞争，甚至还努力靠近等级高的，从等级高的动物那里得到保护。等级高的狒狒还可威吓、“申斥”等级低的。所以，确定了等级之后，动物就不再战斗，就可有更多时间和能量来猎取食物，繁殖后代了。

很多我们熟知的灵长类如猿猴等都成大群，有多个能生育的雄性和雌性动物。生活于非洲潮湿富饶草原上的一些狒狒，每群可多到上百只，但是等级优势在这里有重要作用，最高等级的雄性有和任何雌性交配的权力，其余雄性动物只能屈服，否则就离群出走。雌性的等级优势不显著。

群居的鸟类也分等级。一群母鸡中，总有一个居于优势地位，这可从它“趾高气扬”的姿态上看出。在啄食时，如果其他母鸡略有不驯，竟敢在它旁边啄食，它必啄击这只母鸡，而这只母鸡必不抵抗，唯有急速逃跑。如有新加入的母鸡，它开始时总要处于较低地位，经过几次较量，才能取得符合它的实力的等级地位。公鸡也按实力排出等级。公鸡一般不啄击母鸡，高等级的公鸡能优先与母鸡交配，等级越低越无优势，甚至无机会交配，不能传递基因。

群居昆虫也有优势等级的现象。蜜蜂、蚂蚁中雌性是最高等级，马蜂也是雌蜂居高地位的。每年春季，几只雌马蜂可一同采集材料筑巢。在筑巢过程中，各雌蜂展开厮杀，战胜者即取得了最高等级地位，而一经确定了地位，其他雌蜂就不再战斗，安于它们从属地位了。这只最高等级的雌蜂可以向从属的雌蜂索食，甚至可以把从属雌蜂所产的卵杀死或吃掉而独霸产卵的权利，即独霸了传递基因的权利，而把全巢发展成它的一个家族。

居于从属地位的动物，一般都安于它的地位，它们可以离群，另立门户，但是这种情况是很少的。如果一只狒狒离了群，很可能被肉食者捕食，它留在群内不再争地位还有可能等到最高地位的狒狒病死或老死后，上升到最大优势等级，从而有机会传递它的基因；并且一群中大家都有亲缘关系，即使它没有交配的机会，它的基因也可以由它的兄弟姐妹传递下去。所以从生物进化的观点看，留在群内不再用武力争取地位比离群独自生活，或继续与占优势的个体争地位更为有利。

二、领域

很多动物有在生活领域内占领一块土地或空间作为个体或集群生活、繁殖的场所的行为。它们占领的土地称为领域,如有他种动物或本种但不属于本群的动物入侵,领地主人就要以各种方式把入侵者驱赶出去。这种保卫领域的行为称为领域行为。

领域有多种类型,最普通的领地可称为生活—生殖—育幼领域。领域主人在这里既取得它们的食物,也繁殖、抚育它们的子孙。麻雀、莺以及多种小鱼(如三棘鱼)的领地都是这种类型的领域。

领域的大小各有不同。杨树蚜虫生活在树叶上,它的领地最大就是一片树叶,麻雀领地最大不超过 4 000 m^2,最小也不小于 2 000 m^2。较大的鹡鸰可占领河岸 600 m 长的地区。

领域一般都是雄性动物创建起来的。抵御入侵,向雌性求爱,哺育子女等都在领地内进行。有时雌性动物也参加抵御外侵的战斗。领域还是求偶的资本,如果雄性动物没有领域,它往往找不到配偶,因而失去繁殖后代的机会。有些鸟如澳洲喜鹊,如果找不到领地,它生理上都要受影响,不能性成熟。

领域虽然没有"界桩",看不见清楚的界线,领域主人却是熟知它的边界所在的。领域主人可以用姿势、气味、鸣叫来警告周围动物,使之不敢入侵,如有入侵就难免发生战斗,蟋蟀就常因领地之争而战斗。

动物占有领域在进化上有什么意义?这和种群密度有什么关系?动物巡视领地,抵抗其他个体入侵总要付出代价(即付出能量),能收到什么报偿?这些问题都是很难解答的。但可以肯定地说,领域的意义是多方面的,如可使动物群疏散,不致因密度过高而造成食物不足,从而生殖力也可得到保证等。领域行为虽然耗能,但有了领域,生殖能力有所提高,所以领域行为是收益多、损失少的行为。

英国南部的鹡鸰冬季占据约600 m 长的河岸作为领地,以河中冲刷上来的水生昆虫为食。当昆虫量不足时,鹡鸰可放弃领地,而加入游荡的鸟群中,各处捕食。等到河岸又能供应足够食物时,鹡鸰又可重新占据并严格保护领地。研究者检查有领地的鹡鸰和游荡的鹡鸰的取食情况,发现甚至在水中食物丰富时,领地鹡鸰 1 min 捕食的昆虫也不比游荡者多,有时比游荡者还要少一些。那么,占领这样的领地有什么好处呢?原来英国南部冬季大雪时,草地被覆盖,食物十分缺乏,只有占领沿河地带,才能从水中获得足够的食物。失去了领域,一天没有食物就可以饿死!另一方面,鹡鸰虽然占有领域,在食物丰富的季节,却允许没有领地的鹡鸰加入领地中,以从属的地位分享食物。这样做对领地主人也是有利的,因为食物丰富的季节,常有其他鸟类入侵,此时领地主人多一个助手,就可更有效地驱逐入侵者。把多余的食物分给助手,减少自己驱逐入侵者的劳动,节约了自己的能量,所以是有利的。

三、交配体系

"一夫一妻"制使雌雄个体不断地竞争和选择导致了种群的进化。所谓"一夫一妻"也就是一雌一雄,动物们在繁殖季节配对繁殖,有些配对可能会持续终生,如雁形目的种类。这种"婚配"形式主要出现在资源分布比较均匀、每一个个体很少能独占资源的情况下。多见于鸟类,而且多是晚成性鸟类。

而大多数早成性鸟类和哺乳类则多以"一夫多妻"居多。在指纹图谱鉴定技术发展之前,大部分的科学家都确信，采取这种“婚配”形式的动物相互间会十分忠诚。但当他们使用微卫星技术鉴定出后代的第几个父亲时，发现许多动物实际上并不忠诚，很多雌性个体存在婚外交配的现象。后来越来越多的证据表明，除了“一夫一妻”的动物以外，很多其他婚配系统的动物也存在类似的、与多个雄性交配的现象——“一妻多夫”。比如哺乳类的灰海豹，行为学研究的结果和分子生物学技术、指纹图谱技术研究的结果并不完全一致。同一只雌性与不同的雄性个体交配，这种一个雌性同时和多个雄性交配的现象，必然会诱发一场来自不同雄性动物的精子在雌性生殖道内的竞争。这场我们肉眼看不到的竞争中，只有最优良的一个精子能够最终赢得比赛，即游到卵细胞并使其受精。

某些动物由于帮助者的存在，促进了雌性从照顾后代的繁重任务中解脱出来，得以寻求更多的婚外交配机会。这样，后代的基因杂合率显著增加，适合度明显增大。

总之，不管科学家如何解释动物的交配策略，事实上动物在长期的进化过程中，在各种不同的生态环境条件下，已经发展出了一套适应自己所在环境的策略，传宗接代以传递自己的基因。一些不适应所处环境的策略可能会在我们尚未注意它的时候就已经被自然淘汰。

动物界中还存在着“一夫多妻”制，如生活在陆地上的狼群，生活在海里的海象和鲸鱼，都是明显的父系社会；“一夫一妻”制，如天鹅、鸳鸯；而实行“一妻多夫”制的则不多。

“一妻多夫”交配制中，在繁殖期，求偶炫耀行为也是由雌性主动表露。为争夺雄性，雌性的决斗经常发生，直至失败的一方狼狈逃窜；雌性配偶用叫声表达自己对雄性的感谢，然后雌性另寻“新欢”，留下雄性独自照顾抚养子女，雄性动物在决定自己是否放弃养育子女这一“苦差”上，有选择权。

“一妻多夫”制多存在于鱼类和鸟类世界以及少数哺乳动物中。其中，鸟类世界中占90%以上的绝大多数种类的婚配都是“一夫一妻”制，也有大约2%的种类过着“一夫多妻”制的父系群居生活，但仍有0.4%左右的种类为罕见的“一妻多夫”制。

四、利他行为和亲缘选择

动物完成一个行为要付出一定的代价，只有代价少而收获多的行为才是有适应意义的、能通过自然选择的行为。但是很多动物总是要完成一些对它本身很不利、甚至可能招致杀身之祸的行为。如很多群居动物在遇警时，总有一些守卫者发出警报，或大叫、或狂奔、或扑翅起飞等，使动物群早做御敌准备或逃跑，但守卫者本身却暴露了目标，易为掠食者捕获。挪威的旅鼠有自杀的行为。它们可成群结队地步入海中淹死，此种“壮举”有牺牲自身而使种群密度减少、以适应环境中有限食物的作用。蜜蜂、蚂蚁社会中绝大多数个体失去了生殖能力，而帮助一个或几个雌性个体，供给它们营养、保卫它们的安全，在它们产卵后又承担哺育其后代的任务。所有这些行为，即牺牲自身，使种群得利的行为，称为利他行为。所谓利他行为就是动物以降低自身的适合度为代价，来提高其他个体适合度的行为。

(一)适合度

适合度(fitness)是生物有机体个体生存能力、繁殖能力和后代生存能力的总称，也是衡量一个个体存活和繁殖成功机会的尺度。适合度越大，个体成活的机会和繁殖成功的机会也越大，反之则相反。达尔文适者生存的个体选择观点就是建立在适合度基础上的，但用个体选择的观点无法解释动物的利他行为。因为利他行为所增进的是其他个体的适合度，而不是自己的适合度。为了解释利他行为,有的学者又提出了广义适合度(inclusive fitness)的概念。广义适合度不是以个体的存活和繁殖成功为衡量的尺度,而是指一个个体在后代中传递自身基因(亲属体内也或多或少含有这种基因)的能力有多大。能够最大限度地把自身基因传递给后代的个体,则具有最大的广义适合度。传递自身基因通常是通过自己繁殖的方式,但也可以通过对亲属表现出利他行为的方式。所谓亲缘选择,就是选择广义适合度大的个体,而不管这个个体的行为是不是对自身的存活和繁殖有利。动物的利他行为与亲缘关系有非常密切的关系,一般都是亲缘关系较近的个体或者物种间有利他行为。这是动物在自然选择作用下长期进化的结果,完全是为了使得自己的基因(后代具有亲代的基因)能够遗传下去。

利他行为往往是以物种为单位的,不同的个体进化出不同的行为。比较明显的利他行为,比如母亲保护幼小的动物;比如同一物种不同个体有不同行为。兵蚁主要功能是保护种群内其他个体,工蜂就专门采蜜给其他蜂吃,等等利他行为是如何通过自然选择的?对于这个问题,生物学家有不同的解释,比较可信的解释是间接选择假说或亲缘选择假说。我们知道,自然选择归根结底是选择生殖能力,选择的结果是使基因得以保存和传代。如果个体牺牲了自己的生殖权力,而帮助其他个体更好地繁殖后代,只要被帮助者能把牺牲者的基因保存、扩增并传递到后代,那么,牺牲者虽然失去了自己的生殖权力,却得到了被帮助者代为传递基因的补偿。这种能够得到补偿的自我牺牲自然是会被自然选择所选中的。

有亲缘关系的个体有很多相同的基因,这是不言而喻的。假定决定"利他"精神的基因是A,在一个动物群中,一个动物的A基因能通过也含有A基因的亲属的生殖活动而被保存下来,或甚至更多地保存下来,那么,自身生殖就可被淘汰,而由亲属代替生殖就将被选择。所以,虽然用了"利他主义"一词,其实动物的利他行为的结果仍然是"利己",仍是在保存自己的基因。

蜂、蚁等昆虫社会的进化也可用间接选择或亲缘选择假说来解释。工蜂虽然失去生殖的能力,但它们的基因却由蜂后保存下来,由蜂后产卵,工蜂给以哺育照顾,受精卵发育成蜂,在一定条件下可发育成蜂后,基因由此而被保存并被传递下去。有一种寄生蜂,雌蜂在寄主体内产卵,其中有些卵发育成带有大颚的幼虫,这些幼虫不再变态,当然也无生殖能力,它们的作用是驱逐其他入侵者,保护自己的姊妹家族独占这一寄主。能使它们的姊妹发育良好,就达到保护自己的基因不致失去的目的了。这样的例子很多,是对间接选择假说的支持。但是有些昆虫社会的分工却是难以用间接选择假说来解释的。如白蚁的雌雄个体都是二倍体的,由于雄蚁不是单倍体的,姊妹之间的亲缘系数就不是75%,而是50%了。即使是有单倍性雄蜂的蜜蜂社会,由于蜂后往往不只交配一次,因而它接受的精子不是完全相同的,这样产生的后代就不一定是同父同母的姊妹,亲缘关系的系数也不是75%了。

(二)进化稳定策略

进化稳定策略(evolutionarily stable strategy,ESS)指种群的大部分成员采取的某种策略,这种策略的好处为其他策略所不及。动物个体之间常常为各种资源(包括食物、栖息地、配偶等)竞争或合作,但竞争或合作不是杂乱无章的,而是按一定行为方式(即策略)进行的。对某个体而言,最好的策略取决于大多数成员在做什么。由于种群的其他部分也是由个体组成,它们都力图最大限度地、更多更有效地繁殖自己的后代,因而能够持续存在的必然是这样一种策略:它一旦形成,任何举止异常个体的策略都不能与之比拟。在环境的每次大变动之后,种群内可能出现一个短暂的不稳定期,但是一种ESS一旦确立,就会稳定下来,偏离ESS的行为就会被自然选择淘汰。ESS理论可以解释许多常见的生物现象,雄粪蝇(*Scatophaga stercoraria*)在牛粪上等待雌蝇并与之交配的最适时间,依赖于其他雄蝇的等待时间,如果某一雄蝇总是花固定时间等待,其他雄蝇就会取得竞争的胜利。因为固定等待时间若较短,等待时间较长的雄蝇会获得和晚到的雌蝇交配的机会;若固定等待时间较长,那么提早离开的雄蝇便可到另一堆新鲜的牛粪上与来临的雌蝇交配。因此,雄蝇在配偶的竞争中采取的ESS是随机地选择等待时间。再比如狮子不追捕狮子而追捕羚羊,因为这是ESS,否则遭到反击的风险太大;同样羚羊见到狮子就逃跑,而见到别的羚羊不躲避,这是羚羊的ESS。一群相互从未见过的母鸡放在一起,通常会导致相互的打斗,一段时间以后打斗日趋减少,最后形成稳定的单线式社会等级,产蛋量增加,这给群体带来好处;相比之下,群体成员不断更换会带来更加频繁的打斗,群体产蛋量就会降低。所以,形成稳定的社会等级,减少群内竞争,是群体中所有成员应采纳的ESS。但是可能会因为战争的日渐增多而导致不稳定。

五、动物的通讯

通讯,特别是涉及性生殖的通讯,在动物进化过程中是非常重要的。动物的生殖通讯信号在保持种的纯洁以及可能在新种的出现上都是具有重要意义的因素。

大多数动物只是在生活史的一定时间才产生信号并对这些信号产生反应。某些通讯信号引起强烈的固定形式的行为反应,低等动物差不多完全是这样。高等动物中,随着幼年动物的成熟,出现了越来越多的学习。于是也就有越来越多的信号加进它们复杂的社会性的系统中。

较少表现出社会性生活的低等动物,个体动物的行为形式,通过学习所产生的差异并不能传给幼年动物。只有遗传上决定的能力或者缺乏改变通讯行为的能力能传给下一代。若这种能力使得一个动物在生殖竞争中变得更容易成功,这种特殊的特征将有利于竞争并能连续多代在遗传上取得成功,这种新的行为形式终将渗入种的行为中。

高级动物如社会性昆虫、鸟类、哺乳动物,在个体的生活中,行为形式可以发生极其巨大的变化。但只有极少数变异可以通过子代的学习,渗入到种行为中去。只有人类,他们所产生的通讯信号可以超越一代人的生活而传给下一代。他们的基本行为方式的变化可以一代一代传下去,无需渗入到生殖细胞的遗传密码中去。

至少,在理论上,传送信息的通讯系统,其产生错误的能力应为最小。意思是说,信号必须是专一性的,必须是突出的。应该完全清晰,应该高于同一通讯渠道中由于其他物理的、化学的能量所产生的噪声水平。在社会性合作的信号情况下,若系统不是种类专一的,无用的随机反应并不太浪费时间,信号的值应几乎不受损失。但对生殖信号来说,信息必定是要种类专一的,产生错误的机会应很小,甚至不存在。

(一)蛾类的化学性吸引

性信息素通讯是一种普遍而又古老的化学通讯形式。种特异性信息素通讯系统的遗传与进化过程往往是物种形成的组成部分。虽然现在还没有直接证据表明性信息素通讯系统分化可以促使新物种形成,但是关于性信息素通讯系统的多态性、遗传变异以及遗传机制的研究表明性信息素信号容易发生漂变,而性信息素的接受系统可以适应漂变的性信息素信号。化学通讯是一种极其普遍而又古老的通讯方式。就多数昆虫而言,化学通讯对其寻找食物、寻找寄主、寻找配偶以及产卵地点等起到至关重要的作用。化学信号所传播的范围比较大,释放量则很小,用于长距离通讯时必然受到风向和速度的影响。在不顺利的情况下,接收者难以发现信号。也正是这个原因,捕食者必须能高度专门化地利用信息素,才能追踪到猎物。在哺乳动物中,嗅觉通讯也是相互识别的重要手段。

雌舞毒蛾靠其生殖器官附近的香腺发出的气味来引诱异性。已经从该香腺中抽提出这类气味的化学物质,并以相当纯的形式制备出来。当它们被涂在树上时,却能惊人地吸引雄蛾。像美洲蚕的成虫、惜古比大蚕蛾和普罗米锡大蚕蛾也同样如此。这些体长达15 cm的大雄蛾,能被8 km以外雌蛾发出来的香味引诱,甚至吸附着该雌蛾香气的一张纸,对几千米外的雄蛾也有诱惑力。

有一种在毛毛虫时期生活在粮仓中的小雌蛾——印度谷螟,也会发出一种香气来引诱异性。香气可以经久不散,而雄蛾对它的敏感程度几乎是令人难以置信的。如有位研究者报告,有2只雌印度谷螟,在一只小玻璃瓶内只待了4 min,甚至在那只空瓶打开2 d以后,当将雄印度谷螟放在空瓶附近时还能引起它们的求偶行为。

那些与蛾子有亲缘关系并在白天飞行的蝴蝶,包括某些在翅膀上长有特殊气味鳞片(称为发香片)的雄蝴蝶,显然能发出雄性特殊的香气。但这种气味好像不能用来引诱一定距离之外的异性,而往往是靠视觉信号来进行引诱的。然而,当两性相遇时,发香片的气味能够帮助雌蝶来识别雄蝶。

在熊蜂中,雄性靠嘴部附近的颚腺所产生的香气来引诱雌蜂。它们用这种气味来标记成行的树林和灌木,以此建立一条带香气的路迹,它很类似于有些种类的蚂蚁用气迹来引导工蚁一样。但在熊蜂的例子中,雄熊蜂只是诱导成年雌蜂到一个交配的地方。

(二)蜜蜂的语言

蜜蜂采蜜的效率极高。这主要是因为蜜蜂赋有一个十分复杂的通信系统之故。这是奥地利著名生物学家Frisch 20年艰苦研究才发现的。这一复杂的通讯系统指的是蜜蜂在蜂巢面上的"舞蹈",其中包含蜜源的距离、所在的方向、食物的性质和质量等多种信息。当一只工蜂发现一处丰富的蜜源时,它就在蜂箱中垂直竖立的蜂巢面上"跳舞",以这种方式向蜂房中的其他蜜蜂通报它的发现。如果食物就在附近(60 m以内),蜜蜂就跳"圆舞"。

蜂巢内是黑暗的,蜜蜂看不见舞蹈,但能跟随舞蹈者的舞步和扇翅来感受信息,同时还可从舞蹈者口中尝到它所采食物的味道,从它身上嗅到蜜源的香气和它腹部分泌的挥发油气味,这些追随者收到了信息后就出巢而向各个方向飞去。它们找到蜜源后,就带着花蜜或花粉飞回巢中,将采集物储存于小室中,又跳起"圆舞",招引更多同伙再去采集。如果蜜源距离较远(80 m以上),蜜蜂就跳"摆尾舞",舞步构成横的"8"字形。当蜜蜂沿着"∞"字竖轴舞蹈时,它会发出清晰的声音,并且腹部向两侧摆动。舞蹈时,"∞"字竖轴与重力线的夹角,与太阳光通向蜜源的最短飞行方向之间的夹角相等。

舞蹈的次数和动作的强度还可以提供蜜源丰富程度和含糖量的信息。蜜蜂的行为丰富多彩,然而几乎全是先天固有的,是遗传所决定的。

(三)人类和其他动物的通讯

动物的通讯在进化的某些方面起着重要作用。大量的证据证明利用专一性的通讯信号可以减少种系间的交配。在自然界中，种间杂交非常稀少。甚至在人工交配条件下很容易杂交的种之间，在自然状态下，杂交也是很少发生的。在动物园中，许多种类哺乳动物杂交后产生的杂种子代是能生育的，但就是这些动物在同一区域的野生状态下，并不产生杂交。因为在野生状态下，可能找到它们同种的成员，它们总是选择同种的动物进行交配，而并不进行杂交。

不同种的动物可能在面貌上很相似，它们差不多不可能加以区分。但通常在嗅觉或它们发出的声音方面都是完全不同的。如美国的5种树蟋蟀差不多外貌上完全一致，而它们的鸣叫却是极为不同的，甚至人听起来也会感觉出不同。这些鸣叫是雌性借以发现雄性的生殖信号。

再者，外观十分相似的动物种类，它们的鸣叫是很不相同的，生活在同一个地区的动物比起在地理上分隔开来的动物的差异还要大。如2种树蛙，它们的一部分在地理上被分隔开来，另一部分则生活在一起，当它们的生活范围重叠时，鸣叫完全不同；但它们分隔开时，鸣叫却相同。

不同种之间的信号差异程度，通常雄性比雌性要大。这在生物学上是讲得通的，因为雄性产生大量精子，把精子浪费掉几乎没有什么能量损失。但雌性所产生的卵子，至少对高等动物来说是复杂的，含有丰富能量的，浪费了卵子就要损失很多能量。雌性选择雄性这一点是关键性的，因此大多数高等动物这种选择任务归于雌性动物，以使其代价较高的生殖细胞不至于浪费掉。

如在性选择中，雌鸟选择最突出的，叫声最响，色泽最鲜艳的雄鸟。然而色泽鲜艳，叫声洪亮不利于它逃避被捕食的能力。结果，雄性的鲜艳色彩与叫声的响度却只能达到一定的限度。因为太醒目，它受到被捕食的压力要比不太引人注意的个体所受的压力大得多。因此有2种选择压力作用于雄鸟，就产生了色泽鲜艳的程度达到足够的清晰，可以标志它让雌性容易发现，但又不是鲜艳到十分醒目，以致容易被捕捉的程度。

一种动物若与其有近缘关系的动物处于分隔开的状态，则种的辨认的特征常常消失。如果两种动物生活在同一地理区域内，它们常常有着不同的信号。假如一个群体被转移至一座小岛上，岛上没有其他动物，则这个群体逐渐失去其信号的专一性。所有这些事实都使我们相信，用于性引诱及求爱活动中的通讯信号，是制止种间杂交的重要因素。

就自然选择而言，有许多方式可以把通讯看作是使动物个体能生活下去，并把基因传给下一代的适应，这一点我们只简短地谈一下。

领域和结群行为受通讯信号强制或在其帮助下而实现，通讯信号肯定会帮助动物个体的生存，因为它们可以分享食物及实现种间合作。食物信号及遇险信号使动物能趁机利用丰富的食源或逃避敌人。能适应它们的双亲及同种族的其他成员的通讯信号，并产生反应的幼体动物比那些不能产生反应的小动物有更大的生存机会，它们的反应越精确，生存机会也就越大。

实际上，生殖通讯信号的差异能减少群体间的交配。看来，通过通讯信号的改变来实现种的分化也许是可能的，因此，不一定要靠地理上的分隔来实现。人们可以想象它是按如下方式产生的，在一个昆虫群体中，某些雄虫鸣叫快于另一些雄性个体，差别可能是遗传上决定的。同样的某些雌虫主要对速度较快者产生反应，而另一些雌性则对速度较慢者产生反应，这种差别也是遗传决定的。因为能产生快速及慢速反应的个体分别携有决定这些反应的基因，它们的子代几乎肯定地能产生快速信号或对快速信号产生反应。反之也是一样的。

当2个群体的鸣叫速度及反应变得如此不同，以致一个群体对另一个群体的信号不再产生反应之后，它们的行为必定就互相孤立了起来。这个时候，它们群间交配似乎仍能获得具有生育力的子代,但在自然界,这种情况就不能发生,因为一个群体的雌性对另一个群体的雄性丝毫不再反应了。

当行为孤立已经产生,2 个群体就不再共有同一个基因库了。因此,一个群体中出现的突变一定不会传到另一个群体中去。若一个群体中所产生的突变有着特殊的生存价值,这些突变将在这一群体中建立起来,但并不存在于另一个群体中。像地理上的隔离一样,一个基因库若被分隔成 2 个部分,经过很长时期之后,它们的染色体或遗传变化就会出现差异,此时就会出现交叉繁殖的遗传障碍。从而达到了遗传上的独立,同时也没有人会怀疑这些群体是不同的种了。

第二十六章　生物圈与动物区系

在宇宙中存在着数以百万计的星球，我们的地球只是其中之一。而地球是目前人类所发现的唯一有生命活动的星球。所有的生命都分布在地球表层很薄的一层空间内，我们把有生命活动的领域及其居住环境的整体称为生物圈(biosphere)。

第一节　生　物　圈

生物圈由土壤岩石圈(lithosphere)、水圈(hydrosphere)和大气圈(atmosphere)及生活在其中的生物组成(图 26-1)。

图 26-1　地球水圈(引自 Hickman)

土壤岩石圈：由地球表层的土壤及其下面的岩石构成，厚度 5～100 km，约占地球体积的 0.5%，所有生命的矿物元素都由这里提供。

水圈：包括地表的水域以及延伸到土壤岩石圈、大气圈的水。绝大多数动物体内含水量都占体重的 50%以上。水是生命之源，没有水就没有生命。地表水不断地被蒸发，再以降雨的形式返回地表，构成了生生不息的循环。水养育了生命，生物将代谢后的水再排出，也构成了循环。

大气圈：自地表至 3 500 km 的空中，不过所有的生命都生活在大气圈的 8～15 km 以下。

构成大气圈的主要成分有氮78%、氧21%、氩0.93%、二氧化碳0.03%和水蒸气。除去厌氧动物以外,氧是绝大多数动物生存的先决条件。

动物与其生存的环境是息息相关的,这是动物在进化道路上长期演化的结果,任何一种动物都会受到栖息环境内各种要素的制约(图26-2)。

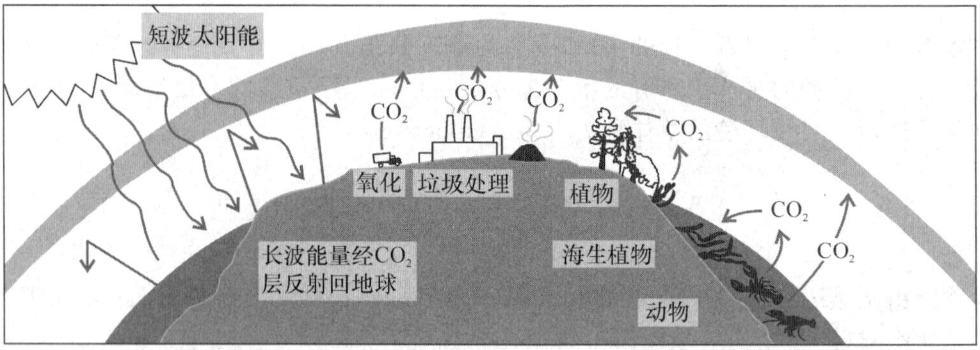

图26-2　温室效应(引自Hickman)

一、陆地环境

陆地环境(terrestrial environments)复杂而多样,由于地球接受太阳辐射的不均衡,导致了植物呈现出有规律的地带性分布。

(1)苔原(tundra)　苔原带主要分布在亚欧大陆及北美大陆的最北部,以及北极圈内许多岛屿。这里气候严寒,冬季漫长多暴风雪,夏季短促,热量不足,土壤冻结。典型苔原植被由苔藓、地衣、多年生草本和矮小灌木组成。动物种类较少,但个体数量很多。包括旅鼠、驯鹿(图26-3)、麝牛、北极狐、北极熊、狼等,池沼中有蚊蝇类,更有大量候鸟夏季迁来繁衍后代。

图26-3　北美驯鹿(雄性)(引自Hickman)

(2)草原(grass land)　指近乎连绵不绝的禾草覆盖植物为主的植被地区,是世界所有植被类型中分布最广的。广袤的草原上栖息着众多物种,包括羚羊、啮齿类及多种珍稀动物(图26-4)。

(3)荒漠(desert)　指年降雨量少于25 cm、气候干燥、降水极少、蒸发强烈,植被缺乏、物理风化强烈、风力作用强劲、其蒸发量超过降水量数倍乃至数十倍的流沙、泥滩、戈壁分布的地

图 26-4　草原动物(引自 Hickman)

区。主要分布在南北纬 15°～50°之间的地带。植被的种类一般随地而异,均为耐干旱性强的种类,如仙人掌、灌木等。多栖息小型啮齿类、爬行类等动物,喜夜间活动和穴居。

(4)针叶林(coniferous forest)　主要分布于寒温带及中、低纬度亚高山地区的常绿或落叶针叶林,又称为泰加林、北方针叶林。它分布于北纬 45°～70°之间的寒温带地区。这里冬季悠长寒冷,夏季短促潮湿,树种组成单调,地面覆盖很厚的苔藓、地衣,灌木和草本植物稀少,冬季积雪很深,动物生存条件比较恶劣。常见动物种类如鹿、野兔、北极狐、松鼠、棕熊等,许多鸟类和一些哺乳类则具有季节性迁移(图 26-5)。

图 26-5　雄性驼鹿在采食(引自 Hickman)

(5)温带落叶林(temperate deciduous forest)　几百万年以前,这类森林几乎扩展到整个北半球温带。更新世的冰川和干旱把它们分割成现在的 3 个主要分布区:西欧、东亚和北美。这些地区气候四季分明,夏季炎热多雨,冬季寒冷干燥,年降雨量达 75～125 cm。植被的垂直结构一般具有 4 个非常清楚的层次:乔木层、灌木层、草本层和苔藓地衣层。各层植物冬枯夏荣,季相变化十分鲜明。常见动物有啮齿类、鹿、熊、狐、狼、爬行类、两栖类以及昆虫等无脊椎动物。

(6)热带雨林(deciduous forest) 位于北纬23.5°和南纬23.5°之间,而主要分布于赤道南、北纬5°~10°以内的热带气候地区。这里全年高温多雨,无明显的季节区别,年降水量通常超过2 000 mm,有的可达6 000 mm,全年降雨量分配均匀,气候湿润,空气相对湿度90%以上。在热带雨林中,通常有3~5层的植被,上面还有高达46~55 m的高大乔木,像帐篷一样覆盖着。下面几层植被的密度取决于阳光穿透上层树木的程度。照进来的阳光越多,密度就越大。雨林中的动物种类极为丰富,但以小型、树栖动物为主。另一特点就是种类多而单种个体较少。大象、河马等大型动物一般仅活动于雨林边缘或稍开阔的河谷地区。

热带雨林中蕴藏着大量的尚未被充分认识的生物学和自然规律。然而,令人遗憾的是人们还没有充分解开热带雨林之谜时,它就可能由于人类的破坏而永久地消失。

二、水域环境(aquatic environments)

(1)内陆水域(inland waters) 指江、河、湖泊、池塘、塘堰、水库等各种流水或蓄水的水面占地面积,通常为淡水。地球淡水储量仅占全球总水量的2.53%,而且其中的68.7%又属于固体冰川,分布在难以利用的高山和南、北两极地区,还有一部分淡水埋藏于地下深处,此外,土壤中也含一部分水。因此,可供人类及动物利用的淡水仅占总水量的0.01%左右。内陆水域又可分为流水水域(lotic)和静水水域(lentic)。

①流水水域:指不断流动的水体,包括河流、山溪和泉水等,水中溶解的氧丰富。上游水流较急,多见吸附能力比较强的动物,如海绵动物、苔藓动物、软体动物等;下游多水流缓慢,饵料充足,动物种类很丰富,多见鱼类、水生昆虫等。

②静水水域:指湖泊、池塘等不能流动的水体,水中溶解氧相对较少,环境稳定,食物丰富,分布着多种生物。

(2)海水水域(oceans) 连绵不绝的盐水水域,含盐量平均为3.5%,分布于地表的巨大盆地中,平均深度3.75 km,最深处可达11.5 km。面积近地球表面的71%,约占地球上总水量的97%。海洋是生命的摇篮,这里栖息着20万种以上的动植物。其中98%生活在海底,浮游生物仅占2%。底栖种类中,生活在2 000 m以下的不足1%。

海水水域可分为3种,沿岸带(littoral zone)、浅海带(neritic zone)、远洋带(pelagic zone)。

①沿岸带:又称为潮间带,是海陆交界处,是指大潮期的最高潮位线和最低潮位线之间的海岸。占海洋总面积的2.4%。高潮线的上限,由于海浪的冲击,理化条件极不稳定,动物种类少,只有具极强的附着能力的种类或穴居种类等才可生存,如礁岩岸的藤壶、海葵、贻贝、珊瑚以及沙蚕、寄居蟹、柄海鞘等。随着逐渐接近下线,动物的种类就会越来越丰富。

②浅海带:指自沿岸带以下至200 m深的海洋,占海洋总面积的7.6%。这里阳光比较充足,适合绿色植物生长,许多微生物和浮游植物都生长在这里,它们直接或间接地为海洋中的动物提供了食物。因此,这里栖息着大多数的鱼类,还有海生的爬行类、哺乳类以及多种无脊椎动物。

③远洋带:指浅海带以外的开阔洋面,占海洋总面积的90%,其中86%的区域深度超过2 000 m。这里阳光一般只可照射到200 m的深度,此带内的生物较沿岸带贫乏,尤以植物最明显,多为大型的哺乳类动物。植物主要是一些单细胞藻类。动物中从原生动物到高等动物都有,主要是有孔虫类、放射虫类、桡足类、鱼类和哺乳类等动物(图26-6和图26-7)。

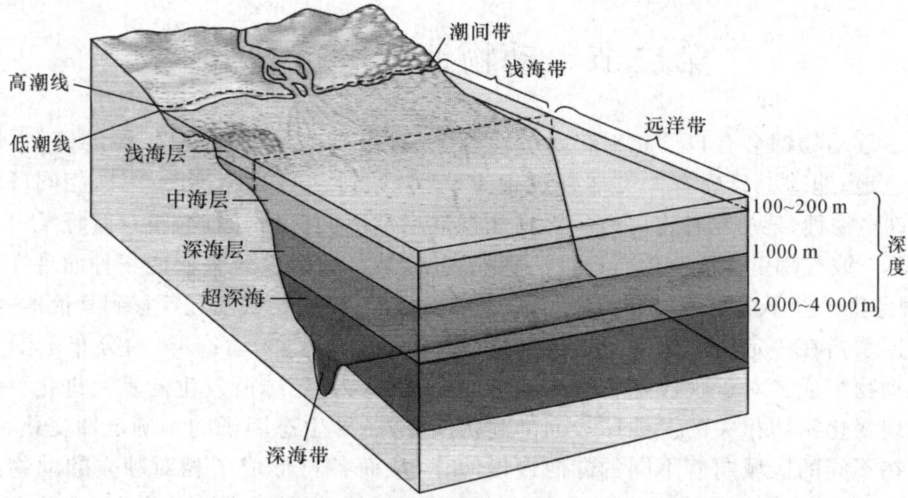

图 26-6　海洋的分带(引自 Hickman)

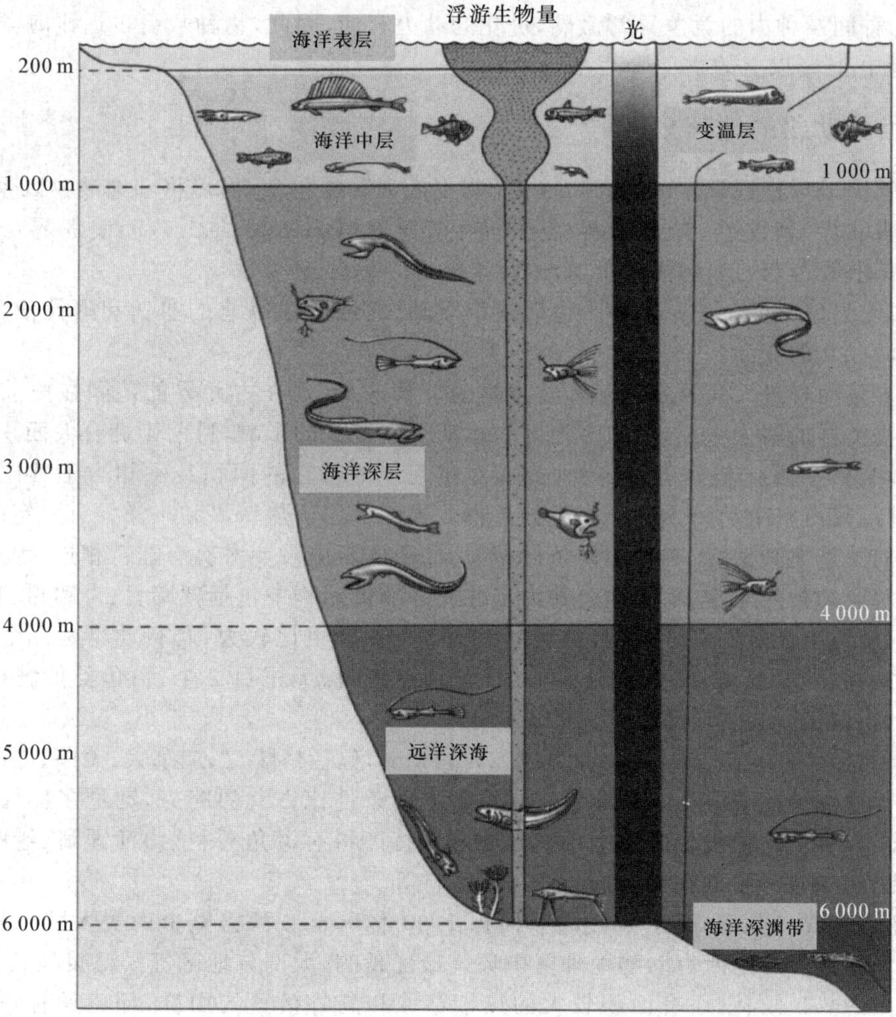

图 26-7　各海洋带生命(引自 Hickman)

第二节 动物地理区系划分

绝大多数动物都会有自己相对稳定的活动区域,但有些动物如家鼠、蟑螂等,它们会与人类共享栖息地,地球上只要有人类居住的地方,就会见到它们的踪迹。此外,相同环境条件下会栖息着许多物种,某一物种也可以生活在相似环境的不同区域,因此,很难解释某一物种应该在哪里或不应该在哪里生活。化石记录清楚地表明,某一地区曾经繁盛的物种而现在却已经灭绝,这说明这里已经不适于该物种的生存,它们要么已经灭绝,要么已经迁移到其他地区生活。

动物区系指在一定历史条件下形成的适应某种自然环境的动物群,由分布范围大体一致的许多种动物组成。对于现代生物区系的形成,一般认为,地球所发生的重大进化事件是与地球自然地理变化密切相关的。地球表面的起伏演变,各种生态因子的不确定性变化,导致了动物种群的在不同的区域向着不同的方向慢慢演化,从而各自形成了相对独立的动物区系。整个动物界可分为海洋动物区系和陆地动物区系。海洋的环境条件相对稳定,这里生活的动物缺乏激烈的竞争,动物进化的脚步相对迟缓,大多数动物身体结构比较简单、原始。陆地环境复杂多变,种间及种内的竞争异常激烈,进化的动力充沛,因此,物种数目也远比海洋动物的丰富,动物界中85%以上的物种生活在陆地上。

一、世界动物的地理分区

根据德国地球物理学家 A. L. Wegener 提出的大陆漂移学说,可将陆地动物区系划分为6个界。即古北界、新北界、新热带界、热带界、东洋界(Oriental realm)和澳洲界(Australian realm)。其中最古老的动物区系是澳洲界。

(1)古北界(Palearctic realm) 包括整个欧洲、北回归线以北的非洲和阿拉伯、喜马拉雅山脉和秦岭以北的亚洲。

古北界是面积最大且自然环境非常多样的动物区系,现在古北界的范围在史前时期曾经是很多动物类群的演化中心,但很多地区在冰期受到较大的影响,目前则拥有大面积的寒冷和干旱地区,自然条件比较恶劣,动物种类相对贫乏。尽管它的面积几乎相当于其他各界的总和,但物种却只占整个动物界的一小部分。古北界除了与旧热带界和东洋界有一定的联系外,与新北界的关系尤其密切,二者气候条件相似,在地质历史时期多次有陆桥相连,因此,共同的种类和相对应的种类非常多,常被合并为全北界。哺乳动物中包括偶蹄目、奇蹄目、啮齿类、猫科动物等;鸟类中候鸟比例很大,水禽和世界广布种比例也比较大;爬行动物是几个动物区系中最不丰富的,包括蜥蜴类、蛇类;两栖动物包括有尾目、无尾目2个目;鱼类如鲑科、狗鱼科等。此外,还包括一些适应寒冷气候的无脊椎动物。

(2)新北界(Nearctic realm) 面积2.29亿 km^2,包括格陵兰、加拿大、美国、墨西哥高地、中美洲及部分加纳比海群岛。新北界气候等各方面条件比古北界略好,动物多样性略高于古北界,但面积小,是物种最少的一个动物地理区。特产科有叉角羚科、山河狸科、鳗螈科、美洲鬣蜥科、北美蛇蜥科、两栖鲵科、弓鳍鱼科、雀鳝科等。

(3)新热带界(Neotropical realm) 面积1.90亿 km^2。涵盖整个南美大陆、墨西哥低地及中美洲。新热带界是所有动物地理区中环境最优越的,大部分地区气候温暖湿润,拥有世界上面积最大的热带雨林,还有面积较大的热带草原和高耸横亘的山脉,环境具有一定的多样性。因此,新热带界是物种最丰富的一个动物区系,哺乳类有20个特产科,如有袋目和贫齿目等；鸟类有 25 个特产科，如美洲鸵科、麝雉等；爬行类、两栖类、鱼类的种类也很多，如美洲鬣蜥、负子蟾、美洲肺鱼、电鳗等特有种。

(4)热带界(Ethiopian realm)　又称为埃塞俄比亚界，包括非洲的撒哈拉沙漠以及阿拉伯南部和马达加斯加岛，是面积最大的热带动物区系，现存 1/2 以上种类的有蹄类均分布于非洲，热带界哺乳动物的特有目数量超过任何其他地区，现存的特有目有管齿目、象鼩目和蹄兔目 3 个目，鸟类中的非洲鸵鸟和鼠鸟为本区特有目，爬行类的避役、两栖类的爪蟾、鱼类中的非洲肺鱼等均为特产种。

(5)东洋界(Oriental realm)　包括印度、马来西亚、秦岭以南的亚洲、印度尼西亚西部、新几内亚附近的岛屿。东洋界拥有仅次于新热带界的世界上面积第二大的热带雨林，因此无脊椎动物的丰富程度也仅次于新热带界，是不少著名的无脊椎动物的产地。哺乳类中的长臂猿科、眼镜猴科、树鼩科等为本界特有。狮和虎这 2 种体形最大、最著名的猫科动物都在东洋界出现，只是均已经数量稀少。鸟类中的和平鸟科为本界特有，爬行类中有 5 个特有科，两栖类中的鱼螈科、盲尾蚓科为本界特有。鱼类中的鲤形目以本界为分布中心。

二、中国动物地理分区

中国陆地动物区划分属于世界动物的理分区的古北界与东洋界。两界在我国境内的分界线西起横断山脉北部，经过川北的岷山与陕南的秦岭，向东至淮河南岸，直抵长江口以北。我国动物区系根据陆栖脊椎动物可分为 7 个区：东北区、华北区、蒙新区、青藏区、西南区、华中区、华南区。其中前 4 个区属于古北界，后 3 个区属于东洋界。

(1)东北区　包括大、小兴安岭和长白山的山地、森林、草原及松辽平原地区。气候寒冷，大部分地区覆盖茂密的原始针叶林，因此，本区耐寒性的森林动物十分丰富，也是我国毛皮动物资源最丰富的地区。如鼬科的紫貂、水獭、黄鼬，猫科的东北虎、金钱豹，犬科的貉和赤狐，熊科中以黑熊最为普遍。有些栖息于北极圈的寒带种类也延伸至此，如驼鹿、狼獾、雪兔和森林旅鼠。鸟类以松鸡科和雉科种类最多。爬行类和两栖类在本区较贫乏。

(2)华北区　北临蒙新区与东北区，南抵秦岭、淮河，西起甘肃省，东临黄海和渤海。本区动物区系一方面与东北森林及蒙新草原地带有密切关系，另一方面也混有一些南方产的动物，特有的种类比较少，反映本区动物有南北两方过渡的特点，但偏重于北方。人类的农业活动对本地区动物的影响比国内其他地区更为显著。危害农作物的啮齿类，如仓鼠、姬鼠、鼢鼠等较常见。褐马鸡、长尾雉的分布局限于本区。

(3)蒙新区　本区包括内蒙古自治区和鄂尔多斯高原、阿拉善、塔里木、柴达木、准噶尔盆地和天山山脉。属典型的大陆性气候，干旱、荒漠和草原为主的植被条件影响动物区系的组成。动物种类贫乏，主要是适应于荒漠和草原种类，以啮齿类和有蹄类最为繁盛。啮齿类中以跳鼠科和沙鼠亚科最为典型，有蹄类有野生双峰驼、野驴和几种羚羊。鸟类也以适应荒漠生活的种类为多，典型代表有大鸨、沙鸡、沙百灵等。

(4)青藏区　包括青海省、西藏自治区和四川省西部，为世界上最大的高原。气候属高寒类型。动物区系贫乏，主要由适应于高原的动物种类组成。偶蹄类中的野牦牛和藏羚羊为本区的特有种。广泛分布的有藏原羚、岩羊、盘羊、白唇鹿、藏驴等。鸟的类种类较少，雪鸡、雪鹑、藏雀等均为高原独特的种。

(5)西南区　包括四川省西部、昌都地区东部，北起青海省、甘肃省南缘，南抵云南省北部。境内的横断山脉大都为南北走向，高山上凉润，谷地燥热。植物的垂直分布很明显，动物的分布也以明显的垂直变化为特征。本区产有丰富的高原和高山森林动物。我国特产的珍稀动物大熊猫即产在本区。小猫熊、金丝猴、羚牛、白唇鹿等均是本区的特产珍稀种类。食虫类在本区特别繁盛,在种类和数量上占全国首位。鸟类以雉科和画眉科为最多。

(6)华中区　包括四川盆地以东的长江流域。本区特有种类不多,而南北类型相混杂和过渡现象成为本区的特色,与华南地区共有的种类尤多,如猕猴、穿山甲、赤腹松鼠、竹鼠、豪猪、灵猫和华南虎等。长江中下游有我国特产的淡水鲸类——白鳍豚。本区特产鸟类有金鸡、竹鸡、长尾雉、黄腹角雉等。爬行动物中的扬子鳄为我国特产,分布于长江下游。

(7)华南区　包括云南省与广东省、广西壮族自治区的南部、福建省东南沿海一带以及台湾、海南岛和南海各群岛。气候炎热多雨,植物生长茂盛,动物种类居全国首位。哺乳动物以热带森林树栖食果种类最繁盛,典型的有多种猿猴、松鼠及食果蝠类,在云南省还有亚洲象。本区鸟类非常繁盛,产有许多热带种类,如鹦鹉、犀鸟、太阳鸟等,它们大多羽色艳丽。此外,还有原鸡、绿孔雀等仅见于本区的热带种类。爬行类中著名的有飞蜥、巨蜥、鳄蜥等,鳄蜥为我国特产,仅见于广西壮族自治区的瑶山。蛇类的种数超过其他各区。

第三节　大陆漂移理论

大陆彼此之间以及大陆相对于大洋盆地间的大规模水平运动,称为大陆漂移。大陆漂移说为德国地球物理学家 A. L. Wegener 于 1912 年提出。他认为,地球上所有大陆在中生代以前曾经是统一的巨大陆块,称之为泛大陆或联合古陆,周围是广阔的海洋。从中生代开始,泛大陆分裂并漂移,逐渐达到现在的位置。大陆漂移的动力机制与地球自转的 2 种分力向西漂移的潮汐力和指向赤道的离极力有关。较轻硅铝质的大陆块漂浮在较重的黏性的硅镁层之上,由于潮汐力和离极力的作用使泛大陆破裂并与硅镁层分离,从而向西、向赤道作大规模的水平漂移。依据这一理论,科学家推断原始的古大陆板块破碎始于 2 亿年前,大约在 1.35 亿年前开始分离成了 2 个大陆板块,即北部的劳亚古陆和南部的冈瓦纳古陆。劳亚古陆分离出了北美洲、欧洲大部和格陵兰。冈瓦纳古陆分离出了南美洲、非洲、马达加斯加、阿拉伯半岛、印度、澳大利亚、新几内亚、南极洲以及东南亚的一些岛屿。

大陆漂移学说使令人困惑的动物分布得到了合理的解释。如在非洲和南美洲发现的无脊椎动物化石的相似性以及如今 2 个大陆同样纬度存在相似的动物区系等。当然,毕竟由于年代久远,对于有胎盘类哺乳动物的分布仍难以解释。而有袋类的分布则是大陆板块断裂形成的突出例证。有袋类诞生于南美的白垩纪中期,现生的有袋类动物均分布于大洋洲及南美洲的草原地带,不过在白垩纪晚期的时候,可能遍布存在于世界的大部分地区。它们是哺乳类中一个古老的类群,随着高等哺乳动物——真兽类的兴起,在生存竞争上处于劣势,特别是成为食肉类动物的捕食对象,使其在亚洲、欧洲和非洲等大陆相继绝迹。而在此之前,大洋洲就已经与其他大陆分离开来,形成一个“世外桃源”,孤立于太平洋与印度洋之间,不仅食肉类等高等哺乳动物未能侵入,而且气候环境等也没有太大的变化。这使得有袋类动物能够幸运地生存至今,并且由于适应各种不同的生活方式,发展了类似于高等哺乳动物的各种生态类群,如生活方式类似于狼、鼬等食肉类动物的袋狼、袋鼬;生活方式类似于鹿、羊和羚羊等食草类动物的袋鼠;生活方式类似于旱獭、松鼠、野兔等啮齿类或兔类的袋熊、袋貂和袋兔等等。大洋洲也因此成为研究动物的适应辐射和进化趋同的重要地区,并被称为“活化石的博物馆”(图 26-8)。

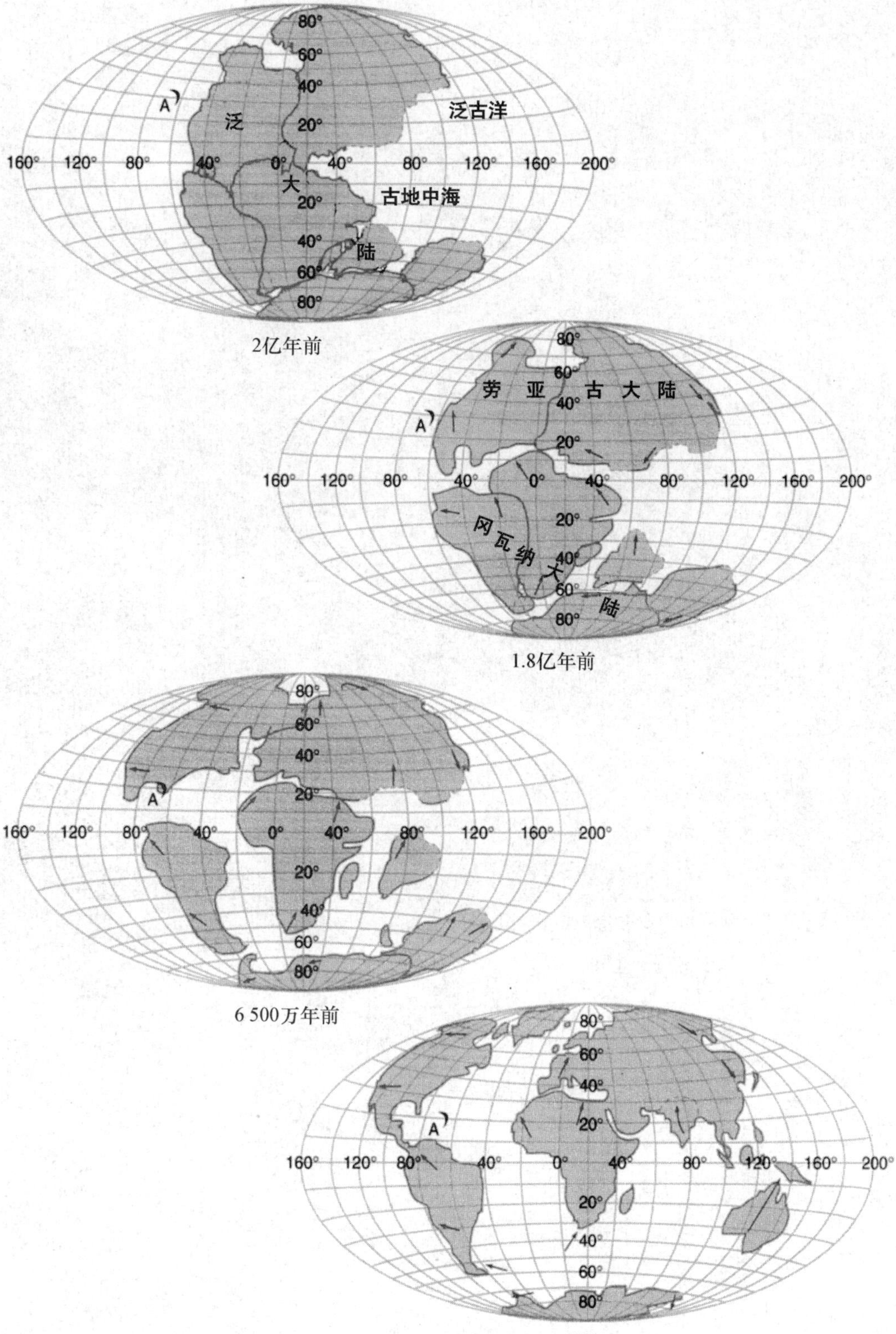

图 26-8　大陆板块的漂移(引自 Hickman)

第二十七章 动物生态

地球上各种各样的生物都有机地结合在一起形成相互作用的单位：生物个体、种群、物种、群落、以至于整个生态系统，由此将整个自然界整合成为一个繁杂的体系（图 27-1）。生态学研究的核心就是栖息地（habitat），即动物生活的空间位置。而动物对资源的利用及其对栖息地周边环境的适应就构成其生态位（niche），包括如何获取食物，如何通过生殖延续生命，简而言之就是该生物如何生存和繁衍。

物种的生态位是其进化的产物，每个物种都有其生态位，而且一旦建立，群落中没有其他物种可以朝着完全利用同一种资源的方向进化。在相同的地理区域内，没有哪 2 个物种可以占用同一生态位，这一现象被称为“竞争排斥原理”。各物种因此得以形成生态群落，群落中的每个成员都在他们所共享的环境中发挥着不同的作用。

图 27-1　吉林大布苏保护区（引自陈克林）

19 世纪中期，德国的动物学家 Haekel 提出了“生态学”这一名词，并将其定义为“动物与其周边有机和无机环境之间的关系”。这里所说的周边环境包括了该动物外部的所有事物，但最重要的是与其直接相关的环境。虽然我们已经不再将生态学局限在动物上，但是 Haekel 的定义基本上还是正确的。现在的动物生态学是一门高度综合性的学科，它整合了我们所知道关于动物的行为、生理、遗传和进化等方面的所有知识，并进而对动物种群与其环境间的相互关系进行研究。生态学研究的主要目的就是搞清楚这错综复杂的相互作用是如何决定动物种群的丰富度和地理分布的。

生态学是对生物系统与其环境相互作用的层次进行研究的学科，其基础是生物体。要了解动物为何如此分布，生态学家必须先调查该动物一直以来生存、生长、繁殖的不同生理特点和行为机制。在北极或者沙漠等极端温度环境下生活的某些温血动物(如鸟和哺乳动物)有着近乎完美的调节热量得失的生理平衡,而此环境下的一些其他物种则通过迁徙、冬眠或蛰伏来避开最极端的环境条件。昆虫、鱼类及一些其他变温动物(即体温依赖于环境热量的动物)则通过改变其行为及生化和细胞生理过程来应对温度的变化。因此,动物的生理机能使其能够在变化的而且经常是不利的环境下生存。行为反应对获取食物、寻求隐蔽、逃避敌害及不良环境、求偶和照顾后代都十分重要。增强适应环境能力的生理机制和行为有助于动物的生存。

同物种的生物个体共存于自然界中,这种集群就是我们所称的种群。仅对单个动物进行研究无法揭示种群的特点,此特点包括个体间的遗传多样性(多态性),随时间而增加的动物数量,以及在已知区域范围内个体密度的限制因素等。生态学对于种群水平的研究使我们可以预测濒临灭绝物种的未来趋势,还可以找到控制害虫的方法等。

单个动物无法孤立地存在于自然界中,同理,不同物种的种群间也存在着十分复杂的相互关系,这就构成群落。群落的复杂性是由群落中共存的不同物种的数量,即生物多样性来衡量的。群落中不同物种的种群间通过多种途径发生相互作用,其中最常见的是捕食关系、寄生关系和竞争关系。捕食者通过捕杀和食用猎物来获取能量和营养。寄生虫从寄主获得能量和营养但是不会使寄主死亡。竞争关系则发生在食物和空间都有限而各物种间或物种内部的动物对资源的利用互有干扰的情况之下。群落之所以复杂就是因为所有这些相互作用都在其中同时发生,而且各种作用对群落的影响无法区分。

生态群落只是生态系统中的生物组成部分,而生态系统则更大、更复杂。生态系统既包括群落中的所有种群还包括其自然环境。对生态系统的研究可以让我们了解自然界的两大关键过程:通过生物途径而实现的能量传递和物质循环。最大的生态系统就是生物圈,它支持着地球上所有的生命。

第一节　环境和生态位

动物的生存环境包括可直接影响其生存和繁殖的各种条件,这些条件包括空间、能量形式(如阳光、热能、风和水流等)和物质(如土壤、空气、水和化合物等)。所谓的环境还包括其他生物,这些生物可能是某动物的食物、捕食者、竞争者、宿主或寄生虫。因此,这里所说的环境既包括非生物的(无生命的)因素也包括生物的(有生命的)因素。动物可以直接利用的环境因素(如空气和食物)就称之为资源。

资源有消耗性的也有非消耗性的,这取决于动物如何使用它们。食物是消耗性的,因为一旦被吃掉就没有了,因此环境中的食物必须得到不断的补充。空间,无论是完整的生活空间还是生活空间中的一部分(如适宜筑巢的位置),都不会因为使用而消失,因此空间就是非消耗性的。

动物生活的自然空间包括其周边环境即为动物的栖息地。栖息地的大小有所不同,这取决于对空间规模的考虑。一段腐烂的木头就是白蚁的栖息地,而这段木头存在于森林中,这森林是鹿的栖息地,而鹿吃的牧草长在开阔的草地上,所以鹿的栖息地又不仅仅是森林而已。更大尺度来说,一些候鸟夏季生活在北方温带地区而冬季飞往热带,它们的栖息地更大。因此,栖息地是由动物表现出的正常活动来定义的,而并非是由任意的物理边界来界定的。

所有物种的动物均受到环境条件的限制,这些条件包括温度、湿度、食物等,动物可以在其适宜的环境中生长、繁殖、延续后代。因此，适宜的环境必须同时满足生命的所有要求。如河蚌生活在热带的湖泊中，它可以耐受热带海洋的温度但是却会因为海水的盐度而致死。而海蛇生活在北冰洋，它可以适应热带海洋的盐浓度但却无法适应其温度。因此，温度和盐浓度是动物生存环境限制的2个独立的维度，如果我们再增加1个维度，如pH，那我们的描述就变为三维的。如果我们考虑到符合某个物种生长繁殖的所有环境条件，我们就可以把该物种与自然界中的其他所有物种区分开来。物种与其环境间的这种独特的、多维的关系就称之为生态位(niche)。同一物种的各成员之间的生态位在某些维度会有所差异，这就使得生态位可以通过自然选择进化，而物种的生态位也可以经由连续数代得以进化改变(图27-2)。

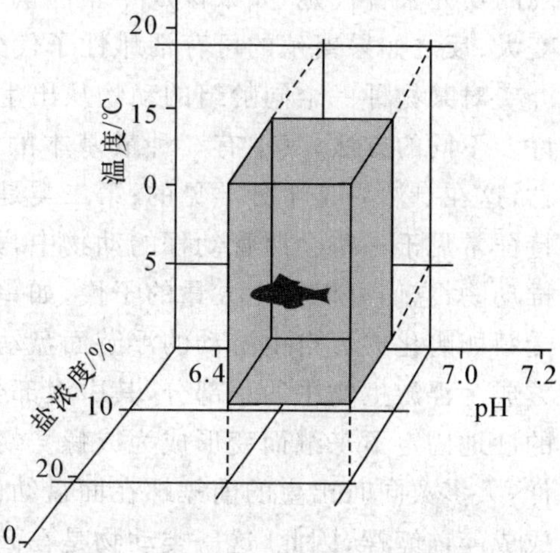

图27-2 物种(鱼)的三维生态位示意图

(引自Hickman)

动物可以成为耐受环境的专才或通才。如大多数鱼可以生活在海水或者淡水中，但是无法做到同时适应海水和淡水。但是有些生活在河口地区的动物，它们可以很容易地耐受潮汐周期带来的陆地淡水和海水的盐分变化。与此相类似的是，虽然大多数蛇都是杂食动物，它们的猎物种类十分广泛，但也有的蛇食物种类范围很小，比如非洲食蛋蛇就只吃鸟蛋。

对于动物而言，虽然其耐受极限都十分广泛，但是它在一段时间内只会经历某些极限的条件，而一般不会经历其所能够耐受的所有环境条件。因此，我们必须区分动物的基础生态位和实际生态位。基础生态位指的是动物潜在的能力，而实际生态位则是指的动物在其潜在适宜环境中真正经历的那一部分。

第二节 种 群

自然界中的动物都是作为种群的成员而存在的。种群就是由单一的物种构成的具有生殖关系的动物群。某一物种的动物可能由单独的种群构成，也可能包含有多个地理上分散的种群，这些分散的种群被称为同类群。因为一个同类群中的成员是内部交配的，所以它们拥有相同的基因库，而同一物种中不同的同类群间个体的迁移对于该物种的整体进化具有一定的贡献。

每个种群或同类群都有特定的年龄结构、性别比例和生长速度。研究这些特点及其影响因素的学科称为种群统计学。

大多数动物都是单体生存的，但是也有些单体生存的物种是孤雌生殖的。包括昆虫、爬行动物和鱼在内的许多动物群体都有孤雌生殖现象。这些群体仅有雌性动物，它们可以产下未受精的卵并孵化为雌性个体，这种来源的子代雌性个体的基因型和母亲完全一致。

大多数多细胞动物都是具有双亲的，在出生后会经过一段时间的生长和成熟。每一新生代都由同一时期出生的同龄个体组成，但并非同龄的每一个个体都能生存到性成熟。对一个种群来说，代与代之间会保持恒定的大小，平均每个成年的雌性个体会有一个可以长到繁殖年龄的女儿来替代她,如果该成年雌性繁殖了一个以上存活下来的雌性子代,那么整个种群就会变大;反之如果繁殖的可存活雌性子代少于一个,那么种群就会变小。

对某物种一个同龄组的动物从出生到最后一个成员死亡这段过程中,生存模式的表征有许多不同的方法,其中有3种最基本的生存类型:第一类是在某一时间所有个体同时集体死亡,这在自然界是十分罕见的;第二类是各年龄段的死亡率相对存活者来说都是恒定的,这种特征常见于一些会照管幼仔的动物中,如鸟;第三类主要是对应大多数无脊椎动物和鱼类等脊椎动物,它们可以产生大量的子代,如一个成年雌性海洋前鳃螺在繁殖期可以产下数千粒卵。受精卵孵化成为自由游动的浮游面盘幼体,它们可以随着海流被分散到远离母体栖息地的地方成为浮游生物中的一部分,其中大部分被以浮游生物为食的动物食用而死亡,存活者在特定的沙地固定下来继而变形成为成螺。幼体活的时间足够长并能够找到适宜栖息地的几率非常低,大多数同时出生的前鳃螺在面盘幼体期就死亡了。最后只有很少的幼体可以存活下来变成成年前鳃螺,因此,这一类动物是在高生殖产出数和高幼体死亡率之间达到平衡。

许多昆虫从出生到死亡前只有一次繁殖机会,有的昆虫在冬天开始前繁殖,然后死亡,只留下它们的卵过冬并在下一个春天重新占有它们的栖息地。与此类似的是太平洋鲑鱼在成长数年之后从海洋洄游到淡水中去产一次卵,产卵后的成年鲑鱼即死亡。然而,其他许多动物可以生存到数次生产子代,而且这些子代可以在其亲代仍活着并还有生殖能力时成熟并繁殖。

动物种群中都有多个同龄组,比如知更鸟、箱龟和人等都存在年龄结构,对年龄结构的分析可以显示这个种群是在活跃生长、保持稳定还是逐渐减少。

一、种群增长及其内在调节

种群增长就是出生率和死亡率之间存在着差距,所有的种群都天生具有指数增长的能力,这种能力被称为内禀增长率(intrinsic rate of increase),用符号 r 表示。如果物种真的以这种方式不加抑制地生长的话,地球上的资源很快就会被耗尽,紧接着就是生物灭绝。一个每小时分裂3次的细菌经过1.5 d后就可以在整个地球覆盖1英尺,然后再在1 h以后盖过我们的头顶。动物的生长速度远低于细菌,但是如果不限制其使用资源的话,假以时日同样可以达到和细菌一样的结果。许多昆虫一年可产数以千计的卵,一条鳕鱼一季可以产600万颗卵,一只田鼠一年可以产仔17次,每次产下5~7只幼仔。显然,自然法则不会对生长完全不加以限制。

即使在最良好的环境中,持续生长的种群最终也会耗尽环境中的所有食物和空间,像类似蝗虫暴发成灾和湖水浮游植物水华这种指数增长现象最终也会因耗尽食物和空间而终止。事实上,所有可能会限制种群的资源中,与种群需要相关而又最少的那种是所有资源中最先耗尽的,这就是所谓的限制性资源。一块栖息地中,可被限制性资源支撑的最大种群被称为该环境的容纳量(carrying capacity),用 K 表示。物种会随着资源的减少而减缓生长速率直到达到 K 值,其生长曲线为S形,这种S形曲线一般出现在生长速率和种群密度为负反馈的情况下,此现象称为密度制约,是种群内在调节的机理。我们可以把这种负反馈调节的密度制约与温血动物在环境温度超出最适温度时对自身体温的调节机制做以比较。如果资源是消耗性的,比如说食物,那么当资源的补给速率和种群消耗的速率相等时就达到了容纳量,对这一限制性资源来说种群就达到了 K 值。根据logistic模型,当种群密度达到 K 值时,出生率和死亡率相等，种群生长停止。因此，一片绿色草地上的蝗虫种群可能在我们看上去还有很多未消耗食物的时候，就已经达到容纳量了(图 27-3)。

虽然原生动物的实验种群可以很接近 logistic 模型，但是大多数自然界中的种群会在容纳量上下有所波动。公元 1800 年左右，绵羊被引入塔斯马尼亚岛以后，它们的数量就在 170 万只左右小幅波动，因此我们就推理得到此环境下绵羊的容纳量是 170 万只。而环颈雉被引入到加拿大安大略省的一个岛上以后数量却波动很大，在 20 余年的时间中每英里的个体数量变化相差 3～4 倍之多。那么为什么种群的调节会有如此大的波动呢？首先，某环境的容纳量会随着时间的推移而变化，这就要求种群密度根据限制性资源量的改变而改变。其次，动物的变化在某一资源成为限制性资源和种群降低生长速度来适应这种限制性的时间之间有个滞后。再次，外部因素有时会把种群的生长限制在容纳量以下，这些外部因素主要有以下几项。

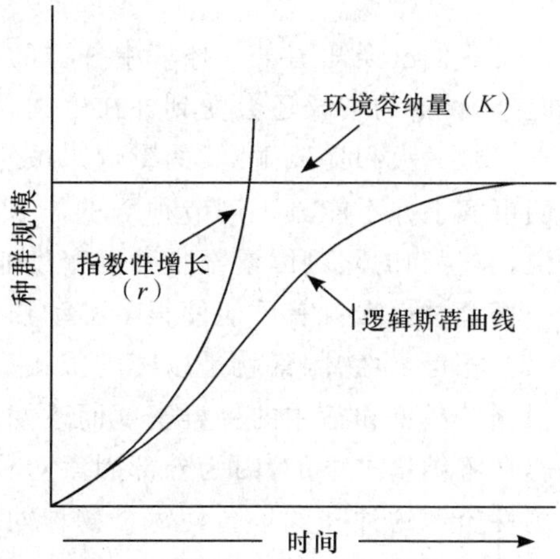

图 27-3 种群增长曲线(引自 Hickman)

全球范围来说，人类数量呈指数增长的时间是最长的。虽然灾荒和战争会对局部种群生长产生限制作用，人类历史上唯一一次人口大幅度减少是因为十四世纪欧洲暴发的腺鼠疫(黑死病)夺取了大批人的生命。那么人类种群的容纳量到底是多少呢？这个问题十分复杂，需要考虑到很多重要的影响因素。

随着农业的发展，环境的容纳量也在不断增加，从公元前 8000 年左右农业开始普及以来人类种群的数量从 500 万人稳定增长到公元前 4000 年的 1 600 万人，除去饥荒、战争和疾病带来的影响，人类种群在公元 1650 年达到 5 亿。随着 18 世纪欧洲工业革命和紧随其后的医疗革命的到来，以及新大陆的发现和殖民地的建立，再加上农业技术的进步，人类的容纳量飞速增加，人口在 1850 年左右增加了 1 倍达到 10 亿，继而在 1927 年再增加 1 倍达到 20 亿，1974 年 40 亿，到 1999 年 10 月就超过了 60 亿，而且到 2030 年可能达到 80 亿。因此，增长是呈指数变化的，而且一直增长很快。

虽然农业、工业和医疗的快速进步毫无疑问地大大增加了地球上人类的容纳量，但同时它们也拉大了出生率和死亡率之间的差异，这无疑增加了我们呈指数增长的速度。现在我们每天都在大约 63 亿人口的基础上再净增 20.8 万人。假设人类一直以此速度持续增长的话(这种假设不是毫无根据的，而是以人类种群增长的历史推断出来的)，到 2030 年每天人口的增长将会大于 50 万人。换句话说，到那时候，不到 10 d 时间出生的人口就相当于公元前 8000 年时全球全部人口的总和。

在估计人类物种未来的容纳量的时候，我们不但要考虑资源的数量还要考虑到生命的质量，现在全球的 63 亿人口中有 20 亿人营养不良，现在我们的食物主要来自于陆地，我们取自海洋的那一小部分也因为对鱼类的过度捕捞而在不断减少。虽然地球上可持续的农业所能得到的最大产出尚不得而知，但是科学家们也不认为食物的产出可以支持指数增长的人口数量。

二、种群增长的外在限制

我们已经知道某一环境中种群的内在容纳量会对该种群不受限制的指数增长加以控制，此外，种群的增长还会受到外在生物因素(捕食作用、寄生关系和种间竞争)的限制和非生物因素(洪水、火和暴风雨)等的影响。虽然非生物因素绝对可以减少自然界中种群的数量，但是它们事实上并不能真正调节种群的增长，因为它们的效果都是与种群大小完全无关的，也就是说，非生物的限制因素都是种群密度非依赖型的。一场冰雹就可以杀死大部分幼年涉水鸟，而一场森林火灾就有可能使很多种动物的整个种群完全灭绝，与包含多少个体无关。

相反，生物因素就是以密度依赖型的方式来调节种群数量的。捕食者和寄生者的数量会根据其猎物和宿主的种群密度而改变，以使种群都保持在一个基本恒定的规模，而这种规模也是在容纳量之下的，因为外部因素对种群的调节是不会受到其资源的限制的。对某一常见限制性资源的种间竞争会使每个物种的有效容纳量都低于各自单独存在时的容纳量。

第三节 群落生态学

一、群落中各种群间的相互作用

形成群落的各个动物种群之间具有各种各样的相互作用，这些作用对每个物种来说有的是有利的，用“+”号表示，有的是有害的，用“-”号表示，有的是无利害关系的，用“0”表示。举例来说，我们可以把捕食者对猎物的影响看作“-”，因为作为猎物的动物本身的生存数下降了。但是相同的作用对于捕食者来说就是有利的(+)，因其捕杀猎物获取食物的过程可以增强其生存和繁殖能力。因此，捕食者和猎物之间的关系是利害双方的(+-)。生态学家利用这些简化符号来表征种间的相互作用，因为这些符号可以直观地指示出物种间相互作用造成的影响。

我们还可以看到其他的相互作用(+-)，如寄生关系。寄生生物可以把宿主当作自己的家一样获取营养来源并从中得益，但这对于宿主来说是有害的。食草作用则是另一种相互作用，其中的动物吃掉植物。偏利共生的关系是对其中一个物种有利而对另一个物种既无利也无害(0+)。大多数细菌正常地生活在我们的肠道中，但对我们没有任何影响(0)，而对细菌来说却可以得到食物和居住场所而获益(+)。有证据显示我们肠道中无害的细菌可以阻止有害细菌进入，这样说来这种偏利共生关系就晋级为互利共生关系。经典的偏利共生关系的例子是引水鱼和短鲫与鲨鱼之间的关系。这些小鱼会在鲨鱼捕食的时候在一旁获得点儿鲨鱼剩下的“碎屑”，但是我们现在发现一些短鲫会以鲨鱼体表寄生虫为食。因此，这种偏利共生关系也可以变为互利共生关系。

互利共生关系中的生物体比偏利共生中的双方关系更加友好，因为这种关系同时促进双方的健康生存(++)。一些互利共生关系对双方来说不仅是有利的，而且是必要的，如白蚁和生活在其肠道中的原生动物，这些原生动物可以产生一种白蚁自身无法合成的酶用于水解纤维素，进而消化掉白蚁食入的木头，而白蚁则以此原生动物代谢产物为生。反过来说原生动物在白蚁的肠道内既得到居住环境又获取了食物。物种间这种彻底的相互依赖一旦失去其中一方就成为一种不利因素。毛里求斯岛上的大头树(*Calcaria*)已经300多年无法正常繁殖了，因为其种子只有被渡渡鸟吃掉并在其肠道内消化过以后才可以发芽，而渡渡鸟现在已经灭绝了。

物种间的竞争对双方的健康生长都有所影响(－－)。包括达尔文在内的许多生物学家都认为竞争是自然界各种相互关系中最普遍的，也是最重要的。生态学家对于群落结构的理论大多是在以竞争为不同物种组合的主要影响因素的前提下建立起来的。但事实上有时竞争关系对于一个物种的影响是可以忽略不计的。这种情况被称为偏害共生或者不对称竞争。如小藤壶(*Chthamalus stellatus*)和大藤壶(*Balanus balanoides*)一般都生活在潮间带的岩生境，它们互相竞争空间，大藤壶可以把小藤壶从一块栖息地中排挤出去，而小藤壶对大藤壶则没有影响。

我们曾经探讨过2个物种之间的相互作用，但是，自然群落中包含有许多物种，一个捕食者会有不止一种猎物，而且许多动物之间还会为相同的资源展开竞争。因此，生态群落是十分复杂而动态的，这一生态水平上的研究对于生态学家来说是个不小的挑战。

二、竞争与特性替换

当2个或者多个物种共用一种限制性资源的时候就会发生竞争。一个物种简单地和其他物种共用一种资源并不会导致竞争，只有当资源的供应短缺的时候才会发生竞争，因此，我们不能说自然界只要有资源分享就有竞争，但是我们可以通过研究动物利用资源的不同途径来证明竞争关系。

竞争种群之间的冲突会因其生态位的重叠减少而减少。生态位重叠指的就是被2个或者多个物种分享的那部分生态位的资源。如2种鸟都吃同样大小的种子，那么其中一种最终就会因为竞争而被排挤出这片栖息地，这个例子说明的就是竞争性排斥的原理：强烈竞争的2个物种无法长期共存。要想在一个栖息地共存，物种之间就必须通过划分和使用共享资源的不同部分来特异化，这种特异化就叫做特性替换。

特性替换通常表现在生物体的形态学差异和与利用资源相关的行为差异上。如英国鸟类学家发现鸟喙的大小依赖于它们是否共同生活在一个岛上。以不同种的达尔文山雀为例，分别生活在不同岛上的小型地雀和中型地雀，它们之间不存在竞争，因此，喙的大小是一样的；但是当2种地雀同时生活在同一个岛上的时候，它们喙的大小就不同了，这个例子提示我们这2种鸟之间存在资源划分，因为喙的大小决定了它们所食用种子的大小。小型地雀的喙较小，它们选择相对较小的种子，而中型地雀的喙比较大，选择较大种子食用。这说明在2个物种之间共存的时候，它们之间的竞争会使它们喙的大小发生进化替换以减少相互之间的竞争。

特性替换通过减少生态位重叠来增强共存性，当多个物种通过划分来分享同一常见资源的时候，它们就组成了一个共位群，同一个共位群的各个物种分享资源。关于鸟类共位群最经典的例子存在于美国东北部杉树林中，共享同一食物资源的共位群包括5个物种的刺嘴莺。它们外观的大小都很相似，但是经过仔细观察，研究人员发现了这些鸟之间觅食地点的细微差异。有的物种只在杉树树冠的外侧枝杈上觅食，另一种鸟在树上部60%的树冠内外觅食，还有的鸟只在接近树干的内侧枝杈上觅食，也有的鸟只在树干外围的中段活动，此外还有鸟只在底部20%的位置觅食。这个例子提示我们在此共位群中每种刺嘴莺的生态位是根据其栖息地的结构差异而定的(图27-4)。

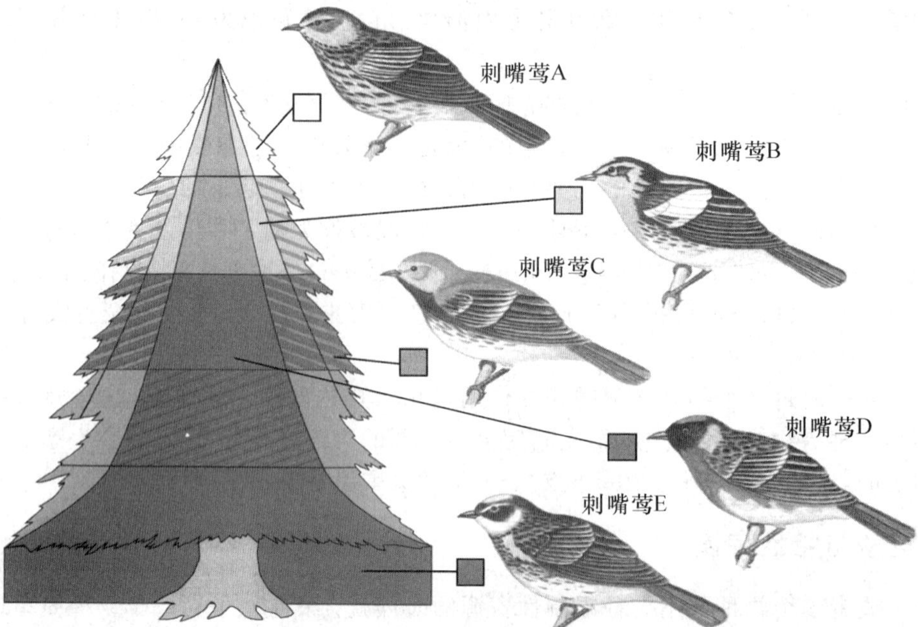

图 27-4 刺嘴莺共位群(引自 Hickman)

共位群不仅仅限于鸟类,如对于与苏格兰金雀花有关的昆虫的研究发现了9种不同的昆虫共位群。还有一个昆虫共位群包括3种螳螂,它们通过捕食不同大小的猎物,分时段产卵和在植物的不同高度处觅食,从而避开相互之间的竞争。

三、捕食者和寄生者

捕食者和猎物在生态领域的竞争使二者得以共同进化。捕食者捕食猎物的能力提高,而猎物通过逃避捕食者而改进自身。这是一个进化竞赛,但捕食者不可能完胜。因为如果捕食者的捕食效率很高就会吃掉所有猎物,结果就导致捕食者也同样灭绝。因为大多数捕食者不止以一个物种为食,特异的摄食单一物种猎物而导致灭绝的现象并不是很常见。

然而,如果某一捕食者确实主要依赖于单一物种时,这2个物种就会表现出波动循环。首先猎物密度增加,然后捕食者的密度随之增加直到猎物又变少,这时捕食者就需要通过离开这片区域、死亡或者减少生殖来调节自己的种群密度。当捕食者的密度下降到可以使猎物的生殖大于捕食者造成的死亡率,然后这项循环继续进行。因此,捕食者和猎物的种群都会发生丰富度的循环,然而捕食者丰富度的增加和降低会略晚于猎物的变化,因为捕食者对猎物密度变化的反应有个时间滞后。

捕食者和猎物之间的竞争在猎物的防护措施不断进化的过程中达到高度的艺术性。许多动物通过与背景环境相似来逃避捕食者的侦查,或者模仿环境中一些不可食用物体的特征(如像一段棍子),这些防护措施就称为保护。与保护性相反的,有毒的或者对捕食者来说不太好吃的动物通过鲜艳的颜色和显著的行为来将自己的特性昭告天下,这种防护措施就是警戒色,这些物种都得到了保护。因为捕食者在尝试过一次或几次之后就学会识别和避免接触它们。

当不好吃的物种使用警戒色时,美味的物种就可以从欺骗中得益,它们可以通过模仿那些不好吃的猎物来欺骗潜在的捕食者,这种现象就叫做警戒拟态(贝氏拟态)。银环蛇和君王斑点蝶都是有鲜艳的色彩的有毒猎物。银环蛇的撕咬会释放毒素，而君王斑点蝶因为幼虫食用马力筋属植物而积攒毒素(强心甙)，所以有毒。这 2 种动物都成为其他拟态物的模板，这些动物本身无毒但是看上去像是有毒的物种。

另一种形式的拟态伪装为缪勒拟态，即 2 种或多种有毒的物种很相似。我们不禁会问为什么一个本身就有毒的动物还要使自己进化的与其他有毒物种相似呢？答案就是捕食者只要尝试过一个有毒的物种就会避开所有类似的猎物。捕食者学一个警告信号比学多个警告信号要容易。2 种有毒物种从同样的拟态中得到的好处并不总是相同，比方说有时候是一个略微不好吃的物种模仿一个剧毒物种，这种情况说明了警戒拟态和缪勒拟态之间的关联。

有时某一种群对于其他种群的影响很普遍，以至于该物种的缺失会使整个群落的特性发生巨大变化，我们将这样的种群称为关键种。如在 1983 年，一场神秘的流行病横扫加勒比冠海胆，将其消灭了 95%以上，这对于海藻群落造成了直接的影响，因为它们不再被海胆大量食用。在一些暗礁处，海藻从薄薄的一层变成厚厚一丛，使珊瑚礁的生产力和多样性都发生了下降。很显然海胆就是该群落中的关键捕食者。关键种捕食者通过将猎物种群控制在一定水平之下，使之不会无限制地占用空间等资源。最初人们认为关键种都是捕食者，现在这一观念已经扩展为任何去掉以后都会引起其他物种灭绝的所有物种。

通过减少竞争，关键种使很多物种得以在相同资源下共存，因此他们对保持群落的多样性很重要。

寄生虫一般被看作免费房客，因为它们可以从宿主那里得到一切。寄生虫和宿主的共同进化被认为是一种好处多、坏处少的关系。

第四节　生 态 系 统

生态系统中个体之间物质和能量的传递是自然界中的最基本组织方式，生命的组成和延续都需要物质和能量，它们与生物系统合并就称为生产力(productivity)。根据生物个体获取物质和能量的方式不同，可将生产力划分为多个营养级。营养级之间相互连接成为食物链，而食物链就是生态系统内部物质和能量在个体间传递的途径。

初始生产者就是可以从外界生态环境固定和储存能量的个体，它们是生产力的起始者。初始生产者通常是绿色植物，它们可以通过光系统收集太阳能，再通过这些能量发生同化作用，将物质、水和二氧化碳合成至有机体的组织中，而其他生物体都以消费这些有机体为生，这些消费者既包括以植物为食的食草动物又包括以其他动物为食的食肉动物。最重要的消费者是分解者，它们主要是一些细菌和真菌，可以将死掉的有机体分解成为矿物成分，从而使有机物再变成可溶性形式以便被植物再次吸收利用。虽然像碳、氮这些重要的化学成分最终可以在生物循环中反复利用，但是所有能量最终都在生态系统中以热能的形式散失掉，不再循环利用。因此，没有哪个生态系统是封闭存在的，包括整个地球生物圈。

一、能量流

自然界中的每个有机体都有能量的收支平衡，它们必须获得足够的能量，以用于其新陈代谢、生长和繁殖等。

生态学家将生物体的收支主要分为 3 部分：总生产能力、净生产能力和呼吸作用。动物摄食后使食物通过其肠胃吸收其中的营养,这些营养转变为其能量,以供此动物日常新陈代谢之需要,这些需要既包括细胞水平的新陈代谢又包括变温动物整个机体的体温调节。维持代谢必需的能量就是呼吸,总生产能力减去这呼吸部分能量就是净生产能力。净生产能力就是动物作为生物能储存在自己组织中的那部分能量,这部分能量可被用于动物的生长和繁殖,也可以说是用于种群的生长。

动物的能量收支用一个简单的公式表达就是 $P_n = P_g - R$。其中 P_n 代表净生产能力,P_g 代表总生产能力,而 R 代表呼吸作用耗能。这个公式是热力学第一定律在生态学角度中的一种体现,需要注意的是每个动物的能量收支都是有限的,而且是有一定局限性的,所以能量只有在保证个体和种群存在的前提下才能用于生长。

根据热力学第二定律,系统全部的无序性和随机性会一直增加,这对于我们研究能量在营养级和食物链之间的传递很重要。用于维持生存的能量 R 通常占动物消费者同化作用得到的全部能量 P_g 的 90%,也就是说动物食物中 90%以上的能量作为热量散失掉,只有不到 10%的能量会被转化成生物能储存起来。因此,每个营养级中只含有其下一营养级 10%的能量,所以大多数生态系统都只含有 5 个或者更少的营养级。

我们养活不断成长的人类种群的能力深受热力学第二定律影响。占据生物链顶端的人类可以食用直接固定太阳能的谷物,这代表着一个有效利用能源的最短的链;人类还会吃牛肉,而牛是需要以固定太阳能的植物为食的,增加的一个营养级将可用能量减少了 10 倍,就是说吃肉的人比吃谷物的人多消耗 10 倍以上的植物生物量。假设说一个人吃鲈鱼,而鲈鱼需要以太阳鱼为食,太阳鱼需要吃浮游动物,浮游动物又是以固定太阳能的浮游植物为食,每个营养级损失 10 倍的能量的话,在上述这个 5 级食物链中需要有 5 t 浮游植物才可以让一个人吃 453.6 g 重的鲈鱼,如果人类都以鲈鱼为生的话那我们很快就会将资源都耗尽。

海洋的生产力很低,而且很大程度上受到河口、沼泽、暗礁和上升流等的影响,这些地方具有浮游植物生产者所需的营养物质,然而海洋中的这种区域只占很小一部分。海洋渔业提供全世界 1/5 的食物性蛋白质,但是这些蛋白质大多用于畜禽饲养。如果我们还记得物质每传递一个营养级能量就损失 90%的原则的话,用鱼作为畜禽而不是人的食物,这对于我们这个蛋白质缺乏的世界来说并不是有效利用资源的方式。我们喜欢吃的金枪鱼、牙鲆、大比目鱼等都是在食物链的三到四级,每 125 g 金枪鱼需要 1 t 的浮游植物才能生产出来。如果人类想要把海洋作为食物来源库并从中获得更多好处的话,我们就必须多吃那些营养级比较低的、口味稍逊的鱼类。

通过对每一级食物链生物量的研究,我们可以从数量、能量或生物量的角度建立起生态金字塔,其中的数量金字塔就是所谓的埃尔顿金字塔,用以描述每个营养级之间生物个体数量的变化,这种金字塔让我们对于食物链各级生物个体的显著数量差异有个直观的印象,也让我们可以清楚地看到大型捕食性动物的数量相对被它们捕食的小动物来说是少得多的。但是数量金字塔不能显示出每个营养级个体的实际质量。

生物量金字塔是显示各个营养级生物个体的全部体积,或者称为"现存量",因此,生物量金字塔更具有指导意义。这种金字塔一般是向上倾斜的,因为每次物质和能量的传递都会使之减少。但是在一些水生生态系统中的生产者是藻类,它们的寿命很短而且快速循环周转,这种情况下金字塔就是倒转的。藻类可以禁得起浮游动物的大量消费,因此,金字塔底部的浮游植物生产者的生物量就少于浮游动物消费者的生物量。

第三类金字塔是能量金字塔，它可以显示各个营养级之间能量的流动，能量金字塔永远不可能倒转，因为能量在传递过程中一定是有损失的。能量金字塔可以给予我们一幅群落结构最好的全景图，因为它是以生产为基础的。在上面所举的例子中，尽管浮游植物的生物量少于浮游动物的生产量，浮游植物的生产力仍旧高于浮游动物的生产力，因为大量的浮游植物都被浮游动物消费掉了(图 27-5)。

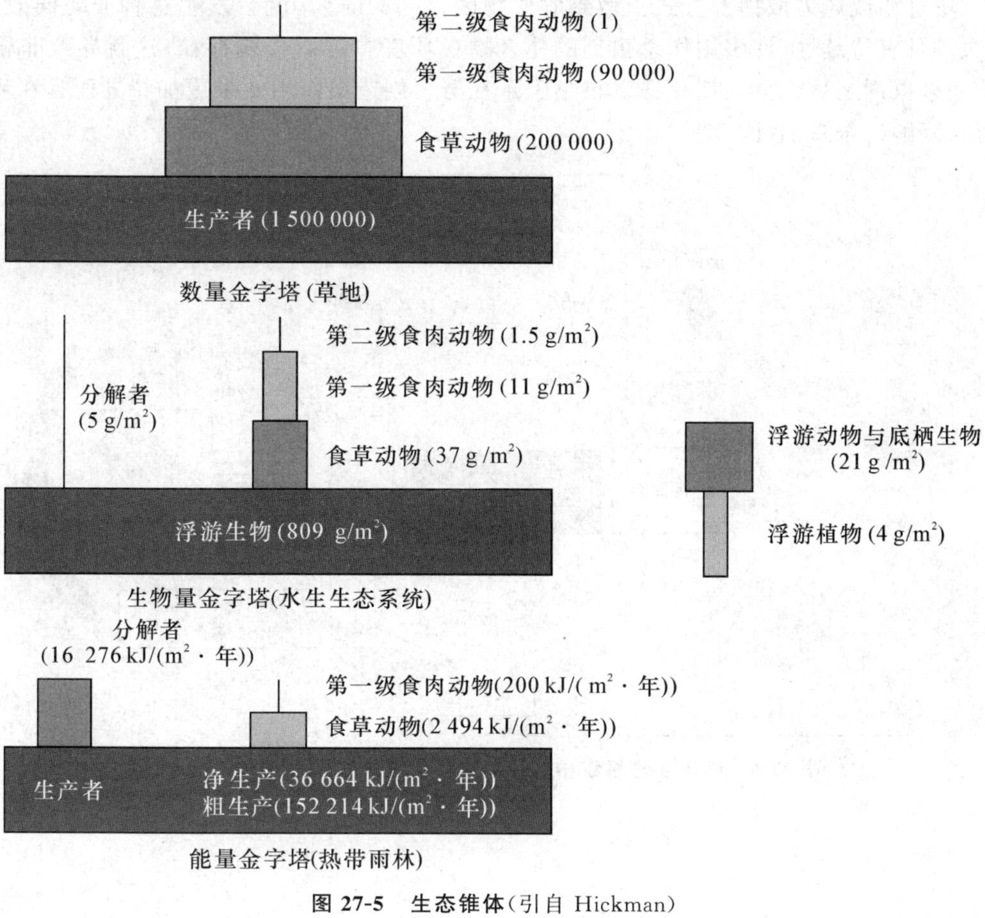

图 27-5　生态锥体(引自 Hickman)

二、营养循环

生命所需要的全部元素都来自于环境中的空气、土壤、岩石和水。植物和动物死后的尸体会腐烂，有机物质会燃烧或氧化，元素和生物过程中所需要的无机成分(营养)会被再次释放回环境中去。分解者在此过程中发挥着必不可少的作用。它们以植物和动物遗体以及粪便为食，这就使得营养物质可以在生态系统的生物和非生物成分之间永远循环流动。营养循环常被称为生物地球化学循环，因为它们参与活的有机体与地球表面的岩石、水、空气等无机物之间的物质交换，而不断加入的太阳能使得营养循环和整个生态系统得以持续运行。

我们一般谈到生物地球化学循环的时候大多是指的水、碳和氮等自然界存在的元素，然而现在人类合成物质进入了食物链，有时甚至会产生灾难性的后果。可能对于生态系统过程来说，毒害最大的物质可能就是杀虫剂。目前我们在全世界范围内生产了 250 万 t 杀虫剂，主要用于杀灭危害庄稼的害虫。

如果没有如此广泛地使用杀虫剂,我们1/2以上的庄稼都会在收割前后被害虫吃掉。但是杀虫剂在自然界食物链的作用存在以下3方面的隐患:首先,许多杀虫剂在经由营养级向上传递的过程中被富集,在顶级食肉动物中达到最高浓度,这会降低其生殖能力;其次,许多非害虫物种也会被杀虫剂杀死,这些被无辜杀死的无害物种被称为非靶向物种,当杀虫剂通过雨水冲刷、土壤过滤或风力散播等方式扩散到农作物区以外的时候,就会发生这种非靶向效应;再次,杀虫剂具有持续性,许多用作杀虫剂的化合物在环境中可以长期存在,这就导致非靶向效应在使用杀虫剂之后也会长期存在。科学家正在努力创造出作用效果更加特异而且在环境中可以更快降解的杀虫剂(图27-6)。

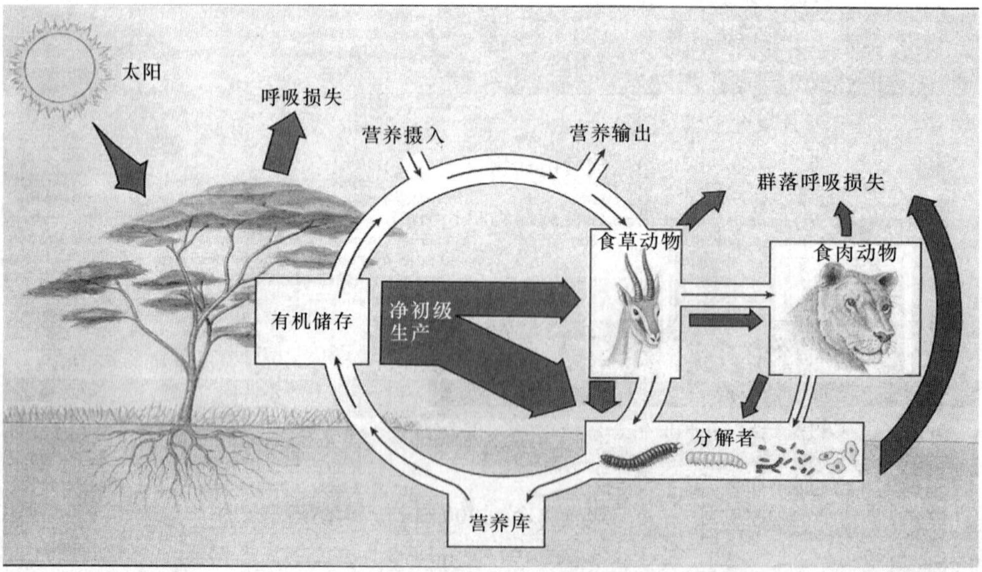

图27-6 陆地生态系统中的营养循环与能量流(引自Hickman)

参考文献

[1] 周正西,王宝青.动物学.北京:中国农业大学出版社,1999.

[2] 许崇任,程红.动物生物学.北京,高等教育出版社,2008.

[3] 姜云垒,等.动物学.北京:高等教育出版社,2006.

[4] 江静波,等.无脊椎动物学.北京:人民教育出版社,1995.

[5] 侯林.动物学.北京:科学出版社,2007.

[6] 杨安峰.脊椎动物学.北京:北京大学出版社,1992.

[7] 刘凌云,郑光美.普通动物学.北京:高等教育出版社,1997.

[8] 华中师院,南京师大,湖南师院.动物学.北京:高等教育出版社,1983.

[9] 丁汉波.脊椎动物学.北京:高等教育出版社,1983.

[10] 姜乃澄,等.动物学.杭州:浙江大学出版社,2007.

[11] 坎贝尔·里斯西蒙,吴相钰.生物学导论.北京:高等教育出版社,2006.

[12] 武晓东.动物学.北京:中国农业出版社,2006.

[13] 赛道建.动物学.北京:科学出版社,2008.

[14] 周永红,丁春邦.普通生物学.北京:高等教育出版社,2007.

[15] 老克利夫兰 P·希克曼,等.林秀璞等译.动物学大全.北京:科学出版社,1988.

[16] [英] A·麦肯齐,A·S·鲍尔,S·R·弗迪著.孙儒泳等编译;生态学.北京:科学出版社,2004.

[17] 刘承钊,胡淑琴.中国无尾两栖类.北京:科学出版社,1961.

[18] 左仰贤,等.动物生物学教程.北京:高等教育出版社,2001.

[19] 陈阅增.普通生物学.北京:高等教育出版社,1997.

[20] 顾宏达,等.基础动物学.上海:复旦大学出版社,1992.

[21] 贾尔德,蔡益鹏.动物生物学.北京:科学出版社,2000.

[22] 杨倩年.动物组织学与胚胎学.北京:中国农业大学出版社,2008.

[23] 沈锡琪.原生动物生物化学.上海:华东师范大学出版社,1990.

[24] 何明清.动物微生态学.北京:中国农业出版社,1994.

[25] 魏道智.普通生物学.北京:中国农业出版社,2007.

[26] 何国琪.地球是怎样演化的.北京:中国青年出版社,1983.

[27] 戴文赛.天体的演化.北京:科学出版社,1997.

[28] 周永红,丁春邦.普通生物学.北京:高等教育出版社,2007.

[29] 刘隆炎,利容千.生物学.武汉:武汉大学出版社,2004.

[30] 李璞.医学遗传学.重庆:重庆大学出版社,1994.

[31] 弗里德,黑德莫诺斯著;田清涞,殷莹译.生物学.北京:科学出版社,2002.

[32] 郑作新.脊椎动物分类学.北京:中国财政经济出版社,1955.

[33] 毕英佐.动物科学进展.北京:中国农业科技出版社,2000.

[34] [美]J · 希尔克著;邹振隆译. 宙宇的起源与演化——大爆炸. 北京:科学普及出版社,1988.

[35] S · J · 英格利斯,李致森等译. 行星、恒星、星系. 北京:科学出版社,1979.

[36] V. H. Dropkin. 植物线虫学导论. 厦门:厦门大学出版社,1992.

[37] Bush, Mark B. Ecology of a changing planet. 北京:清华大学出版社,2003.

[38] Campbell, Neil A. *Essential bioLogy*. Beijing: Higher Education Press, 2002.

[39] Hickman. *Zoology*. McGraw-Hill,2004.

[40] Miller. *Zoology*. McGraw-Hill,2007.

[41] Hickman. *Animal Diversity* ,2003.

[42] L. A. Dugatkin. *Principles of Animal Behavior* W. W. Norton & Company,2006.

[43] Hickman. Roberts. *Larson Animal Diversity*. McGraw-Hill,2003.

[44] J. I. Hopson. *Essentials of Biology*. Mc Graw-Hill publishing Co,1990.

[45] Campbell, Neil A. Reece, Jane B. *Essential Diology*. Beijing: Higher Education Press,2002.

[46] William D. Sehraer. Biology Prentice-Hall Inc,1991.

[47] Jan A. Pechenik. *Biology of the Invertebrates*. PWS Publishers,1985.

[48] James W. Grier. *Biology of Animal Behavior*. C. V Mosby Co,1984.

[49] Jesse F. Bone. *Animal Anatomy and Physiology*. Prentice. Hall Inc,1988.

[50] Peter Alexander. *Biology*. prentice-Hall Inc,1989.

[51] Wallace. Rorbert A. *Biology* A Divission of Scott,Foresman and Compang,1990.

[52] Sylvia S. Mader. *Biology*. Wm. C. Brown Pubeishers,1985.

[53] John H. Postilethwatt. *Biology*. McGraw-Hill Inc,1991.

[54] Cleveland P. Hickmen Lorrys Robertes. *Biology of Animals*. Wm. c. Brown publishers,1994.

[55] Lawrece G. Mitchell. *Zoology*. The Benjamin cummings publishing Co. Inc,1988.

[56] Milton Hiedebrand. *Analysis of Vertebrate Structure*. John Wiley g. Sons,Inc,1982.

图书在版编目(CIP)数据

动物学/王宝青主编. —2 版. —北京:中国农业大学出版社,2009.8(2022.8 重印)
ISBN 978-7-81117-775-6

Ⅰ.动… Ⅱ.王… Ⅲ.动物学 Ⅳ.Q95

中国版本图书馆 CIP 数据核字(2009)第 091446 号

书　　名 动物学(第 2 版)
作　　者 王宝青　主编

策划编辑	赵　中	**责任编辑**	刘耀华　胡晓蕾
封面设计	郑　川	**责任校对**	王晓凤　陈　莹
出版发行	中国农业大学出版社		
社　　址	北京市海淀区圆明园西路 2 号	**邮政编码**	100193
电　　话	发行部 010-62818525,8625		读者服务部 010-62732336
	编辑部 010-62732617,2618		出　版　部 010-62733440
网　　址	http://www.cau.edu.cn/caup	**E-mail**	cbsszs@cau.edu.cn
经　　销	新华书店		
印　　刷	北京溢漾印刷有限公司		
版　　次	2009 年 8 月第 2 版　　2022 年 8 月第 5 次印刷		
规　　格	185 mm×260 mm　　16 开本　　23 印张　　572 千字　　彩插 8		
定　　价	66.00 元		